国家理科基地教材

中级化学实验

（第二版）

浙江大学化学系　组编

王国平　张培敏　王永尧　主编

科 学 出 版 社

北 京

内 容 简 介

本书是在浙江大学三十余年实验教学改革与实践的基础上、融合了国家理科基地和工科基地等教学改革成果编写而成，是系列实验教材《基础化学实验》、《中级化学实验》和《综合化学实验》的有机组成部分。

全书包括三部分，其中核心部分共编写了83个实验，主要由组成与结构分析实验、物性测试实验、拓展性实验、计算机实验、设计研究性实验构成，突出现代分析测试方法和手段研究物质组成、结构和性能的基本原理、方法和技术，培养学生正确记录实验现象和数据、正确处理和分析实验结果的能力，提高学生灵活运用知识、理论联系实际的能力，培养学生的科学实验方法、科学思维和科学精神。

本书可作为高等学校理、工、农、医等专业本科生的仪器分析实验和物理化学实验教材，也可供相关人员参考阅读。

图书在版编目（CIP）数据

中级化学实验/王国平，张培敏，王永尧主编. —2版. —北京：科学出版社，2017

国家理科基地教材

ISBN 978-7-03-053612-9

Ⅰ. ①中… Ⅱ. ①王… ②张… ③王… Ⅲ. ①化学实验-高等学校-教材 Ⅳ. ①O6-3

中国版本图书馆CIP数据核字(2017)第132594号

责任编辑：丁 里 / 责任校对：何艳萍

责任印制：赵 博 / 封面设计：迷底书装

科学出版社 出版

北京东黄城根北街16号

邮政编码：100717

http://www.sciencep.com

北京科印技术咨询服务有限公司数码印刷分部印刷

科学出版社发行 各地新华书店经销

*

2005年7月第 一 版 开本：787×1092 1/16

2017年7月第 二 版 印张：23 3/4

2025年1月第十七次印刷 字数：605 000

定价：59.00元

（如有印装质量问题，我社负责调换）

第二版前言

本书是在第一版的基础上经过精心整理、删改、充实而成，继承了第一版的风格。作为系列教材《基础化学实验》、《中级化学实验》和《综合化学实验》的重要组成部分，本书在内容和风格上起着承前启后的作用。本书是浙江大学化学系从事中级化学实验教学的同仁们长期积累的成果，并吸收了兄弟院校的有益经验，自2005年成书至今深受师生们的好评。然而十余年来，随着教学改革的深入推进，无论是教学内容、教学方法，还是教学手段，尤其是仪器设备方面都有较大的变化和发展，故重新整理和编写了本书。

再版的主要思路：一是总体上以研究性思维为主导，注重基础实验教学，编写时删除了实验方法重复较多的实验、增加了新的实验方法和设计研究性实验；二是对于单个实验的编写同样以有利于研究性学习为主导，不仅提供实验导读，有助于读者更全面、综合地认识相关问题，并在实验末尾提供相应的参考文献，还在本书第一部分提供文献查阅方法；三是着重于安全意识培养，在每个实验中提供相应的安全警示。本书共编排83个实验，与第一版相比数量上变化不大，但内容上变化较大。“组成与结构分析实验”部分替换了5个实验；“物性测试实验”部分删除了5个实验；“拓展性实验”部分删除了10个实验，增加了5个实验；“计算机实验”部分则增加了1个实验；另外增加了“设计研究性实验”部分。

参加本书编写工作的主要有(以汉语拼音为序)：陈平、方文军、胡秀荣、雷群芳、毛建新、王国平、王琦、王永尧、邬建敏、张培敏、邹建凯。全书由王国平、张培敏和王永尧主编、统稿。

浙江大学化学系王敏教授和朱龙观教授审阅了本书，并提出了修改建议；浙江大学国家理科化学人才培养基地、国家工科化学教学基地、化学系领导和实验教学的诸位前辈等对本书的初版、再版工作给予了有力支持；本书同时参考了不少国内同仁的实验教材和文献资料，在此向所有关心和帮助本书出版的前辈、同仁等致以诚挚的谢意。

由于编者水平有限，书中疏漏和不妥之处在所难免，恳请读者批评指正，以便重印时修改。

编　者

2017年4月于浙江大学

第一版前言

自1985年起，浙江大学等一批重点高校对原无机化学、分析化学、有机化学和物理化学（简称“四大化学”）实验课教研室管理体制进行改革，在全国率先组建了化学实验中心，实验教学独立设课，同时对实验课程系统和教学内容进行了重大改革，将原来的四门实验课改为三门实验课，即“基础化学实验”、“中级化学实验”和“综合化学实验”，分三阶段实施，其教学内容包括了基本实验、提高型实验和研究创新型实验三个层次。这项重大改革曾荣获国家级教学成果特等奖等，并推动了全国范围内的化学实验教学大改革。目前我国大部分高校的化学实验教学都实行了实验中心管理体制，并采用了分三阶段或两阶段(包括“基础化学实验”和“综合化学实验”）的课程体系。尽管已有近20年的实践，但迄今能够系统地体现这一重要改革成果的教材却极为少见。为此，浙江大学在国家理科人才培养基地的“十五”建设规划中，把编写和出版一套包括《基础化学实验》、《中级化学实验》和《综合化学实验》在内的系列实验教材列为重点建设内容之一。这套教材是我们在原有讲义的基础上，经过精心整理、删改、充实、提高，并吸取了国内外同类教材的优点而编写成的。它是我们多年从事化学实验教学改革的成果，也是我们多年教学实践的结晶。我们希望这套教材的出版不仅会促进浙江大学化学实验教学质量的提高，而且通过它与同行交流，在全国高等院校的化学实验教学中起到积极的作用。

《中级化学实验》是一门独立的课程，但它与先行的《基础化学实验》和后续的《综合化学实验》构成化学、化工类等专业学生基本化学实验技能训练的有机整体，主要学习运用现代分析测试手段和物理化学方法研究物质组成、结构和性能的基本实验原理、方法和技能。通过《中级化学实验》的训练，使学生掌握基本测试方法和典型仪器的应用与选择，培养正确记录实验现象和数据、正确处理和分析实验结果的能力，提高灵活运用知识、理论联系实际的能力，培养创新思维、创新意识和创新能力。

本书共安排84个实验。既有基础性实验，又有拓展性实验和研究性实验，适合理、工、农、医类的不同专业，可供不同层次的教学要求进行选择。每个实验中，除了常规内容以外，都设有简短的实验导读，提供一定的背景或前景知识，有利于读者更全面、综合地认识相关问题。

参加本书实验编写工作的有(以拼音字母为序)：陈平、方文军、蒋晓原、雷群芳、毛建新、滕启文、王国平、王琦、王永尧、邬建敏、张嘉捷、张培敏、邹建凯。雷群芳还编写了总论、常用仪器使用说明和物性数据部分。全书由雷群芳主编并统稿。

在编写过程中，得到了浙江大学国家理科化学人才培养基地、国家工科化学教学基地的支持；得到化学系领导、实验教学的前辈和许多相关人员的大力无私帮助；参考了不少国内外化学实验教材和化学文献资料。在此向所有提供帮助的同仁、作者表示衷心的感谢！

由于编者水平所限，书中错误和不当之处难免，恳请读者批评指正。

编　者

2005年5月于求是园

第一版前言

目　录

1 总　　论

1.1 中级化学实验的目的与要求

中级化学实验与先行的基础化学实验和后续的综合化学实验构成化学、化工类等专业学生基本化学实验技能训练和化学实验思维培养的完整体系，是浙江大学三十余年实验教育、教学改革创立的模式。中级化学实验是一门独立的课程，主要学习运用现代分析测试手段和物理化学方法研究物质组成、结构和性能的基本实验原理、方法和技能。它主要由组成与结构分析实验、物性测试实验、拓展性实验、计算机实验和设计研究性实验等部分构成，综合了化学领域各分支学科所需的基本研究方法、工具和常规大型仪器。学生通过中级化学实验的训练，将掌握基本测试方法和典型仪器的应用与选择，具备正确记录实验现象和数据、正确处理和分析实验结果的能力及灵活运用知识、理论联系实际的能力，学生的创新思维、创新意识和创新能力都将达到一个新的高度。

学生应认真修习中级化学实验课程，做到勤于思考、善于动手、勇于探究，自觉地在实验过程中打好扎实的实验基本功，逐步培养独立从事科学研究工作的能力。

1.1.1 实验预习

(1)准备一本预习报告(实验记录)本，编页码，保持完整、整洁。

(2)充分预习实验内容。预先了解实验的目的和原理、所用仪器的构造和使用方法，对实验内容、操作过程和步骤做到心中有数。在认真预习的基础上，用自己的语言写出实验预习报告，切忌照抄书本。预习报告内容主要包括：简要的实验原理、必要的实验装置工作原理、简明的实验步骤和方案、简洁的实验数据记录表、必备的文献数据及实验思考。

(3)仔细阅读实验涉及的有关理论和实验知识，列出不明白、需要问老师的问题，查找实验中需要用到的有关文献数据、手册资料等(应反映在预习报告中)。

(4)实验前，由指导教师检查学生的预习报告，提问、讨论实验内容，经指导教师同意后，方可进行实验。

(5)学生应当逐步做到：根据自己写的预习报告本，能够完成整个实验的操作，而不再需要依赖实验教材。

1.1.2 实验记录

(1)完整记录实验条件。实验的结果与实验条件紧密相关，实验条件提供了分析实验中所出现问题和误差大小的重要依据。实验条件一般包括环境条件(室温、大气压和湿度等)、操作条件(温度、压力、流量、速率等)、药品规格(名称、来源、纯度、浓度等)和仪器条件(名称、规格、型号和实际精度等)。

(2)认真观察实验现象，真实记录实验结果。所有数据和结果都应用圆珠笔或钢笔记录在预习报告(实验记录)本上，不得用铅笔、红笔记录实验数据。尊重事实，忠实、准确、完整地记录实验现象和数据，必须严格注意误差、有效数字，不能随意丢弃数据，更不能涂改、伪造数据。若发现记录错误，可在错误上划一条删除线，再另外给出正确记录。若发现某个数据确有问题，应该舍弃时，可用笔轻轻圈去。字迹要整齐清楚，删除或舍弃的记录也应该能够分辨。训练良好的记录习惯是中级化学实验的基本要求之一。

(3)实验结束后，应将原始实验数据、谱图、曲线等记录交给指导教师，经检查、签字后，才能离开实验室。

1.1.3 实验报告

独立完成一份高质量的实验报告是中级化学实验的重要训练内容。它将使学生在实验数据处理、作图、误差分析、问题归纳等方面得到训练和提高。实验报告的质量在很大程度上反映了学生的实际水平和能力。要求中级化学实验的实验报告接近研究论文的格式，尽量以科研小论文的形式书写。一份好的实验报告应该符合实验目的明确、原理清楚、数据准确、图表合理、结果正确、分析透彻、讨论深入和字迹清楚等要求，具备科学性、完整性和可读性。

(1)中级化学实验报告的内容包括：实验目的、实验原理及装置、仪器与试剂、实验步骤、实验数据记录、结果处理、分析和讨论、结论、参考文献等，鼓励参照相关学术期刊的格式书写。

(2)写报告时，要求动脑筋、肯钻研，正确推导、耐心计算、规范作图。重点应放在实验数据的处理和实验结果的分析讨论上。

(3)实验报告的讨论部分可包括：对实验现象的分析和解释、对实验结果的误差分析、查阅文献情况和心得体会、对实验的改进意见等，一定要有自己的观点，不要简单地一对一地回答思考题，更不应该应付了事。

(4)必须在规定时间内独立完成实验报告，交给实验指导教师。

(5)实验报告经指导教师批改后，如需重写报告或重做实验的，应在规定时间内补做。

1.2 中级化学实验安全知识

化学实验离不开实验室的安全，具备安全意识、防范危险和相应的急救处理技术是化学工作者必备的科学素质。化学实验室往往潜藏着发生爆炸、着火、中毒、灼伤、割伤、触电等事故的危险性。但是，只要遵守规则就完全可以避免危险的发生。本书结合中级化学实验的特点，着重介绍安全用电、危险化学品识别、防爆、防火和高压气体钢瓶使用等安全知识。

1.2.1 安全用电

在中级化学实验室里，经常遇到电路接线、电学仪表、仪器使用等，必须了解相关安全用电知识。

1. 保险丝

在实验室中，一般使用 220V、50Hz 的交流电，有时也用到三相电。任何导线或电器设备都有规定的额定电流值，即允许长期通过而不致过度发热的最大电流值。当负荷过大或发生短路时，通过电流超过额定电流，则会发热过度，致使电器设备绝缘损坏和设备烧坏，甚至引起电着火。为了安全用电，从外电路引入电源时，必须先经过能耐一定电流的适当型号的保险丝。

保险丝是一种自动熔断器，串联在电路中，当通过电流过大时，会发热过度而熔断，自动切断电路，达到保护电线、电器设备的目的。普通保险丝是指由质量分数 50%铋、25%铅、25%锡组成的合金丝。

保险丝应接在相线引入处，接保险丝时应把电闸拉开。更换保险丝时应换上同型号的，不能用型号比其小的代替(型号小的保险丝粗，额定电流值大)。绝对不允许用铜丝代替，否则失去了保险丝的作用，容易造成严重事故。

2. 三相电源

三相发电机发生三相交流电，发电机三相绕组间有两种连接方式，即星形接法(图 1.1)和三角形接法(图 1.2)。

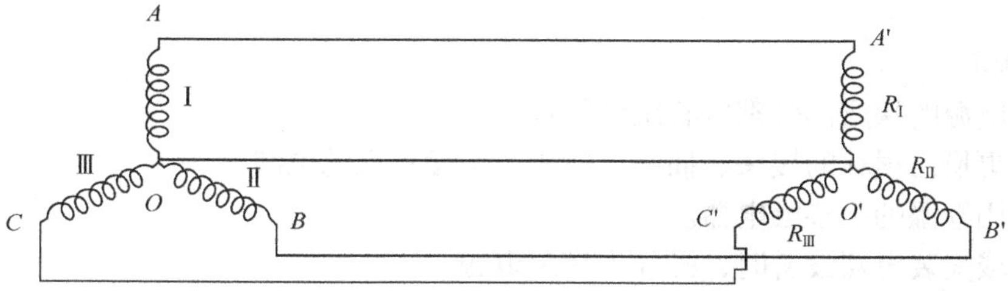

图 1.1 三相电的星形接法

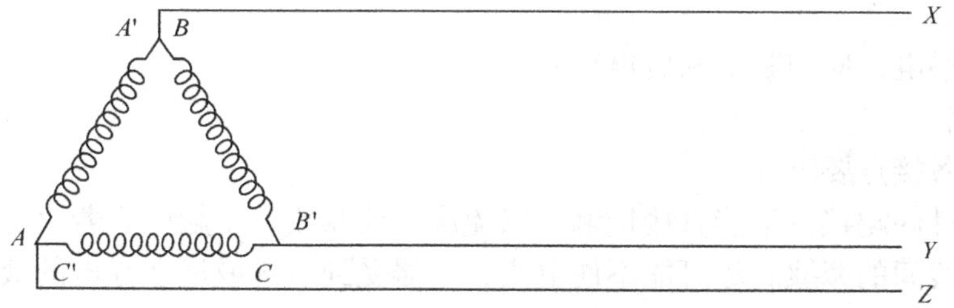

图 1.2 三相电的三角形接法

图 1.1 中的Ⅰ、Ⅱ、Ⅲ为三相交流发电机的三绕组，分别产生 220V 的正弦波交流电(称为相电压)，由于它们之间的相位差为 120°，故 AB、BC 或 AC 间的电压(称为线电压)为 380V。因此，星形接法的三相电路能供给 220V 的单相交流电和 380V 的三相交流电。OO' 称为中性线(中线)，是各绕组的公共回路。AA'、BB'、CC'分别为三条相线，通过中性线回到发电机。电流应该等于三相电流相量的总和，故当负载平衡时($R_{\rm I}=R_{\rm II}=R_{\rm III}$)，在中性线上并没有电流通过。

有中性线的三相电路在我国最为常用，其优点是既可以供给 220V 的单相电，也可以供给 380V 的三相电。

实验室常用的单相电三孔电流插座上注明“相”、“中”和“地”等字样，分别表示该孔接相线(AA'、BB'、CC'三者之一)、中性线(OO')和地线。相线和中性线之间接上所用仪器而构成一通路。若仪器有漏电现象，则可将仪器外壳接上地线，仪器即可安全使用。但应注意，若仪器内部和外壳形成短路而造成严重漏电(可以用万用电表测量仪器外壳的对地电压)，应立即检查修理。此时如接上地线使用仪器，则会产生很大的电流而烧坏保险丝或出现更为严重的事故。

当应用三相电动机、三相电热器等时，由于负荷平衡，可以免去中性线，供给三相电的四孔电源插座中三个一样大小的孔分别为 AA'、BB'和 CC'三条相线，另一个较大的孔接地线，以消除仪器外壳的漏电现象。三相电功率瞬时值的总和是一条平稳的直线，不随时间而发生起伏波动，对三相电动机可以发生平稳的转矩，与单相电动机中电功率瞬时值或转矩有起伏的情况相比，这显然是一个重要的优点。

3. 安全用电操作规程

人体若通过 50Hz、25mA 以上的交流电时会发生呼吸困难，100mA 以上则会致死。直流电在通过同样电流的情况下，对人体也有相似的危害。在实验室用电过程中必须严格遵守以下操作规程。

1)防止触电

(1)所有电源的裸露部分都应有绝缘装置。

(2)及时更换已损坏的接头、插座、插头或绝缘不良的电线。

(3)不能用潮湿的手接触电器。

(4)修理或安装电器设备时，必须先切断电源。

(5)不能用试电笔去试高压电。

(6)实验开始时，必须先接好线路，再插上电源；实验结束后，必须先切断电源，再拆线路。

(7)如遇人触电，应切断电源后再行处理。

2)防止短路

(1)电路中各接点要牢固。

(2)电路元件两端接头不能直接接触，以免烧坏仪器或发生触电、着火等事故。

(3)避免导线间的摩擦。尽可能不使电线、电器受到水淋或浸在导电的液体中。

3)防止着火

(1)保险丝型号与实验室允许的电流量必须相匹配。

(2)负荷大的电器应接较粗的电线。

(3)生锈或接触不良处应及时处理。

(4)室内有大量的氢气、煤气等易燃易爆气体时，应防止产生电火花，否则会引起火灾或爆炸。

电火花经常在电器接触点接触不良、继电器工作时及开关电闸时发生，因此应注意室内通风；电线接头要接触良好，包扎牢固以消除电火花，在继电器上可以连一个电容器以减弱电火花等。一旦着火，应首先拉开电闸，切断电路，再用相应方法灭火；如无法拉开电闸，则用沙土、干粉灭火器或四氯化碳灭火器等灭火。绝不能用水或泡沫灭火器来灭电火，因为它们导电。

4. 常用电器元件符号

常用电器元件符号如图 1.3 所示。

安培计	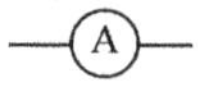	电感线圈	
伏特计	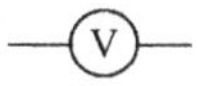	有铁芯的电感线圈	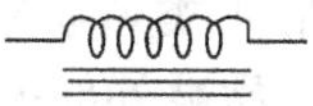
交流电	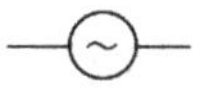	变压器	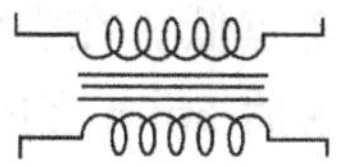
干电池	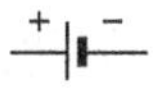	接地端	
直流电源		不连接的交叉导线	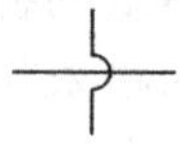
晶体二极管		连接的交叉导线	
晶体三极管(NPN)		固定电阻	
真空三极管	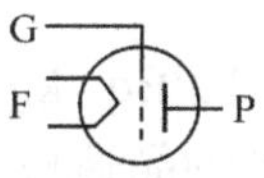	可变电阻	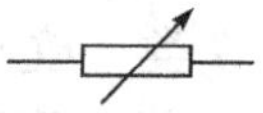
电容器	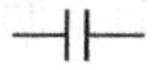	可变电阻器	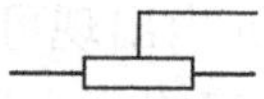
可变电容器		电解电容	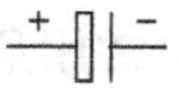
单刀单掷开关		检流计	
双刀双掷开关	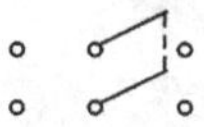	天线	

图 1.3 常用电器元件符号

1.2.2 危险化学品的分类及标志

常用化学品的危险性类别、危险标志及危险特性都有明确的规定和标志(GB 13690—2009),在化学品的生产、使用、储存和运输过程中应当加以注意。常用危险化学品按危险特性分为 8 类。

第 1 类 爆炸品。指在外界作用下(如受热、受压、撞击等)能发生剧烈的化学反应,瞬时产生大量的气体和热量,使周围压力急骤上升,发生爆炸,对周围环境造成破坏的物品。也包括无整体爆炸危险,但具有燃烧、抛射及较小爆炸危险的物品。

第 2 类 压缩气体和液化气体。指压缩、液化或加压溶解的气体,并应符合下述两种情况之一：①临界温度低于 50℃，或在 50℃时其蒸气压力大于 294kPa 的压缩或液化气体；②温度在 21.1℃时，气体的绝对压力大于 275kPa，或在 54.4℃时，气体的绝对压力大于 715kPa 的压缩气体；或在 37.8℃时，雷德(Reid)蒸气压大于 275kPa 的液化气体或加压溶解的气体。

第 3 类　易燃液体。指易燃的液体、液体混合物或含有固体物质的液体，其闭杯试验闪点等于或低于 93℃。

第 4 类　易燃固体、自燃物品和遇湿易燃物品。易燃固体指燃点低，对热、撞击、摩擦敏感，易被外部火源点燃，燃烧迅速，并可能散发出有毒烟雾或有毒气体的固体。自燃物品指自燃点低，在空气中易发生氧化反应，放出热量而自行燃烧的物品，即使数量少也能与空气接触后 5min 之内引燃的固体或液体。遇湿易燃物品指遇水或受潮时发生剧烈化学反应，放出大量易燃气体和热量的物品，有的不需明火就能燃烧或爆炸。

第 5 类　氧化剂和有机过氧化物。氧化剂指处于高氧化态，具有强氧化性，易分解并放出氧和热量的物质，包括含有过氧基的无机物，其本身不一定可燃，但能导致可燃物燃烧，与松软的粉末状可燃物能组成爆炸性混合物，对热、震动或摩擦较敏感。有机过氧化物指分子组成中含有过氧基的有机物，其本身易燃易爆，极易分解，对热、震动或摩擦极为敏感。

第 6 类　有毒品。指进入机体后，累积达一定的量，能与体液和器官组织发生生物化学作用或生物物理学作用，扰乱或破坏机体的正常生理功能，引起某些器官和系统暂时性或持久性的病理改变，甚至危及生命的物品。经口摄取半数致死量：固体 $LD_{50}\leqslant 500mg\cdot kg^{-1}$，液体 $LD_{50}\leqslant 2000mg\cdot kg^{-1}$；经皮肤接触 24h，半数致死量 $LD_{50}\leqslant 1000mg\cdot kg^{-1}$；粉尘、烟雾及蒸气吸入半数致死量 $LC_{50}\leqslant 10mg\cdot L^{-1}$ 的固体或液体。

第 7 类　放射性物品。指放射性比活度大于 $7.4\times10^{4}Bq\cdot kg^{-1}$ 的物品。

第 8 类　腐蚀品。指能灼伤人体组织并对金属等物品造成损坏的固体或液体。与皮肤接触在 4h 内出现可见坏死现象，或在 55℃时对 20 号钢的表面均匀腐蚀率超过 $6.25mm\cdot a^{-1}$ 的固体或液体。

对于常用危险化学品的危险特性和类别，都有明显的标志图形。具体如图 1.4 所示。

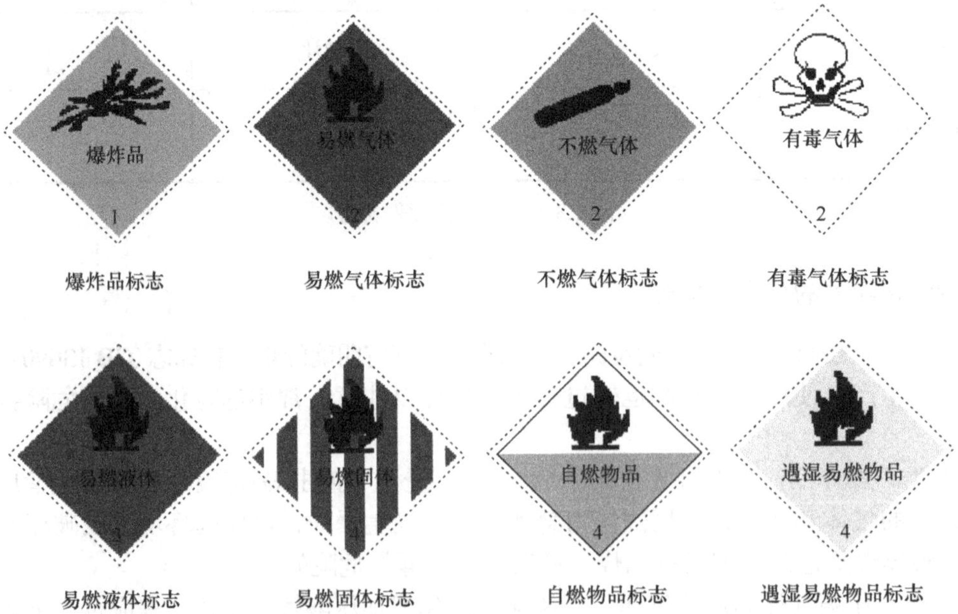

图 1.4　危险化学品的分类及标志

图 1.4(续)

1.2.3 化学品的毒性

化学物质侵入机体引起伤害的途径主要有：吸入、食入和经皮肤吸收。但其毒性是与进入体内的量相联系的，不应该简单地说某种物质有毒有害。不恰当的侵入会引起生理功能或正常结构的病理改变，危害健康。适当地摄入一些物质对人体并无害处。我国对空气中有害物质的最高容许浓度有明确的规定，以保证人不致发生急性和慢性职业性危害，维护人体健康。

化学物质的毒性常用引起实验动物某种毒性反应所需的剂量表示，如半数致死量或浓度(LD_{50}或LC_{50})即染毒动物半数死亡的剂量或浓度。根据LD_{50}，化学物质的急性毒性分为剧毒、高毒、中等毒、低毒、微毒五级(表 1.1)。这种分级法是一个便于比较的相对指标。

表 1.1 化学物质的急性毒性分级

毒性分级	大鼠一次经口LD_{50} /(mg · kg^{-1})	6 只大鼠吸入 4h 死亡 2～4 只的浓度 /(mg · kg^{-1})	兔涂皮时LD_{50} /(mg · kg^{-1})	对人可能致死量	
				/(g · kg^{-1})	总量/g (60kg 体重)
剧毒	<1	<10	<5	<0.05	0.1
高毒	1～50	10～100	5～44	0.05～0.5	3
中等毒	50～500	100～1000	44～350	0.5～5	30
低毒	500～5000	1000～10000	350～2180	5～15	250
微毒	>5000	>10000	>2180	>15	>1000

1.2.4 防爆知识

对于可燃性气体与空气的混合物，当两者的比例处于爆炸界限内，若有一个适当的热源(如电火花)诱发，将引起爆炸。表 1.2 中列出某些可燃性气体在空气中的爆炸界限。

表 1.2 某些可燃性气体在空气中的爆炸界限(体积分数，%)

气体	爆炸下限	爆炸上限	气体	爆炸下限	爆炸上限
氢气	4.0	74.2	一氧化碳	12.5	74.2
乙烯	2.8	28.6	二硫化碳	1.25	44
乙炔	2.5	80.0	乙醇	3.3	19.0
甲烷	5.3	14	丙酮	2.6	12.8
丙烷	2.4	9.5	乙酸乙酯	2.2	11.4
苯	1.4	6.8	乙酸	4.1	—
氨	15.5	27.0	水煤气	7.0	72
乙醚	1.9	36.5	煤气	5.3	32

应尽量防止可燃性气体散失到室内空气中，同时保持室内通风良好，不使它们形成可爆炸的混合气。在操作大量可燃性气体时，严禁使用明火，严禁用可能产生电火花的电器及防止铁器撞击产生火花等。另外，有些危险化学药品，如叠氮铅、乙炔银、乙炔铜、高氯酸盐、过氧化物等，受到震动或受热容易引起爆炸。特别应防止强氧化剂与强还原剂存放在一起。久藏的乙醚使用前，需设法除去其中可能产生的过氧化物。在操作可能发生爆炸的实验时，应有防爆措施。

1.2.5 防火知识

物质燃烧需具备三个条件：可燃物质、氧气或氧化剂、一定的温度。

一旦发生火情，应冷静判断情况，采取措施，如采取隔绝氧的供应，降低燃烧物质的温度，将可燃物质与火焰隔离的办法。常用来灭火的有水、沙及二氧化碳灭火器、四氯化碳灭火器、泡沫灭火器、干粉灭火器等，可根据着火原因、场所情况正确选用。

水是最常用的灭火物质，可以降低燃烧物质的温度，并形成“水蒸气幕”，能在相当长时间内阻止空气接近燃烧物质。但是，应注意起火地点的具体情况。

(1) 有金属钠、钾、镁、铝粉、电石、过氧化钠等，采用干沙等灭火。

(2) 易燃液体(密度比水小，如汽油、苯、丙酮等)着火，采用泡沫灭火剂更有效，因为泡沫比易燃液体轻，覆盖在上面可隔绝空气。

(3) 在有灼烧的金属或熔融物的地方着火，应采用干沙或干粉灭火器灭火。

(4) 电气设备或带电系统着火，用二氧化碳灭火器或四氯化碳灭火器较合适。

上述四种情况均不能用水，因为有的可以生成氢气等，使火势加大甚至引起爆炸，有的会发生触电等；同时也不能用四氯化碳灭火器灭碱土金属的着火。另外，四氯化碳有毒，在室内救火时最好不用。灭火时不能慌乱，应防止在灭火过程中再打碎可燃物的容器。平时应知道各种灭火器材的使用方法和存放地点。

1.2.6 高压气体钢瓶的使用

在中级化学实验中，经常要使用一些气体，如气相色谱实验中要用到氢气和氮气，燃烧热的测定实验中要使用氧气。气体钢瓶是储存压缩气体(如氢气、氮气和氧气等)和液化气体

(如液氨和液氯等)的高压容器，容积一般为 40～60L，最高工作压力为 15MPa，最低的在 0.6MPa 以上。在钢瓶的肩部有用钢印打出的标记：制造厂、制造日期、气瓶型号、编号、气瓶质量、气体容积、工作压力、水压试验压力、水压试验日期和下次送验日期。

当钢瓶受到撞击或高温时会有发生爆炸的危险。另外，一些压缩气体或液化气体有剧毒，一旦泄漏将造成严重的后果。因此，在中级化学实验中，学习正确、安全地使用各种压缩气体或液化气体钢瓶是十分重要的。使用钢瓶时，必须注意下列事项。

(1)在气体钢瓶使用前，要按照钢瓶外表油漆颜色、字样等正确识别气体种类(表 1.3)，切勿误用，以免造成事故。若钢瓶因使用日久后色标脱落，应及时按上述规定进行漆色、标注气体名称和涂刷横条。

表 1.3 我国高压气体钢瓶标记

序号	气体	钢瓶颜色	字样	字样颜色
1	O_2	天蓝	氧	黑
2	H_2	深绿	氢	红
3	N_2	黑	氮	淡黄
4	Ar	银灰	氩	深绿
5	Cl_2	草绿	氯	白
6	NH_3	黄	氨	黑
7	CO_2	黑	CO_2	黄
8	C_2H_2	白	C_2H_2	红
9	压缩空气	黑	空气	白
10	氟利昂	铝白	氟利昂	黑
11	其他可燃气体	红	—	白
12	其他不可燃气体	黑	—	黄

(2)气体钢瓶在运输、储存和使用时，注意勿使气体钢瓶与其他坚硬物体撞击，或曝晒在烈日下及靠近高温处，以免引起钢瓶爆炸。钢瓶应定期进行安全检查，如进行水压试验、气密性试验和壁厚测定等。

(3)严禁油脂等有机物沾污氧气钢瓶，因为油脂遇到逸出的氧气可能燃烧，若已有油脂沾污，则应立即用四氯化碳洗净。氢气、氧气和可燃性气体钢瓶严禁靠近明火。

(4)存放氢气钢瓶或其他可燃性气体钢瓶的房间要注意通风，以免漏出的氢气或可燃性气体与空气混合后遇到火种发生爆炸。室内的照明灯及所有通风均应防爆。

(5)原则上有毒气体(如液氯等)钢瓶应单独存放，严防有毒气体逸出，注意室内通风。最好在存放有毒气体钢瓶的室内设置毒气鉴定装置。

(6)若两种钢瓶中的气体接触后可能引起燃烧或爆炸，则这两种钢瓶不能存放在一起，如氢气钢瓶和氧气钢瓶、氢气钢瓶和氯气钢瓶等。氧气、液氯、压缩空气等助燃气体钢瓶严禁与易燃物品放置在一起。

(7)钢瓶应放在阴凉且远离电源、热源(如阳光、暖气、炉火等)的地方，并加以固定，防止滚动或跌倒。为确保安全，最好在钢瓶外面装置橡胶防震圈。液化气体钢瓶使用时一定要直立放置，禁止倒置使用。

(8) 高压钢瓶必须安装好减压阀后方可使用。一般可燃性气体钢瓶上阀门的螺纹为反扣的（如氢气、乙炔），其他为正扣的。各种减压阀绝不能混用。开、闭气阀时，操作人员应避开瓶口方向，站在侧面，并缓慢操作，不能猛开阀门。

(9) 钢瓶内气体不能完全用尽，应保持在 0.05MPa 表压以上的残留压力。可燃性气体 C_2H_2 应剩余 0.2～0.3MPa，H_2 应保留 2MPa，以防止外界空气进入气体钢瓶，在重新灌气时发生危险。

(10) 钢瓶须定期送交检验，合格钢瓶才能充气使用。

安装在氧气钢瓶上的氧气减压阀如图 1.5 所示，氧气减压阀的结构如图 1.6 所示。氧气减压阀的高压腔与钢瓶连接，低压腔为气体出口，并通往使用系统。高压表的示值为钢瓶内储存气体的压力，低压表的出口压力可由调节螺杆控制。

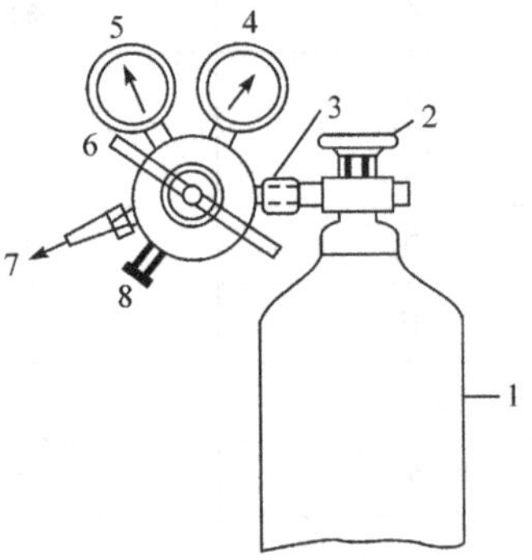

图 1.5　安装在气体钢瓶上的氧气减压阀示意图

1. 钢瓶；2. 钢瓶开关；3. 钢瓶与减压表连接螺母；4. 高压表；5. 低压表；6. 低压表压力调节螺杆；7. 出口；8. 安全阀

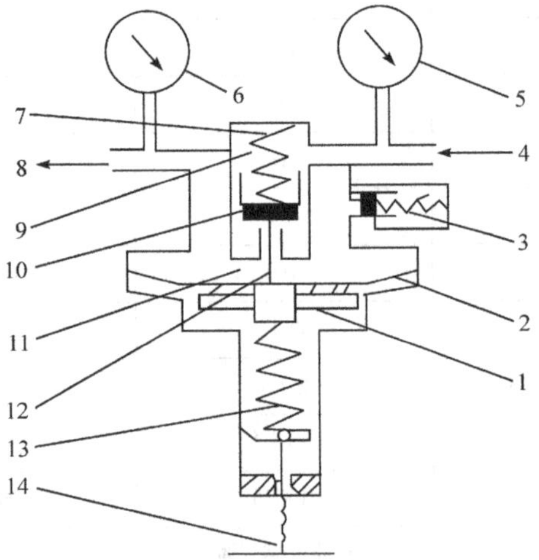

图 1.6　氧气减压阀结构示意图

1. 弹簧垫块；2. 传动薄膜；3. 安全阀；4. 进口（接气体钢瓶）；5. 高压表；6. 低压表；7. 压缩弹簧；8. 出口（接使用系统）；9. 高压气室；10. 活门；11. 低压气室；12. 顶杆；13. 主弹簧；14. 低压表压力调节螺杆

使用时先打开钢瓶开关，然后顺时针转动低压表压力调节螺杆，使其压缩主弹簧并传动薄膜、弹簧垫块和顶杆而将活门打开。这样进口的高压气体由高压气室经节流减压后进入低压气室，并经出口通往工作系统。转动调节螺杆，改变活门开启的高度，从而调节高压气体的通过量并达到所需的压力值。

减压阀都装有安全阀，它是保护减压阀并使之安全使用的装置，也是减压阀出现故障的信号装置。如果由于活门垫、活门损坏或其他原因，导致出口压力自行上升并超过一定许可值时，安全阀会自动打开排气。注意：

(1) 依使用要求的不同，氧气减压阀有多种规格。最高进口压力大多为 15MPa，最低进口压力应不小于出口压力的 2.5 倍。出口压力规格较多，最低为 0～0.1MPa，最高为 0～0.4MPa。

(2) 安装减压阀时应确定其连接尺寸规格是否与钢瓶和使用系统的接头一致，头处需用垫圈。安装前需瞬时开启气瓶阀吹除灰尘，以免带进杂质。

(3)氧气减压阀严禁接触油脂，以免发生火灾事故。减压阀及扳手上的油污应用乙醇擦去。

(4)停止工作时，应将减压阀中余气放净，然后拧松调节螺杆以免弹性元件长久受压变形。

(5)减压阀应避免撞击震动，不可与腐蚀性物质接触。

1.3 误差及数据表达

由于实验方法的可靠程度、所用仪器的精密度、实验条件的控制和实验者感官的限度等条件限制，任何实验都不可能测得一个绝对准确的数值，测量值和真实值之间必然存在一个差值，这个差值称为测量误差。必须对误差产生的原因及其规律进行研究，才能了解结果的可靠性，从而决定这个结果对科学研究和应用是否有价值，进而研究如何改进实验方法、技术及考虑仪器的正确选用和搭配等问题。再通过实验数据的列表、作图、建立数学模型等处理步骤，就可使实验结果变为有参考价值的资料。

1.3.1 误差的分类

误差与准确度：准确度是指测量结果与真实值相符合的程度，通常用误差表示，误差越小，准确度越高。测量误差可分为系统误差、过失误差(又称粗差误差)和偶然误差(又称随机误差)三类。

测量误差常用绝对误差和相对误差表示。绝对误差表示测量值与真实值之差。相对误差表示绝对误差占真实值的百分数。绝对误差与测量值的大小无关，而相对误差与测量值的大小有关。测量值越大，则相对误差越小，因此用相对误差来表示测量结果的准确度更确切。但在实际工作中，真实值往往是未知的，无法计算准确度，故常用精密度来表示测量结果。

偏差与精密度：精密度是指测量值与平均值相接近的程度，即各次测量值相互接近的程度，通常用偏差表示，偏差越小，精密度越高。为了表示测量的精密度，偏差的表达方法常有三种：①平均偏差：$\delta = \frac{\sum_i |d_i|}{n}$，其中 d_i 为测量值 x_i 与算术平均值 $\bar{x}$ $\left(\bar{x} = \frac{\sum_i x_i}{n}\right)$ 之差，n 为测量次数；②标准偏差(或称均方根偏差)：$\sigma = \sqrt{\frac{\sum_i d_i^2}{n-1}}$；③或然偏差：$P=0.675\sigma$。一般用前面两种表达方法表示测量的精密度。

测量结果用绝对偏差表示为：$\bar{x} \pm \delta$ 或 $\bar{x} \pm \sigma$，其中平均偏差 δ 和标准偏差 σ 一般以一位数字(最多两位)表示；相对偏差表示为：平均相对偏差$=\pm\frac{\delta}{\bar{x}}\times100\%$，标准相对偏差$=\pm\frac{\sigma}{\bar{x}}\times100\%$。

必须指出，测量结果精密度高并不一定表示准确度高，而准确度高一定需要精密度高。

1.3.2 偶然误差的统计规律和可疑值的舍弃

偶然误差符合正态分布规律，即正、负误差具有对称性。因此，只要测量次数足够多，在消除了系统误差和粗差的前提下，测量值的算术平均值趋近于真实值

$$\lim_{x \to \infty} \overline{x} = x_{真}$$

一般测量次数不可能有无限多次，测量值的算术平均值不等于真实值，偏差不等于误差。但是，有时两者混用。

如果以误差出现次数 N 对标准误差的数值 σ 作图，得一对称曲线(图 1.7)。统计结果表明，测量结果的偏差大于 3σ 的概率不大于 0.3%。因此，根据小概率定理，凡误差大于 3σ 的点均可以作为粗差剔除。严格地说，测量达到 100 次以上时方可如此处理，粗略地用于 15 次以上的测量。测量 10～15 次时可用 2σ，若测量次数更少，应酌情递减。

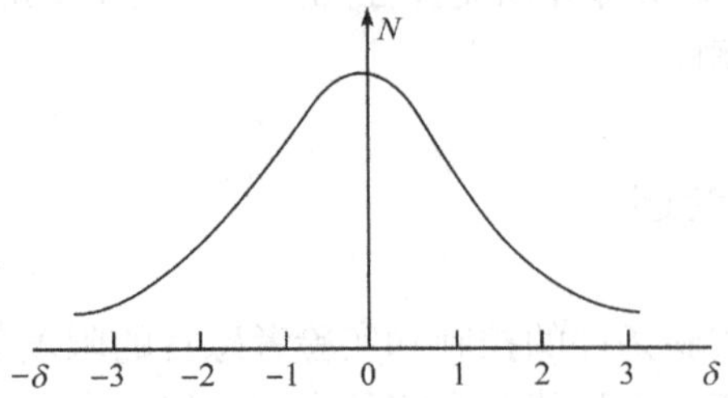

图 1.7　正态分布误差曲线

1.3.3　误差传递——间接测量结果的误差计算

物理量的测定可分为直接测量和间接测量两种。直接表示所求结果的测量称为直接测量，如用天平称量物质的质量，用米尺量物体的长度，用温度计测量系统的温度，用电位差计测定电池的电动势等。对于较复杂不易直接测得的量，可通过直接测定简单量，而后按照一定的函数关系将它们计算出来，这种测量称为间接测量，如用电导法测定乙酸乙酯皂化反应的速率常数，是在不同时间测定溶液的电导，再由公式计算得出。中级化学实验中的测量大多属于间接测量。

间接测量必然存在误差传递问题。通过间接测量结果误差的求算，可以知道哪个直接测量值的误差对间接测量结果影响最大，从而可以有针对性地提高测量仪器的精度，获得好的实验结果。

1. 间接测量结果误差的计算

设有函数 $u=u(x, y)$，其中 x，y 是可以直接测量的量。全微分得

$$\mathrm{d}u = \left(\frac{\partial u}{\partial x}\right)_y \mathrm{d}x + \left(\frac{\partial u}{\partial y}\right)_x \mathrm{d}y$$

此即误差传递的基本公式。部分简单函数及其误差的计算公式见表 1.4。

表 1.4　部分简单函数及其误差的计算公式

函数关系	绝对误差	相对误差
$u = x + y$	$\pm(\lvert \mathrm{d}x \rvert + \lvert \mathrm{d}y \rvert)$	$\pm\left(\frac{\lvert \mathrm{d}x \rvert + \lvert \mathrm{d}y \rvert}{x+y}\right)$
$u = x - y$	$\pm(\lvert \mathrm{d}x \rvert + \lvert \mathrm{d}y \rvert)$	$\pm\left(\frac{\lvert \mathrm{d}x \rvert + \lvert \mathrm{d}y \rvert}{x-y}\right)$
$u = xy$	$\pm(x\lvert \mathrm{d}y \rvert + y\lvert \mathrm{d}x \rvert)$	$\pm\left(\frac{\lvert \mathrm{d}x \rvert}{x} + \frac{\lvert \mathrm{d}y \rvert}{y}\right)$

续表

函数关系	绝对误差	相对误差
$u=\frac{x}{y}$	$\pm\frac{(x\|dy\|+y\|dx\|)}{y^2}$	$\pm\left(\frac{\|dx\|}{x}+\frac{\|dy\|}{y}\right)$
$u=x^n$	$\pm(nx^{n-1}dx)$	$\pm\left(n\frac{\|dx\|}{x}\right)$
$u=\ln x$	$\pm\left(\frac{dx}{x}\right)$	$\pm\left(\frac{\|dx\|}{x\ln x}\right)$
$u=\sin x$	$\pm(\cos x dx)$	$\pm(\cos x dx)$

2. 间接测量结果的标准误差计算

若 $u=u(x, y)$，则函数 u 的标准误差为

$$\sigma=\sqrt{\left(\frac{\partial u}{\partial x}\right)_y^2\sigma_x^2+\left(\frac{\partial u}{\partial y}\right)_x^2\sigma_y^2}$$

部分函数的标准误差见表 1.5。

表 1.5 部分函数的标准误差

函数关系	绝对误差	相对误差
$u=x+y$	$\pm\sqrt{\sigma_x^2+\sigma_y^2}$	$\pm\frac{\sqrt{\sigma_x^2+\sigma_y^2}}{\|x+y\|}$
$u=x-y$	$\pm\sqrt{\sigma_x^2+\sigma_y^2}$	$\pm\frac{\sqrt{\sigma_x^2+\sigma_y^2}}{\|x-y\|}$
$u=xy$	$\pm\sqrt{y^2\sigma_x^2+x^2\sigma_y^2}$	$\pm\sqrt{\frac{\sigma_x^2}{x^2}+\frac{\sigma_y^2}{y^2}}$
$u=\frac{x}{y}$	$\pm\frac{1}{y}\sqrt{\sigma_x^2+\frac{x^2}{y^2}\sigma_y^2}$	$\pm\sqrt{\frac{\sigma_x^2}{x^2}+\frac{\sigma_y^2}{y^2}}$
$u=x^n$	$\pm(nx^{n-1}\sigma_x^2)$	$\pm\frac{n}{x}\sigma_x$
$u=\ln x$	$\pm\frac{\sigma_x}{x}$	$\pm\frac{\sigma_x}{x\ln x}$

1.3.4 有效数字

当对一个量进行记录时，所记数字的位数必须与仪器的精密度相符合，即所记数字的最后一位为仪器最小刻度以内的估计值，称为可疑值，其他几位为准确值，这样的一个数字称为有效数字，它的位数不可随意增减，否则分别夸大和缩小了仪器的精密度。为了方便地表达有效数字位数，一般用科学记数法记录数字。例如，0.0000482 可写为 4.82×10^{-5}，有效数

字是 3 位；13460 可写为 1.3460×10^4，有效数字是 5 位，等等。用以表达小数点位置的零不计入有效数字位数。

在间接测量中，须通过一定公式将直接测量值进行运算，运算中对有效数字位数的取舍应遵循如下规则。

(1) 误差一般只取 1 位有效数字，最多 2 位。

(2) 有效数字的位数越多，数值的精确度越大，相对误差越小。例如

① (1.35±0.01) m，有 3 位有效数字，相对误差为 0.7%。

② (1.3500±0.0001) m，有 5 位有效数字，相对误差为 0.007%。

(3) 若第一位的数值等于或大于 8，则有效数字的总位数可多算 1 位，如 9.23 虽然只有 3 位有效数字，但在运算时可以看作 4 位。

(4) 运算中舍弃过多不定数字时，应用“4 舍 6 入，逢 5 尾留双”的法则。例如，有下列两个数值：9.435、4.685，将其整化为 3 位有效数字，根据上述法则，整化后的数值分别为 9.44、4.68。

(5) 在加减运算中，各数值小数点后所取的位数，以其中小数点后位数最少者为准。例如

$$56.38+17.889+21.6=56.4+17.9+21.6=95.9$$

(6) 在乘除运算中，各数值保留的有效数字，以其中有效数字最少者为准。例如

$$1.368\times0.041375\div87$$

其中 87 的有效数字最少，由于首位是 8，所以可以看成 3 位有效数字，其余两个数值也应保留 3 位有效数字，最后结果也只保留 3 位有效数字，即

$$\frac{1.37\times0.0414}{87}=6.52\times10^{-4}$$

(7) 在乘方或开方运算中，结果可多保留 1 位。

(8) 对数运算时，对数中的首数不是有效数字，对数的尾数的位数应与各数值的有效数字相当。例如

$$a_{\mathrm{H^+}}=6.7\times10^{-4}\qquad \mathrm{pH}=3.17$$

$$K_\mathrm{a}=5.6\times10^{7}\qquad \lg K_\mathrm{a}=7.75$$

(9) 算式中，常数π、e 和某些取自手册的常数，如阿伏伽德罗常量、普朗克常量等，不受上述规则限制，其位数按实际需要取舍。

1.3.5 数据处理

中级化学实验中，数据表示和处理的内容较多，是学习和训练的重点之一。数据的表示主要有如下三种方法：列表法、作图法和数学方程式法。可以人工绘制，也可以用计算机处理，尤其是作图法，随着计算机应用的普及，计算机作图日益受到重视。在此仅介绍列表法和数学方程式法，作图法可参照相关软件介绍。

1. 列表法

将实验数据列成表格，排列整齐，一目了然。这是数据处理中最简单的方法，列表时应注意以下几点。

(1) 表格要有名称，按序编号，表内内容表达要清楚，表格具有独立性。

(2)每行(或列)的开头一栏都要列出物理量的名称和单位，并把二者表示为相除的形式。因为物理量的符号本身是带有单位的，除以它的单位，即等于表中的纯数字。

(3)数字要排列整齐，小数点要对齐，公共的乘方因子应写在开头一栏与物理量符号相乘的形式，并为异号。

(4)表格中表达的数据顺序为：由左到右，由自变量到因变量，可以将原始数据和处理结果列在同一表中，但应以一组数据为例，在表格下面列出算式，写出计算过程。

2. 数学方程式法

将一组实验数据用数学方程式表达出来是最为精练的一种方法。它不但方式简单，而且便于进一步求解，如积分、微分、内插等。此法首先要找出变量之间的函数关系，然后将其线性化，进一步求出直线方程的系数斜率和截距，即可写出方程式。也可将变量之间的关系直接写成多项式，通过计算机曲线拟合求出方程系数。求直线方程系数一般有以下三种方法。

1)图解法

将实验数据在直角坐标纸上作图，得一直线，此直线在 y 轴上的截距即为 b 值(横坐标原点为零时)；直线与轴夹角的正切值即为斜率 m。或在直线上选取两点(此两点应远离) (x_1, y_1) 和 (x_2, y_2)，则

$$m = \frac{\Delta y}{\Delta x} = \frac{y_2 - y_1}{x_2 - x_1}$$

$$b = \frac{y_1 x_2 - y_2 x_1}{x_2 - x_1}$$

2)平均法

若将测得的 n 组数据分别代入直线方程，则得 n 个直线方程

$$\begin{gathered} y_1 = mx_1 + b \\ y_2 = mx_2 + b \\ \vdots \\ y_n = mx_n + b \end{gathered}$$

将这些方程分成两组，分别将各组的 x，y 值累加起来，得到两个方程

$$\sum_{i=1}^{k} y_i = m\sum_{i=1}^{k} x_i + kb$$

$$\sum_{i=k+1}^{n} y_i = m\sum_{i=k+1}^{n} x_i + (n-k)b$$

解此联立方程，可得 m，b 值。

3)最小二乘法

这是最为精确的一种方法，它的依据是使误差平方和为最小，对于直线方程，令 $\varDelta = \sum_{i=1}^{n}(mx_i + b - y_i)^2$ 为最小，根据函数极值条件，应有

$$\frac{\partial \varDelta}{\partial m} = 0$$

$$\frac{\partial \varDelta}{\partial b} = 0$$

于是得方程

$$\sum_{i=1}^{n} x_i\left(mx_i + b - y_i\right) = 0$$

$$\sum_{i=1}^{n}\left(mx_i + b - y_i\right) = 0$$

即

$$b\sum_{i=1}^{n} x_i + m\sum_{i=1}^{n} x_i^2 - \sum_{i=1}^{n} x_i y_i = 0$$

$$nb + m\sum_{i=1}^{n} x_i - \sum_{i=1}^{n} y_i = 0$$

解此联立方程得

$$m = \frac{n\sum_{i=1}^{n} x_i y_i - \sum_{i=1}^{n} x_i \sum_{i=1}^{n} y_i}{n\sum_{i=1}^{n} x_i^2 - \left(\sum_{i=1}^{n} x_i\right)^2}$$

$$b = \frac{\sum_{i=1}^{n} y_i}{n} - \frac{m\sum_{i=1}^{n} x_i}{n}$$

此过程即为线性拟合或称线性回归。由此得出的 y 值称为最佳值。

最小二乘法是假设自变量 x 无误差或 x 的误差比 y 的小得多，可以忽略不计。与线性回归所得数值比较，y_i 的误差如下，σ_{y_i} 越小，回归直线的精度越高。

$$\sigma_{y_i} = \sqrt{\frac{\sum_{i=1}^{n}\left(mx_i + b - y_i\right)^2}{n-2}}$$

相关系数表达两变量之间的线性相关程度，表达式为

$$R = \frac{\sum\left(x_i - x\right)\left(y_i - y\right)}{\sqrt{\sum\left(x_i - x\right)^2 \sum\left(y_i - y\right)^2}}$$

R 的取值应为 $-1 \leqslant R \leqslant +1$。当两变量线性相关时，$R$ 等于±1；两变量各自独立，毫无关系时，$R=0$；其他情况均处于+1 和−1 之间。

1.3.6　计算机处理法

在处理实验数据时，经常需要对实验数据进行线性回归和曲线拟合，用以描述不同变量之间的关系，找出相应函数的系数，建立经验公式或数学模型；撰写实验报告时还需要合适的图表，图表是显示和分析复杂数据的理想方式，精美清晰的图表能使实验报告大为增色。目前，常用的两款软件 Excel 和 Origin 对实验数据的分析和图表的绘制等均具有强大的功能。

1. Excel

Excel 是 Microsoft Office 的套件之一，集文字、数据、图表和图形为一体，对数据进行

计算、分析和统计。其特点是：操作简便易行、模型简明直观、函数种类繁多、易生成图表，并且备有一系列数据分析工具，故智能程度高、数据处理能力强。Excel 的另一特点是通用性强，能与其他数学分析软件相互传递及能直接输入现代仪器以 ASCII 语言(文本文件)记录的实验数据。

Excel 在中级化学实验中可用于数值计算、图表制作、解方程、线性回归和非线性回归等，如用于光谱分析、溶液平衡、稳定常数计算及动力学数据处理。Excel 有强大的数据库管理功能，可以分析、归纳、总结和存放大量的文献资料和数据信息。

读者一般比较熟悉 Excel 的运用，请注意在中级化学实验阶段有意识地结合具体实验进行训练。

2. Origin

Origin 操作简便，采用直观的、图形化的、面向对象的窗口菜单和工具栏操作，容易上手。Origin 有专业级的图表处理功能、强大的实验数据分析功能和尽善尽美的图形展示功能。

Origin 是基于 Windows 平台下用于数据分析、工程绘图的软件。Origin 是一个多文档界面应用程序，将用户的所有工作都保存在后缀为 opj 的项目(Project)文件中，保存项目文件时，各子窗口也随之一起存盘；另外，各子窗口也可以单独保存，以便被其他项目文件调用。一个项目文件可以包括多个子窗口，子窗口可以是工作表(Worksheet)窗口、绘图(Graph)窗口、函数图(Function Graph)窗口、矩阵(Matrix)窗口和版面设计(Layout Page)窗口等。而且项目文件中的各窗口相互关联，可以实现数据实时更新，即如果工作表中的数据被改动之后，其变化能立即反映到其他各窗口，如绘图窗口中所绘数据点可以立即更新。

Origin 软件具有两大类功能：绘图和数据分析。Origin 绘图基于绘图模板，软件本身提供了 60 余种二维和三维绘图模板，并允许用户自己定制模板。绘图时只要选择所需要的模板就能绘制出精美的图形。Origin 数据分析包括数据的排序、调整、计算、统计、傅里叶变换、各种自带函数的曲线拟合及用户自己定义函数拟合等各种数学分析功能。此外，Origin 7.0 可以与各种数据库软件、办公软件、图像处理软件等进行方便的链接，实现数据共享；可以用标准 ANSIC 等高级语言编写数据分析程序，以及用内置的 Origin C 语言或 Lab Talk 语言编程进行数据分析和作图等。网络上可以找到该软件的相关功能介绍及使用方法介绍，在此不再赘述。

1.4 温度测量技术

1.4.1 温度与温标

热力学第零定律揭示了温度这一平衡性质。温度是宏观物体的内在属性，表征物体冷热程度。但是，必须选定温标后才能定量表示温度的数值，温度不能直接测量，只能借助于冷热不同物体的热交换及随冷热程度变化的某些物理特性进行间接测量。

物体温度的数值表示方法称为温标。它规定了温度的读数起点(零点)和测量温度的基本单位。目前国际上用得较多的温标有摄氏温标、华氏温标、热力学温标和国际实用温标等。

摄氏温标(℃)规定：在标准大气压下，冰的熔点为 0 度，水的沸点为 100 度，中间划分 100 等份，每等份为摄氏 1 度，符号为℃。

华氏温标(℉)规定：在标准大气压下，冰的熔点为 32 度，水的沸点为 212 度，中间划分 180 等份，每等份为华氏 1 度，符号为℉。

热力学温标又称开尔文温标，或称绝对温标，它规定分子运动停止时的温度为绝对零度，符号为 K。热力学温标是基本温标，热力学温标定义的温度称为热力学温度，是七个基本物理量之一。严格意义上讲，需要用热力学温度重新定义摄氏温度、华氏温度等其他温度。

国际实用温标是一个国际协议性温标，它与热力学温标接近，而且复现精度高，使用方便。目前国际通用的温标是 1975 年第 15 届国际温度大会通过的《1968 年国际实用温标(1975 年修订版)》，简称 IPTS-68(Rev-75)。但由于 IPTS-68 温标存在一定的不足，国际计量委员会在第 18 届国际计量大会第七号决议授权于 1989 年会议通过了 1990 年国际温标 ITS-90，以 ITS-90 温标替代 IPTS-68。我国自 1994 年 1 月 1 日起全面实施 ITS-90 国际温标。

1990 年国际温标(ITS-90)简介如下。

1. 温度单位

热力学温度，符号为 T，单位为开尔文，符号为 K。其定义为：开[尔文]1 度等于水的三相点热力学温度的 1/273.16，水三相点的热力学温度为 273.16K。

根据定义，1 摄氏度的大小等于 1 开[尔文]，温差也可以用摄氏度或开表示。

国际温标 ITS-90 同时定义国际开尔文温度(符号为 T_{90})和国际摄氏温度(符号为 t_{90})：

$$t_{90} / ℃ = T_{90} / \mathrm{K} - 273.15$$

2. 国际温标 ITS-90 的通则

ITS-90 由 0.65K 向上到普朗克辐射定律使用单色辐射实际可测量的最高温度。在全量程中，任何温度的 T_{90} 值非常接近温标采纳时 T 的最佳估计值，与直接测量热力学温度相比，T_{90} 的测量方便得多，而且更为精密，并具有很高的复现性。

3. ITS-90 的定义

第一温区为 0.65～5.00K，T_{90} 定义为

$$T_{90} / \mathrm{K} = A_0 + \sum_{i=1}^{9} A_i \left[\ln\left(p / \mathrm{Pa} - B\right) / C\right)\right]$$

式中：A_0、A_i、B、C 为常数，见表 1.6。

表 1.6　第一温区 T_{90} 定义式中各常数值

项目	^{3}He (0.65～3.2K)	^{4}He (1.25～2.1768K)	^{4}He (2.1768～5.0K)
A_0	1.053447	1.392408	3.146631
A_1	0.980106	0.527153	1.357655
A_2	0.676380	0.166756	0.413923
A_3	0.372692	0.050988	0.091159
A_4	0.151656	0.026514	0.016349
A_5	−0.002263	0.001975	0.001826
A_6	0.006596	−0.017976	−0.004325

续表

项目	^3He (0.65～3.2K)	^4He (1.25～2.1768K)	^4He (2.1768～5.0K)
A_7	0.088966	0.005409	−0.004973
A_8	−0.004770	0.013259	0
A_9	−0.054943	0	0
B	7.3	5.6	10.3
C	4.3	2.9	1.9

第二温区为3.0K到氖三相点(24.5661K)之间。T_{90}借助于三个温度点分度过的^3He和^4He定容气体温度计定义。三个温度点为氖三相点、平衡氢三相点(13.8033K)及^3He和^4He气体温度计在3.0～5.0K测得的一个温度点。

第三温区为平衡氢三相点(13.8033K)到银的凝固点(1234.93K)之间，T_{90}由铂电阻温度计定义。它使用一组规定的定义固定点及利用规定的内插法分度。任何一支铂电阻温度计都能在整个温区内有高的准确度，还要分若干个小温度区间。

温度值T_{90}由该温度时的电阻$R(T_{90})$与水的三相点时的电阻$R(273.16K)$之比求得。比值$W(T_{90})$为

$$W(T_{90})=R(T_{90})/R(273.16K)$$

一支适用的铂电阻温度计需由无应力的纯铂丝做成，并且

$$W(302.9146K)\geqslant 1.11807$$

或

$$W(234.3156K)\leqslant 0.844235$$

一支能用于测量银凝固点的铂电阻温度计还必须满足

$$W(1234.93K)\geqslant 4.2844$$

在电阻温度计的不同温区内使用不同的参考函数。有关细节见参考资料。

第四温区为银凝固点(961.78℃)以上的温区，T_{90}按照普朗克辐射定律定义

$$\frac{L_\lambda(T_{90})}{L_\lambda[T_{90}(x)]}=\frac{\exp\frac{C_2}{\lambda[T_{90}(x)]}-1}{\exp\frac{C_2}{\lambda(T_{90})}-1}$$

1.4.2 温度测量仪表的分类

按测温原理不同，温度测量大体依赖以下几种方式：①热膨胀：固体的热膨胀，液体的热膨胀，气体的热膨胀(定压或定容)，如玻璃水银温度计；②电阻变化：导体或半导体受热后电阻发生变化，如铂电阻温度计、热敏电阻温度计；③热电效应：不同材质导线连接的闭合回路，两接点的温度如果不同，回路内就产生热电势，如热电偶；④热辐射：物体的热辐射随温度的变化而变化，如辐射高温计。

随着科学技术的发展，近年来在传统的温度测量技术基础上发展并相继提出一些新的现代测温技术，如红外非接触测温技术、基于彩色CCD三基色的测温技术、射流测温技术、涡流测温技术、激光测温技术等。

温度测量仪表按测温方式可分为接触式和非接触式两大类。前者的感温元件与被测介质直接接触；后者的感温元件与被测介质不直接接触。通常来说接触式测温仪表比较简单、可靠，测量精度较高，但因测温元件与被测介质需要进行充分的热交换，需要一定的时间才能达到热平衡，所以存在测温的延迟现象，同时受耐高温材料的限制，不能应用于很高的温度测量。非接触式仪表测温是通过热辐射原理测量温度，感温元件不需与被测介质接触，测温范围广，不受测温上限的限制，也不会破坏被测物体的温度场，反应速率一般也比较快，但受到物体的发射率、测量距离、烟尘和水汽等外界因素的影响，其测量误差较大。

根据不同的测温原理可将各种测温仪表进行分类，见表 1.7。表 1.8 列出各类测温仪表的优缺点，表 1.9 为各种温度计的使用范围和分辨率。

表 1.7　测温仪表分类

接触式	膨胀式温度计	液体膨胀式温度计 固体膨胀式温度计
	压力表式温度计	充液体型 充气体型 充蒸气型
	热电阻	铂热电阻 铜热电阻 特殊热电阻 半导体热敏电阻
	热电偶	铂铑-铂(LB)热电偶 镍铬-镍硅(镍铝)(EU)热电偶 镍铬-考铜(EA)热电偶 特殊热电偶
非接触式	光学温度计(亮度高温计) 辐射高温计 比色高温计	

表 1.8　各类测温仪表的优缺点

形式	种类	优点	缺点
接触式温度计	玻璃液体温度计	结构简单，使用方便，测量准确，价格低廉	测量上限和精度受玻璃质量的限制，易碎，不能记录和远传
	压力表式温度计	结构简单，不怕震动，具有防爆性，价格低廉	精度低，测温距离较远时，仪表的滞后现象严重
	热电阻	测温精度高，便于远距离、多点、集中测量和自动控制	不能测量高温，由于体积大，测量点温度较困难
	热电偶	测温范围广、精度高，便于远距离、多点、集中测量和自动控制	需冷端补偿，在低温段测量时精度低
非接触式温度计	辐射式温度计	感温元件不破坏被测物体温度场，测温范围广	只能测高温，低温段测量不准，环境条件会影响测量准确度。对测量值修正后才能获得其实际温度

表 1.9 各种温度计的使用范围和分辨率

类型	使用范围/℃	分辨率/℃	使用要求
液体-玻璃温度计			恒温，恒压
(1)水银	−30～+360	≥10^{-2}	
(2)水银(充气)	−30～+600	≥10^{-1}	
(3)乙醇	−110～+50	10^{-1}	
(4)戊烷	−190～+20	10^{-1}	
(5)贝克曼	(量程 5)	10^{-3}	
热电偶		≥10^{-3}	毫伏计或电桥，冷端温度补偿
(1)铜-考铜	−250～+300		
(2)镍铬-镍硅	−200～+1100		
(3)铂铑-铂	−100～+1500	10^{-2}	
(4)半导体	−200～+500	10^{-4}	
电阻温度计			稳定电源，电势测量
(1)铂	−260～+1100	10^{-4}	
(2)半导体	−273～+300	10^{-4}	
石英频率温度计	−78、+240	10^{-2}	
气体温度计		10^{-2}	恒容或恒压，气压计或膨胀仪
(1)He	−269～0		
(2)H_2	0～+110		
(3)N_2	+110～+1550		
蒸气压温度计	−272～−173	10^{-2}	气压计
辐射高温计			
(1)灯丝式	>700～2000	10^{0}	
(2)全辐射式	>700～2000	10^{0}	
(3)光电式	150～1600	10^{-2}	

选择和使用温度计时，必须考虑以下几点：①被测物体的温度是否需要指示、记录和自动控制；②是否便于读数和记录；③测温范围与精度要求；④感温元件的尺寸是否会破坏被测物体的温度场；⑤被测温度不断变化时，感温元件的滞后性能(时间常数)是否符合测温要求；⑥被测物体和环境条件对感温元件有无损害；⑦仪表使用是否方便；⑧仪表寿命；⑨用接触式温度计时，感温元件必须与被测物体接触良好，且与周围环境无热交换，否则温度计报出的温度只是“感受”到的，并非真实的温度；⑩感温元件在被测物体中必须有一定的插入深度。

1.4.3 实验室常用温度计

实验室常用的温度计是水银温度计，属于接触式温度计。其种类和使用范围见表 1.10。

表 1.10　水银温度计的分类

水银温度计的种类	使用范围
一般温度计	−5～105℃、150℃、250℃、360℃，每格 1℃或 0.5℃
量热温度计	9～15℃、12～18℃、15～21℃、18～24℃、20～30℃，每格 0.01℃
贝克曼温度计	升高和降低两种，−6～120℃，每格 0.01℃
分段温度计	−10～200℃，分为 24 支，每支温度范围 10℃，每格 0.1℃ −40～400℃，每隔 50℃一支，每格 0.01℃
冰点下降温度计	−0.50～0.50℃，每格 0.01℃

1. 水银温度计

水银温度计的校正：对水银温度计来说，必须进行校正，主要校正以下三个方面。

1)露茎校正

以浸入深度来区分，水银温度计有“全浸”、“局浸”两种。对于全浸式温度计，使用时要求整个水银柱的温度与储液泡的温度相同，如果两者温度不同，就需要进行校正。对于局浸式温度计，温度计上刻有一浸入线，表示测温时规定浸入的深度，即标线以下水银柱的温度应当与储液泡相同，标线以上的水银柱温度应与检定时相同。测温时，小于或大于这一浸入深度，或标线以上的水银柱温度与检定时不一样，就需要校正。这两种校正统称为露茎校正(图 1.8)。校正公式如下：

$$\Delta t = 0.00016h(t_1 - t_2)$$

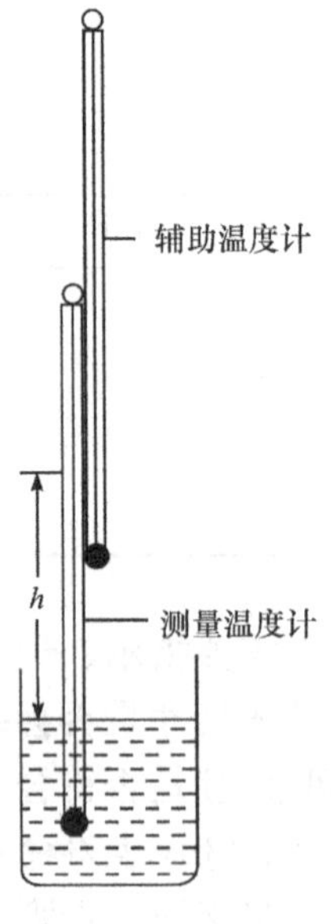

图 1.8　露茎校正

式中：Δt 为读数的校正值；t_1 为测量温度计的读数值；t_2 为辅助温度计的读数值；h 为水银柱露出待测系统外部分的读数。校正后的实际温度为 $t = t_1 + \Delta t$ 。

2)零点校正

用温度计进行温度测量时，水银球(储液泡)也经历了一个变温过程，玻璃分子进行了一次重新排列过程。当温度升高时，玻璃分子随之重新排列，水银球的体积增大。当温度计从测温容器中取出，温度会突然降低。由于玻璃分子的排列跟不上温度的变化，这时水银球的体积一定比使用前大，因此测定它的零点一定比使用前零点低。若要准确地测量温度，则在使用前必须对温度计进行零点校正。

校正零点的恒温器称为冰点器。冰点器中盛以冰水混合物，但应注意冰中不能有任何盐类存在，否则会降低冰点。对冰、水的纯度应予以特别注意，冰融化后水的电导率不应超过 $10\times10^{-5}\text{S}\cdot\text{cm}^{-1}$(20℃)。得到零点变化值后，应依此对原检定证书上的分度修正值作相应修正。

3)分度校正

水银温度计的毛细管内径、截面不可能绝对均匀，水银的视膨胀系数并不是一个常数，而与温度有关。因此，水银温度计温标与国际实用温标存在差异，必须进行分度校正。

标准温度计和精密温度计可由制造厂或国家计量机构进行校正，给予检定证书。实验室中对于没有检定证书的温度计，以标准水银温度计为标准，同时测定某一系统的温度，将对应值一一记录下来，作出校正曲线。也可以纯物质的熔点或沸点作为标准进行校正。若校正时的条件(浸入的多少)与使用时差不多，则使用时一般不需再作露出部分校正。

使用水银温度计应注意：①在对温度计进行读数时，视线与液柱面位于同一平面(水银温度计按凸面的最高点读数)；②为防止水银在毛细管上附着，读数时应用手指轻轻弹动温度计；③温度计测温时存在延迟时间，一般情况下温度计浸在被测物质中 1～6min 后读数，延迟误差不大，但在连续记录温度计读数变化的实验中要注意这个问题；④温度计尽可能垂直，以免温度计内部水银压力不同而引起误差。

水银温度计是很容易损坏的仪器，使用时应严格遵守操作规程。万一温度计损坏，内部水银洒出，应严格按照水银的安全使用规程处理。

2. 贝克曼温度计

贝克曼温度计是一种移液式内标温度计，如图 1.9 所示。它的测量范围是–20～+150℃，专用于测量温度差值，不能进行温度值绝对测量。贝克曼温度计的结构特点是底部的水银储球大，顶部有一个辅助水银储槽，用来调节底部水银量，所以同一支贝克曼温度计可用于不同温区。

在温度计主标尺上，通常只有 0～5℃(或 0～6℃)的刻度范围，标尺上的最小分度值是 0.01℃，可以读到±0.002℃。

由于储液球中水银量是按照测温范围进行调整的，所以每支贝克曼温度计在不同温区的分度值是不同的。当储液球中水银量增多，同样有 1℃的温差，毛细管中的水银柱将升得比主标尺上示值差 1℃高；相反，如果储液球中水银量减少，这时水银柱升高够不上主标尺的 1℃，因而贝克曼温度计不同的温区所得的温差读数必须乘上一个校正因子，才能得到真正的温度差，这一校正因子称为在该温区的平均分度值 r。

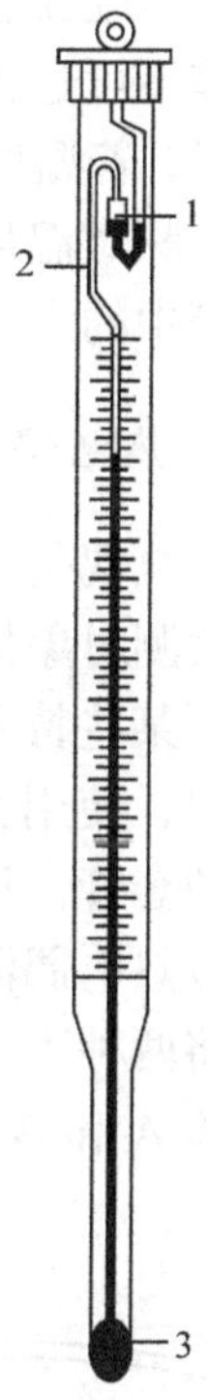

图 1.9 贝克曼温度计的构造

1. 水银储槽；2. 毛细管；3. 水银球

根据实验的需要，贝克曼温度计测量范围不同，必须把温度计毛细管中的水银面调整在标尺的合适范围内。例如，用贝克曼温度计测定凝固点降低，在纯溶剂的凝固温度时，水银面应在标尺的 1℃附近。因此，在使用贝克曼温度计时，首先应将它插入一个与所测起始温度相同的系统内。待平衡后，如果毛细管内水银面在所要求的合适刻度附近，就不必调整。否则应按以下步骤进行调整。

(1) 首先确定所使用的温度范围。例如，测量水溶液的冰点降低时，希望能读出–5～1℃的温度读数，而测量水溶液的沸点升高时，则希望能读出 99～105℃的温度读数。

(2) 根据使用范围，估计当水银柱升至弯头点处的温度值。一般的贝克曼温度计，水银柱由刻度最高处上升至毛细管末端，还需再提高 2℃左右。根据这个估计值来调节水银球中的水银量。例如，测定水的冰点降低时，刻度 4 要调节为 0℃，则毛细管末端温度相当于 3℃。

(3) 将贝克曼温度计浸在温度较高的水中，使毛细管内的水银柱升至毛细管末端，并在球形出口处形成滴状，然后从水中取出温度计，将其倒置，即可使它与储管中的水银连接。

(4) 另用一恒温浴，温度调至毛细管末端所需温度，把贝克曼温度计置于该恒温浴中，恒温 3min 以上。

(5) 取出温度计，用右手紧握其中部，使它近垂直，用左手轻击右小臂，水银柱即可在毛细管末端处断开。温度计从恒温浴中取出后，由于温度的差异，水银体积会迅速变化，因此这一调整步骤要求迅速、轻快，但不必慌乱，以免造成失误。

(6) 将调节好的温度计置于欲测温度的恒温浴中，观察读数值，并估计量程是否符合要求。例如，在冰点降低的实验中，可用 0℃的冰予以检验，如果温度值落在 3～5℃处，意味着量程合适；如果偏差过大，则应按上述步骤重新调节。

读数时，贝克曼温度计必须垂直，而且水银球应全部浸入所测温度的系统中。读数前必须先用手指轻敲水银面处，用放大镜读取数值。读数时应注意视线与水银面水平，而且使最靠近水银面的刻度线中部不弯曲。

直接由贝克曼温度计上读出的温度差值要进行刻度值的校正：①调控温度不同所引起的校正；②露茎校正；③孔径校正等。一般只做前两个校正。

使用过程中还应注意：①贝克曼温度计属于较贵重的玻璃仪器，由薄玻璃制成，并且毛细管较长，易受损坏，所以一般只应放置三处(安装在使用仪器上、放置在温度计盒中、握在手中，不应任意搁置)；②调节时，注意勿使其受剧热或骤冷，以防止温度计破裂，另外操作时动作不可过大，避免重击，并与实验台有一定距离，以免触到实验台上损坏温度计；③在调节时，若温度计下部水银球的水银与上部储槽中的水银始终不能相接，应停下来检查原因。不可一味对温度计升温，致使下部水银过多地导入上部储槽中。调节好的温度计，注意勿使毛细管中的水银再与储管中的水银相接。

3. 热电偶

热电偶是工业上最常用的温度检测元件之一。其优点是：①测量精度高，因为热电偶直接与被测对象接触，不受中间介质的影响；②测量范围广，常用的热电偶在−50～1600℃均可测量，某些特殊热电偶最低可测到−269℃(如金铁镍铬)，最高可达+2800℃(如钨-铼)；③构造简单，使用方便。热电偶通常由两种不同的金属丝组成，而且不受大小和开头的限制，外有保护套管，使用非常方便。

1) 热电偶测温的基本原理

将两种不同材料的导体或半导体 A 和 B 焊接起来，构成一个闭合回路，如图 1.10 所示。当导体 A 和 B 的两个接点 1 和 2 之间存在温差时，两者之间便产生电动势，因而在回路中形成一定大小的电流，这种现象称为热电效应。热电偶就是利用这一原理来工作的。

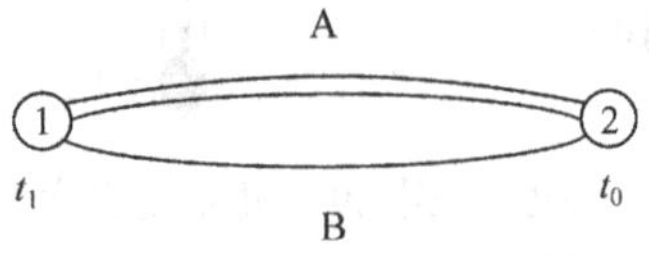

图 1.10　热电偶示意图

为了保证热电偶可靠、稳定地工作，对它的结构要求：组成热电偶的两个热电极的焊接必须牢固；两个热电极彼此之间应很好地绝缘，以防短路；补偿导线与热电偶自由端的连接方便可靠；保护套管应能保证热电极与有害介质充分隔离。

2)热电偶的种类

常用热电偶可分为标准热电偶和非标准热电偶两大类。标准热电偶是指国家标准规定了其热电势与温度的关系、允许误差，并有统一的标准分度表的热电偶，它有与其配套的显示仪表可供选用。非标准热电偶在使用范围和数量级上均不及标准热电偶，一般也没有统一的分度表，主要用于某些特殊场合的测量。

热电偶有普通热电偶、铠装热电偶和薄膜热电偶。

(1)普通热电偶。普通热电偶主要用于测量气体、蒸气、液体等介质的温度。由于其应用广泛，使用条件大部分相同，所以大量生产了若干通用标准型式，供选择使用。其中包括棒型、角型、锥型等，并且分别做成无专门固定装置、有螺纹固定装置及法兰固定装置等多种形式。

(2)铠装热电偶。铠装热电偶是由热电极、绝缘材料和金属保护套管三者组合成一体的特殊结构的热电偶。与普通结构的热电偶相比，铠装热电偶具有许多特点。铠装热电偶的外径可以很小，长度可以很长(最小直径可达 0.25mm，长度达几百米)；热响应时间很短，最低可达毫秒数量级，这对采用电子计算机进行检测控制具有重要意义；节省材料，有很大的可挠性；寿命长，具有良好的机械性能，耐高压，有良好的绝缘性。

(3)薄膜热电偶。薄膜热电偶是由两种金属薄膜连接在一起的特殊结构的热电偶。测量端既小又薄，厚度可达 0.01～0.1μm，因此热容量很小，可应用于微小面积上的温度测量；反应速率快，时间常数可达微秒级。薄膜热电偶分为片状、针状或热电极材料直接镀在被测物表面上三大类。薄膜热电偶是近年发展起来的一种新的结构形式。随着工艺、材料的不断改进，薄膜热电偶是一种很有前途的热电偶。

常用热电偶的使用范围见表 1.11。

表 1.11 常用热电偶的使用范围

热电偶类别	分度号	使用范围/℃	热电势温度系数 $(dE/dT)/(mV\cdot ℃^{-1})$
铁-康铜	FK	0～+800	0.0540
铜-康铜	CK	−200～+300	0.0428
镍铬$_{10}$-考铜	EA-2	0～+800	0.0695
镍铬-康铜	NK	0～+800	0.0410
镍铬-镍硅		0～+1300	0.0410
镍铬-镍铝	EU-2	0～+1100	0.0064
铂-铂铑$_{10}$	LB-3	0～+1600	0.00034
铂铑$_{30}$-铂铑$_{6}$	LL-2	0～+1800	
钨铼$_{5}$-钨铼$_{20}$	WR	0～+2800	

3)热电偶的应用

热电偶可用相应的金属导线熔接而成。铜和康铜熔点较低，可蘸以松香或其他非腐蚀性的焊药在煤气焰中熔接。其他几种热电偶则需要在氧焰或电弧中熔接。焊接时，先将两根金属线末端的一小部分拧在一起，在煤气灯上加热至 200～300℃，沾上硼砂粉末，然后让硼砂在两金属丝上熔成一硼砂球，以保护热电偶丝免受氧化，再利用氧焰或电弧使两金属熔接在一起。

应用时一般将热电偶的一个接点放在待测物体中(热端)，而另一接点放在储有冰水的保温瓶中(冷端)，这样可以保持冷端的温度稳定，如图 1.11 所示。

有时为了使温差电势增大，增加测量精确度，可将几对热电偶串联成热电堆使用，热电堆的温差电势等于各对热电偶热电势之和，如图 1.12 所示。

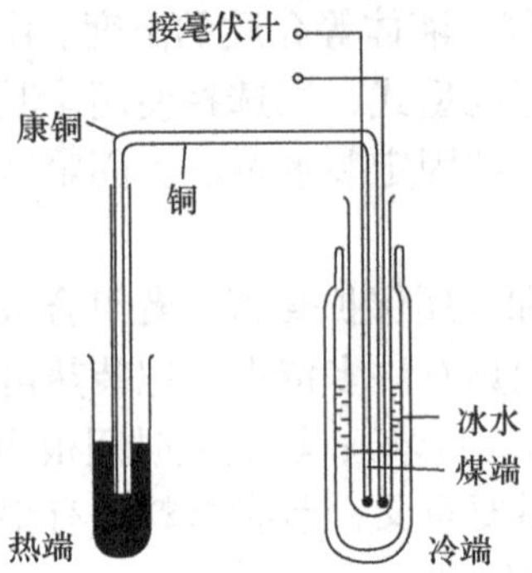

图 1.11 热电偶的使用

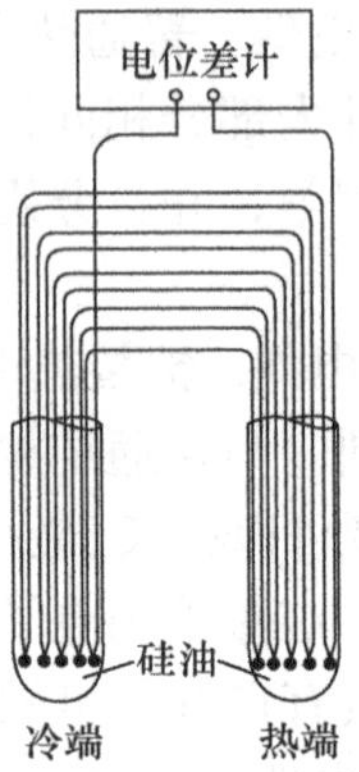

图 1.12 五对热电偶串联

热电偶温度计包含两条焊接起来的不同金属的导线，在低温时两条线可以用绝缘漆隔离，在高温时则要用石英管、磁管或玻璃管隔离，视使用温度不同而异。

温差电势可以用电位差计、毫伏计或数字电压表测量。精密的测量可使用灵敏检流计或电位差计。

由于热电偶的材料一般都比较贵重(特别是采用贵金属时)，而测温点到仪表的距离都很远，为了节省热电偶材料，降低成本，通常采用补偿导线把热电偶的冷端延伸到温度比较稳定的控制室内，连接到仪表端子上。必须指出，热电偶补偿导线的作用只是延伸热电极，使热电偶的冷端移动到控制室的仪表端子上，它本身并不能消除冷端温度变化对测温的影响，不起补偿作用。因此，还需采用其他修正方法补偿冷端温度 $t_0 \neq 0$℃时对测温的影响。

在使用热电偶补偿导线时必须注意型号相配，极性不能接错，补偿导线与热电偶连接端的温度不能超过 100℃。

4. 热电阻温度计

热电阻温度计是中低温区最常用的一种温度检测器。它的主要特点是测量精度高，性能稳定。其中铂电阻温度计的测量精确度最高，它不仅广泛应用于工业测温，而且被制成标准温度计。热电阻测温系统一般由热电阻、连接导线和显示仪表等组成。

1)热电阻测温原理、材料与结构

热电阻测温是基于金属导体的电阻值随温度的增加而增加这一特性进行温度测量的。热电阻大多由纯金属材料制成，目前应用最多的是铂和铜。此外，现在已开始采用镍、锰和铑等材料制造热电阻。

热电阻的结构形式有：普通型热电阻、铠装热电阻、端面热电阻和隔爆型热电阻等。

铠装热电阻是由感温元件(电阻体)、引线、绝缘材料、不锈钢套管组合而成的坚实体，它的外径一般为 2～8mm。与普通型热电阻相比，它有下列优点：体积小，内部无空气隙，热惯性上，测量滞后小；机械性能好，耐震，抗冲击；能弯曲，便于安装；使用寿命长。

端面热电阻感温元件由特殊处理的电阻丝材绕制，紧贴在温度计端面。与一般轴向热电阻相比，它能更准确、快速地反映被测端面的实际温度，适用于测量轴瓦和其他机件的端面温度。

隔爆型热电阻通过特殊结构的接线盒，把其外壳内部爆炸性混合气体因受到火花或电弧等影响而发生的爆炸局限在接线盒内，生产现场不会引起爆炸。

2) 金属丝电阻温度计

纯金属及多数合金的电阻率随温度升高而增加，即具有正的温度系数。在一定温度范围内，电阻-温度关系是线性的。若已知金属导体在温度 t_1 时的电阻 R_1，则温度 t 时的电阻 R 为

$$R = R_1 + \alpha R_1 (t - t_1)$$

式中：α 为平均电阻温度系数。

对金属丝电阻温度计的要求是：①在测温范围内，电阻-温度关系应是线性的；②电阻温度系数应比较大；③具有大电阻率，这样小尺寸下就有大电阻值；④金属丝电气性能的重复性好，使传感器具有良好的互换性。

因为铂容易提纯，并且性能稳定，具有很高重复性的电阻温度系数，所以铂电阻精密电桥组成的铂电阻温度计有极高的精确度，是最佳和最常用的金属丝电阻温度计，其测温范围为−200～500℃。铂电阻温度计感温元件是由纯铂丝用双绕法绕成的线圈(以石英、瓷片、云母等为骨架)。

铜丝电阻温度计有一定的应用范围，其测温范围为−150～180℃。铜丝的优点是线性度好、电阻温度系数大。缺点是易被氧化，但若用带玻璃绝缘的直径为 0.01～0.02mm 的微细铜丝，则可避免这一缺点。铜丝另一缺点是电阻率低，制作温度传感器需要较长的芯线，因而外形很大。测量滞后效应较严重。镍和铁的电阻温度系数和电阻率都较大，但其实际应用并不广，原因是材料的重复性较差。此外，温度-电阻关系较复杂，材料易氧化。

3) 热敏电阻温度计

目前，常用的热敏电阻是由金属氧化物半导体材料制成的。随着温度的变化，热敏电阻的电阻值会发生显著的变化。热敏电阻是一个对温度变化极其敏感的元件，对温度的灵敏度比铂电阻、热电偶等感温元件高得多，能直接将温度变化转换成电性能的变化(电阻、电压或电流的变化)，测量电性能的变化便可测出温度的变化。

热敏电阻根据电阻-温度特性可分为两类：具有正温度系数的热敏电阻(简称 PTC)和具有负温度系数的热敏电阻(简称 NTC)。后者在工作温度范围内，其电阻温度系数为−1%～−6% K^{-1}，它的电阻-温度关系为

$$R_T = A e^{-B/T}$$

式中：R_T 为温度 T 时的热敏电阻阻值；A、B 为由热敏电阻的材料、形状、大小和物理特性所决定的两个常数，即使是同一种类、同一阻值的热敏电阻，其 A、B 也不完全一样。R_T 与 T 之间为非线性关系，但当用它来测量较小的温度范围时，则近似为线性关系。

实验证明其测温差的精度足以和贝克曼温度计相比，而且还具有热容小、响应快、便于自动记录等优点。

热敏电阻的基本构造为：用热敏材料制成的热敏元、引线和壳体。它可以做成各种形状。

图 1.13 是珠形热敏电阻的构造示意图。在实验中可将其作为电桥的一臂，其余三臂为纯电阻，如图 1.14 所示，其中 R_1、R_2 为固定电阻，R_3 为可变电阻，R_T 为热敏电阻，E 为电源。当某温度下将电桥调平衡，则无电压信号输给记录仪；当温度改变后，则电桥不平衡，有电压信号输给记录仪，记录仪的笔将移动。只要标定出记录仪的笔相应每摄氏度时走纸格数，就很容易求得所测的温差。

图 1.13　珠形热敏电阻示意图

1. 热敏元；2. 引线；3. 壳体

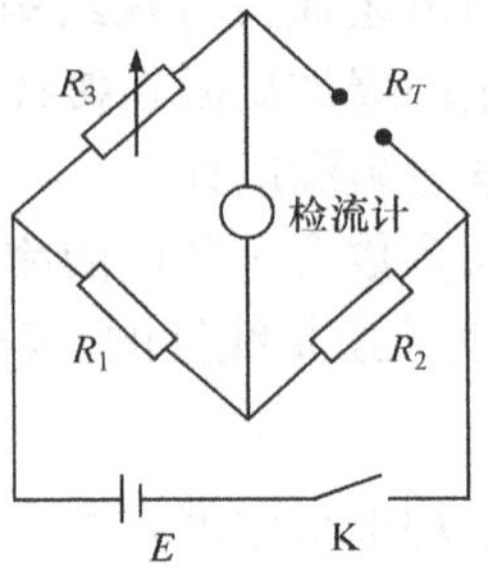

图 1.14　热敏电阻测温示意图

实验时要特别注意防止热敏电阻两条引线间漏电，否则将影响所测结果和记录仪的稳定性。

1.5　压力测量与真空技术

1.5.1　福廷式气压计

测量大气压的仪器称为气压计。实验室常用的是福廷式气压计。

1. 气压计的构造

实验室中常用的福廷式气压计构造如图 1.15 所示。气压计的外部是黄铜管，内部是长 90cm 的装有水银的玻璃管，玻璃管内部是绝对真空。下端插在水银槽内，水银槽底由一羚羊皮袋封住，羚羊皮可使空气从皮孔进入，而水银不会溢出。皮袋下由螺旋支撑。通过调整螺旋可调节槽内水银面的高低。水银槽周围是玻璃壁，顶盖上有一倒置的象牙针，针尖是标尺的零点。

2. 气压计的操作

(1) 铅直调节。气压计必须垂直放置，若在铅直方向偏差 1°，在压力为 101.325kPa 时，则测量误差约为 13.3Pa。可拧松气压计底部圆环上的三个螺旋，令气压计铅直悬挂，再旋紧这三个螺旋，使其固定即可。

(2) 调节水银槽内的水银面高度。慢慢旋转螺旋，升高水银槽内的水银面，注视水银面与象牙针间的空隙，直到水银面刚好与象牙针尖接触，稍等几秒钟，待象牙针尖与水银的接触情况无变动时开始下一步。

(3)调节游标尺。转动游标尺调节螺旋，使游标升起比水银面稍高，然后慢慢落下，直到游标底边和游标后边金属片的底边同时与水银柱凸面顶端相切(注意在读数时视线应与水银面在同一平面上)。

(4)读取水银柱高度。按照游标下缘零级所对标尺上的刻度，读出气压的整数部分，小数部分用游标决定，从游标尺上找出一条与标尺上某一刻度相吻合的刻度线，它的刻度就是小数部分的读数。记录4位有效数字。

(5)整理工作。向下转动螺旋，使水银面离开象牙针，同时记下气压计的温度及气压计的仪器误差。

使用时一定要注意：调节螺旋时动作要缓慢，不可旋转过急；在调节游标尺与水银柱凸面相切时，应使视线与游标尺前后下沿在同一水平线上，再调到与水银柱凸面相切；发现槽内水银不清洁时，要及时更换水银。

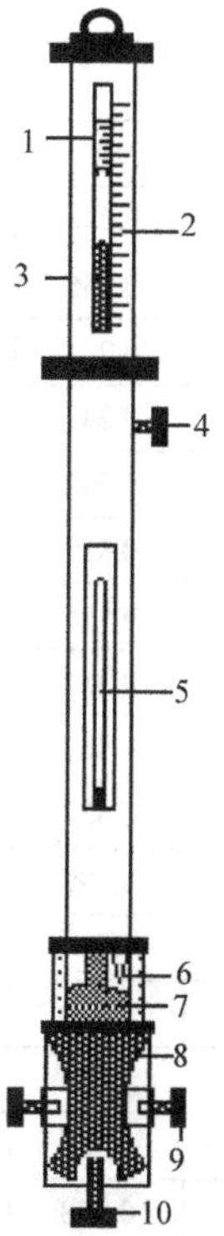

图 1.15 福廷式气压计

1. 游标尺；2. 读数标尺；3. 黄铜管；4. 游标尺调节螺旋；5. 温度计；6. 零点象牙针；7. 水银槽；8. 羚羊皮袋；9. 固定螺旋；10. 调节螺旋

3. 气压计读数的校正

水银气压计的刻度是以温度为0℃，纬度为45°的海平面高度为标准的。若不符合上述规定，从气压计上直接读出的数值，除进行仪器误差校正外，在精密的工作中还必须进行温度、纬度及海拔高度的校正。

(1)仪器误差的校正。仪器本身制造不精确而造成的读数误差称为仪器误差。仪器出厂时都附有仪器误差的校正卡片，应首先加上此项校正。

(2)温度影响的校正。由于温度的改变，水银密度也随之改变，因而会影响水银柱的高度。同时，铜管本身的热胀冷缩也会影响刻度的准确性。当温度升高时，前者引起偏高，后者引起偏低。由于水银的膨胀系数较铜管的大，因此当温度高于 0℃时，经仪器校正后的气压值应减去温度校正值；当温度低于0℃时，要加上温度校正值。气压计的温度校正公式为

$$\Delta_t = p_t - p_0 = -\frac{(\alpha-\beta)t}{1+\alpha t}p_t$$

$$\alpha = (181792 + 0.175t + 0.035116t^2)\times 10^{-9}\,℃^{-1}$$

$$\beta = 18.4\times 10^{-6}\,℃^{-1}$$

式中：Δ_t为温度校正值；p_t为气压计读数；p_0为 0℃时的大气压；t为气压计温度，℃；α为水银的体膨胀系数；β为刻度标尺黄铜的线膨胀系数。温度校正值Δ_t列于表 1.12 中，实际校正时，读取p、t后可查表求得。

表 1.12　气压计读数的温度校正值

t/℃	压力观测值 p/kPa					压力观测值 p/mmHg*				
	96	98	100	101.325	103	740	750	760	770	780
15	0.235	0.240	0.244	0.248	0.252	1.81	1.83	1.86	1.88	1.91
16	0.250	0.255	0.261	0.264	0.268	1.93	1.96	1.98	2.01	2.03
17	0.266	0.271	0.277	0.281	0.285	2.05	2.08	2.10	2.13	2.16
18	0.281	0.287	0.293	0.297	0.302	2.17	2.20	2.23	2.26	2.29
19	0.297	0.303	0.309	0.313	0.319	2.29	2.32	2.35	2.38	2.41
20	0.313	0.319	0.326	0.330	0.335	2.41	2.44	2.47	2.51	2.54
21	0.328	0.335	0.342	0.346	0.352	2.53	2.56	2.60	2.63	2.67
22	0.344	0.351	0.358	0.363	0.369	2.65	2.69	2.72	2.76	2.79
23	0.359	0.367	0.374	0.379	0.385	2.77	2.81	2.84	2.88	2.92
24	0.375	0.383	0.390	0.396	0.402	2.89	2.93	2.97	3.01	3.05
25	0.390	0.399	0.407	0.412	0.419	3.01	3.05	3.09	3.13	3.17
26	0.406	0.414	0.423	0.428	0.436	3.13	3.17	3.21	3.26	3.30
27	0.421	0.430	0.439	0.445	0.452	3.25	3.29	3.34	3.38	3.42
28	0.437	0.446	0.455	0.461	0.469	3.37	3.41	3.46	3.51	3.55
29	0.453	0.462	0.471	0.478	0.486	3.49	3.54	3.58	3.63	3.68
30	0.468	0.478	0.488	0.494	0.502	3.61	3.66	3.71	3.75	3.80
31	0.484	0.494	0.504	0.510	0.519	3.73	3.78	3.83	3.88	3.93
32	0.499	0.510	0.520	0.527	0.526	3.85	3.90	3.95	4.00	4.06
33	0.515	0.525	0.536	0.543	0.552	3.97	4.02	4.07	4.13	4.18
34	0.530	0.541	0.552	0.560	0.569	4.09	4.14	4.20	4.25	4.31

* 毫米汞柱(mmHg)为非法定单位，考虑到现实情况，这里暂时与千帕(kPa)同时列出，下同。

(3)海拔高度及纬度的校正。重力加速率(g)随海拔高度及纬度不同而异，致使水银的重量受到影响，从而导致气压计读数产生误差。其校正方法是：经温度校正后的气压值再乘以$(1-2.6\times10^{-3}\cos2\lambda-3.14\times10^{-7}H)$，式中，$\lambda$为气压计所在地纬度，(°)；$H$ 为气压计所在地海拔高度，m。此项校正值很小，在一般实验中可不必考虑。

(4)其他。如水银蒸气压的校正、毛细管效应的校正等，因校正值极小，一般都不考虑。

表 1.13 为换算到纬度 45°的大气压校正值。

表 1.13　换算到纬度 45°的大气压校正值

纬度/(°)		压力观测值 p/kPa					压力观测值 p/mmHg			
		96	98	100	101.325	103	720	740	760	780
25	65	0.164	0.168	0.171	0.173	0.176	1.23	1.27	1.30	1.33
26	64	0.157	0.160	0.164	0.166	0.169	1.18	1.21	1.24	1.28
27	63	0.150	0.153	0.156	0.158	0.161	1.13	1.16	1.19	1.22
28	62	0.143	0.146	0.149	0.151	0.153	1.07	1.10	1.13	1.16
29	61	0.135	0.138	0.141	0.143	0.145	1.01	1.04	1.07	1.10
30	60	0.128	0.130	0.133	0.135	0.137	0.96	0.98	1.01	1.04

续表

纬度/(°)		压力观测值 p/kPa					压力观测值 p/mmHg			
		96	98	100	101.325	103	720	740	760	780
31	59	0.120	0.122	0.125	0.127	0.129	0.90	0.92	0，95	0.97
32	58	0.112	0.114	0.117	0.118	0.120	0.84	0.86	0.89	0.91
33	57	0.104	0.106	0.108	0.110	0.111	0.78	0.80	0.82	0.84
34	56	0.096	0.098	0.100	0.101	0.103	0.72	0.74	0.76	0.78
35	55	0.087	0.089	0.091	0.092	0.094	0.66	0.67	0.69	0.71
36	54	0.079	0.081	0.082	0.083	0.085	0.59	0.61	0.62	0.64
37	53	0.070	0.072	0.073	0.074	0.076	0.53	0.54	0.56	0.57
38	52	0.062	0.063	0.064	0.065	0.066	0.46	0.48	0.49	0.50
39	51	0.053	0.054	0.055	0.056	0.057	0.40	0.41	0.42	0.43
40	50	0.044	0.045	0.046	0.047	0.048	0.33	0.34	0.35	0.36
41	49	0.036	0.036	0.037	0.038	0.038	0.27	0.27	0.28	0.29
42	48	0.027	0.027	0.028	0.028	0.029	0.20	0.21	0.21	0.22
43	47	0.018	0.018	0.019	0.019	0.019	0.13	0.14	0.14	0.14
44	46	0.009	0.009	0.009	0.009	0.010	0.07	0.07	0.07	0.07

注：纬度高于45°的地方应加上校正值；低于45°的地方则应减去校正值。

表1.14为测量点海拔高度换算到海平面的大气压校正值。

表1.14 测量点海拔高度换算到海平面的大气压校正值

海拔高度/m	压力观测值 p/kPa					压力观测值 p/mmHg				
	70	80	90	100	101.325	550	600	650	700	760
100				0.003	0.003					0.02
200				0.006	0.006				0.04	0.05
400				0.012	0.013				0.09	0.09
600			0.017	0.019	0.019			0.12	0.13	0.14
800			0.022	0.025	0.025			0.16	0.17	0.19
1000			0.028	0.031				0.20	0.22	
1200		0.030	0.033	0.037				0.22	0.24	0.26
1400		0.035	0.039			0.24	0.26	0.28	0.30	
1600		0.040	0.044			0.27	0.30	0.32	0.35	
1800		0.044	0.050			0.31	0.33	0.36		
2000	0.043	0.049	0.056			0.34	0.37	0.40		
2200	0.048	0.054				0.37	0.41	0.44		
2400	0.052	0.059				0.41	0.44	0.48		
2600	0.056	0.064				0.44	0.48			
2800	0.060	0.069				0.48	0.52			
3000	0.065					0.51				
3200	0.069					0.54				

1.5.2 常用测压仪表

1. U 形管液柱压力计

U 形管液柱压力计是化学实验中用得较多的压力计，它由两端开口的垂直玻璃管及垂直放置的刻度尺构成。管内下半部盛有适量工作液作为指示液，如图 1.16 所示。它构造简单，使用方便，能测量微小压力差，测量准确度较高，容易制作，价格低廉；但测量范围不大，示值与工作液密度有关，即与工作液的种类、温度、纯度及重力加速率有关；另外，它的结构不牢固，耐压程度较差。

U 形管的两支管分别连接两个测压口，因为气体的密度远小于工作液的密度，所以由液面差Δh及工作液的密度ρ可以得出下式：

$$p_1 = p_2 + \Delta h \rho g$$

U 形管压力计可用来测量：①两气体压力差；②气体的表压，p_1为测量气压，p_2为大气压；③气体的绝对压力，令p_2为真空，p_1所示即为绝对压力；④气体的真空度，p_1通大气，p_2为负压，可测其真空度。

2. 弹簧式压力计

弹簧式压力计是利用弹性元件的弹性力测量压力，是最常用的测压仪表。由于弹性元件的结构和材料不同，它们具有各不相同的弹性位移与被测压力的关系。实验室中接触较多的是单管弹簧管式压力计，压力由弹簧管固定端进入，通过弹簧管自由端的位移带动指针运动，指示出压力值，如图 1.17 所示。常用弹簧管截面有椭圆形和扁圆形两种，适用于一般压力测量。还有偏心圆形等适用于高压测量，测量范围很宽。

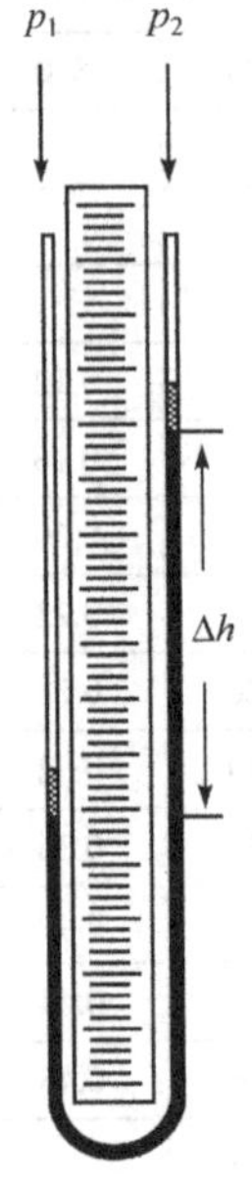

图 1.16 U 形管液柱压力计

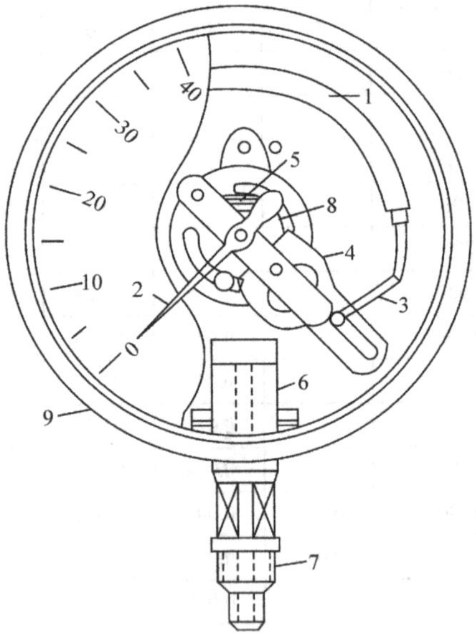

图 1.17 弹簧式压力计

1. 金属弹簧管；2. 指针；3. 连杆；4. 扇形齿轮；5. 弹簧；6. 座底；7. 测压接头；8. 小齿轮；9. 外壳

使用弹簧式压力计时要注意：

(1)合理选择压力表量程。为了保证足够的测量精度，选择的量程应在仪表分度标尺的1/2～3/4范围内。

(2)使用环境温度不超过35℃，超过35℃应给予温度修正。

(3)测量压力时，压力计指针不应有跳动和停滞现象。

(4)对压力计应进行定期校验。

3. 电测压力计

电测压力计由压力传感器、测量电路和电性指示器三部分组成。电测压力计有多种类型，根据压力传感器的不同类型而区分。

(1)霍尔压力变送器。霍尔压力变送器是一种将弹性元件感受压力变化时自由端的位移通过霍尔元件(一块半导体，一种磁电转换元件)转换成电压信号输出的压力计。

(2)电位器压力变送器。电位器压力变送器常与动圈式仪表配合使用。其原理是将测压弹性元件受压后发生位移带动电位器滑动触点的位移，因而被测压力的变化就转换成电位器阻值的变化。把该电位器与其他电阻组成一电桥，当电位器阻值变化时，电桥输出一个不平衡电压，加到动圈表头内动圈的两端，指示出压力大小。

(3)压电式压力传感器。压电式压力传感器是利用某些材料(如压电晶体、压电陶瓷钛酸钡等)的压电效应原理制成。压电效应是指这些电解质物质在沿一定方向受到外力作用而变形时内部会产生极化现象，同时在表面产生电荷，当去掉外力，又重新回到不带电状态。这种将机械能转变为电能的现象称为顺压电现象。因此，只要将这种电位引出输入记录仪，通过微机就可进行信号处理。

(4)压阻式压力传感器。压阻式压力传感器是利用某些材料(如硅、锗等半导体)受外界压力应变时引起电阻率变化的原理制成的，传感器的敏感元件是利用某些材料(如单晶硅)的压阻效应，采用集成电路(IC)工艺技术扩散成四个等值应变电阻，组成惠斯通电桥。不受压力作用时，电桥处于平衡状态；当受到压力作用时，电桥的一对桥臂阻力变大，另一对变小，电桥失去平衡。若对电桥加一恒定的电压或电流，便可检测对应于所加压力的电压或电流信号，从而达到测量气体、液体压力大小的目的。与压电传感器相比，压阻传感器表现出的显著特点是响应快，尺寸小，电磁脉冲干扰低。

4. 数字式低真空压力测试仪

数字式低真空压力测试仪是应用压阻式压力传感器原理测定实验系统与大气压之间压差的仪器。它可取代传统的U形管水银压力计，无水银污染现象。该仪器的测压接口在仪器后的面板上。使用时，先将仪器按要求连接在实验系统上(注意实验系统不能漏气)，再打开电源预热10min；然后选择测量单位，调节旋钮，使数字显示为零；最后开动真空泵，仪器上显示的数字即为实验系统与大气压之间的压差值。

1.5.3 真空技术

真空技术在日常生活的各方面、工农业生产的各部门、现代科学技术的各领域应用非常广泛。常用的灯泡、罐头、收音机的电子管、晶体管等的制作中要用到抽真空技术；光学、电子学、电子计算机、超导等方面需要用真空镀膜；医药工业和电气工业需要真空冷冻干燥；化工、冶金、焊接、铸造、热处理等需要真空技术；在原子能、可控热核反应、电子显微镜、质量分析仪、表面物理等方面真空技术更是必不可少的。

真空是指压力比 1atm(101.325kPa)更低的稀薄气体状态的空间。气体稀薄的程度——真空度，通常用气体压力的大小表示。气体越稀薄，气体压力越小，真空度越高；反之，则真空度越低。不同的真空状态意味着该空间具有不同的分子密度。不同的真空状态提供了不同的应用环境。

根据真空的应用、真空的物理特点、常用的真空泵及真空规的使用范围等，将真空区域划分为 5 种，见表 1.15。

表 1.15　真空区域的划分

真空区域分类	压力范围 p/Pa
粗真空	10^5～10^3
低真空	10^3～10^{-1}
高真空	10^{-1}～10^{-6}
超高真空	10^{-6}～10^{-12}
极高真空	$<10^{-12}$

真空技术一般包括真空的获得、测量、检漏及系统的设计与计算等，是一门独立的科学技术，广泛应用于科学研究、工业生产的诸多领域。

1. 真空的获得

为了获得真空，就必须设法将气体分子从容器中抽出。凡是能从容器中抽出气体、使气体压力降低的装置均可称为真空泵。常见真空泵的种类和应用范围见表 1.16。

表 1.16　常见真空泵的种类和应用范围

真空泵种类	应用范围 p/Pa
水流泵	101～2
油泵	101～1
油扩散泵	0.1～10^{-4}
钛泵	1～10^{-8}
分子筛吸附泵	101～10^{-3}
冷凝泵	0.1～10^{-8}

一般实验室用得最多的是水流泵、机械真空泵和油扩散泵。

1) 水流泵

水流泵应用的是伯努利原理，水经过收缩的喷口以高速喷出，其周围区域的压力较低，由系统中进入的气体分子被高速喷出的水流带走。水流泵所达到的极限真空度受水本身的蒸气压限制。水流泵在 15℃时的极限真空度为 1.71kPa，20℃时为 2.34kPa，25℃时为 3.17kPa。

尽管其效率较低，但由于简便，实验室中在抽滤或其他粗真空度要求时经常使用。

2)机械真空泵

机械真空泵的抽气效率较高，但只能产生 1.333～0.1333Pa 的低真空，可达到的极限真空为 0.1333～0.01333Pa。机械真空泵的内部结构如图 1.18 所示。

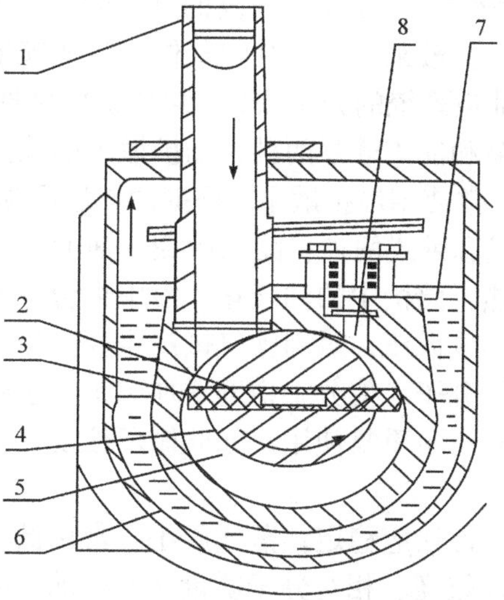

图 1.18 机械真空泵示意图

1. 进气口；2. 旋片弹簧；3. 旋片；4. 转子；5. 泵体；6. 油箱；7. 真空泵油；8. 排气口

常用的机械泵为旋片式机械泵，由两组机件串联而成，每一组主要由泵腔、偏心转子组成，经过精密加工的偏心转子下面安装有带弹簧的滑片，由电动机带动，偏心转子紧贴泵腔壁旋转，滑片靠弹簧的压力也紧贴泵腔壁，滑片在泵腔中连续运转，使泵腔被滑片分成两个不同的容积，周期性扩大和缩小。气体从进气口进入，被压缩后从第一组件的排气管排入第二组机件，再由第二组机件经排气阀排出泵外。如此循环往复，将系统内压力降低。

实验室常用的机械泵抽气速率为 $10L \cdot min^{-1}$、$30L \cdot min^{-1}$、$60L \cdot min^{-1}$。当压力低于 0.1333Pa 时，其抽气速率急剧下降。

旋片式机械泵的整个机件浸在真空泵油中，这种油蒸气压很低，既可起润滑作用，又可起封闭微小的漏气和冷却机件的作用。使用机械泵应注意以下几点：

(1)机械泵不能直接抽含可凝性蒸气、挥发性液体等，因为这些气体进入泵后会破坏泵油的品质，降低油在泵内的密封和润滑作用，甚至会导致泵的机件生锈。因此，可凝气体在进泵前必须先通过纯化装置，如用无水氯化钙、五氧化二磷、分子筛等吸收水汽，用石蜡吸收有机蒸气，用活性炭或硅胶吸收其他蒸气等。

(2)机械泵不能用来抽含腐蚀性气体，如氯化氢、氯气、二氧化氮等。这类气体能迅速侵蚀泵中精密加工的机件表面，使泵漏气不能达到所要求的真空度。遇到这种情况时，应使气体在进泵前先通过装有氢氧化钠固体的吸收瓶，以除去有害气体。

(3)机械泵由电动机带动，使用时应注意电动机的电压。若是三相电动机带动的泵，第一次使用时注意三相电动机旋转方向是否正确。正常运转时不应有摩擦、金属撞击等异声。运转时电动机温度不能超过 60℃。

(4)机械泵的进气口前应安装一个三通活塞，停止抽气时应使机械泵与抽空系统隔开而与大气相通，再关闭电源，这样既可保持系统的真空度，又避免泵油倒吸。

3) 油扩散泵

油扩散泵是一种利用气体分子运动中扩散原理的真空泵。这种泵只能在前置泵(一般采用机械泵)已获得 1.333～0.1333Pa 的低真空度基础上才能开始工作，并进一步获得 1.333×10^{-4}～1.333×10^{-5}Pa 的真空度。要获得比 0.1333Pa 更高的真空度，通常将机械泵(作为前级泵)和扩散泵(作为次级泵)联合使用。扩散泵并不能抽除气体，只能起浓缩气体的作用。在扩散泵中依靠被加热的某种蒸气流把抽空系统的分子浓集，再用机械泵抽去，使系统获得更高的真空。

常用的扩散泵有汞扩散泵和油扩散泵两种，油扩散泵的油具有蒸气压低、无毒、相对分子质量大的特点，所以实验室常使用油扩散泵。根据油扩散泵喷口的个数，可将其分成二级、三级、四级，又可分成直立式和卧式两种。图 1.19 是一种直立式三级油泵剖面图。其工作原理如下：在油扩散泵底部加热，储槽中的油气化，沿中央管道上升至顶部。由于受到阻挡而在喷口高速喷出，在喷口处形成低压，对周围气体产生抽吸作用，被油蒸气夹带而下。这样在油扩散泵下部就浓集了空气分子，使分子密度增加到机械泵能够作用的范围而被抽出。而油蒸气经冷却变为液体流回储槽中重复使用，如此循环往复，使系统内气体不断浓缩而被抽出，系统达到较高的真空度。

油扩散泵所使用的油化学性质应稳定，蒸气压小。常用低蒸气压石油馏分，称为阿皮松油。近年来，广泛使用稳定性较高、相对分子质量大的硅油。同时要求油扩散泵的喷口级数多，若用相对分子质量在 3000 以上的硅油作为四级泵的工作液，其极限真空度可达 1.333×10^{-7}Pa 以上，三级油扩散泵极限真空度可达 1.333×10^{-4}Pa。

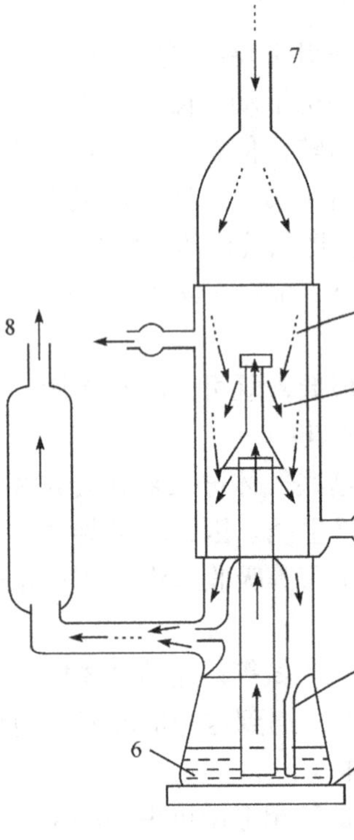

图 1.19　直立式三级油泵工作示意图

1. 被抽气体；2. 油蒸气；3. 冷却水；4. 冷凝油回入；5. 电炉；6. 硅油；7. 接抽真空系统；8. 接机械泵

使用油扩散泵的注意事项如下：

(1) 为了避免油的氧化，必须首先开启机械泵，使系统内压力达 1.333Pa 后，才能开启油扩散泵。在开启油扩散泵时必须先接通冷却水，逐步加热沸腾槽，直至油沸腾正常回流。关闭泵时首先切断加热电源，待油不再回流时再关闭冷却水，关闭油扩散泵的进出口活塞，并使机械泵通向大气，最后切断电源，停止机械泵的工作。

(2) 加热速率须控制适当，以产生足量蒸气，从喷口喷出，封住喷口到泵壁的空间，以免泵底已浓集的空气反向扩散至抽空系统。加热硅油的温度过高不但会使油裂解颜色变深，而且泵底有破裂的危险。加热速率过快，将使油蒸气到达泵上部，若此时冷却不良，将导致极限真空度降低。

4) 分子泵

分子泵是一种纯机械的高速旋转的真空泵，其工作原理是：高速旋转(10000～5000r · min^{-1})的涡轮叶片不断对被抽气体分子施以定向的动量和牵引压缩作用，将气体排走。分子泵的动轮叶与静轮叶间距只有数毫米，两者相间排列，而且叶面角相反，从而达到最大抽气作用。

5)分子筛吸附泵

分子筛吸附泵是利用分子筛在低温时能吸附大量气体或蒸气的原理制成的，其特点是将气体捕集在分子筛内，而不是将气体排出泵外，其结构如图 1.20 所示。

分子筛是人工合成的无水硅铝酸盐结晶，内部充满孔径均匀的无数微小空穴，约占整个分子筛体积的一半。当向液氮筒中灌入液氮后，分子筛因被冷却到低温，能大量捕集待抽容器中的气体，极限真空度可达约 10^{-1}Pa。由于吸附后的分子筛可通过加热脱附活化，反复使用，因此分子筛吸附泵的使用寿命较长，维护方便。分子筛吸附泵可单独使用，其优点是无油，但工作时需消耗液氮。通常分子筛吸附泵用作超高真空系统中钛泵的前级泵。

6)钛泵

通常认为钛泵的抽气机理是化学吸附和物理吸附的综合，并以化学吸附为主。钛泵的种类很多，不能单独使用，需要分子筛吸附泵或机械泵作为其前级泵。钛泵具有极限真空度高(约 10^{-6}Pa)、无油、无噪声、无震动等优点，在 10^{-2}Pa 时仍有较大抽速，而且操作简便，使用寿命长。磁控管型冷阴极溅射离子钛泵的结构如图 1.21 所示。

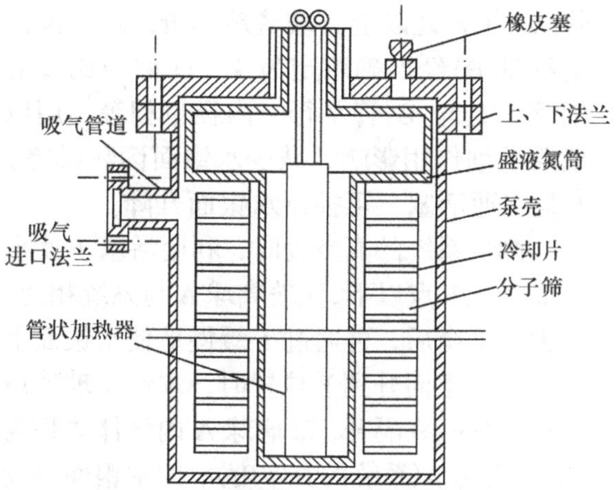

图 1.20 分子筛吸附泵结构示意图

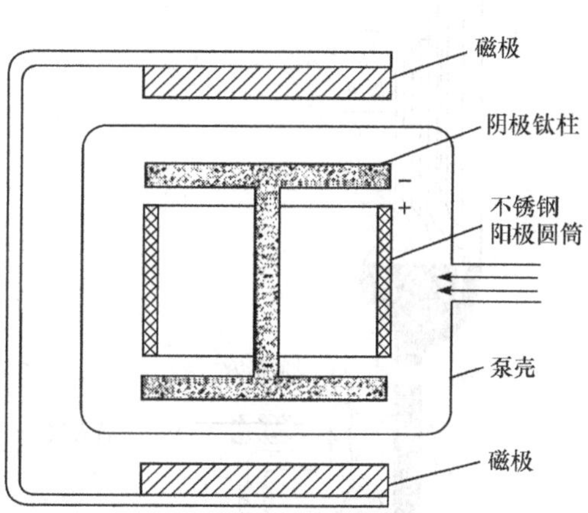

图 1.21 钛泵结构示意图

2. 真空的测量

测量真空度的方法很多。粗真空的测量一般用 U 形管压力计。对于较高真空度的系统使用真空规。真空规有绝对真空规和相对真空规两种。麦克劳德真空规(简称麦氏真空规)称为绝对真空规，即真空度可以用测量到的物理量直接计算而得。而其他如热偶真空规、电离真空规等均称为相对真空规，测得的物理量只能经绝对真空规校正后才能指示相应的真空度。

常用的真空规及其应用范围见表 1.17。

表 1.17 常用的真空规及其应用范围

真空规	压力范围/Pa
U 形管水银压力计	1×10^{2}～1×10^{5}
油压力计	4～1×10^{3}

续表

真空规	压力范围/Pa
热偶真空规	0.1～10
麦氏真空规	10^{-3}～10
电离规	10^{-6}～0.1
B-A (Bayara-Alpert) 规	10^{-9}～10^{-5}
磁控规	10^{-10}～0.1

1) 麦氏真空规

麦氏真空规在真空实验室中应用很广，根据玻意耳定律，它能直接测量系统内压力值。其他类型的真空规都需要用它来进行校准。其构造如图 1.22 所示，麦氏真空规通过活塞 E 与真空系统相连。玻璃球 A 上端接有内径均匀的封口毛细管 C(称为测量毛细管)，自 F 处以上，玻璃球 A 的容积(包括毛细管 B)经准确测定为 V，D 称为比较毛细管，且与 B 管平行，内径也相等，用以消除毛细作用影响，减少水银面读数误差。T 是三通活塞，可控制水银面升降。

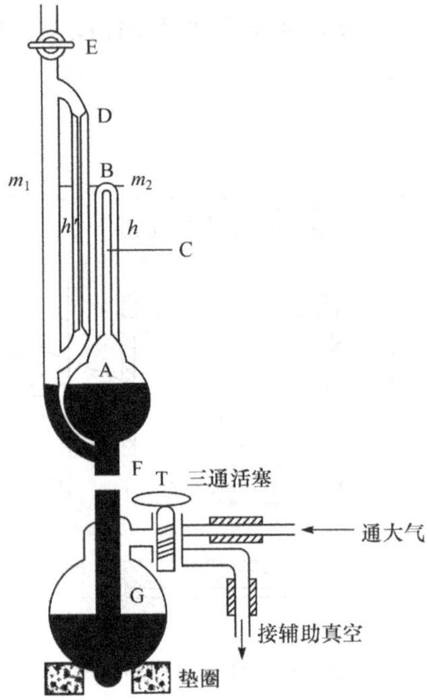

图 1.22　麦氏真空规

测量系统的真空度时，利用活塞 T 使水银面降至 F 点以下，使玻璃球 A 与系统相通，压力达平衡后，再通过 T 缓慢地使水银面上升。当水银面升到 F 位置时，水银将玻璃球 A 和系统刚好隔开，玻璃球 A 内气体体积为 V，压力为 p(系统的真空度)，使水银面继续上升，水银将进入测量毛细管和比较毛细管。玻璃球 A 内气体被压缩到 B 管中，其体积 $V'=\frac{1}{4}\pi d^2 h$ (d 为 B 管内径，已准确测知)。B、D 两管中气体压力不同，因而产生水银面高度差为 $(h-h')$，根据玻意耳定律，则

$$pV=(p+h-h')V'$$

$$p=\frac{V'}{V-V'}(h-h')\approx\frac{V'}{V}(h-h')$$

由于 V'、V 已知，h、h'可测出，根据上式可算出系统真空度 p，如果将压力值标在麦氏真空规上，则可直接读出压力值。一般有两种刻度方法。

(1) 如果在测量时，每次都使测量毛细管中的水银面停留在一个固定位置 h 处，则

$$p=\frac{\pi d^2}{4V}h(h-h')=c'(h-h')$$

按 p 与 $(h-h')$ 呈直线关系来刻度的称为直线刻度法。

(2)如果在测量时，每次都使比较毛细管中水银面上升到与测量毛细管顶端一样高，即 $h'=0$，则

$$p=\frac{\pi d^2}{4V}h^2=c'h^2$$

按压力 p 与 h^2 成正比来刻度的称为平方刻度法。一般平方刻度法较好。

由上述方程可以看出，理论上只要改变玻璃球 A 的体积和毛细管的直径，就可以制造出测量不同压力范围的麦氏真空规。但实际上，当 $d<0.08$mm 时，水银柱升降会出现中断；而水银密度大，玻璃球 A 又不能过大，否则玻璃球易破裂，所以其测量范围受到限制。还应注意，麦氏真空规不能测量经压缩发生凝结的气体。

图 1.23 是旋转麦氏真空规。

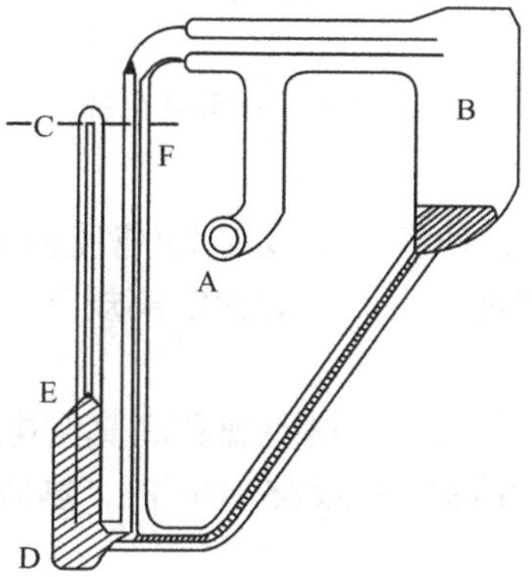

(a) A与待测系统相连时

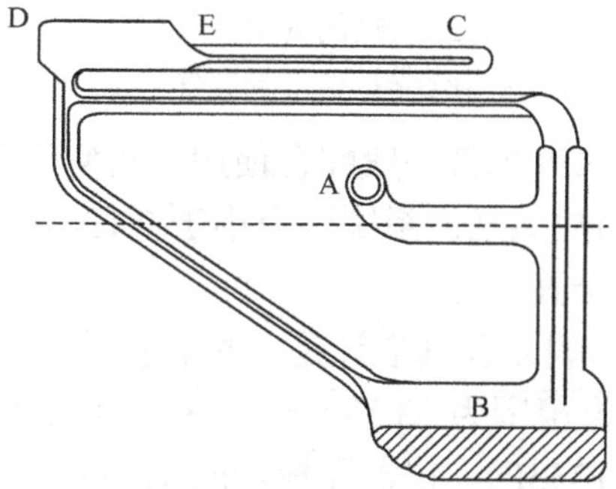

(b) 旋转90°后

图 1.23 旋转麦氏真空规

该真空规是一种小型真空规。其体积小，水银用量小，操作简便。一般测量范围为 0.1333～650Pa。使用时通过 A 与待测系统相连，然后以 A 为中心把真空规旋转 90°，如图 1.23(b)所示。这时水银从容器 B 中流出，将 CD 段内体积 V 向 CE 内压缩，当水银在 F 管中上升到 CD 管的封闭端齐，就能读出两毛细管的水银面差，按玻意耳定律：$pV=shh$，$p=sh^2/V=kh^2$。

2)热偶真空规

热偶规管由加热丝和热偶丝组成，如图 1.24 所示。热电偶丝的热电势由加热丝的温度决定，热偶规管和真空系统相连，如果维持加热丝电流恒定，则热偶丝的热电势将由其周围的气体压力决定。因为当压力降低时，气体的热导率减小，而当压力低于某一定值时，气体热导率与压力成正比，从而可以找出热电势和压力的关系，直接读出真空度值。可以用绝对真空规对热偶真空规的表头刻度进行标定，热偶真空规的量程为 13.33～0.1333Pa。

3)电离真空规

电离规管是一支三极管，其收集极相对于阴极为−30V，而栅极上具有正电压 220V，如图 1.25 所示。如果设法使阴极发射的电流及栅压稳定，阴极发射的电子在栅极作用下高速运动与气体分子碰撞，使气体分子电离成离子。正离子被带负电势的收集极吸收而形成离子流，所形成的离子流与电离规管中气体分子的浓度成正比，即 $I_+=KpI_e$，式中，I_+为离子流强度

(A)，I_e为规管工作时的发射电流，p为规管内空气压力，K为规管灵敏度，K与规管几何尺寸及各电极的工作电势有关，在一定压力范围内可视为常数。因此，根据离子电流大小，即可知相应的气体压力。

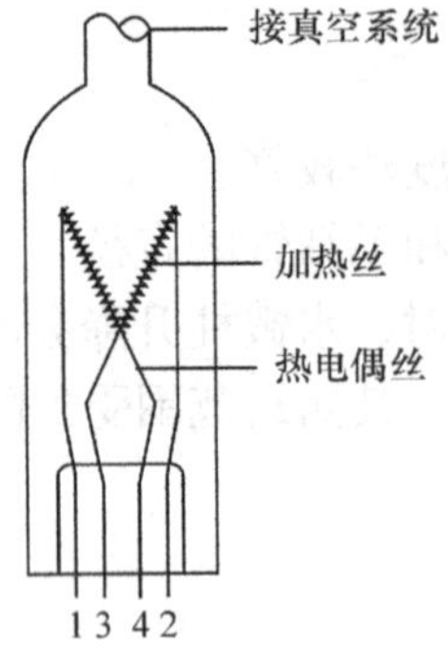

图 1.24　热偶真空规

1、2. 加热器；3、4. 热电偶

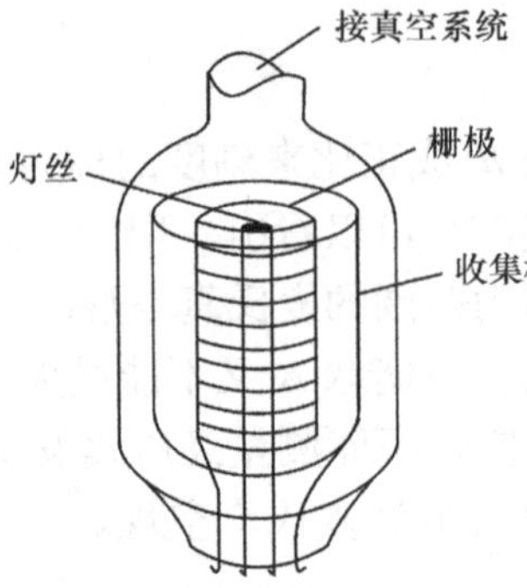

图 1.25　电离真空规

上述两种规管一般配合使用，将它们封接在系统中，使管子垂直向上(管座向下)。10～0.1Pa 时用热偶规，系统压力小于 0.1Pa 时才能使用电离规，否则将烧毁电离规管。

4)复合真空计

SG-3 型复合真空计是一种直读式真空测量仪，分为低真空热偶规和高真空电离规两部分。其测量范围为 13.33～6.665×10^{-6}Pa，电离规部分为 0.1333～6.665×10^{-6}Pa，热偶规部分为 13.33～0.1333Pa。仪器面板如图 1.26 所示。

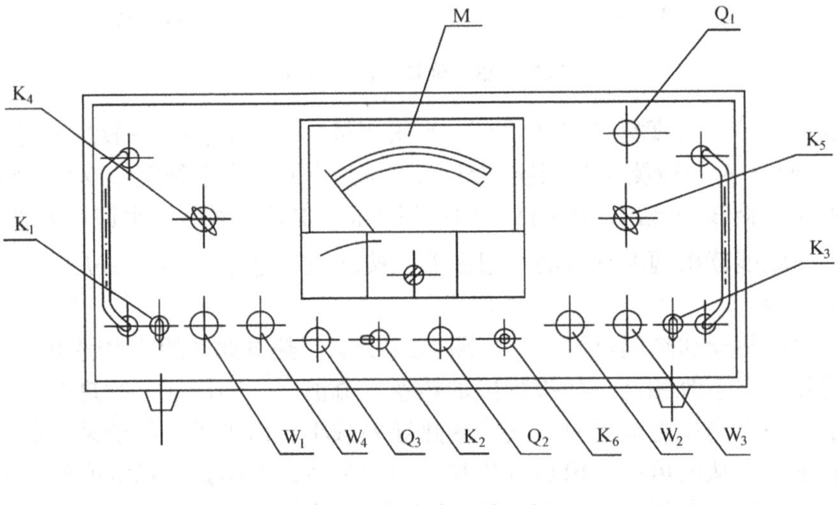

图 1.26　复合真空计面板

Q_1. 总电源指示灯；K_5. 电离规转换开关；K_3. 测量、除气转换开头；W_3. 零点调整电位器；W_2. 发射电流调节电位器；K_6. 电离规管工作按钮开关；Q_2. 电离规管工作指示灯；K_2. 热偶规与电离规表头转换开关；Q_3. 热偶规管工作指示灯；W_4. 满度调节电位器；W_1. 热偶规管加热电流调节电位器；K_1. 总电源开关；K_4. 热偶规转换开关；M. 输出表头

热偶规的操作如下。

(1)工作电流的确定。将 DL-3 热偶规管插入连接插座，接通仪器总电源。将开关 K_2 拨到“热偶”位置，拧动面板上开关 K_4 置于“电流”位置，调整电位器 W_1，使加热电流在 110mA

左右，然后将开关 K_4 拨到“测量”位置，再缓慢地调节 W_1，使表头指针至满刻度，稳定 5min 不变后将开关 K_4 拨到“电流”位置，表头内刻度值即为 DL-3 热偶规管加热电流值(因热偶电动势有滞后现象，故调整时要耐心细致)。

(2)将 DL-3 热偶规管启封，接入待测真空系统(必须垂直安装)。接入方式可使用适当长度的真空橡皮管或各种类型的插压密封座，对于玻璃系统可直接焊封。

仪器操作必须在完成以上两项工作后方可进行。

(3)仪器操作。用热偶测量导线将仪器与规管连接好，并将开关 K_2 拨到“热偶”位置，接通总电源，此时仪器右上角指示灯 Q_1 发光；将开关 K_4 从“热偶关”拨到“电流”位置，指示灯即发光，调整电位器 W_1，使加热电流符合启封时所确定的电流值，然后将开关 K_4 拨到“测量”位置，视表头中间一行刻度即为系统真空度。

注意事项：必须定期校正 DL-3 热偶规管加热电流，以免管子老化而产生测量误差。热偶规如用于精确测量时，必须将 DL-3 热偶规管接入标准真空校正系统，确定加热电流，作出校正曲线，使测量误差减少到±5%。

电离规的操作如下。

(1)用电离规测量导线将 DL-2 电离规管与仪器连接好，将开关 K_2 拨到“电离”位置，将开关 K_3 拨到“测量”位置，接通总电源，此时仪器右上方指示灯 Q_1 发光，表示仪器已进入工作状态。

(2)将开关 K_5 从“电离关”拨到“发射”位置。按动开关 K_6 即听到仪器内部继电器吸动声，同时指示灯 Q_2 发光，表示 DL-2 电离规管已加热工作。调整电位器 W_2，使表头指针达刻度 5 红线处(发射电流为 5mA)。

(3)将开关 K_5 拨到“零调”位置，调整电位器 W_3 使表头指零位。

(4)将开关 K_5 拨到“满度”位置，调整电位器 W_4 使表头指满刻度。重复几次零调、满调。

(5)将开关 K_5 顺时针拨到适当位置，视表头最外一行刻度即为系统真空度。

(6)当系统的真空度达 1.333×10^{-3}Pa 时，若要进一步提高真空度，必须对 DL-2 电离规管进行除气，除气时只需将开关 K_3 拨到“除气”位置即可。同时将开关 K_5 降低一挡，除气完毕将 K_3 拨回“测量”位置。除气时间不要过长。对于圆筒形收集极需要高频加热法除气。

注意事项：规管安装状态应保持垂直方向，底座向上或向下，切勿横放。当系统压力低于 0.1333Pa 时，方能使用电离规测量，并且不宜长时间在 0.1333～1.333×10^{-2}Pa 工作，否则会造成 DL-2 电离规管灯丝烧毁。当热偶规、电离规两部分同时工作时，读数时只需拨动开关 K_2 换接表头即可。仪器经过长期使用或更换内部元件时，须重新进行校正。

3. 真空系统设计和组装

研究对象不同，所需设计的真空系统也不同，但所有真空系统大体上由三部分组成：真空的获得、真空的测量、真空的使用。图 1.27 为真空系统的方框示意图。

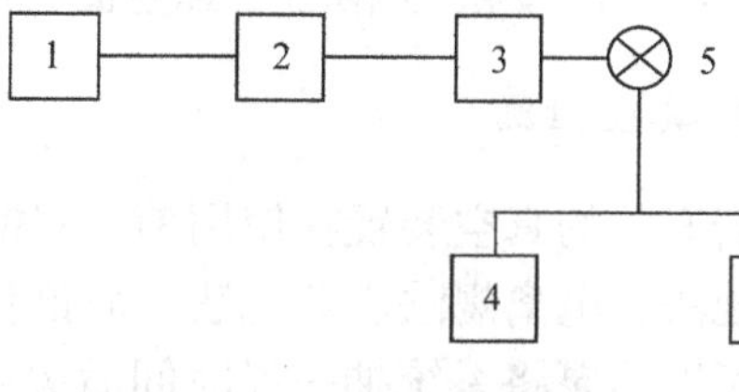

图 1.27 真空系统示意图

1. 机械泵；2. 扩散泵；3. 冷阱；4. 样品室；5. 活塞；6. 测量工作室

具体的真空系统通常由真空泵、真空规、各种活塞和冷阱及样品室和测量工作室等组成，并通过一根粗的主导管和若干细管组装而成。

真空系统设计的基本思路是：根据真空下进行实验测量工作的要求，确定测量工作室的尺寸、形状和所需达到的真空度；依据测量工作室体积确定所需的抽气速率和达到一定真空度所需的时间；再依据真空度的要求选择相应的真空泵和真空规；最后还应考虑整个真空系统结构简单，操作维护方便，并有一定的防护装置。

设计和组装一套气密性很好的真空系统，具体工作程序有：绘制真空系统的总体组装图；确定构成真空系统各部件的规格、型号，包括真空泵、真空规、冷阱的选型，以及管道和真空活塞的尺寸的选择；确定测量工作室的结构形状及所需配套的测量仪器仪表；真空系统防护设施的配套安排；组装、检漏和调试工作。

根据实验所要求的真空度和抽气时间，选择机械泵、管道和真空材料。如果要求极限真空度为0.1333Pa，一般选用性能较好的机械泵或吸附泵。如果要求极限真空度在0.1333Pa以下，则需以机械泵为前级泵，扩散泵为次级泵联合使用。

冷阱是气体通道中的冷却装置，主要使可凝蒸气通过冷阱冷却为液体，以免水汽、有机蒸气、汞蒸气等进入机械泵影响泵的工作性能。同时也是为了获得真空度，防止蒸气扩散返回真空系统，以便把泵向真空系统扩散的蒸气冷凝下来。一般在扩散泵与被抽空系统之间，以及扩散泵与机械泵之间各装一冷阱。

冷阱的种类很多，最常用的一种冷阱如图1.28所示。冷阱的外部是装有冷冻剂的杜瓦瓶，一般冷冻剂是液氮、干冰等。冷阱在真空装置中的作用虽然很重要，但它对气体的流动产生阻力，从而降低了真空泵的抽气速率，因而对冷阱的设计要视真空系统的管道尺寸而定。冷阱管道不能太细，以免液体堵塞，太短则冷凝效果降低，太长则使用不方便，所以要求冷阱大小适中。

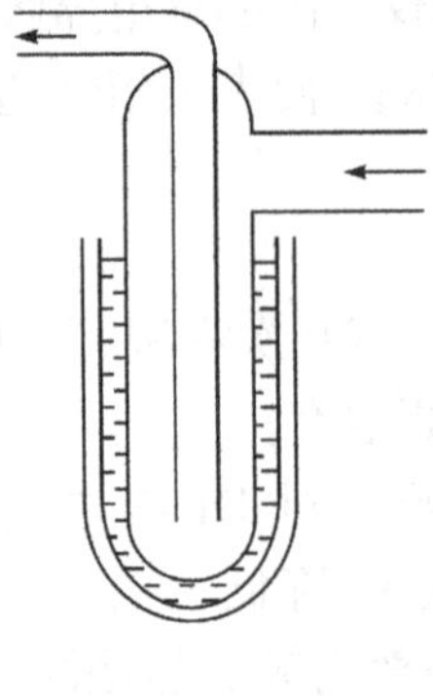

图 1.28　冷阱

真空系统的材料主要考虑材料的真空性质、机械性质、防腐性等。一般选用玻璃材料，吹制比较方便，且可以观察内部情况。但真空活塞及其磨口连接部分一般只能到 1.333×10^{-4}Pa 的极限真空度。如果要求更高的真空度，则要选用金属材料。

真空涂敷材料：为了转动灵活，避免漏气，在真空活塞和磨口接头处需涂上真空油脂。真空蜡用来胶合不能吻合的接头，如玻璃和金属接头。

真空脂、真空泥、真空蜡在室温下都具有较小的蒸气压。国产真空脂按使用温度不同，分为1号、2号、3号真空脂等。从国外进口的阿皮松系列，如阿皮松L、阿皮松T等，相当于真空脂；阿皮松Q相当于真空泥；阿皮松W、阿皮松W-40相当于真空蜡。

4. 真空检漏

新安装的真空装置在使用前，应检查系统是否漏气。检漏的仪器和方法很多，如火花法、热偶规法、电离规法、荧光法、质谱仪法、磁谱仪法等，分别适用于不同漏气情况。

可以用泵将系统抽一段时间后关闭泵通向系统的活塞，然后观测系统内压力随时间的变化情况，从而判断系统是否漏气，如图1.29所示。

实验室常用高频火花检漏器。使用方法如下：首先启动机械泵，数分钟后可将系统抽至 13.33～1.333Pa，然后将高频火花检漏器火花调至正常，将探头对准真空系统的玻璃移动，可以看到红色辉光放电。关闭机械泵通向系统的活塞，5min 后再用高频火花检漏器检查，其放电现象是否与 5min 前相同，如不同则表示系统漏气。漏气现象一般易发生在玻璃接合处、弯头和活塞。此时可关闭某些活塞，用高频火花检漏器逐段检查，如发现某处漏气，再行检查。因为气流不断流入，在漏处可以看到明亮的火花束。若漏气处为小沙眼，可用真空泥涂封，漏洞较大则须重新焊接。

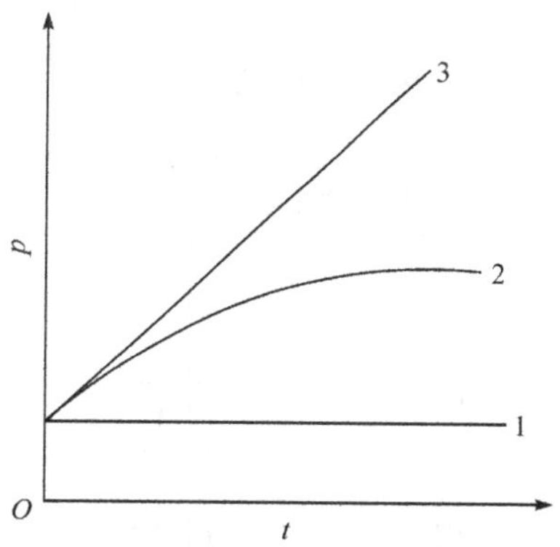

图 1.29 与泵隔绝时系统压力随时间的变化
1. 系统不漏气；2. 系统内有蒸气源；3. 有大气漏入

高频检漏火花器对不同压力的低压气体产生不同的颜色。随压力降低，其辉光颜色由浓紫、淡紫、红、蓝过渡到玻璃荧光。当看到玻璃壁呈淡蓝色荧光，系统没有辉光放电，表明系统压力低于 0.1333Pa，这时可用热偶规和电离规测定系统压力。使用高频火花检漏器时，放电簧不能指向人，也不能指向金属，在某处停留时间也不宜过长，以免烧坏玻璃。

5. 真空操作注意事项

(1)真空系统装置比较复杂。在设计时应尽可能少用活塞，减少不必要的接头。

(2)在实验前必须熟悉各部件的操作，注意各活塞的转向，最好活塞上用标记标明活塞的转向。

(3)真空系统真空度越高，玻璃器壁承受的大气压力越大。大的玻璃容器都存在爆炸危险，因此对较大的玻璃真空容器最好加网罩。由于球形容器受力均匀，故应尽可能使用球形容器。

(4)液态空气进入油扩散泵中会引起热的油爆炸，因此系统压力减到 133.3Pa 前不要用液氮冷阱，否则液氮将使空气液化。

(5)使用机械泵、扩散泵时需严格按照泵的操作规程操作。

(6)开启、关闭真空活塞时必须两手操作，一手握住活塞套，一手缓慢旋转内塞，防止玻璃系统因某些部位受力不均匀而断裂。

(7)实验过程中和实验结束时，不要使大气猛烈冲入系统，也不要使系统中压力不平衡的部分突然接通，否则有可能造成局部压力突变，导致系统破裂，或水银压力计冲水银。

1.6 流量测量与流量计

测定流体流量的装置称为流量计或流速计。实验室常用的主要有毛细管流量计、转子流量计、皂膜流量计和湿式气体流量计。

1.6.1 毛细管流量计

毛细管流量计又称锐孔流量计，其结构如图 1.30 所示。毛细管流量计是利用气体流过毛

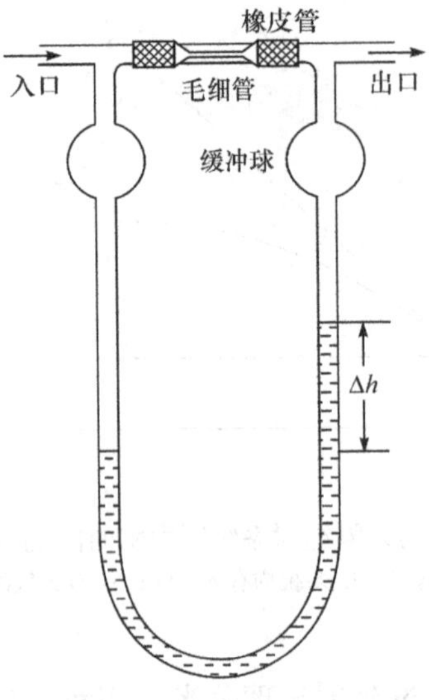

图 1.30　毛细管流量计示意图

细管(锐孔)的节流作用使流速增大，压力减小，形成气体在毛细管前后存在的压力差，由U形管压力计两侧的液面差Δh表示。若Δh值恒定，表示流量或流速恒定。当锐孔足够小或毛细管长度与半径之比等于或大于100时，流速v和压力差Δh之间呈线性关系

$$v = f\Delta h\rho / \eta \qquad f = \pi r^4 / 8l$$

式中：f为毛细管特征系数；r为毛细管半径；l为毛细管长度；ρ为流量计所盛液体的密度；η为气体黏度系数。

由上式可知，当流速v和毛细管长度l一定时，毛细管半径越小，Δh越大。因此，根据所测量流速范围，可以选用不同孔径的毛细管。

U形管压力计中液体用蒸馏水、硫酸、石蜡油、水银、高沸点的有机液体等。在液体中可加入少量有色物质使其显色，便于读数。所选择的液体应与被测气体不相溶、不发生化学变化。对流速小的被测气体采用密度小的液体，反之亦然。

当流量计的毛细管及U形管中的液体一定时，对于不同的被测气体，其流速v与Δh呈不同的线性关系，对于同一种被测气体，当毛细管更换后，其v与Δh的线性关系也与原来不同，必须通过实验标定v与Δh的线性关系，实验室常用皂膜流量计来进行标定。使用毛细管流量计时应保持其清洁、干燥，否则会影响测量的准确性。

1.6.2　转子流量计

转子流量计的构造原理如图1.31所示。它是一根垂直且略呈锥形的玻璃管，内有一转子，锥形玻璃管截面积自上而下逐渐缩小，流体由下而上流过，由转子位置的高低测定流体的流量大小。转子流量计和锐孔流量计都是以节流作用为依据的，但锐孔流量计的孔截面积不变，流量与压力差成正比；而转子流量计压力差不变，流量与转子的位置成比例。当流体由下而上流经锥形管时，通过环隙所产生的阻力与转子净重平衡时，转子停留在一定位置，当流量增大时，转子升高，转子与锥形管间的环隙面积也随之增大，并重新达到受力平衡。因此，利用转子在玻璃管内平衡位置随流量变化的特性，测量流体的流量。

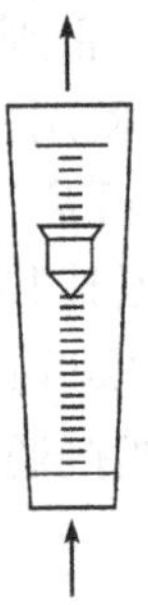

图 1.31　转子流量计

转子流量计测量的流量范围较宽，可以从每分钟几十毫升到几十升。测量小流量时，选用胶木、塑料转子；测量大流量时，选用不锈钢转子。

转子流量计玻璃上的刻度是对某一种流体流量标定的，一般采用空气作标定介质，标定温度为20℃，压力为1.013×10^5Pa。当实际测量时温度、压力可能不同，需要进行换算。

若被测气体仅随温度、压力变化，其校正式为

$$v_2 = v_1\sqrt{p_1T_1 / p_2T_2}$$

式中：v_2为被测气体流量，$m^3 \cdot s^{-1}$；v_1为标定时气体流量，$m^3 \cdot s^{-1}$；p_1和T_1分别为标定时气体的压力(Pa)和温度(K)；p_2和T_2分别为被测气体的压力(Pa)和温度(K)。

当被测气体的种类改变时，若被测气体黏度与标定介质相近，流量系数视为常数，可用下式换算：

$$v_2 = v_1\sqrt{\rho_1(\rho_f - \rho_1)/\rho_2(\rho_f - \rho_2)}$$

式中：ρ_1、ρ_2和ρ_f分别为标定气体、测量气体和转子的密度。

使用转子流量计必须注意垂直安装，开动控制阀时需缓慢以防止损坏仪表，保持仪表清洁，严禁沾污仪表。

1.6.3 皂膜流量计

皂膜流量计是实验室常用的测定尾气、标定流量的一种流量计。其结构十分简单，可用滴定管改装而成。如图1.32所示，橡皮头内装有肥皂水，当测定气体流经滴定管时，用手将橡皮头捏起，使气体将肥皂水吹起，在管内形成一圈圈均匀的肥皂薄膜，沿着管壁上升，以秒表记录皂膜移动一定体积所需时间，即可标出该气体的流速。皂膜流量计与毛细管流量计和转子流量计不同，它是间歇式流量计，只限于对气体流量的测定，可对测量范围小于$100mL \cdot min^{-1}$的其他流量计进行标定，方便简单，准确性好。

1.6.4 湿式气体流量计

湿式气体流量计属于容积式流量计，是实验室常用的一种仪器。其结构主要由圆鼓形壳体、转鼓、传动记录器组成。转鼓由圆筒及四个弯曲形状的叶片构成，四个叶片构成体积相等的A、B、C、D四个小室，如图1.33所示。鼓的下半部浸没在水中，充水量由水位器指示。气体由中间进气管进入气室，迫使转鼓转动，而从顶部排出。其转动次数通过记录器记录，

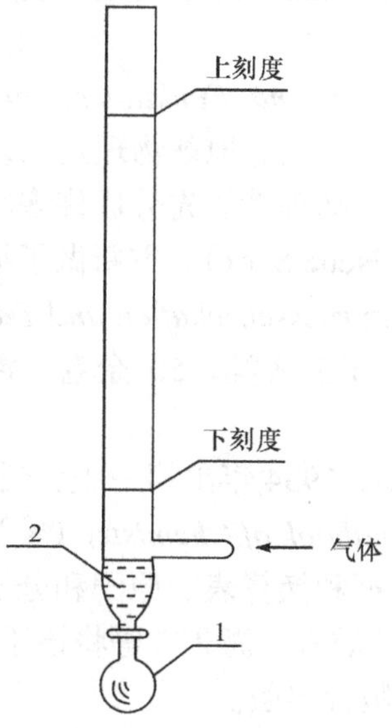

图1.32 皂膜流量计

1. 橡皮头；2. 肥皂液

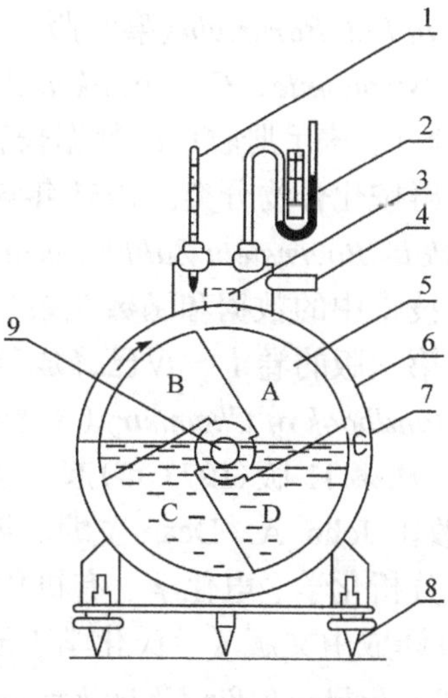

图1.33 湿式气体流量计

1. 温度计；2. 压差计；3. 水平仪；4. 排气管；5. 转鼓；6. 壳体；7. 水位器；8. 可调支脚；9. 进气管

并由指针显示体积。用秒表记录时间可以直接测定气体流量。使用前应调整好仪器水平位置，并使湿式气体流量计内水的液面到指示高度。被测气体应不溶于水，不腐蚀流量计部件，实验过程中应记录气体流经流量计时的温度。

1.7 常用化学数据来源和重要化学数据网址

1.7.1 常用化学数据来源

物质的物理化学性质对于科学研究、生产实际和工业设计等具有很重要的意义。因此，在中级化学实验课程的学习中，必须重视学习、掌握查阅文献数据的方法。发表、记载实验数据的书刊很多，在此仅介绍一些重要的手册和期刊。化学数据手册分为一般和专用两类。

1. 一般化学数据手册

这类手册归纳及综合了各种物理化学数据，可提供一般查阅。

(1) *CRC Handbook of Chemistry and Physics*（《化学与物理学手册》）。1913 年出版第一版，每年修订一次，由美国 CRC（化学橡胶公司）新出一版，附有文献数据出处，内容丰富，使用方便。从 71 版起，该书标题由原来的 6 个调整为 16 个标题，除保留原内容外，又增加了新的内容。每次新版都收录最新发表的重要化合物的物性数据。最新的第 95 版（2014～2015 年）有电子版本（http://www.hbcpnetbase.com/）。

(2) *International Critical Tables of Numerical Data: Physics, Chemistry and Technology*（《物理、化学和工艺技术的国际标准数据表》）。1926～1933 年出版，共七大卷，另附索引一卷。所搜集的数据是 1933 年以前的，比较陈旧；但数据比较齐全，为一本常用的手册。原以法国的数据年表（*Tables Annuelles*）前五卷为基础，后来 *Tables Annuelles* 继续出版，成为该手册的补充。

(3) *Landolt Bornstein*（第六版），德文全名为 *Zahlenwerte und Funktionen aus Physik, Chemie, Astronomie, Geophysik und Technik*（《物理、化学、天文、地球物理及工艺技术的数据和函数》）。该手册收集的数据较新、较全。这个手册系按物理性质先分成许多小节，在每一小节中再按化合物分类。1961 年该书开始出版新辑（L B Neue Serie），重新做了编排，名字改为 *Landolt- Boernstein Zahlenwerte und Funktionen aus Naturwissenschaften und Technik*（《自然科学与技术中的数据和函数关系》），到目前已陆续出版了五大类，50 余卷，涉及的内容很广泛。第六版的卷Ⅰ～Ⅳ已译成英文。

(4) *Handbook of Chemistry*（《化学手册》）。Lange 主编，1934 年出第一版，到 1970 年出第 10 版。从第 11 版（1973 年）起，手册更名为 *Lange's Handbook of Chemistry*（《兰氏化学手册》），改由 John A. Dean 主编。该书包括数学、综合数据和换算表、原子和分子结构、无机化学、分析化学、电化学、有机化学、光谱学及热力学性质等。尚久方等将该手册第 13 版（1985 年）译成中文版《兰氏化学手册》，1991 年由科学出版社出版。

(5) *Taschenbuch für Chemiker und Physiker*（《化学家和物理学家手册》）。1983～1992，D'Ans Lax 编。

(6) *Handbook of Organic Structure Analysis*（《有机结构分析手册》）。Y. Yukawa 等编（1965

年)。该书内容有紫外光谱、红外光谱、旋光色散光谱；等张比容；质子磁共振和核四极矩共振；抗磁性；介电常数；偶极矩；原子间距，键角；键解离能；燃烧热、热化学数据；分子体积；胺及酸解离常数；氧化还原电势；聚合常数。

(7) *Chemical Engineers' Handbook*《化学工程师手册》第 5 版。R. H. Perry 和 C. H. Chilton 主编(1973 年)，为化学工程技术人员编辑的参考手册，附有各种物理化学数据。

(8) *Handbook of Data on Organic Compounds*《有机化合物数据手册》第 2 版。R. C. Weast 等编(1989 年)。

(9) *Tables of Physical and Chemical Constants*(《物理和化学常数表》)。Kaye 和 Laby 编(1966 年)。

(10) *Handbook of Chemical Data*(《化学数据手册》)。F. W. Atack 编(1957 年)。这是一本袖珍手册，内容简明，介绍无机和有机化合物的主要物理常数及定性和定量分析，可供一般查阅。

(11)《物理化学简明手册》。印永嘉主编，高等教育出版社出版(1988 年)。该手册汇集了气体和液体性质、热效应和化学平衡、溶液和相平衡、电化学、化学动力学、物质的界面性质、原子和分子的性质、分子光谱、晶体学共九部分。

(12) *Journal of Physical and Chemical Reference Data*(《物理和化学参考资料杂志》)。该刊自 1972 年开始，由美国化学会和美国物理协会负责出版。载有大量全面的物理化学数据及其详细介绍。

(13) *Journal of Chemical and Engineering Data*(《化学和工程数据杂志》)。1956 年开始刊行，每年一卷，共四本，每季度出一本。后改为双月刊。载有大量的实验测定的新数据。每本后面有 New Data Compilation(新资料编纂)，介绍各种新出版的资料、数据手册和期刊。

(14) *Journal of Chemical Thermodynamics*(http://www.sciencedirect.com)。

2. 专用化学数据手册

1) 热力学及热化学

(1) *Selected Values of Chemical Thermodynamic Properties*(《化学热力学性质的数据选编》)，D. D. Wagman 等编(1981 年)。

(2) *Handbook of the Thermodynamics of Organic Compounds*(《有机化合物热力学手册》)，R. M. Stephenson, S. Malanowski 编(1987 年)。

(3) *Thermochemical Data of Pure Substances*(《纯物质的热化学数据》)，Ihsan Barin 编(1989 年)。

(4) *Thermodynamic Data for Pure Compounds*(《纯化合物热力学数据》)，Smith Buford 等编(1986 年)。

(5) *Selected Values for the Thermodynamic Properties of Metals and Alloys*《金属和合金热力学性质的数据选编》)，Ralph Hultgren 等编(1963 年)。

(6) *The Chemical Thermodynamics of Organic Compounds*(《有机化合物的化学热力学》)，D. R. Stull 等编(1970 年)。

(7) *Thermochemistry of Organic and Organometallic Compounds*(《有机和有机金属化合物的热化学》)，J. D. Cox 和 G. Pilcher 编(1970 年)。

2) 平衡常数

(1) *Dissociation Constants of Organic Acids in Aqueous Solution*(《水溶液中有机酸的解离常数》)，G. Kortiuem 等编(1961 年)。

(2) *Dissociation Constants of Organic Bases in Aqueous Solution*(《水溶液中有机碱的解离常数》)，D.D. Perrin 等编(1965 年)。

(3) *Stability Constants of Metal-Ion Complex*(《金属络合物的稳定常数》)(1964 年)，该手册分为两部分。第一部分：无机配位体，由 L G. Sillen 编。第二部分：有机配位体，由 A. E. Martell 编。

(4) *Instability Constants of Complex Compounds*(《配合物不稳定常数》)，Yatsimirskii 等编(1960 年)。

(5) *Ionization Constants of Acids and Bases*(《酸和碱的解离常数》)，A. Albert 编(1962 年)。

3) 溶液、溶解度数据

(1) *Solubility Data Series*(《溶解度数据丛书》)，A. S. Kerters 主编，IUPAC 数据出版系列中的一套丛书，包括各种气体、液体、固体在各种溶液中的溶解度，篇幅大，数据可靠，至 1990 年已出版 42 卷。

(2) *Physicochemical Constants of Binary System in Concentrated Solutions*(《浓溶液中二元系统的物理化学常数》)，共四卷，J. Timmermans 编(1959～1960 年)。

(3) *Solubilities of Inorganic and Metalorganic Compounds*(《无机和金属有机化合物的溶解度》)第四版，W. F. Links 编。

(4) *Solubilities of Inorganic and Organic Compounds*(《无机和有机化合物的溶解度》)，H. Stephen 等编。卷Ⅰ: Binary System (二元系统)，1963 年。卷Ⅱ: Ternary and Multi-component Systems (三元和多组分系统)，1964 年。

(5) *Solvents Guide*(《溶剂手册》)，第二版，C. Marsden 编。

4) 蒸气压、气-液平衡

(1) *Vapor Pressure of Organic Compounds*(《有机化合物蒸气压》)，J. Earl Jordan 编(1954 年)。

(2) *Vapor-Liquid Equilibrium Data*(《气-液平衡数据》)，Ju Chin Chu、Shu Lung Wong 等编(1956 年)。

(3) *Azeotropic Data*(《恒沸数据》)，Lee H. Horsely 编(1962 年)。

(4) *The Vapor Pressure of Pure Substances*(《纯物质的蒸气压》)，Boublik Tomas 编(1984 年)。

(5) *Vapor-Liquid Equilibrium Data Collection*(《气-液平衡数据汇编》)，J. Gmehling 等编(1977 年)，为 *Chemistry Data Series*(《化学数据丛书》)的第一卷。

5) 二元合金

(1) *Constitution of Binary Alloys*(《二元合金组成》)第二版，Ax Hansen 等编(1958 年)。

(2) *Binary Alloy Phase Diagrams*(《二组分合金相图》)，T. B. Mascalski 等编(1987 年)。

6) 电化学

(1) *Electrochemical Data*(《电化学数据》)，D. Dobes 编(1975 年)，另外，Meites Louis 等于 1974 年出版了 *Electrochemical Data*。

(2) *Handbook of Electrochemical Constants*（《电化学常数手册》），Pago 编(1959 年)。

(3) *Selected Constants of Oxidation-Reduction Potentials of Inorganic Substances in Aqueous Solutions*（《水溶液中无机物的氧化还原电势常数选编》），G. Charlot 编(1971 年)。

7) 化学动力学

(1) *Tables of Chemical Kinetics, Homogenous Reactions*(《化学动力学表，均相反应》)(1951 年)。续编 No. Ⅰ，1956 年；续编 No. Ⅱ，1960 年；续编 No. Ⅲ，1961 年。

(2) *Liquid-Phase Reaction Rate Constants*（《液相反应速率常数》），E. T. Denisov 编(俄，1971 年)，R. K. Johnston 译(英，1974 年)。

8) 色谱数据

(1)《气相色谱手册》，中国科学院化学研究所色谱组编(1977 年)，该书附有有关色谱的参考资料。

(2) *Compilations of Gas Chromatographic Data*(《气相色谱数据汇集》), J. S. Lewis 编(1963 年)，1971 年Ⅱ版补编Ⅰ。

(3)《气相色谱实用手册》，吉林化学工业公司研究院编(1980 年)。

(4)《分析化学手册》，第四分册之上册，成都科学技术大学化学教研室编(1984 年)。

9) 谱学数据

(1) *Crystal Data*（《晶体数据》），第三版，G. Donmay 等编。

(2) *International Tables for X-Ray Crystallography*（《X 射线结晶学国际表》），K. Lonsdale 编。

(3) X 射线粉末衍射数据卡片，简称 P. D. F. 卡(原 ASTM 卡片)。

(4) *Sadtler Standard Spectra Collections*（《萨德勒标准谱图集》），这是由美国 Sadtler Research Laboratories，Inc. 编纂出版的标准光谱图集，内容包括红外光谱、紫外光谱、核磁共振波谱、拉曼光谱等，该标准谱图集体积庞大，但采用活页本形式装订，时有补充或更新，备有多种索引，查阅十分方便。

(5) *Practical Handbook of Spectroscopy*（《实用谱学手册》），J. W. Robinson 编(1991 年)。

(6) *A Handbook of Nuclear Magnetic Resonance*（《核磁共振手册》），Freeman Ray 编(1987 年)。

(7) *Raman/Infrared Atlas of Organic Compounds*（《有机化合物的拉曼、红外谱集》），Bernhard Schrader 编(1989 年)。

(8) *Handbook of Infrared Standards*（《红外标准手册》），由 G. Guelachvili，K. N. Rao 编(1986 年)。

10) 偶极矩

(1) *Tables of Experimental Dipole Moments*（《实验偶极矩表》），A. L. McClellan 编(1963 年)。

(2) *Selected Values of Electric Dipole Moments for Molecules in the Gas Phase*（《气相中分子电偶极矩数据选编》），美国国家标准局编，1967 年出版。

1.7.2 常用化学物性数据相关的网络资源

1. NIST 的 Chemistry WebBook(http://webbook.nist.gov/chemistry/)

该数据库是美国国家标准与技术研究院(NIST)的基于 Web 的物性数据库，Chemistry

WebBook 可以看作是 NIST 的标准参考数据库 Standard Reference Data 中部分与化学有关的数据库的 Web 版本，可通过分子式检索、化学名检索、CAS 登录号检索、离子能检索、电子亲和力检索、质子亲和力检索、酸度检索、表面活化能检索、振动能检索、电子能级别检索、结构检索、相对分子质量检索和作者检索等方法，得到气相热化学数据、浓缩相热化学数据、相变数据、反应热化学数据、气相离子能数据、离子聚合数据、气相 IR 色谱、质谱、UV/Vis 色谱、振动及电子色谱等。

2. 化合物基本物性库(http://chemfinder.camsoft.com)

该数据库除提供化合物的基本物性如熔点、沸点、闪点、密度、在水中的溶解度等外，更重要的是它建立了与 Internet 上其他节点的索引，通过查询该库，除获得基本物性外，还可得到一些链接。通过这些链接，获得其他节点的数据库或 Web 页面所包含的关于被查化合物的有关信息。

3. 主要化学物质热力学数据(http://www.codata.org/databases/key1.html)

国际科学技术数据委员会 CODATA 的数据库提供了主要化学物质热力学数据推荐值，虽然数据库规模小，但具有权威性。内容包括关键化学物质的热力学特性，这个网站的内容公布了最新的结果。推荐的这些数据可用于热力学测定的分析、数据还原和制备其他的热力学数据表。此表包括热力学温度下的分子标准焓值、熵值和 $H_0(298.15K)-H_0(0)$。焓变值栏目中元素的值为 0 可指示出此元素的参考状态。标准压力为 100000Pa(1bar)，可根据标准态气压的改变引起的气相熵值得到参考信息。

4. 溶剂数据库 SOLV-DB(http://solvdb.ncms.org/solvdb.htm)

美国非营利组织 National Center of Manufacturing Sciences 的溶剂数据库提供了 100 余种常用溶剂的数据，数据库不大，但很实用。从中可检索到溶剂的物性数据、安全使用溶剂的数据、对健康是否有害的数据、对大气等环境影响的有关数据及供应商。如果知道特定溶剂的供应商，可以得到下述内容：此供应商的联系方法；此供应商可提供的所有溶剂列表。

5. 三维结构数据库 NCI-3D(http://chem.sis.nlm.nih.gov/nci3d/)

该数据库由美国国家癌症研究所(NCI)建立，可通过数据库进行化学结构检索和三维化学结构显示。可通过记录号、NCI 标号、CAS 登录号及分子式检索 NCI-3D 数据库中 213628 条记录的 3D 模型，也可以显示其类似结构。也可以通过结构检索，分为含有此结构及其他原子的结构检索、相似的结构检索和精确结构检索。

6. 预测 lg$P$ 和 lg$W$(http://www.logp.com/)

Interactive Analysis LogP and LogW（water solubility）Predictor 基于 MolconnZ 分子索引 238 个化合物的基础之上，从理论上精确计算了一些已知化合物的 13000 多个油水分配系数 lg$P$ 值及 4300 个化合物在 25℃下非缓冲体系的水溶液中溶解度 lg$W$。该数据库由 Syracuse Research Corporation, SciVision, Albany Molecular Research, Inc., eduSoft LC, Cambridge Soft.等公司协作开发，用户可通过输入 the SMILES 编码查询这些化合物的 lg$P$ 和 lg$W$ 计算值。

7. 物性、质谱、晶体结构数据库(http://factrio.jst.go.jp/)

该数据库收录了有机化合物的物性、质谱、晶体结构等数据，数据主要取自 *Lange's Handbook of Chemistry*，12/e，J Phys Chem Ref Data 第 1 卷第 4 期第 841～1009 页(1972 年)及 Sicherheitstechnische Kennzahlen Brennbarer Gase und Daempfe 2.Auflage。截至 1997 年 8 月，热物理和热化学性质数据库 Kelvin 收录数据共 61480 条；质谱数据库 Dalton 收录 15526 条及晶体结构数据库 Angstrom 收录 9169 条。用户经免费注册后即可检索并下载所需要的数据，但是个人下载的总量不得超过数据库总量的 10%。

1.7.3 与学术期刊相关的重要化学数据网址

在此仅介绍几个常用的重要化学数据库的网址。

1. http://pubs.acs.org/

美国化学会(American Chemical Society, ACS)的期刊被 ISI 的 Journal Citation Report(JCR)评为化学领域中被引用次数最多的化学期刊。内容涵盖生物化学、分析化学、化学新方法、材料化学、晶体生长及设计、能源及燃料、环境科学与技术等 34 种期刊。

2. http://www.sciencedirect.com/

Elsevier Science 公司出版的期刊是国际公认的高水平的学术期刊，大多数被 SCI、EI 收录，属国际核心期刊。该数据库涉及数学、物理、化学、天文学、医学、生命科学、商业及经济管理、计算机科学、工程技术、能源科学、环境科学、材料科学等。

3. http://www.isiknowledge.com/

ISI Web of Knowledge 是美国科学情报研究所(ISI)提供的数据库平台。ISI Web of Knowledge 依照与用户的数字图书馆环境协同工作的原则而设计。产品有 ISI Web of Science, ISI Proceedings，ISI Citation Reports。

★ ISI Web of Science 是 SCI(科学引文索引)的网络版。

★ ISI Proceedings 包括科学技术会议录索引(Index to Scientific & Technical Proceedings, ISTP)和社会科学及人文科学会议录索引(Index to Social Science & Humanities Proceedings, ISSHP)，都是美国 ISI 编辑出版的查阅各种会议录的网络数据库。

★ ISI Citation Report(Journal Citation Report)是美国 ISI 编辑出版的查阅各学科有哪些核心期刊及各种核心期刊的影响因子、引用次数、半衰期等数据的网络数据库。

4. http://kluwer.calis.edu.cn/

Kluwer Academic Publisher 是荷兰具有国际性声誉的学术出版商，它出版的图书、期刊一向品质较高，备受专家和学者的信赖和赞誉。Kluwer Online 是 Kluwer 出版的 600 余种期刊的网络版。涵盖学科有：材料科学、地球科学、电气电子工程、法学、工程、工商管理、化学、环境科学、计算机与信息科学、教育、经济学、考古学、人文科学、社会科学、生物学、数学、天文学、心理学、医学、艺术、语言学、哲学等 24 个学科。

5. http://www.nature.com/

英国著名杂志 *Nature* 是世界上最早的国际性科技期刊，自从 1869 年创刊以来，始终如一地报道和评论全球科技领域里最重要的突破。

6. http://www.rsc.org/

英国皇家化学会(Royal Society of Chemistry，RSC),是一个国际权威的学术机构，是化学信息的一个主要传播机构和出版商。出版的期刊及数据库一向是化学领域的核心期刊和权威性的数据库。

7. http://www.sciencereading.cn/

《科学》杂志电子版是《科学在线》最主要的部分。电子版除了有印刷版上的全部内容以外，还为读者提供了印刷版不可能有的功能，如用关键字或作者姓名来检索 1995 年 10 月以来的期刊、浏览过刊，或浏览按主题分类的论文集合。

8. http://springerlink.lib.tsinghua.edu.cn/

Springer 是世界上著名的德国施普林格科技出版集团出版的全文电子期刊，是科研人员的重要信息源。共包含 425 种学术期刊，按学科分为生命科学、医学、数学、化学、计算机科学、经济、法律、工程学、环境科学、地球科学、物理学与天文学。

9. http://www.interscience.wiley.com/

John Wiley Publisher 是世界著名学术出版商。其学科范围以科学、技术与医学为主。该出版社期刊的学术质量很高，是相关学科的核心资料。John Wiley 电子期刊的学科分类如下：Business, Finance & Management(35 种)；Chemistry(110 种)；Computer Science(16 种)；Earth Science(32 种)；Education(18 种)；Engineering(48 种)；Law(5 种)；Life and Medical Sciences(132 种)；Mathematics and Statistics(20 种)；Physics(27 种)；Psychology(24 种)。此外，还可访问约 100 个 Titles 的书目记录。

10. http://worldscinet.lib.tsinghua.edu.cn

由世界科学出版社(World Scientific Publishing)委托 EBSCO/MetaPress 公司在清华大学图书馆建立的世界科学出版社全文电子期刊镜像站。WorldSciNet 为新加坡 World Scientific Publishing Co.电子期刊发行网站，目前提供 44 种全文电子期刊，涵盖数学、物理、化学、生物、医学、材料、环境、计算机、工程、经济、社会科学等领域。

11. http://www.sdb.ac.cn/

随着国际上数据库技术的发展和科学技术日益增长的需求，中国科学院从 1978 年开始建立化学方面的专业数据库，1983 年正式决定组建科学数据库中心，1986 年国家计划委员会正式批准建设“科学数据库及其信息系统”工程。该数据库内容丰富，除科学数据库外，还有专业数据库，非专业数据库，国内科技、国外科技，其他。包括基础科学、农业科学、人文科学、医药卫生、工业技术等学科的期刊。

12. http://ipdl.wipo.int/

知识产权数字图书馆(IPDL)由世界知识产权组织(WIPO)国际局于 1998 年建立，旨在推动世界各国的知识产权组织进行知识产权信息的交流，为世界各国提供知识产权数据库检索服务。内容包括：PCT 电子公报(PCT Electronic Gazette)、马德里快报数据库(Madrid Express Database)和 JOPAL 数据库(JOPAL Database)。IPDL 工程从 2001 年开始全面运作，扩大收集及提供额外的功能以迎合政府部门和读者的需要，IPDL 工程提供自 1998 年 4 月以来的 PCT 全文及全文特征检索。

2 实　验

2.1　组成与结构分析实验

实验 1　原子发射光谱法——摄谱

实验导读

原子发射光谱法(atomic emission spectrometry，AES)是根据处于激发态的待测元素原子回到基态时发射的特征谱线对待测元素进行分析的方法。根据原子的特征波长出现与否进行定性分析，根据特征光谱线的强度进行定量分析。

随着科学技术的发展，原子发射仪器的性能有了质的飞跃。从最初的本生灯逐步发展到了电弧和火花光源，进而推出了电感耦合等离子体(inductively coupled plasma，ICP)光源和辉光放电(glow discharge，GD)光源。检测装置由最早的感光板和黑度计发展到多通道光电倍增管，又发展到光电二极管阵列检测器，使得原子发射光谱分析的灵敏度越来越高，检测越来越方便。

原子发射光谱法具有选择性好、灵敏度高、分析速度快等优点，可同时分析许多元素；取样量少，一般只需要数毫克至数十毫克。它是一种十分方便的定性和定量分析方法，已普遍用于矿物、金属、半导体材料等试样中的杂质分析。

但是，原子发射光谱只能用来确定物质的元素组成与含量，不能给出物质分子的有关信息。

实验目的

(1)熟悉光谱定性分析的原理。

(2)了解石英棱镜摄谱仪的工作原理和使用方法。

(3)学习电极的制作、摄谱仪的使用及暗室处理技术。

实验原理

原子在受到一定能量的激发后，处于激发态的电子在由高能级向低能级跃迁时将能量以光辐射的形式释放，各种元素因其原子结构的不同而有不同的能级，因此每一种元素的原子只能辐射出特定波长的光谱线，它代表了元素的特征，这是发射光谱定性分析的依据。

一种元素可以有许多条谱线，各条谱线的强度也不相同。在进行光谱定性分析时，并不需要找出元素的所有谱线，一般只要检查它的几条(2～3 条)灵敏线或最后线，根据最后线(灵敏线)是否出现，它们的强度比是否与谱线表所示的相符，就可以判断该元素存在与否。

经典电光源的试样处理方法如下。

1. 固体金属及合金等导电材料的处理

棒状金属表面用金刚砂纸除氧化层后，可直接激发。

碎金属屑用酸或丙酮洗去表面污物，烘干后磨成粉末状后，最好以 1∶1 的比例与碳粉混合，在玛瑙研钵中磨匀后装入下电极孔内再激发。

2. 非导体固体试样及植物试样的处理

非金属氧化物、陶瓷、土壤、植物等试样经灼烧处理后，磨细，加入缓冲剂及内标，置于石墨电极孔中用电弧激发。

3. 液体试样的处理

液体样品经稀释后，滴到用液体石蜡涂过的平头石墨电极上，在红外灯下烘干后进行光谱分析。

用发射光谱进行定性分析通常采用在同一块感光板上并列地摄取试样光谱和铁光谱，然后借助光谱投影仪使摄得的铁光谱与“元素标准光谱图”上的铁光谱重合，从“元素标准光谱图”上标记的谱线来辨认摄得的试样谱线。

本实验可对粉末样品进行指定元素的定性分析或全元素分析。

仪器与试剂

仪器 中型石英棱镜摄谱仪；交直流两用电弧发生器；交流电弧发生器；天津紫外Ⅱ型感光板(9cm×12cm、6cm×9cm)；铁电极(摄铁光谱用)；光谱纯石墨电极(上电极为圆锥形，下电极有孔，孔径为 3.2mm，孔深 3～4mm，如图 2.1 所示)。

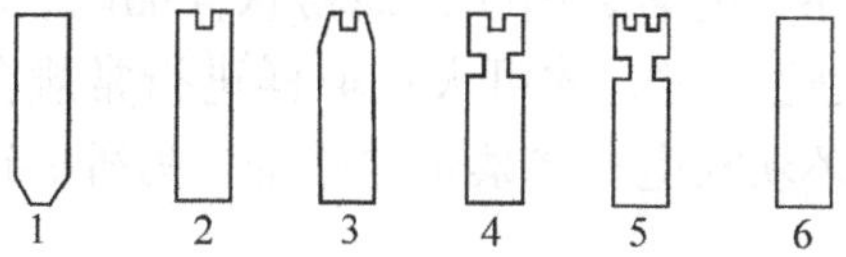

图 2.1 各种石墨电极的形状

1. 上电极；2. 适用于易挥发组分；3. 电极温度较 2 高；4、5. 细颈电极，适用于难挥发组分；6. 平头电极，适用于液体样品

试剂 粗 SiO_2；光谱纯碳棒(检查碳棒纯度)；显影液(A、B 液)，配好的 A、B 液分别储存于棕色瓶中，使用前以 1∶1 混合，并调至 18～20℃使用。显影液组成见表 2.1。

表 2.1 显影液组成

A 液		B 液	
米吐尔(硫酸对氨基酚，还原剂)	2g	无水碳酸钠(碱加速剂)	44g
海得努(对苯二酚，还原剂)	10g	溴化钾	2g
无水亚硫酸钠(保护剂)	52g		
用水溶解并稀释至 1000mL		用水溶解并稀释至 1000mL	

定影液组成见表 2.2。

表 2.2　定影液组成

五水硫代硫酸钠(配位剂)	240g
无水亚硫酸钠	15g
冰醋酸	15mL
硼酸	7.5g
钾明矾	15g
用水溶解并稀释定容至 1000mL	

安全警示

本实验使用交流电弧光源时应注意以下几点：

(1) 激发光源为高电压电源、高电流装置，实验时应遵守操作规程，注意安全。

(2) 工作场所应有良好的通风设备，因为当电弧激发时，会产生有害的氯、硫、磷氧化物和金属氧化物等。特别是在分析一些非金属样品时，如加热处理用的盐和化学试剂时，有时甚至会放出剧毒的有害气体。

(3) 工作人员必须戴上黄绿色的玻璃眼镜以保护视力免受损坏。在光源旁安装不透明的遮光板，工作人员不要注视光源，因为火焰的强烈光线会使分析人员的视网膜受到刺激，从而使眼睛的敏感度降低。

(4) 分析未知的非金属样品、化学试剂或其他粉状样品时，应先取微量做试验，以免发生着火等意外事故。只有确保无危险时，才可大量取样进行常规分析。

(5) 更换样品和电极时，必须断电，严禁带电作业。另外，还应备有带绝缘把手的金属夹子，以便拿取灼热的样品。

实验步骤

1. 摄谱前的准备工作

(1) 加工电极和装样。根据所分析样品的性质，可把电极加工成各种形状，粉末样品装入电极小孔中要装紧压实，且注意不能沾污，装好后插在电极盘上备用。

(2) 感光板的安装。在暗室中将感光板乳剂膜向下装入摄谱仪的暗盒中，盖紧盒盖，检查板盒，切勿漏光。然后将暗盒装在摄谱仪上，抽开挡板，调节合适的板移位置。

(3) 检查仪器，将所有开关都置于关的位置，然后接通总电源。

2. 摄谱

(1) 打开电极照明灯，先装上电极，后装下电极(拍摄标准：铁光谱时铁棒为下极，拍摄样品光谱时换成装样品的石墨电极)，调节电极架上的螺母，使上下电极成像于遮光板小孔(3.2mm)两侧，调好后，关掉照明灯，打开快门。电极架位置示意图如图 2.2 所示。

(2) 将暗盒装在摄谱仪上，打开挡板，调节合适的板移位置，调节狭缝和遮光板，插入哈特曼光阑(TV-10)，设置好移动光阑位置，再分别合上电闸摄谱，并记录好摄谱条件(狭缝宽度、遮光板、极距、光源、电流、曝光时间等)。摄谱结束，推进暗盒挡板，取下暗盒。

3. 感光板的冲洗

(1)准备工作。取适量配好的显影液和定影液分别倒入两个搪瓷盘内，另备一盘清水。调节显影液温度至18～20℃。

(2)显影及定影。在暗室中弱红灯下从暗室盒中取出感光板，先把感光板放在清水中润湿，然后放入显影液中显影(乳剂面向上!)。在显影过程中要不断摇动搪瓷盘使显影均匀。30s 左右取出感光板放入清水中略加漂洗，然后放入定影液中，摇动定影液，2min 后可开白灯，继续定影至感光板未曝光部分的淡黄色乳剂膜完全退去而呈透明为止。最后将感光板放入流水中冲洗 10min 后，取出晾干，备用。

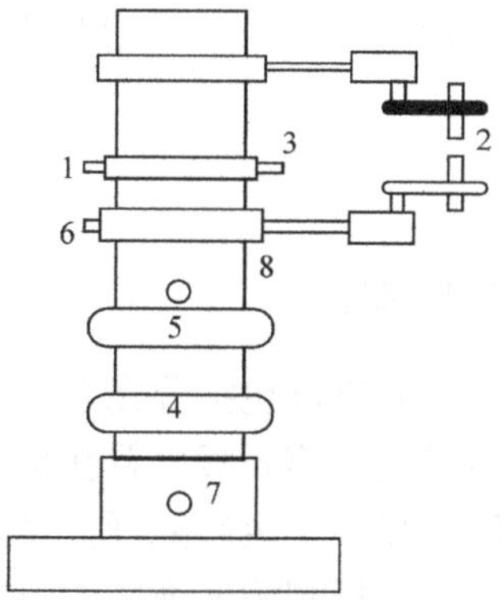

图 2.2 摄谱仪电极架示意图

1. 照明电源线；2. 分析电极；3. 照明灯；4. 两电极上下移动调节；5. 两电极间距离调节；6. 两电极前后移动调节；7. 两电极左右移动调节；8. 下电极左右移动调节

注意事项

每次调换电极时，切记不可打开电弧开关，必须在调换手续完成，挡上遮光板后，才可进行电弧激发；电极夹上如有溅出的样品，应用毛刷清理干净；先装上电极再装下电极；透镜及狭缝的保护和使用要特别小心谨慎。

结果与讨论

(1)数据记录及处理(表 2.3)。

狭缝宽度：________；样品名称：________；电极距离：________；电流强度：________

表 2.3 实验数据记录

板移位置	样品	光阑位置	曝光时间	电流
	铁棒		15s	
	碳棒		2min	
	试样		2min	

(2)试讨论光谱定性分析时合适摄谱条件的选择。

(3)结合理论教学的内容，讨论火焰光源和 ICP 光源的优劣。

思考题

(1)拍摄铁谱和碳谱的目的是什么？

(2)光谱定性分析以何种光源为最好？为什么？

(3)在光谱定性分析中，拍摄铁光谱和试样光谱时，为什么在摄谱中固定暗盒位置而移动光阑？反过来可以吗？

参考文献

陈培榕，邓勃. 1999. 现代仪器分析实验与技术. 北京：清华大学出版社

赤屈四郎，木村健二郎. 1992. 仪器分析和化学分析(基础化学实验大全Ⅴ). 北京：科学普及出版社

殷学锋. 2002. 新编大学化学实验. 北京：高等教育出版社
朱明华，胡坪. 2008. 仪器分析. 4 版. 北京：高等教育出版社

（张培敏）

实验 2　原子发射光谱法——译谱

实验导读

光谱仪包括分光系统和检测系统。通过照相方式将谱线记录在感光板上的光谱仪器称为摄谱仪。感光板放置在摄谱仪焦面上，一次曝光可以永久记录光谱的许多谱线。感光板感光后经显影、定影处理，呈现出黑色条纹状的光谱图。用映谱仪观测谱线的位置进行光谱定性分析，用测微光度计测量谱线的黑度进行光谱定量分析。目前已开发出计算机直读式原子发射光谱仪，可省去冲洗感光板映谱、读谱等步骤，大大提高分析效率。

实验目的

(1) 学会用标准铁光谱比较法定性判断试样中所含未知元素的分析方法。

(2) 根据特征谱线的强度及最后线出现的情况对元素含量进行粗略的估计。

(3) 掌握映谱仪的原理和使用方法。

实验原理

不同种类的元素因其内部原子结构的不同，在光源的激发下将发射出其特征谱线，据此可确定是否有某元素的存在。在实际定性分析中，常需要一套与所用的摄谱仪具有相同色散率的元素标准光谱图，图 2.3 为波长范围为 301.0～312.0nm 的元素标准光谱图，在图下方标有按已知波长顺序排列的标准铁谱线和波长标尺，图的上方是各元素在此波段范围内可能出现的分析线，在元素符号下方标有该元素谱线波长，其后的罗马字 Ⅰ 和 Ⅱ 分别表示元素的原子线和离子线。在元素符号的右上角标有灵敏度的强度级别，灵敏度的强度一般分为 10 级，数字越大，表示灵敏度越高。

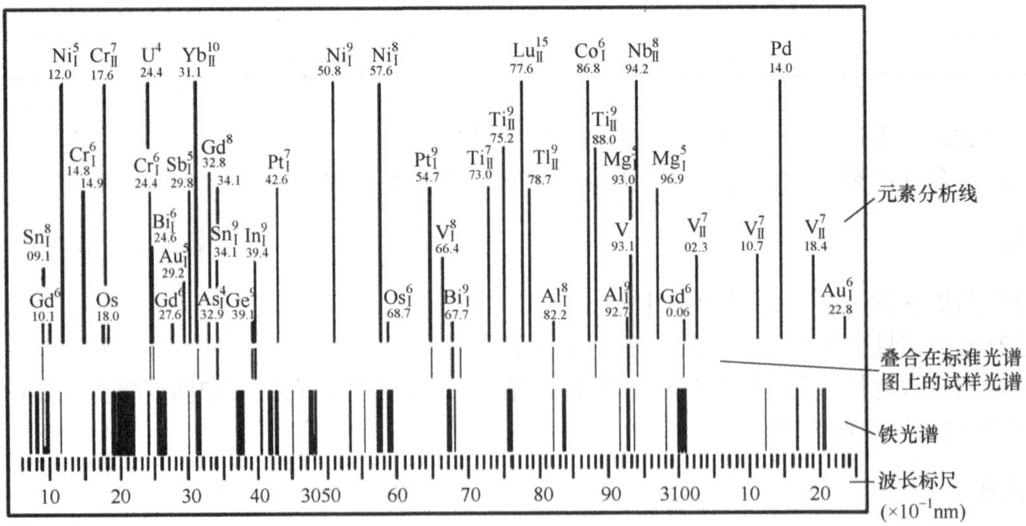

图 2.3　元素标准光谱图

将所摄谱板放置在光谱投影仪上，经 20 倍放大后，以标准铁光谱图作为波长基准，选用 2～3 条灵敏线或其特征谱线组进行该元素的定性判断，并粗略估计含量。半定量分析的含量表示方法见表 2.4。

表 2.4　半定量分析的含量表示方法

估计含量/%	表示方法				
	1	2	3	4	5
100～1	大量	++++	5	2	直接报含量范围
1～0.1	中量	+++	4	1	
0.1～0.01	小量	++	3	0	
0.01～0.001	微量	++	2	−1	
<0.001	痕量	+	1	−2	
0	无	−	0	−3	

仪器与试剂

仪器　光谱投影仪，8W 型；元素标准光谱图及元素定性分析灵敏度表；谱片由实验 1 得到。

安全警示

(1) 注意用电安全，所有电器设备必须接地良好。

(2) 严格执行电气设备安全操作规程，严禁用湿手触摸电源开关，严禁用湿抹布擦拭电源、开关等，以防触电。

实验步骤

(1) 开启光谱投影仪电源开关和反射镜盖，将所摄的谱片放在光谱投影仪的谱片架上，注意将长波置于左侧，乳剂面向上。将摄得的谱线投影在白色投影屏上，通过手轮调节至谱线清晰。

(2) 熟悉和牢记 (1)～(15) 号元素标准光谱图中铁光谱的标志性谱线（既粗且黑，便于记忆）的位置与波长，以标准铁光谱图作为波长基准（将谱片上的铁光谱与标准铁光谱的相关谱线对齐），从短波处（谱板的左端）开始进行译谱。

(3) 如果指定找出某元素时，则先从元素谱线表中选择该元素两条以上的灵敏线或特征线组，按照这些灵敏线或特征线的波长，利用相应的元素标准谱图作对照，进行查找。如果试样光谱中出现这些灵敏线或特征谱线，则可初步确定样品中有此元素。当发现所用的灵敏线或其他元素的谱线相重叠时，需要进一步查找干扰元素强度较大或相同的其他谱线。若这些谱线不出现，便可确定特检元素存在。凡试样谱片中又粗又黑的谱线用元素标准光谱图对照，以确定该试样中所含的相对较大量的元素。

(4) 如果做全分析，首先初步观察全光谱，找出强度最大的谱线，以确定试样中的主要成分，必要时可利用元素谱线表了解该元素可能出现的波长，以便了解所摄光谱的情况，然后从短波向长波方向查找试样中出现的谱线，并用元素标准光谱图对照，记录该谱线的波长及所代表的元素，最后根据出现的灵敏线并排除可能产生的干扰，找出可靠的结果。

(5) 取下谱板，关电源，盖好平面反射镜盖板，罩好仪器。

结果与讨论

(1) 数据记录与处理(表 2.5)。

实验日期：________；谱板编号：________；样品：________

表 2.5　译谱实验数据记录

谱线波长	谱线性质	对应的元素

(2) 样品中存在的主要元素有哪些?

(3) 样品中可能存在的杂质元素有哪些?

(4) 判断待测试样光谱中存在某一元素，为什么要出现该元素的三条以上的灵敏线?

思考题

(1) 元素标准光谱图由哪些内容所组成? 如何使用元素标准光谱图?

(2) 光谱定性分析通常有哪几种方法? 分别适合在什么情况下使用?

(3) 分析光谱定性是否可同时选用原子谱线和离子谱线?

(4) 译谱如何判断元素间的干扰?

参考文献

方惠群，于俊生，史坚. 2002. 仪器分析. 北京：科学出版社

附录：若干种元素的重要分析线

元素	分析线波长/nm	元素	分析线波长/nm
Si	250.69　251.61　288.16	V	318.34　318.40　318.54
Mg	279.55　280.27　285.21	Zn	334.50　330.26　330.29
Al	308.22　309.27	As	234.98　286.05　238.33
Cu	324.75　327.40	Se	241.36
Ag	328.07　338.29	Sb	259.81　287.80
Bi	306.78　289.80	Ti	334.90　337.28　308.80
Cd	228.20　326.11　340.37	Tl	351.92　276.79
Mn	257.61　259.34　279.48	Ba	493.41　455.40　233.53
Ni	305.08　341.48	Cr	425.44　427.48　301.48
Pb	283.31　280.20	K	404.41　407.42
Sn	284.00　296.33　317.50		

(张培敏)

实验3　电感耦合等离子体原子发射光谱法测定环境水样中的微量金属元素

实验导读

原子发射光谱通常用化学火焰、电火花、电弧、激光和各种等离子体光源激发而获得。目前应用最广泛的原子发射光谱光源是等离子体，其中包括电感耦合等离子体(ICP)、直流等离子体(direct current plasma, DCP)及微波等离子体(microwave plasma, MWP)。

原子发射光谱分析引入ICP作为其重要的高效光源后，克服了原有的定量分析重现性差、实验条件必须严格控制的缺点。ICP光谱分析逐步成为一种公认的在同一试样中不经分离而同时测定多种元素的首选分析方法。

实验目的

(1)掌握电感耦合等离子体原子发射光谱仪的结构及工作原理。
(2)掌握ICP光谱分析的主要工作参数。
(3)学习利用ICP光谱分析同时分析多元素的方法。

实验原理

电感耦合等离子体原子发射光谱仪(ICP-AES)由射频发生器、分光系统、进样系统、气体控制系统、冷却系统与数据处理系统组成(图2.4)。

ICP是原子发射光谱仪的重要高效光源，由高频发生器和感应圈、炬管和供气系统、试样引入系统三部分组成(图2.5)，三层石英管组成同心型套管。三股氩气流分别进入各层石英管。

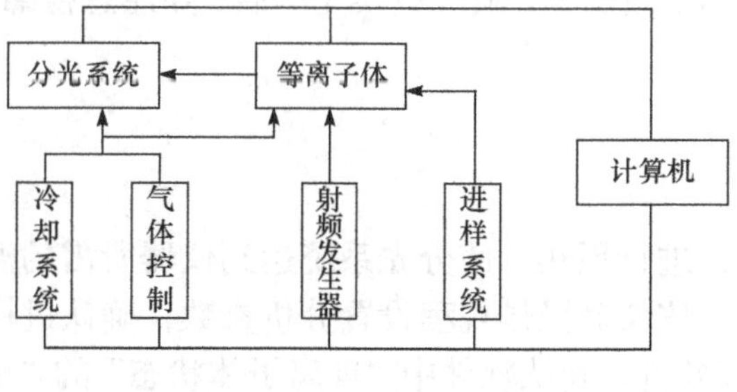

图2.4　等离子体发射光谱仪的结构示意图

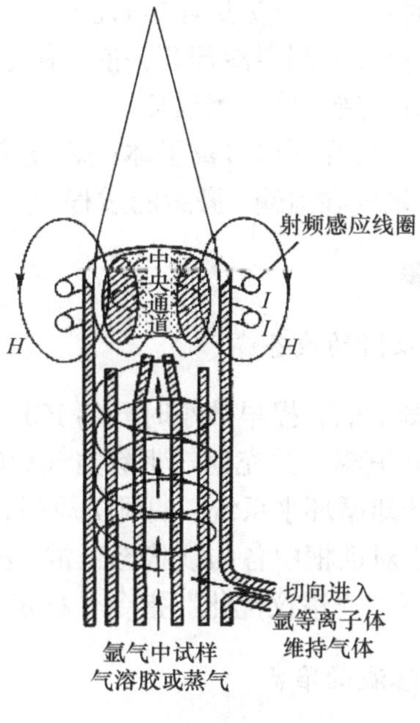

图2.5　等离子体炬结构示意图
H. 感应磁场；*I*. 高频电流

高频发生器的作用是产生高频磁场以供给等离子体能量，用高压电火花触发，使气体少量电离，在高频交流电场的作用下，带电粒子高速运动，碰撞气态 Ar 原子，使其迅速大量电离，形成雪崩式放电；在垂直于磁场方向感应为涡电流，产生高温(8000K)，形成等离子体矩；高频电流的趋肤效应使涡流中央形成不载电流的中央通道，试样气溶胶穿过中央通道时，在高温下蒸发、解离、原子化、激发，发出与样品所含元素相关的特征辐射。光源发出的复合光经分光系统分光后按波长顺序排列成一系列谱线，即形成样品的发射光谱。

ICP-AES 具有高温(等离子体的中心温度高达 10000K，可使试样完全蒸发和原子化)、环形通道、惰性气氛、自吸现象小等特点，因而具有选择性好、灵敏度高(检测限可达 10^{-11}～$10^{-9}g \cdot L^{-1}$)、精密度高等优点，是同时分析液体试样中多种金属元素含量的最佳方法。

仪器与试剂

仪器　ICP-AES；氩气钢瓶。

试剂　氩气；混标；$1mg \cdot mL^{-1}$ Cu，Mg，Ca，Fe，Zn，Pb 标准储备液(用体积分数为1%的硝酸定容)；空白溶液：体积分数为 1%的硝酸；二次蒸馏水；环境水样。

安全警示

(1) 电感耦合等离子体原子发射光谱仪开机前，应先检查电源有无漏电现象，防止触电事故的发生。

(2) 在测量过程中，必须打开通风设施，防止有毒、有害化学药品中毒事故的发生；另外，在使用耐氢氟酸系统进行含氢氟酸样品的分析时，注意保持室内通风良好，防止氢氟酸对人体的伤害。

(3) 点火之前必须检查水、电、气压是否正常，各项都正常时方可点火，严禁在气压和水压不足时点火，以免烧坏矩管。

(4) 打开检测器冷却开关前，应先检查是否已通氩气，防止在未通氩气状况下检测器出现结霜现象，造成检测器损坏。

(5) 不可在开启等离子体火焰玻璃防护罩的情况下点火，防止对人体造成辐射。

(6) 氩气在运输、搬运的过程中严禁碰撞、敲击、倾倒等。氩气更换完毕后，要注意检漏。

实验步骤

1. 仪器的准备

在测定前，提早数小时开启 ICP 光谱仪电源，进行预热，使分光系统达到仪器所需的温度，保持恒温，并充氩气驱除空气(30min 以上)，按仪器操作规程设置分析参数，确认进样系统、冷却循环水系统、抽风机风门正常后，打开软件，确认软件中“等离子体状态”的“仪器状态”对话框中各内锁状态正常，温度显示正常后执行点火命令“等离子体开启”，仪器点火后执行“光谱仪优化”指令，稳定 15～30min 才可进样。

2. 溶液的准备

(1) 标准溶液的配制。准确移取待测元素的标准溶液，配制浓度分别为 $0.010mg \cdot L^{-1}$，$0.030mg \cdot L^{-1}$，$0.100mg \cdot L^{-1}$，$0.300mg \cdot L^{-1}$，$1.00mg \cdot L^{-1}$，$2.0mg \cdot L^{-1}$，$5.0mg \cdot L^{-1}$，$10.0mg \cdot L^{-1}$，

20.0mg · L^{-1}，50.0mg · L^{-1}，100mg · L^{-1}的标准溶液。

(2)样品溶液的准备。环境样品经过滤处理后即可。

3. 定性分析

取过滤后的样品水样 30mL，放入进样的毛细管，观察环境水样中各元素的全谱图，找出环境水样中含有的元素，打印水样的全谱图，考虑其灵敏度、背景干扰等因素后确定 Cu，Mg，Ca，Fe，Zn，Pb 测定的波长。

4. 定量分析

(1)建立分析方法。选择待测元素合适波长，在应用软件中输入相应标准溶液浓度。

(2)标准曲线的建立。依次进入 0.010mg · L^{-1}，0.030mg · L^{-1}，0.100mg · L^{-1}，0.300mg · L^{-1}，1.00mg · L^{-1}，2.0mg · L^{-1}，5.0mg · L^{-1}，10.0mg · L^{-1}，20.0mg · L^{-1}，50.0mg · L^{-1}，100mg · L^{-1}的标准溶液，由设定的检测波长下测定的响应信号建立标准曲线。

(3)样品溶液的测试。进样品溶液，应用软件自动给出待测元素浓度。

5. 分析方法验证

(1)检出限。

重复 10 次测定空白溶液，计算相对于 Cu，Mg，Ca，Fe，Zn，Pb 的检出限。

(2)精密度。

选择较低浓度的 Cu，Mg，Ca，Fe，Zn，Pb 溶液，重复测定 10 次，计算 ICP-AES 方法测定 Cu，Mg，Ca，Fe，Zn，Pb 的精密度。

6. 关机

(1)分析完毕后，分别用稀硝酸和去离子水冲洗进样系统 3～5min。点击“等离子体关闭”，熄火。

(2)关闭冷却循环水系统电源。

(3)松开蠕动泵夹，关闭抽风机电源。

(4)打开软件的“等离子体状态”的“仪器状态”对话框，确认检测器温度显示：检测器 camera：≥20℃后再继续驱气 5～10min，关闭氩气。

(5)退出软件，关闭计算机、显示器、打印机。

7. 其他

(1)在长时间不运行的情况下，依次关闭主机电源、稳压器。

(2)做好仪器使用记录。

注意事项

(1)为了节约工作氩气，准备工作全部完成后再点燃等离子体。

(2)应先熄灭等离子体光源再关冷却水和氩气，否则将烧毁石英矩管。

(3)关闭仪器前要用溶剂或蒸馏水冲洗 10min，以免试样沉积在雾化器口和石英矩管口。

(4) 同一元素具有很多分析谱线。不同元素具有不同的灵敏度，高灵敏度谱线检测低含量的样品，低灵敏度谱线检测高浓度样品，这样可有效拓宽分析的浓度范围。

(5) 在分析时毛细管不得插入容器底部，防止颗粒堵塞毛细管。

结果与讨论

(1) 记录下列仪器参数：仪器类型、高频发生器功率、雾化器压力、辅助气流量、冷却气流量、辅助气流量、提升量、分析线波长。

(2) 环境水样中含有哪些金属离子？

(3) 绘制标准曲线，求出样品中 Cu，Mg，Ca，Fe，Zn，Pb 的浓度。

(4) 计算平行测定 10 次的精密度。

(5) 计算检出限。

检出限通常是指能产生一个确证在试样中存在被测组分的分析信号所需要的该组分的最小含量或最小浓度。国际纯粹与应用化学联合会（IUPAC）的一种定义为对应于 $3\times S_b$ 的浓度，S_b 为背景信号的标准偏差：检出限=$\frac{3\times S_b}{S}$，其中 S 为工作曲线的斜率。因此，检出限反映了仪器的检测能力，并与信噪比有关。

思考题

(1) 等离子体矩管的结构和工作原理是什么？

(2) 工作气体和屏蔽气的作用是什么？影响测定的主要仪器参数有哪些？

(3) 分析样品中干扰元素的发射波长与被测波长重合，应采取什么措施避免干扰？为什么每次换样品时，要用滤纸将进样管迅速擦净？

(4) 为什么进样管放进样品中要等待 1～2min？为什么规定做定量实验时，选择的样品浓度由低到高依次更换？如果不这样做会有什么影响？

参考文献

北京大学化学系仪器分析教学组. 2007. 仪器分析教程. 2 版. 北京：北京大学出版社
陈培榕，李景虹，邓勃. 2005. 现代仪器分析实验与方法. 北京：清华大学出版社

（张培敏）

实验 4 原子吸收光谱法测定镁的最佳条件选择

实验导读

原子吸收光谱法是基于分散成蒸气状态的基态原子具有吸收同种原子所辐射的特征光的性质而建立的定量分析方法。1860 年，基尔霍夫证实了发自钠蒸气的光通过比该蒸气温度低的钠蒸气时会引起钠发射谱线被吸收的现象。1902 年，伍德森率先利用汞弧灯所发射的 253.7nm 光可被汞蒸气吸收的现象测定了空气中的汞含量。1955 年，沃尔什设计制造了简单的仪器，进行多种痕量金属元素的分析，开创了原子吸收光谱法。

在原子吸收光谱法中，将试样转变为基态的气态原子的过程即原子化过程是关键。常用

的原子化方法有火焰法和非火焰法两种，前者操作简单，适用范围广，但效率低，干扰大；后者灵敏度高，样品用量少且固、液样品均适用，但速度慢，费用高，其中石墨炉是最早发展的一种，还有其他类型的电热原子化装置。原子吸收光谱法具有灵敏、准确、选择性好等优点，可对70余种金属元素进行定量分析，火焰原子吸收光谱法的测定误差一般为1%～2%。它可用于工业上的铁、钢、有色金属、矿物、水泥等的分析，医疗上用于人的排泄物、体液等的分析，农业上用于植物体、土壤、水、食品等的分析。但是，原子吸收光谱法在测定不同元素时，需要更换相应元素的空心阴极灯，给试样中多元素的同时测定带来了不便。

实验目的

(1)了解原子吸收分光光度计的结构及其使用方法。

(2)学习原子吸收光谱法最佳实验条件选择的方法。

实验原理

在火焰原子吸收光谱法中，分析方法的灵敏度、准确度、干扰情况和分析过程是否简便快速等，除所用仪器的质量因素外，在很大程度上取决于实验条件。因此，最佳实验条件的选择是重要问题。

本实验以镁元素为例，对燃烧器高度、燃气和助燃气的流量比(燃助比)、灯电流、光谱通带、试液提取量及雾化效率进行选择。

仪器与试剂

仪器　原子吸收分光光度计；镁空心阴极灯；空气压缩机；乙炔钢瓶。

试剂　镁标准储备液：准确称取分析纯无水 $MgCl_2$ 3.9173g，用去离子水溶解并定容于1000mL容量瓶中，Mg^{2+}浓度为1.0mg · mL^{-1}；镁标准溶液：取镁储备液1mL于100mL容量瓶中，用去离子水稀释至刻度，Mg^{2+}浓度为10μg · mL^{-1}；镁标准使用溶液：0.3μg · mL^{-1}。

安全警示

(1)注意电器使用安全，防漏电、触电(见实验2)。

(2)注意空心阴极灯的危险性(内向爆炸危险、高压、紫外线放射、危险内容物)，在安装或拆卸空心阴极灯时注意关闭电源。

(3)使用乙炔注意事项：

◆乙炔钢瓶在使用过程中若发现泄漏，要及时处理。严禁在泄漏的情况下使用。瓶内的气体严禁用尽，必须留有不低于0.2MPa的剩余压力。

◆迅速关闭乙炔钢瓶的阀门。

◆拧下连接仪表，然后打开瓶阀，如果此时乙炔不再着火，阀门不再逸出带烟或有异味气体，即可继续工作。工作时瓶壁不得有温度上升现象(用手反复测试)，如果发现重新着火或其他情况，说明乙炔还在继续分解。

◆如果乙炔着火后，无法关闭钢瓶阀门时要迅速灭火。乙炔气灭火只能使用干粉灭火器和带喷嘴的二氧化碳灭火器，不准使用四氯化碳灭火器灭火。

◆对乙炔开始分解的钢瓶，如瓶体外部的温度已升高，以致无法用手接触时，不得再搬动，应采用凉水连续冷却钢瓶的方法进行处理。

◆待火焰扑灭后，手可以接触瓶体时，应立即将正在分解的钢瓶运到室外。如不能将钢瓶运到室外，而钢瓶内未用完的气体仍在外逸，应尽快清除周围火源（如火炉、烟火等）并打开门窗通风，防止室内发生爆炸。

(4) 火焰安全：注意积碳。

氧化亚氮/乙炔火焰沿燃烧器缝边缘会有碳沉积现象，可能堆积或部分堵塞缝，具有较大的危险性。如果出现积碳，必须立即熄灭火焰，清除积碳。万一发生回火，雾化室内会发生轻微爆炸。发生回火时，应断开所有气体。

(5) 室内保持通风，以便排放有毒气体。

实验步骤

1. 按操作规程启动仪器

设定实验的工作条件，初步设定的测量条件为波长 285.2nm；灯电流 1.8mA；乙炔和空气流量分别为 1.1L · min^{-1} 和 4.4L · min^{-1}；光谱通带 0.5nm；燃烧器高度 7mm。

2. 最佳实验条件的选择

1) 分析线的选择

根据对试样分析灵敏度的要求、干扰的情况，选择合适的分析线。试液浓度低时，选择灵敏线；试液浓度较高时，选择次灵敏线；并要选择没有干扰的谱线。

2) 灯电流的选择

空心阴极灯的发射特性与灯电流有关。灯电流小，发射线半峰宽窄，光输出稳定，灵敏度高，但强度弱。灯电流大，发射线强度大，信噪比大，但谱线轮廓变坏，灵敏度低。因此，必须选择合适的灯电流。选择灯电流的一般原则是，在保证稳定放电和合适的光强输出前提下尽可能选较小的灯电流。对于大多数元素，选用的灯电流是其额定电流的 40%～60%。记录灯电流改变时的吸光度值，注意每测定一个数值前必须先喷入蒸馏水调零。

3) 燃烧器高度的选择

在火焰中进行原子化是一个极为复杂的反应过程。在不同的火焰高度时，基态原子的密度不同，因而灵敏度不同。吸入镁标准使用溶液，改变燃烧器的高度，记录相应的吸光度。绘制吸光度-燃烧器高度曲线，从曲线上选定最佳燃烧器高度。

4) 燃助比的选择

当火焰种类确定后，燃助比的不同必然会影响火焰的性质、吸收灵敏度及干扰的消除等。原子吸收光谱法的火焰燃烧状态一般分为化学计量火焰（燃助比约 1 : 4）、富燃火焰（燃助比 3 : 1）、贫燃火焰（燃助比 1 : 6）。同种火焰的不同燃烧状态，其温度与气氛也有所不同。实际分析中应根据元素的性质选择适宜的火焰种类及其燃烧状态。

固定其他实验条件和助燃气流量，吸入镁标准使用溶液，改变燃气流量，记录相应的吸光度。绘制吸光度-燃气流量曲线，从曲线上选定最佳燃助比，并确定火焰属于哪一种燃烧状态。

5) 光谱通带的选择

光谱通带宽度和被测元素及空心阴极灯有关。当共振线附近有非共振线时，光谱通带的选择尤为重要。因为它直接影响测定的灵敏度和工作曲线的线性范围。大多数元素的通带宽度为0.4～4nm，对谱线复杂的Fe、Co、Ni等元素，需要采用小于0.2 nm的通带宽度。光谱通带 w 等于狭缝宽度 S 和单色器倒线色散率 D 的乘积。对于确定的仪器，D 是一定的，因而光谱通带只取决于狭缝宽度。选择光谱通带除应分开最靠近的非共振线外，适当放宽狭缝可以提高信噪比和测定的稳定性。

用以上选定的条件，吸入镁标准使用溶液，改变狭缝宽度，测出相应的吸光度。不引起吸光度值减小的最大狭缝宽度就是合适的狭缝宽度。

结果与讨论

(1)绘制吸光度-灯电流曲线，选出最佳灯电流值。
(2)绘制吸光度-燃烧器高度曲线，选出最佳燃烧器高度。
(3)绘制吸光度-燃气流量曲线，选出最佳燃助比。
(4)确定原子吸收光谱法测定镁的最佳条件。

思考题

(1)试述仪器最佳实验条件选择对实际测量的意义。
(2)为什么火焰原子吸收光谱法对助燃气与燃气开与关的先后顺序要严格地按操作步骤进行?
(3)某仪器测定镁的最佳工作条件是否也适用于另一台规格不同的仪器？为什么？
(4)原子吸收光谱法中对光源有什么要求？使用空心阴极灯时应注意什么事项？

参考文献

方惠群，于俊生，史坚. 2002. 仪器分析. 北京：科学出版社
张剑荣，戚苓，方惠群. 1999. 仪器分析实验. 北京：科学出版社

（张培敏）

实验5　原子吸收光谱法测定饮用水中的镁含量

实验导读

标准曲线法是原子吸收光谱法中的常用定量方法，多用于未知试液中共存成分较为简单的情况。如果溶液中共存基体成分比较复杂，则用标准加入法，即在标准溶液中加入相同类型和浓度的基体成分，以消除或减少基体效应带来的干扰。当无法配制组成匹配的标准样品时，须采用标准加入法而不用标准曲线法。应用标准加入法时，一定要彻底校正背景。

实验目的

(1)掌握用原子吸收光谱法进行元素定量分析(标准曲线法、标准加入法)的基本原理。
(2)掌握原子吸收光谱法中化学干扰的消除方法。
(3)进一步熟悉原子吸收分光光度计的基本操作。

实验原理

对于同一仪器，光程长度 l 是定值，而且在相同的实验条件下，对于同一元素，吸光系

数也是一个不变的值。在这种情况下，可以将常数 K 与 l 合并为 K'，得 $A=K'c$，即吸光度 A 的大小与被测溶液的浓度 c 成正比。这就是原子吸收光谱法定量分析的基础。定量分析通常采用标准曲线法或标准加入法。

采用标准曲线法时，需配制一系列待测元素的标准溶液，分别测出它们的吸光度 A，以 A 对 c 作图，得到标准曲线，它是一条通过原点的直线。在与测量标准曲线相同的分析条件下，测出待测试液的吸光度 A_x，由 A_x 可在标准曲线上查得待测试液的浓度 c_x。

采用标准加入法时，一般是量取 5 份等量的待测试液，往其中 4 份中分别加入不同量的待测元素的标准溶液，再稀释到同一体积。然后分别测定 c_x，c_x+c_s，c_x+2c_s，c_x+3c_s，c_x+4c_s 的吸光度。绘制吸光度对未知元素加入量的曲线，将此曲线外推，与浓度坐标的交点即为试样中未知元素的含量。

用标准曲线法时，未知试液的吸光度应落在标准曲线中部；用标准加入法时，则应使浓度依次增加的量 $c_s \approx c_x$，以防止直线斜率过大或过小而引入误差。因此，在定量分析之前常需进行半定量测定，初步估计待测元素的含量，保证测量的准确度。

仪器与试剂

仪器　原子吸收分光光度计(配备镁空心阴极灯、空气压缩机、乙炔钢瓶)；25mL、100mL 容量瓶；2mL、5mL、10mL 移液管。

试剂　镁标准储备液：准确称取分析纯无水 $MgCl_2$ 3.9173g，用去离子水溶解并定容于 1000mL 容量瓶中，Mg^{2+}浓度为 1.0mg·mL^{-1}；镁标准溶液：取镁标准储备液 1mL 于 100mL 容量瓶中，用去离子水稀释至刻度，Mg^{2+}浓度为 10μg·mL^{-1}；1%(质量分数)锶溶液：称取 $SrCl_2 \cdot 6H_2O$ 3.04g 溶于 100mL 去离子水中。

安全警示

(1)注意电器使用安全(见实验 2)。

(2)注意空心阴极灯的危险性(见实验 4)。

(3)使用乙炔注意事项(见实验 4)。

(4)火焰安全(见实验 4)。

(5)保持通风(见实验 4)。

实验步骤

原子吸收的测定条件：波长 285.2nm；灯电流 1.8mA；乙炔和空气流量分别为 1.1L·min^{-1} 和 4.4L·min^{-1}；光谱通带 0.5nm；燃烧器高度 7mm。

1. 干扰抑制剂锶加入量的选择

吸取水样 5.00mL 6 份，分别置于 6 个 25mL 容量瓶中，分别加入 1% $SrCl_2$ 溶液 0.00mL、0.50mL、1.00mL、2.00mL、3.00mL、4.00mL，用去离子水稀释至刻度。在选定的仪器工作条件下，以去离子水为参比调零，以 5.00mL 水样为空白，测定镁溶液的吸光度并作出吸光度-锶浓度关系曲线，从曲线上选择吸光度较大且稳定时所对应的锶浓度，作为测定镁时干扰抑制剂锶溶液的最佳加入量。

2. 标准曲线法

(1)线性范围的确定。分别吸取 0.50mL、1.00mL、1.50mL、2.00mL、2.50mL 10μg·mL^{-1} 镁标准溶液于 5 个 25mL 容量瓶中，加入实验步骤 1 中所选定量的锶溶液，用去离子水稀释至刻度。在仪器工作条件下，用选定的锶溶液并用去离子水稀释至 25mL 的溶液为空白，分别测不同浓度标准溶液的吸光度，在计算机上作出吸光度-镁浓度标准曲线，得到回归方程，并确定在选定条件下镁测定的线性范围。

(2)吸取水样 5.00mL 两份，分别置于两个 25mL 容量瓶中，加入最佳量的锶溶液，用去离子水稀释至刻度。同上方法测定镁的含量。

(3)测定标样及试样后，用去离子水喷雾 2min 后，方可关机。

3. 标准加入法

在 5 个 25mL 容量瓶中各加入 3.00mL 水样(视镁含量高低，加入样品溶液量可在 1.0～5.0mL 适当调整)和选定的锶溶液量，再分别加入 10μg·mL^{-1} 的镁标准溶液 0.0mL，0.50mL，1.00mL，1.50mL，2.00mL，用去离子水稀释至刻度。在仪器工作条件下，以空白溶液(选定的锶溶液用去离子水稀释至 25mL)为参比调零，分别测其吸光度。

注意事项

每次测定前，应用去离子水吸喷，再测定溶液；乙炔是易燃易爆气体，开机时先开空气，关机时先关乙炔气，然后依次关闭元素灯、仪器总开关。

结果与讨论

(1)标准曲线法。将实验数据填入表 2.6 中，并计算原水样中 Mg^{2+}的含量。

表 2.6 实验数据记录(标准曲线法)

编号	10μg·mL^{-1}镁标准溶液/mL	水样体积/mL	1%锶溶液体积/mL	吸光度 *A*	镁含量/(μg·mL^{-1})
1	0.50	0.00			
2	1.00	0.00			
3	1.50	0.00			
4	2.00	0.00			
5	2.50	0.00			
水样 1	0.00	5.00			
水样 2	0.00	5.00			

(2)标准加入法。将实验数据填入表 2.7 中，并计算原水样中 Mg^{2+}的含量。

表 2.7 实验数据记录(标准加入法)

编号	10μg·mL^{-1}镁标准溶液/mL	水样体积/mL	1%锶溶液体积/mL	吸光度 *A*	镁含量/(μg·mL^{-1})
1	0.00	3.00			
2	0.50	3.00			

续表

编号	10μg · mL⁻¹镁标准溶液/mL	水样体积/mL	1%锶溶液体积/mL	吸光度 *A*	镁含量/(μg · mL⁻¹)
3	1.00	3.00			
4	1.50	3.00			
5	2.00	3.00			

(3) 比较用标准加入法和标准曲线法的实验结果，并分析它们的特点。

思考题

(1) 原子吸收分光光度计的四大系统是什么？与紫外-可见分光光度计比较，两者有何异同点？

(2) 开机和关机时，开、关空气和乙炔气的顺序如何？为什么？

(3) 标准加入法和标准曲线法的适用范围各是什么？在使用时各应注意哪几点？

(4) 原子吸收光谱法中影响测定的干扰因素有哪些？如何消除？

参考文献

方惠群，于俊生，史坚. 2002. 仪器分析. 北京：科学出版社

朱明华. 仪器分析. 3 版. 2000. 北京：高等教育出版社

（张培敏）

实验 6　原子吸收光谱法测定奶粉中的微量元素 Zn、Cu

实验导读

微量元素参与人体的新陈代谢，与人体的健康和发育息息相关。微量元素的缺乏或过多都会使人体生理机能失调，导致不同程度的疾病。Cu、Zn 都是人体必需的微量元素。Cu 是免疫系统正常功能不可缺少的元素，生物体内一旦缺乏 Cu，抗体形成细胞的数目将减少，补充 Cu 可提高抵抗微生物感染的能力。Zn 对机体免疫功能影响很大，对于人或动物，体内含 Zn 量的减少均可引起细胞免疫功能低下。将微量元素添加到食品中调节人体内元素的平衡，可达到提高抗病能力，增强机体免疫功能的目的。

原子吸收光谱法是测定试样中多种金属元素的常用方法。当用于测定金属有机化合物或生物材料中的金属元素时，由于有机化合物在火焰中燃烧，将改变火焰性质、温度、组成等，并且还经常在火焰中生成未燃尽的碳的微细颗粒，影响光的吸收，因此一般预先用湿法消化或干法灰化的方法除去有机物，并使其中的金属元素以可溶的状态存在。湿法消化是使用具有强氧化性的酸，如 HNO_3，H_2SO_4，$HClO_4$ 等与有机化合物溶液共沸，使有机化合物分解除去；干法灰化是在高温下灰化、灼烧，使有机物被空气中的氧气氧化而破坏，再将灰分溶解在盐酸或硝酸中制成溶液。

本实验采用微波-湿法消化奶粉中的有机物，然后测定其中 Cu、Zn 等微量元素。此法也可用于其他食品（如水果、蔬菜、水产等）中微量元素的测定。

实验目的

(1)掌握样品处理方法。
(2)掌握火焰原子吸收光谱法测定多组分的方法。
(3)进一步熟悉和掌握原子吸收分光光度计的使用方法。

实验原理

微波消解法通常是指利用微波加热封闭容器中的消解液(各种酸、部分碱液及盐类)和试样，从而在高温增压条件下使各种样品快速溶解的湿法消化方法。它具有完全、快速、低空白的优点，但不可避免地带来了高压(可能过压的隐患)、消化样品量小的不足。

在一定的实验条件下，溶液的吸光度 A 与待测溶液的浓度 c 成正比，即 $A=Kc$。

食品用微波-湿法消化处理成溶液后，溶液在 213.8nm 波长光(Zn 元素的特征谱线)下的吸光度与奶粉中 Zn 的含量呈线性关系，溶液在 324.8nm 波长光(Cu 元素的特征谱线)下的吸光度与奶粉中 Cu 的含量呈线性关系，故可直接用标准曲线法测定奶粉中 Zn、Cu 的含量。

仪器与试剂

仪器　原子吸收分光光度计(配备铜、锌空心阴极灯，空气压缩机，乙炔钢瓶)；微波消解仪；25mL、50mL、100mL 容量瓶；1mL、2mL、5mL 移液管。

试剂　锌标准储备液，$0.5\text{mg}\cdot\text{mL}^{-1}$；铜标准储备液，$1.0\text{mg}\cdot\text{mL}^{-1}$；$HClO_4$(A.R.)；$HNO_3$(A.R.)；0.5%(体积分数)$HNO_3$。

安全警示

(1)注意电器使用安全(见实验 2)。
(2)注意空心阴极灯的危险性(见实验 4)。
(3)使用乙炔注意事项(见实验 4)。
(4)火焰安全(见实验 4)。
(5)保持通风(见实验 4)。
(6)使用微波消解仪注意事项：

◆禁止随意在密闭微波制样系统中消解以下危险物：有机溶剂、爆炸物、强氧化剂、与硝酸反应产生爆炸的物质(如硝酸甘油、苯酚、硫磺等)及长条或块状金属类。

◆严禁单独使用高氯酸、浓硫酸和过氧化氢等强氧化剂在密闭消解罐中消解样品，尽量避免或慎用高氯酸。

◆做样前仔细检查罐体情况，不得使用不干净、损坏或内壁出现裂缝的外罐。仪器运行过程中务必按要求放下安全防护罩。样品消解完必须冷却几分钟方可取出。最后关闭通风开关和电源开关。

(7)使用高氯酸注意事项：

将高氯酸溶液和高氯酸金属溶液吸入氧化亚氮火焰会增加爆炸或回火危险，要采取以下措施最大程度降低危险：

◆确保燃烧器清洁，燃烧器缝不应有沉积物累积。

◆吸入溶液前尽量降低高氯酸浓度。

◆用尽可能短的时间吸喷溶液。

◆在测定之间吸喷去离子水彻底清洗雾化室。

◆确保雾化室始终吸喷去离子水。

◆切勿使高氯酸与有机溶剂接触。如果先吸入有机溶剂，在吸入高氯酸溶液前清洗雾化室，确保无有机溶剂残留。

(8)使用硝酸注意事项：

◆硝酸有强酸性，与碱发生剧烈反应，腐蚀大多数金属(铝及其合金除外)，生成氮氧化物，与许多常用有机物发生非常剧烈的反应，有引起火灾和爆炸的危险。

使用方法：操作人员必须经过专门培训，严格遵守操作规程。建议操作人员佩戴过滤式防毒面具(半面罩)，戴化学安全防护眼镜，穿防静电工作服，戴橡胶耐油手套。使用时密闭操作，全面通风。

◆硝酸有危险性，加热时分解，产生有毒烟雾；是强氧化剂，与可燃物和还原性物质发生剧烈反应，爆炸。

灭火方法：消防人员必须穿全身耐酸碱消防服。灭火剂：雾状水、二氧化碳灭火器、沙土。

实验步骤

1. 设置原子吸收测定条件(供参考)

(1)测 Cu。波长 324.8nm，灯电流 3～6mA，光谱通带 0.5nm，乙炔流量为 $2L \cdot min^{-1}$，空气流量为 $9L \cdot min^{-1}$，氘灯背景校正。

(2)测 Zn。波长 213.8nm，灯电流 6mA，光谱通带 0.38nm，乙炔流量为 $2.3L \cdot min^{-1}$，空气流量为 $10L \cdot min^{-1}$，氘灯背景校正。

2. 试样的消化

(1)湿法消化。准确称取奶粉 1g 左右于 250mL 锥形瓶中，用少量蒸馏水湿润奶粉后，加浓 HNO_3 15mL，浓 $HClO_4$ 4mL 混匀，150～180℃微沸，期间应适量添加浓 HNO_3，消化液表面变油状时，加大火力至产生白烟，直至有机物分解完全，消化液无油状，溶液应澄清无色。放置冷却。加 20mL 蒸馏水，煮沸，除去残余的硝酸至产生白烟为止。如此处理两次，放置冷却。将冷却后的溶液转移至 25mL 容量瓶中，用去离子水洗涤锥形瓶，洗涤液并入容量瓶中，定容，摇匀。同时做试剂空白实验。

(2)微波消解。检查密封盖上的放气孔是否通畅及安全膜片是否需要更换，按规定顺序组装好消解仪。称取奶粉样品 0.5000g 于消化罐内，加入浓 HNO_3 10mL，放在电热板上 180℃下加热 10min，冷却后，将消化罐置于消解仪中进行微波消解。同时在另一消化罐中加入浓 HNO_3 10mL 作空白溶液。微波消解工作条件见表 2.8。将奶粉消解液与空白溶液分别转移至 10mL 容量瓶中，用去离子水少量多次洗涤消化罐并定容。

表 2.8　微波消解工作条件

步骤	压力/MPa	时间 t/min	功率/W
1	0.4	4	600
2	0.6	3	600

续表

步骤	压力/MPa	时间 t/min	功率/W
3	0.9	2	600
4	1.2	2	600
5	1.5	2	600
6	2.0	5	400

3. 配制 Cu、Zn 标准使用溶液

(1)吸取 1.00mL 铜标准储备液，置于 100mL 容量瓶中，用 0.5%硝酸溶液稀释至刻度，摇匀，此标准使用溶液含 Cu 10.0μg · mL^{-1}。

(2)吸取 1.00mL 锌标准储备液，置于 50mL 容量瓶中，用 0.5%硝酸溶液稀释至刻度，摇匀，此标准使用溶液含 Zn 10.0μg ·mL^{-1}。

(3)在 5 个 25mL 容量瓶中，吸取 Cu 10.0μg ·mL^{-1} 标准使用溶液 0.00mL，0.25mL，0.50mL，1.00mL，1.50mL，2.00mL，2.50mL，再吸取 Zn 10.0μg ·mL^{-1} 标准使用溶液 0.00mL，0.50mL，1.00mL，2.00mL，2.50mL，3.00mL，4.00mL，用 0.5%硝酸溶液稀释至刻度，摇匀。容量瓶中每毫升溶液分别含有 0.0μg，0.1μg，0.2μg，0.4μg，0.6μg，0.8μg，1.0μg 的 Cu 和 0.0μg，0.2μg，0.4μg，0.8μg，1.0μg，1.2μg，1.6μg 的 Zn。

4. 测定

将处理后的样品试样、试剂空白溶液和各标准溶液按实验条件进行测定，记录各溶液的吸光度。

注意事项

本实验中用到的浓 HNO_3 和浓 $HClO_4$ 有很强的腐蚀性，而 $HClO_4$ 消化有机物时，操作不当易爆炸，做实验时一定要戴好防爆面具，认真、小心地做实验。样品中的待测物质含量超过线性范围时，可适当稀释试样溶液。若含量较低时，可以增加取样量。

结果与讨论

(1)分别绘制 Cu、Zn 的标准曲线。

(2)计算奶粉中 Cu、Zn 的含量：

$$x=\frac{(c-c_0)\times V\times 1000}{m\times 1000}$$

式中：x 为试样中 Cu 或 Zn 含量，mg · kg^{-1}；c 为试样消化液测定浓度，μg · mL^{-1}；c_0 为试样空白溶液测定浓度，μg · mL^{-1}；V 为试样消化液总体积，mL；m 为试样质量，g；1000 为换算系数。

计算结果保留两位有效数字。

思考题

(1)为什么稀释后的标准溶液只能放置较短时间，而储备液可以放置较长时间？

(2) 如果标准溶液浓度范围过大，则标准曲线会弯曲，为什么会出现这种情况？

(3) 样品前处理有哪几种方法？各应注意哪些事项？

参考文献

符克军，曹光辉，徐艳纲，等. 人体生命元素. 1995. 北京：中国医药科技出版社

GB 5009.13—2017. 食品安全国家标准　食品中铜的测定

GB 5009.14—2017. 食品安全国家标准　食品中锌的测定

（张培敏）

实验7　石墨炉原子吸收光谱法直接测定食品添加剂中的痕量铅

实验导读

石墨炉原子吸收光谱法是一种非火焰原子化的原子吸收光谱法，它使石墨管升至3000℃的高温，让管内试样中的待测元素分解形成气态的基态原子，由于样品全部参加原子化，避免了原子浓度在火焰气体中的稀释，分析灵敏度得到了显著提高，绝对灵敏度可高达10^{-14}～10^{-10}g，相对灵敏度达ng · mL^{-1}级。该法用于测定痕量金属元素，在性能上比其他许多方法好，并能用于少量样品的分析和固体样品的直接分析，因而其应用领域十分广泛。

实验目的

(1) 理解石墨炉原子吸收光谱法的原理。

(2) 了解石墨炉原子吸收分光光度计的基本构造及操作技术。

(3) 熟悉石墨炉原子吸收光谱法的应用。

实验原理

石墨炉原子吸收光谱法采用大电流通过石墨管，产生3000℃的高温，使石墨管内样品中的铅元素分解形成气态基态原子，由于气态基态原子吸收283.3nm共振线，在一定浓度范围内，其吸收值与铅含量成正比，与标准曲线比较定量。

石墨炉加温阶段一般可分为以下几个过程：

(1) 干燥。这一过程升温较慢，应在稍低于溶剂沸点的温度下进行，以防止试液飞溅。

(2) 灰化。这一过程升温较慢，灰化的目的是除去基体和其他干扰成分，在保证被测元素没有损失的前提下应尽可能使用较高的灰化温度，否则在原子化阶段未完成蒸发的基体可能产生较强的背景或分子吸收。

(3) 原子化。原子化是在特定的温度下将样品溶液中的待测元素转化为自由原子的过程。原子化温度和时间的选择原则是：选用达到最大吸收信号的最低温度作为原子化温度，原子化时间应以保证完全原子化为准。最佳的原子化温度和时间由原子化曲线确定。

(4) 净化。除残温度应高于原子化温度，除残的目的是消除残留物产生的记忆效应。

综合以上各个过程，要对多个因素进行条件选择。

常用的管式石墨炉原子化器主要由加热电源、保护气控制系统和石墨管炉组成。为了防止石墨管在高温氧化，在石墨管内、外部用惰性气体保护。

在石墨炉原子吸收光谱法中，背景干扰的影响比火焰原子吸收光谱法严重，若不扣除背景干扰，有时甚至无法进行测定。消除背景干扰的方法通常是加入基体改进剂，提高被测物

质的稳定性或降低被测元素的原子化温度以消除化学干扰，还可采用背景校正来克服原子吸收光谱法中的背景光谱干扰。背景校正方法主要有用邻近非共振线校正背景、自吸效应校正背景、连续光源校正背景、塞曼效应校正背景等，目前应用较为广泛的是连续光源校正背景和塞曼效应校正背景两种方法。

仪器与试剂

仪器 原子吸收分光光度计(附石墨炉及铅空心阴极灯)；马弗炉；干燥恒温器；瓷坩埚；压力消解器；可调式电热板；电子天平：感量为 0.1mg；微波消解仪；微波消解罐。

试剂 硝酸(优级纯)；硝酸溶液，0.5mol · mL^{-1}；30%过氧化氢；高氯酸(优级纯)；磷酸二氢铵；铅标准储备液，1.0mg · mL^{-1}；铅标准使用溶液，10.0～80.0ng · mL^{-1}。

安全警示

(1)注意电器使用安全(见实验 2)。

(2)注意空心阴极灯的危险性(见实验 4)。

(3)使用乙炔注意事项(见实验 4)。

(4)火焰安全(见实验 4)。

(5)保持通风(见实验 4)。

(6)使用微波消解仪注意事项(见实验 6)。

(7)使用高氯酸注意事项(见实验 6)。

(8)使用硝酸注意事项(见实验 6)。

(9)注意铅的使用安全。

铅及其化合物对人体有毒，摄取后主要储存在骨骼内，部分取代磷酸钙中的钙，不易排出。中毒较深时引起神经系统损害。

实验步骤

1. 最佳测定条件的选择

1)标准溶液的配制

配制 0.5mol · L^{-1} HNO_3 溶液：取 3.2mL 浓硝酸加入 50mL 水中，稀释至 100mL。

配制铅含量为 50ng ·mL^{-1} 的标样，溶剂使用 0.5mol · L^{-1} HNO_3，用于条件测试。

2)打开仪器并设定仪器条件

波长 283.3nm，狭缝宽度 0.7nm，灯电流 8mA，进样量 20μL。

根据以下参考条件，分别设计几个单因素试验，选择最佳条件。其中，灰化温度和原子化温度是石墨炉升温程序中较重要的参数，灰化温度和原子化温度的确定与被测元素种类、样品种类和基体改进剂等密切相关。

干燥温度：80～120℃，20～60s；

灰化温度：600～1300℃，15～20s；

原子化温度：1600～2000℃，4～5s；

除残温度：2600℃，5s；

背景校正为氘灯或塞曼效应。

(1)干燥温度和干燥时间的选择。

干燥温度应根据溶剂或液态试样组分的沸点进行选择。一般选择的温度应略低于溶剂的沸点。干燥时间主要取决于进样量，一般进样量为 20μL 时，干燥时间约为 20s。条件选择是否得当可以用蒸馏水或空白溶液进行检查。

(2)灰化温度和灰化时间的选择。

较低的灰化温度和较短的灰化时间有利于减少待测元素的损失。灰化温度和灰化时间应根据实验，制作灰化曲线进行确定。

在初步选定的干燥温度和干燥时间条件下，取 20μL 铅标准溶液，先在 200℃灰化 30s 或更长时间，然后根据初步固定的原子化温度和时间进行原子化。根据不同灰化温度与对应原子化信号作灰化曲线，选择最佳灰化温度；同理，选择一定的灰化温度和原子化温度，根据不同的灰化时间与对应原子化信号作灰化曲线，选择最佳灰化时间。

(3)原子化温度和原子化时间的选择。

原子化温度的选择原则是，选用达到最大吸收信号的最低温度作为原子化温度。原子化时间的选择应以保证完全原子化为准。

取 20μL 铅标准溶液，根据上述初步确定的干燥、灰化温度和时间的条件，进行干燥和灰化，并选择 2200℃为原子化温度，时间为 10s，观测原子化信号回到基线的时间，作为原子化时间。

选择高于灰化温度 200℃的温度作为原子化温度测量吸收信号，然后每间隔 100℃依次升高原子化温度。以原子化温度对吸光度信号作原子化曲线，将能给出最大吸收信号的最低温度选为最佳的原子化温度。

2. 样品消解

可根据实验室条件选用以下任何一种方法消解。

1)压力消解罐消解

称取 1.000～2.000g 试样(按压力消解罐使用说明书称取试样)于聚四氟乙烯内罐，加硝酸 2～4mL 浸泡过夜，再加 30%过氧化氢 2～3mL(总量不能超过罐容积的 1/3)。盖好内盖，旋紧不锈钢外套，放入恒温干燥箱，120～140℃保持 3～4h，在箱内自然冷却至室温，用滴管将消化液洗入或过滤入(视消化后样品的盐分而定)10mL 或 25mL 容量瓶中，用水少量多次洗涤罐，洗液合并于容量瓶中并定容至刻度，混匀备用；同时做试剂空白实验。

2)微波消解

称取 0.500g～2.000g 试样于消解罐中，加 10.0mL 硝酸、2.0mL 30%过氧化氢，混合均匀，于微波消解仪中消化，消化条件可参考表 2.9。消解完成后，自然冷却至室温，开盖赶酸，将消化液洗入或过滤入(视消化后样品的盐分而定)10mL 或 25mL 容量瓶中，用水少量多次洗涤罐，洗液合并于容量瓶中并定容至刻度，混匀备用；同时做试剂空白实验。

表 2.9　微波消解参考条件

阶段	功率(1600W)变化/%	升温时间/min	控制温度/℃	保温时间/min
1	100	6	120	1
2	100	3	150	5
3	100	5	200	10

3) 干法灰化

称取 1.00～5.00g(根据铅含量而定)样品于瓷坩埚中，先小火在可调式电热板上炭化至无烟，移入马弗炉 500℃灰化 6～8h，冷却。若个别样品灰化不彻底，则加 1mL 硝酸-高氯酸(9∶1，体积比)在可调式电热板上小火加热，反复多次直到消化完全，取下放冷，用硝酸(0.5mol · L^{-1})将灰分溶解，用滴管将样品消化液洗入或过滤入(视消化后样品的盐分而定)10mL 或 25mL 容量瓶中，用水少量多次洗涤瓷坩埚，洗液合并于容量瓶中并定容至刻度，混匀备用；同时做试剂空白实验。

4) 湿法消解

称取样品 1.000～5.000g 于锥形瓶或高脚烧杯中，放数粒玻璃珠，加 10mL 硝酸-高氯酸(9∶1，体积比)(或再加 1～2mL 硝酸)，加盖浸泡过夜，加一小漏斗在电热板上消解，若变棕黑色，再加硝酸-高氯酸(4∶1，体积比)，直至冒白烟，消化液呈无色透明或略带黄色，放冷用滴管将样品消化液洗入或过滤入(视消化后样品的盐分而定)10mL 或 25mL 容量瓶中，用水少量多次洗涤三角瓶或高脚烧杯，洗液合并于容量瓶中并定容至刻度，混匀备用；同时做试剂空白实验。

3. 测定

(1) 仪器条件：根据各自仪器性能调至最佳状态。参考条件为波长 283.3nm；狭缝宽度 0.7nm；灯电流 8mA；干燥温度 120℃，20s；灰化温度 800℃，15～20s；原子化温度 1600～1800℃，4～5s；背景校正为氘灯或塞曼效应。

(2) 标准曲线绘制：配制铅标准使用溶液 10.0ng · mL^{-1}、20.0ng · mL^{-1}、40.0ng · mL^{-1}、60.0ng · mL^{-1}、80.0ng · mL^{-1}，吸取上述溶液各 20μL，注入石墨炉，测得其吸光度并求得吸光度与浓度关系的一元线性回归方程。

(3) 试样测定：分别吸取样液和试剂空白溶液各 20μL，注入石墨炉，测得其吸光度，代入标准溶液的一元线性回归方程中，求得样液中铅含量。

(4) 基体改进剂的使用：加入基体改进剂能够提高样品的灰化温度，使有机物破坏过程在石墨炉上完成，所生成气体由氩气带出石墨管外。为了减少背景干扰，需注入适量的基体改进剂磷酸二氢铵溶液(20g · L^{-1})，一般为 5μL 或与试样同量，绘制铅标准曲线时也要加入与试样测定时等量的基体改进剂磷酸二氢铵溶液。测定样品时注意背景校正器的校正能力，如不能消除背景吸收的干扰，则考虑使用化学法进行测定。

结果与讨论

(1) 绘制灰化曲线，选择最佳灰化温度。

(2) 绘制原子化曲线，选择最佳原子化温度。

(3) 讨论加入基体改进剂对灰化温度、原子化温度的影响。

(4) 试样中铅含量为

$$x=\frac{(c-c_0)\times V\times 1000}{m\times 1000}$$

式中：x 为试样中铅含量，mg · kg^{-1}；c 为试样消化液测定浓度，μg · mL^{-1}；c_0 为试样空白溶液测定浓度，μg · mL^{-1}；V 为试样消化液总体积，mL；m 为试样质量，g；1000 为换算系数。

计算结果保留两位有效数字。

(5)样品前处理过程也会影响测定结果的准确性,可以用测定回收率的方法判断样品前处理的好坏。样品前处理时，应尽量减少处理步骤和试剂用量。

思考题

(1)石墨炉原子化法测定过程中，哪些条件对分析结果影响最大？为什么？

(2)试比较火焰和非火焰原子吸收光谱法的优缺点。

(3)偏振塞曼石墨炉原子吸收分光光度计有什么特点？

参考文献

陈培榕，李景虹，邓勃．2006．现代仪器分析实验与技术．2 版．北京：清华大学出版社

GB 5009.12—2017．食品安全国家标准　食品中铅的测定

HJ 539—2015．环境空气　铅的测定　石墨炉原子吸收分光光度法

（张培敏）

实验 8　紫外光谱法测定饮料中的防腐剂

实验导读

紫外-可见吸收光谱法是基于分子内电子跃迁产生的吸收光谱进行分析的一种常用光谱分析法。分子在紫外-可见区的吸收与其电子结构紧密相关。紫外光谱的研究对象大多是具有共轭双键结构的分子，它可以用于异构体的辨别、有机化合物的定性分析及定量分析等。紫外光谱的定性分析方法主要有标准物光谱对照法、标准光谱图对照法，以及最大吸收波长的理论计算与实验对照法，如 Woodward-Fieser 规则、Scott 规则等。但紫外吸收光谱是宽带光谱，如果共存物在被分析的紫外区域也存在紫外吸收，很有可能对待分析物的定性与定量产生干扰。因此，紫外吸收光谱在实际应用中一般用于基体成分不是很复杂的试样分析，如药物的分析、某些食品添加剂的分析等。对于基体较复杂的试样，被测组分需经萃取、层析等方法与基体中其他组分分离后进行测定。另外，光谱数学方法，如双波长法、导数光谱法等对提高光谱分析的选择性也起到良好的作用。

实验目的

(1)了解食品防腐剂的紫外光谱吸收特性,并利用这些特性对食品中所含的防腐剂进行定性鉴定。

(2)掌握计算机处理光谱分析数据的方法，并对食品中防腐剂的含量进行定量测定。

实验原理

为了防止食品在储存、运输过程中变质，常在食品中添加少量防腐剂。防腐剂使用的品种和用量在食品卫生标准中都有严格的规定。苯甲酸和山梨酸(其结构如图 2.6 所示)及它们的钠盐、钾盐是食品卫生标准允许使用的两种主要防腐剂。苯甲酸具有芳烃结构，在波长 228nm 和 272nm 处有 K 吸收带和 B 吸收带；山梨酸具有α，β-不饱和羰基结

苯甲酸(benzoic acid)　　山梨酸 (sorbic acid)

图 2.6　苯甲酸和山梨酸的分子结构

构，在波长 255nm 处有$\pi\rightarrow\pi^*$跃迁的 K 吸收带。因此，根据它们的紫外吸收光谱特征可以进行定性鉴定和定量测定。

由于食品中防腐剂用量很少，一般在千分之一左右，同时食品中其他成分也可能产生干扰，因此需要预先将防腐剂与其他成分分离，并经提纯浓缩后进行测定。从食品中分离防腐剂的常用方法有蒸馏法和溶剂萃取法等。本实验采用溶剂萃取法，用乙醚将防腐剂从样品中提取出来，再经碱性水溶液处理及乙醚提取，达到分离、提纯的目的。

本实验的数据处理可采用 Excel 或 Origin 软件，求得浓度与吸光度之间的线性回归方程，并根据线性回归方程计算样品中防腐剂的含量。

仪器与试剂

仪器　紫外分光光度计；电子天平；150mL、250mL 分液漏斗；10mL、25mL、100mL 容量瓶；1mL、2mL、5mL 移液管。

试剂　苯甲酸；山梨酸；乙醚；NaCl；1%(质量分数)$NaHCO_3$水溶液；0.05mol · L^{-1} HCl；0.1mol · L^{-1} HCl；2mol · L^{-1} HCl。

安全警示

(1)注意电器使用安全(见实验 2)。

(2)使用乙醚注意事项：

◆乙醚的主要作用为全身麻醉。急性大量接触，早期出现兴奋，继而嗜睡、呕吐、面色苍白、脉缓、体温下降和呼吸不规则，导致生命危险。液体或高浓度蒸气对眼有刺激性。

使用方法：操作人员必须经过专门培训，严格遵守操作规程。建议操作人员佩戴过滤式防毒面具(半面罩)，戴化学安全防护眼镜，穿防静电工作服，戴橡胶耐油手套。使用时密闭操作，全面通风。

◆乙醚蒸气与空气可形成爆炸性混合物，遇明火、高热极易燃烧爆炸。与氧化剂能发生强烈反应。在空气中久置后能生成有爆炸性的过氧化物。在火场中，受热的容器有爆炸危险。其蒸气密度比空气大，能在较低处扩散到相当远的地方，遇火源会着火回燃。

灭火方法：尽可能将容器从火场移至空旷处。喷水保持火场容器冷却，直至灭火结束。处在火场中的容器若已变色或从安全泄压装置中产生声音，必须马上撤离。灭火剂：抗溶性泡沫灭火器、二氧化碳灭火器、干粉灭火器、沙土。用水灭火无效。

实验步骤

1. 样品中防腐剂的分离

称取待测样品 2.0g，用 40mL 蒸馏水溶解，移入 150mL 分液漏斗中，加入适量的粉状 NaCl，待溶解后滴加 0.1mol · L^{-1} HCl，使溶液的 $pH<4$。依次用 30mL、20mL 和 20mL 乙醚萃取样品溶液，合并乙醚溶液并弃去水相。用 2 份 30mL 0.05mol · L^{-1} HCl 洗涤乙醚萃取液，弃去水相。然后用 3 份 20mL 1% $NaHCO_3$ 水溶液萃取乙醚溶液，合并 $NaHCO_3$ 溶液，用 2mol · L^{-1} HCl 酸化 $NaHCO_3$溶液至 pH=4，并多加 1mL，将该溶液移入 250mL 分液漏斗中。依次用 25mL、25mL、20mL 乙醚分 3 次萃取已酸化的 $NaHCO_3$溶液，合并乙醚溶液并移入 100mL 容量瓶中，用乙醚定容后吸取 2.00mL 于 10mL 容量瓶中，定容后供紫外光谱测定。

如测定试样中无干扰组分，则无需分离直接测定。以雪碧为例，吸取试样 1.00mL 在 50mL 容量瓶中，用蒸馏水稀释定容即可供紫外光谱测定。

2. 防腐剂的定性鉴定

取经提纯稀释后的乙醚萃取液（或水溶液），用 1cm 吸收池，以乙醚（或蒸馏水）为参比，在波长 210～310nm 作紫外吸收光谱，根据吸收峰波长、吸收强度及用苯甲酸和山梨酸标准样品吸收光谱对照，确定防腐剂的种类。

3. 制作工作曲线

(1) 配制苯甲酸（或山梨酸）标准溶液。准确称取 0.10g 标准样品，用乙醚（或水）溶解，移入 25mL 容量瓶中定容，吸取该溶液 1.00mL 用乙醚（或水）稀释至 25mL，此溶液含标准样品为 $0.16mg \cdot mL^{-1}$，作为储备液。吸取 5.00mL 储备液于 25mL 容量瓶中，定容后成浓度为 $32\mu g \cdot mL^{-1}$ 的标准溶液。

分别吸取标准溶液 1.00mL，2.00mL，3.00mL，4.00mL 和 5.00mL 于 5 支 20mL 比色管中，用乙醚（或水）定容。

(2) 用 1cm 吸收池，以乙醚（或水）为参比，以苯甲酸或山梨酸 K 吸收带最大吸收波长为入射光，分别测定上述 5 个标准溶液的吸光度。

4. 食品中防腐剂的定量测定

按上述测标准溶液方法测定实验步骤 1 中所获得的乙醚萃取液（或稀释液）的吸光度。

结果与讨论

1. 数据记录

将实验测定的标准溶液浓度和吸光度数据填入表 2.10 中。

表 2.10　实验测定数据

编号	1	2	3	4	5
$c/(\mu g \cdot mL^{-1})$					
A					

2. 数据处理

(1) 从仪器软件中读出线性回归方程及相关系数，评价实验数据的精密程度。

(2) 计算机数据处理法。打开 Office 应用软件，执行 Excel 应用程序，将实验测得的吸光度数据及标准溶液的浓度数据分别填入第一列和第二列单元格，选定上述数据区域，用鼠标点击“图表向导”图标，选择 X-Y 散点图形中的非连线方式，点击“下一步”至“完成”，即可得吸光度与浓度数据的散点图。选定这些点后，用鼠标点击打开主菜单上的“图表”并从图表菜单上选择“添加趋势线”，在“类型”对话框中选择“线性趋势分析”，在“选项”对话框中点击“显示公式”及“显示 R^2”复选框，然后点击“完成”，即可在上述 X-Y 散点图上出现一条回归直线、线性回归方程及相关系数。用相关系数可评价实验数据的好坏。

上述结果也可在 Origin 软件中方便地求得。

3. 计算样品中防腐剂的含量

将实验步骤 4 中测得的样品溶液的吸光度 A 代入线性回归方程中，求得样品的乙醚提取液中苯甲酸浓度 c_x，计算样品中防腐剂的浓度。

思考题

(1)是否可以用苯甲酸的 B 吸收带进行定量分析？此时标准溶液的浓度范围应是多少？

(2)萃取过程经常会出现乳化或不易分层的现象，应采取什么方法加以解决？

(3)如果样品中同时含有苯甲酸和山梨酸两种防腐剂，是否可以不经分离分别测定它们的含量？请设计一个同时测定样品中苯甲酸和山梨酸含量的方法。

参考文献

谭家镒，吴玉红，姜兆林. 1995. 固相萃取-紫外导数光谱法测定生物检材中安眠酮含量. 药物分析杂志，15(2)：21-23

朱明华. 2000. 仪器分析. 3 版. 北京：高等教育出版社

(邬建敏　张培敏)

实验 9　紫外光谱法同时测定维生素 C 和维生素 E

实验导读

紫外吸收光谱是研究在 200～400nm 的分子吸收光谱。它广泛地用于无机和有机物质的定性和定量测定，灵敏度和选择性较好。用紫外吸收光谱法可测定服从朗伯-比尔定律的单组分和多组分系统。对于试样中某种组分的测定，常采用标准曲线法；对于多组分的测定，若它们在吸收曲线上的吸收峰互相不重叠，可以不经分离分别选择适当的波长，按单组分的方法进行测定；对于在吸收曲线上的吸收峰略有重叠的多组分的测定，可以不经分离分别选择适当的波长，测定样品混合组分的吸光度，解方程求出各组分的含量。

实验目的

(1)掌握单波长紫外-可见分光光度计的使用。

(2)学会用解联立方程组的方法定量测定吸收曲线相互重叠的二元混合物。

实验原理

根据朗伯-比尔定律，用紫外-可见光谱法很容易定量测定在此光谱区内有吸收的单一组分。由两种组分组成的混合物中，若彼此都不影响另一种物质的光吸收性质，可根据相互间光谱重叠的程度，采用相应的方法进行定量测定。例如，当两组分吸收峰部分重叠时，选择适当的波长，仍可按测定单一组分的方法处理；当两组分吸收峰大部分重叠时，则宜采用解联立方程组或双波长法等进行测定。

解联立方程组是以朗伯-比尔定律及吸光度的加合性为基础，同时测定吸收光谱曲线相互重叠的二元组分的一种方法。

从图 2.7 可以看出，混合组分在λ_1的吸收等于 A 组分和 B 组分分别在λ_1的吸光度之和$A_{\lambda_1}^{A+B}$，即

$$A_{\lambda_1}^{A+B}=\kappa_{\lambda_1}^{A}bc^{A}+\kappa_{\lambda_1}^{B}bc^{B}$$

同理，混合组分在λ_2的吸光度之和$A_{\lambda_2}^{A+B}$应为

$$A_{\lambda_2}^{A+B}=\kappa_{\lambda_2}^{A}bc^{A}+\kappa_{\lambda_2}^{B}bc^{B}$$

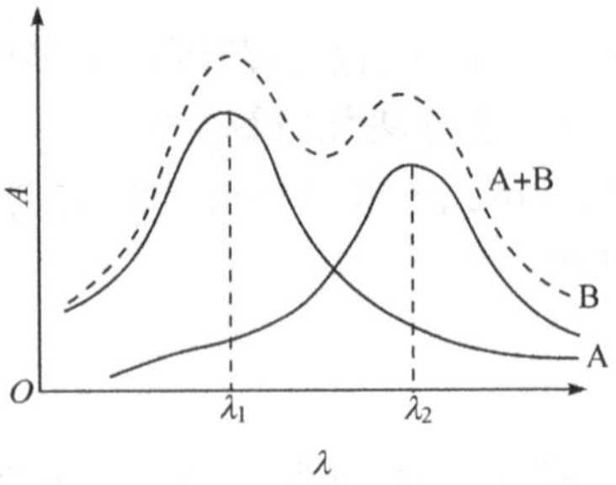

图 2.7　混合物的紫外吸收峰

若首先用 A、B 组分的标准样品，分别测得 A、B 两组分在λ_1和λ_2处的摩尔吸收系数$\kappa_{\lambda_1}^{A}$、$\kappa_{\lambda_2}^{A}$和$\kappa_{\lambda_1}^{B}$、$\kappa_{\lambda_2}^{B}$，当测得未知试样在λ_1和λ_2处的吸光度$A_{\lambda_1}^{A+B}$和$A_{\lambda_2}^{A+B}$后，解下列二元一次方程组：

$$\begin{cases}A_{\lambda_1}^{A+B}=\kappa_{\lambda_1}^{A}bc^{A}+\kappa_{\lambda_1}^{B}bc^{B}\\A_{\lambda_2}^{A+B}=\kappa_{\lambda_2}^{A}bc^{A}+\kappa_{\lambda_2}^{B}bc^{B}\end{cases}$$

即可求得 A、B 两组分各自的浓度c^{A}和c^{B}。

一般来说，为了提高检测的灵敏度，λ_1和λ_2宜分别选择在 A、B 两组分最大吸收峰处或其附近。

维生素 C(抗坏血酸)属于水溶性维生素，维生素 E(α-生育酚)属于脂溶性维生素。维生素 C 和维生素 E 起抗氧剂作用，两者结合在一起的效果超过单独添加的，因为它们在抗氧剂性能方面是“协同的”。因此，它们是一种有效的抗氧化组合试剂。

维生素 C 和维生素 E 都能溶解于无水乙醇，它们的紫外吸收光谱吸收峰有大部分重叠但互不影响，因此宜采用解联立方程组的方法进行测定。因为维生素 C 会缓慢氧化为脱氢抗坏血酸，所以必须每天制备新鲜的溶液，而维生素 E 比较稳定，可用较长的时间。

仪器与试剂

仪器　紫外分光光度计；石英比色皿；25mL、100mL 容量瓶；5mL 移液管。

试剂　维生素 C，检定试剂级储备液，$0.0132g\cdot L^{-1}$($7.50\times10^{-5}mol\cdot L^{-1}$)，配制在无水乙醇中；维生素 E，检定试剂级储备液，$0.0488g\cdot L^{-1}$($1.13\times10^{-4}mol\cdot L^{-1}$)，配制在无水乙醇中；未知溶液：含有维生素 C 和维生素 E 的无水乙醇溶液；无水乙醇。

安全警示

(1)注意电器使用安全(见实验 2)。

(2)使用乙醇注意事项：

◆乙醇为中枢神经系统抑制剂。首先引起兴奋，随后抑制。

使用方法：实验时戴化学安全防护眼镜，穿胶布防毒衣，戴橡胶手套。

◆乙醇易燃，具有刺激性。其蒸气与空气可形成爆炸性混合物，遇明火、高热能引起燃烧爆炸。与氧化剂接触发生化学反应或引起燃烧。在火场中，受热的容器有爆炸危险。其蒸气密度比空气大，能在较低处扩散到相当远的地方，遇火源会着火回燃。

灭火方法：抗溶性泡沫灭火器、干粉灭火器、二氧化碳灭火器、沙土。

灭火注意事项：如不慎将乙醇洒出并引燃，应用湿抹布或用沙子将其盖灭；尽可能将容器从火场移至空旷处。喷水保持容器冷却，直至灭火结束。

实验步骤

(1) 制备维生素 C 标准系列溶液：分别移取维生素 C 储备液 2.00mL、3.00mL、4.00mL 和 5.00mL 于 25mL 容量瓶中，用无水乙醇稀释至刻度。

(2) 制备维生素 E 标准系列溶液：分别移取维生素 E 储备液 2.00mL、3.00mL、4.00mL 和 5.00mL 于 25mL 容量瓶中，用无水乙醇稀释至刻度。

(3) 以无水乙醇为参比，测定不同浓度的维生素 C 和维生素 E 的吸收曲线，并确定λ_1、λ_2和在λ_1、λ_2上的吸光度(λ_1和λ_2分别为维生素 C 和维生素 E 的最大吸收波长)。

(4) 取未知溶液 2.50mL 于 25mL 容量瓶中，用无水乙醇稀释至刻度，摇匀。在λ_1和λ_2分别测其吸光度。

结果与讨论

(1) 绘制维生素 C 和维生素 E 的吸收光谱图，确定λ_1和λ_2。

(2) 绘制维生素 C 和维生素 E 在λ_1和λ_2处以吸光度对浓度作图的标准曲线。由标准曲线确定曲线的斜率，计算每种溶液在每个波长的摩尔吸光系数$\kappa_{\lambda_1}^{A}$、$\kappa_{\lambda_2}^{A}$和$\kappa_{\lambda_1}^{B}$、$\kappa_{\lambda_2}^{B}$。

(3) 计算未知溶液中维生素 C 和维生素 E 的浓度。

思考题

(1) 写出维生素 C 和维生素 E 的分子结构。解释为什么一个是水溶性维生素，另一个是脂溶性维生素。为什么它们都有紫外吸收?

(2) 紫外吸收光谱法中，两组分同时测定时，如何选择测定波长λ_1和λ_2?

(3) 讨论用本实验方法测定橘汁、红莓汁、菠菜及维生素 C 药片中维生素 C 的可能性。

参考文献

方惠群，于俊生，史坚. 2002. 仪器分析. 北京：科学出版社

朱明华，胡坪. 2008. 仪器分析. 4 版. 北京：高等教育出版社

(张培敏)

实验 10 红外光谱法测定有机化合物的结构

实验导读

红外吸收带的波长位置和谱带形状是红外(IR)光谱法定性分析的主要依据，谱带强度可用于定量分析和纯度鉴定。红外光谱法在化学领域的应用大体可分为两类：分子结构的研究和化学组成的分析。例如，应用红外光谱可以测定分子的键长、键角，推断分子的立体构型；根据所得的力常数了解化学键的强弱；由简振频率计算热力学函数。红外光谱最广泛的应用在于对化学组成的分析，其主要的研究对象是在振动中伴有偶极矩变化的化合物，除单原子和同核分子外，几乎所有的有机化合物在红外光区均有吸收，除光学异构体外，凡具有不同

结构的两种化合物一定有不同的红外光谱。可以根据红外光谱中吸收峰的位置和形状推断未知物的结构，依照特征吸收峰的强度测定混合物中各组分的含量。红外光谱是科研、生产的常用分析工具，它提供的信息可靠，具有操作简便、分析快速、样品用量少、不破坏试样、气液固三态都能测定等特点。

常规的透射法对难溶、难熔、难粉碎等特殊样品的红外光谱测定存在困难。为克服其不足，20 世纪 80 年代初人们将衰减全反射(attenuated total reflection，ATR)技术应用到傅里叶变换红外光谱仪上，产生了衰减全反射傅里叶变换红外光谱(attenuated total reflection Fourier transform infrared spectroscopy，ATR-FTIR)。ATR 的应用极大地简化了一些特殊样品的红外光谱测试。

实验目的

(1)学习红外光谱法的基本原理。

(2)了解红外光谱仪的构造。

(3)掌握各种物态的样品制备方法。

(4)初步学会对红外光谱图的解析。

实验原理

红外光谱是由分子的振动能级跃迁(同时伴随转动能级跃迁)产生的。当用一定频率的红外光照射某物质时，若该物质的分子中某基团的振动频率与之相同，则该物质就能吸收此种红外光，使分子由振动基态跃迁到激发态。用不同频率的红外光通过待测物质时就会出现不同强度的吸收现象。由于各种化合物具有其特征的红外光谱，可以用红外光谱对物质进行结构分析。同时，根据分光光度原理，若选定待测物质的某特征波数吸收峰，也可以对物质进行定量测定。

红外光谱的衰减全反射(ATR)附件基于光内反射原理而设计。从光源发出的红外光经过折射率大的晶体再投射到折射率小的试样表面上，当入射角大于临界角时，入射光线就会产生全反射。事实上，红外光并不是全部反射回来，而是穿透到试样表面内一定深度后再返回表面。在该过程中，试样在入射光频率区域内有选择吸收，反射光强度发生减弱，产生与透射吸收类似的谱图，从而获得样品表层化学成分的结构信息。

衰减全反射傅里叶变换红外光谱中，红外光在样品中的穿透深度(D)与红外光波长(λ)之间有如下关系：

$$D=\frac{\lambda}{2\pi n_1[\sin^2\alpha-(n_s/n_1)^2]^{1/2}}$$

式中：λ为红外光在反射介质中的波长；α 为入射角；n_1 和 n_s 分别为晶体材料和试样的折射率。

红外光谱定性分析一般采用两种方法：用已知标准物对照、标准谱图查对。

一般谱图的解析步骤如下：

(1)先从特征频率区入手，找出化合物所含主要官能团。

(2)指纹区分析，进一步找出官能团存在的依据。因为一个基团常有多种振动形式，确定该基团不能只依靠一个特征吸收，必须找出所有的吸收带才行。

(3)分析指纹区谱带位置、强度和形状，确定化合物可能的结构。

(4)对照标准谱图，配合其他鉴定手段进一步验证。

仪器与试剂

仪器 红外光谱仪；油压式压片机；玛瑙研钵；盐片；红外干燥灯；干燥器。

试剂 溴化钾(A.R.)；无水乙醇(A.R.)；苯甲醇(A.R.)；苯甲酸(A.R.)；塑料薄膜；未知物。

安全警示

(1)注意电器使用安全(见实验 2)。

(2)红外灯温度较高，制样时防止烫伤。

(3)使用氯仿注意事项：

◆低毒，有麻醉性、有致癌可能性。

◆危险特性：与明火或灼热的物体接触时能产生剧毒的光气。在空气、水分和光的作用下酸度增加，因而对金属有强烈的腐蚀性。

有害燃烧产物：氯化氢、光气。

灭火方法：消防人员必须佩戴过滤式防毒面具(全面罩)或隔离式呼吸器、穿全身防火防毒服，在上风向灭火。

灭火剂：雾状水、二氧化碳灭火器、沙土。

◆操作处置：操作人员必须经过专门培训，严格遵守操作规程。操作人员佩戴直接式防毒面具(半面罩)，戴化学安全防护眼镜，穿防毒物渗透工作服，戴防化学品手套。防止蒸气泄漏到工作场所空气中。避免与碱类、铝接触。搬运时要轻装轻卸，防止包装及容器损坏。配备泄漏应急处理设备。倒空的容器可能残留有害物。

◆储存注意事项：储存于阴凉、通风的库房。远离火种、热源。库温不超过 30℃，相对湿度不超过 80%。保持容器密封。

实验步骤

1. 固体样品苯甲酸的红外光谱测定

取约 2mg 苯甲酸样品于干净的玛瑙研钵中，加约 100 mg 溴化钾粉末在红外干燥灯下研磨成细粉，粒度在 2μm 左右比较合适，然后移入压片模中，将模子放在压片机上，加压力，在 20MPa 压力下维持 1min，放气去压，取出模子进行脱模，可获得一片透明或半透明晶片，将晶片装在红外光谱仪的样品架正中，进行 4000～400cm^{-1} 波数扫描，得到红外吸收光谱。

2. 液体样品苯甲醇的红外光谱测定

取两片 NaCl 盐片，用 95%乙醇棉球擦拭，趁湿用绒布抛光至干，在一块 NaCl 盐片上滴加一滴苯甲醇样品，压上另一块盐片，将它置于池架上固定，然后将池架插入红外光谱仪的试样安放处，进行 4000～400cm^{-1} 波数扫描，得到红外吸收光谱。

3. 塑料薄膜的 ATR-FTIR 测定

安装 ATR 附件，设置实验参数，将样品的测试面直接放在红外光谱仪的晶体上，旋转

ATR 附件的固定钮，压住样品；在 4000～400cm^{-1} 波数扫描，采集样品的衰减全反射红外光谱图。

4. 未知物的红外光谱测定

根据教师提供的未知物性状，确定样品制备方法并测谱。

以上红外吸收光谱测定时的参比均为空气。

注意事项

固体样品经研磨（红外干燥灯下）后应防止吸潮。盐片应保持干燥透明，每次测定前均应用 95%乙醇抛光（红外干燥灯下），切勿水洗。制得的晶片必须无裂痕，局部无发白现象，透明或半透明，否则应重新制作。晶片局部发白，表示压制的晶片厚薄不均；晶片模糊，表示晶体吸潮。水在红外光谱图 3450cm^{-1} 和 1640cm^{-1} 处出现吸收峰。

结果与讨论

(1) 对苯甲酸、苯甲醇及塑料薄膜的特征谱带进行归属。

(2) 根据教师给定的未知物的分子式及红外光谱图推测未知物可能的结构。

思考题

(1) 红外光谱法中固体样品有哪些制样方法？它们分别适用于哪种情况？

(2) 测试红外光谱时，样品容器常用氯化钠和溴化钾，它们适用的波数范围各为多少？

(3) 为什么红外光谱是连续的曲线图谱？

(4) 通过样品红外光谱图中的什么指标可判断制备样品是否符合要求？

(5) 红外光谱测试时为什么特别需要注意防潮脱水？

(6) 用 ATR-FTIR 测试的红外光谱与透射法测试的红外光谱有什么不同？为什么？

(7) 发生全反射现象需具备哪些条件？

参考文献

吴瑾光. 1994. 近代傅里叶变换红外光谱技术及应用. 北京：科学技术文献出版社

殷学锋. 2002. 新编大学化学实验. 北京：高等教育出版社

张剑荣，戚苓，方惠群. 1999. 仪器分析实验. 北京：科学出版社

（张培敏　陈志春）

实验 11　荧光分析法测定牛血清白蛋白的含量

实验导读

蛋白质是生命现象的物质基础，其定量测定是生命科学、临床检验及生化研究领域的重要课题。20 世纪 60 年代兴起的染料结合定量分析蛋白质是一种较为灵敏而特效的方法，最早报道的有溴酚蓝、溴甲酚绿、间溴酚蓝、亮绿等。1976 年 Bradford 提出了考马斯亮蓝（CBB）法。考马斯亮蓝 G2250 在酸性溶液中呈红棕色，与蛋白质结合呈蓝色，最大吸光度从 465nm 移至 595nm，在一定条件下蛋白质的浓度在波长 595nm 处与吸光度成正比。但以上方法在碱

性范围应用中不十分稳定，重现性较差。80 年代以后，人们开始将荧光染料应用于蛋白质的定量测定。荧光分析法由于其高灵敏度而在蛋白质定量分析中备受关注。Saito 报道用四(4-羧基苯)卟吩(TCPP)测定血清白蛋白，利用反应产物的荧光强度随蛋白质浓度增加而增加的现象进行测量。90 年代，人们发现了有些荧光染料在表面活性剂的存在下自聚为二聚体，这种二聚体结构随蛋白质的加入而逐渐解聚。能自聚反应的染料可以作为蛋白质测定的荧光探针，可对体系微环境等因素的变化作出响应，在核酸的定量测定和构象分析方面的应用也很广泛。

实验目的

(1) 了解用荧光分析法对蛋白质进行定量分析的基本原理和方法。

(2) 掌握二聚体荧光染料探针测定蛋白质的原理。

(3) 熟悉荧光分光光度计的构造、工作原理及操作方法。

实验原理

尼罗蓝(Nile blue，NB)是一种吩嗪类强荧光染料，在 pH = 1.2 的溶液中尼罗蓝在 634nm 处有一最大吸收峰，摩尔吸光系数为 6.18×10^{4}L · mol^{-1} · cm^{-1}，在十二烷基苯磺酸钠(SDBS)存在下，吸收光谱发生变化。当 SDBS 的浓度小于 2.53×10^{-5}mol · L^{-1} 时最大吸收波长处的吸光度随着溶液中 SDBS 浓度的增大而逐渐降低，表明在这一阶段，NB 分子主要与 SDBS 分子形成离子缔合物而导致吸光度减弱。当 SDBS 的浓度大于 2.53×10^{-5}mol · L^{-1} 时，吸收光谱发生蓝移，在 595nm 处出现新的吸收峰。这表明随着阴离子表面活性剂浓度的逐渐增大，表面活性剂分子相接触，憎水基靠拢形成胶束前的预聚集，水分子在表面活性剂分子或胶束预聚集分子周围形成有序的区域，导致溶剂的性质向着有利于 NB 二聚体形成的方向变化，体系中二聚体的比例增加。此浓度接近“预胶束”的生成浓度，表明在此阶段形成了微小分子集合体，并且主要以二聚体的形式存在。这种二聚体具有弱荧光，在此弱荧光二聚体体系中加入蛋白质后，蛋白质分子将同时与体系中的 NB、NB 二聚体及 SDBS 发生结合作用，破坏了染料二聚体赖以形成的微环境条件，导致体系荧光强度回升(图 2.8)，且荧光强度改变量与蛋白质浓度在一定范围内有良好的线性关系，据此可以对蛋白质进行定量分析。

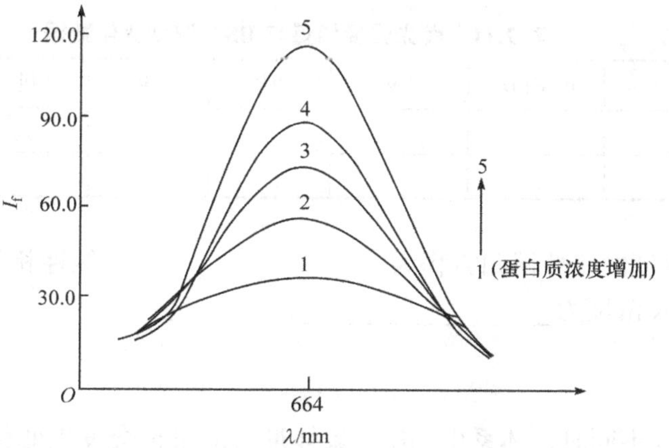

图 2.8　NB 二聚体荧光强度随蛋白质浓度增加而上升示意图

仪器与试剂

仪器　荧光分光光度计；pH 计；电热恒温槽；容量瓶；移液管。

试剂　牛血清白蛋白(BSA)；尼罗蓝；十二烷基苯磺酸钠(SDBS)；BSA 用 0.5%(质量分数) NaCl 溶液配成 100mg · L^{-1} 的储备液，置于 1～4℃保存，使用时稀释至 40mg · L^{-1}；尼罗蓝配成 0.1mmol · L^{-1} 的储备液，置于 1～4℃保存；用 0.05mol · L^{-1} KH_2PO_4-H_3PO_4 配制 pH=1.2 的缓冲溶液；含未知 BSA 浓度的试样(由实验室配制)。

安全警示

注意电器使用安全(见实验 2)。

实验步骤

(1) 配制 5mL 浓度分别为 2.0μg ·mL^{-1}，6.0μg ·mL^{-1}，10μg ·mL^{-1}，14μg ·mL^{-1}，18μg ·mL^{-1} 的 BSA 标准溶液，在缓冲溶液中配制，并以缓冲溶液作为空白试剂。

(2) 在 10mL 比色管中分别依次加入 1.5mL NB 溶液、1.0mL 3.0×10^{-4}mol · L^{-1} SDBS 溶液、1.0mL pH 1.2 的缓冲溶液，然后加入 1mL 空白溶液和 BSA 标准溶液，用水稀释至刻度，在 30℃恒温槽中恒温 15min。先测定空白溶液加入后溶液的荧光激发光谱和荧光发射光谱，并测定在最大荧光发射波长(λ_{max}^{em})处的空白溶液荧光强度。然后测定不同浓度的 BSA 标准溶液加入后在 λ_{max}^{em} 处的荧光强度，与空白溶液比较，观察荧光强度是否上升。记录各数据，作荧光强度的增量ΔF 与 BSA 浓度的线性回归分析。

(3) 用上述同样方法测定未知试样加入后溶液体系的荧光强度比空白值的增量，并根据上述线性回归方程，求试样中的 BSA 浓度。

结果与讨论

将实验数据填入表 2.11 中并计算。

表 2.11　荧光强度增量与 BSA 浓度变化数据

BSA 浓度/(μg · mL^{-1})	0(空白)	2.0	6.0	10	14	18	试样
F(664nm)							
ΔF							

ΔF 与 BSA 浓度的线性回归方程为__________________，线性相关系数为__________。

试样中的 BSA 浓度为__________________。

思考题

(1) SDBS 浓度不同时，体系中 NB 二聚体形式的量也会发生变化，对于蛋白质的测定，在加入蛋白质前，应保持体系中 NB 二聚体的量最大。可以通过什么方法研究二聚体的量与 SDBS 浓度的关系，从而确定 SDBS 的最佳浓度？

(2)本实验在给定的体系下荧光响应信号ΔF除与蛋白质浓度有关外，是否与蛋白质种类有关？采用本实验的方法能否分辨出试样中不同种类的蛋白质？

(3)如果蛋白质试样中有一些氨基酸共存，是否会干扰测定？试设计一实验方案明确这一问题。

(4)为什么在测定荧光强度前溶液要恒温？

参考文献

高峰，朱昌青，王伦. 2003. 耐尔蓝-十二烷基苯磺酸钠-蛋白质体系的荧光反应及其分析应用. 分析化学，31(9)：1085-1088

郭祥群，李芳，赵一兵，等. 1996. 番红花红 T 与表面活性剂的作用及其在标记 DNA 中的应用. 高等学校化学学报，17(9)：1361-1366

杨睿，刘绍璞. 2001. 某些分子光谱分析法测定蛋白质的进展. 分析化学，29(2)：232-241

（邬建敏 张培敏）

实验 12 荧光分析法测定维生素 B_2 片剂中核黄素的含量

实验导读

分子荧光光谱法的灵敏度高，选择性好。一般来说，与紫外-可见分光光度法相比，其灵敏度可高出 2～4 个数量级，工作曲线线性范围宽，已成为一种重要的痕量分析技术。荧光分析法应用广泛，不仅能直接、间接地分析众多的有机物，利用与有机试剂间的反应还能进行许多无机元素的测定。此外，其还可作为高效液相色谱及毛细管电泳的检测器。

随着计算机、电视、激光和显微镜等技术的发展，荧光检测的仪器和方法有了重要拓展，使该方法的操作更为简便，检测灵敏度迅速提高，应用范围不断拓宽，现在已是生命科学研究中不可或缺的重要检测手段之一，可用于核酸研究、DNA 测序、蛋白质结构分析、氨基酸检测等领域。

实验目的

(1)了解荧光分光光度计的主要结构及工作原理。

(2)掌握荧光分光光度计的操作技术和测定维生素 B_2 片剂中核黄素的实验方法。

实验原理

某些物质被某种波长的光(如紫外光)照射后，会在极短时间内发射出比入射光波长更长的光，这种光称为荧光。吸收什么波长范围的光和发射什么波长范围的光，与被照射的物质有关。而所发射的荧光的强度与该物质的浓度有如下关系：

$$I_f = K\phi I_0(1-e^{-alc})$$

式中：I_f为荧光强度；K 为仪器常数；ϕ为荧光物质的荧光量子产率；I_0为入射光强度；l 为样品池厚度；c 为荧光物质的浓度，$mol \cdot L^{-1}$；a 为荧光物质的摩尔吸光系数。

当溶液浓度较稀时，则

$$I_f = K\phi I_0 alc$$

可见，在稀溶液中，当入射光强度、样品池厚度、仪器工作条件不变时，测得的荧光强

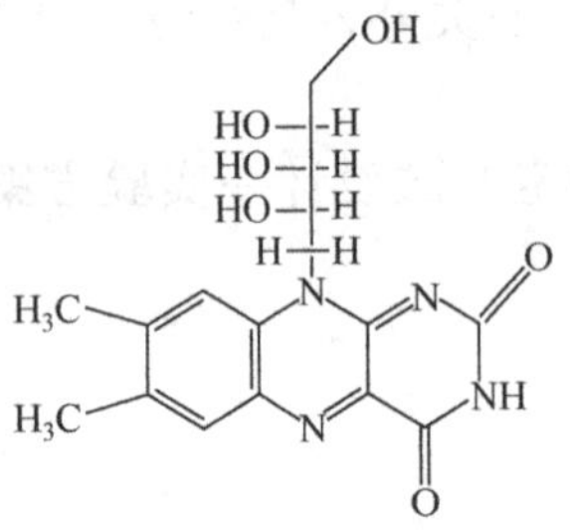

图 2.9　维生素 B_2 的结构

度与荧光物质的浓度成正比。

维生素 B_2 又称核黄素，是橘黄色无臭的针状结晶，其结构式如图 2.9 所示。

维生素 B_2 易溶于水而不溶于乙醚等有机溶剂，在中性或酸性溶液中稳定，光照易分解，对热稳定。

维生素 B_2 在 230～490nm 波长的光照射下，激发出峰值在 526nm 左右的绿色荧光，在 pH 为 6～7 荧光强度最大，在 pH=11 的碱性溶液中荧光消失。基于上述性质建立维生素 B_2 的荧光分析法，选择合适的激发波长、荧光波长和实验条件，即可进行定量测定。

仪器与试剂

仪器　荧光分光光度计；离心机；离心管；pH 计或 pH 试纸；移液管；25mL、50mL、100mL 容量瓶；25.00mL 比色管；50mL 烧杯。

试剂　$50\mu g\cdot mL^{-1}$ 核黄素；5%乙酸；1∶1(体积比)盐酸；10%氢氧化钠；市售维生素 B_2 片剂。

安全警示

(1)注意电器使用安全(见实验 2)。

(2)使用盐酸注意事项：

◆浓缩的盐酸会形成酸雾。酸雾和盐酸溶液具有较强的腐蚀性，并有损害呼吸器官、眼睛、皮肤和肠道的危害。

◆使用盐酸时，应密闭操作，注意通风；工作人员应做好防护措施，如橡胶手套或聚氯乙烯手套、护目镜、耐化学品的衣物和鞋子等，以降低直接接触盐酸所带来的危险。

◆急救措施：立即脱去污染的衣物，用大量流动清水冲洗至少 15min，可涂抹弱碱性物质(如碱水、肥皂水等)，就医。

(3)使用氢氧化钠注意事项：

◆氢氧化钠有强烈刺激和腐蚀性。皮肤和眼与氢氧化钠直接接触会引起灼伤，误服可造成消化道灼伤，黏膜糜烂、出血，甚至休克。

◆使用氢氧化钠时，应做好防护措施，必要时佩戴防毒口罩、戴化学安全防护眼镜、穿工作服(防腐材料制作)、戴橡皮手套。小心使用，防止溅落到衣物、口鼻中。

◆急救措施：先用水冲洗(稀液)或用布擦干(浓液)，再用 5%～10%硫酸镁或 3%硼酸溶液清洗并就医。

实验步骤

1. 配制 $10\mu g\cdot mL^{-1}$ 核黄素标准溶液

移取 $50\mu g\cdot mL^{-1}$ 核黄素 10.00mL，用 5%乙酸溶液稀释定容到 50.00mL。

2. 实验条件的选择

1) 激发光波长和荧光波长的选择

准确移取 10μg · mL^{-1} 核黄素标准溶液 1.0mL 于 25mL 容量瓶中，用 5%乙酸稀释至刻度，摇匀。转移部分溶液至样品池中，利用荧光分光光度计的扫描功能测得该样品最佳的入射光波长为 451nm，强度最大的荧光峰值为 526nm。将荧光分光光度计的荧光波长暂定在 526nm 处，在 220～500nm 对激发波长进行扫描，记录激发光谱曲线，约在 263nm、372nm、451nm 有三个峰。然后将激发波长设定在 451 nm 处，在 460～700nm 对荧光波长扫描，记录荧光光谱曲线。根据激发光谱和荧光光谱确定最佳激发光波长和最佳荧光波长。

2) 酸度的选择

在 5 个 25mL 容量瓶中各加入 10μg · mL^{-1} 核黄素标准溶液 1.0mL，然后分别加入 1：1 盐酸 2.5mL、5%乙酸 5.00mL、5%乙酸 10.00mL、5%乙酸 20.00mL、10%氢氧化钠溶液 2.50mL，分别用去离子水稀释至刻度，摇匀后用 pH 计或 pH 试纸测定溶液的 pH，并于荧光分光光度计上测出相应的荧光强度，考察酸度对荧光强度的影响，从中确定最佳 pH。

3. 标准曲线的绘制

准确移取 10 μg · mL^{-1} 核黄素标准溶液 0.00mL，0.500mL，0.800mL，1.00mL，1.20mL，1.50mL 分别置于 6 个 25mL 容量瓶中，用步骤 2) 选定的 pH 配制溶液，摇匀。测定标准系列溶液的荧光强度。

4. 样品测定

用移液管准确移取一定量含维生素 B_2 的溶液于 25mL 容量瓶中，再用步骤 2) 选定的 pH 配制溶液，摇匀制成试液。在与标准曲线一致的实验条件下测定样品的荧光强度，在标准曲线上查出维生素 B_2 的浓度，并根据样品取样量和稀释倍数计算出原溶液中维生素 B_2 的含量(μg · mL^{-1})。

注意事项

维生素 B_2 水溶液遇光易变质，标准溶液应新鲜配制，维生素 B_2 的碱性水溶液也易变质。

结果与讨论

(1) 根据激发光谱和荧光光谱确定最佳激发光波长和最佳荧光波长。

(2) 计算原溶液中维生素 B_2 的含量(mg · L^{-1})。

思考题

(1) 为什么定量分析时选择 451nm 而不选择 265nm 作为激发波长？

(2) 维生素 B_2 片剂稀释的倍数如何确定？

(3) 如何设计实验证明“发射光谱的形状与激发波长无关”？

参考文献

殷学锋. 2002. 新编大学化学实验. 北京：高等教育出版社

张剑荣，戚苓，方惠群. 1999. 仪器分析实验. 北京：科学出版社

（张培敏）

实验 13　气相色谱法测定苯、甲苯和二甲苯的含量

实验导读

气相色谱法是色谱法中的一种。它分析的对象是气体和可挥发性的物质。色谱柱的种类及内径大小对分离效果有很大的影响。色谱动力学理论认为，气相色谱填充柱相当于一束涂有固定液的毛细管，而毛细管的内径约等于固定液的颗粒直径。这些毛细管是弯曲的、多径的，致使气流运动过程中涡流扩散严重，传质阻力很大，因此柱效较低。1957 年，Golay 根据自己的理论推断毛细管的内径既决定毛细管对气流的阻力，也决定理论塔板高度，并用一根长 1m、内径 0.8mm，内涂固定液的柱子进行了试验，结果发明了效能极高的色谱柱——毛细管柱。经过半个多世纪的发展，毛细管色谱柱已成为当今色谱分析的主流。

气相色谱是一种广泛、实用、快速的分析技术，在化工、医药、食品、环境、卫生、商检、公安等领域广泛应用。为了保证分析结果的可靠性，职能部门制订了一系列气相色谱通用方法。

实验目的

(1)掌握填充柱色谱、毛细管色谱的使用方法。

(2)掌握柱效、分离度与柱性能的关系。

(3)掌握气相色谱中保留值定性与归一化法定量的分析方法。

(4)了解复杂混合样品中相关组分分离测定的方法。

实验原理

气相色谱分析中，色谱柱的选择十分重要。在用于气体及低沸点烃类分析的气固色谱中使用硅胶、分子筛等固体吸附剂。在气液色谱中使用液态的固定相，填充柱中是将选定的固定液涂布于载体上，然后将其均匀紧密地填充入内径较粗(通常为 2～4mm)的色谱柱内，毛细管柱则是将固定液直接涂布或通过化学交联键合于处理过的毛细管管壁上。

典型的固定液有 SE30、SE54、OV101、DNP、PEG20M、DEGS 等，极性各不相同。根据相似相溶原理，分离非极性物质一般选用非极性固定液，组分按沸点顺序流出；分离极性物质选用极性固定液，极性小的先流出。

装填色谱柱是一项技术性很强的工作，通常采用真空抽吸填充的方法。新装填好的色谱柱在使用前必须经老化处理以彻底除去残留的溶剂和低沸点的杂质，并使固定液液膜牢固、均匀地附着在担体表面。方法是将色谱柱与气相色谱仪的进样口相连，出口不接入检测器(以免检测器被污染)，通入小流量的载气。老化时柱温应比分析样品时的柱温高 20～30℃，但绝不能高于所用固定液的最高使用温度。在上述条件下老化 6～8h，然后接入检测器，基线平直说明老化完毕。

柱效参数用理论塔板数 N 和理论塔板高度 H 表示：

理论塔板数

$$N=16\left(\frac{t_{\mathrm{R}}}{W_{\mathrm{b}}}\right)^2=5.54\left(\frac{t_{\mathrm{R}}}{W_{\mathrm{h}}}\right)^2$$

理论塔板高度

$$H = \frac{L}{N}$$

分离度

$$R = \frac{t_{R_2} - t_{R_1}}{\frac{1}{2}(W_{b_1} + W_{b_2})}$$

式中：t_R为保留时间；W_b为峰底宽；W_h为半峰宽；L为柱长。计算时要注意单位统一。

灵敏度是评价检测器性能的重要物理参数，它是指单位质量待测物进入检测器时产生电信号的大小。不同类型的检测器的灵敏度有不同的表示方法。氢火焰离子化检测器(FID)为质量型检测器，响应值与单位时间内进入检测器的质量成正比：

$$S_{FID} = \frac{\Delta R}{\Delta m / \Delta t} = \frac{\text{峰面积(mV·s)}}{\text{溶液质量(g)}}$$

式中：ΔR为以电压或电流表示的电信号的变化；$\Delta m/\Delta t$为单位时间内样品质量的变化。

实验条件的选择：柱温、载气流量等参数对色谱分离有很大的影响。通常，增加载气流量和升高温度将缩短组分在色谱柱内的停留时间，对实现快速分析有利，但同时也将使相邻组分的分离度变小，因而需要仔细选择。

定性分析：在气相色谱条件不变的情况下，每一可气化的物质都有各自确定的保留值，故可用保留值对相对较为简单的混合样品进行定性分析。对于多组分混合物，若色谱峰均能分开，则可以将各峰的保留值与各相应的标准样品在相同条件所测定的保留值进行对照，这是气相色谱最常用的定性分析方法。

定量分析：定量分析是建立在检测信号A_i(峰面积)的大小与进入检测器的被测组分的量m_i(浓度或质量等)成正比的基础上，即

$$m_i = f_i A_i$$

式中：校正因子f_i表示单位峰面积所代表的某种物质的量，它与物质的性质有关。

称取一定量的纯待测物质 m_i 与纯标准物质 m_s，混合均匀后取适量进样，从色谱仪得到的峰面积分别为A_i和A_s，这样物质i相对于标准物质的相对校正因子为

$$f_i = \frac{m_i A_s}{m_s A_i}$$

标准物质f_s=1。

当待测样品中所有组分都能流出色谱柱并在检测器上产生信号，则可采用归一化法定量，i组分的含量为

$$P_i = \frac{f_i A_i}{\sum f_i A_i} \times 100\%$$

仪器与试剂

仪器　气相色谱仪(含色谱工作站或积分仪)；填充柱或毛细管柱；固定相：SE-30，SE54，DB-17，DNP或PEG 20M；氢火焰离子化检测器或热导检测器；微量进样器；天平；真空泵。

试剂　6201 载体；邻苯二甲酸二壬酯或其他色谱固定液；乙醚(A.R.)；苯(A.R.)；甲苯(A.R.)；二甲苯(A.R.)；苯、甲苯、二甲苯三组分混合标准溶液；质量比为 1∶1∶1；苯、甲苯、二甲苯三组分混合溶液，各组分含量未知。

使用热导检测器的可直接将三组分按上述比例混匀。二硫化碳在氢火焰离子化检测器上的响应很小，如果使用氢火焰离子化检测器，则需将上述标准溶液配成 0.05%～0.1%的二硫化碳溶液备用。

安全警示

(1)注意电器使用安全(见实验 2)。

(2)在气相色谱仪运行期间，严禁徒手触摸进样器螺帽等，以免烫伤。

(3)氮气钢瓶的使用方法及注意事项。

使用方法：

◆使用前检查连接部位是否漏气，可涂上肥皂液进行检查，调整至确实不漏气后再进行操作。

◆使用时先逆时针打开钢瓶总开关，观察高压表读数，记录高压瓶内总的氮气压，然后顺时针转动低压表压力调节螺杆，使其压缩主弹簧将活门打开。这样进口的高压气体由高压室经节流减压后进入低压室，并经出口通往工作系统。

◆使用结束后，先顺时针关闭钢瓶总开关，再逆时针旋松减压阀。

注意事项：

◆不可将钢瓶内的气体全部用完，一定要保留 0.05MPa 以上的残留压力(减压阀表压)。

◆使用时，要把钢瓶牢牢固定，以免摇动或翻倒。

◆开关气门阀要慢慢地操作，切不可过急或强行用力拧开。

(4)氢气钢瓶的使用方法及注意事项。

使用方法：同氮气钢瓶。

注意事项：

◆室内必须通风良好，保证空气中氢气最高含量不超过 1%(体积分数)。室内换气次数每小时不得少于 3 次，局部通风每小时换气次数不得少于 7 次。

◆氢气钢瓶与盛有易燃、易爆物质及氧化性气体的容器和钢瓶的间距应不小于 8m。

◆与明火或普通电气设备的间距应不小于 10m。

◆与空调装置、空气压缩机和通风设备等吸风口的间距应不小于 20m。

◆与其他可燃性气体储存地点的间距应不小于 20m。

◆禁止敲击、碰撞；钢瓶不得靠近热源；夏季应防止曝晒。

◆必须使用专用的氢气减压阀，开启钢瓶时，操作者应站在阀口的侧后方，动作要轻缓。

◆阀门或减压阀泄漏时，不得继续使用；阀门损坏时，严禁在瓶内有压力的情况下更换阀门。

◆瓶内气体严禁用尽，应保留 2MPa 以上的余压。

(5)使用苯、甲苯、二甲苯注意事项：

◆长期吸入会侵害人的神经系统，急性中毒会产生神经痉挛甚至昏迷、死亡。

◆操作处置注意事项：密闭操作，加强通风。操作人员佩戴自吸过滤式防毒面具(半面罩)，戴化学安全防护眼镜，穿防毒物渗透工作服，戴橡胶耐油手套。

◆安全措施：储于低温通风处，远离火种、热源。与氧化剂、食用化学品等分储。禁止使用易产生火花的工具。

◆灭火方法：

燃烧性：易燃。

灭火剂：泡沫灭火器、干粉灭火器、二氧化碳灭火器、沙土。用水灭火无效。

(6)使用二硫化碳注意事项：

◆二硫化碳是损害神经和血管的毒物。操作人员佩戴自吸过滤式防毒面具(半面罩)，戴化学安全防护眼镜，穿防静电工作服，戴橡胶耐油手套。若接触二硫化碳，用大量流动清水冲洗至少 15min，就医。

◆燃爆危险：二硫化碳极易燃，具有刺激性。接触热、火星、火焰或氧化剂易燃烧爆炸。受热分解产生有毒的硫化物烟气。

灭火方法：喷水冷却容器，若有可能将容器从火场移至空旷处。处在火场中的容器若已变色或从安全泄压装置中产生声音，必须马上撤离。灭火剂：雾状水、泡沫灭火器、干粉灭火器、二氧化碳灭火器、沙土。

(7)使用乙醚注意事项(见实验 8)。

实验步骤

1. 色谱柱的制备

(1)用 5%～10%(质量分数)的热 NaOH 溶液抽洗不锈钢柱数次，除去内壁污物，再用水洗净后烘干备用。

(2)将市售载体过筛，称取 8g 载体于 50mL 量筒内。称取 0.4g DNP 于烧杯内，然后加入相当于载体体积的无水乙醚使 DNP 完全溶解，将载体加入并迅速摇匀，使乙醚全部淹没。于通风橱内轻轻拍打烧杯，帮助载体翻转至挥干乙醚。

(3)在柱的一端塞入少许玻璃棉，用数层纱布包住并与真空泵相连，另一端接漏斗。启动真空泵，边抽气边从漏斗慢慢加入已涂布好的载体，轻敲柱壁至载体不再下沉，另一端也塞上玻璃棉。

(4)将色谱柱一端与气相色谱仪的进样口相连，在低于固定液最高使用温度和小流量载气的条件下老化 6～18h，然后柱出口端接上检测器，待基线平直为止。

2. 实验条件的选择①

按仪器操作说明书使仪器正常运转，固定其他实验条件：检测室温度 160℃，气化室温度 160℃，载气氮气流量 30mL·min^{-1}(填充柱)，氢气流量 30mL·min^{-1}，空气流量 400mL·min^{-1}，毛细管柱柱流量 1mL·min^{-1}，尾吹气 30mL·min^{-1}。

调节仪器柱温，分别取 60℃、80℃、100℃(可根据实际使用色谱柱合理选择调节范围)。在柱温稳定后，用微量进样器分别取 0.2～0.3μL 混合标样迅速进样，根据记录仪(或色谱工

① 实验条件选择可根据需要进行最佳柱温或最佳柱流量的选择。在进行柱流量选择试验后，可根据范第姆特(van Deemter)方程绘出相关曲线以确定最佳柱内线速度。

作站）的数据计算分离度，综合保留时间和分离度数据，选择最佳实验温度。

3. 定性定量分析

(1) 在实验步骤 2.确定的最佳柱温下，分别注入适量的纯苯、纯甲苯、纯二甲苯，记录相应的色谱峰，记录各色谱峰保留时间。

(2) 分别迅速注入适量的混合标准溶液，记录各峰的峰面积和保留时间。比对混合标准溶液与纯样中各峰的保留时间进行定性分析，确认各峰归属。并根据峰面积计算甲苯和二甲苯相对于苯的校正因子。

(3) 分别迅速注入适量的混合未知溶液，记录各峰的峰面积。根据各峰面积和校正因子计算未知试样中苯、甲苯和二甲苯的含量。

步骤 (2) 和 (3) 需重复操作 2～3 次，然后取平均值。

(4) 根据混合标准溶液所得各色谱数据计算塔板数、塔板高度、分离度和灵敏度等参数，进行仪器及色谱柱分离检测性能的评价。

结果与讨论

(1) 根据公式以苯的实验数据计算理论塔板数 N、理论塔板高度 H 和氢火焰离子化检测器的灵敏度 S_{FID}。

(2) 比较各纯试剂与混合溶液中的保留值，确定各峰是什么物质。

(3) 计算甲苯和二甲苯以苯为标准的相对校正因子。

(4) 计算未知物中苯、甲苯和二甲苯的含量。

(5) 计算分离度。

思考题

(1) 在求理论塔板高度时，若计算中 W_h 以毫米为单位，则保留值应用什么单位？

(2) 影响分离度的因素有哪些？提高分离度的途径有哪些？

(3) 配制混合标准溶液时为什么要准确称量？测量校正因子时是否要严格控制进样量？

(4) 什么是色谱柱的老化？有什么重要性？

参考文献

GB/T 11737—1989. 居住区大气中苯、甲苯和二甲苯卫生检验标准方法

GB/T 18883—2002. 室内空气质量标准

Zhang Z Y, Yang M J, Pawliszyn J. 1994. Solid-phase microextraction: a solvent-free alternative for sample preparation. Anal Chem, 66(17)：844A-853A

（邹建凯　张培敏）

实验 14　气相色谱内标法测定白酒中己酸乙酯的含量

实验导读

气相色谱分析的主要目的是对物质进行定量分析，即求出混合物中特定组分的含量。与红外光谱、紫外光谱、核磁共振波谱、质谱等比较，气相色谱的显著特点是简便、灵敏、定

量准确度高。气相色谱常用的定量方法主要有归一化法、内标法和校正曲线法。

内标法是通过测量内标物及分析组分的相对峰面积来计算的，操作条件变化而引起的误差将同时表现在两者的峰面积上而得以抵消，因此该法的优点是定量较准确，但每次分析都要准确称量，不宜做快速控制分析。

实验目的

(1)学习并掌握气相色谱内标法定量的原理。

(2)掌握相对校正因子的测定方法。

(3)学习并了解气相色谱法在工业生产、产品控制中的应用。

实验原理

不同组分在气、液两相中具有不同的分配系数，当两相做相对运动时，组分在两相间经多次分配达到完全分离，从色谱柱尾流出，进入氢火焰中电离进行检测。

内标法定量的原理是，准确称取一定量样品，加入一定量内标物，根据被测物和内标物的质量及其在色谱图上的峰面积比，求出被测组分的含量：

$$P_i = \frac{A_i f_i W_s}{A_s f_s W_m} \times 100\%$$

式中：W_s 和 W_m 分别为内标物和样品的质量；A_i 和 A_s 分别为被测组分和内标物的峰面积；f_i 和 f_s 分别为被测组分和内标物的质量校正因子，具体计算见实验 13。

仪器与试剂

仪器 气相色谱仪(含色谱工作站或积分仪)；氢火焰离子化检测器；填充柱或毛细管柱(DNP 或 PEG 固定相)。

试剂 已酸乙酯(色谱纯)；乙酸正丁酯(色谱纯)(DNP 固定相内标物)；乙酸正戊酯(色谱纯)(PEG 固定相内标物)。以上均配成 2%(体积分数)溶液[以 60%(体积分数)乙醇水溶液稀释]。

安全警示

(1)注意电器使用安全(见实验 2)。

(2)在气相色谱仪运行期间，严禁徒手触摸进样器螺帽等，以免烫伤。

(3)氮气钢瓶的使用方法及注意事项(见实验 13)。

(4)氢气钢瓶的使用方法及注意事项(见实验 13)。

(5)使用乙醇注意事项(见实验 9)。

实验步骤

1. 仪器条件设置

按操作说明书开启仪器，使仪器正常运转：气化室温度 220℃，检测室温度 220℃，柱温 60℃，保留 2min，以 10℃ · min^{-1} 升至 220℃，保留 3min；载气为氮气，填充柱柱流量 30mL · min^{-1}，毛细管柱柱流量 1mL · min^{-1}，毛细管柱尾吹气 30mL · min^{-1}，氢气流量

30mL · min^{-1}，空气流量 400mL · min^{-1}。

2. f 值的测定

吸取 2%己酸乙酯 1.0mL，2%内标物 1.0mL，用 60%乙醇稀释至 50mL，己酸乙酯及内标物浓度均为 0.04%(体积分数)。待基线稳定后，用微量进样器进样，进样量随仪器灵敏度而定。记录已酸乙酯及内标物的保留时间及峰面积。用其峰面积比计算已酸乙酯的相对校正因子。取三次结果平均值。

3. 样品的测定

吸取 10.0mL 酒样，加入 2%内标物 0.20mL，混合均匀后，在 f 值测定相同的条件下进样。根据保留时间确定已酸乙酯的位置，并测定已酸乙酯峰面积与内标物的峰面积。计算酒样中已酸乙酯的含量。

结果与讨论

计算公式为

$$f=\frac{A_1\rho_1}{A_2\rho_2}$$

$$X=\frac{0.4\rho_2 f A_3}{A_4}$$

式中：X 为酒样中已酸乙酯的含量，g · L^{-1}；f 为已酸乙酯的相对质量校正因子；A_1 为标样 f 值计算时内标物的峰面积；A_2 为标样 f 值计算时已酸乙酯的峰面积；A_3 为酒样中已酸乙酯的峰面积；A_4 为酒样中内标物的峰面积；ρ_1 为已酸乙酯的密度；ρ_2 为内标物的密度。

思考题

(1) 比较气相色谱法中归一化法、内标法、外标法定量的优缺点。
(2) 什么是程序升温？气相色谱分析中什么时候应使用程序升温？
(3) 简要讨论毛细管色谱法与填充柱色谱法的特点和应用范围。

参考文献

朱明华，胡坪. 2008. 仪器分析. 4 版. 北京：高等教育出版社
GB/T 10345—2007. 白酒分析方法

（邹建凯　张培敏）

实验 15　气相色谱法分离丁醇异构体及其含量测定

实验导读

异构体之间具有非常相近的物理化学性质，通常的分离手段难以将它们分离纯化，气相色谱可以通过选择色谱条件(不同极性的色谱柱及不同的柱温)而分离同分异构体，并通过氢火焰离子化检测器进行定量检测。

实验目的

(1)掌握气相色谱仪的基本构造及基本操作。

(2)掌握色谱柱分离化学物质的原理，以及影响分离度的因素。

(3)掌握分离度的计算方法。

(4)掌握气相色谱中保留值定性与内标法定量的分析方法。

实验原理

不同化合物之所以能够用色谱分离是因为它们在色谱柱中停留时间不同，停留时间取决于化合物与固定相的亲和能力。当样品通过进样口气化进入色谱柱，化合物分子溶解在固定相，随后在温度、气流作用下再次气化到流动相，这个过程不断反复，微弱的性质差别被不断放大，直至流出色谱柱。与固定相亲和力强的化合物，气化到流动相比较难，流出色谱柱的时间，即保留时间(retention time，t_R)也就比较长，根据相似相溶的原理，不同极性的色谱柱适合分离相应极性的化合物；保留时间还取决于蒸气压和气化焓，即与沸点密切相关；保留时间受环境温度、流动相速度的影响也很明显。

色谱柱的分离能力是决定色谱分析成败的关键，现代气相色谱广泛采用高效率的毛细管色谱柱。毛细管色谱柱种类众多，按固定相的不同可分为非极性柱、弱极性柱、中等极性柱、极性柱等。本实验采用的色谱柱 Rtx-1 是一种非极性柱，固定相是相对分子质量较高的聚二甲基硅氧烷，最高使用温度为 340℃。

在气液色谱中，有两种力同时影响组分的分离，即建立在拉乌尔定律基础上的蒸气压平衡力和组分分子与固定相分子间的作用力。组分最终从柱后流出的次序就是这两种力相互竞争的结果。柱温严重影响分配系数，进而影响组分的分离度。一般柱温降低，分配系数增大，分离改进。图 2.10 是典型的气相色谱图，*X* 轴是从样品进样到某个组分流出的时间，即该组分的保留时间。如果色谱峰分离不理想，如图 2.11 所示的第二、第三峰，虽然可以简单地在峰谷画一条垂直线将两峰分离，但是在第三峰起始处仍然有第二峰分子存在，无法准确标定峰面积与分子数之间的关系，因此有必要调整色谱条件，使各色谱峰得到良好分离(基线分离)。

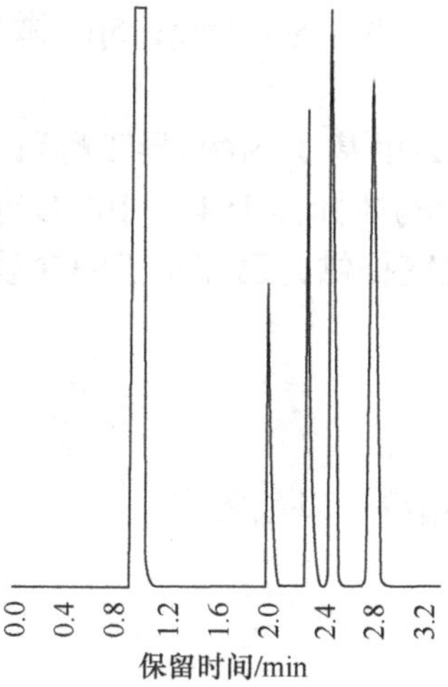

图 2.10　典型的气相色谱图

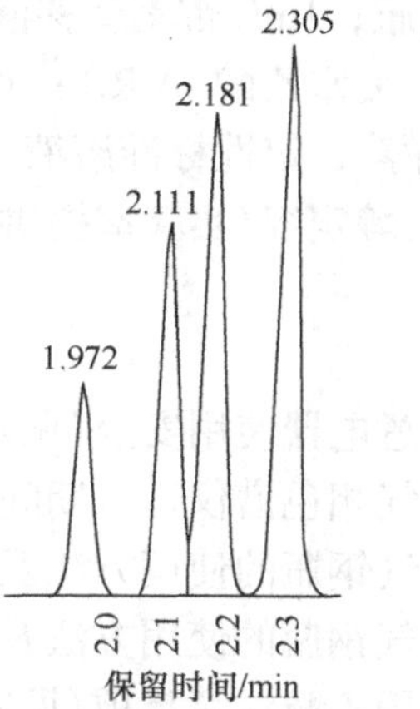

图 2.11　色谱峰分离不理想的气相色谱图

分离度

$$R = \frac{t_{R_2} - t_{R_1}}{\frac{1}{2}(W_{b_1} + W_{b_2})} \tag{2.1}$$

式中：t_R为保留时间；W_b为峰底宽，1 和 2 分别表示相邻两峰，计算时要注意单位。

定性分析：如果色谱条件保持不变，则每次进样某个组分的保留时间应该是相同的，对于多组分混合物，若色谱峰均能分开，则可以将各峰的保留值与各相应的标准样品在相同条件所测定的保留值进行对照，通过纯物质的标定可以确认混合样品色谱图中每个峰对应的物质。

定量分析：定量分析是建立在检测信号 A_i(峰面积)的大小与进入检测器的被测组分的量 m_i(浓度或质量等)成正比的基础上，即

$$m_i = f_i A_i \tag{2.2}$$

式中：校正因子 f_i 表示单位峰面积所代表的某种物质的量，它与物质的性质有关。

本实验气相色谱仪采用氢火焰离子化检测器(FID)，不同的化合物由于元素组成、化学结构的差异，在氢火焰中的离子化程度有明显差别，即相同质量的不同化合物体现的色谱峰面积(响应值)有明显差别，定量分析时必须进行校正。

本实验以正丁醇为标准物质，设其 f_s=1，按实验 13 中相对校正因子的公式计算其他组分对正丁醇的相对校正因子为

$$f_i' = \frac{f_i}{f_s} = \frac{m_i A_{标正丁醇}}{A_i m_{标正丁醇}} \tag{2.3}$$

对丁醇试样绘制色谱图，按下列公式计算样品中各异构体的质量：

$$m_i = f_i' \times \frac{m_{标正丁醇} \times A_i}{A_{标正丁醇}} \tag{2.4}$$

仪器与试剂

仪器　气相色谱仪(检测器配 FID)；载气：氮气；辅助气：氢气、空气；色谱柱：Rtx-1，长 30m，内径 0.25mm，固定液膜厚度 0.25μm；分析天平：感量为 0.1mg；5μL 微量注射器；10mL 容量瓶；1mL 带刻度移液管；胶头滴管；洗耳球。

试剂　无水乙醇(A.R.)；正丁醇；2-丁醇(仲丁醇)；2-甲基-1-丙醇(异丁醇)；2-甲基-2-丙醇(叔丁醇)；定性标准溶液：分别取 0.5mL 四种丁醇异构体标样于 4 个 10mL 容量瓶中，加入无水乙醇定容(实验室提供)；未知样品溶液：由实验室提供，已知正丁醇含量。

安全警示

(1) 注意电器使用安全(见实验 2)。
(2) 在气相色谱仪运行期间，严禁徒手触摸进样器螺帽等，以免烫伤。
(3) 氮气钢瓶的使用方法及注意事项(见实验 13)。
(4) 氢气钢瓶的使用方法及注意事项(见实验 13)。
(5) 使用乙醇注意事项(见实验 9)。
(6) 使用丁醇异构体注意事项：

◆具有刺激和麻醉作用。主要症状为眼、鼻、喉部刺激，在角膜浅层形成半透明的空泡，头痛、头晕和嗜睡，手部可发生接触性皮炎。使用时注意采取防护措施。

◆燃爆危险：本品易燃，其蒸气与空气可形成爆炸性混合物，遇明火、高热能引起燃烧爆炸。与氧化剂接触剧烈反应。在火场中，受热的容器有爆炸危险。

灭火方法：用水喷射逸出液体，使其稀释成不燃性混合物，并用雾状水保护消防人员。灭火剂：抗溶性泡沫灭火器、干粉灭火器、二氧化碳灭火器、雾状水、1211 灭火剂、沙土。

实验步骤

1. 分析条件的初步设定

按操作说明书使色谱仪正常运行，并设定一个初步的分析条件。例如

气体压力或流量：氢气(H_2，FID)=55kPa；空气(air，FID)=50kPa；氮气(N_2，carrier gas)=1.0mL · min^{-1}；分流比(split ratio)=100。

温度：柱温(column)=100℃；进样口(injector)=200℃；检测器(detector)=200℃。

2. 标准溶液的配制

定量混合标准溶液：分别取 0.5mL 四种丁醇异构体标样于同一个 10mL 容量瓶中，每个标样都需精确称量(精确到 0.1mg)，加入无水乙醇定容。

3. 最佳色谱条件(柱温)的确定

用微量注射器准确量取 1μL 定量混合标准溶液，进样检验该色谱条件的适用性，记录每个柱温(至少 3 个温度)的出峰情况，计算不同温度下第 2、3 组分之间的分离度。

4. 相对校正因子的测定

用微量注射器准确量取 1μL 定量混合标准溶液，在上述最佳色谱条件下进样，重复测定三次，记录保留时间和峰面积，如果发现两者有明显变化，应再重复多次。

5. 未知样品的测定

用微量注射器准确量取 1μL 未知样品溶液，在上述色谱条件下进样，重复测定三次，记录保留时间和峰面积，如果发现两者有明显变化，应再重复多次。

6. 定性标定

用微量注射器分别取 1μL 各异构体的定性标准溶液，在上述色谱条件下测定各异构体的保留时间。

7. 实验结束后关机

关闭氢气、空气，点击 System off 关机。仪器上的进样口/检测器温度降至 100℃以下可关闭主机电源并关闭载气、关闭计算机。

结果与讨论

(1)记录色谱操作条件和实验结果(表 2.12)。

表 2.12　气相色谱法测定丁醇异构体及其含量实验数据记录

仪器条件及分析条件的记录：

仪器型号				色谱柱型号		规格	
进样口温度				检测器温度		色谱柱温度	
N_2压力		N_2流速		H_2压力		尾吹气压力	

混标配制：

组分	正丁醇	异丁醇	仲丁醇	叔丁醇
质量/g				

最佳柱温确定：

柱温/℃	组分 2		组分 3		分离度
	保留时间 t_R/min	$W_{1/2}$/min	保留时间 t_R/min	$W_{1/2}$/min	

混合标准溶液测定结果：

化合物	第 1 次进样		第 2 次进样		第 3 次进样	
	t_R/min	峰面积	t_R/min	峰面积	t_R/min	峰面积
1						
2						
3						
4						

未知样品测定结果：

化合物	第 1 次进样		第 2 次进样		第 3 次进样	
	t_R/min	峰面积	t_R/min	峰面积	t_R/min	峰面积
1						
2						
3						
4						

定性分析结果：

组分	正丁醇	异丁醇	仲丁醇	叔丁醇
保留时间 t_R/min				

(2)记录不同柱温(至少 3 个温度)下组分 2 和 3 的保留时间和半峰宽，计算组分 2 和 3 的分离度，并确定最佳柱温，在最佳色谱条件下打印混合标准样品色谱图。

(3)确定色谱图中各色谱峰所对应的化合物。

(4)计算以正丁醇为内标物的各组分的相对校正因子，并求出平均值。

(5)在最佳色谱条件下打印样品色谱图，并计算样品中各异构体的含量，以三次测定的平均值(g/L)表示。

(6)查各丁醇异构体的沸点和气化焓，讨论它们与保留时间的关系。

思考题

(1)在 Rtx-1 色谱柱中，丁醇异构体的出峰顺序如何？与沸点、气化焓有什么关系？

(2)峰面积和相对校正因子在相对误差上有什么差别？为什么？

(3)内标法定量有哪些优点？方法的关键是什么？

(4)配制混合标准溶液时为什么要准确称量？测量校正因子时是否要严格控制进样量？

(5)分离不同极性的有机样品，应采用怎样的毛细管气相色谱柱？

参考文献

GB/T 5009.225—2016. 食品安全国家标准　酒中乙醇浓度的测定

Harris D C. 1995. Quantitative Chemical Analysis. 4th ed. New York: W. H. Freeman and Company

（陈关喜　张培敏）

实验 16　程序升温毛细管柱气相色谱法测定蒸馏酒中甲醇与多碳醇的含量

实验导读

程序升温是气相色谱分析中一项常用而且十分重要的技术。自然发酵、蒸馏而制得的白酒中除主成分乙醇和水之外还存在许多微量成分，它们是决定白酒口感、风味、品质的关键，气相色谱-FID 方法最适合蒸馏所得产品的分离、分析。要分离这些物质，需要用程序升温的方式，而外标法定量虽然干扰因素较多，但简便易行，适合快速分析。

实验目的

(1)了解程序升温在气相色谱分析中的重要作用。

(2)学会程序升温的操作方法。

(3)了解实验条件的选择对色谱分析的重要性。

实验原理

气相色谱分析时，当样品通过进样口气化进入色谱柱，化合物分子溶解在固定相，随后在温度、气流作用下再次气化到流动相，这个过程不断反复，微弱的性质差别被不断放大，直至流出色谱柱。

每一个待分析的组分都对应一个最佳柱温。但当样品比较复杂，沸程很宽时，若使用同一柱温进行分离，其分离效果很差。低沸点的组分由于柱温太高，很早流出色谱柱，色谱峰重叠在一起不易分开；高沸点的组分由于柱温太低，很晚流出色谱柱，甚至不流出色谱柱。因此，对于宽沸程多组分的混合物样品，必须采用程序升温代替等温操作。程序升温的方式可分为线性升温和非线性升温，通过实验选择适宜的升温方式，得到理想的分离效果。

化合物分子在氢火焰中离子化并被检测，根据峰面积与标样浓度比较，外标法定量。

仪器与试剂

仪器　气相色谱仪(检测器配 FID)；色谱柱：DB-WAX，30m×0.32mm×0.25μm；1μL 或 5μL 微量注射器。

试剂　乙醇(色谱纯)；甲醇、正丙醇、仲丁醇、异丁醇、正丁醇、异戊醇、乙酸乙酯(均为分析纯)。

安全警示

(1) 注意电器使用安全(见实验 2)。

(2) 在气相色谱仪运行期间，严禁徒手触摸进样器螺帽等，以免烫伤。

(3) 氮气钢瓶的使用方法及注意事项(见实验 13)。

(4) 氢气钢瓶的使用方法及注意事项(见实验 13)。

(5) 使用乙醇注意事项(见实验 9)。

(6) 使用多碳醇注意事项(同丁醇异构体，见实验 15)。

实验步骤

1. 配制储备液

分别称取甲醇、正丙醇、仲丁醇、异丁醇、正丁醇、异戊醇各 600mg 及乙酸乙酯 800mg，精确到 1mg，以少量水洗入 100mL 容量瓶中，并用水稀释至刻度，置于冰箱中冷藏保存。

2. 配制标准溶液

取 10mL 储备液于 100mL 容量瓶中，加入色谱纯乙醇 60mL，再用纯水定容，常温下保存不超过 7 天。

3. 制作定量工作液

分别取 1mL，2mL，5mL，10mL 标准溶液于 4 个 25mL 容量瓶中，用色谱纯乙醇稀释，用纯水定容，控制乙醇体积分数约为 60%，分别为 1、2、3、4 号工作液。

4. 选择最佳仪器条件

在参考的色谱条件下取标准溶液 1μL 进样，观察各物质之间的分离度，并对色谱条件进行优化。参考色谱条件如下。

气体压力或流量：氢气(H_2，FID)=55kPa；空气(air，FID)=50kPa；氮气(N_2，carrier gas)=1.0mL · min^{-1}；分流比(split ratio)=10。

温度：进样口(injector)=220℃；检测器(detector)=250℃；柱温(column)40℃，2min；15℃ · min^{-1}；220℃，10min。

5. 各组分定性

在最佳色谱条件下，分别取甲醇、正丙醇、仲丁醇、异丁醇、正丁醇、异戊醇、乙酸乙酯各1μL溶于1mL乙醇中，进样1μL确定各成分的保留时间。

6. 测定标准曲线

分别取4种工作液和标准溶液1μL进样，得到色谱图，记录各成分的峰面积，要求在重复条件下获得的两次独立测试结果相对误差不大于20%。记录甲醇、异丁醇、正丁醇的保留时间和峰面积，以峰面积对浓度作标准曲线。

7. 样品测试

分别取实验室提供的各种蒸馏酒样品，或学生自带的蒸馏酒样品1μL进样，得到色谱图，记录甲醇、正丙醇、仲丁醇、异丁醇、正丁醇、异戊醇、乙酸乙酯的保留时间和峰面积。

结果与讨论

(1)记录分离甲醇、正丙醇、仲丁醇、异丁醇、正丁醇、异戊醇、乙酸乙酯的最佳色谱条件，在最佳色谱条件下打印混合标准样品色谱图。

(2)确定色谱图中各色谱峰所对应的化合物。

(3)在最佳色谱条件下打印样品色谱图，并按照标准溶液、样品中甲醇、正丙醇、仲丁醇、异丁醇、正丁醇、异戊醇、乙酸乙酯的峰面积，计算蒸馏酒中上述各种成分的浓度，以三次测定的平均值(g/L)表示。

思考题

(1)在极性色谱柱中，甲醇、乙醇、正丙醇、仲丁醇、异丁醇、正丁醇、异戊醇、乙酸乙酯等极性物质的出峰顺序与什么物理性质关系比较密切？

(2)分析外标法定量的优缺点、误差来源。

参考文献

GB/T 5009.225—2016. 食品安全国家标准 酒中乙醇浓度的测定

（陈关喜 张培敏）

实验17 气相色谱法测定食品中的苯甲酸、山梨酸

实验导读

苯甲酸和山梨酸是食品特别是饮料中最常见的防腐剂，它们的含量与防腐效能和对人体的毒性关系密切，是食品卫生检验常测指标。过量的苯甲酸和山梨酸直接影响人体健康，因

此准确测定其含量是食品分析经常遇到的问题。已有多种分析方法，如气相色谱法、液相色谱法和离子色谱法，可以快速、方便地对它们进行检测，结果比较理想。

实验目的

(1) 掌握色谱分析样品处理的原理与方法。
(2) 学习并掌握色谱分析定量方法。

实验原理

外标法是在一定操作条件下，用已知浓度的纯物质配成不同含量的标准溶液，定量进样，以峰面积或峰高对标准溶液含量作标准曲线，待测样品在相同色谱条件下进样，由所得待测组分的峰面积或峰高从标准曲线上查出待测组分的含量。

外标法的优点是不加内标物，不必用相对校正因子，操作、计算方便。但要求操作条件稳定、进样重复性好。

本实验样品经过酸化后，用乙醚提取苯甲酸、山梨酸，用带有氢火焰离子化检测器的气相色谱仪进行分离测定，与标准系列溶液比较定量。

仪器与试剂

仪器　气相色谱仪(检测器配 FID)。

试剂　乙醚；石油醚(沸程 30～60℃)；盐酸(A.R.)；无水硫酸钠(A.R.)；盐酸(1+1)：取100mL 盐酸，加水稀释至 200mL；$40g \cdot L^{-1}$ 氯化钠酸性溶液：在 $40g \cdot L^{-1}$ 氯化钠溶液中加少量盐酸(1+1)酸化；苯甲酸标准溶液：准确称取 500mg 苯甲酸，加入丙酮溶解，定容至100mL，该溶液中苯甲酸浓度为 $500\mu g \cdot mL^{-1}$；山梨酸标准溶液：准确称取 500mg 山梨酸，加入丙酮溶解，定容至 100mL，该溶液中山梨酸浓度为 $500\mu g \cdot mL^{-1}$；苯甲酸、山梨酸混合标准溶液：分别准确吸取 1.00mL、2.00mL、3.00mL、4.00mL、5.00mL 苯甲酸、山梨酸标准溶液，用丙酮定容至 10mL，配成苯甲酸、山梨酸浓度分别为 $50\mu g \cdot mL^{-1}$、$100\mu g \cdot mL^{-1}$、$150\mu g \cdot mL^{-1}$、$200\mu g \cdot mL^{-1}$、$250\mu g \cdot mL^{-1}$ 的混合标准溶液。

安全警示

(1) 注意电器使用安全(见实验 2)。
(2) 在气相色谱仪运行期间，严禁徒手触摸进样器螺帽等，以免烫伤。
(3) 氮气钢瓶的使用方法及注意事项(见实验 13)。
(4) 氢气钢瓶的使用方法及注意事项(见实验 13)。
(5) 使用乙醚注意事项(见实验 8)。

实验步骤

1. 样品提取

称取 2.5g 样品，置于 25mL 带塞量筒中，加 0.5mL 盐酸(1+1)酸化，用 15mL、10mL 乙醚提取 2 次，每次振摇 1min，将上层乙醚提取液吸入另一个 25mL 带塞量筒中。合并乙醚提取液。用 3mL $40g \cdot L^{-1}$ 氯化钠酸性溶液洗涤 2 次，静置 15min，用滴管将乙醚层通过无水硫酸钠滤入 25mL 容量瓶中。加乙醚至刻度，混匀。准确吸取 5mL 乙醚提取液于 10mL 带刻度试管中，置 40℃水浴上挥发至干，加入 2mL 丙酮溶解残渣，备用。

2. 色谱参考条件

玻璃柱：内径 3mm，长 2m，内涂 5% DEGS+1% H_3PO_4固定液的 60～80 目 Chromosorb WAW；或毛细管柱：HP INNOWAX，30m× 0.25mm ×0.25μm（毛细管柱应分流进样，适当减少进样量）。气流速度：毛细管柱 $1mL \cdot min^{-1}$，填充柱 $50mL \cdot min^{-1}$。进样口温度 230℃，检测器温度 230℃，柱温 170℃。

3. 测定

进样 2μL 各浓度标准溶液，测定其峰面积，以浓度为横坐标，相应峰面积为纵坐标，绘制标准曲线。

进样 2μL 样品溶液。测定峰面积，与标准曲线比较定量。

结果与讨论

$$x = \frac{m_1 \times 1000}{m_2 \times \frac{5}{25} \times \frac{V_2}{V_1} \times 1000}$$

式中：x 为样品中苯甲酸的含量，$g \cdot kg^{-1}$；m_1 为测定用样品液中苯甲酸的质量，μg；V_1 为加入丙酮的体积，mL；V_2 为测定时进样的体积，mL；m_2 为样品的质量，g。

由测得苯甲酸的量乘以 1.18，即为样品中苯甲酸钠的含量。同样计算山梨酸及山梨酸钾的含量。

思考题

(1)测定食品中苯甲酸、山梨酸含量还可以用哪些仪器分析方法？试写出两种。

(2)用气相色谱测定食品中苯甲酸、山梨酸含量时，如果用非极性柱，样品制备有什么不同？

参考文献

GB 5009.28—2016. 食品安全国家标准 食品中苯甲酸、山梨酸和糖精钠的测定

（邹建凯 张培敏）

实验 18 高效液相色谱法分析饮料中的食品添加剂

实验导读

近年来，高效液相色谱法（HPLC）已经成为分析食品添加剂的常用方法。食品中常含有防腐剂、甜味剂、抗氧化剂、色素等食品添加剂。由于这些食品添加剂对健康会产生不同程度的影响，如甜味剂天冬甜素经人体新陈代谢后会产生对糖尿病患者有害的苯丙氨酸。因此，各国均制定相关食品安全标准，限制食品中添加剂的加入量。可见，对食品添加剂的分析是食品生产企业质量控制及进出口商检的重要任务。饮料中常见的添加剂主要有苯甲酸、咖啡因、甜味剂天冬甜素或糖精等。Smyly 已在 1976 年开始采用 HPLC 技术对饮料中

的糖精、苯甲酸钠及咖啡因进行分离和分析，可在 35min 内完成。Delaney 等进一步发展了该技术，采用反相液相色谱，以乙腈为流动相，一次分析能测定包括天冬甜素在内的 4 种食品添加剂。

本实验以乙酸-甲醇混合溶液为流动相，对糖精、咖啡因、苯甲酸、天冬甜素 4 种添加剂进行高效液相色谱分析，并对实际饮料试样进行食品添加剂的定性和定量分析。

实验目的

(1) 了解高效液相色谱技术在食品常用添加剂分析中的应用。

(2) 掌握高效液相色谱仪的基本构造。

(3) 理解反相液相色谱的工作原理，了解流动相 pH 对组分保留时间的影响。

(4) 掌握利用高效液相色谱法对组分进行定性和定量分析的方法。

实验原理

4 种常用食品添加剂糖精、咖啡因、苯甲酸、天冬甜素均带有离子化的基团（—NH_2 或 —COOH），它们的质子化程度或解离程度随流动相的 pH 变化而改变。因此，在反相色谱中，它们的保留时间也随流动相的 pH 变化而改变。不同物质因疏水性及电离情况不同，只要选择合适的 pH，在反相柱上一定有不同的保留时间，从而产生色谱分离。因此，本实验中流动相 pH 的选择是关键点之一。另外，这 4 种化合物均带有芳香环，因此采用紫外检测，可用 254nm 通用波长。图 2.12 是这 4 种物质的化学结构式。

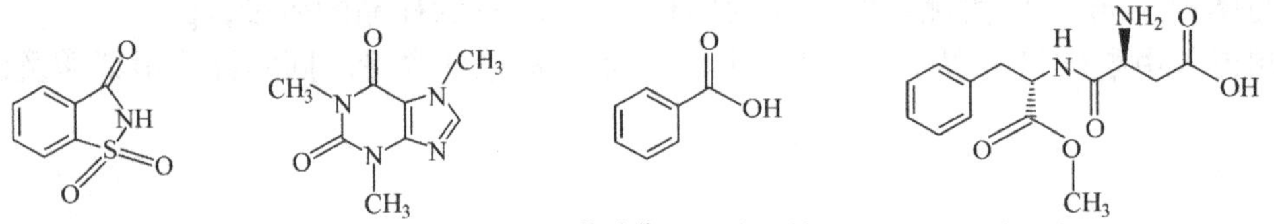

糖精 (saccharin)　　咖啡因 (caffeine)　　苯甲酸 (benzoic acid)　　天冬甜素 (aspartame)

图 2.12　4 种常用食品添加剂的化学结构式

仪器与试剂

仪器　高效液相色谱系统（包括高压输液泵、进样阀、紫外检测器、色谱工作站），μ Bondapak C_{18} 高效液相色谱柱（3.9mm×150mm），在色谱柱与进样阀间装一过滤膜（防止不溶物堵塞流路及色谱柱入口处的微孔垫片）；pH 计。

试剂　用乙酸-甲醇混合液溶解 40mg 糖精、苯甲酸，20mg 咖啡因，200mg 天冬甜素并定容至 100mL 制得混合标准溶液；乙酸-甲醇混合溶剂（体积比为 80∶20，均为色谱纯试剂配制）；50%（质量分数）NaOH；乙酸；二次重蒸水；可乐饮料。

安全警示

(1) 注意电器使用安全（见实验 2）。

(2) 使用甲醇注意事项：

◆对中枢神经系统有麻醉作用；对视神经和视网膜有特殊选择作用，引起病变；可致代谢性酸中毒。

◆高度易燃，其蒸气与空气混合能形成爆炸性混合物。

实验步骤

1. 流动相最佳 pH 选择

(1)将 5.26mL 乙酸用蒸馏水稀释至 100mL，配成 5 个相同的乙酸溶液，分别在这 5 个乙酸溶液中逐滴加入 50%NaOH 调节 pH，使配制溶液的 pH 依次为 3.0，3.5，4.0，4.2，4.5。滴加过程中的 pH 变化用 pH 计监测(NaOH 加入量为 1～2mL)。

(2)分别取 60mL 上述 pH 不同的乙酸溶液与 40mL 甲醇溶液混合，配制成约 100mL pH 不同的乙酸-甲醇(60∶40，体积比)混合液。流动相随用随配(若储存，可能生成乙酸甲酯，影响各组分的保留时间)。

(3)开启高效液相色谱仪，调节流动相流速为 1.5mL · min^{-1}，检测器波长设定在 254nm。分别以上述混合液为流动相进行高效液相色谱分析(注意每次更换流动相时要达到充分平衡)，混合标准溶液的进样量为 10μL，记录 5 次实验的色谱图，给定 pH 下，按上述同样色谱条件注入 10μL 单一标准样获取谱图，与混合标准溶液的色谱图对照，确定各组分的保留时间。

(4)将 4 种添加剂成分的色谱保留时间对流动相 pH 作图，确定流动相的最佳 pH。

2. 添加剂的定量分析

(1)在同样色谱条件下，依次注入 2μL，5μL，8μL，10μL，15μL，20μL 混合标准溶液，得到相应色谱图。重复测定三次，以各组分平均峰高或峰面积对质量或注射体积作各组分的标准曲线。组分质量或注射体积应与峰高或峰面积呈线性关系。

(2)饮料试样分析前应先放在超声波中脱气 10min 或敞口放气过夜。用 0.45μm 微孔滤膜过滤。按上述同样色谱条件进样 15μL。记录色谱图，并根据保留时间、峰面积或峰高对饮料试样中食品添加剂进行定性和定量计算。

(3)实验结束后，用 10mL 水-甲醇混合液(80∶20，体积比)的清洗色谱柱以保证柱效。注意柱子不能保存在酸性流动相中。

3. 附加实验

(1)不依靠保留时间鉴定各峰，而是以尿嘧啶的保留时间作为死时间，加入标准溶液和样品中，求 k 值，利用 k 值鉴定各峰。选用几种流速进行分析，从中选取最佳流速。

(2)检测咖啡、茶、果汁等饮料中的添加剂。

结果与讨论

1. 流动相 pH 对食品添加剂色谱分离的影响

(1)在反相液相色谱分离中，pH 影响可电离物质的电离度及组分的保留时间(表 2.13)。依据 pH 变化进行添加剂分离的技术主要着眼于保留时间与分离度的最优化。同时，还应考虑总分离时间及各组分在不同 pH 下的稳定性。本实验中，天冬甜素是酸式水解，故在高 pH 时较稳定。

表 2.13　不同 pH 下各组分的保留时间

pH	保留时间/min			
	糖精	咖啡因	苯甲酸	天冬甜素
3.0				
3.5				
4.0				
4.2				
4.5				

(2) 填写定量分析记录(表 2.14)。

表 2.14　定量分析记录

组分的量	峰面积			
	糖精	咖啡因	苯甲酸	天冬甜素
饮料试样				

2. 饮料试样中食品添加剂的定性与定量分析

选择合适的标准溶液浓度，使饮料中添加剂的峰高在校准范围内，得到的校准图有较好的线性关系。若样品浓度较高，需先稀释样品后分析。定量计算饮料中的添加剂含量时要注意样品的稀释倍数。

注意：在部分饮料的色谱图中可能会观察到与糖精的保留时间相对应的峰，此时不能直接断定该饮料中含有糖精。与糖精保留时间相对应的峰可能是某种未知化合物。有两种方法可对糖精进行鉴定。一种方法是比较相同条件下含糖精的标样与试样的谱图。pH 对糖精的保留时间影响不大，改变流动相中甲醇浓度观察糖精的峰形和保留时间是否改变。另一种方法是用光电二极管阵列检测器(DAD)比较样品峰与糖精的紫外-可见光谱，或洗脱后组分经质谱分析可知是否含有未知物而不含糖精。

饮料中含有的天然物质可能会干扰人工添加剂的色谱测定。可以通过改变高效液相色谱中流动相的组成提高分离效果。

思考题

(1) 确定流动相最佳 pH 时，应考虑哪些因素？

(2) 分离上述 4 种添加剂时，为什么不用偏碱性的流动相？

(3) 用色谱保留时间进行实验样品中被测组分的定性分析有什么缺点？比较可靠的定性分析方法有哪些？

参考文献

陈青川，于文莲，王静. 2001. 高效液相色谱法同时测定多种食品添加剂. 色谱，19(2)：105-108
武汉大学. 2007. 分析化学(下册). 5版. 北京：高等教育出版社

(邬建敏 张培敏)

实验19 高效液相色谱法分离鉴定对羟基苯甲酸酯同系物

实验导读

对羟基苯甲酸酯为常用防腐剂之一，其抑菌范围广、作用强、用量少、毒性低、易配伍。近年来，对羟基苯甲酸酯类防腐剂广泛应用于各种食品中，但是大量或不当使用防腐剂会对人体造成一定损害，如有雌激素样作用，影响人的内分泌功能等。因此，中国、加拿大、日本和欧盟等许多国家和地区及国际组织对食品中对羟基苯甲酸酯类防腐剂的使用制定了添加限量，为保障人们的身体健康，有必要对其进行监控。

实验目的

(1)学习高效液相色谱仪的基本使用方法。

(2)理解和掌握色谱定量校正因子的意义和测定方法。

(3)学会用外标法(标准曲线法)和校正归一化法进行色谱定量分析。

基本原理

对羟基苯甲酸酯同系物具有相似的结构，它们的沸点相对较高，采用非极性的十八烷基键合相(ODS)为固定相和极性的甲醇-水溶液为流动相的反相色谱分离模式能很好地分离它们；同时由于该类化合物在紫外区有明显的吸收，可以利用紫外检测器进行检测。在相同的实验条件下，可以将测得的未知物的保留时间与已知纯物质作比对而进行定性分析。

某组分在色谱检测器上产生信号 E(mV)的大小与进入检测器的该组分的质量(或浓度)呈正相关。在一定的操作条件和浓度范围内，进样量与响应信号(峰面积 A)成正比，是色谱定量分析的基础。色谱定量分析方法有归一化法和标准曲线法等。

归一化法是由于各组分在检测波长下的摩尔吸光系数不尽相同，同样浓度组分的峰面积可能不相等，在以峰面积或峰高为依据进行归一化定量分析时，需经校正因子校正后方可得到准确结果。测定校正因子的方法有很多种，本实验以对羟基苯甲酸甲酯为基准物，即$f_{对羟基苯甲酸甲酯}$=1，其余被分析物的相对校正因子的计算见实验13。

采用校正归一化法进行色谱定量分析。

$$P_i = \frac{f_i A_i}{\sum f_i A_i} \times 100\%$$

外标法(标准曲线法)是在相同实验条件下对同一组分不同浓度进行检测，以峰面积对 c 作图得到标准曲线。在与测量标准曲线相同的分析条件下，测出待测试液的峰面积 A_x，可在标准曲线上查得待测试液的浓度 c_x。外标法不需要考虑校正因子。

色谱分析是一种先分离后检测、边分离边检测的分析方法，分离效能的好坏将直接影响检测的可靠性和准确性，因而需要掌握评价色谱柱分离效能好坏的方法。柱效能参数以理论

塔板数 N、理论塔板高度 H 及分离度 R 表示，计算公式见实验 13。

通常认为，理论塔板数越大或理论塔板高度越小，柱效能越高。分离度 R 越大，分离效果越好，但 R 值过大将大大增加分析时间。根据计算，当 R=1 时，等面积峰的分离可达 90%左右，R=1.5 时两峰分离达 99.7%，可视为完全分离。因此，色谱界将 $R \geqslant 1.5$ 作为分离完全的标准。

仪器与试剂

仪器　高效液相色谱仪(配紫外检测器，检测波长 254nm)，以色谱工作站联机控制仪器、处理实验数据；超声波清洗机(流动相脱气用)；25μL 平头微量注射器。

试剂　对羟基苯甲酸甲酯、对羟基苯甲酸丙酯和对羟基苯甲酸丁酯(均为分析纯)；甲醇(色谱纯)；二次重蒸水；含对羟基苯甲酸甲酯、对羟基苯甲酸丙酯和对羟基苯甲酸丁酯单组分及三组分混合样品各一份(标样：对羟基苯甲酸甲酯、对羟基苯甲酸丙酯、对羟基苯甲酸丁酯，200mg/L，精确浓度见实验室告示)；未知试样。

安全警示

(1)注意电器使用安全(见实验 2)。

(2)使用甲醇注意事项(见实验 18)。

实验步骤

1. 实验条件选择及定性分析

(1)按仪器要求打开计算机和液相色谱仪主机，调整流动相的流量、检测波长等参数，用流动相冲洗色谱柱，直至工作站色谱基线及压力线平直。

(2)选定最佳流动相配比。

在不同配比流动相(如甲醇：水分别为 80：20、70：30 及 65：35 的三种流动相)中分别取未知试样 25μL 进样分析，记录各色谱峰的保留时间和各组分间的分离度。每次更换流动相都需等待 5min 左右以平衡色谱系统。以分离度大于 1.5 且保留时间最短为原则选定最佳流动相配比。

(3)选定最佳流动相流速(选做)。

在最佳流动相配比条件下，调节流动相流速分别为 $0.8\text{mL}\cdot\text{min}^{-1}$、$1.0\text{mL}\cdot\text{min}^{-1}$ 和 $1.2\text{mL}\cdot\text{min}^{-1}$，取未知试样 25μL 进样分析，记录各色谱峰的保留时间和各组分间的分离度。根据同样原则选定最佳流动相流速。

(4)定性分析(选做)。

在最佳实验条件下，用 25μL 微量注射器分别取对羟基苯甲酸甲酯、对羟基苯甲酸丙酯和对羟基苯甲酸丁酯各 10μL 进样，记录各色谱峰保留时间，与步骤(3)所得结果比较。

2. 标准曲线制备及样品测定

(1)取 35mL 甲醇、15mL 纯水混合，配制成 50mL 甲醇水溶液。

(2)标准系列溶液配制：分别取 0.20mL、0.40mL、0.50mL、0.60mL、0.80mL、1.0mL 混合标样于 5.0mL 比色管中，用 70：30 甲醇水溶液定容。

(3)在最佳实验条件下，分别取 25μL 标准系列溶液进样，以峰面积对浓度作标准曲线。要求该曲线的相关系数大于 0.99，如果未达到上述要求则可对明显偏离的实验点进行重测。

(4)取 25μL 未知试样进样分析(重复测定三次)，外标法定量。

(5)用甲醇冲洗色谱柱 5min 以上。

3. 关机

待所有学生的实验都完成后，按开机的逆次序关机。

结果与讨论

(1)确定最佳实验条件：根据实验数据，确定最佳流动相的配比和流速。

(a)流动相配比对分离度的影响(表 2.15)。

表 2.15 不同流动相下各组分的保留时间

CH_3OH : H_2O		第一峰	第二峰	第三峰
80 : 20	保留时间/min			
	分离度			
70 : 30	保留时间/min			
	分离度			
65 : 35	保留时间/min			
	分离度			
定性分析结果				

(b)流动相流速对分离度的影响(表 2.16)。

表 2.16 不同流速下各组分的保留时间

$v/(mL \cdot min^{-1})$		第一峰	第二峰	第三峰
0.8	保留时间/min			
	分离度			
1.0	保留时间/min			
	分离度			
1.2	保留时间/min			
	分离度			
定性分析结果				

(2)根据定量分析记录(表 2.17)，由外标法计算各组分的线性方程、相关系数及含量。

表 2.17　定量分析记录

组分名	峰面积		
标样浓度	对羟基苯甲酸甲酯	对羟基苯甲酸丙酯	对羟基苯甲酸丁酯
①			
②			
③			
④			
⑤			
⑥			
试样各组分峰面积	①	①	①
	②	②	②
	③	③	③

(3) 根据实验步骤 2(2) 中一个实验点的结果，填入实验结果记录表(表 2.18)，以对羟基苯甲酸甲酯为基准物，求出其他两组分的相对校正因子，然后用校正归一化法进行定量分析，用归一化法计算未知液中各组分的含量。

表 2.18　实验结果记录

组分	对羟基苯甲酸甲酯	对羟基苯甲酸丙酯	对羟基苯甲酸丁酯
标样峰面积			
校正因子	$f_1 = 1.0$		
试样峰面积			
含量			

思考题

(1) 根据对羟基苯甲酸甲酯、对羟基苯甲酸丙酯和对羟基苯甲酸丁酯的分子结构，能否预测这三种化合物在反相色谱中的出峰先后顺序？依据是什么？若苯甲酸要在 C_{18} 柱上保留，流动相应为酸性还是碱性？

(2) 紫外检测器是否适用于检测所有的有机化合物？为什么？

(3) 若实验获得的色谱峰面积太小，应如何改善实验条件？

(4) 为什么液相色谱多在室温下进行分离，而气相色谱要在较高柱温下操作？试比较高效液相色谱法与气相色谱法在进样和检测方面的主要差别。

(5) 标准曲线法和校正归一化法各有什么优缺点？

参考文献

曹淑瑞，刘治勇，张雷，等. 2012. 高效液相色谱法同时测定食品中 6 种对羟基苯甲酸酯. 分析化学，40(4)：529-533

GB 2760—2014. 食品安全国家标准　食品添加剂使用卫生标准

（张培敏）

实验20 常见阴离子的离子色谱分析

实验导读

离子色谱(ion chromatography,IC)是20世纪70年代中期发展起来的分析无机和有机阴、阳离子态化合物的色谱技术，其原理与常规高效液相色谱相似，但由于其独特的应用范围，逐步发展成为一个独立的分支。目前，离子色谱位于高效液相色谱和气相色谱之后，但从各类色谱发展趋势而言，离子色谱是发展最快的。它已经广泛应用于环境、卫生防疫、电场和核电场、半导体、食品和化学工业领域，除分析常规的阴、阳离子外，还应用于药物、糖类、氨基酸及农药等生物、医药分析；越来越多的标准分析方法采用了离子色谱。

离子色谱可以解决传统的高效液相色谱无法解决的大量分析难题(如无紫外吸收的化合物测定)，特别是阴离子的分析，离子色谱是目前最佳的测定方法。离子色谱一般采用低浓度的盐水溶液作为淋洗液，使成本大大降低且不易造成环境污染；采用抑制器后可以大大降低背景电导，可以检测 $ng \cdot L^{-1}$ 级水平的阴、阳离子，这是其他离子分析技术无法相比的。离子色谱已经有抑制型(又称双柱型)和非抑制型(又称单柱型)两种，分离方法可以用离子交换色谱、离子排斥色谱及流动相离子色谱等多种，检测方法又可以分为电导、安培、脉冲安培及光度法等，这使离子色谱具有多种选择和更广泛的应用范围。

实验目的

(1)学习离子色谱仪的基本使用方法及与计算机联机处理分析数据的过程。

(2)了解离子色谱的特点，并比较其与高效液相色谱的不同。

(3)了解并学会几种色谱定量方法，比较各自优缺点。

实验原理

采用低交换容量阴离子交换柱，其固定相为季铵盐功能基的聚合物填料，以碳酸盐(碳酸钠/碳酸氢钠)为淋洗液，对常规阴离子(氟离子、氯离子、亚硝酸根、溴离子、硝酸根、磷酸根及硫酸根)进行洗脱，根据不同被测阴离子保留时间不同，采用保留时间对被测离子进行定性分析，而通过对被测离子与标准物质峰高或峰面积对照实现定量分析。

检测采用抑制电导方式。淋洗液具有很高的背景电导，分离柱后接上抑制器，将全部淋洗液和被测阴离子的阳离子转化为氢离子，从而使淋洗液转化为碳酸，而被测阴离子转化为对应的酸。碳酸是一种弱酸，具有很弱的电离，从而使背景电导大大降低，对应酸则转化为强酸，完全电离。氢的极限摩尔电导率比一般阳离子大得多，使被测离子电导值大大提高，从而使被测离子的灵敏度大大提高。这就是典型的抑制型(双柱型)离子色谱。

这种阴离子测定的方法可以直接测定废水、河水、饮用水、酸雨等物质中的阴离子，但对含盐量较高的水溶液如海水应处理后再测定。该分析方法已经被美国国家环境保护署及我国环境监测标准和水质监测标准列为标准分析方法。

抑制型阴离子色谱仪的结构简图如图2.13所示。

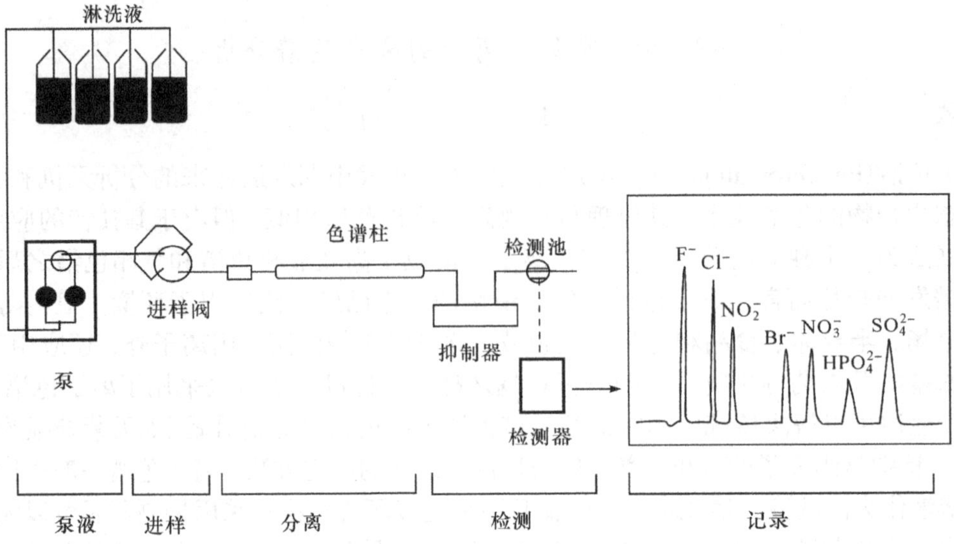

图 2.13　抑制型阴离子色谱仪的结构简图

仪器与试剂

仪器　离子色谱仪(配电导检测器)，Dionex IonPac AS14 阴离子色谱柱，Dionex AMMS-Ⅲ自再生抑制器(进样量为 25μL)，色谱工作站；超声波清洗机(流动相脱气用)。

试剂　无水碳酸钠、碳酸氢钠、氟化钠、氯化钠、亚硝酸钠、溴化钠、硝酸钠、磷酸二氢钠、硫酸钠(均为分析纯)；二次去离子水；淋洗液为 4.8mmol · L^{-1} 碳酸钠和 0.6mmol · L^{-1} 碳酸氢钠；1000mg · L^{-1} F^-、Cl^-、NO_2^-、Br^-、NO_3^-、PO_4^{3-}和 SO_4^{2-}储备液，测定时稀释；混合标准溶液含有 2mg · L^{-1} F^-、3mg · L^{-1} Cl^-、5mg · L^{-1} NO_2^-、5mg · L^{-1} Br^-、5mg · L^{-1} NO_3^-、10mg · L^{-1} PO_4^{3-} 和 10mg · L^{-1} SO_4^{2-} 的水溶液，测定时配制。

安全警示

注意电器使用安全(见实验 2)。

实验步骤

(1) 打开计算机和离子色谱仪主机，启动工作站，按操作说明书设定分析条件，调整流动相的流量，打开抑制器电流，等待仪器稳定：背景电导小于 20μS，工作站上色谱流出曲线的基线平直。

(2) 用微量注射器取大于定量管体积的各阴离子(7 种)的标准溶液分别进样，注射器应事先用蒸馏水洗三次后，再用标准溶液洗三次，并注意不要吸入气泡(如吸入气泡，可以将注射针头朝上，小心排出气泡)，待峰全部出完后，计算标准溶液中各阴离子的保留时间、峰高及峰面积，并将文件储存在计算机中。

(3) 取混合阴离子标准溶液，按实验步骤(2)直接进样，从实验步骤(2)各阴离子的保留时间可确认混合标准溶液中的峰所对应的阴离子。

(4) 取未知试样进样，由色谱峰的保留时间定性，峰高和峰面积与标准溶液对照定量。

(5)所有学生的实验都完成后，按开机的逆次序关机。

(6)建议学生自带不同水样，最好有真假纯净水，以便识别。

结果与讨论

(1)数据记录及处理。

(a)混合阴离子标准溶液(表 2.19)。

检测器：________；抑制电流：________A

表 2.19 混合标准溶液中各组分的分析结果

组分名称	保留时间/min	峰面积/(min · μS)	峰高/μS	浓度/(mg · L^{-1})

(b)样品号________(表 2.20)。

表 2.20 样品溶液中各组分的分析结果

组分名称	保留时间/min	峰面积/(min · μS)	峰高/μS	浓度/(mg · L^{-1})

(2)比较峰高和峰面积计算结果，并说明用哪种计算结果更准确。

思考题

(1)简述抑制器的作用及其对离子色谱检测结果的影响。

(2)能否用归一化法计算离子色谱的分析结果？为什么？

(3)能否用离子色谱法测定碳酸根和硼酸根等弱酸的含量？为什么？

(4)抑制电流的大小对离子色谱测定结果是否有影响？为什么？

参考文献

牟世芬，刘克纳．2000．离子色谱方法及应用．北京：化学工业出版社
朱岩．2002．离子色谱原理及其应用．杭州：浙江大学出版社

(张培敏)

实验 21　离子色谱法测定酸雨中的常见阳离子

实验导读

在 101.325kPa、25℃时，大气中 CO_2 在水滴中所产生的最低 pH 为 5.6，所以雨水的 pH 为 6～7，反映了天然本底状况。通常，酸雨是指 pH<5.6 的酸性降雨，此时对自然生态将产生不利影响。酸雨问题在世界各国已引起广泛重视，围绕酸雨问题的很多争论是由分析数据（酸度和组成）的可靠性问题引起的。

酸雨中的常见阳离子有 K^+、NH_4^+、Na^+、Mg^{2+}、Ca^{2+}五种，对于它们的监测，国家环境保护总局编写的《空气和废气监测分析方法》中规定，对 NH_4^+分析采用分光光度法，其他金属离子采用原子吸收法，以上方法都是对单个离子进行测定。而离子色谱法以保留时间定性、峰面积定量，可以在 10min 内完成五种阳离子的测定，大大提高了分析速度，节省了人力，且方法的检出限、准确度、精密度均能达到环境监测的要求。本实验的分析方法也适用于饮料、注射液等样品中一些常见阳离子的分析。

实验目的

(1) 进一步学习离子色谱仪的操作。

(2) 了解离子色谱法分离钠、钾、钙、镁离子的原理。

(3) 掌握利用外标法进行色谱定量分析的原理和步骤。

实验原理

环境和食品等样品中通常含有 Na^+、K^+、NH_4^+等一价阳离子和 Ca^{2+}、Mg^{2+}等二价阳离子。这些离子可用阳离子交换柱分离。洗脱液是能够提供 H^+作淋洗离子的物质（一般为无机酸的稀溶液、有机酸溶液）。当样品随着流动相通过柱子时，样品离子（X^+）、流动相离子（H^+）与阳离子交换树脂之间发生如下交换反应：

$$X^+ + H^+R^- \longrightarrow H^+ + X^+R^-$$

随着流动相不断流过柱子，样品离子又被流动相从树脂上交换下来：

$$H^+ + X^+R^- \longrightarrow X^+ + H^+R^-$$

与阳离子交换基团作用力小的阳离子在色谱柱中的保留时间短，先流出色谱柱，于是不同性质的阳离子得到分离。不同离子的保留时间不同，在色谱图上表现为不同的出峰位置。

分离柱的类型将影响阳离子的分离。采用乳胶型的离子交换功能是磺酸基的阳离子分离柱，二价碱土金属离子对磺酸型阳离子交换树脂的亲和力大于一价碱金属离子，因此在磺酸型阳离子交换树脂上如果不采用梯度淋洗，很难一次进样同时分离碱金属和碱土金属。本实验中的 CS12A 型分离柱是接枝型阳离子交换树脂，离子交换功能基主要是弱酸性的羧基（—COOH），只用简单的 H^+即可有效淋洗一价和二价阳离子。

本实验采用峰面积和峰高标准曲线法（单点）定量。

仪器与试剂

仪器　离子色谱仪（配电导检测器），Dionex IonPac CS12A 分离柱，CSRS-ULTRA 自动再生抑制器，进样量为25μL，流速为1.0mL·min^{-1}，以色谱工作站联机控制仪器和处理实验数据，最后打印输出实验结果；超声波清洗机(流动相脱气用)。

试剂 硝酸钠、硝酸铵、硝酸钾、硝酸镁、硝酸钙(均为分析纯)；二次去离子水；淋洗液为20mmol·L^{-1}甲烷磺酸；1000mg·L^{-1} K^+、NH_4^+、Na^+、Mg^{2+}、Ca^{2+}储备液，测定时稀释；单个标准溶液：10mg·L^{-1} Na^+、NH_4^+、K^+、Mg^{2+}、Ca^{2+}标准溶液；混合标准溶液：含5mg·L^{-1} K^+、NH_4^+、Na^+，15mg·L^{-1} Mg^{2+}、Ca^{2+}的单个标准溶液和混合标准溶液，测定时配制(在使用单点校正法时，应注意混合标准溶液中各离子的浓度尽量与样品浓度接近，标样浓度不能与样品浓度相差一个数量级)。

安全警示

注意电器使用安全(见实验2)。

实验步骤

(1)打开计算机和离子色谱仪主机，启动工作站，按操作规程设定分析条件，调整流动相的流量，打开抑制器电流，等待仪器稳定，进样。

(2)标样分析：分别注入五种阳离子的标准溶液，分别记录色谱图，确定各种阳离子的保留时间。

(3)取混合阳离子标准溶液直接进样，从实验步骤(2)的各种阳离子的保留时间可确认混合标准溶液中的峰所对应的阳离子，并记录对应的峰高和峰面积。

(4)样品前处理：测定样品前应选用中性滤纸过滤，再将滤液用0.45μm有机滤膜过滤，取滤出液进样，由色谱峰的保留时间定性，峰高和峰面积与标准溶液对照定量。

(5)所有学生的实验都完成后，按开机的逆次序关机。

结果与讨论

(1)数据记录及处理。

(a)混合阳离子标准溶液(表2.21)。

检测器：________；抑制电流：________A

表2.21 混合标准溶液中各组分的分析结果

组分名称	保留时间/min	峰面积/(min·μS)	峰高/μS	浓度/(mg·L^{-1})

(b)样品号________(表2.22)。

表 2.22 样品溶液中各组分的分析结果

组分名称	保留时间/min	峰面积/(min · μS)	峰高/μS	浓度/(mg · L^{-1})

(2)比较峰高和峰面积计算结果，并说明用哪种计算结果更准确。

思考题

(1)根据钙、镁离子的浓度判断当地水样的硬度。

(2)单点外标法与多点外标法相比，其优缺点如何?

(3)离子色谱分析阳离子有什么优点?

参考文献

牟世芬，刘克纳．2000. 离子色谱方法及应用. 北京：化学工业出版社

朱岩．2002. 离子色谱原理及其应用. 杭州：浙江大学出版社

(张培敏)

实验 22 电位滴定法测定混合碱

实验导读

电位分析法分为直接电位法和电位滴定法。电位滴定法是利用电极电势的变化确定终点的滴定分析方法，测定的是物质的总量。电位滴定法与指示剂滴定法相比，基本过程一致，从消耗的滴定剂的体积及其浓度计算待测物质的含量，其主要区别在于确定终点的方法不同。电位滴定法是以滴定过程中电极电势的突跃代替指示剂颜色的变化。电位滴定法终点的确定并不需要知道终点电势的绝对值，仅需在滴定过程中观察指示电极电势的变化，在化学计量点附近，由于被滴定物质的浓度发生突变，根据指示电极电势产生突跃确定滴定终点的体积(V_{sp})。电位滴定法具有以下优点：①能用于难以用指示剂判断终点的滴定，如终点变色不明显、有色溶液的滴定；②能用于非水溶液的滴定；③能用于连续滴定和自动滴定，并适合微量分析。值得注意的是，滴定时应根据不同的反应选择合适的指示电极，常用的指示电极有：玻璃电极，适合酸碱反应；铂电极，适合氧化还原反应；银电极，可用于测定卤素与硝酸银的沉淀反应；pM 电极(铜离子选择性电极，测定时在试液中加入 Cu-EDTA 配合物)，可指示以 EDTA 为滴定剂的滴定过程中被测金属离子的浓度。

实验目的

(1)掌握电位滴定法的原理及数据处理方法。

(2)学会使用 pH 计。

实验原理

在滴定分析中，混合碱($NaOH$、Na_2CO_3或$NaHCO_3$、Na_2CO_3)的分析一般采用双指示剂法。Na_2CO_3滴定至$NaHCO_3$这一步采用酚酞为指示剂，终点不明显，使结果产生较大的误差。电位滴定法是通过测量滴定过程中 pH 的变化确定滴定终点，适用于突跃范围较窄的滴定过程，结果准确可靠。当用 HCl 标准溶液滴定混合碱($NaOH$、Na_2CO_3或$NaHCO_3$、Na_2CO_3)时，用玻璃电极测量滴定过程中溶液的 pH 变化，绘制电位滴定曲线，确定滴定终点，也可用一级或二级微商曲线确定终点体积。以 HCl 标准溶液滴定某一元碱溶液为例，实验数据及其处理见表 2.23。

表 2.23 用 $0.1105mol \cdot L^{-1}$ HCl 滴定 25.00mL 某一元碱

V_{HCl}/mL	ΔV	pH	ΔpH	ΔpH/ΔV	Δ^2pH/ΔV^2
0.00		10.52			
2.00	2.00	10.02	−0.50	−0.25	
4.00	2.00	9.50	−0.52	−0.26	
6.00	2.00	8.94	−0.56	−0.28	
8.00	2.00	8.31	−0.63	−0.315	
10.00	2.00	7.63	−0.68	−0.34	
12.00	2.00	6.91	−0.72	−0.36	
14.00	2.00	6.15	−0.76	−0.38	
15.00	1.00	5.74	−0.41	−0.41	
15.10	0.10	5.68	−0.06	−0.60	
15.20	0.10	5.61	−0.07	−0.70	
15.30	0.10	5.51	−0.10	−1.0	
15.40	0.10	5.38	−0.13	−1.3	
15.50	0.10	5.22	−0.16	−1.6	
15.60	0.10	5.02	−0.20	−2.0	−4.0
15.70	0.10	4.78	−0.24	−2.4	−10.0
15.80	0.10	4.44	−0.34	−3.4	6.0
15.90	0.10	4.16	−0.28	−2.8	4.0
16.00	0.10	3.92	−0.24	−2.4	
17.00	1.00	2.90	−1.02	−1.02	
18.00	1.00	1.94	−0.96	−0.96	

根据表 2.23 数据分别绘制以下曲线：

(1)电位滴定曲线(pH-V)。以 pH 为纵坐标，加入的 HCl 体积为横坐标，绘制电位滴定曲线，见图 2.14(a)。pH-V 曲线上的突跃(斜率 dpH/dV 最大的地方)为终点。

(2)一级微商曲线(ΔpH/ΔV-V)。以ΔpH/ΔV 为纵坐标，加入的 HCl 体积为横坐标，绘制一级微商曲线，见图 2.14(b)。曲线上的极大点(外推得到)所对应的体积即计量点时 HCl 的体积。

(3)二级微商曲线(Δ^2pH/ΔV^2-V)。以Δ^2pH/ΔV^2 为纵坐标，加入的 HCl 体积为横坐标，绘制二级微商曲线，见图 2.14(c)。曲线上Δ^2pH/ΔV^2=0 处所对应的体积即计量点时的 HCl 体积；

该体积也可以从刚刚改变正、负号的两个相邻二级微商值计算而得，从表 2.23 中可见，在 HCl 体积从 15.70mL 增加到 15.80mL 时，二级微商值改变符号，终点时 HCl 的体积为

$$V_{sp} = 15.70 + \frac{10}{10+6} \times 0.10 = 15.76(\text{mL})$$

或

$$V_{sp} = 15.80 - \frac{16}{10+6} \times 0.10 = 15.76(\text{mL})$$

式中：0.10 为两次滴定体积之差。

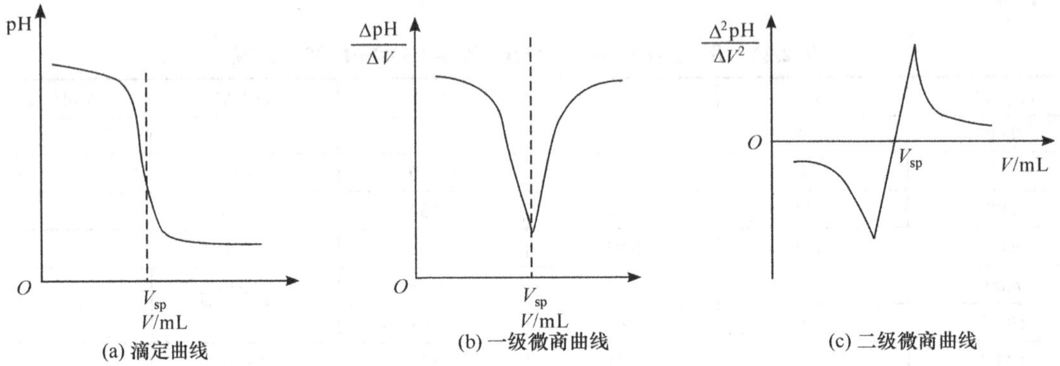

图 2.14　HCl 溶液滴定某弱碱溶液的各曲线

仪器与试剂

仪器　数字式 pH 计；复合玻璃电极；磁力搅拌器；小烧杯；滴定管；移液管；洗耳球。

试剂　0.1mol · L^{-1} HCl 溶液；碳酸钠(基准物质)；混合碱未知液；0.2%(质量分数)甲基橙指示剂；标准 pH 缓冲溶液。

安全警示

(1)注意电器使用安全(见实验 2)。

(2)使用盐酸注意事项(见实验 12)。

(3)使用氢氧化钠注意事项(见实验 12)。

实验步骤

1. 准备工作

接通 pH 计的电源，预热 10～15min 后，用标准 pH 缓冲溶液对 pH 计进行校正。

2. HCl 溶液的标定

准确称取 0.2～0.3g 碳酸钠基准物质于 250mL 锥形瓶中，加入 20～30mL 水溶解后，滴入 1～2 滴 0.2%甲基橙指示剂，用待标定的 HCl 溶液滴至橙色为终点，平行滴定三次，计算 HCl 溶液的浓度。

3. 电位滴定

准确移取 25.00mL 混合碱未知液于一干净的 150mL 小烧杯中，加入 25mL 蒸馏水，安装好滴定装置后，开启搅拌器，从酸式滴定管中逐步滴加 $0.1mol \cdot L^{-1}$ HCl 溶液。开始时，每滴 2mL 测一次 pH，接近第一化学计量点时每隔 0.1mL 测一次 pH，终点突跃过后，每隔 2mL 测一次 pH，直至第二化学计量点时每隔 0.1mL 测一次 pH 出现平台为止。电位滴定结束后，关机，清洗并放好电极。

结果与讨论

(1)计算 HCl 标准溶液的浓度。

(2)分别画出滴定曲线(pH-V)、一级微商曲线($\Delta pH/\Delta V$-V)和二级微商曲线($\Delta^2 pH/\Delta V^2$-V)，并分别确定 V_{sp1}、V_{sp2}。

(3)用二级微商计算法求出 V_{sp1} 和 V_{sp2}。

(4)判断未知液的组成，并求出其浓度。

思考题

(1)怎样用酸碱电位滴定法区别下列物质?

HCl，H_3PO_4，HCl+H_3PO_4，H_3PO_4+NaH_2PO_4，NaH_2PO_4+Na_2HPO_4，NaH_2PO_4+Na_3PO_4

试绘出以 NaOH 作标准溶液滴定上述各组溶液的滴定曲线(假定每种组分物质的量浓度都相等)。

(2)计算未加 HCl 标准溶液时混合碱溶液的 pH，并与实验值比较。

参考文献

武汉大学. 2007. 分析化学(下册). 5 版. 北京：高等教育出版社

朱明华，胡坪. 2008. 仪器分析. 4 版. 北京：高等教育出版社

(张嘉捷 张培敏)

实验 23 库仑滴定法测定硫代硫酸钠的浓度

实验导读

化学滴定分析法在测定未知物质时需要用标准溶液，大部分标准溶液需要另一种基准物质来标定，而基准物质的纯度、预处理、称量的准确度、测定过程中指示剂的选择、滴定终点颜色的观察等都对测定的结果有重要影响。

库仑分析方法是常见的电分析方法之一，是通过电解产生的物质对被测物质进行测定，它用外加电源电解试液，根据电解过程中所消耗的电量，通过法拉第定律求物质的含量。库仑分析方法不需要基准物质和标准溶液，可用于痕量物质的分析，且具有很高的准确度。

库仑分析方法分为控制电位库仑分析法和控制电流库仑分析法(又称库仑滴定法)两种。控制电位库仑分析法由三电极(工作电极、对电极、参比电极)组成电位测量与控制系统，在电解过程中，保持工作电极的电位恒定，使被测物质以 100%的电流效率进行电解，当电解电流趋于零时，表明该物质已被电解完全。该方法不要求被测物质在电极上沉积为金属或难溶化合物，特别适合有机物的分析，灵敏度和准确度均较高，最低能测至 0.01μg。库仑滴定

法是用恒定的电流，以 100%的电流效率进行电解，产生的物质与被测化合物进行定量的化学反应，终点可用化学指示剂或其他电化学方法确定；其主要的特点是边产生边滴定，可使用不稳定的滴定剂，如 I_2、Cl_2、Br_2 等，扩大了应用范围。

实验目的

(1) 掌握恒电流库仑滴定法的基本原理和法拉第定律。

(2) 了解双铂电极安培法指示终点的原理和方法。

(3) 学习库仑滴定的基本操作技术。

实验原理

库仑滴定法是借助恒定的电流，以 100%的电流效率电解某溶液，产生的物质(滴定剂)与被分析物质进行定量的化学反应，反应的终点可用指示剂、电位法或电流法指示。因为一定量的被分析物质需要一定量的试剂与其作用，而此一定量的试剂又是被定量电解出来的，故根据电解所消耗的电量，即可按法拉第定律求得被分析物质的含量。这种滴定方法所需的滴定剂不是由滴定管加入，而是借助电解方法产生，滴定剂的量与电解所消耗的电量(库仑数)成正比，所以称为库仑滴定。

本实验用恒电流电解碘化钾缓冲溶液，在酸性介质中，$0.1mol \cdot L^{-1}$ KI 在 Pt 阳极上电解产生“滴定剂”I_2 来“滴定”$S_2O_3^{2-}$，用淀粉指示滴定终点。根据电解产生碘时所消耗的电量，可按法拉第定律计算溶液中 $Na_2S_2O_3$ 的含量。

具体过程如下：使碘离子在铂阳极上氧化为碘，然后与试液中 $S_2O_3^{2-}$ 作用，工作电极对的电极反应为

阳极：　$2I^- = I_2 + 2e^-$

阴极：　$2H^+ + 2e^- = H_2$

为了防止各种干扰反应，必须将电解池的阳极与阴极分开，实验时，被分析溶液用磁力搅拌器搅拌。

滴定反应：　$I_2 + 2S_2O_3^{2-} \rightleftharpoons S_4O_6^{2-} + 2I^-$

过量的 I_2 与淀粉反应呈蓝色。

本实验也可以用双铂电极安培法控制终点。在化学计量点之前溶液中存在的 $S_4O_6^{2-}$ 和 $S_2O_3^{2-}$ 电对是不可逆的，不会在双铂电极上反应，而由于溶液中没有过量的碘，阴极处于理想极化状态，所以通过的电流极小；在化学计量点后，$S_2O_3^{2-}$ 全部被氧化为 $S_4O_6^{2-}$，过量的碘将在指示电极上析出，则指示电极发生下列反应：

阳极：　$3I^- = I_3^- + 2e^-$

阴极：　$I_3^- + 2e^- = 3I^-$

由于在两个指示电极(Pt 片)之间加上一个较低的恒电压(约 200mV)，所以此时在指示电极回路中立即出现电流突跃，指示终点到达。

仪器与试剂

仪器　恒电流库仑滴定装置；铂电极。

试剂　$0.1mol \cdot L^{-1}$ KI 溶液：称取 1.7g KI 溶于 100mL 蒸馏水中待用；未知 $Na_2S_2O_3$ 溶液；

0.1%(质量分数)淀粉溶液。

安全警示

注意电器使用安全(见实验 2)。

实验步骤

1. 准备工作

铂工作电极接库仑仪的正极，铂辅助电极接负极并把它装在玻璃套管中。电解池中加入 5mL 0.1mol·L^{-1} KI 溶液，放入搅拌子，插入两支铂电极并加入适量蒸馏水使电极恰好浸没，玻璃套管中也加入适量 KI 溶液。加入 3mL 0.1%淀粉指示终点。若溶液变蓝，做实验步骤 2；若不变蓝，直接做实验步骤 3。

2. 测量

(1)溶液调零。该步骤的目的是除去 KI 溶液在放置过程中可能已经氧化所产生的 I_2，滴加几滴稀 $Na_2S_2O_3$，使溶液的蓝色褪去。设置电解电流 10mA，开始电解，溶液变蓝时为终点，此时仪器读数为消耗的电量(毫库仑)(不必记录，为什么？)，复零。

(2)移取试液 V(由试液含 $Na_2S_2O_3$ 量决定，V 为 0.1～10mL)，置于电解杯中，开始电解。电解至终点，记下所消耗的电量(毫库仑)。

(3)重复测定一次。

3. 结束工作

关闭搅拌器，清洗电解杯和电极。

注意事项

电极的极性切勿接错，若接错必须仔细清洗电极；保护管中应放 KI 溶液，使铂电极浸没；每次试液必须准确移取。

结果与讨论

(1)计算 $Na_2S_2O_3$ 的浓度(mol·L^{-1})：

$$c_{Na_2S_2O_3}=\frac{Q}{96485V}$$

式中：Q 为电量，mC；V 为试液体积，mL。

(2)计算浓度的平均值。

思考题

(1)简述电解分析方法与库仑分析方法的主要区别。

(2)实验中碘离子不断再生，可否使用 KI 浓度极低的缓冲溶液？

(3)为什么要把铂阴极隔开？

参考文献

武汉大学. 2007. 分析化学(下册). 5版. 北京：高等教育出版社
朱明华，胡坪. 2008. 仪器分析. 4版. 北京：高等教育出版社

（张培敏）

实验24　循环伏安法研究对乙酰氨基酚的电化学氧化机理及其浓度的测定

实验导读

伏安分析法是在一定电位下测量系统的电流，得到伏安特性曲线，根据伏安特性曲线进行定性、定量分析的一种电化学分析方法。施加电位称为激励信号，如果电位激励信号为线性扫描，则所获得的电流响应与电位的关系曲线称为线性伏安图；如果电位激励信号为如图2.15(a)所示的三角波激励信号，所获得的电流响应与电位激励信号的关系曲线称为循环伏安图。图2.15(b)中的曲线2即为典型的循环伏安图。E_p^c和E_p^a分别为阴极峰值电位和阳极峰值电位；I_p^c和I_p^a分别为阴极峰值电流和阳极峰值电流；曲线1为背景扫描曲线。

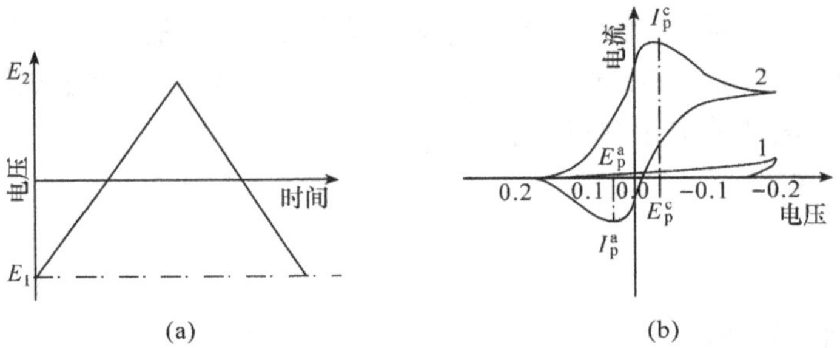

图2.15　循环伏安扫描中的激励信号(a)与响应信号(b)

循环伏安法可以测定电活性物质的浓度，能够提供较多的有关电活性物质与电极表面发生电子转移的信息，是研究电化学反应机理的最佳手段之一，如根据阳极扫描峰值电位E_p^a与阴极扫描峰值电位E_p^c的差值(ΔE_p)可以判断电极反应是否为能斯特(Nernst)反应。当一个电极反应的ΔE_p接近$2.3RT/nF$(或$59/n$mV，25℃)，以及氧化峰与还原峰电流值之比接近1时，可以判断该反应为能斯特反应，即可逆反应。当电极反应不可逆时，氧化峰与还原峰的峰值电位差值相距较大，相距越大，不可逆程度越大。氧化峰电流与还原峰电流值的差距也反映了电极反应的可逆性。一般来说，利用不可逆波获取电化学动力学的一些参数，如电子传递系数和电极反应速率常数 k，电化学反应中的质子参与情况及电催化问题等。另外，如果电活性物质向电极界面的传质是线性扩散，则峰电流值与扫描速率的平方根成正比。

实验目的

(1)掌握循环伏安法的原理。
(2)学习用循环伏安法研究对乙酰氨基酚的电化学氧化机理。
(3)采用循环伏安法测定小儿泰诺糖浆中对乙酰氨基酚的浓度。

实验原理

对乙酰氨基酚(APAP)是许多抗感冒药物的主要成分之一,其主要作用是抑制前列腺素的合成而产生解热镇痛的作用。本实验采用循环伏安法测定小儿泰诺(Tylenol)糖浆中APAP的浓度,并通过该手段证实APAP在电极表面的氧化机理。APAP的氧化机理可用图2.16所示的反应过程表示。

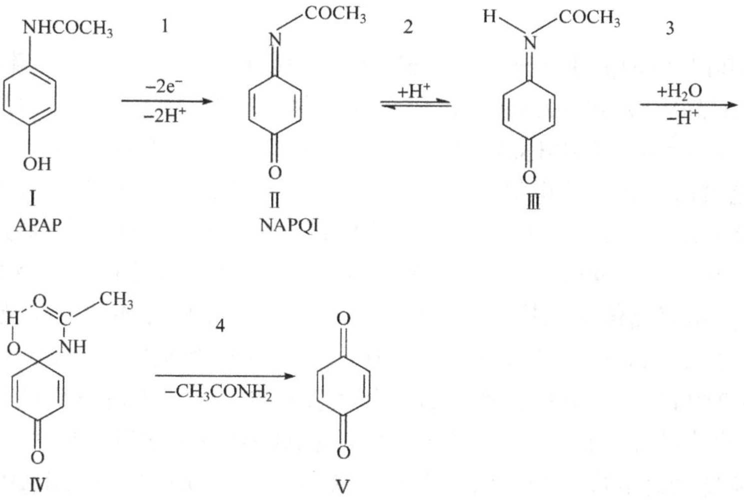

图2.16　对乙酰氨基酚在电极表面的反应机理

上述机理可通过在循环伏安法实验中改变底液的pH及扫描速率加以证实。在pH=6的缓冲溶液中,APAP可在电极表面迅速氧化,1分子APAP在电化学氧化过程中失去2个电子和2个H^+生成产物*N*-乙酰对醌胺(NAPQI),如图2.16中的步骤1。由于H^+参与电化学氧化,因此APAP的氧化峰电位随溶液pH的改变而变化。在溶液pH不小于6的情况下,NAPQI能稳定地以去质子化的形式存在于溶液中。该氧化峰的高度在一定条件下与APAP的浓度呈线性关系,这也是循环伏安法定量分析对乙酰氨基酚的依据。

在酸性条件下(如pH=2.2),NAPQI很容易被质子化产生物质Ⅲ,该物质不太稳定,但具有电活性,只要扫描速率足够快,能在循环伏安图中观察到一个还原峰。物质Ⅲ能较为迅速地转化为物质Ⅳ,该物质在实验所采用的电位范围内不具有电活性。因此,如果电位扫描速率较慢,则不能观察到物质Ⅲ的还原峰。在极高酸度的溶液中,物质Ⅳ可转化成苯醌(物质Ⅴ),所以在极高酸性条件下,在循环伏安图中可以观察到一个苯醌的还原峰。

仪器与试剂

仪器　电化学分析仪;三电极系统电解池;玻碳电极;铂辅助电极;Ag/AgCl参比电极。

试剂　pH=2.2和pH=6.0的缓冲液(用0.2mol·L^{-1} Na_2HPO_4及0.1mol·L^{-1}柠檬酸按比例配制并各加入NaCl至浓度为0.5mol·L^{-1});3.6mol·L^{-1}硫酸溶液;30mmol·L^{-1}对乙酰氨基酚溶液;小儿泰诺糖浆;二次重蒸水。

安全警示

(1)注意电器使用安全(见实验2)。

(2)使用硫酸注意事项：

◆硫酸具有腐蚀性，在高浓度下能对皮肉造成极大伤害，除造成化学烧伤外，还会造成二级火焰性灼伤。

硫酸与皮肤接触需要用大量水冲洗，再涂上3%～5%碳酸氢钠溶液，迅速就医。溅入眼睛后应立即提起眼睑，用大量流动清水或生理盐水彻底冲洗至少15min，迅速就医。

实验步骤

(1)各配制10mL底液分别为pH=2.2、pH=6.0的缓冲液及1.8mol · L^{-1}硫酸的3mmol · L^{-1} APAP溶液，并配制底液pH=2.2、对乙酰氨基酚浓度分别为0.1mmol · L^{-1}，0.4mmol · L^{-1}，1mmol · L^{-1}, 5mmol · L^{-1}的APAP标准溶液，包括3mmol · L^{-1} APAP标准溶液，共5个标准溶液。

(2)打磨好电极后，装上三电极系统，将电极引线分别接入电化学工作站中。

(3)将三电极系统插入pH=6.0的APAP溶液中，按扫描速率从低到高顺序：40mV · s^{-1}，90mV · s^{-1}，140mV · s^{-1}，190mV · s^{-1}，250mV · s^{-1}，做循环伏安扫描。分别记录主氧化峰的峰电位及峰高值。将峰高值对扫描速率做线性回归分析，得标准曲线方程及相关系数。

(4)分别在pH=2.2、pH=6.0的缓冲液及1.8mol · L^{-1}硫酸溶液的3mmol · L^{-1} APAP溶液中，以40mV · s^{-1}和250mV · s^{-1}的扫描速率做循环伏安扫描，记录循环伏安图，观察在不同pH下的氧化峰及还原峰情况。证实实验原理中提出的APAP电化学氧化机理。

(5)按浓度从低到高顺序，分别将三电极系统插入5个pH=2.2的APAP标准溶液中，以40mV · s^{-1}的扫描速率做循环伏安扫描。分别记录氧化峰的峰电位及峰高值。将峰高值对浓度做线性回归分析，得标准曲线方程及相关系数。

(6)按上述相同实验方法测定小儿泰诺的5倍稀释液(用pH=2.2的缓冲液稀释)，记录氧化峰高值，查标准曲线，计算样品中APAP的浓度，并与药品包装盒中APAP的标示值对照。

结果与讨论

(1)记录在pH=6.0介质中，不同扫描速率对APAP氧化峰的峰电流和峰电位的影响(表2.24)。

表2.24　不同扫描速率下APAP氧化峰的峰电流和峰电位的实验数据记录

扫描速率/(mV · s^{-1})	40	90	140	190	250
E_p					
I_p					

氧化峰高与扫描速率的平方根的线性回归方程为__________，相关系数为__________。此实验结果说明了什么问题?

(2)APAP在不同扫描速率及pH介质中的氧化峰及还原峰电位(表2.25)。

表2.25　APAP在不同扫描速率及pH介质中的氧化峰及还原峰电位

试液	pH=6.0		pH=2.2		1.8mol · L^{-1}硫酸	
扫描速率/(mV · s^{-1})	40	250	40	250	40	250
氧化峰电位/V						
还原峰电位/V						

根据循环伏安分析结果，解释对乙酰氨基酚的电化学氧化机理是否与图 2.16 所示的机理吻合。

(3) APAP 定量分析实验数据记录(表 2.26)。

表 2.26 APAP 定量分析实验数据记录

试液	0.1mmol·L^{-1}	0.4mmol·L^{-1}	1mmol·L^{-1}	3mmol·L^{-1}	5mmol·L^{-1}	小儿泰诺糖浆
氧化峰高值						

氧化峰高与 APAP 浓度的线性回归方程为____________，相关系数为__________。

小儿泰诺糖浆中，APAP 的浓度为______________，标示值为______。

思考题

(1) 如何通过实验方法证实图 2.26 步骤 1 中 APAP 的电化学氧化为失去 2 个电子和 2 个 H^+的反应？

(2) 实验研究 APAP 的电化学氧化机理时，为什么要改变电极扫描速率？

(3) 测定试样中的 APAP 浓度时采用了标准曲线法,用该方法测定是否存在基体效应？如果存在，用什么定量方法更好？

(4) 循环伏安法用于电化学反应机理研究和定量分析时，哪方面更具优势？为什么？

(5) 如果试样中 APAP 的浓度很低，用哪种伏安分析法更合适？

(6) 伏安分析法测定试样中的 APAP 时，有可能遇到哪些干扰？

参考文献

武汉大学. 2007. 分析化学(下册). 5 版. 北京：高等教育出版社

Kissinger P T, Heineman W R. 1983. Cyclic voltammetry experiment. J Chem Educ, 60(9): 702.

(邬建敏 张培敏)

实验 25 阳极溶出伏安法测定痕量铜、铅、镉的浓度

实验导读

伏安分析法对于解决生命、环境及材料科学中的痕量分析问题以及研究化学物质在界面上的电子转移机理问题具有重要的价值。阳极溶出伏安法(ASV)是伏安分析法中灵敏度最高的一种分析方法，其检测限约为 10^{-10}mol·L^{-1}，它还具有同时测定多种元素的能力，而且分析成本较低。金属阳离子的阳极溶出伏安分析包括两个步骤：一是在适当的负电位下电解沉积被分析的金属阳离子，该过程实际上是一个预浓缩过程；二是工作电极向阳极方向扫描，使被沉积的金属离子氧化溶出，产生溶出峰。在一定条件下，溶出峰的大小与试样中对应离子浓度的大小成正比，这是阳极溶出伏安法的定量依据。不同的离子其溶出峰的峰电位不相同，因此阳极溶出伏安法也可以用于定性。在阳极溶出伏安分析中，为了提高分析的灵敏度和选择性，有许多实验条件需要选择，如不同离子在电沉积过程中的沉积电位、沉积时间、氧化溶出过程中电压的扫描方式(如线性扫描方式、脉冲扫描方式等)。另外，工作电极也需要选择，常用的工作电极有悬汞电极、玻碳电极、石墨电极、汞膜电极、碳糊电极等，有时

还可以对工作电极进行一定的修饰。阳极溶出伏安法除测定金属离子外，还可用于一些非金属离子及有机物的测定。

实验目的

(1) 掌握阳极溶出伏安法测定金属离子的原理及方法。

(2) 了解影响溶出峰电流大小的因素。

实验原理

阳极溶出伏安法是将电化学富集与测定方法有机结合的一种方法。先将被测物质通过阴极还原富集在一个固定的电极上，再由负电位向正电位方向扫描溶出，根据溶出极化曲线进行分析测定。用于电解富集的电极有悬汞电极、汞膜电极和固体电极。悬汞电极的面积不能过大，大的悬汞易脱落。用悬汞电极测定的灵敏度并不太高，但重现性好。汞膜电极面积大，其电极表面积比悬汞大得多，电沉积效率高、溶出峰尖锐、分辨能力高，其灵敏度比悬汞电极高一两个数量级。本实验采用玻碳汞膜电极，在−1.0V 电位下将试样中的 Cu^{2+}，Pb^{2+}，Cd^{2+} 在搅拌状态下电沉积于汞膜内，溶出时以一定速度向正电位方向扫描电压，得到阳极溶出极化曲线，由于三种离子溶出峰电位各不相同，因而可分别对 Cu^{2+}，Pb^{2+}，Cd^{2+}三种离子同时进行定量分析。各离子在汞膜电极上的溶出峰电流遵循以下公式：

$$I_p = Kn^2 D_0^{2/3}\omega^{1/2}\eta^{-1/6} Avc_0t$$

式中：n 为各离子参与电极反应的电子数；D_0 为被测物质在溶液中的扩散系数；ω 为电解富集时的搅拌速度；η 为溶液的黏度；A 为汞膜电极表面积；v 为扫描速率；t 为电解富集时间；c_0 为被测物质在溶液中的浓度。在实验条件一定时，各离子的溶出峰电流 I_p 与该离子浓度 c_0 成正比。

仪器与试剂

仪器　电化学工作站；磁力搅拌器；秒表；100mL 烧杯(加塑料盖，开三个孔，可插入电极)；玻碳电极；Ag/AgCl 参比电极；铂丝电极。

试剂　碳化硅抛光纸；氧化铝抛光粉；10^{-3}mol · L^{-1} Cu^{2+}，Pb^{2+}，Cd^{2+}标准溶液；2.5×10^{-3}mol · L^{-1} 硝酸汞溶液；0.1mol · L^{-1} 硝酸钾；6mol · L^{-1} 硝酸。

安全警示

(1) 注意电器使用安全(见实验 2)。

(2) 注意氮气钢瓶的使用(见实验 13)

(3) 注意铅的使用安全(见实验 7)。

(4) 注意汞的使用安全：

汞是唯一液态的金属，易挥发，易被吸入中毒。实验室要做到以下几点：

◆保持汞处于密封状态，并加水覆盖，减少蒸发。

◆若汞不慎洒落，用铂、金、银等贵金属板撮起，放入水密封的装置中，然后撒上硫磺。

◆实验室要通风。

实验步骤

1. 汞膜电极的制备

在电解池中加入 98mL 0.1mol · L^{-1} 硝酸钾支持电解质，另加入 2mL 硝酸汞溶液，通入氮气除氧 8min，插入三电极系统，连上伏安分析仪后，将工作电极的电位置于–0.9V（Ag/AgCl 电极作参比），同时开启磁力搅拌器搅拌溶液，此时汞被沉积在玻碳电极表面，持续 8min。然后将工作电极电位置于 0V 保持 1min，使一些与汞共沉积的杂质金属离子溶出。注意工作电极电位不能大于 0V，否则汞膜有可能也被溶解。

2. 底液背景电流的测定

将镀好汞膜的工作电极置于–1.0V，并搅拌溶液，3min 后停止搅拌，15s 后快速扫描电位到 0.0V（50mV · s^{-1}），如果底液有杂质金属离子，则在记录图中会产生较小的溶出伏安峰（铜离子峰电位约为–0.1V，铅离子峰电位约为–0.45V，镉离子峰电位约为–0.6V）。

3. 影响溶出峰电流的因素考察

为考察不同实验条件对溶出峰电流大小的影响，本实验选择单一 Pb^{2+}作为对象，观察沉积时间、沉积电位、Pb^{2+}浓度等因素对溶出峰电流的影响。按表 2.27 进行实验，将所得数据填入表中，总结影响溶出峰电流的规律。

注意：做沉积时间影响时，沉积电位固定在–0.9V，浓度固定为 1.5×10^{-7}mol · L^{-1}；做沉积电位影响时，沉积时间固定为 3min，浓度仍固定为 1.5×10^{-7}mol · L^{-1}；做浓度关系时，电位固定在–1.0V，时间固定为 2min。

4. 样品中 Cu^{2+}，Pb^{2+}，Cd^{2+}浓度的同时测定

上述实验结束后，将玻碳电极上的汞膜清除，电极抛光，电解池用 1∶1（体积比）硝酸清洗，再用蒸馏水洗净。取 98mL 天然水样，加入 2mL 镀汞液，通 N_2 除氧，按实验步骤 1 方法镀汞膜，然后在–1.0V 电位下沉积富集金属离子 8min，以 50mV · s^{-1} 的扫描速率向阳极线性扫描至 0.0V，如果试样中存在上述三种离子，会出现如图 2.17 所示的 3 个溶出峰，记录溶出峰的峰高。向阳极扫描时，也可以采用微分脉冲扫描方法（5mV · s^{-1}，脉冲幅度 50mV），比较两种扫描方法的灵敏度。定量时，采用标准加入法（在微分脉冲扫描模式下进行），该方法的检测限可以通过两倍的信噪比加以确定。按上述同样方法测定 5 次，对数据进行统计分析。

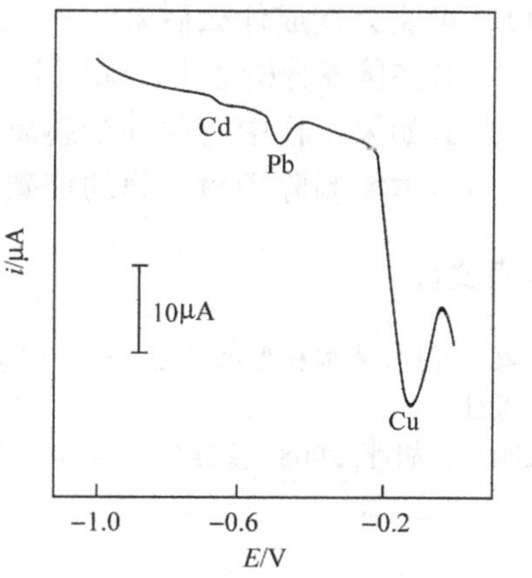

图 2.17 含 Cu^{2+}、Pb^{2+}、Cd^{2+}试样的阳极溶出伏安图

沉积电位：–1.0V，沉积时间：8min，搅拌速率：700r · min^{-1}，扫描速率：50mV · s^{-1}

注意事项

由于本实验是痕量金属离子的测定，因此所有使用器皿必须保持高度干净，并在实验过程中防止污染，所有蒸馏水必须为二次重蒸水。另外，重金

属离子有较高的毒性，操作时要做好防护工作。

结果与讨论

(1)根据实验数据，总结影响溶出峰电流大小的因素，填入表 2.27。

表 2.27 影响溶出峰电流的因素

	沉积时间/min					沉积电位/V				Pb^{2+}浓度/($mol \cdot L^{-1}$)			
	1	2	3	4	5	−0.4	−0.6	−0.8	−1.0	1×10^{-7}	5×10^{-7}	1×10^{-6}	5×10^{-6}
峰电流/μA													

(2)将标准加入法所得数据填入表 2.28。

表 2.28 Cu^{2+}、Pb^{2+}、Cd^{2+}定量分析实验数据

测定次数	加入前峰电流/μA			加入后峰电流/μA		
	Cu^{2+}	Pb^{2+}	Cd^{2+}	Cu^{2+}	Pb^{2+}	Cd^{2+}
1						
2						
3						
4						
5						

根据溶出伏安分析标准加入法公式，计算试样中Cu^{2+}，Pb^{2+}，Cd^{2+}的平均浓度：
$c(Cu^{2+})$____________；$c(Pb^{2+})$____________；$c(Cd^{2+})$____________。

思考题

(1)条件实验的结果与理论表达式是否吻合？

(2)如果不断延长沉积富集的时间，测定的灵敏度是否会不断提高？为什么？

(3)用阳极溶出伏安法同时测定三种离子的含量，如果沉积电位选择不正确(偏正或偏负)，可能会造成什么后果？

(4)在伏安分析法中，除用电沉积富集的方法提高测定的灵敏度外，还能采用什么方法？

(5)如果试样中有两种金属离子的溶出峰相近，造成测定干扰，可以采用什么方法克服？

(6)本实验除用镀汞膜的玻碳电极作为工作电极外，可以用悬汞电极吗？两者有何区别？

参考文献

国家环保局，《水和废水监测分析方法》编委会. 1989. 水和废水监测分析方法. 3 版. 北京：中国环境科学出版社

朱明华，胡坪. 2008. 仪器分析. 4 版. 北京：高等教育出版社

(邬建敏　张培敏)

实验 26　可见、紫外激光拉曼光谱的应用

实验导读

拉曼光谱和红外光谱都是分子光谱，所得到的信息都是关于分子的振动、转动及结晶点

阵振动情况的反映。对于一个给定的化学键，红外吸收频率与拉曼位移相等，均代表第一振动能级的能量。对某一给定的化合物，某些峰的红外吸收波数与拉曼位移完全相同。拉曼光谱是一种散射现象，它是由分子的极化度在外界入射光电场作用下发生变化而感生电偶极矩所引起的；红外光谱是一种吸收现象，它是由分子固有偶极发生瞬间变化引起的。拉曼散射依赖于分子的极化系数，它可以发生在异核分子中，也可以发生在同核分子中；红外吸收则依赖于分子的固有偶极矩，不能在同核分子中观察到。

拉曼光谱是重要的现代光谱技术，广泛应用于化学、物理、生物和材料科学等领域，是鉴定物质分子结构的有力工具。拉曼光谱法是一种无损检测法，常用于法医鉴定、文物鉴定和商品鉴定。遥感拉曼光谱仪还可以进行遥感监测，适合自动化连续监测，常用于环境监测、地质勘探等领域。在测试固体催化剂样品拉曼光谱时，如果只用可见激光光源，往往会遇到较严重的荧光干扰，用紫外激光光源则可以避开荧光干扰，得到清晰的拉曼信号。近年来，拉曼光谱成为反应条件下原位表征固体催化剂的强有力手段之一。

实验目的

(1) 了解激光拉曼光谱的基本原理。

(2) 了解拉曼光谱的适用范围，以及它与红外光谱互补的关系。

(3) 了解并初步掌握激光拉曼光谱的实验技术。

实验原理

分子产生拉曼散射的现象可以用量子理论加以解释。频率为 ν_0 的入射光具有能量为 $h\nu_0$ 的光子束。当光子与分子碰撞时，若是弹性碰撞，光子与分子没有能量交换，只是光子运动方向改变，这就是瑞利散射。若是非弹性碰撞，光子与分子既有方向改变，又有能量交换。如果分子原来处于低能级 E_1 状态，非弹性碰撞时分子吸收光子跃迁到一个虚态 E'后再跃回到一个较高的能级 E_2 状态，则分子将获得能量 E_2-E_1，而光子损失这部分能量，频率变为 $\nu_s=\nu_0-(E_2-E_1)/h$，这就是斯托克斯线。其中 h 为普朗克常量。

反之，如果分子原来处于高能级 E_2 状态，非弹性碰撞使分子跃迁到虚态 E''再回到低能态 E_1，则分子就要损失能量 E_2-E_1，而光子将获得这部分能量，这时光子的频率变为 $\nu_s=\nu_0+(E_2-E_1)/h$，这就是反斯托克斯线。

如果以$\Delta\nu$表示斯托克斯线或反斯托克斯线的频率与入射光频率之差，显然有

$$\Delta\nu=\nu_0-\nu_s=(E_2-E_1)/h=\nu$$

在常温条件下，处于低能级 E_1 的分子比处于高能级 E_2 的分子数目大得多，所以斯托克斯线比反斯托克斯线强得多。

拉曼散射频率位移只与分子结构本身有关，而与入射光频率无关，这就允许随意地选择合适频率的光作入射光源。因此，通常根据所选入射光源的不同把相应拉曼光谱分为傅里叶变换拉曼光谱、可见拉曼光谱、紫外拉曼光谱。傅里叶变换拉曼光谱的特点有：可以避开荧光干扰，这使它可以测量许多荧光效应很强的带生色团的有机化合物及杂质很难除尽的高分子和生物大分子试样；避免试样受激光辐射分解，由于采用了近红外激光(一般为 1064nm)，它的辐射能量较低，可以在较高功率下工作；高频率精度，由于迈克耳孙干涉仪采用激光频率为基准，光谱频率精度大大提高，而且可以对光谱进行数字化处理；高分辨率，迈克耳孙

干涉仪的动镜距离长短决定傅里叶变换拉曼光谱的分辨率，增加动镜移动距离可以提高分辨率。不足之处是：散射界面较小，影响仪器的信噪比；升高温度时检测样品，有荧光背景干扰，因此不利于催化剂样品在反应条件下的原位测试。

可见拉曼光谱仪中可选的激光器以光源的波长分类，如氩离子激光器(常用波长为 488nm 和 514nm)，He-Ne 激光器(633nm)，另外还有 442nm、532nm 激光器。在近红外区有 785nm、830nm 激光器。从图 2.18 可以看到，在可见区范围某些样品常会发生荧光干扰，选用近红外区激光器有可能避开，但是与紫外激光器相比灵敏度偏低。由于可见激光器成本比紫外激光器低而且使用寿命长，因此在测试样品时通常先选用可见激光器，如果出现样品的荧光现象严重或灵敏度低的情况，再选用紫外激光器。为了测试块状固体样品中某些组成在其体相中的立体分布情况，近年来广泛采用显微共聚焦拉曼光谱仪。

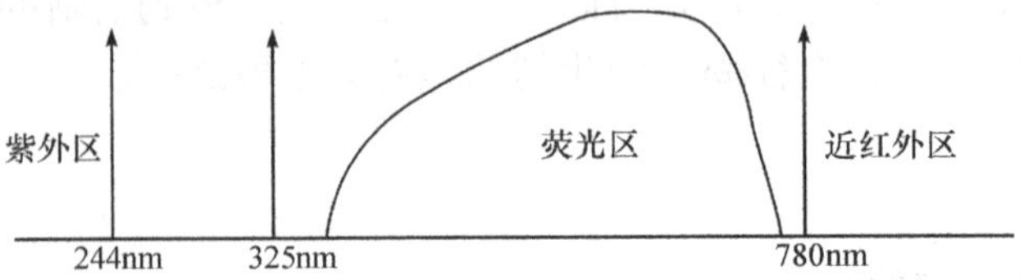

图 2.18　荧光干扰区域示意图

紫外拉曼光谱激发光源：常用 244nm、325nm 激光器。一般有以下优势：由于荧光主要出现在近紫外和可见区，将激发波长向深紫外波段移可以有效避开荧光干扰(图 2.19)；由于散射强度与频率的四次方成正比，将激发波长向紫外区移可以提高灵敏度；很多化合物的电子吸收带在紫外区，可以进行共振拉曼光谱的研究使仪器灵敏度提高几个数量级，以检测低浓度的试样。

共聚焦激光拉曼光谱仪的主要组成部分包括：激光光源(514 nm 或 325 nm)；光路部分，包括透镜、光栅、滤光片等；共聚焦显微部分，包括样品架(池)；接收、放大和记录体系(CCD、计算机和打印机)。激光拉曼光谱仪的结构如图 2.20 所示。光谱仪测定散射光示意图如图 2.21 所示。

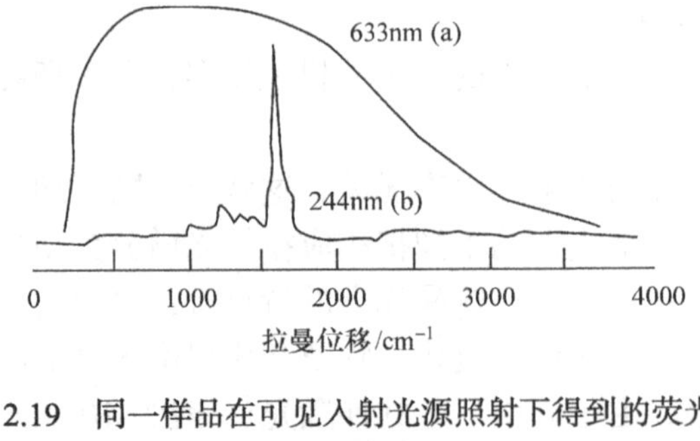

图 2.19　同一样品在可见入射光源照射下得到的荧光干扰(a)和在紫外入射光源照射下得到的清晰拉曼光谱(b)示意图

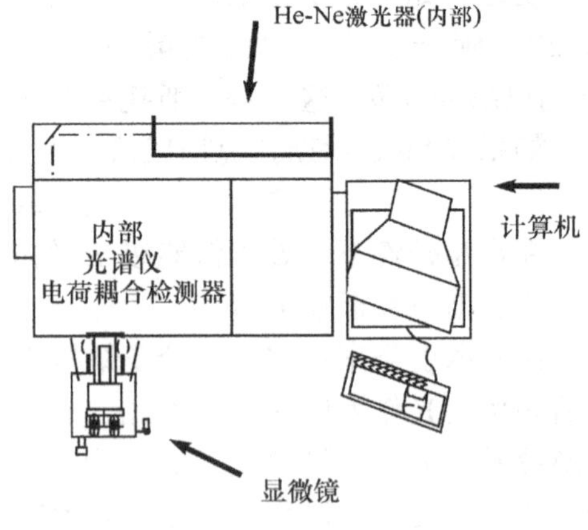

图 2.20　激光拉曼光谱仪的结构示意图

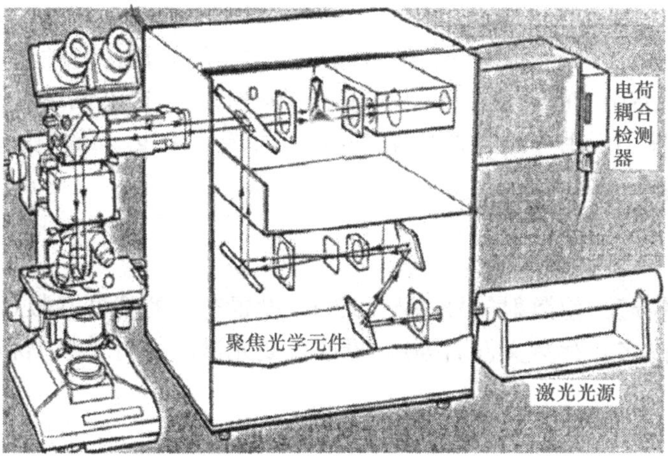

图 2.21 光谱仪测定散射光示意图
以 LabRAM HR 小型高分辨率激光拉曼光谱仪为例

仪器与试剂

仪器 LabRAM HR800 小型高分辨率激光拉曼光谱仪；He-Cd 激光器。
试剂 高纯硅片；高分子薄膜；阿司匹林粉末；丙酮；Nafion NR50。

安全警示

注意电器使用安全(见实验 2)。

实验步骤

1. 开机

开机顺序为：开 UPS→开计算机→开 CCD 电源→开白光光源→开激光器。

(1)执行计算机软件(Lab Spec-4.08)，点击图标 LabSpec-4.08 进入其子目录，然后运行 Int 使软件初始化，计算机提示：Warning: Configuration File was removed。点击 OK 确认。点击 LabSpec 进入控制软件的主菜单。

(2)氩离子激光器(514nm)开机：先打开主电源开关，然后打开钥匙开关，设置一个合适的电流或功率(如 10mW)。关机时顺序相反：将功率值调至最小，关闭钥匙开关，待激光器风扇自动停止后关闭主电源开关。

(3)He-Cd 激光器(325nm)开机：打开主电源开关预热一定时间，仪器稳定即可进行测试。关机：关闭主电源即可。注意：He-Cd 激光器开机后必须稳定 20～30min 后才可以测试样品。关机后不能立即再开机，必须过 0.5h 等激光器完全冷却后才可以重新开机，否则将使激光器的功率降低，从而缩短其使用寿命。另外，He-Cd 激光器的寿命约为 3000h，为了保证使用效率和保护激光器，样品测试时必须集中时段使用。

2. 装样

将样品放在载玻片上，固定在显微镜的 *x-y* 平台上。

3. 调焦

通过 x-y 平台上 x 轴和 y 轴方向调整旋钮调整样品的位置，使激光直接射到样品上。选择物镜(一般薄膜样品用 100×物镜，粉末样品用 50×物镜)，通过调焦旋钮调整焦距，使计算机屏幕上白色光斑最小。用可见激光光源(514nm)时选 $1800g \cdot mm^{-1}$ 光栅，用紫外激光光源(325nm)时选 $2400g \cdot mm^{-1}$ 光栅。

4. 摄谱(记录)

将光路调节杆拉起，使散射信号进入 CCD，设置有关的仪器参数(如扫描时间和次数、扫描波数区间、样品名、存盘文件名等)。摄取拉曼光谱图，有关数据和图像存盘。

5. 关机

按与开机相反的顺序逐一关机。

注意事项

(1) 保护光学元件(如镜头、滤光片、反射镜等)，防尘、防霉、防碎。未经管理人员许可不得随意拆卸。

(2) 可见激光光源换成紫外激光光源时必须同时更换相应波长下的滤光片、光栅和物镜并进行光路切换(可见激光光源和紫外激光光源分别从两个不同的光路进入，但是样品在一固定的光路位置上，因此必须进行切换)。

(3) 在仪器经常使用的情况下 CCD 电源和计算机一般不关，使 CCD 温度保持在−30℃。若仪器长时间不用，必须先使 CCD 温度恢复至室温才可以关闭 CCD 电源。关闭计算机时，如果 CCD 温度未恢复至室温，计算机会跳出一个提示窗口确认 CCD 温度是否恢复至室温。如果强制关闭计算机而 CCD 温度未恢复至室温，仪器会发出报警声，这时只要将计算机重新打开报警声即停止。

结果与讨论

(1) 拉曼光谱仪波数重复性、波数精度、分辨率、灵敏度的测试。

以高纯硅片为样品，用 514nm 可见激光光源，选取三个不同的激光功率和其他条件相同情况下，分三次记录其拉曼光谱图(表 2.29)，比较其拉曼特征峰位置的波数重复性及不同激光功率的影响，并与文献标准值比较。

表 2.29　不同条件下高纯硅片的拉曼光谱实验结果

样品 / 激光功率/mW / 次数	硅片					
	峰位/cm^{-1}	峰高	峰位/cm^{-1}	峰高	峰位/cm^{-1}	峰高
1						
2						
3						

以高分子薄膜为样品，用 514nm 可见激光光源，固定激光功率，通过调节共聚焦孔的大小观察几个重叠的特征峰的分辨情况。

(2)拉曼光谱和红外光谱比较。

选固体样品(如阿司匹林)和液体样品(如丙酮)分别测定其拉曼光谱，并与标准红外光谱图进行比较。

(3)荧光对拉曼光谱的影响。

分别用 514nm 可见激光光源和 325nm 紫外激光光源测试高分子酸性树脂 Nafion NR50 样品的拉曼光谱，比较两者的差异。

思考题

(1)拉曼光谱和红外光谱均属于分子光谱，两者的异同点是什么?

(2)对于一些容易产生荧光的样品，如何避开荧光对拉曼光谱的影响?

参考文献

复旦大学, 等. 1986. 物理化学实验. 北京：高等教育出版社

李灿, 李美俊. 2003. 拉曼光谱在催化研究中应用的进展, 分子催化, 17(3): 213-240

尹元根. 1988. 多相催化剂的研究方法. 北京：化学工业出版社：607-619

Mestl G. 2000. *In situ* Raman spectroscopy: a valuable tool to understand operating catalysts. J Mol Catal A: Chem, 158: 45-65

Stair P C. 2001. Advances in Raman spectroscopy methods for catalysis research. Current Opinion in Solid State & Materials Science, 5(5): 365-369

Stencel J M. 1990. Raman Spectroscopy for Catalysis. New York: Van Nostrand Reinhold

(毛建新)

实验 27 有机化合物气相色谱-质谱测定

实验导读

有机质谱仪按其质量分析器的类型可分为磁质谱仪、四极质谱仪、离子阱质谱仪、飞行时间质谱仪、傅里叶变换离子回旋共振质谱仪；按仪器分辨率可分为高分辨质谱仪(分辨率≥50000)、中分辨质谱仪(分辨率为 10000～50000)和低分辨质谱仪(分辨率≤1000)。双聚焦磁质谱仪的分辨率为 10000～100000，傅里叶变换离子回旋共振质谱仪的分辨率可达 10000000，四极质谱仪、离子阱质谱仪和飞行时间质谱仪属于低分辨质谱仪。

气相色谱-质谱(GC-MS)联用仪以气相色谱为分离手段、质谱为检测器分离与鉴定有机化合物。一个多组分混合物样品通过气相色谱分离，按不同的保留时间逐一进入质谱的离子源，在 70eV 的电子轰击下，产生离子，离子经过加速与聚焦进入质量分析器，通过快速扫描，计算机采集并处理可得到总离子色谱图及有机化合物各组分相应的质谱图。

实验目的

(1)掌握 GC-MS 仪器的构造原理及操作方法。

(2)学习 GC-MS 分离与鉴定有机化合物的方法。

实验原理

各类化合物的裂解都有一定的规律。饱和脂肪烃裂解时易产生质荷比为 15、29、43、57 等一系列符合 C_nH_{2n+1} 的正离子峰，且 m/z 为 43、57 峰最强；烯烃有明显的 $41+14n$ 峰；烷基芳烃易形成 m/z 为 91($C_7H_7^+$)的基峰，脂肪醇的分子离子峰弱，易失去一分子水并失去一分子乙烯，生成$(M-18)^+$和$(M-46)^+$峰；酮类化合物的分子离子峰强，易发生 α 断裂产生 RCO^+ 峰，当存在 γ-H 时，会产生麦氏重排。羧酸、酯和酰胺主要发生 α 断裂，分别产生 $HOCO^+$(m/z=45)、RCO^+和 NH_2CO^+(m/z=44)，也易出现分子重排峰。

在含 Cl、Br、S 等高同位素的化合物中，M^+和$(M+2)^+$的峰强度比是十分重要的信息。

仪器与试剂

仪器　气相色谱-质谱联用仪(GC-MS)；EI 源；弹性石英毛细管柱。

试剂　包含烃、醇、酮、醛、卤代烃、酯、含氮化合物等的样品溶液，以乙醇为溶剂，每种组分含量为 $10ng \cdot \mu L^{-1}$。

安全警示

(1)注意电器使用安全(见实验 2)。

(2)务必记住开机前先开气(载气 He)，最后关气。

(3)氦气钢瓶使用注意事项(同氮气钢瓶的使用方法及注意事项，见实验 13)。

实验步骤

(1)认真阅读 GC-MS 操作说明。

(2)在教师指导下开启 GC-MS，设置仪器条件。色谱条件：HP-5MS 30m×0.25mm×0.25μm 弹性石英毛细管柱，载气为高纯氦气，流量 $1mL \cdot min^{-1}$，进样量为 1μL，溶剂延迟 2min。进样口温度 250℃，接口温度 280℃，柱温 60℃，保持 2min，以 $10℃ \cdot min^{-1}$ 速率升至 220℃，保持 2min。质谱条件：离子源为 EI 源，电子能量 70eV，离子源温度 230℃，四极杆温度 150℃，扫描范围 30～400amu。

(3)以全氟三丁胺(PFTBA)作质量定标，注意 69、219 质谱峰相对比例，以及 H_2O、N_2、CO_2 等峰相对强度。

(4)对样品进行 GC-MS 分析，得到样品总离子色谱图。

结果与讨论

(1)分析各化合物丰度-m/z 图，分辨芳香族、乙酯、氯化物、含氮化合物特征离子，分辨各化合物。

(2)利用谱库检索，确定样品中的有机化合物。

(3)按教师要求，分辨几个典型化合物的分子离子、碎片离子、重排离子及同位素峰。

思考题

(1)简述麦氏重排，并从所分析的样品中举一典型化合物说明。

(2)如果将电子能量从 70eV 变成 20eV，质谱图会有什么变化？

(3)质谱仪离子源有哪些?

(4)如何用 GC-MS 进行定量分析?

参考文献

邹建凯. 2002. 椰子油甘油三酯的高温气相色谱/质谱分析. 分析化学，30(4): 428-431

Sostaric T, Boyce M C, Spickett E E. 2000. Analysis of the volatile components in vanilla extracts and flavorings by solid-phase microextraction and gas chromatography. J Agric Food Chem, 48(12): 5802-5807

(邹建凯)

实验 28 电子顺磁共振参数的测定

实验导读

电子顺磁共振(EPR)也称电子自旋共振(ESR)和电子磁共振(EMR)，是直接检测和研究含有未成对电子的顺磁性物质的现代仪器分析方法。自从 Zavoisky 于 1945 年首次提出检测 EPR 信号的实验方法，EPR 的理论、实验技术和仪器结构性能等方面都有了很大的发展。

EPR 主要用于研究包括自由基、双基或多基、三重态分子、过渡金属离子和稀土离子、固体中的晶格缺陷、具有奇数电子的原子和含有单电子的分子等几类含有未成对电子的物质。对于化学活性高、寿命极其短暂的自由基，采用自旋捕获(spin trapping)技术等特殊方法，将其转化为较稳定的顺磁性物质，再用 EPR 检测；对于原来不能直接用 EPR 测量的非顺磁性物质，如高分子化合物、生物细胞膜等，可通过自旋标记(spin label)法和自旋探针(spin probe)法把一种稳定的顺磁性基团以共价结合或非价键结合的方式引入非顺磁性体系，利用顺磁性物质的 EPR 信号及其变化研究非顺磁性物质的物理和化学性质。

EPR 技术可以确定样品中是否具有顺磁性物质，并根据对 EPR 实验谱图的线宽、线形、g 因子、超精细耦合和自旋浓度等波谱参数的分析，获得样品中未成对电子及分子结构信息。同时，EPR 还是研究化学反应机理和反应动力学等方面的重要方法和手段。

EPR 波谱学发展的主要趋势是在生物学、医学和材料科学领域中的应用。在生物学尤其是分子生物学中，有许多课题如揭示酶的结构与功能之间的关系及其作用机理等，EPR 技术有独到之处。EPR 技术也得到进一步发展，特别是脉冲技术的发展，在电子自旋回波(ESE)基础上发展了电子自旋回波包络调制(ESEEM)。把 EMR、电子-核双共振(ENDOR)和 ESEEM 结合起来，研究光合作用的反应中心及其反应机理；在频率上采用极高频和多频 EMR 技术；二维电子磁共振(2D-EMR)和电子磁共振成像(EMRI)正应用于生物学、医学和材料科学。

实验目的

(1)理解 EPR 线宽、线形、g 因子和自旋浓度的基本概念。

(2)掌握 EPR 参数的测定方法。

实验原理

1. 线宽和线形

任何 EPR 谱线都具有一定的形状和宽度。通常，EPR 谱的线宽是指一次微分谱线两峰值(两极端值)间的全宽度，用 ΔH_{pp} 表示，以 $10^{-4}T$ 为单位，不同样品的谱线宽度有很大的差异。

从理论上分析，EPR 线形有两种：Lorentzian 线形和 Gaussian 线形。稀溶液顺磁体系的线形是 Lorentzian 线形，而许多 Lorentzian 线形谱线的叠加结果趋于 Gaussian 线形。实际情况往往是两种线形的中间情况。微分谱线斜率法是通用的线形判别的简单方法。在一次微分谱线两侧最大斜率处作直线交于横轴，从交点处得到 a 和 b，根据微分谱线的最大斜率比：斜率 A / 斜率 B，即 a/b 来判断线形，对于 Gaussian 线形，$a/b=2.2$，Lorentzian 线形，$a/b=4$。现代波谱仪有记录二次微分谱线的装置，在一次微分谱线中不容易看出两种线形的差别，而在二次微分谱线中两者的差别就十分明显，因此用记录二次微分谱的装置可以从实验上直接判别线形。

2. g 因子

g 因子是 EPR 波谱中的一个重要参数，它表征顺磁离子激发态通过旋轨耦合对基态的掺合程度。g 因子的计算既与基态有关，也与相应的激发态掺合有关，即 g 因子与分子的电子组态、原子的化合价及顺磁中心周围的环境有关，所以通过 g 因子的测量可以得到许多关于物质结构和存在状态的信息。另外，g 因子在本质上也反映局部磁场的特征，大多数分子激发态的掺合是与取向有关的，从而使 g 因子具有各向异性，即 g 因子的大小与分子相对于外静磁场的方向有关。对于轴对称晶体，g 因子分为 $g_{/\!/}$ 和 $g_{\perp}$，对于非轴对称晶体，g 因子必须用 g_x，g_y，g_z 三个分量描述。

g 因子的测定方法有两种。一种方法是其有效值可精确到小数点以后第 4 位以上，由共振条件 $h\nu=g\beta H_0$ 导出

$$g=\frac{h\nu}{\beta H_0}=0.714484\frac{\nu(\mathrm{MHz})}{H_0(\mathrm{G})} \tag{2.5}$$

求出测谱时的共振频率 ν 和磁场 H_0，即可由式(2.5)算出 g 值。这种方法没有技术上的问题，只要有微波频率计和测场仪即可。但是，这两种仪器价格比较高。因此，求有机自由基的 g 值广泛采用以下简便方法，即在测定未知样品的同时，也测定一个已知 g 值的样品，如 MgO 中的 Mn^{2+} 和 DPPH、TCNQ-Li(四氰基对苯醌二甲烷锂)等。

使用锰标来测 g 值，Mn^{2+} 有六条超精细分裂谱线。其中，一般采用从低场开始的第三条线和第四条线。这两条谱线的 g 值分别是 2.034 和 1.981，另外四条谱线由于其 g 值随测定频率而改变，一般情况下不使用。此外，Mn^{2+} 的第三条线和第四条线之间的间隔是(86.9±0.1) G。使用这种简便方法求 g 值的办法如下。首先取已知样品的 g 值为 g_s，未知样品的 g 值为 g_x，由于两个样品在同一条件(同一频率)下测定，因此有如下共振条件成立：

$$h\nu=g_s\beta H_0 \tag{2.6}$$

$$h\nu=g_x\beta(H_0-\Delta H) \tag{2.7}$$

$(H_0-\Delta H)$ 可以通过当未知样品和已知样品的共振磁场(H_0)不同时，由 H_0 和两者之间的差(ΔH_0)来求。于是，未知样品的 g 值如式(2.8)所示：

$$g_x=\frac{g_s H_0}{H_0-\Delta H} \tag{2.8}$$

对于过渡金属离子，由于它的 g 值各向异性大，用锰标求 g 值是一个很好的方法。

3. 自旋浓度

在自由基化学中，自由基浓度(自旋浓度)的定量测定是许多研究工作者感兴趣的，同时是最重要也是最难精确测量的 EPR 波谱数据之一。自旋浓度可用绝对测量法和比较测量法，常用的是比较测量法。

如果取 EPR 测定的未成对电子数(自旋浓度)记为 N，未知样品的自旋浓度 N_x 与 EPR 谱线参数及其测试条件有如下关系：

$$N_x = \frac{H_{\text{ms}}\sqrt{P_{\text{s}}}\cdot G_{\text{s}}\cdot \sum S_x}{H_{\text{mx}}\sqrt{P_x}\cdot G_x\cdot \sum S_{\text{s}}}\cdot N_{\text{s}} \tag{2.9}$$

式中：N 为自旋浓度；P 为测定时的微波输出功率；G 为测定时放大器的放大倍数；H_{m} 为测定时的调制幅度；$\sum S$ 为 EPR 吸收线下的面积；s 为下标表示标准样品；x 为下标表示未知样品。若测定标准样品和未知样品时，仪器的测定条件保持不变，式(2.9)可表示为

$$N_x = \frac{\sum S_x}{\sum S_{\text{s}}}\cdot N_{\text{s}} \tag{2.10}$$

也就是说，如果已经准备好了已知自旋浓度为 N_{s} 的标准样品，则可以分别测定未知样品和标准样品，求出它们的 EPR 吸收谱线下的面积后，利用式(2.10)即可求得未知样品的自旋浓度 N_x。

用比较法测量自旋浓度时需要注意样品中水分的影响、标准样品的处理方法、由微波造成的饱和现象、测试条件、谱线波形是否相同及温度的影响等因素。

仪器与试剂

仪器 JES-FE1XG 型电子自旋共振波谱仪。

试剂 固体 DPPH(1, 1-二苯基-2-三硝基苯肼)；无烟煤粉末样品；锰标样品。

安全警示

(1)注意电器使用安全(见实验 2)。

(2)注意磁场对人体的影响。

进入顺磁共振或核磁共振实验室前，请务必除去身上携带的铁磁性物质、电子元件和各类磁卡；处于早期妊娠者、体内有铁磁性物质或植入心脏起搏器及其他植入物者，请不要进入此类实验室。具体事项应严格遵守实验室安全注意事项。

实验步骤

1. 线宽和线形的测量

将 DPPH 样品插入谐振腔，记录其 EPR 谱图(1#)。

2. g 因子的测量

把已知 g 值的标准 DPPH 样品和待测的煤样品分别插入样品谐振腔，分别记录两个样品的 EPR 谱图(2#)；再把锰标作为待测 g 值的未知样品代替煤粉样品插入谐振腔，分别记录两个样品的 EPR 谱图(3#)。

3. 自旋浓度的测量

(1)用已知自旋浓度的煤粉样品(N_s)测量未知自旋浓度的煤粉样品(N_x)，分别记录两个样品的 EPR 谱图(4#)；

(2)用 DPPH 固体样品作为未知自旋浓度的样品(N_x)，记录其 EPR 谱图(5#)。

结果与讨论

(1)测量 1#EPR 谱图中 DPPH 的线宽 ΔH_{pp}，并用微分谱线斜率法判别其线形。

(2)已知 DPPH 样品的 g 因子为 2.0037，根据 2#和 3#EPR 谱图计算煤粉样品和锰标样品的 g 值。

(3)利用煤粉样品的已知自旋浓度数据，根据 4#和 5#EPR 谱图，分别计算煤粉样品 N_x 和 DPPH 样品的 N_x。

思考题

(1)简述 EPR 与 NMR 的区别。

(2)g 值的概念和物理意义是什么?

(3)对自由电子而言，采用 9.5GHz 的微扰频率，试计算产生 EPR 信号所对应的外磁场大小。

参考文献

胡英. 2003. 物理化学参考. 北京：高等教育出版社
裘祖文. 1980. 电子自旋共振波谱. 北京：科学出版社
石津和彦. 1992. 实用电子自旋共振简明教程. 王者福，穆运转译. 天津：南开大学出版社
徐广智. 1978. 电子自旋共振波谱基本原理. 北京：科学出版社
Brodbeck C M, Iton L E. 1985. The EPR spectra of Gd^{3+} and Eu^{2+} in glassy systems. J Chem Phys, 83: 4285-4299
Wang G P, Zhu L G. 2001. EPR properties of novel quaternary mixed anion complexes of gadolinium(Ⅲ). Acta Phys-Chim Sin, 17(1): 87-90

(王国平)

实验 29　X 射线粉末衍射法物相定性分析

实验导读

自然界中固态物质多数以多晶形式存在，每一种晶态物质都有其特定的结构，原子的种类、数目及其在空间的排列组合方式都各不相同。德拜(Debye)和谢乐(Scherrer)等继劳厄(Laue)发现单晶 X 射线衍射(XRD)后发明了粉末衍射法。实验中得到的各种晶态物质的粉末衍射图都有不同的特征，其衍射线的位置(θ)和强度(I)的分布都不相同，而且混合晶体的衍射图谱为其各自晶体衍射峰的叠加，互不影响，据此可以对任意组合的晶体样品进行定性分析；而样品中某一物相的 X 射线衍射强度与其在样品中的含量成比例，但并不成正比，在众多的 XRD 定量分析中，最为简捷的是 Chung 提出的基体冲洗法(matrix flushing method)，也称 K 值法，该法只对所测物相进行分析，不考虑其他物相的含量，适用于任何混合物相的研究。

XRD 分析已渗透到化学、生命、材料等各个专业领域，可以测定平衡相图、结晶度、晶体粒度大小及表面积，测定高分子相对分子质量、生物组织结构、层错和有序度、生物大分子中金属配位体间距等。随着工业生产和研究工作的不断深入，XRD 发展异常迅速，其应用必将日益广泛。

实验目的

(1) 了解 X 射线衍射仪的基本构造。

(2) 掌握 X 射线衍射实验方法的原理和技术。

(3) 掌握利用粉末衍射卡片(PDF)的计算机检索定性分析多晶样品的物相。

实验原理

自伦琴在 1895 年研究阴极射线时发现 X 射线之后，基于 X 射线与物质的相互作用(吸收、激发、散射)而发展起来的分析方法不断出现。X 射线分析成为结晶学、矿物学、金属学等经典学科和结构生物学、药物学、高分子学等新兴学科的最重要分析方法之一。

X 射线是一种电磁波，入射晶体时与晶体中周期排列的原子相互作用，原子中电子和原子核受迫振动。原子核质量很大，振动可忽略不计，振荡中的电子成为次生 X 射线波源，其波长、周相和入射光相同。由于晶体结构的周期性，晶体中电子的散射波可以相互干涉叠加，形成相干散射(衍射)，散射波一致增强的方向成为衍射方向。不同物相由于其化学组成和几何结构的区别，在不同衍射方向上光的强度是唯一的，这就构成 X 射线粉末衍射分析的基础。

任何一个结晶的固体化合物都给出一套独立的 X 射线衍射图谱，其衍射峰的位置和强度完全取决于这种物质自身的内部结构特点。产生衍射的充分必要条件是

$$2d_{hkl}\sin\theta_{hkl}=\lambda \tag{2.11}$$

$$I_{hkl}=KMPLTA\left|F_{hkl}\right|^2 \tag{2.12}$$

$$F_{hkl}=\sum_{j=1}^{n}f_j\exp[2\pi i(hx_j+ky_j+lz_j)] \tag{2.13}$$

式中：λ 为入射 X 射线波长；d_{hkl} 为 hkl 平面点阵族的衍射面间距；θ_{hkl} 为 hkl 平面衍射掠射角；I_{hkl} 为 hkl 面衍射积分强度；M 为多重因子；T 为温度因子；A 为吸收因子；F_{hkl} 为 hkl 衍射面结构因子；K 为比例系数，与入射光强度及实验条件有关；P 为偏极化因子，L 为洛伦兹(Lorentz)因子，P 、L 值均仅与衍射角有关；f_j 为第 j 个原子的散射因子，其值与原子种类有关；x_j ，y_j 和 z_j 为第 j 个原子的分数坐标。

式(2.11)为布拉格(Bragg)方程，决定衍射方向，如图 2.22 所示。不同的物相具有不同的数组，反映在谱图上就是衍射线的位置不同。式(2.12)说明衍射线的积分强度与结构因子 F 的模的平方成正比，从式(2.13)可知结构因子与原子种类及位置有关，即衍射强度 I 与构成晶体的原子种类、数量及相对位置有关。也就是说，一张衍射图谱上衍射线的位置和强度完整地反映了晶体结构的两个特征——原子排列的周期性特征及原子的种类、数量和相对位置。当一种物质含有若干种物相时，这些物相都会出现各自的衍射图，互不相干，即由几个物相组成的固态晶体的衍射图是各个物相的衍射图按照物相间的比例简单叠加的。

多晶粉末样品由无数取向随机的小晶粒组成，其晶面的取向全方位都是等概率的。这样

在此粉末样品中将随机出现由相同晶面取向的小晶粒组成的统计晶面。根据布拉格方程，这些统计晶面的衍射方向一致，粉末衍射仪结构如图 2.23 所示，是根据上述原理设计而成。*F* 为入射 X 射线焦点；D 为平板样品；O 为样品台中心；C 为光电管。DS、SS、RS 分别为入射狭缝、防散射狭缝、接受狭缝，实验过程中联合转动。

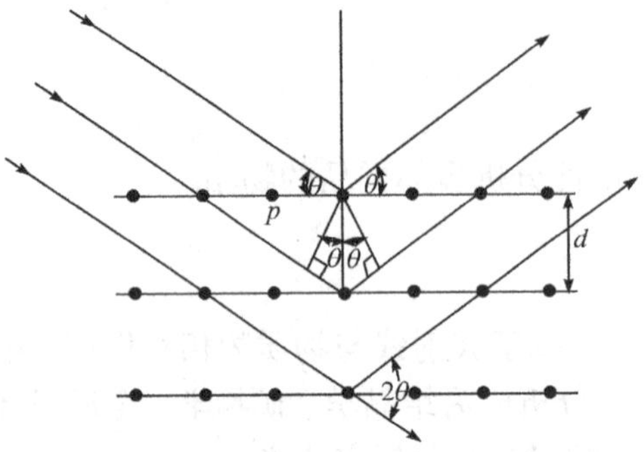

图 2.22　布拉格衍射图

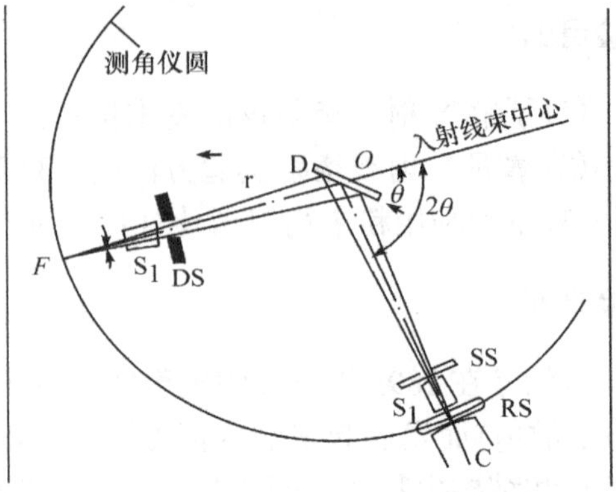

图 2.23　粉末衍射仪结构

根据晶体结构学说，晶体的 *d* 值由晶体几何结构决定，而强度 *I* 值依赖于晶体的元素组成及其排列，所以每一种晶体的粉末图几乎与人的指纹一样，记录着晶体的独特信息。因此，每一种物质的每一种相都有独一无二的粉末衍射图。

粉末衍射卡片(powder diffraction file, PDF)是由国际衍射数据中心发行并维护的粉末物相 X 射线衍射图谱标准数据库，其数据文件的原始粉末图样以特征数据 *d-I* 形式储存，并包括相应的晶体物理性质及实验条件信息。物相定性分析就是根据样品粉末衍射图谱与已知物相的标准衍射图谱对照确定物相，主要分为以下两种方法：①图谱直接对照法，即直接将待测样品的衍射图谱与 PDF 卡片进行对比匹配，适用于已知可能物相且样品比较单一的情况；②计算机自动检索匹配，把 PDF 存入计算机，建立数据库，并配合相应的数据库检索程序，计算机自动将样品衍射图与数据库中相似图谱进行筛选、匹配，从而确定物相组成，此方法适用于样品未知或成分复杂的情况。

仪器与试剂

仪器　D8 ADVANCE X 射线粉末衍射仪；玛瑙研钵；样品板。

试剂　NaCl(A.R.)；$CaCO_3$(A.R.)。

安全警示

(1)注意电器使用安全(见实验 2)。

(2)使用 X 射线衍射仪注意事项：

X 射线属于高能射线，直接照射到人体局部组织将引起组织局部灼伤或坏死。全身所受辐射超过剂量，将发生射线病如头晕、精神萎靡等，严重者将影响生殖。但采取适当防护措施即可防止，无需存有畏惧心理。近代 X 射线衍射仪都有含铅玻璃保护罩和各种安全保护电路，当某些突然事故发生时，安全保护电路将自动切断高压或电源以起到保护作用。但是，为确保仪器和人员安全，务必严格遵守操作规程。

◆衍射仪 X 射线光路的屏蔽部件不可随意移去。

◆注意不要受到 X 射线的直接照射，也不要受到散射线的照射。

◆更换样品时必须关窗。

◆X 射线发生器是一种高压设备，检修时也必须十分注意安全，避免受到高电压的伤害。

◆当维修 X 射线发生器的高压部分时，必须切断电源并使高压电容完全放电。

实验步骤

(1)按照操作规程开启衍射仪：打开冷却水循环系统，设定温度 22℃，打开主机电源，打开计算机进入系统，主机初始化完毕，将安全锁拨至 I 位，开灯丝进行预热 1～2min，按 ON 按钮连通电路，开始加电压，计算机端调整电压电流至所需值，并稳定。

(2)粉末样品制备：用玛瑙研钵研磨待测的混合样品至 300～500 目($NaCl$ 和 $CaCO_3$ 的质量比约为 1∶4)。

(3)将样品板、平板玻璃、金属药匙用无水乙醇擦洗，晾干。将样品板平放于桌面上，把样品均匀加入样品板内，用载玻片轻压，使样品足够紧密，表面光滑平整。

(4)将做好的样品板插入样品台，中心对齐。

(5)设定实验测定参数：X 光靶为 Cu 靶，波长 $K_{\alpha_1}=1.54065$ Å，$K_{\alpha_2}=1.54439$ Å；工作电压为 40kV，工作电流为 40mA，扫描速率为每秒 $0.01°\sim0.05°$。

(6)开始扫描。结束后保存数据。

(7)按照操作规程关机。

注意事项

多晶 X 射线的基本假定是样品中包含无数小晶粒，它们的取向是随机的，而择优取向的存在破坏了上述晶面的取向随机性，也破坏了相对强度的正常，针状和片状晶体更为严重。解决的方法是仔细研磨，尽量改变其形状。制样时，使用粗糙面为底面的压片板压片能减少择优取向。

结果与讨论

(1)利用仪器配套软件对得到的谱图自动扣除背景、平滑、寻峰，并大致标出各衍射峰强度。

(2)计算各衍射峰相对衍射强度，以最强峰为 100，其他峰的强度为与它的比值。根据未知样品的信息(化学元素、分类)进行搜索，找出最符合的标准图谱，从而推断未知样品的化学式及其相态。

思考题

(1)总结仪器使用时需要注意的问题。

(2)通过查阅文献，简述 XRD 定量分析的基础。

参考文献

梁敬魁. 2002. 粉末衍射法测定晶体结构. 北京：科学出版社

马礼敦. 2002. 高等结构分析. 上海：复旦大学出版社

祁景玉. 2003. X 射线结构分析. 上海: 同济大学出版社
张婉静. 2001. 固体催化剂的研究方法：第十章 多晶 X 射线衍射(上). 石油化工, 30(7): 571-583
Jenkins R, Smith D. 1987. The Powder Diffraction File. IUCR Data Base Commission Report

(王国平)

实验 30　有机化合物的核磁共振氢谱测定

实验导读

核磁共振(NMR)是 1946 年由美国斯坦福大学布洛赫(Bloch)和哈佛大学珀塞耳(Purcell)各自独立发现的，两人因此获得 1952 年诺贝尔物理学奖。70 年来，核磁共振已形成一门有完整理论的新学科。迄今为止，已有 14 位科学家因对核磁共振、磁共振成像的杰出贡献而获得诺贝尔奖。核磁共振适用于液体、固体。如今的高分辨技术还将核磁共振用于固体及微量样品的研究。核磁共振谱图已经从过去的一维(1D)谱图发展到二维(2D)、三维(3D)甚至四维(4D)谱图，陈旧的实验方法被放弃，新的实验方法迅速发展，它们将分子结构和分子间的关系表现得更加清晰。核磁双共振、二维核磁共振及多维核磁共振、磁共振成像技术、魔角旋转技术、极化转移技术、固体高分辨 NMR 技术、HPLC-NMR 联用技术等是近年来发展起来的新技术和新方法。核磁共振因可深入物质内部而不破坏样品，具有迅速、准确、分辨率高等优点而得以迅速发展和广泛应用，已经从物理学逐渐深入化学、生物化学、生物物理、地质、医学药物及材料等学科，在科研和生产中发挥了巨大作用，如用核磁共振法对蛋白质、多肽、核酸、多核苷酸多糖等生物大分子进行了大量的研究，研究了细胞膜、生物组织中的水及钠、钾离子的状态等。NMR 在蛋白质分子构象研究中取得重要进展，但迄今 NMR 只能解析 20kDa 以下的小蛋白质分子，遇到分子质量更大的蛋白质分子，即使像 ^{15}N 这样分辨率很高的峰都会出现严重的重叠现象，因此提高 NMR 的分辨率非常重要。最新的 TROSY(transverse relaxation optimized spectroscopy)实验技术在这一方面取得了一定的进展。

实验目的

(1)了解 NMR 波谱仪的基本原理。
(2)学习仪器采样参数的设置及数字信号处理方法。
(3)解析简单的有机分子 ^{1}H NMR 谱。

实验原理

^{1}H-核磁共振(^{1}H-NMR)也称质子核磁共振，是研究化合物中 ^{1}H 原子核(质子)的核磁共振，可提供化合物分子中氢原子所处的不同的化学环境和它们之间相互关联的信息，从而确定分子的组成、连接方式及其空间结构等。

1. 化学位移及自旋-自旋分裂

依照核磁共振产生的条件，^{1}H 核的磁旋比是一定的，当外加磁场一定时，所有质子的共振频率应该是一样的。但在实际测定化合物中处于不同化学环境中的质子时发现，其共振频率是有差异的。产生这一现象的主要原因是原子核周围存在电子云，在不同的化学环境中，核周围电子云密度是不同的。当原子核处于外磁场中时，核外电子运动产生感应磁场，就像形成了一个磁屏蔽，使外磁场对原子核的作用减弱，即实际作用在原子核上的磁场为 $H_0(1-\sigma)$ 而不是 H_0，其中 σ 为屏蔽常数，它反映了核所处的化学环境。在外磁场 H_0 的作用下核的实际共振频率为

$$\nu = \frac{\gamma H_0(1-\sigma)}{2\pi} \tag{2.14}$$

也就是共振频率发生了变化，在谱图上反映出谱峰的位置移动了，这称为化学位移，图 2.24 为 CH_3CH_2OH 的高分辨 ^{1}H-NMR 谱图。由于甲基和次甲基中的质子所处的化学环境不同，σ 值也就不同，在谱图的不同位置出现两组峰，所以在核磁共振中，可用化学位移的大小测定化合物的结构。

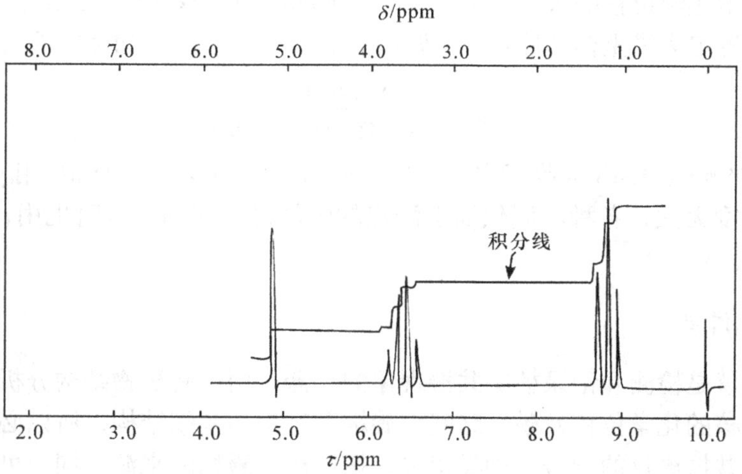

图 2.24 含有痕量 HCl 的乙醇 ^{1}H-NMR

CH_3CH_2OH 的低分辨 ^{1}H-NMR 谱图在不同位置出现两个峰，而其高分辨 ^{1}H-NMR 谱图则为两组峰，谱峰发生分裂，这种现象称为自旋-自旋分裂。分子内部相邻碳原子上氢核自旋也会相互干扰，通过成键电子之间的传递，形成相邻质子之间的自旋-自旋耦合(图 2.25)，从而

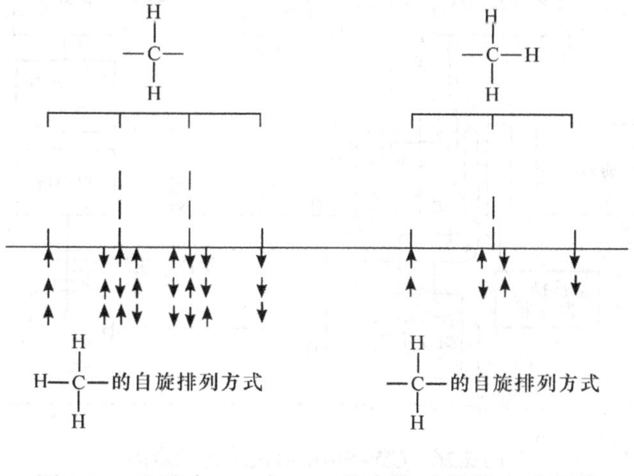

图 2.25 乙醇中 CH_3 与 CH_2 的自旋-自旋耦合示意图

导致自旋-自旋裂分。裂分峰数是由邻碳原子上的氢原子数决定的。若邻碳原子氢数为 n，则裂分峰数为 $n+1$，其峰面积之比为二项展开式系数。裂分峰之间的距离称为耦合常数，一般用 J 表示，单位为 Hz。J 是核之间耦合强弱的标志，说明了它们之间相互作用能量，因此是化合物结构的属性，与外磁场强度的大小无关。

2. 谱图表示方法

用核磁共振分析化合物分子结构，化学位移和耦合常数是两个很重要的信息。在核磁共振波谱图上，横坐标表示的是化学位移和耦合常数，而纵坐标表示的是吸收峰的强度。

在核磁共振测定中，外磁场强度一般高达几特斯拉，而屏蔽常数不到万分之一特斯拉。依照 $\Delta E\Delta t \approx h/2\pi$ 知，由屏蔽效应引起质子共振频率的变化量是极小的，很难分辨，因此采用相对变化量表示化学位移的大小。在一般情况下选用四甲基硅烷(TMS)为标准物，把 TMS 峰在横坐标的位置定为横坐标的原点(一般在谱图右端)，如图 2.24 右端所示。

$$\delta = \frac{\Delta\nu(\text{Hz})}{\text{振荡器工作频率(MHz)}} \tag{2.15}$$

式中：$\Delta\nu$ 为各吸收峰与 TMS 吸收峰之间共振频率的差值；δ 是一个比值，用 ppm(1ppm=10^{-6})计量，与磁场强度无关，各种不同仪器上测定的数值是一样的。有时也用 τ($\tau = 10 - \delta$)作为化学位移的参数。

3. 核磁共振谱仪

核磁共振谱仪是检测和记录核磁共振现象的仪器。用于有机物结构分析的谱仪需要检测不同化学环境磁核的化学位移及磁核之间自旋耦合产生的精细结构，所以必须具有高的分辨率。高分辨核磁共振谱仪的型号、种类很多，按照产生磁场的来源不同，可分为永久磁铁、电磁铁和超导磁体三种，按照外磁场强度不同而所需的照射频率不同可分为 60MHz、200MHz、300MHz、500MHz、900MHz 等型号，但最重要的一种分类是根据射频的照射方式不同将仪器分为连续波核磁共振谱仪(CW-NMR，见图 2.26)和脉冲傅里叶变换核磁共振谱仪(PFT-NMR，见图 2.27)两大类。

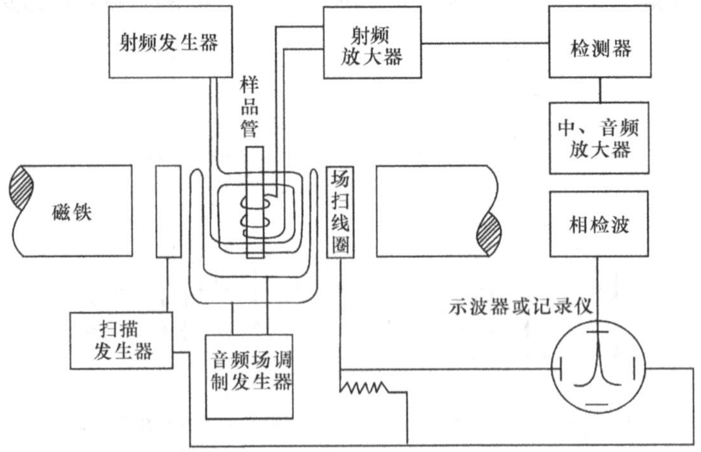

图 2.26　CW-NMR 谱仪结构示意图

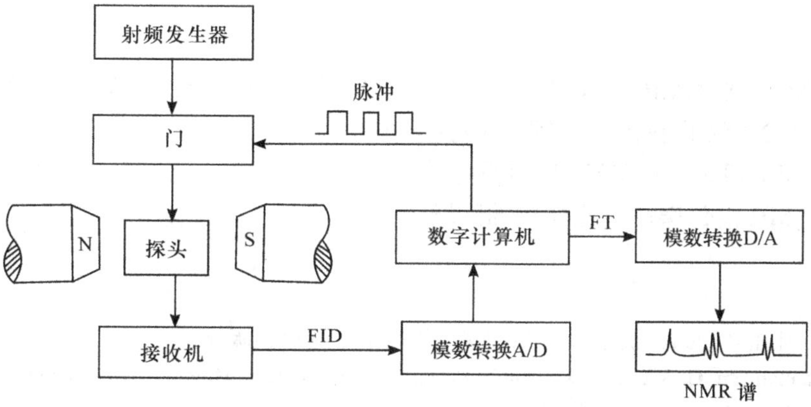

图 2.27 PFT-NMR 谱仪结构示意图

CW-NMR 谱仪主要由磁体、射频发生器、射频放大和接收器、探头、频率或磁场扫描单元及信号放大和显示单元等部件组成；PFT-NMR 谱仪和 CW-NMR 谱仪不同的是该类仪器不用扫描磁场或频率的方式来收集不同化学环境的磁核的共振信号，而是在外磁场保持不变的条件下，使用一个强而短的射频脉冲照射样品，所有的同类磁核同时被激发，从低能级跃迁到高能级，然后通过弛豫逐步恢复玻尔兹曼平衡，在此过程中，射频接收线圈可以接收到一个随时间衰减的信号，称为 FID (free induction decay，自由感应衰减)信号，将 FID 信号通过傅里叶变换将时间域信号转化为熟悉的频率域信号，即频率域谱图。

仪器与试剂

仪器 高分辨核磁共振波谱仪(CW-NMR 或 PFT-NMR)；NMR 样品管。

试剂 标准乙苯 5%样品；四甲基硅烷(TMS)。

安全警示

(1)注意电器使用安全(见实验 2)。

(2)注意磁场安全(见实验 28)。

实验步骤

(1)样品制备。一般采用 5mm 标准样品管，样品量为几毫克至几十毫克。根据样品性质，选择氘代试剂，溶解后加入样品管，塞好样品塞，擦拭干净后放入转子中，用量管调整转子位置，即可放入磁场中心的样品腔中，打开气流开关，使样品管旋转。

(2)按照具体实验仪器的操作说明，进行匀场、锁场。

(3)设置合适的参数，采集信号，进行相位调整，确定化学位移，积分，得到 ^{1}H-NMR 谱。

(4)打印谱图。

结果与讨论

将实验得到的乙苯 ^{1}H-NMR 谱图与标准谱图对照，分析 NMR 谱图中信号的数目、化学位移、积分高度，计算相应的质子数目和耦合常数。

思考题

(1)用 60MHz 的 NMR 谱仪测得乙醇的—CH—的$\Delta\nu$为 215Hz，则其化学位移是多少？如用 400MHz 的 NMR 谱仪测试，则其$\Delta\nu$为多少？

(2)PFT-NMR 相对于 CW-NMR 有哪些优点？

(3)总结 NMR 谱仪操作时应注意的问题。

参考文献

苏克曼，潘铁英，张玉兰. 2002. 波谱解析法. 上海：华东理工大学出版社

Ernst R R, Bodenhausen G, Wokaun A. 1987. Principles of Nuclear Magnetic Resonance in One and Two Dimensions. Oxford: Oxford University Press

Silverstein R M, Webster F X, Kiemle D J. 2005. Spectrometric Identification of Organic Compounds. 7th ed. New York: John Wiley & Sons Inc.

（王国平）

2.2 物性测试实验

实验 31 恒温槽的性能测试

实验导读

温度控制在物理化学实验与研究中有重要的作用，也是一些生产过程的关键。许多测量，如物性测量、化学平衡及动力学实验等都要求在恒定的温度条件下进行。

恒温即利用某种方法使温度在所要求的温度范围内保持相对稳定，仅允许很小的波动。欲控制被研究系统的某一温度，通常采取以下两种方法：

(1)相变点法。利用物质的相变温度实现恒温，如液氮(–195.9℃)、冰-水(0℃)、干冰-丙酮(–78.5℃)、沸点水(100℃)、沸点硫(444.6℃)、沸点萘(218.0℃)、$Na_2SO_4 \cdot 10H_2O$(32.38℃)等。这些物质处于相平衡时，温度恒定而构成一个恒温介质浴，将需要恒温的测定对象置于该介质浴中，就可以获得一个高度稳定的恒温条件，但是对温度的选择性有一定的限制。

(2)热平衡法。通过温度控制系统，用加热器或制冷器对介质加热或冷却，使被控对象处于设定的温度。

实验室中所用的恒温装置一般分为高温恒温(>250℃)、常温恒温(室温～250℃)和低温恒温(室温～–218℃)三大类。

实验目的

(1)了解恒温槽的构造及恒温原理，初步掌握恒温槽的装配和调试技术。

(2)学会分析恒温槽的性能。

(3)掌握接触温度计的调节及使用。

实验原理

本实验讨论一种常用的控温装置——恒温水浴。它通过温度控制器对加热器进行自动调节实现恒温目的。当恒温浴因热量向外扩散等原因使系统温度低于设定值时，控制器迫使加热器工作，当系统再次达到设定温度时，则自动停止加热。这样周而复始，可以使系统温度在一定范围内保持恒定。一般恒温槽用水作为恒温介质，使用温度为20～50℃。若需要更高恒温温度(不超过90℃)，可在水面上加少许白油以防止水蒸发，90℃以上可用甘油、白油或其他高沸点物质作为恒温介质。恒温槽一般由浴槽、温度调节器、温度控制器、加热器、搅拌器和温度计等部件组成，如图2.28所示。

常用电接点水银温度计(也称水银导电表)作温度调节器，它相当于一个自动开关，用于调节浴槽达到所要求的温度，控制精度一般在±0.1℃，其结构如图2.29所示。它的下半部与普通温度计相仿，但有一根铂丝(下铂丝)与水银球中的水银接触；上半部沿温度计毛细管有另一根铂丝(上铂丝)，固定于调温指示标铁上，旋转顶部调节帽(内有磁铁)带动调温转动铁芯旋转，使标铁和上铂丝上下移动，从而调节控制温度。上铂丝和下铂丝各用导线引出，用于连接温度控制器。从标铁在上部温度标尺中的位置，可以粗略估计所要求控制的温度值。当浴槽内温度低于控制温度时，上铂丝与汞柱(与下铂丝导通)不接触；当浴槽内温度上升到控制温度时，上铂丝与汞柱接通。将电接点水银温度计串联于加热电路中，依靠这种“断”与“通”，即可直接控制电加热器加热与否。但由于电接点水银温度计只允许约1mA电流通过(以防止铂丝与汞接触面处产生火花)，而通过电热棒的电流很大，所以两者之间应通过温度控制器控制，继电器是常用的温度控制器。

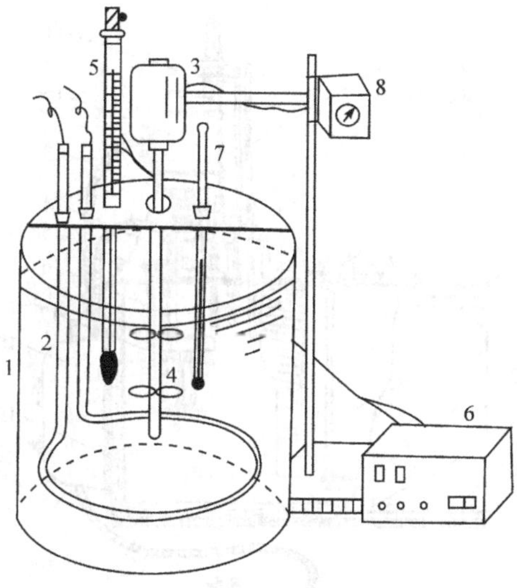

图2.28 恒温槽装置简图

1. 浴槽；2. 加热器；3. 马达；4. 搅拌器；5. 温度调节器；6.温度控制器；7. 精密温度计；8. 调速变压器

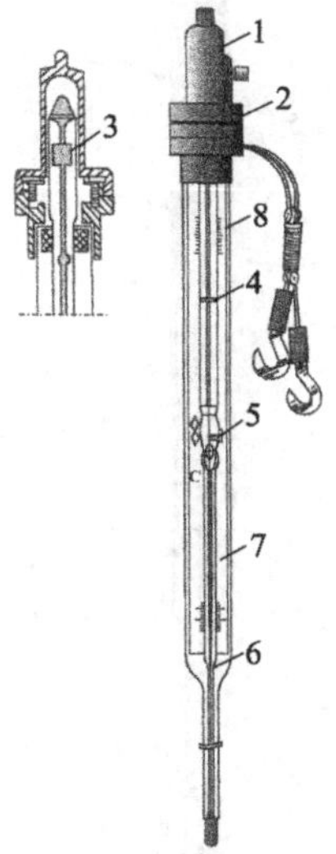

图2.29 温度调节器(电接点水银温度计)

1. 调节帽；2. 紧固螺丝；3. 调温转动铁芯；4. 调温指示标铁；5. 上铂丝引出线；6. 下铂丝引出线；7. 下部温度标尺；8. 上部温度标尺

一般采用1/10℃玻璃温度计作为测温元件，也可采用电阻温度计并配合相应的仪表显示系统温度。应注意的是，电接点水银温度计的标铁指示只能用于粗略估计控制温度，准确的温度需从温度计读取。

这种通过断、通两位控制的恒温装置不能控制加热电流的大小，需要人工调节。随着技术的进步，目前广泛采用比例-积分-微分(PID)调节器，配合可控硅，使加热电流随当前温度和目标温度的差值大小自动调节，从而提高了控温的精度。

装配和使用恒温槽时，应注意各元件在恒温槽中的布局是否合理，注意感温、温度传递、控制器、加热器等的滞后现象等，用灵敏度表示恒温槽性能。通常，灵敏度越高，恒温槽内温度波动越小，各区域温度越均匀。为了提高恒温槽的灵敏度，在设计恒温槽时要注意以下几点：恒温槽介质的热容量要大些，传热效果要好些，尽可能加快电热器与接触温度计间传热的速率，感温元件的热容尽可能小，感温元件与电加热器间距离要近一些，适当搅拌，加热器功率要恰当。为了了解恒温槽的性能，需测量其波动曲线(温度随时间变化的曲线)，从波动曲线的形状、周期长短、波动大小等可以判断影响恒温槽灵敏度的因素。

测量恒温槽的微小温度变化(ΔT)需用分辨率较高的温度计或温差测量仪。常用贝克曼温度计(图 2.30，详细操作见 1.4.3 小节)测量，借助放大镜可以读到±0.002℃，但它不能显示系统温度的绝对值，只是变化值。因贝克曼温度计操作较为困难且使用大量汞，目前已逐渐淘汰。本实验中采用数显精密温差测量仪测量系统温度的变化值。

除上述普通玻璃缸恒温槽外，实验室中还常用超级恒温槽，如图 2.31 所示。其原理和普通恒温槽相同，不同之处是它附有循环水泵，能将恒温槽中的恒温介质循环输送给所需恒温的系统(如折光仪棱镜)，使其恒温。

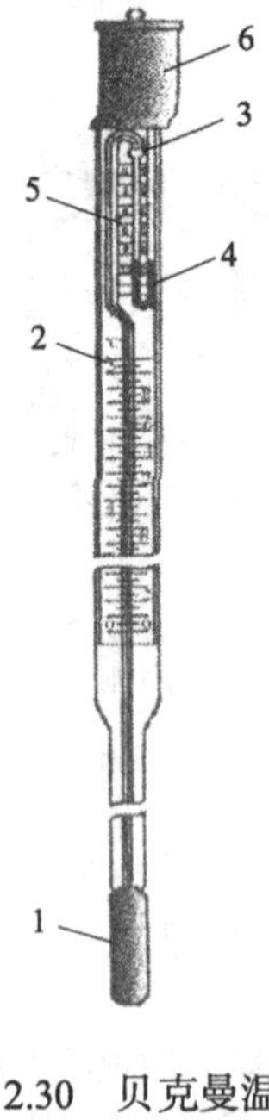

图 2.30　贝克曼温度计

1. 水银柱；2. 刻度板；3. 毛细管尖口；4. 汞储器；5. 小刻度板；6. 金属帽

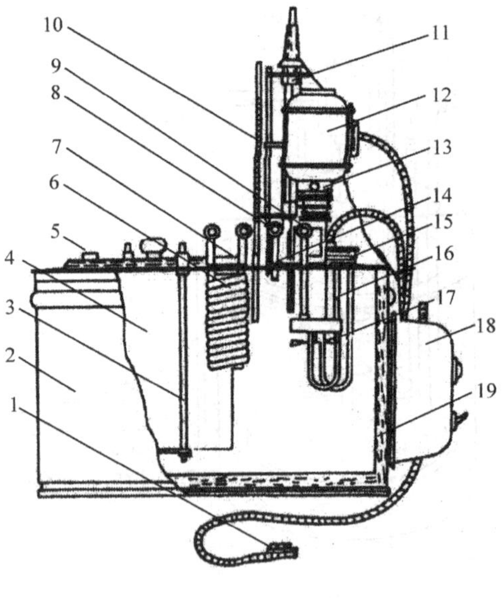

图 2.31　超级恒温槽

1. 电源插头；2. 外壳；3. 恒温筒支架；4. 恒温筒；5. 恒温筒加水口；6. 冷凝管；7. 恒温筒盖子；8. 水泵进水口；9. 水泵出水口；10. 温度计；11. 电接点温度计；12. 电动机；13. 水泵；14. 加水口；15. 加热元件线盒；16. 两组加热元件；17. 搅拌叶；18. 电子继电器；19. 保温层

仪器与试剂

仪器 玻璃缸；温度调节器(导电表)；精密电子温差测量仪；温度计(1/10℃)；搅拌器(带调速器)；温度控制器(继电器)；加热器；调压器。

安全警示

(1)调压器、继电器、电接点温度计、加热器等导线接头可能裸露，在通电状态下不能触碰，否则有触电危险。实验时，调压器、继电器接线柱部分应朝向实验台上方，避免无意触碰。检查线路时，必须先断开电源。

(2)搅拌器应调速在稳定、中速，以免高速转动时震动，打到恒温槽内玻璃器件。靠近搅拌器时，注意头发不要被卷入。

实验步骤

(1)将蒸馏水灌入浴槽至容积的4/5处。然后将恒温槽所需元件按你认为最合理的排布组装成一套恒温槽，并接好所有线路。请教师检查，待教师许可后才能接上电源插头。

(2)设定温度为室温以上10℃左右(夏天可取30～35℃，冬天可取20～25℃)的整数值。设定前，先观察电接点温度计标尺是否有误差，方法为：接通继电器电源，打开搅拌器开关，旋开电接点温度计上部的调节帽紧固螺丝，旋转调节帽至继电器刚在通断状态(继电器红绿指示灯交替变换，同时有嘀嗒声)，观察此时的温度计示数和电接点温度计标铁位置示数。如果两者之间数值有差异，在设定温度时应考虑其差值。旋转调节帽使标铁处在比设定温度稍低(通常低0.2～0.3℃，为什么？)的位置，调节加热电压使介质快速升温。当继电器指示停止加热时，观察1/10℃温度计读数。调节加热电压在较小值，再稍调高设定温度继续升温，当1/10℃温度计刚达设定温度时，旋转调节帽使铂丝与水银处于刚刚接通与断开状态，然后固定调节帽紧固螺丝。注意设定温度时采用逐步逼近法。

(3)在教师指导下学习使用精密温差测量仪，并用精密温差测量仪测量已达设定温度的恒温槽不同位置的温度波动区间，测定点可分别选择恒温槽纵向(恒温槽中心)、恒温槽径向等温度分布不同处。

(4)测定加热器在不同加热电压下恒温槽的温度波动曲线，记录2～3个波动周期，如用220V和110V加热电压分别测定，每隔0.5min读一次温度，连续记录至少15min。

(5)液体恒温过程温度变化测量。取一容量瓶，装入适量室温下的水，放入精密温差测量仪的温度计，温度平衡后，置零。把容量瓶放入恒温槽中，每隔0.5min读一次温度值，直至温度恒定。

结果与讨论

(1)不同位置温度波动值测定(表2.30)。

表2.30 不同位置温度波动值测定结果

测温元件位置		上	中	下	左	中	右
温度波动值/℃	最高						
	最低						
	温差						
	平均温差						

(2)记录不同加热电压下温度随时间的变化，画出恒温槽温度波动曲线，讨论曲线形状、周期、波幅的影响因素。

(3)画出液体恒温过程温度变化曲线，讨论液体恒温的合适时间。

(4)画出你认为最合理的恒温槽元件装配位置图(俯视图)。为什么这样布局最合理？

(5)结合温度波动曲线，讨论加热器功率对恒温槽温度波动的影响。

思考题

(1)影响恒温槽灵敏度的因素有哪些？如何提高恒温槽的灵敏度？

(2)从能量守恒的角度考虑，应如何选择加热器的功率大小？

(3)根据温度计选择方法，可以用哪些测温元件测量恒温槽温度波动？

(4)如果所需恒定的温度低于室温，如何组装恒温槽？

参考文献

古风才，肖衍繁. 2000. 基础化学实验教程. 北京：科学出版社

殷学锋. 2002. 新编大学化学实验. 北京：高等教育出版社

(王国平)

实验 32　CO_2 的 *pVT* 关系测定和临界现象观测

实验导读

物质的分子热运动和分子间作用力使其呈现气态、液态和固态三种主要聚集状态，并表现出不同的宏观性质，其中之一就是 *pVT* 关系，即一定数量物质的压力、体积和温度间的依赖关系。玻意耳于 1662 年和 Mariotte 于 1676 年分别根据实验现象，归纳得出低压气体恒温下压力与体积呈反比关系，100 年后盖-吕萨克(Gay-Lussac)得出恒压下体积与温度呈正比关系。1869 年，安德鲁斯(Andrews)对 CO_2 液化进行系统测定，1881 年范德华(van der Waals)提出著名的范德华状态方程，使人们对物质的状态及其变化有了比较全面的认识，从此 *pVT* 关系的实验和理论研究不断深入发展。总体上，*pVT* 关系可以由三种方法得到：①直接实验测定，将一定量的物质置于容器中，控制一定的温度和压力，平衡后测定体积，或控制一定的温度和体积，平衡后测量其压力；②经验半经验方法，建立具有一定理论基础或物理意义的各种状态方程(EOS)，如范德华方程、位力(virial)方程、马丁-侯(Martin-Hou)方程等；③理论方法。直至目前，*pVT* 关系仍然是研究的重点之一，超临界状态、电解质和高聚电解质溶液、高分子物质等的 *pVT* 关系受到格外关注。

实验目的

(1)学习流体 *pVT* 关系的实验测定方法，加深理解流体 *p-V* 状态图和不同类型等温线的特征。

(2)掌握实际气体液化的条件和气-液相变、饱和蒸气压的意义。

(3)通过对 CO_2 临界现象的感性认识，理解临界点和超临界流体的重要意义。

(4)学习活塞式压力计的正确使用方法。

实验原理

对于物质的量确定的系统，当处于平衡状态时，其状态函数 p、V_m、T 之间存在关系：$f(p,V_m,T)=0$，该方程描述的物质状态图是以 p、V_m、T 为坐标的立体曲面。在不同温度下截取恒温剖面，相交曲线投影在 p-V_m 平面上，可以得到由一族恒温线组成的 p-V_m 图，如图 2.32 所示，它直观地表达了物质的 pVT 关系。

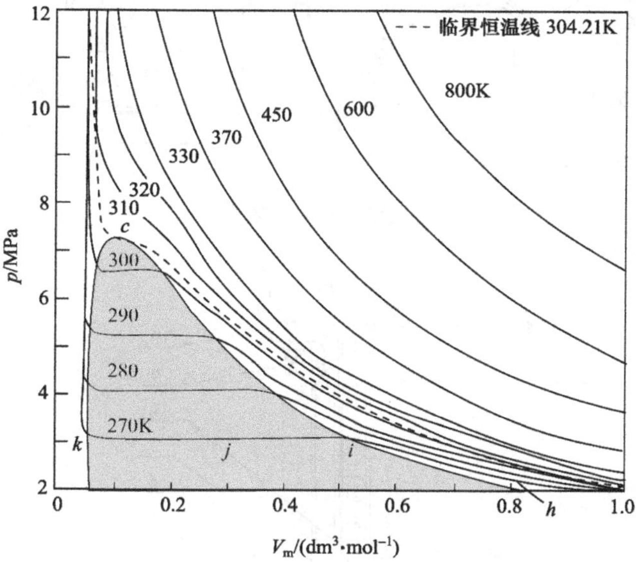

图 2.32 CO_2 的 p-V_m 图

温度超过临界点温度时，等温线是一条光滑曲线；温度低于临界点温度时，等温线上有一水平线段，反映气-液相变化的特征，水平线段的两个端点(如 i 和 k 两点)分别代表互为共轭的饱和气体和饱和液体。饱和气体和饱和液体的体积随温度的变化在 p-V_m 图上构成气液共存区的边界线，称为双节线。随着温度升高，水平线段不断缩短，饱和气体线和饱和液体线最后汇于一点(c 点)，即临界点(critical point)。临界点的温度、压力和体积分别称为临界温度 T_c、临界压力 p_c 和临界体积 V_c，是物质固有的特征参数。温度低于 T_c 是气体液化的必要条件。温度、压力高于临界点的流体称为超临界流体，其应用技术是目前研究的热点。

本实验测定 CO_2 的一系列等温线，观测气-液相变和临界现象。实验装置如图 2.33 所示，由活塞式压力计、超级恒温槽和实验台本体及其防护罩等几部分组成。实验台本体如图 2.34 所示。

实验中由活塞式压力计送来的压力油进入高压容器和玻璃杯上半部，迫使水银进入预先装了 CO_2 气体的承压玻璃管中，CO_2 被压缩，其压力和容积通过活塞式压力计上活塞杆的进退调节。温度由超级恒温槽供给的水套中的水调节。CO_2 的压力由压力表读出。温度由插在恒温水套中的温度计(温度计应事先校正)读出。CO_2 体积由承压玻璃管内柱的高度测量。

由于充入承压玻璃管内的 CO_2 质量和玻璃管截面积不易测量，实验中采用间接方法确定 CO_2 的比体积。假设 CO_2 的比体积 v 与其高度呈线性关系。已知 CO_2 液体的比体积 v(20℃, 9.8MPa)=0.00117m^3 · kg^{-1}，若实际测得在 20℃、9.8MPa 时的 CO_2 液柱高度Δh_0(m)，则

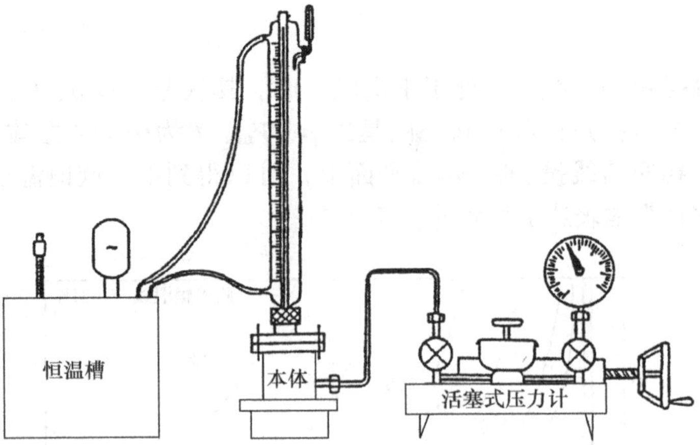

图 2.33　实验装置图

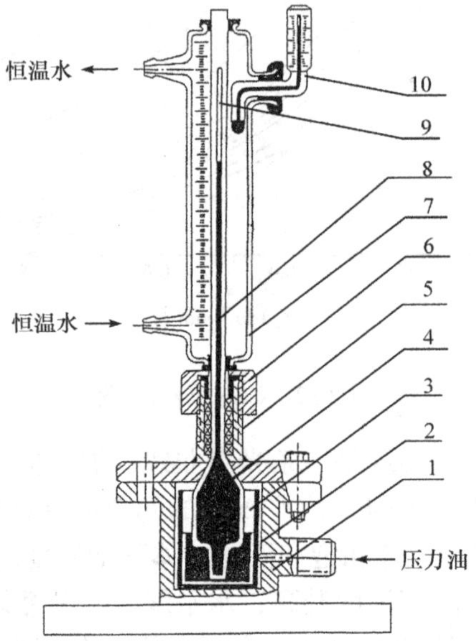

图 2.34　实验台本体示意图

1. 高压容器；2. 玻璃杯；3. 压力油；4. 水银；5. 密封填料；6. 填料压盖；7. 恒温水套；8. 承压玻璃管；9. CO_2；10. 温度计

$$v(20℃,\ 9.8\text{MPa}) = \Delta h_0 A / m = 0.00117(\text{m}^3 \cdot \text{kg}^{-1})$$

$$K = m / A = \Delta h_0 / 0.00117$$

K 为玻璃管内 CO_2 的质面比常数，$\text{kg} \cdot \text{m}^{-2}$。实验温度、压力下 CO_2 的比体积为

$$v = \Delta h / (m / A) = \Delta h / K$$

式中：$\Delta h = h - h_0$，h 为实验温度、压力下水银柱液面刻度；h_0 为承压玻璃内管顶端刻度。

仪器与试剂

仪器　pVT 关系测定实验装置，如图 2.33 所示，由活塞式压力计、超级恒温槽和实验台本体及其防护罩等部分组成，实验台本体如图 2.34 所示。

试剂 实验工质CO_2(一般在仪器安装时事先充入)；压力油。

安全警示

(1)加压时，压力表阀门必须处于打开状态，并随时观察压力表读数，加压压力不能超过10MPa，否则玻璃管有可能炸开。实验时，实验台防护罩不能移开。

(2)阀门关闭以顺时针旋转拧紧为止，阀门打开时，逆时针拧一圈即可。操作时避免移动压力实验台，以免接口处松动漏油。

(3)测量结束时，与加压时步骤相反，用压力实验台活塞螺杆摇退，解除实验台压力，至表头示数接近零时，连通油杯，最后三个阀门都应处于打开状态。

实验步骤

1. 加压前的准备

因为活塞式压力计的内腔容量比主容器容量小，需要多次从油杯中抽油，再向主容器充油，才能充满主容器，在压力表上显示压力读数。活塞式压力计抽油、充油的操作过程非常重要，若操作失误，不但加不上压力，还会损坏实验设备。所以要非常小心，必须在教师指导下认真操作。其步骤如下：

(1)关闭压力表及其进入本体油路的两个阀门，开启活塞式压力计上油杯的进油阀。

(2)摇退活塞式压力计上的活塞螺杆，直至螺杆退到底。这时，活塞式压力计油缸中抽满了油。

(3)先关闭油杯阀门，然后开启压力表和进入本体油路的两个阀门。

(4)摇进活塞螺杆，使本体充油。如此反复，直至压力表上有压力读数为止。

(5)再次检查油杯阀门是否关好，压力表及本体油路阀门是否开启。若均已调定，即可进行实验。

2. 测定气-液相变等温线

(1)设定超级恒温槽温度t=20℃，恒温，检查循环水泵是否在开启状态。

(2)压力记录从水夹套管上有刻度开始，当玻璃管内水银升起来后，应足够缓慢地摇进(退)活塞螺杆，以保证平衡。

(3)平衡后，记录该温度下的压力与水银面刻度。按照适当的压力间隔，测量其他压力下的水银面刻度，直至压力p=9.8MPa。将测得的实验数据及观察到的现象一并填入表2.31。实验过程中，要注意加压后CO_2的变化，仔细测试和观察CO_2最初液化和完全液化时的压力和水银高度。特别要注意观察饱和气体与饱和液体之间的变化和液化、气化等现象。

(4)重复实验，测定t=23℃，25℃，27℃，29℃时的实验数据。

3. 测定临界等温线，观察临界现象

(1)按上述方法和步骤测出临界等温线，并在该曲线的拐点处找出临界压力p_c和临界比体积v_c，将数据填入表2.31。

(2)观察临界现象。

(a)观察临界乳光现象：保持临界温度不变。摇进活塞杆至压力达p_c附近，然后突然摇退活塞杆(注意勿使实验本体晃动！)降压。在此瞬间玻璃管内将出现圆锥状的乳白色闪光现象，即临界乳光现象。这是由 CO_2 分子受重力场作用沿高度分布不均匀和光的散射造成的。可以反复几次来观察这一现象。

(b)整体相变现象：由于在临界点时，饱和气体线和饱和液体线合于一点，气化热等于零，所以这时气、液的相互转变不是像临界温度以下时那样逐渐积累，需要一定的时间，表现为渐变过程，而是当压力稍有变化时，气、液相以突变的形式相互转化。

(c)气、液两相模糊不清现象：处于临界点的 CO_2，不能区别此时是气态还是液态。如果说它是气体，则这个气体是接近液态的气体；如果说它是液体，则这个液体又是接近气态的液体。因为这时是处于临界温度下，如果按等温线过程进行，使 CO_2 压缩或膨胀，则管内看不到气、液变化现象。现在按绝热过程进行。首先在压力等于 7.64MPa 附近突然降压，CO_2 状态点由等温线沿绝热线降到液相区，管内 CO_2 出现了明显的液面。这就是说，如果这时管内的 CO_2 是气体，则这种气体离液相区很接近，可以说是接近液态的气体；当在膨胀之后突然压缩 CO_2，这个液面又立即消失了。这说明这时 CO_2 液体离气相区也是非常接近的，可以说是接近气态的液体。这就是临界点附近饱和气、液相模糊不清现象。

4. 测定高于临界温度时的等温线

调节温度 t=35℃、45℃，将数据填入原始记录表 2.31。

表 2.31　CO_2 等温实验测定 p-V 关系的原始数据记录

t=20℃				t=31.1℃(临界温度)				t=35℃			
p	Δh	v	现象	p	Δh	v	现象	p	Δh	v	现象
…											
…											
…											
…											

结果与讨论

(1)按表 2.31 中的数据，在 p-v 坐标系中画出等温线。

(2)将实验测得的等温线与文献比较，并分析它们之间的差异及其原因。

(3)将实验测得的饱和温度与饱和压力的对应值、表 2.32 所列的温度-饱和蒸气压数据同时画在一张图上，比较并分析产生误差的原因。

表 2.32　CO_2 的饱和蒸气压数据

温度/℃	20.0	22.0	24.0	25.0	26.0	27.0	28.5	29.4	30.0	30.5	31.0
饱和蒸气压/MPa	5.730	6.001	6.285	6.432	6.581	6.734	6.945	7.113	7.271	7.294	7.376

(4)将实验测定的临界比体积 v_c 按理想气体状态方程和范德华方程理论计算值一并填入表 2.33，并分析它们之间的差异及其原因。

表 2.33 临界比体积 v_c(m³ · kg⁻¹)

v_c(文献值)	v_c(实验值)	$v_c=\frac{nRT_c}{p_c}$	$v_c=\frac{3}{8}\frac{nRT_c}{p_c}$
0.00216			

注：n 为单位质量 CO_2 的物质的量。

思考题

(1)使用活塞式压力计的过程中应注意哪些问题?
(2)等温线可以分为几种类型？各有怎样的特征?
(3)如何测得准确的相变点和临界点?
(4)临界点上是否存在气-液相界面？为什么会产生临界乳光现象?
(5)使实际气体液化的条件是什么?
(6)查阅资料，举例说明临界点的重要意义和超临界流体的应用。

参考文献

胡英. 1999. 物理化学(上册). 4 版. 北京：高等教育出版社
胡英. 2003. 物理化学参考. 北京：高等教育出版社
朱自强. 2000. 超临界流体技术：原理和应用. 北京：化学工业出版社
Reid R C, Prausnitz J M, Poling B E. 1987. The Properties of Gases and Liquids. 4th ed. New York：McGraw Hill

(方文军)

实验 33 燃烧热的测定

实验导读

燃烧热是热化学中的重要数据，可用于计算化合物的生成热、反应热、键能及评价燃料品质的优劣等。燃烧热的测定有很多应用，如通过测定燃烧热，判断汽油、煤油、柴油等燃料的质量；测定食糖、奶粉、营养乳剂等食品和营养制品的热值；采用测热值用的氧弹法测定燃料、固体废弃物中的硫含量；测定淤泥的热值，了解水体富营养化的程度，寻求淤泥利用和污染防治的措施等。可见，燃烧热测定在能源、生物、环境等学科中起着重要作用。燃烧热根据测定条件不同分为两种：恒容燃烧热(Q_V)和恒压燃烧热(Q_p)。本实验采用体积确定的氧弹，测得的是 Q_V，经计算可得到 Q_p。测量热效应的仪器称为热量计，氧弹式热量计分为恒温型和绝热型两类。前者设备简单，在外桶中盛有恒温水，只要作好热漏校正，准确度仍然很高；后者外桶由绝热壁构成，可免除热漏校正引起的误差，无需进行温差校正，测量结果精确且重复性好，但仪器昂贵。本实验采用恒温式氧弹热量计测定有机物的燃烧热。

实验目的

(1)熟悉氧弹式热量计的原理、构造及使用方法。
(2)明确恒压燃烧热与恒容燃烧热的差别及相互关系。
(3)掌握温差测量的实验原理和技术。
(4)学会雷诺图解法校正温度的方法。

实验原理

1. 燃烧热与量热

1mol 物质完全燃烧时的热效应称为该物质的燃烧热。完全燃烧是指 $C \rightarrow CO_2(g)$，$H_2 \rightarrow H_2O(l)$，$S \rightarrow SO_2(g)$，而 N、卤素、银等元素变为游离状态。若将参与反应的所有气体看作理想气体，则恒容燃烧热 Q_V 与恒压燃烧热 Q_p 之间有下列关系式：

$$Q_p = Q_V + \Delta nRT \tag{2.16}$$

式中：Δn 为反应前后产物与反应物中气体物质的物质的量之差；R 为摩尔气体常量；T 为反应的热力学温度。在文献中，燃烧热通常用标准摩尔燃烧焓 $\Delta_c H_m^{\ominus}$ 表示。

2. 氧弹热量计

本实验采用环境恒温式氧弹热量计，图 2.35 为装置示意图。由控制台控制搅拌和点火。水银温度计读取外桶水的温度，而内桶的温度由内桶温度计读取，本实验中用 Pt-1000 铂电阻温度计，通过无纸记录仪自动记录燃烧过程中温度随时间变化的曲线，称为燃烧曲线，数据经由接口传输、保存到计算机中。样品燃烧在氧弹中进行，产生的热量传递到内桶中的介质，图 2.36 为氧弹剖面图，其中燃烧丝安装示意图如图 2.37 所示。

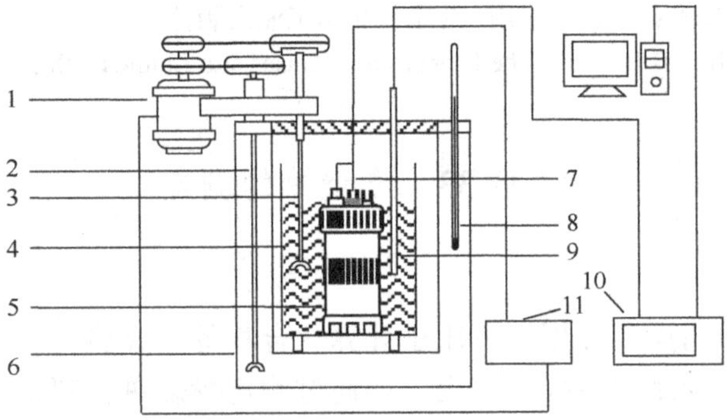

图 2.35　氧弹式热量计测量装置示意图

1. 电机；2. 外桶搅拌器；3. 内桶搅拌器；4. 内桶；5. 氧弹；6. 外桶；7. 点火电极；8. 外桶温度计；9. 内桶温度计；10. 记录仪；11. 控制台

样品在纯氧气氛中完全燃烧放出的热量使氧弹及周围介质温度升高，若已知仪器常数，测量其温差即可求算样品的恒容燃烧热。一般用已知燃烧热的标准物质苯甲酸标定氧弹式热量计的仪器常数，苯甲酸的恒容燃烧热 $Q_V = -26460 J \cdot g^{-1} \times 122.12 g \cdot mol^{-1} = -3231.3 kJ \cdot mol^{-1}$。实验过程中外桶保持恒温，内桶与外桶之间以空气隔热。内桶连同其中的氧弹、测温器件、搅拌器和水可近似看作绝热系统。可用式(2.17)计算物质的恒容燃烧热 Q_V。

$$Q_V W + q_1 x = c\Delta T \tag{2.17}$$

式中：Q_V 为被测物质的恒容燃烧热，$J \cdot g^{-1}$；W 为被测物质的质量，g；q_1 为点火丝的燃烧热，$J \cdot g^{-1}$；x 为烧掉的点火丝质量，g；c 为热量计包括水、水桶等的总热容，$J \cdot ℃^{-1}$，也称仪器常数。

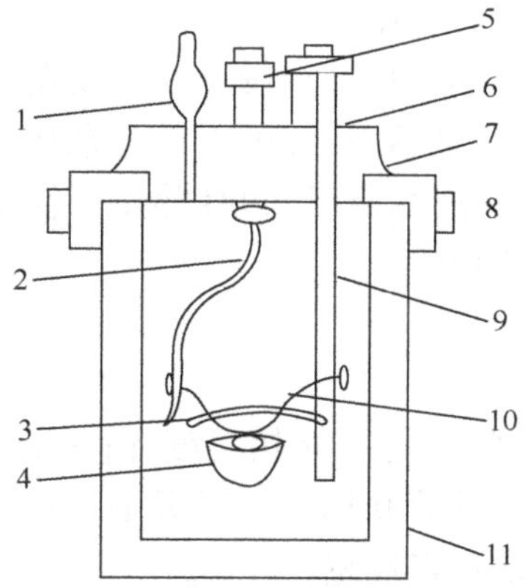

图 2.36 氧弹结构图

1. 放气孔；2. 金属支架；3. 燃烧挡板；4. 坩埚；5. 电极；6. 进气孔；7. 橡皮垫圈；8. 弹盖；9. 进气管；10. 燃烧丝；11. 弹体圆筒

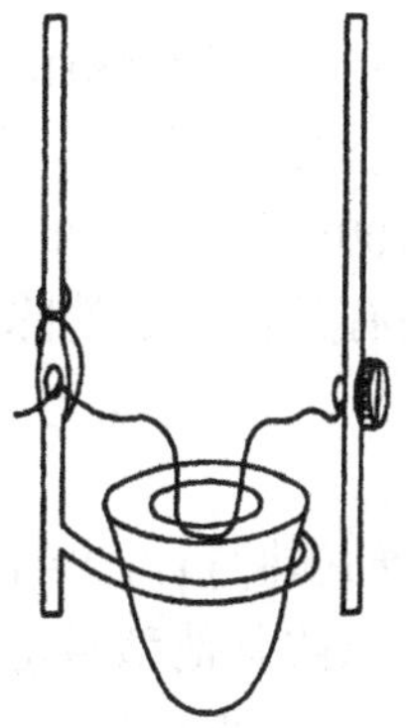

图 2.37 燃烧丝安装示意图

为了保证样品完全燃烧，氧弹中必须充足高压氧气，因此要求氧弹必须耐高压、密封、耐腐蚀。粉末样品必须压成片状(液体样品应灌装在小玻泡或胶囊中，以及其他能引燃的容器中)，以免充气时冲散样品，使样品燃烧不完全。不易点燃的样品(如煤)还应加入适量的标准物质作为引燃剂。燃烧后放出的热量应全部传递给介质，因此应尽量避免和减小由辐射、对流以及传导等引起的能量散失(装置中采用了哪些措施？)，但漏热是无法完全避免的，因此测量值一般需用雷诺(Reynolds)作图法进行校正。

3. 雷诺温度校正

燃烧过程的升温曲线如图 2.38 *ABOCD* 线所示。*AB* 段表示样品燃烧前的温度变化，*B* 点表示点火样品开始燃烧的时刻；*BOC* 段表示样品燃烧时的主升温过程；*CD* 段表示样品燃烧结束后的温度变化，*C* 点为最高温度。校正方法如下：以外桶水温 T_0 作水平线交升温曲线于 *O* 点，过 *O* 点作垂线，交 *AB* 线的延长线于 *B'*点，交 *CD* 线的延长线于 *C'*点，则 *C'*点、*B'*点的温度差即为经过校正的ΔT。这种校正方法要求预先调节内桶水温比外桶水温 T_0 低约 $1/2\Delta T$，通常样品或标准物能使水温升高 1.5～2.0K，因此可预先调节内桶水温比外桶水温高约 1K。可以认为，在 *O* 点前，系统温度低于环境温度，环境向系统传热，在Δt_1 时间内使系统从 *B* 点温度 T_1 上升到 *B'*点；在 *O* 点后刚好相反，在Δt_2 时间内由于系统散热使温度从 *C'*点降到 *C* 点的 T_2。扣除这部分温度变化后，可以认为校正到了绝热系统。

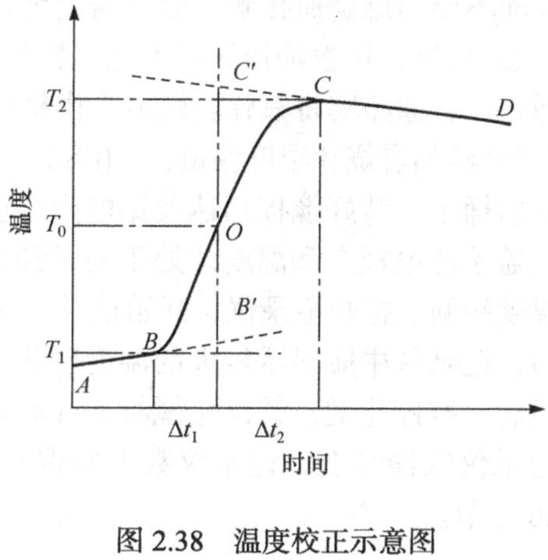

图 2.38 温度校正示意图

在校正要求不高时，可不预先调节内桶水温，T_0 用 T_1 和 T_2 的中间值代替。

值得注意的是，燃烧曲线不一定如图 2.38 情况。在系统热漏较小、搅拌热较多的情况下，

AB 线、*CD* 线斜率会很小，甚至 *CD* 线斜率为正，温度一直上升。

在精密测量时，需对弹体中的氮气在燃烧过程中产生的热量进行校正。可预先在氧弹中加入 5mL 去离子水，燃烧后，将弹体中的 HNO_3 溶液洗出，收集在 150mL 锥形瓶中。煮沸去除 CO_2，用 0.100mol · L^{-1} NaOH 标准溶液滴定，每毫升碱液相当于 5.98J 热量，在总燃烧热中扣除(是否还有其他方法消除弹体中氮气对实验结果的影响？)。

仪器与试剂

仪器　氧弹式热量计；Pt-1000 温度计或热敏电阻(2kΩ 左右)；水银温度计；SunyLAB200 实验数据记录仪(或其他型号记录仪)；感量 0.01g 天平和感量 0.1mg 电子天平；氧气钢瓶；充气装置；压片机；点火丝；万用电表；1000mL、2000mL 容量瓶。

试剂　苯甲酸(A.R.)；萘(或蔗糖)(A.R.)。

安全警示

(1) 预先了解高压钢瓶使用方法，使用过程中遵守操作规程和注意事项。

(2) 点火电流非常大，在按下点火键时，不能触碰氧弹、点火接线，不能将手伸入桶内。在连接、取下点火接线时，应关闭控制箱电源。

(3) 燃烧后打开氧弹放气孔时，不能直接对脸，避免泄出的气体或水冲击。

(4) 在热量计桶中安装氧弹、调整内桶时，应关闭搅拌器。在搅拌器工作时，注意头发不要靠近搅拌器。

(5) 在测量易燃样品时，不能有明火。

实验步骤

(1) 压片：先在感量 0.01g 天平上称 0.8～0.9g 苯甲酸，在压片机上压成片状，将片上黏附的粉末用毛刷轻轻刷去或在一张白纸上轻轻摔打，然后放在感量 0.1mg 电子天平上准确称量并记录。

(2) 装样：取一根点火丝准确称量并记录，将点火丝中间绕成螺圈形，把两端缚牢在氧弹坩埚两侧的电极上，点火丝中间螺圈部分放在燃烧皿中间，用万用表检查电极是否接通，若电极通路，则把已准确称量的苯甲酸片放入燃烧皿中，注意放在紧贴点火丝的下面(图 2.37)，点火丝不要与燃烧皿接触。然后盖上弹盖并拧紧，用小扳手拧紧放气孔。

(3) 充氧：在教师指导下用充气机往氧弹中充入不小于 1.2MPa 的氧气，再次检查电极是否通路，若通路则将氧弹轻轻放入内桶中央。

(4) 样品燃烧和温度测量：用容量瓶量取已被调节到低于室温约 1.0℃的自来水 3000mL，倒入内桶中。装好搅拌马达及铂电阻温度计，并将点火器的电极夹与氧弹的两个电极相连。盖上盖子使电极夹和温度计处于盖子预留的小孔中，开动电动机，等待几分钟，使温度计与水温度平衡。打开记录仪，开始记录，待基线走成直线约 3min 后，按点火按钮点火。样品点燃后，记录仪中应显示较大的温度变化，继续记录升温曲线，待升温曲线升至最高且走一段直线后，按停止键，并停止搅拌。在联机计算机中进入“中级化学实验”数据处理系统，根据记录仪仪器号上传记录仪数据并保存于硬盘中，关于记录仪和数据处理系统的操作详见 3.1.6 小节。

取出氧弹，用毛巾擦干，拧松放气阀放出废气，旋开弹盖，检查样品燃烧是否完全，氧弹中应没有明显的残渣。将剩余点火丝取下称量并记录，倾出内桶中的水，将内桶及氧弹擦干。

(5)重复实验步骤(1)～(4)，平行测量仪器常数。

(6)按与标准物相同的实验方法，测定待测物萘或蔗糖(请自行估算所需样品量)的燃烧热。须注意，每次实验中的内桶水的初始温度应尽量相同。

(7)待教师检查数据合理后，整理仪器，打印记录曲线。

结果与讨论

(1)按样表 2.34，在实验记录本中记录原始数据。

室温：________℃；大气压：________kPa

表 2.34 实验数据记录

样品	样品质量/g	铜丝质量/mg	剩余铜丝质量/mg	烧掉铜丝质量/mg	ΔT/K
苯甲酸					
萘					

(2)分别对每条燃烧曲线进行雷诺校正，计算萘的恒容燃烧热 Q_V 和恒压燃烧热 Q_p，并与文献数据比较。

(3)根据所用仪器的测量精度，结合平行测量数据，正确表达测量结果，并评估最大测量误差。

思考题

(1)燃烧热测定中系统和环境分别指哪部分？

(2)实验中引起系统和环境进行热交换的因素有哪些？如何避免热损失？

(3)如何正确使用氧气钢瓶？

(4)在计算萘的燃烧热时，没有用到 3000mL 水的数据，为什么在实验中需要量准水的体积？若水体积量得不准，对测量结果又有什么影响？

(5)如何知道氧弹内的样品已点燃？如何知道样品已经燃烧完全？

(6)如果内桶的水温不加以调整，对实验结果有什么影响？

(7)该实验引起误差的主要因素有哪些？请分别讨论。

(8)如何测定挥发性液体样品的燃烧热？

(9)若希望通过燃烧热测定获取苯的共振能，应如何安排实验？

参考文献

北京大学化学系物理化学教研室. 1995. 物理化学实验. 3 版. 北京：北京大学出版社

复旦大学，等. 2004. 物理化学实验. 3 版. 北京：高等教育出版社

李森兰，杜巧云，王保玉. 2001. 燃烧热测定实验研究. 大学化学, 16(1): 51-52

刘天晴. 1994. 液体燃烧热测定方法的改进. 大学化学, 9(4): 51

钟爱国. 2000. 测定燃烧热实验条件的改进. 大学化学, 15(6): 43

(王永尧)

实验 34　差热分析法研究 $CuSO_4 \cdot 5H_2O$ 的热稳定性

实验导读

热分析是在程序控制温度下，测量物质的物理性质与温度关系的一类技术。其中程序温度一般采用线性程序，也可使用温度的对数或倒数程序。在加热或冷却的过程中，随着物质的结构、相态和化学性质的变化，通常伴有相应的物理性质变化，包括质量、温度、热量及声学、机械、电学、光学和磁学等性质，依此形成了相应的各种热分析测试技术，如热重法(TG)、差热分析法(DTA)、差示扫描量热法(DSC)、热释电流法和热释光法等。其中 TG、DTA 和 DSC 是最常见的热分析技术。TG 是在程序升温的环境中，测量试样的质量对温度(或时间)依赖关系的一种技术；DTA 是使试样和参比物在程序升温或降温的相同环境中，测量两者的温度差随温度(或时间)变化关系的一种技术；DSC 则是使试样和参比物在程序升温或降温的相同环境中，用热量补偿器测量使两者的温度差保持为零所必需的热量对温度(或时间)变化关系的一种技术。目前热分析技术广泛应用于化学、材料、石油、矿物学和地质学等各个学科领域。

实验目的

(1) 掌握差热分析原理，并了解定性处理差热曲线的方法。

(2) 了解差热分析仪的构造，掌握其基本操作方法。

(3) 分析 $CuSO_4 \cdot 5H_2O$ 试样，判断它们的热稳定性。

实验原理

DTA 是广义热分析法的一种，即利用待测物质在加热或冷却过程中发生物理化学变化时与外界环境间出现温度差，同时测量温度差曲线(差热曲线)和升或降温的温度曲线构成的差热图研究物质变化。从差热图上可以清晰地看到差热峰的数目、位置、方向、高度、宽度、对称性和峰面积等。峰的数目是指试样在测定中发生物理或化学变化的次数，峰的位置标志试样发生变化的温度范围，峰的方向表明系统发生热效应的正负性，峰面积说明热效应的大小，相同条件下，峰面积越大，表示热效应越大。在完全相同的条件下，许多物质的差热图表现出一定的特征，即一定的物质就有一定的差热峰数目、位置、方向、峰温等。因此，就有可能通过与已知物的差热图进行对比，从而定性地鉴别试样的种类、可能变化的次数。DTA 常与 X 射线衍射、质谱、色谱、热重法等方法配合，可用于鉴别物质并考察其组成结构，以及相变温度、热效应等物理化学性质和反应动力学的研究。

DTA 法把试样和热稳定的参比物(在加热过程中不发生任何化学或物理变化或者说不会产生热效应的物质)一起放在导热良好的样盒中，并将样盒置于控制一定升温速率的电炉内，用热电偶分别测定系统(参比物)的温度及试样与参比物间的温度差，记录实验温度区间内的数据，就可得到一张差热图，如图 2.39 所示。

在差热图中，以时间为横坐标，温度或温度差为纵坐标。图中两条曲线，其中 T 是由插在参比物的热电偶所反映的系统温度曲线；A-H 线反映试样与参比物间的温差曲线。若试样无热效应发生，则试样与参比物间的ΔT=0，如图中*AB*、*DE*、*GH*是平滑的线段；当有热效应发生而使试样的温度低于参比物，则出现如*BCD*峰顶向下的吸热峰，反之，出现峰顶向上的*EFG*放热峰(峰的方向按国际热分析协会规定)。

一般差热分析仪的简单原理如图2.40所示。主要包括下列部件：①放试样和参比物的坩埚；②加热炉；③温度程序控制单元；④差热放大单元；⑤记录仪单元；⑥两对相同材料热电偶并联而成的热电偶组，两对热电偶分别置于参比物(R)和试样(S)的中心，测量它们的温度*T*和温度差ΔT。

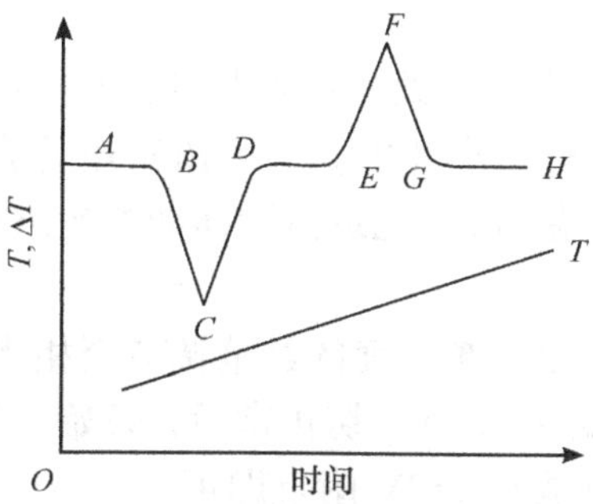

图2.39 理想差热分析图

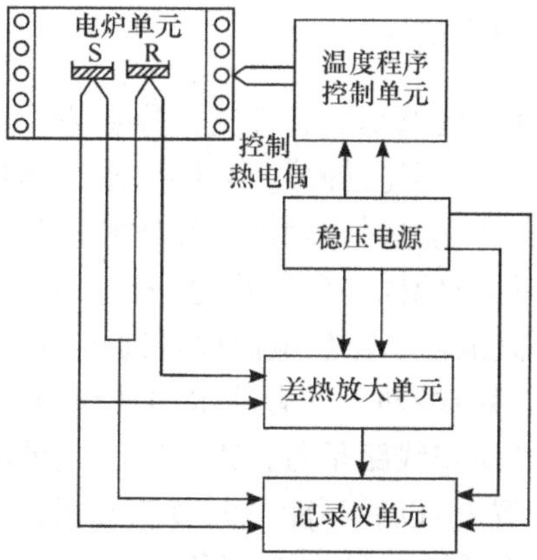

图2.40 差热分析仪简单原理图

差热分析仪的测量条件：

(1)升温速率的选择。一般认为若升温速率小，则基线漂移小，差热峰分辨率高，峰变低且平坦，实验时间长。反之，基线容易漂移，差热峰分辨率低，峰变高变狭，峰顶温度偏高，实验时间短。因此，要根据不同样品要求选择升温速率。升温速率一般为2～20℃·min^{-1}，在特殊情况下最慢可以为0.1℃·min^{-1}，最快可达200℃·min^{-1}，常用8～12℃·min^{-1}。如样品发生化学或物理变化的温度低或差热峰相互靠得近，为了提高分辨率则可降低升温速率。

(2)参比物的选择。要求参比物在加热或冷却过程中，在所研究的温度范围内都没有物理或化学变化，而且比热容和样品差不多，最好其传热系数也和样品接近。这样样品和参比物在同一条件下加热或冷却时，若样品不发生变化，则二者的温差应该是非常微弱的，也就是说基线基本上为一直线。参比物一般可选用α-Al_2O_3，煅烧过的MgO、SiO_2及金属镍粉等。

(3)保持器(样盒)。一般可用铜、生铁、不锈钢、镍等材料制成，它必须是一个不起反应的良好热导体，有利于保持整个系统温度均匀。

(4)样品处理。样品需经过碾磨成为200目左右的微小颗粒，并在样品管中装实。样品用量与仪器灵敏度有关，过多的样品会在管中形成温度梯度，从而使峰形变宽，甚至导致相邻峰互相重叠；样品过少则热效应小，且易烧结。

仪器与试剂

仪器 电炉(800W)；调压变压器(1kV·A)；镍铬-镍铝热电偶；小杜瓦瓶(或小热水瓶)；铜样盒；玻璃小试管(ϕ 3mm×60mm)；XWT-264双笔记录仪。也可以采用其他不同型号的仪器进行实验，具体操作可参见相应仪器的使用说明。

试剂　$CuSO_4 \cdot 5H_2O$(A.R.)；α-Al_2O_3(A.R.)。

安全警示

(1)加热后铜样盒、样品管温度很高，必须用专用工具取下。从中取出的热电偶也处于高温，注意不要触碰人体。

(2)使用调压器时，注意导线接头可能裸露，通电状态下不能接触，并避免接触仪器电源接口。

实验步骤

(1)取玻璃小试管 2 支，分别装入α-Al_2O_3和 $CuSO_4 \cdot 5H_2O$(试样约高 15mm，若试样颗粒不均匀，应事先粉碎)，装样要求松紧均匀。

(2)将热电偶分别插入参比和样品试管中，要求插入深度一致，不能太浅。须将测量系统温度的热电偶插在参比物这一边，然后将小试管放入铜样盒小孔中。为了预先知道被测物质吸热还是放热，在热电偶插入前可用手握住热电偶的热端，通过记录指针移动方向进行判断。将热电偶冷端插入盛有冰水的杜瓦瓶中。

(3)检查线路是否正确，调节记录仪调零旋钮，将记录系统温度的红笔调节至相当于室温温度位置上(以后不能再调节该旋钮，否则仪器零点将变化)。待一切正常后，开始加热电炉，要求加热速率保持在 5～8℃ · min^{-1}。一般将调压变压器放在 150V 附近即可。

(4)升温 2～3min 后，即可打开记录仪，开始记录，调节走纸速率为 4mm · min^{-1}，同时记录升温和差热曲线，并密切观察系统升温速率及差热曲线的变化情况，保持升温速率基本上是一条直线。当差热峰出现时随时记录峰的起始、峰顶和终了温度。

(5)$CuSO_4 \cdot 5H_2O$ 记录到 500℃，即可停止加热，并停止记录，从电炉中取出样盒，拿出小试管。为了使样盒迅速冷却，可将它放入冷水中急冷，但水不得进入样盒中间的小孔。

(6)实验完毕后，切断电源，使变压器降到零，取出热电偶，提出样盒，将试样从试管中倒出，洗刷干净，放烘箱中烘干，同时取下记录纸。

结果与讨论

根据记录结果(表 2.35)，对差热曲线分别进行定性讨论，并写出可能的化学反应方程式。

室温：________℃；大气压：________kPa

表 2.35　差热分析实验记录

样品名称	平均升温速率/(℃ · min^{-1})	差热峰温度/℃				走纸速率/(mm · min^{-1})
		峰号	起始	峰顶	终了	
$CuSO_4 \cdot 5H_2O$		1 2 3 4 5				

思考题

(1)差热分析的特点是什么？它能分析什么样的试样？

(2)为什么要用参比物？对它有什么要求？

(3)引起基线漂移的原因有哪些？对于既吸热又放热的试样，要求记录笔开始放在什么位置？如何判别是吸热还是放热峰？

(4)为什么要控制一定的升温速率？过快或过慢对结果有什么影响？

(5)根据差热曲线峰的大小，能否定量知道每次变化的热效应大小？如何定量测定变化的热效应？

参考文献

汪昆华，罗传秋，周啸. 2000. 聚合物近代仪器分析. 2版. 北京：清华大学出版社

殷学锋. 2002. 新编大学化学实验. 北京：高等教育出版社

宗汉兴. 2000. 化学基础实验. 杭州：浙江大学出版社

（王国平）

实验35　液体饱和蒸气压的测定

实验导读

一定温度下，气、液两相达到平衡时的压力称为液体的饱和蒸气压，简称蒸气压。蒸气压是液体的基本 pVT 性质之一，在相平衡计算中特别有用，由蒸气压也可以获得实验难以测定的蒸发焓和蒸发熵等重要热化学性质。测量蒸气压的方法可分为动态法和静态法两大类，具体的测定方法很多，如沸点计法、等压计法、流逸法、隙透法等，其适用范围各有不同，选择何种方法主要取决于测定对象和测压范围。静态法主要用于测定中、高压蒸气压，测压下限约为1kPa。沸点计法可用于相对较低的蒸气压测定，但最好不低于 0.5kPa；流逸法的测压下限为0.05Pa；努森扭矩隙透法、努森质量隙透法和复合隙透法的测压下限分别为 10^{-5}Pa、10^{-6}Pa 和 10^{-8}Pa，是目前较好的测定低微蒸气压的方法。对于多组分系统，必须同时维持稳定的相平衡和组成恒定不变，一般宜采用静态法或拟静态法。静态法(等压计法)采取液氮冷冻法脱气，可以较准确地测量石油馏分等复杂组分的蒸气压，但操作比较烦琐。近年发展的拟静态法具有测定速率快、较为准确方便等优点。本实验分别用等压计法(静态法)和沸点计法(动态法)测定纯水(或乙醇)及其氯化钙饱和溶液分别在不同温度下的饱和蒸气压。

实验目的

(1)加深理解饱和蒸气压、活度和渗透系数等概念。

(2)学习测定液体饱和蒸气压的方法，了解蒸气压数据的应用。

(3)理解蒸气压降低、沸点升高等溶液性质及稀溶液的依数性。

(4)熟悉温度计的露茎校正方法。

(5)了解数字式真空测压仪，熟悉福廷式气压计的使用及校正方法，初步掌握真空实验技术。

实验原理

在某一温度下，封闭系统中的液体，有动能较大的分子从液相跑到气相，也有动能较小的分子由气相回到液相，当二者的速率相等时，就达到了动态平衡。此时，气相中的蒸气密度不再改变，因而具有一定的饱和蒸气压。当液体饱和蒸气压与液体上方压力相等时，液体

就会沸腾，此时温度就是沸点。

纯液体和定组成溶液的饱和蒸气压是温度的单值函数(如单组分处于气液平衡状态时，由相律计算自由度 $f=1-2+2=1$)，蒸气压 p 随温度 T 的变化可用克拉佩龙-克劳修斯(Clapeyron-Clausius)方程表示

$$\frac{\mathrm{d}\ln p}{\mathrm{d}T}=\frac{\Delta_{\mathrm{vap}}H_{\mathrm{m}}}{RT^2} \tag{2.18}$$

式中：$\Delta_{\mathrm{vap}}H_{\mathrm{m}}$ 为液体的摩尔气化焓；R 为摩尔气体常量。假定 $\Delta_{\mathrm{vap}}H_{\mathrm{m}}$ 与温度无关，则式(2.18)积分后有

$$\ln p=\frac{-\Delta_{\mathrm{vap}}H_{\mathrm{m}}}{RT}+C \tag{2.19}$$

式中：C 为积分常数，与压力 p 的单位选择有关。若以 $\ln p$ 对 $1/T$ 作图得一直线，由直线的斜率可求出该液体的摩尔气化焓，实现由易测量数据(蒸气压)求算难测量数据(蒸发焓和蒸发熵，一般需采用复杂的量热学实验)的目的，这正是热力学原理起作用的重要方面。

相平衡计算和工业应用中常用安托万(Antoine)方程描述饱和蒸气压与温度的关系

$$\ln p=A-\frac{B}{T-C} \tag{2.20}$$

式中：A，B，C 均为安托万常数。

此时可以估算不同温度时的摩尔气化焓和气化熵

$$\Delta_{\mathrm{vap}}H_{\mathrm{m}}=\frac{BRT^2}{(T-C)^2} \tag{2.21}$$

$$\Delta_{\mathrm{vap}}S_{\mathrm{m}}=\frac{\Delta_{\mathrm{vap}}H_{\mathrm{m}}}{T}=\frac{BRT}{(T-C)^2} \tag{2.22}$$

当一种难挥发的溶质溶解于溶剂后，溶液表面的溶剂分子数目由于溶质的存在而减少，使相同温度下溶液蒸发出的溶剂分子数目比纯溶剂少，即同一温度下溶液的饱和蒸气压比纯溶剂的低，这就是溶液的蒸气压降低。蒸气压降低是沸点升高、凝固点下降、产生渗透压的根本原因。某些固体物质，如氯化钙($CaCl_2$)、五氧化二磷(P_2O_5)等，常用作干燥剂，是由于它们的强吸水性使其在空气中易潮解成饱和水溶液，因蒸气压比空气中水蒸气的压力小，使空气中的水蒸气不断凝结进入“溶液”。

由电解质溶液的蒸气压 p 测定，还可以计算一定温度下溶剂的活度 a_{s} 和电解质溶液的渗透系数 ϕ

$$\ln a_{\mathrm{s}}=\ln\left(\frac{p}{p^*}\right)+\frac{(B-V_{\mathrm{s}}^*)(p-p^*)}{RT} \tag{2.23}$$

$$\phi=-\frac{\ln a_{\mathrm{s}}}{\nu m M_{\mathrm{s}}} \tag{2.24}$$

式中：p^* 为溶剂的饱和蒸气压；B 为溶剂的第二位力系数；V_{s}^* 为溶剂的摩尔体积；M_{s} 为溶剂的摩尔质量；m 为电解质的质量摩尔浓度；ν 为电解质正、负离子计量总数。

仪器与试剂

仪器　沸点计；恒温装置；数字式真空测压仪；真空泵及附件；福廷式气压计；等压计；

温度计(分度值为 0.1℃和 1℃各 1 支)或数字显示温度计；放大镜。

试剂 蒸馏水或乙醇(A.R.)；蒸馏水或乙醇的氯化钙溶液。

安全警示

(1)使用调压器时，导线接头可能裸露，不可触碰，需要连接时，必须切断电源。加热电阻丝工作时，注意高温，不可接触。

(2)用动态法测量时，加热前必须先开启冷却水，否则玻璃容器有炸开危险。正在加热时，不能接触沸点计烧瓶，以免烫伤。

(3)旋转活塞时，应双手操作。

实验步骤

本实验同时提供测定液体蒸气压的静态法和动态法装置。静态法(等压计法)直接测定待测液体在指定温度时的蒸气压，即固定 T 测定 p 得到蒸气压方程 $p=f(T)$。动态法(沸点计法)是测定待测液在指定压力下的沸点，即固定 p 测定 T 得到蒸气压方程 $p=f(T)$。静态法测定液体蒸气压所用等压计如图 2.41 所示，装置流程示于图 2.42。图 2.42 中，恒温槽和等压计部分改为如图 2.43 所示的沸点计即为动态法实验装置。

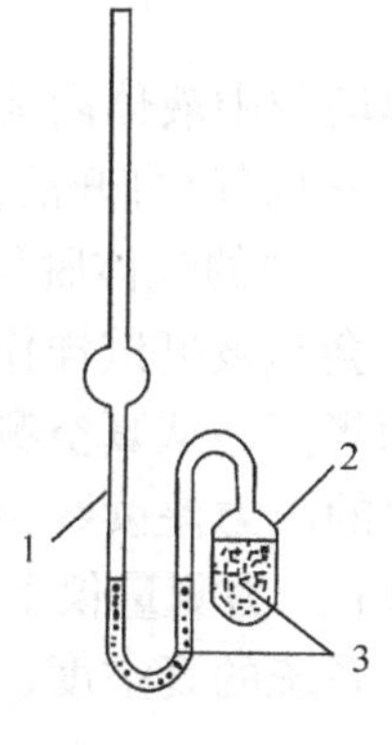

图 2.41 等压计

1. 平衡柱；2. 储液球；3. 试样

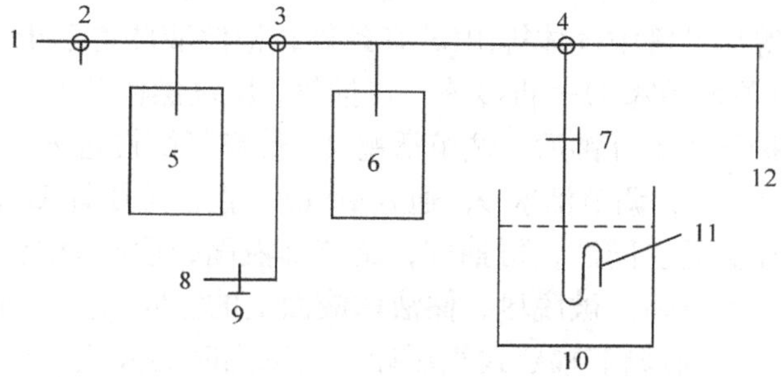

图 2.42 等压计法实验装置流程示意图

1. 接真空泵；2,3,4. 三通活塞；5,6. 缓冲瓶；8. 接氮气钢瓶(必要时)；7,9. 活塞；10. 恒温槽；11. 等压计；12. 接压力计

对于化学系学生，建议用动态法测定纯液体在不同温度下的蒸气压，用静态法测定某一温度下(25℃)不同浓度氯化钙溶液的蒸气压；对于工科学生，建议用动态法分别测定纯液体和饱和氯化钙溶液在不同温度下的蒸气压。

1. 静态法——等压计法

(1)装样。往等压计中注入液体试样，使储液球中装有约 2/3 的液体试样。

(2)检漏。将装有液体的等压计按图 2.42 接好，仔细检查活塞和气路(各活塞应处在何状态？)。开启真空泵，使数字式真空测压仪上显示压差为 4～5kPa(30～40mmHg)。关闭活塞 2，注意观察真空测压仪的数字变化。如果系统漏气，则真空测压仪的显示数值逐渐变小。这时应细致分段检查，找出漏气部位，设法消除。

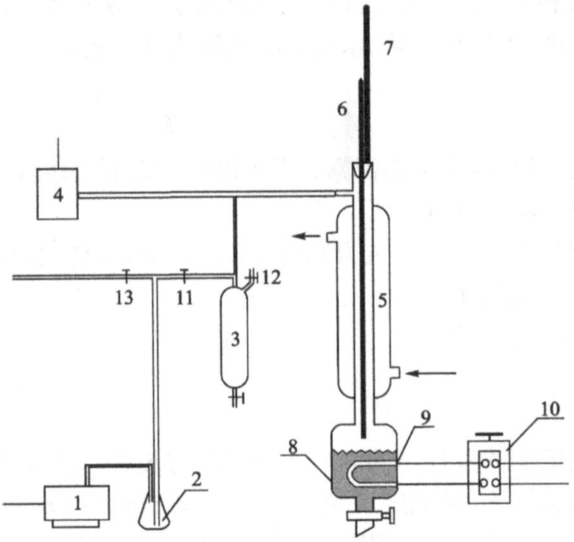

图 2.43　沸点计法实验装置流程示意图

1. 真空泵；2. 干燥瓶；3. 缓冲瓶；4. 数字真空计；5. 冷凝管；6. 主温度计；7. 辅助温度计；8. 待测液；9. 加热丝；10. 电压调压器；11、12、13. 玻璃活塞

(3)测量。调节恒温槽至 25℃，打开活塞 2 缓缓抽气，使储液球中液体内溶解的空气和等压计管中气体排出[若有条件，把储液球置于干冰或液氮中冷冻—抽气(打开活塞 7)—解冻(关闭活塞 7)—再冷冻—再抽气，反复操作几次，可以将溶解在液体中的气体脱得比较干净]。抽气若干分钟后，调节活塞 2，使空气缓慢进入测量系统(若空气会与被测试样作用，应关闭活塞 2，调节活塞 9，通入氮气)，直至等压计 U 形管中双臂液面等高，从真空测压仪上读出压力差。同法，再抽气，调节等液面，读压力差，直至与前一次的压力差读数相差无几，则表示气体已被脱尽，储液球液面上的空间被蒸气充满。此时，记下压力测量仪上的读数。

(4)调节福廷式气压计，读取当时的大气压(真空表读数表示系统的真空度，系统实际压力等于大气压减去真空表上读数)。

(5)改变试样浓度或改变温度，继续用上述方法测定蒸气压。

2. 动态法——沸点计法

(1)装样。在动态法仪器装置的沸点计(图 2.43)中加入适量的液体试样(该步骤一般在实验室已事先完成)。在系统通大气下，压力计置零。

(2)检漏。检查各活塞在合适位置，开启真空泵，抽气至系统达到一定真空度(系统内压力多少合适？)，关闭活塞 11，停止抽气。观察数字式真空测压仪的读数，判断系统是否漏气，如果在数分钟内真空测压仪读数基本不变，表明系统不漏气。若有漏气，则应从泵至系统分段检查漏气，并用真空油脂重新涂抹漏气活塞或接口，直至不漏气为止，方可进行下一步实验。

(3)测量。检查漏气后，通冷却水入回流冷凝器。慢慢加大加热电压使沸点仪中的加热丝变红(注意！防止电阻丝烧断)，至液体试样开始沸腾。再仔细调节加热电压，使沸腾液体能冲到水银球上，同时在冷凝管中回流高度不超过冷凝管的 1/3。沸腾时若测量温度计上水银柱读数还在冷凝管内，则应慢慢调节活塞 12，使少许空气进入，系统内压力增加，直到温度计水银柱读数露出沸点仪外适宜读数为止。待温度恒定后，记下测量温度计、辅助温度计及压力计读数。如使用热电阻温度计，则不受温度计刻度遮挡限制，理论上可测量室温以上的沸点。

调节活塞 12 泄入空气，使系统内压力增加若干，同理测定另一压力下的沸点，连续测定其余数据，直至与大气完全相通。数据点多少取决于测量的温度区间，一般每 1～2℃应测量一组数据(为使作图时实验点分布比较均匀，从第一个实验点的压力至系统压力为大气压，间隔尽量均匀)。

(4) 调节福廷式气压计，读取当时大气压。

(5) 改用氯化钙饱和溶液，重复实验步骤(1)～(4)。

注意事项

(1) 静态法实验难度较大，应特别仔细。测定前必须将等压计内的空气驱赶干净，否则对结果影响很大。

(2) 抽气的速率要合适，必须防止等压计内的液体沸腾太激烈，致使管内液体被抽走。

(3) 实验过程中，要严防空气倒灌，否则实验要重做。为了防止空气倒灌，在每次读数(平衡温度和平衡压力)后应立即加热，同时缓慢减压。

(4) 在停止实验时，应缓慢将三通活塞打开，使系统通大气，再使真空泵通大气(防止泵中的油倒灌)，然后切断电源，使实验装置复原。

(5) 温度对蒸气压影响很大，必须严格控制恒温槽的温度。

(6) 动态法中注意调节加热电压，使液体能够达到稳定的气-液两相平衡。

结果与讨论

室温：________℃；大气压：________kPa

(1) 自行设计数据记录表，要求既能正确记录全套原始数据，又可填入演算结果。

(2) 大气压力读数校正(自行查取实验者所在地区的地理数据)。

(3) 计算蒸气压 p 时：$p = p' - |E|$。其中 p' 为室内大气压(由气压计读出后并加以校正得到的值)；E 为压力测量仪上的读数。

(4) 温度计露茎校正，校正公式：$t = t_1 + 0.000156\,h\,(t_1 - t_2)$，其中 t_1 为测量温度计读数；t_2 为辅助温度计读数；h 为测量温度计露出部分汞柱高(以℃表示)；0.000156 为水银对玻璃的相对膨胀系数。

(5) 在同一图上，作出水(或乙醇)及其氯化钙饱和溶液的 p-T 曲线。从附录或手册中查出相应饱和蒸气压，将文献数据用不同符号标在图中。比较纯液体和溶液的饱和蒸气压曲线关系，以及实验值与文献值的差异，并分析原因。

(6) 作 $\ln p$-$1/T$ 图，计算摩尔气化焓和不同温度的气化熵，并与文献值比较。

(7) 尝试用安托万方程关联饱和蒸气压与温度的关系。作图和数据关联可以在计算机上采用 Excel 或 Origin 软件进行。

(8) 对于化学系学生，还要求计算不同浓度电解质溶液中溶剂的活度 a_s 和溶液的渗透系数 ϕ。

思考题

(1) 为什么要检查装置是否漏气？系统漏气或脱气不干净对实验结果产生什么影响？

(2)使用真空泵时应注意哪些问题?

(3)为什么要进行细致的温度和压力校正?分别怎样校正?

(4)怎样保证实验中温度和压力能够测准?

(5)对比分析静态法与动态法的优缺点和适用对象。

(6)怎样实现用安托万方程关联饱和蒸气压-温度数据?

(7)相同压力下,纯液体和相应溶液的沸点有什么不同?为什么会产生这一现象?

(8)检验本实验结果是否符合依数性公式。若不符合,请加以解释。

参考文献

陈小立,李国维. 1999. 氯化镁饱和乙醇溶液的蒸气压、蒸发热及乙醇活度的测定. 实验室研究与探索,18(3):40-43

房鼎业,乐清华,李福清. 2000. 化学工程与工艺专业实验. 北京:化学工业出版社

梁英华,马沛生,陈军. 1996. 纯物质低蒸气压的测定. 天然气化工,21(5):49-54

聂丽,雷群芳,宗汉兴,等. 1997. 多组分体系饱和蒸气压的测定. 石油化工,26(9):626-631

Fang W J, Lei Q F, Lin R S. 2003. Enthalpies of vaporization of petroleum fractions from vapor pressure measurements and their correlation along with pure hydrocarbons. Fluid Phase Equilib, 205(1):149-161

Gracia M, Sanchez F, Perez P, et al. 1992. Vapor pressure of (butan-1 ol+hexane) at temperatures between 283.1 and 323.12 K. J Chem Thermodyn, 24:463-471

Zafarani-Moattar M T, Jahanbin-Sardroodi J. 2000. Measurement and correlation of osmotic coefficients and evaluation of vapor pressures for solutions of $CaCl_2$ and $Ca(NO_3)_2$ in ethanol at 298 K. Fluid Phase Equilib, 172: 221-235

(方文军)

实验 36 二组分完全互溶系统的气-液平衡相图

实验导读

相平衡数据是平衡分离过程的基础,化工工艺设计的流程模拟中,热力学物性和相平衡数据的查找、选择约占工时的 30%,其计算量几乎占总计算量的 50%~80%。工程上常用的主要有气-液平衡(VLE)、液-液平衡 (LLE)和固-液平衡 (SLE)等,其中 VLE 应用最普遍。Gmehling 等编撰的大型 VLE 数据手册是常用工具书。VLE 实验以二元系统为主,借助热力学模型可以从二元系统推算多元系统的 VLE。*Fluid Phase Equilib, J Chem Eng Data* 和 *J Chem Thermodyn* 等重要国际刊物均有大量实验和理论研究成果报道。VLE 数据包括温度 T、压力 p、气相组成 y_i 和液相组成 x_i,它们不是互相独立的(怎样用相律来说明?),存在一定关系,可以相互推算。实验研究时一般 T、p、y_i 和 x_i 均同时测定,一套数据是否合理,必须通过热力学一致性检验。实验中,取样分析是引起 VLE 实验误差的关键,也是难点,需特别注意。温度和压力的测量对 VLE 结果影响也很大,一般来说,若测温精度达 0.05℃,则要求压力测量误差为 0.2%。VLE 数据有等温和等压数据之分,前者固定 T 测 p、y_i 和 x_i,后者固定 p 测 T、y_i 和 x_i。实验测定方法有直接法(蒸馏法、循环法、静态法、流动法等)和间接法(露点法、泡点法、总压法等)。

实验目的

(1)学习测定气-液平衡数据及绘制二元系统相图的方法,加深理解相律和相图等概念。

(2)掌握正确测量纯液体和液体混合物沸点的方法。

(3)熟悉阿贝折光仪的原理及操作，熟练掌握超级恒温槽的使用和液体折射率的测量。

(4)了解运用物理化学性质确定混合物组成的方法。

实验原理

两种液态物质若能以任意比例混合，则称为二组分完全互溶液态混合物系统。当纯液体或液态混合物的蒸气压与外压相等时就会沸腾，此时的温度就是沸点。在一定的外压下，纯液体的沸点有确定的值，通常说的液体沸点是指 101.3 kPa 下的沸点。对于完全互溶的混合物系统，沸点不仅与外压有关，还与系统的组成有关。

在一定压力下，二组分完全互溶液态混合物系统的沸点与组成关系可分为三类：①液态混合物的沸点介于两纯组分沸点之间，如苯-甲苯系统；②液态混合物有沸点极大值，如丙酮-氯仿系统；③液态混合物有沸点极小值，如水-乙醇、苯-乙醇系统。

对于第①类，在系统处于沸点时，气、液两相的组成不相同，可以通过精馏使系统的两个组分完全分离。第②、③类是实际系统与拉乌尔定律产生严重偏差所致。正偏差很大的系统，如第③类，在 T-x 图上呈现极小值，负偏差很大时，如第②类，则会出现极大值。相图中出现极值的那一点称为恒沸点，恒沸点温度和组成都是非常重要的相平衡数据。具有恒沸点组成的二组分混合物在蒸馏时的气相组成和液相组成完全一样，整个蒸馏过程中沸点恒定不变，因此称为恒沸混合物。对有恒沸点的混合物进行简单蒸馏，只能获得某一纯组分和恒沸混合物，如要获得两纯组分，则需采取其他方法。

液态混合物组成的分析是相平衡实验的关键。组成分析常采用折射率法、密度法等物理方法和色谱分析法等。本实验采用折射率法。一定温度下的折射率是物质的特征参数，液态混合物的折射率与组成有关，一般呈简单的函数关系。因此，测定一系列已知浓度的液态混合物在某一温度下的折射率，作出该液态混合物的折射率-组成工作曲线，根据未知液态混合物的折射率值，可由内插法得到这种未知液态混合物的组成。

折射率是温度的函数，测定时必须严格控制温度。本实验采用配置超级恒温槽的阿贝折光仪测量平衡气、液相的组成。阿贝折光仪的原理及使用方法见 3.1.3 小节。

仪器与试剂

仪器　沸点仪；阿贝折光仪；超级恒温槽；电子天平(感量 0.1mg)；调压变压器(0.5kV · A)；温度计(50～100℃，1/10℃)；普通温度计(0～100℃)；250mL 烧杯；针筒；电吹风；滴管；擦镜纸。

试剂　环己烷(A.R.)；无水乙醇(A.R.)。

安全警示

(1)注意调压器导线接头可能裸露，在通电状态下不能接触，并保持其接线柱部分朝向台面中间方向。需要接线时，必须先切断电源。

(2)乙醇和环己烷都是易燃、挥发性液体，请注意不能有明火。

(3)加热前，必须先开启冷却水。加热丝或加热棒应全部浸没在液体中，切忌沸点仪中无试样时加热。

实验步骤

1. 制作工作曲线

制作环己烷-乙醇液态混合物的折射率-组成工作曲线(对于工科专业，实验室提供 30℃时的文献数据表)。

1) 配制溶液

取清洁、干燥的称量瓶，用称量法配制环己烷的质量分数分别为 0.1、0.2、0.3、0.4、0.5、0.6、0.7、0.8、0.9 的环己烷-乙醇溶液各 5mL 左右。用电子天平准确称取质量，精度应达 ±0.0001g。配制与称量时，要防止样品挥发。

2) 测定折射率

调节通入阿贝折光仪的超级恒温槽的恒温水温为(25±0.1)℃(夏天气温高时视情况设温度为 30℃或 35℃)。用阿贝折光仪分别测定纯环己烷、纯乙醇及上述配制的各组成混合物在该温度下的折射率(纯组分的折射率必须测！)。把测量数据填入表 2.36 中。

3) 工作曲线(方程)制作

将环己烷-乙醇液态混合物的折射率对组成作图，即得折射率-组成工作曲线。或通过计算机回归得到折射率-组成工作方程。

2. 安装沸点仪

将干燥的沸点仪按图 2.44 安装好，检查带有温度计的塞子是否塞紧及温度计的位置。加热用的电热丝或电热棒要靠近容器底部的中心。

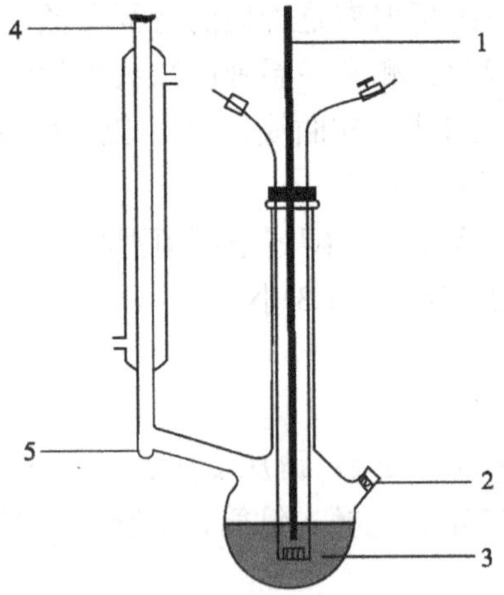

图 2.44　沸点仪装置的结构简图

1. 温度计；2. 加样口；3. 电热丝；4. 冷凝液取样口；5. 盛冷凝液的小球

3. 测定沸点

自液体加样口加入纯乙醇 20～25mL，开冷却水，接通电源，缓缓加热，使沸腾时玻璃提升管喷溢的沸腾液能不断冲在水银球上，且蒸气能在冷凝管中完全凝结(一般蒸气不超过冷凝管的 1/3)。如此沸腾一段时间，使冷凝液不断淋洗小球中液体，直到温度计的读数稳定为止。分别记录温度计和辅助温度计(图 2.44 未画出)的读数。

4. 取样分析

切断电源，停止加热，用 250mL 烧杯盛冷水套在沸点仪底部，冷却容器内液体，用干燥吸管吸取蒸气冷凝液和烧瓶中液相样品，供测定折射率用。

5. 测定折射率

调节通入阿贝折光仪的超级恒温槽水温与制作工作曲线的温度一致，然后分别测定蒸气冷凝液和液相样品的折射率。每个样品要平行测定三次折射率值。测毕后由加料口中逐次加入环己烷 1mL、3mL、3mL、5mL、…，重复实验，分别测定其沸点和两相折射率，至沸点几乎不再下降及冷凝液和液相的折射率接近相等(组成差小于 0.05)为止。然后将液态混合物倒入回收瓶中，吹干仪器，再加入 30mL 环己烷。如前操作，但逐次加入的乙醇量为 0.2mL、0.3mL、0.5mL、1mL、1mL、3mL、3mL、…，直至沸点几乎不再下降及冷凝液和液相的折射率接近相等为止。

结果与讨论

室温：______℃；大气压：______kPa

(1)制作环己烷-乙醇液态混合物的折射率-组成工作曲线，作图或回归方程，见表 2.36。

表 2.36 已知组成的环己烷(1)-乙醇(2)液态混合物的折射率(实验温度：______℃)

质量分数 W_1		0.0	0.1	0.2	0.3	0.4	0.5	0.6	0.7	0.8	0.9	1.0
质量/g	(1)											
	(2)											
摩尔分数 x_1												
折射率												

(2)由平衡气相和液相试样的折射率数据，从折射率-组成工作曲线上用内插法查得相应的组成，或由工作方程计算组成，见表 2.37 和表 2.38。

表 2.37 环己烷(1)-乙醇(2)液态混合物的气-液平衡数据(1)

环己烷加入量/mL	混合物沸点/℃	校正后沸点/℃	气相(冷凝液)		液相(残留液)	
			折射率	组成	折射率	组成
1						
3						
3						
5						
5						
7						
7						
…						
恒沸温度： ℃		恒沸组成：			实验压力： kPa	

表 2.38 环己烷(1)-乙醇(2)液态混合物的气-液平衡数据(2)

乙醇加入量/mL	混合物沸点/℃	校正后沸点/℃	气相(冷凝液)		液相(残留液)	
			折射率	组成	折射率	组成
0.2						
0.3						

续表

乙醇加入量/mL	混合物沸点/℃	校正后沸点/℃	气相(冷凝液)		液相(残留液)	
			折射率	组成	折射率	组成
0.5						
1						
1						
3						
3						
…						
恒沸温度：　℃		恒沸组成：			实验压力：　kPa	

(3) 温度计的露茎校正：$\Delta t=0.000156h(t_1-t_2)$。

(4) 以温度为纵坐标、摩尔分数为横坐标作环己烷-乙醇二元系统的沸点-组成图，并从绘制的相图上查出该二元系统的恒沸温度和恒沸混合物组成。

(5) 将测定的恒沸温度和恒沸组成与文献数据进行对比，讨论产生偏差的原因。

思考题

(1) 沸点仪中盛气相冷凝液的小球体积过大或过小，对测量有什么影响？

(2) 实验时，若所吸取的气相冷凝液挥发掉了，是否需要重新配制溶液？

(3) 测定纯环己烷或纯乙醇的沸点时，必须将沸点仪吹干，而测定混合物的沸点和组成时不必将沸点仪干燥，为什么？

(4) 测定纯组分的沸点时，蒸气冷凝液和残留液的折射率是否应该相等？若不等，说明什么问题？应该怎样处理？

(5) 该系统用普通蒸馏法能否同时得到两种纯组分？为什么？

(6) 实验过程中，液态混合物的沸点、组成、折射率变化有什么规律？

(7) 为了保证取样分析准确，应注意哪些环节？

(8) 试从相律分析：一定压力下二元液态混合物的恒沸点温度和组成是确定的。

(9) 使用折射率仪应注意哪些问题？

参考文献

朱自强，姚善泾，金彰礼. 1990. 流体相平衡原理及其应用. 杭州：浙江大学出版社

Gmehling J, Onken U, Arlt W, et al. DECHEMA Chemistry Data Series, Vapor-Liquid Equilibrium Data Collection. Frankfurt: DECHEMA, 1977-1984

（方文军）

实验 37　二组分简单共熔系统相图的绘制

实验导读

钢铁和合金冶炼生产条件的控制、硅酸盐(水泥、耐火材料等)生产的配料、盐湖中无机

盐的提取等，都需要相平衡知识和相图的指导。对物质进行提纯(如制备半导体材料)、配制各种不同低熔点的金属合金等，都需要考虑有关相平衡的问题。化工生产中用于产品分离和提纯的诸多单元操作与溶解和结晶、凝固和熔融、气化和升华等相变过程密切相关。由于相变过程和相平衡问题普遍存在，因而利用相图研究和掌握相变过程的规律，用以解释有关的自然现象和指导生产甚为重要。

绘制固-液平衡相图的方法主要有溶解度法和热分析法。溶解度法是指在确定的温度下，直接测定固、液两相平衡时溶液的浓度，然后依据测得的温度和相应的溶解度数据绘制成相图，此法适用于常温下易测定组成的系统，如水盐系统。热分析法是观察被研究系统的温度变化与相变化关系的一种方法。除本实验的步冷曲线法外，热分析法还包括差热分析法、差示扫描量热法、热重法、微商热重法(DTG)，以及近年发展的新技术——控制转化速率热分析(CRTA)等。热分析法应用领域广泛，除制作相图外，还可以用于鉴别物质、测量热效应和化学反应动力学参数等。

实验目的

(1)用热分析法测绘 Zn-Sn 系统相图。

(2)熟悉热分析法的测量原理。

(3)掌握热电偶温度计的标定和测温技术。

实验原理

本实验采用热分析法中的步冷曲线法绘制 Zn-Sn 系统的固-液平衡相图。将系统加热熔融成均匀液相，然后使其缓慢冷却，记录温度与时间的关系曲线，称为冷却曲线或步冷曲线。当熔融系统在均匀冷却过程中无相的变化，其温度将连续下降，得到一条光滑的冷却曲线；如在冷却过程中发生相变，则因放出相变热，热损失有所抵偿，冷却速率出现变化，曲线出现转折点或水平段，转折点或水平段所对应的温度即为该组成合金的相变温度。相变时液相组成持续变化，在冷却曲线上出现转折点，即混合物的凝固点；相变时液相组成不变，在冷却曲线上出现水平段，如纯物质在凝固点的凝固过程，或混合物在低共熔点的凝固过程。

对于简单共熔合金系统，不同组成的冷却曲线如图 2.45(a)所示。图中冷却曲线Ⅰ、Ⅲ、Ⅴ只出现水平段，Ⅱ、Ⅳ同时具有转折点和水平段，这些转折点或水平段分别表示相应的相变信息。通过全组成范围内不同组成样品的冷却曲线，找出对应的相变点，在温度-组成图上

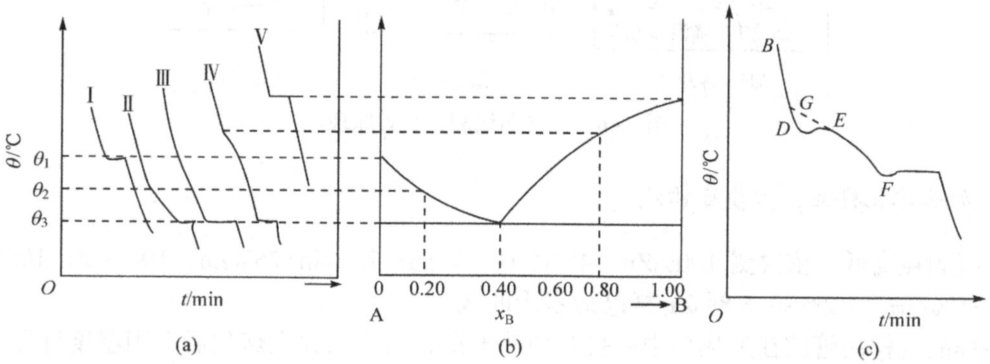

图 2.45 步冷曲线(a)、对应相图(b)及有过冷现象出现的步冷曲线(c)

合理连接这些点，形成相线，并同时构成若干区块，即为合金相图[图 2.45(b)]。

在冷却过程中，由于新相生成过程中亚稳态的存在，常出现过冷现象，表现为步冷曲线在转折处或水平段起始出现温度回升现象[图 2.45(c)]。这种情况干扰了相变点的确定，通常可用近似线性外推方法确定，即延长 *FE* 交曲线 *BD* 于 *G* 点，即为正常转折点。用热分析法测绘相图时，被测系统必须时时处于或接近相平衡状态，因此系统的冷却速率必须足够慢，才能得到合理的结果。

仪器与试剂

仪器　镍铬-镍硅热电偶；记录仪；硬质样品管；加热-冷却炉及温度显示控制仪；计算机。

试剂　锌、锡、铋(均为分析纯)；石墨粉。

安全警示

(1)样品管加热后高温，请小心取放，不可直接接触(包括其中的热电偶温度计)。如遇样品管在加热炉中破裂，需在教师指导下处理熔融残液。

(2)加热炉使用后，不可覆盖防尘罩布等易燃物，须待完全冷却后，才能盖上罩布。

实验步骤

1. 配制样品

在 7 支样品管中配制不同质量分数的金属混合物：100%Zn；45%Sn+55%Zn；75%Sn+25%Zn；95%Sn+5%Zn；91.2%Sn+8.8%Zn；100%Sn；100%Bi 各 100g。为了防止金属高温氧化，表面放置石墨粉(此步骤由实验室完成)。

2. 安装调试仪器

在教师指导下安装调试仪器，测量装置原理如图 2.46 所示。

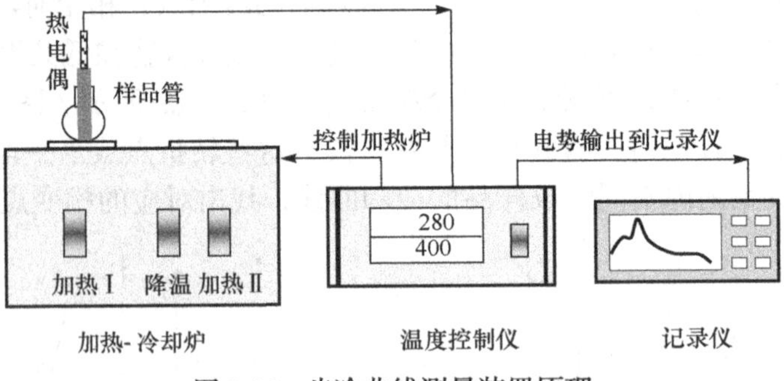

图 2.46　步冷曲线测量装置原理

3. 加热熔化样品，作步冷曲线

按凝固点高低，依次测 100%Zn；45%Sn+55%Zn；75%Sn+25%Zn；100%Bi；100%Sn；95%Sn+5%Zn；91.2%Sn+8.8%Zn 样品的步冷曲线。

装样品的样品管放在加热炉中，打开加热电源，待样品完全熔化后，用温度计套管轻轻搅动，使样品温度均匀，再升高 50℃，停止加热。然后把样品从加热炉中拿出放在冷却炉中，保持温度计处于样品中间。冷却炉温度可视实际情况预先控制在比样品凝固点低约 50℃缓慢冷却，最好保持样品在无相变时冷却速率为 6～8℃ · min^{-1}。

当样品放入冷却炉后，开始记录冷却过程中的热电势，直至水平线段以下 20℃为止。用相同方法测量其他样品的步冷曲线。

注意事项

(1) 冷却速率是本实验成败的关键，冷却速率缓慢，被测系统时时处于或接近平衡状态，能获得较好的冷却曲线。冷却速率取决于冷却炉子的温度，冷却炉子的温度可视样品温度不同而不同。依次从高熔点金属到低熔点金属，可减少冷却炉加热次数，通常第一个样品冷却后，冷却炉已有较高温度，不必再加热。当冷却炉温度过高时，在无样品条件下，可打开降温风扇快速调温。

(2) 对每一试样的冷却曲线要有预判，避免过早停止记录。

结果与讨论

(1) 根据纯物质的冷却曲线，绘制热电偶的温度-热电势校正曲线。纯金属熔点：Zn (419.56℃)，Bi (271.3℃)，Sn (231.9℃)。注意不同热电偶及配套电测仪器的热电偶温度校正曲线会有差异。

(2) 从冷却曲线上确定相变热电势，再从校正曲线上查出各相变点对应的相变温度。

(3) 以组成为横坐标、温度为纵坐标作 Zn-Sn 二组分合金相图，标出相线和相区。

(4) 根据相图找出 Zn-Sn 二元系统低共熔混合物的组成和最低共熔温度，并与文献值比较。

(5) 结合相律和杠杆规则，比较分析不同组成样品的冷却曲线。

思考题

(1) 金属熔融系统冷却时，冷却曲线上为什么会出现转折点或水平段？对于不同组成金属混合物的冷却曲线，其水平段有何不同？为什么？

(2) 用加热曲线是否也可作相图？作相图还有哪些实验方法？

(3) 试用相律分析最低共熔点、熔点曲线及各区域的相数和自由度。

(4) 在低共熔温度时，三相平衡关系是什么？

参考文献

复旦大学，等. 2004. 物理化学实验. 3 版. 北京：高等教育出版社
古凤才，肖衍繁. 2000. 基础化学实验教程. 北京：科学出版社
殷学锋. 2002. 新编大学化学实验. 北京：高等教育出版社

（王国平）

实验 38　分解反应平衡常数的测定

实验导读

当化学反应达到最大限度，即正、逆反应速率相等时，系统就达到了平衡。测定系统达平衡时各物质的浓度，可以获得平衡常数。浓度测定方法有物理法和化学法。前者通过测定

系统的折射率、电导率、吸光度、色谱定量图谱、压力或体积等物理性质而求出平衡系统的组成，优点是不干扰平衡态。后者利用化学分析的方法测定平衡系统中各物质的浓度，但加入的试剂往往扰乱平衡，因此需要采用冻结法，即将系统骤然冷却，在较低的温度下进行化学分析，此时平衡的移动受分析试剂的影响较小，或可不予考虑。若反应需有催化剂才能进行，则可以除去催化剂使反应停止。对于在溶液中进行的反应，可以加入大量溶剂使溶液稀释，以降低平衡移动的速率。如何判断一个化学反应是否达到平衡？一是在外界条件确定的前提下，各物质浓度不随时间变化；二是平衡位置确定，即无论从反应物开始反应还是从生成物开始反应，都应到达同一位置(平衡常数相同)；三是任意改变反应物的起始浓度，平衡常数保持不变。

实验目的

(1)熟悉用等压法测定固体分解反应的平衡压力。

(2)掌握真空实验技术。

(3)测定氨基甲酸铵的分解压力，计算分解反应平衡常数及有关热力学函数。

实验原理

氨基甲酸铵(NH_2COONH_4)是合成尿素的中间产物，白色固体，不稳定，加热易发生如下分解反应：

$$NH_2COONH_4(s) \rightleftharpoons 2NH_3(g) + CO_2(g)$$

该反应是可逆的多相反应。若将气体看作理想气体，在一定的温度下，标准平衡常数$K^\ominus$可表示为

$$K^\ominus = \left(\frac{p_{NH_3}}{p^\ominus}\right)^2 \left(\frac{p_{CO_2}}{p^\ominus}\right) \tag{2.25}$$

式中：p_{NH_3}和p_{CO_2}分别为反应温度下NH_3和CO_2的平衡分压；$p^\ominus$为100kPa。系统的平衡总压$p_总$等于p_{NH_3}和p_{CO_2}之和，称为分解压。

从化学反应计量方程式可知，$p_{CO_2}=\frac{1}{3}p_总$，$p_{NH_3}=\frac{2}{3}p_总$，代入式(2.25)，得

$$K^\ominus = \left(\frac{2}{3}\frac{p_总}{p^\ominus}\right)^2 \left(\frac{1}{3}\frac{p_总}{p^\ominus}\right) = \frac{4}{27}\left(\frac{p_总}{p^\ominus}\right)^3 \tag{2.26}$$

因此，测量其总压$p_总$即可计算出标准平衡常数$K^\ominus$。

温度对平衡常数的影响可用式(2.27)表示

$$\frac{\mathrm{d}\ln K^\ominus}{\mathrm{d}T} = \frac{\Delta_r H_m^\ominus}{RT^2} \tag{2.27}$$

式中：T为热力学温度；$\Delta_r H_m^\ominus$为该反应的标准摩尔反应热；R为摩尔气体常量。当温度变化范围不太大或$\Delta_r C_p$较小时，$\Delta_r H_m^\ominus$可视为常数，将式(2.27)积分得

$$\ln K^\ominus = -\frac{\Delta_r H_m^\ominus}{RT} + C \tag{2.28}$$

式中：C 为积分常数。以 $\ln K^{\ominus}$ 对 $1/T$ 作图，应为一直线，从斜率可求得 $\Delta_r H_m^{\ominus}$。

反应的标准摩尔吉布斯(Gibbs)自由能变化 $\Delta_r G_m^{\ominus}$ 与标准平衡常数 $K^{\ominus}$ 的关系为

$$\Delta_r G_m^{\ominus} = -RT\ln K^{\ominus} \tag{2.29}$$

用 $\Delta_r H_m^{\ominus}$ 和 $\Delta_r G_m^{\ominus}$ 可近似地计算该温度下的标准熵变 $\Delta_r S_m^{\ominus}$

$$\Delta_r S_m^{\ominus} = (\Delta_r H_m^{\ominus} - \Delta_r G_m^{\ominus})/T \tag{2.30}$$

因此，由实验测出一定温度范围内不同温度 T 时氨基甲酸铵的分解压(平衡总压)，可分别求出反应标准平衡常数 $K^{\ominus}$ 及反应热力学函数 $\Delta_r H_m^{\ominus}$、$\Delta_r G_m^{\ominus}$ 和 $\Delta_r S_m^{\ominus}$。

等压法测氨基甲酸铵分解压装置如图 2.47 所示。装置由恒温槽、真空系统和等压计组成，等压计中的封闭液通常选用邻苯二甲酸二壬酯、硅油或液体石蜡等蒸气压小、密度小且不与系统中任何物质发生化学作用的液体。

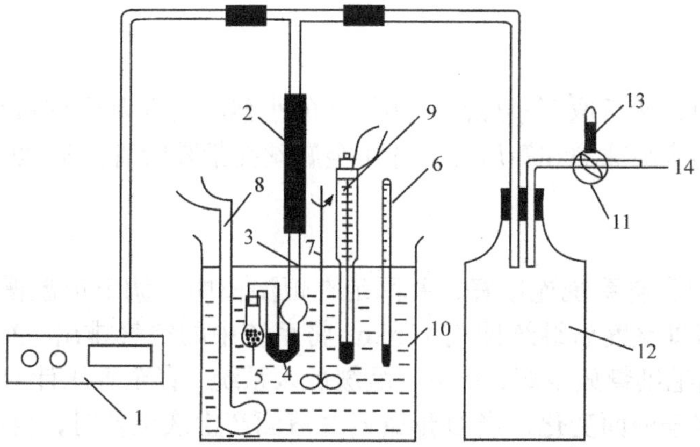

图 2.47　等压法测氨基甲酸铵分解压装置

1. 数字式低真空测压仪；2. 真空胶管；3. 等压计；4. 封闭液；5. 氨基甲酸铵；6. 水银温度计；7. 搅拌器；8. 电加热器；9. 接触温度计；10. 玻璃水槽；11. 三通活塞；12. 缓冲瓶；13. 毛细管放空阀；14. 真空泵

仪器与试剂

仪器　等压法测分解压装置；数字式低真空测压仪(DPC-2C)；真空泵；恒温槽。

试剂　氨基甲酸铵(自制)；邻苯二甲酸二壬酯或硅油。

氨基甲酸铵的制备方法：氨和二氧化碳接触后，常温下即能生成氨基甲酸铵。如果有水存在，还会生成碳酸铵或碳酸氢铵，故反应气体应充分干燥。具体制作方法如下：先开启二氧化碳钢瓶，通过浓硫酸洗气瓶，再开启氨气钢瓶，经过液体石蜡鼓泡瓶后，再通过固体 KOH 干燥管。两种气体通入聚乙烯薄膜袋(氨基甲酸铵极易在反应容器的器壁上形成一层黏附力很强的致密层，难以剥离，用聚乙烯薄膜袋作反应容器只要搓揉可形成粉末)，以鼓泡数计算流量，使两者比为化学计量比，通气约 1h，能得到 200～400g 白色粉末状的氨基甲酸铵产品。注意通气流量不要太大以充分反应，如果配比适当，从尾气鼓泡瓶可以看出，此时尾气接近于零。

安全警示

(1) 真空系统由玻璃管连接而成，应小心操作，旋转活塞时应双手操作，避免玻璃管断裂伤害人体。

(2) 不可触摸仪器电源插口和插座或接线板插口，以免触电。恒温槽换水时，应关闭电源。

实验步骤

1. 检漏

将烘干的小球泡或特制容器(装氨基甲酸铵用)与真空胶管接好。开启数字式低真空测压仪电源，在通大气条件下，置零。接通真空泵，并使系统与真空泵连接，几分钟后至最高真空度，关闭活塞停止抽气，检查系统是否漏气。几分钟后，若数字式低真空测压仪读数基本不变，则表示系统不漏气。

2. 装样品

放空气到系统中，然后取下小球泡，用特制的小漏斗将氨基甲酸铵粉末装入另一只盛样小球泡中，乳胶管连接小球泡和等压计，并用金属丝扎紧乳胶管两端(实验室已安装)。

3. 测量

将等压计小心与真空系统连接好，并固定在恒温槽中。调节恒温槽的温度为 25℃，开动真空泵，抽至最高真空度后继续抽气 10min，将系统中的空气排出，关闭连接真空泵活塞，停止抽气。缓慢开启毛细管放空阀，将空气缓缓放入系统，直至等压计 U 形管两臂液面齐平，立即关闭活塞。观察硅油面变化，当 U 形管两臂液面产生液位差时，再次开启毛细管放空阀至液面相平，反复多次重复放气操作，直至 10min 内硅油面齐平不变，读取温度、测压仪和大气压计数值(25℃时平衡时间约需 30min)。

4. 重复测量

为了检验盛氨基甲酸铵的容器内空气是否置换完全，可再使系统与真空泵相连，继续排气，约 5min 后，如上操作重新测定氨基甲酸铵分解压力。如两次测定结果压力差小于 200Pa，可进行下一步实验。

5. 升温测量

调节恒温槽的温度为 30℃。在升温过程中，当 U 形管两臂液面产生变化时，及时从毛细管缓慢放入空气，使分解的气体不至于通过硅油鼓泡。当恒温槽温度恒定时，调节至 U 形管两臂硅油面齐平且保持 10min 不变，即可读测压仪读数及恒温槽温度。同法测定其他温度的分解压，共测 4～5 个温度。

6. 复原

实验完毕后，将空气慢慢放入系统，使系统解除真空。关闭测压仪和真空泵。

注意事项

(1)在使用真空泵之前，先把缓冲瓶通大气，再插电源，1min 后可接系统；关闭真空泵之前，也要先把缓冲瓶通大气，解除真空后，再关电源，以免泵油倒吸。在实验过程中，系统已达较高真空状态时，需再次连接真空泵时，应先开泵 1～2min，再将真空泵和系统连接。

(2)用毛细管将空气放入系统时，一定要缓慢进行，小心操作。若放气速率太快或放气量太多，易使空气倒流进入氨基甲酸铵分解的反应小球中，此时需重新脱气。如果放气量太多，但没有空气倒流进入反应小球中，只要再次连接真空泵，缓缓抽除多余的空气即可。

结果与讨论

室温：_______℃；大气压________kPa

(1)校正大气压读数后，计算不同温度下氨基甲酸铵的分解压和计算分解反应的平衡常数 $K^{\ominus}$（表 2.39）。

表 2.39　不同温度时氨基甲酸铵分解反应数据

温度			测压仪读数/kPa	分解压/kPa	$K^{\ominus}$	$\ln K^{\ominus}$
t/℃	T/K	$1/T$ /K^{-1}				

(2)作 $\ln K^{\ominus}$-$1/T$ 图，并由斜率计算氨基甲酸铵分解反应的等压反应热效应 $\Delta_r H_m^{\ominus}$。

(3)计算 25℃时氨基甲酸铵分解反应的 $\Delta_r G_m^{\ominus}$ 及 $\Delta_r S_m^{\ominus}$。

思考题

(1)如何检查系统是否漏气？

(2)什么是分解压？氨基甲酸铵分解反应属于什么类型的反应？

(3)为什么要抽净小球泡中的空气？若系统中有少量空气，对实验结果有什么影响？

(4)如何判断氨基甲酸铵分解已达平衡？没有达到平衡就测数据，将有什么影响？

(5)根据哪些原则选用等压计中的密封液？

(6)当使空气通入系统时，若通得过多会有什么现象？怎样克服？

(7)分析本方法的最大误差。

(8)将测量值与文献值比较，讨论引起误差的主要因素及原因。

参考文献

陈大勇，高永煜. 2000. 物理化学实验. 上海：华东理工大学出版社

崔献英，柯燕雄，单绍纯. 2000. 物理化学实验. 合肥：中国科学技术大学出版社

复旦大学，等. 2004. 物理化学实验. 3 版. 北京：高等教育出版社

武汉大学化学与分子科学学院实验中心. 2000. 物理化学实验. 武汉：武汉大学出版社

（滕启文）

实验 39　交流电桥法测定电解质溶液电导

实验导读

电导率是电解质溶液的特性。溶液电导的测定在化学领域中应用广泛，不仅可评价电解质溶液的导电能力、检验水的纯度，还能计算水的离子积、弱电解质的解离度、解离平衡常数、难溶盐的溶解度和溶度积等；在化学反应动力学中，作为测定电解质溶液浓度的一种方法，测定反应速率；分析化学中常用电导测定确定滴定的终点，即电导滴定。测定电解质溶液电导的方法有交流电桥法、电阻分压法、高电压或高频率法等。常用的是交流电桥法；电阻分压法用在电极反应可逆的场合，对于导电性较差的多相系统的电导测量，以及准确度不很高的溶液电导测量也可用电阻分压法；高电压或高频率法只用于特殊的电导研究，如离子氛对离子导电的影响等。

实验目的

(1) 理解溶液的电导、电导率和摩尔电导率的概念。

(2) 掌握电导率仪的使用方法。

(3) 掌握交流电桥测量溶液电导的实验方法及其应用。

实验原理

电解质溶液的导电能力可用电导 G 表示，定义为电阻的倒数 $1/R$，单位为 S 或 Ω^{-1}。

将电解质溶液放入电导池内，溶液电导 G 的大小与两电极之间的距离 l 成反比，与电极的面积 A 成正比

$$G=\kappa\frac{A}{l} \tag{2.31}$$

式中：l/A 为电导池常数，以 K_{cell} 表示；κ 为电导率，其物理意义是在两平行且相距 1m、面积均为 $1m^2$ 的两电极间的电解质溶液的电导，即单位体积溶液的电导，$S\cdot m^{-1}$。由于电极的 l 和 A 不易精确测量，因此在实验中用一种已知电导率值的溶液作为标准溶液标定电导池常数 K_{cell}，常用 KCl 溶液作为标准溶液，几种 KCl 标准溶液的电导率从手册上可查。

溶液的摩尔电导率是指把含有 1mol 电解质的溶液置于相距为 1m 的两平行板电极之间的电导，以 Λ_m 表示，其单位为 $S\cdot m^2\cdot mol^{-1}$。摩尔电导率与电导率的关系为

$$\Lambda_m=\kappa/c \tag{2.32}$$

式中：c 为该溶液的浓度，$mol\cdot m^{-3}$。

1. 强电解质溶液无限稀释摩尔电导率的测定

电解质溶液在无限稀释时的摩尔电导率称为无限稀释摩尔电导率 Λ_m^∞。在一定温度和同一溶剂中，Λ_m^∞ 仅与电解质本性有关，是表示电解质的一个特性物理量。

在稀溶液中，强电解质的摩尔电导率与其浓度的平方根呈线性关系，称为科尔劳施(Kohlrausch)稀释定律：

$$\Lambda_m=\Lambda_m^\infty-A\sqrt{c} \tag{2.33}$$

因此，在稀溶液范围内，测量一系列不同浓度强电解质溶液的摩尔电导率，根据式(2.33)以Λ_m对$\sqrt{c}$作线性图，外推可得Λ_m^∞。

对于弱电解质溶液，式(2.33)并不成立，需按科尔劳施离子独立运动定律，利用离子无限稀释摩尔电导率数据间接计算。对$M_{\nu_+}A_{\nu_-}$型电解质

$$\Lambda_m^\infty = \nu_+\Lambda_{m,+}^\infty + \nu_-\Lambda_{m,-}^\infty \tag{2.34}$$

式中：$\Lambda_{m,+}^\infty$、$\Lambda_{m,-}^\infty$分别为正、负离子的无限稀释摩尔电导率。

2. 弱电解质电离常数的测定

AB型弱电解质在溶液中电离达到平衡时，电离常数K、浓度c和电离度α有以下关系：

$$K_c = \frac{c\alpha^2}{1-\alpha} \tag{2.35}$$

在一定温度下K_c是常数，因此可以通过测定AB型弱电解质在不同浓度时的α求K_c。乙酸溶液的电离度可用电导法测定。

由于电解质溶液的不完全电离和离子间存在相互作用力，Λ_m通常称为表观摩尔电导率。在弱电解质溶液中，只有已电离部分才对电导有贡献，而在无限稀释的溶液中可认为弱电解质已全部电离，此时溶液的摩尔电导率为Λ_m^∞，可以认为

$$\alpha = \Lambda_m / \Lambda_m^\infty \tag{2.36}$$

将式(2.36)代入式(2.35)中，可得

$$K_c = \frac{c\Lambda_m^2}{\Lambda_m^\infty\left(\Lambda_m^\infty - \Lambda_m\right)} \tag{2.37}$$

整理为

$$c\Lambda_m = K_c\left(\Lambda_m^\infty\right)^2\frac{1}{\Lambda_m} - K_c\Lambda_m^\infty \tag{2.38}$$

以$c\Lambda_m$对$1/\Lambda_m$作图，其直线的斜率为$K_c\left(\Lambda_m^\infty\right)^2$，如知道$\Lambda_m^\infty$值，就可算出$K_c$。$\Lambda_m^\infty$可以由离子的无限稀释摩尔电导率计算得到。

3. CaF_2(或$BaSO_4$)饱和溶液溶度积(K_{sp})的测定

CaF_2的溶解平衡可表示为

$$CaF_2 \rightleftharpoons Ca^{2+} + 2F^- \qquad K_{sp} = c(Ca^{2+})\cdot c(F^-)^2 = 4c^3 \tag{2.39}$$

式中：c为饱和溶液中难溶盐的浓度。难溶盐的溶解度很小，饱和溶液的浓度很低，所以溶液的Λ_m可以近似认为是Λ_m^∞(盐)，即

$$\Lambda_m^\infty(\text{盐}) = \frac{\kappa(\text{盐})}{c} \tag{2.40}$$

式中：κ(盐)为纯难溶盐的电导率。注意在实验中所测定的饱和溶液的电导值为盐与水的电导之和，即

$$G(\text{溶液}) = G(H_2O) + G(\text{盐}) \tag{2.41}$$

这样，可由测得的难溶盐饱和溶液的电导G(溶液)和所用水的电导$G(H_2O)$求出G(盐)，再求出κ(盐)，然后求出溶解度及K_{sp}。

4. 交流电桥法

测定电解质溶液电导的方法基本上与物理实验中用电桥法测定电阻的方法相同，它的基本线路如图 2.48(R_x 为待测溶液的电阻)所示，所不同的是测定时用音频交流电源。用示波器指示电桥平衡，当示波器屏幕上显示一条直线时，表示电桥已达平衡。

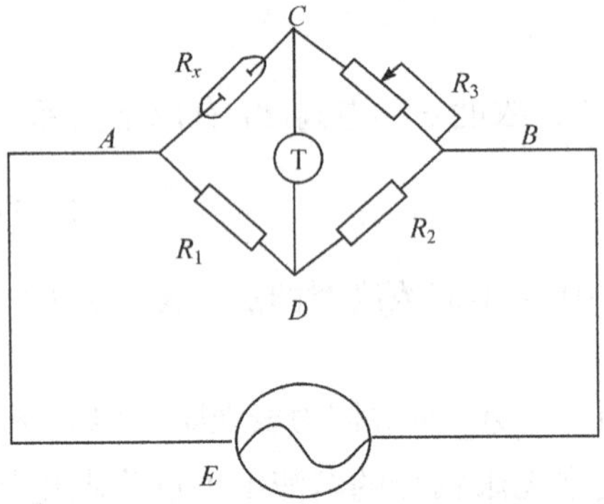

图 2.48　交流电桥测定溶液电阻线路

惠斯通电桥是用比较法测定电阻的仪器，它由 4 个桥臂(R_1、R_2、R_3、R_x)、检零器 T(连接在对角线 CD 上)和电源 E 组成，接入检零器的对角线称为“桥”，当通过检零器 T 的电势为零时，即 C、D 两点的电势相等，称此电桥达到了平衡状态，此时有

$$\frac{R_1}{R_2} = \frac{R_x}{R_3} \tag{2.42}$$

在准确度要求不高时，常用电导率仪测量溶液电导率，电导率仪的测量原理不同于交流电桥法，是简单的电阻分压法。

仪器与试剂

仪器　DF1022B 信号发生器；XJ4328 型示波器；电导率仪；电导电极；电阻箱；恒温槽；50mL 移液管；100mL 容量瓶；试管。

试剂　$0.02mol \cdot L^{-1}$ KCl 标准溶液；$0.1mol \cdot L^{-1}$ 乙酸标准溶液；饱和 CaF_2 或 $BaSO_4$ 溶液。

安全警示

(1)测量中使用的信号为低压电源，并无危险，但仪器用电是市用电源，须小心使用。

(2)本实验用的试剂无明显毒性，但仍需小心操作，避免进入口、鼻、眼中。

实验步骤

1. 测量电路连接调试

将电导电极插入一个待测溶液中，按图 2.48 正确接好线路。接通音频信号发生器电源，调节输出信号频率在 1000Hz 左右，输出电压为 4～6V。然后调试示波器，示波器是判断电桥平衡的仪器，必须调试到稳定的信号才能使用。先调节信号的聚焦、辉度、水平垂直位置在合适值，选择示波器通道 CH1/CH2 与输入端相对应。再调节纵坐标(V，变量)增益旋钮，使信号波形显示最大。同时调节横坐标(t，变量)扫描频率旋钮，可先粗调使显示屏上显示 5～10 个波，再用中心微调旋钮仔细调节，使扫描频率是输入信号频率的整数倍，显示屏上出现稳定的信号，调节时辅助使用 LEVEL 旋钮。

2. 测定电导池常数

调节恒温槽的温度为 25℃，试管和电导电极用待测溶液润洗后，加入适量 $0.02\text{mol}\cdot L^{-1}$ KCl 标准溶液，并插入电极置于恒温水浴中，电极铂片必须完全浸没在溶液中，恒温 10～15min。先置 $R_1:R_2=1:1$，调节电阻箱 R_3，使示波器显示一条直线或振幅最小，记录 R_1、R_2、R_3 值。再改变 $R_1:R_2$ 值，同法取得 R_3，平行测量三次。测定时不时摇动电导池，至三次读数接近为止，取其平均值作为结果。

3. 测定 KCl 溶液的电导

用移液管取 50mL $0.02\text{mol}\cdot L^{-1}$ KCl 标准溶液于 100mL 容量瓶中，用去离子水稀释至刻度定容，摇匀，即得 $0.02/2\text{mol}\cdot L^{-1}$ KCl 溶液；再用另一支 50mL 移液管从配好的 $0.02/2\text{mol}\cdot L^{-1}$ 的容量瓶中取 50mL 到另一个 100mL 容量瓶中，再次定容摇匀。依此类推，配制浓度为 $0.02/2\text{mol}\cdot L^{-1}$, $0.02/4\text{mol}\cdot L^{-1}$, $0.02/8\text{mol}\cdot L^{-1}$, $0.02/16\text{mol}\cdot L^{-1}$ 的 KCl 溶液。

用交流电桥法测量装置依次测量上述溶液的电阻，每个溶液在不同 $R_1:R_2$ 下平行测量三次。

4. 测定乙酸溶液的电导

用与测定 KCl 溶液电导相同的方法配制、测量不同浓度($0.1/16\text{mol}\cdot L^{-1}$, $0.1/8\text{mol}\cdot L^{-1}$, $0.1/4\text{mol}\cdot L^{-1}$, $0.1/2\text{mol}\cdot L^{-1}$, $0.1\text{mol}\cdot L^{-1}$)乙酸溶液的电阻。

5. 测定去离子水的电导率

在干净的试管中加入适量去离子水，用电导率仪测出电导率(为什么采用电导率仪测量？)。选择测量频率时，若电导率高于 $300\mu S\cdot cm^{-1}$，则选择高周，否则选择低周，电导率仪的使用参阅 3.1.1 小节。

6. 测定难溶盐溶液的电阻

测定难溶盐溶液(饱和 CaF_2 或 $BaSO_4$ 溶液)的电阻。

7. 结束实验

实验完毕，关闭电源，拆去连接导线，整理实验台。

注意事项

(1)配制溶液的水需用纯度较高的去离子水，但其中含有少量杂质离子，可产生一定的电导率，在计算电解质溶液的电导率时应将其扣除。在精密的电化学测量中，少量杂质离子还会对研究电极产生干扰，一般需使用纯度更高的水，常称电导水，其电导率可达 $10^{-5}S\cdot m^{-1}$。

(2)电导电极分为铂黑电极和光亮电极。在测量高浓度电解质溶液时需选用铂黑电极，目的是减少由交流电引起的极化效应，因铂黑的表面积大，降低了电流密度，故消除了极化电势，并降低了电容的干扰。而在测量电导率很小的溶液时，需选用光亮电极，以避免溶质在电极表面吸附。

结果与讨论

(1)计算电导池常数。已知 25℃时，0.02mol · L^{-1} KCl 溶液的电导率为 0.2765S · m^{-1}，0.01mol · L^{-1} KCl标准溶液在25℃和30℃时的电导率分别为0.1413S · m^{-1}和0.1552S · m^{-1}。

(2)计算测量的各浓度KCl溶液、乙酸溶液的电导率、摩尔电导率。

(3)根据式(2.33)作Λ_m-$\sqrt{c}$线性关系图，外推求得KCl的无限稀释摩尔电导率Λ_m^∞。

(4)计算乙酸在各浓度下的电离度α和电离平衡常数 K_c。已知 25℃时乙酸的Λ_m^∞ = 390.7×10^{-4}S · m^2 · mol^{-1}。

(5)乙酸相关数据处理：将$c\Lambda_m$对$1/\Lambda_m$作图，直线的斜率为$K_c(\Lambda_m^\infty)^2$，截距为$-K_c\Lambda_m^\infty$，求Λ_m^∞、K_c和α，并与按照离子独立移动定律计算25℃时乙酸的Λ_m^∞值比较，求出相对误差。

(6)计算难溶盐CaF_2或$BaSO_4$的K_{sp}。

思考题

(1)如何定性解释电解质的摩尔电导率随浓度增加而降低？

(2)测定电解质溶液的电导时，为什么要用高频交流电源？测定电解质溶液电导和测定金属导体电阻有什么不同？

(3)电解质溶液电导与哪些因素有关？

(4)为什么要测电导池常数？如何得到该常数？

(5)测电导时为什么要恒温？实验中测电导池常数和溶液电导，温度是否要一致？

(6)参考电导率仪的仪器使用说明，了解高周/低周选择原则、温度补偿使用、电导电极种类及其用途。

参考文献

复旦大学，等. 2004. 物理化学实验. 3版. 北京：高等教育出版社
殷学锋. 2002. 新编大学化学实验. 北京：高等教育出版社

（王国平）

实验40　原电池电动势的测定及其应用

实验导读

电动势测量广泛应用于物理化学的实验和研究中，通过电池电动势的测量可以获得平衡常数、电解质活度和活度因子、解离常数、溶解度、配合常数、酸碱度及某些热力学函数改变量等。有些难以借助量热法测定热效应的反应可通过电动势法准确测定。原则上，凡是能设计成电池的化学反应的热力学函数都可以用电化学方法得到可靠准确的结果。

电池电动势的测量必须在可逆条件下进行，可逆就是要求电池反应可逆和在测量电动势时电池几乎没有电流通过。电池电动势的测量实质上是一种特定的电池开路电压的测量。但是，任何电动势测量仪测量时均不可避免有电流通过电池，用补偿法原理设计的电位差计及

高输入阻抗或高内阻的电压测量仪表能较好地满足要求。电位差计的测量准确度可达到0.01%或更高，是精密测量中应用最广的仪器之一。

实验目的

(1)掌握补偿法测定电池电动势的原理和方法。

(2)掌握电位差计、检流计与标准电池的使用方法。

(3)学会制备电极和盐桥的方法。

(4)掌握通过测量原电池电动势计算热力学函数变化值的原理、方法及其他应用。

实验原理

原电池由正、负电极和电解质溶液组成，其电动势为正、负电极的电极电势之差

$$E = E_+ - E_- \tag{2.43}$$

式中：E_+、E_-分别为正、负电极相对于标准氢电极的还原电势。

电池电动势和电极电势与对应电池或电极反应物质浓度的关系由能斯特方程描述，以电池 Ag|AgCl, KCl (c_1) || $AgNO_3$(c_2) | Ag 为例

$$E_{\mathrm{AgCl/Ag}} = E^{\ominus}_{\mathrm{AgCl/Ag}} - \frac{RT}{zF}\ln\frac{a(\mathrm{Cl^-})a(\mathrm{Ag})}{a(\mathrm{AgCl})} = E^{\ominus}_{\mathrm{AgCl/Ag}} - \frac{RT}{zF}\ln a(\mathrm{Cl^-}) \tag{2.44}$$

$$E_{\mathrm{Ag^+/Ag}} = E^{\ominus}_{\mathrm{Ag^+/Ag}} - \frac{RT}{zF}\ln\frac{a(\mathrm{Ag})}{a(\mathrm{Ag^+})} = E^{\ominus}_{\mathrm{Ag^+/Ag}} - \frac{RT}{zF}\ln\frac{1}{a(\mathrm{Ag^+})} \tag{2.45}$$

$$E = E^{\ominus} - \frac{RT}{zF}\ln\frac{a(\mathrm{AgCl})}{a(\mathrm{Ag^+})a(\mathrm{Cl^-})} = E^{\ominus} - \frac{RT}{zF}\ln\frac{1}{a(\mathrm{Ag^+})a(\mathrm{Cl^-})} \tag{2.46}$$

式中：$E^{\ominus}_{\mathrm{AgCl/Ag}}$为负极 Ag/AgCl 电极的标准电极电势；$E^{\ominus}_{\mathrm{Ag^+/Ag}}$为正极 Ag/Ag^+电极的标准电极电势；$E^{\ominus}$为电池的标准电动势，为正、负电极标准电极电势之差；z为电池反应或电极反应的电子转移数，这里z=1；a为各物质的活度，Ag 和 AgCl 为纯物质，$a(\mathrm{AgCl}) = a(\mathrm{Ag}) = 1$。

单个电极的电极电势的绝对值无法测定，习惯上，以相对于标准氢电极的还原电势表示电极电势，各类电极在标准状态下的电极电势，即标准电极电势在手册上可查。由于标准氢电极使用不方便，在实际测定中往往用第二级标准电极，甘汞电极(SCE)是最常用的一种，称为参比电极。在一定温度下，参比电极的电极电势为已知常数，将参比电极和待测电极组成原电池，测定其电动势，可计算待测电极的电极电势。

由热力学可知，在恒温恒压、可逆条件下，电化学反应产生的电功等于摩尔反应吉布斯自由能变$\Delta_r G_m$，即

$$\Delta_r G_m = -zFE \tag{2.47}$$

这里的可逆应符合下列条件：①电池反应可逆；②电池工作条件可逆，即电池在无限接近平衡的条件下进行，工作电流 $I\to 0$；③电池内没有液接电势等引起的实际过程的不可逆。因此，在用电化学方法研究热力学性质时，尽量避免出现液接界，在精确度要求不高的测量中，常用盐桥减小液接界电势。

测定某一原电池在不同温度下的电动势E，即可求得电动势的温度系数$(\partial E/\partial T)_p$，由$E$和$(\partial E/\partial T)_p$并结合下列关系式，可计算电池反应的热力学函数$\Delta_r G_m$、$\Delta_r S_m$和$\Delta_r H_m$。

$$\Delta_r S_m = zF(\partial E/\partial T)_p \tag{2.48}$$

$$\Delta_r H_m = \Delta_r G_m + T\Delta_r S_m \tag{2.49}$$

式中：z 为反应的电荷数；F 为法拉第常量。

将化学反应设计成原电池，通过测定标准电动势，还可计算反应平衡常数

$$E^{\ominus} = \frac{RT}{zF}\ln K^{\ominus} \tag{2.50}$$

补偿法测定原电池电动势方法符合可逆电池的工作条件，其测量原理为：用一个方向相反但数值相同的电动势与待测电池的电动势比较，使经过待测电池的电路中电流趋于零，这时与待测电池比较的电势就等于该电池的电动势 E。电位差计就是根据补偿法原理设计的，它由工作电流回路、标准回路和测量回路组成，如图 2.49 所示。

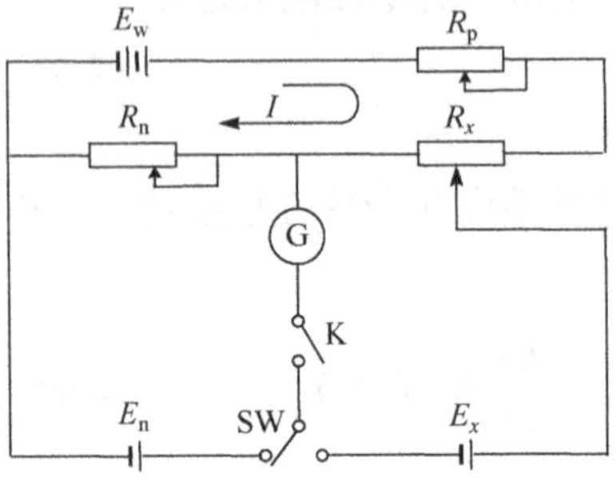

图 2.49　电位差计工作原理

工作电流回路：工作电流由工作电池 E_w 的正极流出，经可变电阻 R_p、电阻 R_n、R_x，返回 E_w 的负极，构成一个通路，通过调节 R_p 改变工作电流 I。

标准回路：将变换开关 SW 合向 E_n，从标准电池的正极开始，经检流计 G、R_n，回到标准电池的负极。R_n 是由 10180Ω 的固定电阻和温度补偿可变电阻(0～10Ω)组成，根据标准电池在其工作温度下的电势 E_n 预先设置。调节 R_p 改变工作电流 I，使 R_n 上的电势降等于 E_n，称为工作电流的标准化，这时 R_n 上的电势降为 0.1mV · Ω^{-1}，I=0.1mA。

测量回路：SW 扳向 E_x，从待测电池的正极开始，经 R_x、检流计 G，回到待测电池负极。在工作电流 I 不变(取决于什么？)的条件下，调节 R_x，使 G 中的电流为零，则待测电池的电动势等于 R_x 上的电势降，读取的 R_x 值可换算成 E_x。

图 2.50 为 UJ-25 型高电势直流电位差计面板图。对应于原理图，转换旋钮相当于开关 SW，当旋钮尖端指在“N”处，即等于 SW 接通 E_n；如指在“X_1”，即等于 SW 接通由未知 1 端口接入的待测电池 E_x；“X_2”指 SW 接通由未知 2 端口接入的待测电池 E_x。左下角的电计按钮相当于原理图中的 K 开关，按“粗”表示 K 通过保护电阻接通检流计 G；按“细”时没有保

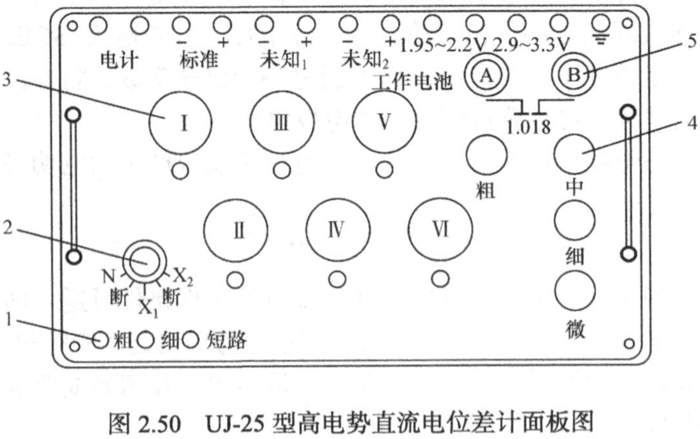

图 2.50　UJ-25 型高电势直流电位差计面板图

1. 电计按钮(3 个)；2. 转换旋钮；3. 电势测量旋钮(6 个)；4. 工作电流调节旋钮(4 个)；5. 标准电池温度补偿旋钮(2 个)

护电阻；“短路”用来将检流计短路，这些按钮只能短时接通(为什么？)，不能长时间连接，更不能锁定。右边的“粗”、“中”、“细”、“微”旋钮相当于原理图中的可变电阻 R_p，用于实现工作电流标准化。右上角的两个旋钮 A、B 是两个标准电池温度补偿旋钮，是 R_n 的一部分，前面一挡 A 调 0.1mV 位，后面一挡 B 调 0.01mV 位。中间六个电势测量旋钮 $\times10^{-1}$, $\times10^{-2}$, …, $\times10^{-6}$ 即是 R_x，其下都有一个小窗孔，显示的数值已转换为电势值。

仪器与试剂

仪器 UJ-25 型高电势直流电位差计；检流计；惠斯通标准电池；工作电源；导线；饱和甘汞电极；银/氯化银电极；银电极；50mL 棕色容量瓶；100mL 容量瓶；50mL 酸式滴定管；洗瓶；废液杯；0#砂纸(公用)；恒温槽；饱和 KCl 盐桥；饱和 KNO_3 盐桥。

试剂 0.100mol · L^{-1} $AgNO_3$ 溶液；0.200 mol · L^{-1} KCl 溶液。

实验步骤

本实验测定下列4个电池的电动势：

(1) Hg | Hg_2Cl_2, KCl(饱和)||KCl(c), AgCl | Ag

c=0.0100mol · L^{-1}、0.0300mol · L^{-1}、0.0500mol · L^{-1}、0.0700mol · L^{-1} 和 0.0900mol · L^{-1}

(2) Hg | Hg_2Cl_2, KCl(饱和)||$AgNO_3$(c) | Ag

c=0.0100mol · L^{-1}、0.0300mol · L^{-1}、0.0500mol · L^{-1}、0.0700mol · L^{-1}、0.0900mol · L^{-1}

(3) Ag | AgCl, KCl(c_1)||$AgNO_3$(c_1) | Ag

c_1=0.0100mol · L^{-1}、0.0300mol · L^{-1}、0.0500mol · L^{-1}、0.0700mol · L^{-1}、0.0900mol · L^{-1}

(4) Ag | $AgNO_3$(c)||$AgNO_3$(0.100mol · L^{-3}) | Ag

c=0.0100mol · L^{-1}、0.0300mol · L^{-1}、0.0500mol · L^{-1}、0.0700mol · L^{-1}、0.0900mol · L^{-1}

1. 电极制备

用商品银电极进行电镀，制备成银电极、银/氯化银电极；饱和甘汞电极采用成品电极，使用前用蒸馏水淋洗干净。

2. 盐桥制备

制备方法是以琼胶：KNO_3：H_2O=1.5：20：50(质量比)的比例加入锥形瓶中，于热水浴中加热溶解，然后用滴管将它灌入干净的 U 形管中，U 形管中及两端不能留有气泡，冷却后待用(实验步骤 1、2 一般由实验室预先完成)。

3. 电动势测定

(1) 配制溶液：用滴定管和容量瓶将 0.100mol · L^{-1} $AgNO_3$ 溶液分别稀释成 0.0100mol · L^{-1}、0.0300mol · L^{-1}、0.0500mol · L^{-1}、0.0700mol · L^{-1} 和 0.0900mol · L^{-1} 各 50mL，将 0.200mol · L^{-1} KCl 溶液分别稀释成 0.0100mol · L^{-1}、0.0300mol · L^{-1}、0.0500mol · L^{-1}、0.0700mol · L^{-1}、0.0900mol · L^{-1} 各 100mL。

(2) 根据补偿法原理接好测量线路，调试电路是否正常(如何调试？)。如电路不能工作，在教师指导下，结合原理图，设法排除错误。

(3) 校正工作电流：先读取环境温度，根据惠斯通标准电池电动势与温度关系

$$E/\mathrm{V}=1.018625-[39.94(t/℃-20)+0.929(t/℃-20)^2-0.0090(t/℃-20)^3+0.00006(t/℃-20)^4]\times10^{-6}$$

计算标准电池的电势，调节标准电池的温度补偿旋钮至计算值。将转换开关拨至“N”处，转动工作电流调节旋钮粗、中、细、微各挡，按下电计旋钮“粗”或“细”(取决于什么？)，直至检流计指示为零或偏转最小。在测量过程中，要经常检查检流计是否发生偏离，加以调整。

(4) 测量待测电池电动势：按电池表示式组装电池，接入“未知 1”或“未知 2”，双液电池需用盐桥连接两种溶液。将转换开关拨向 X_1 或 X_2 位置，从大到小旋转测量旋钮，按下电计按钮，直至检流计指示为零或偏转最小，6 个小窗口内读数即为待测电池的电动势。每个电池平行测量三次。

4. 不同温度下原电池电动势测定

在第一组电池中任选一种浓度，组成原电池，在 25～60℃测定至少 5 个温度的电动势。

实验完毕，把盐桥放在指定容器中，其他仪器复原，检流计短路放置。

注意事项

(1) 检查甘汞电极是否有气泡、结晶。

(2) 注意选择合适的盐桥。

(3) 测定时，电解质溶液必须从稀到浓。

(4) 为了保护检流计不受损坏，除在实验预习时做好各组电动势值的估算(将指示值调到估算值)外，揿开关 K 时，必须先揿有保护电阻的揿钮“粗”，待检流计偏转很小后，再揿无保护电阻的揿钮“细”。

(5) 导线接线夹如接触不良，用 0#砂纸打磨。

(6) 正确判断电极正负。

结果与讨论

(1) 数据记录(表 2.40)。

室温：________℃；大气压：________kPa；E_n：________V

表 2.40 原电池电动势测定实验记录

电池 \ 浓度/(mol·L⁻¹)	0.0100	0.0300	0.0500	0.0700	0.0900
1					
2					
3					
4					

(2) 根据测定的电动势值计算并列表(参见表 2.41 示例：电池 1)。

表 2.41 电池电动势测定结果

浓度/(mol·L^{-1})	0.0100	0.0300	0.0500	0.0700	0.0900
E/V					
$E_{AgCl/Ag}$					
$a(Cl^-)$					
$\lg a(Cl^-)$					

(3)作图求结果。

(a)以原电池(1)的 $E_{AgCl/Ag}$ 对 $\lg a(Cl^-)$作图，外推求 $E^{\ominus}_{AgCl/Ag}$；以原电池(2)的 $E_{Ag^+/Ag}$ 对 $\lg a(Ag^+)$作图，外推求 $E^{\ominus}_{Ag^+/Ag}$；以原电池(3)的 E 外推求标准电动势 $E^{\ominus}$。

(b)利用推得的 $E^{\ominus}_{AgCl/Ag}$ 和 $E^{\ominus}_{Ag^+/Ag}$ 计算原电池(3)的电动势 $E^{\ominus}$，与原电池(3)外推的 $E^{\ominus}$ 比较，并求算 AgCl 水溶液的活度积常数 K_{sp}。

(c)以浓差电池(4)的 E 对 $\lg[a_1(Ag^+)/a_2(Ag^+)]$作图，分析截距和斜率的意义。

(4)根据电池 Hg | Hg_2Cl_2, KCl(饱和) || KCl (c), AgCl | Ag 在不同温度下的电动势 E, 计算电动势的温度系数 $(\partial E/\partial T)_p$，以及电池反应的 $\Delta_r G_m$、$\Delta_r S_m$ 和 $\Delta_r H_m$。

思考题

(1)补偿法测定电池电动势的装置中，电位差计、工作电源、标准电池和检流计各起什么作用？如何使用和维护标准电池及检流计？

(2)测量过程中，若检流计光点总往一个方向偏转，可能是哪些原因引起的？

(3)测量电动势时为什么要用盐桥？如何选用盐桥以适合不同的系统？

(4)根据可逆电池的条件，用补偿法测定其电动势，怎样才能测准？

(5)什么是电极极化？在实验中如何减小电极极化？

参考文献

复旦大学，等. 2004. 物理化学实验. 3 版. 北京：高等教育出版社

殷学锋. 2002. 新编大学化学实验. 北京：高等教育出版社

(王国平)

实验 41 界面移动法测定离子的迁移数

实验导读

离子迁移数是电解质溶液的重要传递性质。电解质溶液的传递现象与一般系统不同的是，在电势梯度或电场作用下离子的迁移表现为能传导电流。电流的传导由溶液中的正、负离子共同承担。离子迁移数可以衡量正、负离子的相对导电能力。

离子迁移数可以直接测定，方法有界面移动法、希托夫法和电动势法等。界面移动法是通过直接测定电解时溶液界面在迁移管中移动的距离求出迁移数，主要问题是如何获得鲜明的界面及如何观察界面移动；希托夫法是根据电解前后在两电极区由离子迁移与电极反应导致的电极区溶液浓度的变化求出迁移数，此法适用面较广，但需要配置库仑计以及进行繁多

的溶液浓度分析工作，并且测得的迁移数为表观迁移数，在计算过程中假定水是不动的，如果考虑到水的迁移对浓度的影响，算出离子实际迁移的数量，则为真实迁移数；电动势法则是通过测量不具有溶液接界电势的浓差电池的电动势求出迁移数。

实验目的

(1)掌握界面移动法测定离子迁移数的原理和方法。

(2)掌握图解积分测定电量的方法。

实验原理

当电解质溶液通电时，两极发生化学反应，溶液中正离子和负离子分别向阴极和阳极迁移，正、负离子共同担负导电任务。由于正、负离子移动的速率不同，电荷不同，它们分担导电任务的比例也不同，某种离子传递的电量与总电量之比称为离子迁移数。若两种离子传递的电量分别为 q_+和 q_-，则通过的总电量为：$Q = q_+ + q_-$，正、负离子的迁移数为：$t_+ = q_+ / Q$，$t_- = q_- / Q$，$t_+ + t_- = 1$。

在包含数种正、负离子的混合电解质溶液中，一般增加某种离子的浓度，则该种离子的传递电量的分数增加，其迁移数也相应增加。对仅含一种电解质的溶液，浓度改变使离子间的相互作用力发生改变，离子迁移数也会改变，但难有普遍规律。温度改变，离子迁移数也会发生变化，一般温度升高时，t_-和 t_+的差别减小。

本实验采用界面移动法测定 HCl 溶液中 H^+ 的迁移数，迁移管中离子迁移示意图如图 2.51 所示。实验装置如图 2.52 所示，V 为电势测量仪器(本实验用记录仪)，R_s 为 1Ω标准电阻，R 为大阻值电阻，DC 为直流稳压电源。

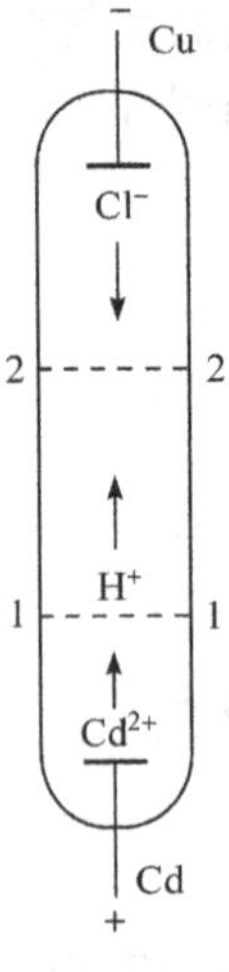

图 2.51　迁移管中离子迁移示意图

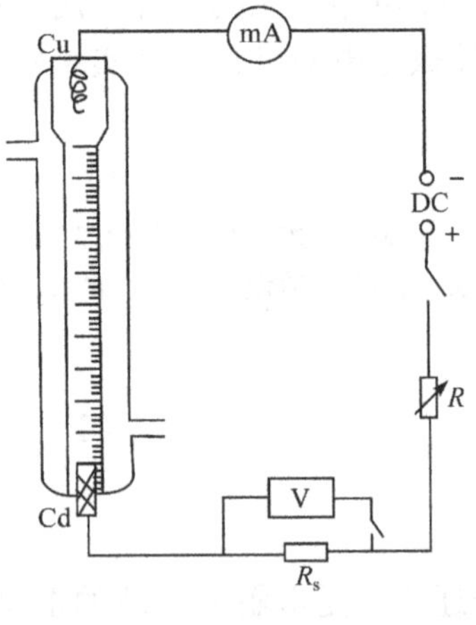

图 2.52　界面移动法实验装置

界面移动法有两种：一种是选用两种指示离子，形成两个界面；另一种是选用一种指示离子，只有一个界面。本实验采用后一种方法，以 Cd^{2+}作为指示离子测定某浓度的 HCl 溶液中 H^+的迁移数。

一垂直安装的带有刻度的管子称为迁移管，在管中充入 HCl 溶液。通电一定时间后，当

有电量 Q 通过某个静止的界面时，带有 t_+Q 电量的 H^+ 通过该界面向上移动，t_-Q 电量的 Cl^- 通过该界面往下迁移。假定在管的下部某处存在一界面，在该界面以下没有 H^+，已被指示正离子(如镉离子)取代，则该界面将随着 H^+ 往上迁移而移动，界面的位置可通过界面处上、下层溶液的性质差异判断。例如，利用上、下层溶液 pH 不同，用 pH 指示剂显示不同颜色。

欲使界面保持清晰，必须使界面上、下电解质不相混合，这可以通过选择合适的指示离子在通电情况下实现。$CdCl_2$ 溶液能满足这个要求，因为 Cd^{2+} 淌度 $U(Cd^{2+})$ 较小，$U(Cd^{2+})<U(H^+)$。如果有 Cd^{2+} 扩散进入 H^+ 层，在同一电场强度下，Cd^{2+} 比 H^+ 慢得多，很快退出 H^+ 层；反之，如果有 H^+ 进入 Cd^{2+} 层，在 Cd^{2+} 层的电场强度下，H^+ 比 Cd^{2+} 快得多，很快又回到 H^+ 层。

图 2.52 中负极是铜棒或铂丝，安装在管子的顶部，正极由金属镉制成，封闭在管子的底部。当在两极间接通电流后，Cd 被氧化为 Cd^{2+}，在电场的作用下，H^+ 和 Cd^{2+} 从下向上移动，而 Cl^- 向下移动，在管子的下部不断产生 $CdCl_2$ 溶液，上部的 H^+ 被还原为 H_2。建立界面后，作为指示离子的 Cd^{2+} 紧紧地跟在 H^+ 层的后面。由于 HCl 和 $CdCl_2$ 层的 pH 不同，在两个溶液之间显示出一个明显的界面。通电 t 时间后，两溶液之间的界面从图 2.51 中 1-1 位置移动到 2-2 位置，界面扫过的体积为 V，则 H^+ 迁移的电荷数量为该体积中所有 H^+ 所带的电荷数，即

$$q_{H^+} = Vc_{H^+}F \tag{2.51}$$

通过的总电量可通过测量电路中电流计算

$$Q = \int I\mathrm{d}t \tag{2.52}$$

所以，H^+ 的迁移数可表示为

$$t_{H^+} = \frac{c_{H^+}VF}{\int I\mathrm{d}t} \tag{2.53}$$

式中：I 为通过的电流，mA；t 的单位为 s；V 的单位为 mL；c 的单位为 $mol \cdot L^{-1}$。电流通过对接入电路中的 1Ω标准电阻产生的电势，用电位差计或电势记录仪测量。在本实验中，总电量通过记录仪记录 I-t 曲线，用图解积分获得。

仪器与试剂

仪器　迁移管(由 1mL 刻度移液管、恒温回流管和注液小漏斗组成)；记录仪；晶体管直流稳压电源；接线匣；导线；铜电极和镉电极；超级恒温槽；带尼龙管的 5mL 针筒；50mL 小烧杯；废液缸；砂纸。

试剂　含甲基紫的 $0.1mol \cdot L^{-1}$ HCl 溶液(需标定)。

安全警示

(1)镉化物是有毒物质，迁移管中产生的含镉溶液及洗涤物应收集在回收容器中。HCl 溶液是腐蚀性物质，使用过程中应小心操作，避免进入口、鼻、眼等人体器官中。

(2)安装迁移管时，应断开电路开关，以免触电。

(3)注射器针管很锋利，应小心使用，避免刺到人体。

实验步骤

(1)用带尼龙管的针筒吸取蒸馏水洗迁移管两次并检查迁移管是否漏液，再吸取少量含甲基

紫的 HCl 溶液(待测液)，直接插入迁移管的最下端，将迁移管润洗两次，然后将待测液慢慢加入迁移管中(注意迁移管中不能留有气泡)，装入溶液量以插入上端铜电极时能浸入电极为限。

(2)将迁移管垂直固定，按图 2.52 接好线路。调节恒温槽的温度为 25℃，待温度恒定后，合上电路中的开关，调节直流稳压电源的输出电压旋钮至电流为 4～5mA。观察迁移管，随着电解的进行，阳极不断溶解生成 Cd^{2+}，形成一个清晰的界面，并渐渐向上移动。待界面上升至起始刻度附近时，调节电流至 3.5mA 左右，开启记录仪。当界面移到起始刻度时，按记录仪的“右移”键记录该点的时间、电势，按“确认”键可返回图线画面；待界面移动到另一刻度时(如从 0.00mL 迁移到 0.050mL)，再按“右移”键记录；界面每移动 0.05mL 都按“右移”键记录，直至迁移 0.5mL 为止。再重复测定一次。

(3)调节恒温槽温度分别为 35℃、40℃、50℃，测定 $0.1mol \cdot L^{-1}$ HCl 溶液在不同温度下 H^+的迁移数。

(4)实验完毕，将迁移管溶液吸出，倒入指定回收瓶中，迁移管的洗涤废液也应注入回收瓶中。迁移管洗净后，装满蒸馏水。

注意事项

迁移管中注入溶液时，不能留有气泡，否则电路将断路，此时加大电压也无电流。因此，合上电路开关后，若电流为零，不要加大电压，应先检查迁移管中有无气泡，以免损坏稳压电源。

结果与讨论

将测得的实验数据填入表 2.42。

室温：________℃；恒温槽：________℃；HCl 溶液浓度：________$mol \cdot L^{-1}$；标准电阻 R_s：________Ω

表 2.42　25℃时 HCl 溶液 H^+迁移数测定实验数据

序号	每次界面移动电势读数				I/mA	Q/(mA · s)	t_{H^+}
	V/mL	t/s	E_1/mV	E_2/mV			
1							
2							
3							

(1)根据记录仪记录的电势-时间图，按式(2.51)，以迁移 0.05mL 溶液作为计算单元，用梯形面积求积分电量 Q。

(2)根据 H^+迁移的体积及 H^+浓度 c，求 H^+迁移的分电量 q_+。

(3)根据积分总电量 Q 及 H^+迁移的分电量 q_+，求 H^+的迁移数 t_{H^+}。

(4)取迁移数的平均值与文献值比较，求相对误差。

(5)化学系学生测定并计算各温度下的 H^+迁移数，并作 t_{H^+}-温度关系图。

(6)讨论并解释实验中观察到的现象。

思考题

(1)离子迁移数与哪些因素有关？

(2)保持界面清晰的条件是什么？

(3)实验过程中电流值如何变化？迁移管的电极接反将产生什么现象？为什么？

(4)如何求得 Cl^- 的迁移数？

参考文献

复旦大学，等. 2004. 物理化学实验. 3 版. 北京：高等教育出版社

殷学锋. 2002. 新编大学化学实验. 北京：高等教育出版社

（王国平）

实验 42 恒电势法测定阳极极化曲线

实验导读

测定极化曲线是研究电极过程动力学的基本方法之一。通过测定极化曲线，可以求得交换电流密度、传递系数和扩散系数等动力学基本参数，在电镀、电解及电池工业中应用也很普遍，如在电镀中往往需要提高电镀液的极化能力，以期获得细致光亮的镀层。研究各种络合剂、添加剂对电镀液极化能力的影响，即测定不同条件下的阴极极化曲线，可以选择理想的镀液组成、pH 及电镀温度等工艺条件，从而提高电镀的效果与水平。另外，阳极极化是防止金属腐蚀的有效方法之一。在电解池中，以被保护金属为阳极，取一辅助电极为阴极，当回路中有电流通过时，阳极发生金属氧化反应，即电化学溶解过程。随着外加电压的增大，溶解过程加快，电流也增大。有些金属在特定介质中，当其电极电势增大到某一数值后，电流随电势增加反而大幅度下降，此时金属表面发生钝化，即在金属表面形成一层电阻很高且耐腐蚀的钝化膜，导致其溶解速率大为减小。这种利用阳极极化防止金属腐蚀的方法称为阳极保护。但是在化学电源、电冶金和电镀中，金属作为可溶性阳极时，其钝化是非常不利的。

实验目的

(1)测定 Zn 在 $ZnSO_4$ 溶液中的阳极极化曲线。

(2)理解极化、超电势等基本概念。

(3)掌握三电极系统的测量原理和操作技术。

实验原理

当电极上有电流通过时，电极处于不可逆状态。电流越大，电极电势偏离可逆电势越大，这种现象称为电极的极化。极化产生的原因主要有浓差极化和电化学极化。极化作用的大小用超电势来衡量，超电势是指在某一电流密度下的不可逆电极电势 $E_{不可逆}$ 与平衡电势 $E_{可逆}$ 的差值，用符号 η 表示。极化作用的产生使阳极及阴极反应均变得困难，即阳极电极电势变大而阴极电极电势变小，为使超电势始终为正值，定义

$$\eta_{阳} = E_{不可逆} - E_{可逆} \tag{2.54}$$

$$\eta_{阴} = E_{可逆} - E_{不可逆} \tag{2.55}$$

测定极化曲线就是测定不同电流密度 i 时的电极电势 $E_{不可逆}$，然后作出 i-E 曲线。一般采用三电极测量系统：辅助电极、研究电极和参比电极。如图 2.53 所示，在带支管的 H 型电池

管中放入三个电极，其中参比电极(甘汞电极)放入支管中，与其紧邻的管中应插入研究电极，参比电极与研究电极构成原电池，用来测定研究电极的电极电势；在H型电池的另一管中插入辅助电极(铂电极)，辅助电极与研究电极构成电解池，用来施加电流密度。通过调节可变电阻，给予电解池一系列恒定的电势，通过数字电压表测定参比电极与阳极之间的电动势后，从电流表读出各电势下的电流，从而求得对应的电流密度。恒电势仪就是根据此原理提供恒定电极电势的专门仪器。实验中采用Luggin毛细管，并应尽量靠近研究电极表面。

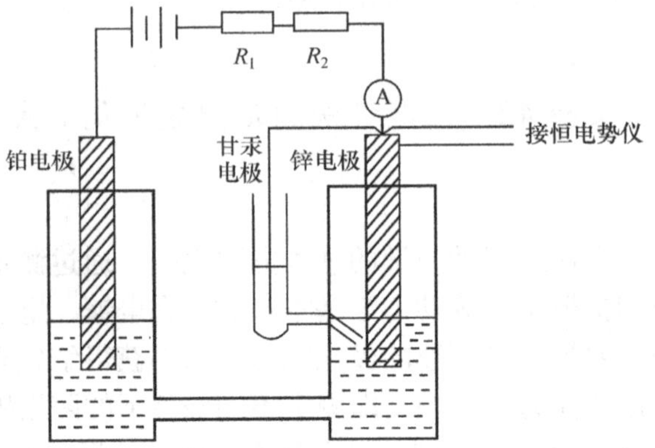

图 2.53　阳极极化曲线测定装置

在测定 i-E 曲线时，可以在一些固定不变的电流密度下测量相应的电极电势，也可以在一些固定不变的电极电势下测量相应的电流密度。前者称为恒电流法，后者称为恒电势法。本实验采用恒电势法，即电极电势是主变量，改变电极电势，电流密度随之改变，通过恒电势仪实现。在实际测量中，常采用的恒电势测量方法有下列两种：一种是静态法，将电极电势较长时间地维持在某一恒定值，同时测量电流随时间的变化，直到电流基本达到某一稳定值，如此逐点地测定各电极电势下的稳定电流值，获得完整的极化曲线；另一种是动态法，通过恒电势仪和电势扫描信号发生器控制电极电势以较慢的速率连续性地改变，并测量相应电势下的瞬间电流值，同时以瞬间电流对电极电势作图，获得整个极化曲线。所采用的扫描速率应根据具体系统而定，由于电极表面建立稳态的速率较慢，原则上扫描速率也应与之适应，这样测得的极化曲线就能与静态法测得的相近。本实验采用动态法，测量锌电极在 $ZnSO_4$ 溶液中的阳极极化曲线，用台式记录仪记录 i-E 曲线。

仪器与试剂

仪器　ZF-3 恒电势仪；ZF-4 电势扫描信号发生器；台式记录仪；H 型电池；锌电极；铂电极；饱和甘汞电极；金相砂纸。

试剂　$0.5mol \cdot L^{-1}$ $ZnSO_4$ 溶液。

实验步骤

1. 调仪器参数

各仪器打开预热数分钟，调恒电势仪在“通”、“给定”及量程“200mA”；调信号发生器在“准备”状态，上限 1900mV，初始 1300mV，下限–200mV(上下限待灯亮后用相应的旋钮调节，初始则用恒电势仪上的旋钮调）。波形调至“减少”（第二个），扫描速率为 50mV · s^{-1}；按下函数记录仪各键，用“POSITION”调记录笔的位置在纸的左下角，Y(电流密度)和 X(电极电势)的灵敏度为 100mV · cm^{-1}。

2. 组装电池

清洗 H 型电池和各电极，用砂纸擦亮锌电极，再用去离子水冲洗后，如图 2.53 所示组成电池。电池中盛放 0.5mol · L^{-1} $ZnSO_4$溶液，没过电极 1cm 为宜。

3. 测量

将信号发生器开关扳到“扫描”，仪器将自动记录极化曲线。若曲线太陡而超出记录范围或坡度不够，均需调节台式记录仪上的灵敏度；若开始扫描后没有出现水平线段，则说明初始值不够，适当增大后重新测量。

4. 复原

实验完毕后，小心取下各电极，用去离子水冲洗，洗净 H 型电池，放回原处；关闭各仪器电源。

结果与讨论

(1)记录实验时的室温和大气压等条件。

(2)在曲线上取 8～10 个点，求出超电势，然后作 η-lg$i$ 曲线。

思考题

(1)写出原电池及电解池中的电极反应和电池反应。

(2)三电极系统的测量原理是什么？

(3)分析造成实验误差的主要因素。

参考文献

陈大勇，高永煜. 2000. 物理化学实验. 上海：华东理工大学出版社

复旦大学，等. 2004. 物理化学实验. 3 版. 北京：高等教育出版社

武汉大学化学与分子科学学院实验中心. 2000. 物理化学实验. 武汉：武汉大学出版社

(滕启文)

实验 43　甲酸氧化反应动力学的研究

实验导读

宏观化学动力学将反应速率与浓度、温度等宏观变量联系起来，实验测得速率常数、反应级数、活化能和指前因子等特征参数，建立反应速率方程。历史上，第一个定量研究的动力学问题是威廉米(Wilhelmy)于 1850 年采用旋光仪测定蔗糖在酸催化下的转化速率。1862 年 De Saint 和吉勒斯(Gilles)研究了乙醇与乙酸的酯化反应及逆反应乙酸乙酯的水解动力学。它们成了化学动力学的两个经典实验。1836 年 Waage 和 Guldberg 提出了质量作用定律，1889

年阿伦尼乌斯(Arrhenius)提出著名的阿伦尼乌斯方程，使化学动力学深入发展。目前，宏观化学动力学的框架和基本规律已趋于完善。结合实验测定和机理研究，对于一般的气相反应、液相反应、聚合反应、爆炸反应、催化反应、生化反应、光化学反应和电化学反应，已经建立了各种与实际情况相适应的反应速率方程和反应机理。在工程应用上，化学动力学结合传递现象形成化学反应工程。向微观发展表现在建立了基元反应理论和分子动态学，李远哲因在研究分子动态学方面作出突出贡献而获得 1986 年诺贝尔化学奖。化学动力学不断蓬勃发展，其基础仍是各种动力学实验，我们应当逐步了解它。

实验目的

(1)用电动势法测定甲酸被溴氧化的反应动力学。

(2)了解化学动力学实验和数据处理的一般方法。

(3)加深理解反应速率方程、反应级数、速率常数、活化能等重要概念和一级反应动力学的特点、规律。

实验原理

甲酸被溴氧化的反应方程式如下：

$$HCOOH + Br_2 \longrightarrow CO_2 + 2H^+ + 2Br^-$$

对该反应，除反应物外，$[Br^-]$和$[H^+]$对反应速率也有影响，严格的速率方程非常复杂。在实验中，当使Br^-和H^+过量且保持其浓度在反应过程中近似不变时，则反应速率方程式可写成

$$-d[Br_2]/dt=k[HCOOH]^m[Br_2]^n \tag{2.56}$$

如果初始的[HCOOH]比$[Br_2]$大得多，可认为在反应过程中[HCOOH]保持不变，这时

$$-d[Br_2]/dt=k'[Br_2]^n \tag{2.57}$$

式中：$k'= k[HCOOH]^m$。

因此，只要实验测得$[Br_2]$随时间 t 变化的函数关系，即可确定反应级数 n 和速率常数 k'。如果在同一温度下，用两种不同浓度的 HCOOH 分别进行测定，则可得两个 k'值

$$k_1' = k[HCOOH]_1^m \tag{2.58}$$

$$k_2' = k[HCOOH]_2^m \tag{2.59}$$

联立求解式(2.58)和式(2.59)，即可求出反应级数 m 和速率常数 k。

本实验采用电动势法跟踪$[Br_2]$随时间的变化，以饱和甘汞电极(或银/氯化银电极)和放在含 Br_2 和 Br^-的反应溶液中的铂电极组成电池

$$(-)\ Hg, Hg_2Cl_2 \mid Cl^- \parallel Br^-, Br_2 \mid Pt\ (+)$$

该电池的电动势是

$$E = E^{\ominus}_{Br_2/Br^-} + (RT/2F)(\ln[Br_2]/[Br^-]^2) - E_{甘汞} \tag{2.60}$$

当$[Br^-]$过量时，在反应过程中$[Br^-]$可认为保持不变，式(2.60)可写成

$$E = (RT/2F)\ \ln[Br_2] + C_1 \tag{2.61}$$

假设甲酸氧化反应对Br_2为一级，则

$$-d[Br_2]/dt = k'[Br_2] \tag{2.62}$$

积分得

$$\ln[Br_2] = k't + C_2 \tag{2.63}$$

将式(2.63)代入式(2.61)，得

$$E = -(RT/2F)\ k't + C_3 \tag{2.64}$$

上述式中，C_1、C_2、C_3为不同的常数。以 E 对 t 作图，如果得到的是直线，则证明上述反应对 Br_2 为一级，这就是确立速率方程的尝试法。同时从直线的斜率求得 k'

$$k' = -(2F/RT)dE/dt$$

上述电池的电动势约为 0.8V，而反应过程电动势的变化只 30mV 左右。当用自动记录仪测量电势变化时，为了提高测量精度而采用如图 2.54 所示的接线法。图中用一个直流电源串联 1kΩ绕线电位器，于其中分出一恒定电势与测量电池反向连接，使测量电池电动势对消一部分。需对消的电势大小可通过调节电位器实现。因此，输入记录仪的电势是$\Delta E = E_{测} - E_{外}$；也可以是$\Delta E = E_{外} - E_{测}$，此时ΔE 的正负改变了。

甲酸氧化反应装置示于图 2.55，用超级恒温槽对夹套反应器恒温，磁力搅拌器搅拌。

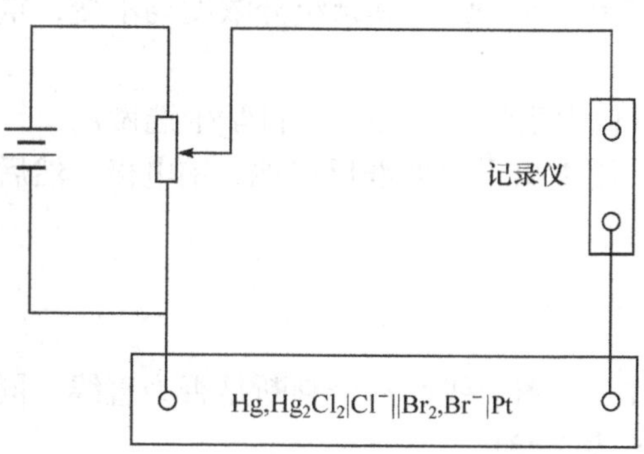

图 2.54 测电池电动势变化的接线法

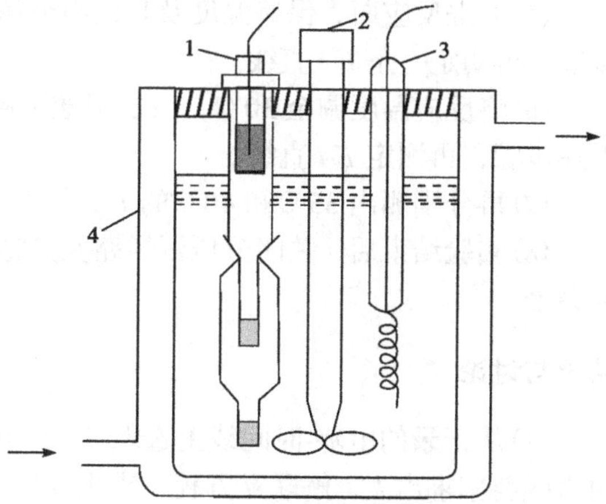

图 2.55 甲酸氧化反应装置示意图

1. 甘汞电极；2. 搅拌器；3. 铂电极；4. 夹套反应器

仪器与试剂

仪器 SunyLAB200 无纸记录仪(或其他自动记录仪)；超级恒温槽；分压接线匣；饱和甘汞电极(或银/氯化银电极)；铂电极；磁力搅拌器；有恒温夹套的反应池(图 2.55)；5mL、10mL、25mL、50mL 移液管；洗瓶；洗耳球；倾倒废液的搪瓷量杯。

试剂 溴水(0.02mol·L^{-1}，本实验室是配制 0.0075mol·L^{-1} 溴试剂储备液)；甲酸(2.00mol·L^{-1}、4.00mol·L^{-1})；盐酸(2mol·L^{-1})；溴化钾(1mol·L^{-1})；铬酸洗液；去离子水。

安全警示

实验中使用的盐酸、溴试剂、甲酸、铬酸洗液等都具有腐蚀性，请小心取用，避免溅入眼、鼻、口中及接触皮肤，若发生，需及时用水冲洗。

实验步骤

(1) 调节超级恒温槽至所需温度(25℃)，开动循环泵，使循环水在反应池夹套中循环，并将甲酸试剂瓶放在恒温槽内恒温。

(2) 认真处理铂电极表面。具体方法是：用热的铬酸洗液浸泡铂电极，数分钟后取出，用水冲洗，再用去离子水冲洗后，将其用滤纸吸干(本步骤一般由实验室完成)。

(3) 用移液管向反应池中分别加入 75mL 水、10mL 溴化钾溶液、5mL 溴试剂，再加入 5 mL 盐酸。

(4) 装好电极，并按图 2.54 所示接好测量线路，开动搅拌器，使溶液在反应器内恒温。打开记录仪开始记录，调节分压接线匣的对消电势电位器旋钮，使电势在屏幕显示范围内。观察记录仪的电势变化曲线，观察反应器溶液颜色变化，当电势数值在 2min 内不再变化时(为什么？)，取 5mL 2.00mol · L^{-1} 甲酸溶液从加液口注入反应池，立即调节电位器，使记录仪示数在零附近，按记录仪停止键清除前面数据，重新开始记录。随着反应的进行，显示屏上应绘出一条直线，记录 4～5min 即可。

(5) 清洗反应瓶，保持温度及其余组分浓度不变，加入 4.00mol · L^{-1} 甲酸溶液，重复上述步骤，再测定一条 E-t 直线。

(6) 将反应温度调至 30℃，所加甲酸浓度仍为 2.00mol · L^{-1}，其余组分浓度均不变，重复上述步骤，再测定 E-t 直线。

(7) 再分别测出 35℃和 40℃的 E-t 直线(该步骤化学系学生必做，工科学生选做)。

(8) 实验结束后，关闭分压器线路及其他电源。用去离子水冲洗反应池、铂电极，然后放回原处。

结果与讨论

(1) 从记录的电势-时间线上选取 5～6 组点，作 E-t 图，线性拟合判断是否为直线，同时由直线斜率求出 k'，解联立方程，求出反应级数 m(表 2.43)。

室温：________℃；大气压：________kPa

表 2.43　甲酸氧化反应动力学实验数据记录

序号	温度/℃	[HCOOH] /(mol · L^{-1})	dE/dt	$k'\times10^3$	$k\times10^2$	$\ln k$	$1/T\times10^3/K^{-1}$
1							
2							
3							
4							
5							

(2) 计算各温度下的反应速率常数 k。

(3) 根据阿伦尼乌斯方程，由两个不同温度下的速率常数计算该反应的表观活化能 E_a：

$$\ln(k_2/k_1)=(E_a/R)(1/T_1-1/T_2)$$

多于两个温度时，用阿伦尼乌斯方程的线性形式 $\ln k = -E_a/RT+C$ 作 $\ln k$-$1/T$ 图，由斜率计算反应的表观活化能 E_a。

(4)查找文献数据，与实验值比较，分析误差的原因。

思考题

(1)可以用一般的直流电压表测量本实验的电势差吗？为什么？

(2)如果甲酸氧化反应对溴来说不是一级，能否用本实验的方法测定反应速率常数？试具体说明。

(3)为什么用记录仪进行测量时要把电池电动势对消掉一部分？这样做对结果有无影响？

(4)写出电极反应和电池反应，估计该电池的理论电动势约为多少。

(5)本实验反应物之一溴是如何产生的？写出有关反应式。为什么要加入盐酸和溴化钾溶液？

(6)实验中每次反应的条件是如何控制的？控制的目的是什么？

(7)如果要测量对 H^+和 Br^-的反应级数，应如何设计实验？

(8)能否用其他浓度测量方法监测反应进程？

参考文献

胡英. 1999. 物理化学(上册). 4 版. 北京：高等教育出版社
殷学锋. 2002. 新编大学化学实验. 北京：高等教育出版社

(方文军)

实验 44 蔗糖转化反应速率常数的测定

实验导读

一级反应即反应速率与反应物浓度一次方成正比的反应，通常有下列几种类型：放射性元素的蜕变、分子重排反应、某些有机物或抗生素的分解等。按照一级反应的特征，以反应物在某一时刻浓度的对数对时间作图，可得直线，由斜率可求速率常数。原则上只要能够找到与浓度相关联且成比例的量，进行物理或化学测量，就能够得到浓度和时间的函数关系。具体测量方法有静态法和动态法，静态法是将反应混合物取出，进行化学分析或物理性质的测量，相当于将反应物冻结；动态法是随着反应的进行，连续不断地对反应混合物的某种性质进行跟踪测试，不破坏反应混合物的组成。蔗糖水解就是采用动态法对反应混合物的旋光度进行测量，考察系统旋光度随时间的递变关系，进而求得速率常数；若同法测量其他温度下的旋光度随时间变化关系，则可求得不同温度下的速率常数，然后求得该反应的活化能。

实验目的

(1)学习测定一级反应的反应速率常数和半衰期的方法。

(2)了解蔗糖转化反应的反应物浓度与旋光度之间的关系。

(3)了解旋光仪的基本原理，掌握旋光仪的操作技术。

实验原理

蔗糖转化反应

$$\underset{(蔗糖)}{C_{12}H_{22}O_{11}} + H_2O \xrightarrow{H^+} \underset{(葡萄糖)}{C_6H_{12}O_6} + \underset{(果糖)}{C_6H_{12}O_6}$$

是一个二级反应，在纯水中的反应速率极慢，通常需在 H^+的催化作用下进行。由于反应时水大量存在，尽管有部分水分子参加了反应，仍可以认为整个反应过程的水浓度是恒定的；而且 H^+是催化剂，其浓度也保持不变，因此蔗糖转化反应可看作准一级反应。一级反应的速率方程可表示为

$$-\frac{dc_A}{dt} = kc_A \tag{2.65}$$

式中：k 为反应速率常数；c_A 为时间 t 的反应物浓度。积分得

$$\ln c_A = \ln c_A^0 - kt \tag{2.66}$$

式中：c_A^0 为反应开始时蔗糖的浓度。当 $c_A=\frac{1}{2}c_A^0$ 时，t 可用 $t_{1/2}$ 表示，即反应的半衰期

$$t_{1/2} = \frac{\ln 2}{k} \tag{2.67}$$

蔗糖及其转化产物都含有不对称碳原子，它们都具有旋光性，但是其旋光能力不同，故可利用系统在反应过程中旋光度的变化来度量反应进程。测量物质旋光度所用的仪器称为旋光仪。溶液的旋光度与溶液中所含物质的旋光能力、溶剂性质、溶液浓度、样品管长度、光源波长及温度等均有关系。当其他条件固定时，旋光度α与反应物浓度 c 呈线性关系，即

$$\alpha = mc \tag{2.68}$$

式中：m 为比例系数。物质的旋光能力用比旋光度来度量，用式(2.69)表示

$$[\alpha]_D^{20} = \alpha \times \frac{100}{lc} \tag{2.69}$$

式中：上标 20 表示实验温度 20℃；D 表示所用钠灯光源 D 线，波长为 589nm；α为旋光度，(°)；l 为样品管的长度，dm；c 为浓度，$mol \cdot L^{-1}$。蔗糖是右旋物质，其比旋光度$[\alpha]_D^{20}$=66.6°，葡萄糖也是右旋物质，其比旋光度$[\alpha]_D^{20}$=52.5°，但果糖是左旋物质，其比旋光度$[\alpha]_D^{20}$=−91.9°。由于生成物中果糖的左旋性比葡萄糖的右旋性大，所以生成物呈现左旋性质。因此，随着反应的进行，系统右旋角不断减小，反应至某一瞬间，系统的旋光度可恰好等于零，而后变成左旋，直至蔗糖完全转化，这时左旋角达到最大值α_∞。

设最初系统的旋光度为

$$\alpha_0 = m_{反} c_A^0 \qquad (t=0，蔗糖尚未转化) \tag{2.70}$$

最终系统的旋光度为

$$\alpha_\infty = m_{生} c_A^0 \qquad (t=\infty，蔗糖已完全转化) \tag{2.71}$$

式中：$m_{反}$和 $m_{生}$分别为反应物和生成物的比例系数。当时间为 t 时，蔗糖浓度为 c_A，此时旋光度α_t为

$$\alpha_t = m_{反} c_A + m_{生}(c_A^0 - c_A) \tag{2.72}$$

式(2.70)～式(2.72)联立得

$$c_A^0 = \frac{\alpha_0 - \alpha_\infty}{m_{反} - m_{生}} = m'(\alpha_0 - \alpha_\infty) \tag{2.73}$$

$$c_A = \frac{\alpha_t - \alpha_\infty}{m_{反} - m_{生}} = m'(\alpha_t - \alpha_\infty) \tag{2.74}$$

将式(2.73)、式(2.74)代入式(2.66)，得

$$\ln(\alpha_t - \alpha_\infty) = -kt + \ln(\alpha_0 - \alpha_\infty) \tag{2.75}$$

由式(2.75)可以看出，以 $\ln(\alpha_t - \alpha_\infty)$ 对 t 作图得一直线，从直线斜率可求得速率常数 k。

仪器与试剂

仪器　圆盘旋光仪；自制恒温箱；玻璃缸恒温槽；25mL、50mL 移液管；50mL 容量瓶；150mL 锥形瓶。

试剂　葡萄糖(A.R.)；蔗糖(A.R.)；4.0mol · L^{-1} HCl 溶液。

安全警示

(1)高浓度盐酸有很强的腐蚀性，需小心取用，避免接触人体，若发生，要及时用水冲洗。

(2)仪器用电需注意安全，有触电危险。

实验步骤

(1)了解和熟悉旋光仪性能和使用方法。开启电源，预热仪器。

(2)用去离子水校正仪器的零点。

去离子水为非旋光物质，可用来校正仪器的零点(α=0 时仪器的读数)。校正时，洗净样品管，向管内注满蒸馏水，然后盖上样品管玻璃片，再旋上套盖，勿使漏液。但必须注意旋紧套盖时不要用力过猛，以免压碎玻璃片。将样品管擦干，再用擦镜纸将样品管两端的玻璃片擦净，将管内可能存在的小气泡赶至凸出部位，样品管放入旋光仪内，合上盖子。调整目镜聚焦，使视野清楚，然后旋转检偏镜至观察到的三分视野暗度相等为止。记下旋光仪读数，重复测量三次，取其平均值。此平均值即为零点，用来校正仪器的读数零点。

(3)蔗糖转化反应及反应过程旋光度的测定。

将恒温槽和旋光仪外面的恒温套箱都调节至所需的反应温度。称取 10g 蔗糖置于锥形瓶内，并加蒸馏水 50mL，使蔗糖溶解，若溶液浑浊则需要过滤，用移液管吸取蔗糖溶液 25mL，置于干燥锥形瓶内；在另一个锥形瓶内移入 50mL 4.0mol · L^{-1} HCl 溶液。将这两个锥形瓶一起浸于恒温槽内恒温 10min。用移液管吸取 25mL HCl 溶液加到蔗糖溶液内，使其混合均匀，注意应从 HCl 溶液由移液管内流出一半时开始计时。迅速用少量反应液润洗样品管两次，然后将反应液装满样品管，装好盖子并擦净，气泡赶至凸出部位，立即放入已恒温的旋光仪内，每隔一定时间测量样品的旋光度。第一个数据要求反应开始后 1～2min，测量时将三分视野调节暗度相等后，立即记录时间，再读取旋光度值。反应开始 10min 内每分钟测量一次，以后由于反应速率变慢，可以将每次测量的时间间隔逐渐延长，连续测量 1h。

(4) α_∞的测量。

反应完毕后，将样品管内的溶液与锥形瓶内剩余的反应液合并，锥形瓶加塞，放置 48h，

然后在相同温度下恒温后测量其旋光度，即为α_∞值。也可将混合液置于50～60℃水浴内温热30min 加速反应，再冷却至室温，测其旋光度，即为α_∞值。但必须注意水浴温度不可过高，否则将发生副反应，颜色变黄，这是因为蔗糖是由葡萄糖的苷羟基与果糖的苷羟基缩合而成的二糖，在H^+催化下，不仅苷键断裂，高温下还有脱水反应发生。同时在加热过程中还要避免溶液蒸发而影响浓度，以致造成α_∞值偏差。由于反应混合液的酸度很大，因此样品管一定要擦净后才能放入旋光仪，以免管外黏附的反应液腐蚀旋光仪，实验结束后必须洗净样品管。

(5) 改变反应温度，重复上述步骤。

(6) 若需测定催化剂浓度对反应速率的影响，改变加入的盐酸浓度，依上述方法测定。

结果与讨论

(1) 将反应过程测得的旋光度α_t和t列表，并作α_t-t曲线图，见表2.44。

表 2.44　不同时刻系统的旋光度

t/min	1	2	3	4	5	6	7	8	9	10	11	12
α_t												
t/min	13	14	15	20	25	30	35	40	45	50	55	60
α_t												

(2) 从α_t-t曲线图上等时间间隔取8～10个α_t数值，并算出相应的$(\alpha_t-\alpha_\infty)$和$\ln(\alpha_t-\alpha_\infty)$的数值。以$\ln(\alpha_t-\alpha_\infty)$对$t$作图，由直线斜率求出反应速率常数$k$，并计算反应的半衰期$t_{1/2}$。

(3) 根据不同温度下的速率常数k，计算反应活化能。

思考题

(1) 实验中用去离子水校正旋光仪的零点，蔗糖转化反应过程所测的旋光度α_t是否需要零点校正？为什么？

(2) 本实验是将HCl溶液加到蔗糖溶液中，可否把蔗糖加到HCl溶液中？为什么？

(3) 旋光管的凸出部位有何用途？

(4) 如何表示包含催化剂浓度对反应速率影响的速率方程？

参考文献

陈大勇，高永煜. 2000. 物理化学实验. 上海：华东理工大学出版社
崔献英，柯燕雄，单绍纯. 2000. 物理化学实验. 合肥：中国科学技术大学出版社
复旦大学，等. 2004. 物理化学实验. 3版. 北京：高等教育出版社
孙尔康，徐维清，邱金恒. 1998. 物理化学实验. 南京：南京大学出版社
武汉大学化学与分子科学学院实验中心. 2000. 物理化学实验. 武汉：武汉大学出版社

（陈　平）

实验 45　乙酸乙酯皂化反应动力学研究

实验导读

化学动力学实验的基本内容是测定不同温度下反应物或生成物的浓度随时间的变化。获

得动力学数据最直接的方法是化学分析法，实验中每间隔一定时间，从反应器取样进行化学分析，得到样品中反应物或生成物的浓度。然而该方法在实用上有较大限制，主要原因是：①不少化合物很难用化学分析的方法定量测定，特别是有机物；②每次都必须从反应器中取出较多的样品；③为防止在取样后反应继续进行，必须对样品做特殊处理，这一点往往不容易。因此，更多地采用物理化学分析法，即测定反应系统的某些物理性质随时间的变化，这些物理性质应与反应物和生成物的浓度有较简单的关系(线性、正比、反比等)，且在反应前后有明显改变，最常用的有电导、电动势、旋光度、吸光度、折射率、蒸气压、黏度、气体压力或体积等。测定物理性质比化学分析法测定浓度简便迅速得多，应用非常广泛。甲酸氧化动力学实验采用电动势法，蔗糖转化实验采用旋光度法，本实验采用电导法。

实验目的

(1)学习测定化学反应动力学参数的一种物理化学分析法——电导法。

(2)学习反应动力学参数的求解方法，加深理解反应动力学的特征。

(3)进一步认识电导测定的应用，熟练掌握电导率仪的使用。

实验原理

对于二级反应

$$\mathrm{A+B} \longrightarrow \text{产物}$$

如果A、B两物质起始浓度相同，均为a，反应速率的表示式为

$$\frac{\mathrm{d}x}{\mathrm{d}t}=k(a-x)^2 \tag{2.76}$$

式中：x为t时刻生成物的浓度。式(2.76)定积分得

$$k=\frac{1}{t}\frac{x}{a(a-x)} \tag{2.77}$$

实验测得不同t时刻的x值，按式(2.77)计算相应的反应速率常数k。如果k值为常数，证明该反应为二级，或者以$\frac{x}{a-x}$对t作图，若所得为直线，证明为二级反应，并可从直线的斜率求出k。因此，在反应进行过程中，只要能测出反应物或生成物的浓度，即可求得该反应的k。

温度对化学反应速率的影响常用阿伦尼乌斯方程描述

$$\frac{\mathrm{d}\ln k}{\mathrm{d}T}=\frac{E_\mathrm{a}}{RT^2} \tag{2.78}$$

式中：E_a为反应的活化能。假定活化能是常数，测定了两个不同温度下的速率常数$k(T_1)$与$k(T_2)$后可以按式(2.79)计算反应的活化能E_a

$$E_\mathrm{a}=\ln\frac{k(T_2)}{k(T_1)}\times R\left(\frac{T_1T_2}{T_2-T_1}\right) \tag{2.79}$$

多个温度测量时，按阿伦尼乌斯方程的线性形式

$$\ln k = -\frac{E_a}{RT} + C \tag{2.80}$$

作$\ln k$-$1/T$图，由斜率计算E_a。由于溶液中的化学反应实际上非常复杂，如上所测定和计算的是表观活化能。

乙酸乙酯皂化反应是一个典型的二级反应，其反应式为

$$CH_3COOC_2H_5 + OH^- \longrightarrow CH_3COO^- + C_2H_5OH$$

相同浓度条件下，OH^-电导率大，CH_3COO^-电导率小。随着反应进行，电导率大的OH^-逐渐为电导率小的CH_3COO^-所取代，溶液电导率显著降低。对于稀溶液，强电解质的电导率κ近似与其浓度成正比，而且溶液的总电导率等于组成该溶液的电解质的电导率之和。若乙酸乙酯皂化反应在稀溶液中进行，则存在如下关系式：

$$\kappa_0 = A_1 a \tag{2.81}$$

$$\kappa_\infty = A_2 a \tag{2.82}$$

$$\kappa_t = A_1(a-x) + A_2 x \tag{2.83}$$

式中：A_1、A_2分别为与 NaOH 溶液、CH_3COONa 溶液和温度、溶剂、电导率仪设置等因素有关的比例常数；κ_0、κ_t和κ_∞分别为反应开始、反应时间为 t 时和反应终了时溶液的总电导率。由式(2.81)～式(2.83)可得

$$x = \left(\frac{\kappa_0 - \kappa_t}{\kappa_0 - \kappa_\infty}\right) a \tag{2.84}$$

代入式(2.77)并整理，可得

$$\kappa_t = \frac{1}{ak}\frac{\kappa_0 - \kappa_t}{t} + \kappa_\infty \tag{2.85}$$

因此，以κ_t对$\dfrac{\kappa_0 - \kappa_t}{t}$作图，若为一直线，即说明该反应为二级反应，且由直线的斜率可求得速率常数 k。

实验测量时，可以直接计时从电导率仪上读取电导率，也可以从电导率仪的输出端口输出电势信号到记录仪，输出电势与电导率呈线性关系，此时，式(2.85)改写为

$$E_t = \frac{1}{ak} - \frac{E_0 - E_t}{t} + E_\infty \tag{2.86}$$

式中：E_0、E_t、E_∞为相应电导率的输出电势。

仪器与试剂

仪器　DDS-11A 型或 D 型电导率仪；无纸记录仪；恒温水浴；DJS-1 型电导电极；双管反应器；大试管；100mL 容量瓶；20mL 移液管；0.5mL 刻度移液管。

试剂　0.0200mol · L^{-1} NaOH 溶液；乙酸乙酯(A.R.)；去离子水。

安全警示

(1) NaOH 溶液有腐蚀性，需小心取液，避免接触人体。

(2)反应器和大试管在干燥箱中取用时，需戴手套，避免烫伤。

(3)仪器用电需注意用电安全。

实验步骤

1. 仪器准备

了解电导率仪的使用和读数方法，调节表头零点，将“校正/测量”开关打到校正位置(D型电导率仪将量程旋钮转到“检查”挡)，打开电源，预热数分钟。插入电极，将电极常数调节器调到电极标签标示的数值，连接记录仪，将“高周、低周”开关打到高周，温度补偿旋钮置于25刻度位置。仪表稳定后，在校正或检查挡下旋动“调整”旋钮，使指针满刻度。

2. 配制乙酸乙酯溶液

配制 $0.0200\text{mol}\cdot\text{L}^{-1}$ 乙酸乙酯溶液。先计算配制 $0.0200\text{mol}\cdot\text{L}^{-1}$ 乙酸乙酯溶液100mL所需的乙酸乙酯量(约0.1762g)，根据乙酸乙酯密度 $\rho/(\text{kg}\cdot\text{m}^{-3})$ 与温度 $t/℃$ 的关系式

$$\rho = 924.54 - 1.168 \times t - 1.95 \times 10^{-3} t^2 \tag{2.87}$$

计算该温度下对应的密度，并计算所需乙酸乙酯的体积，用0.5mL刻度移液管移取所需的体积，加到预先放好2/3去离子水的100mL容量瓶中，然后稀释至刻度，加盖摇匀备用。

3. 测量

(1) κ_0 的测量。将恒温水浴调至25.0℃，用移液管吸取20mL $0.0200\ \text{mol}\cdot\text{L}^{-1}$ NaOH溶液装入洁净干燥的大试管中再加20mL H_2O，混合均匀。将电导电极套上塞子，电极经去离子水冲洗后，用吸水纸吸干(注意不要擦去电极上的铂黑)，插入大试管中，铂片应全部浸入溶液中，注意电极不要碰到试管壁。大试管放入恒温水浴，恒温约10min。将电导率仪的“校正测量”开关扳到“测量”位置，选择合适量程挡，再次打到校正或检查挡，检查指针是否满刻度，然后转到已选择的量程挡，开启记录仪开始记录，数值不变，2min后读取 E_0。也可在数值不变2min后，停止记录，再重新记录1min的水平直线，文件保存到联机计算机。

(2) κ_t 的测定。将洁净干燥的双管反应器置于恒温水浴中，用移液管取20mL $0.0200\text{mol}\cdot\text{L}^{-1}$ 乙酸乙酯溶液，放入粗管。将电极用去离子水认真冲洗三次，用吸水纸小心吸干电极上的水，然后插入粗管，并塞好。用另一支移液管取20mL $0.0200\text{mol}\cdot\text{L}^{-1}$ NaOH溶液放入细管，加上塞子，恒温约10min。记录仪先开始记录，用洗耳球迅速反复抽压细管两次，将NaOH溶液尽快完全压入粗管，并使溶液充分混合，最后应使溶液全部压入粗管中。记录约30min可以停止测量，在联机计算机上保存数据文件。

(3)在计算机中同时打开保存的 κ_t 测定和 κ_0 测量的数据文件，在图线上点取 κ_0 和反应起始时间，然后按取点原则选取10～15个点，打印。

(4)重复以上步骤，测定35℃或更多温度下反应的 κ_0 与 κ_t。

实验结束后，将电极用电导水冲洗后，浸入电导水中，将双管反应器与大试管洗净放入烘箱烘干备用。

注意事项

(1)D型电导率仪具有温度补偿功能，是把实验温度下的电导率按温度系数转换成25℃下

的值，在本实验中无需转换，应将其置在 25 刻度处。

(2) 在测定一个温度下反应过程中，电导率仪上的所有设置不能改变，包括校正，并与测量κ_0的设置相同。

(3) 如果记录的 E_t -t 线不够光滑，特别是混合阶段不好的曲线，可以选取足够的点后重新拟合，再从拟合线上选点处理数据，结果会更可靠。

(4) 保持溶液浓度不受环境影响非常重要(哪些因素？)，对结果的重现性和准确性影响很大。

结果与讨论

(1) 将记录曲线外推到 t=0 处，求取 E_0 值。比较此值与单独测量 0.0100mol · L^{-1} NaOH 溶液所得的κ_0的差别并分析原因。

(2) 在 t=0～30min 选取 10～15 个点进行数据处理，见表 2.45。

t：________℃；E_0：________mV；a：________mol · L^{-1}

表 2.45　乙酸乙酯皂化反应动力学实验数据记录

t/min	E_t/mV	$(E_0-E_t)/t$

(3) 以 E_t 对 $(E_0-E_t)/t$ 作图，由所得直线的斜率求 k，并求表观活化能 E_a。

(4) 查找文献数据，比较实验值与文献值的差别。

思考题

(1) 为什么乙酸乙酯与 NaOH 溶液必须足够稀？
(2) 被测溶液总的电导率主要是哪些离子的贡献？反应过程中电导率如何变化？
(3) 用洗耳球压溶液混合时，为什么要反复两次而且动作要迅速？
(4) 为什么可用电势代替电导率计算反应速率常数？
(5) 预先单独测定 NaOH 溶液的电导率有什么作用？
(6) 若要确定κ_∞，可采用哪些方法？
(7) 反应溶液暴露在空气中放置时间过长，将对反应结果产生什么影响？
(8) 针对该实验数据，是否有其他数学处理方法求取 k 值？试具体说明。
(9) 如果两反应物不是等物质的量比，如何处理数据？

参考文献

陈纪岳. 2000. 实验数据的非线性处理. 大学化学，15(1)：26-28
胡英. 1999. 物理化学(上册). 4 版. 北京：高等教育出版社
王晓玲，邹立壮，王风阁，等. 1999. 磁场对乙酸乙酯皂化反应速率的影响. 日用化学工业，(3)：15-17
邹立壮，王晓玲，张丕俭，等. 1997. 磁处理对乙酸乙酯皂化反应速率的影响. 化学研究与应用，9(3)：272-276

(方文军)

实验46　复杂反应——丙酮碘化反应动力学研究

实验导读

一般来说，测定一个化学反应在各反应时间所对应的反应物或产物浓度的方法有化学法和物理法两种。理论上，任何物理性质只要它与反应物或产物的浓度有函数关系，便可用来测定反应速率。对物理性质有以下要求：①物理性质与反应物或产物的浓度有简单的线性关系，最好呈正比关系；②在反应过程中，反应系统的物理性质有明显的变化；③不能有干扰因素。物理方法的优点是不需要从反应系统中取出样品，可直接测定，也可连续地进行分析，方便迅速，同时还可将物理性质转换为电信号进行自动记录等。若反应系统中有副反应或少量杂质对所测量的物理性质影响较灵敏时，将会造成较大的误差。要注意，对于反应速率很高的反应，如在 10^{-1}s 以下的反应，其速率的测定需用特殊的方法。

实验目的

(1)测定用酸作催化剂时的丙酮碘化反应的反应速率常数。

(2)加深对复杂反应特征的理解。

(3)学习分光光度法测量反应动力学的方法。

实验原理

大多数化学反应是由若干个基元反应组成的复杂反应，反应速率与反应物浓度(严格说是活度)间的关系不能用质量作用定律预示。用实验测定反应速率与反应物浓度间的计量关系是研究反应动力学很重要的一步。对复杂反应，当测得反应速率方程的形式后，就可能对反应机理进行合理推测，如该反应究竟由哪些步骤完成，各步骤的特征和相互联系如何等。

丙酮碘化应是一个复杂反应，其反应式为

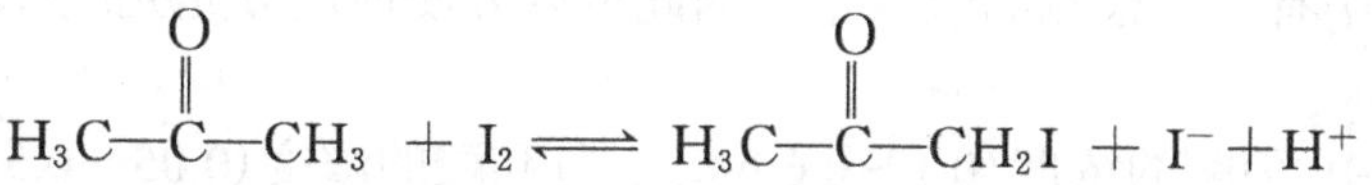

(1)

实验表明，反应速率在酸性溶液中随 H^+浓度增大而增大。由于反应式中包含产物 H^+，故在非缓冲溶液中，若保持反应物浓度不变，则反应速率将随反应的进行而增大。实验还表明，除非在很高酸度下，丙酮卤化反应的反应速率与卤素的浓度无关，并且反应速率不因卤素(氯、溴、碘)的不同而异(在百分之几误差范围内)。实验测得丙酮碘化反应的速率方程为

$$-\frac{dc_{I_2}}{dt}=\frac{dc_E}{dt}=kc_A c_{H^+} \tag{2.88}$$

式中：c_E为产物 CH_3COCH_2I 浓度；c_A为丙酮浓度；c_{H^+}为 H^+浓度；k 为表观速率常数。

由以上实验事实，可对丙酮碘化的机理做如下推测：

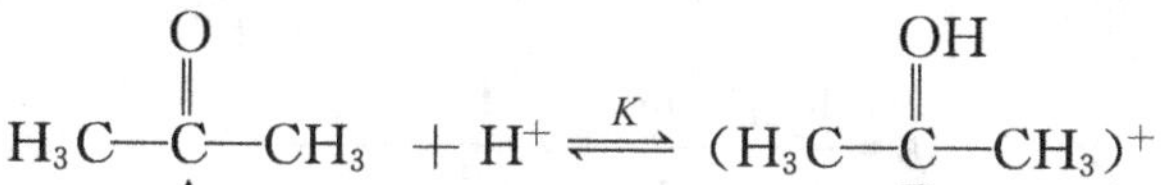

A　　　　　　B　　(2)

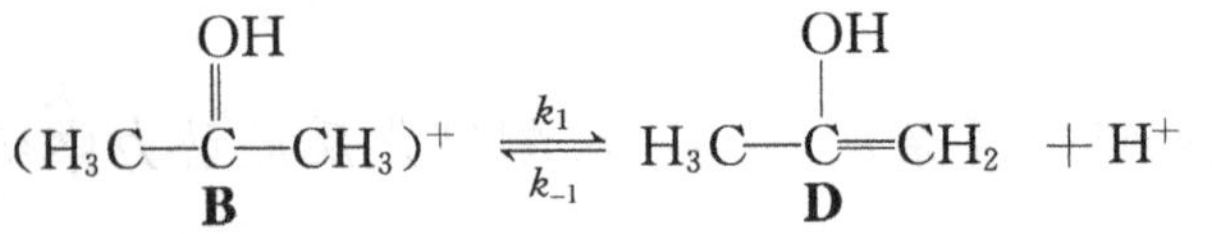

(3)

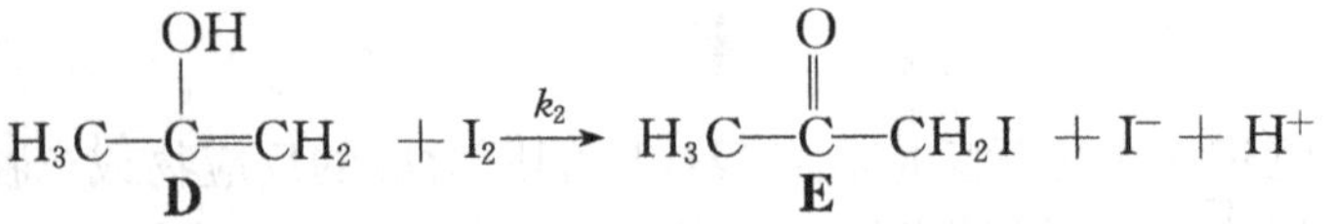

(4)

因为丙酮是很弱的碱，所以方程(2)生成的中间体 **B** 是很少的，故有

$$c_{\mathrm{B}} = K c_{\mathrm{A}} c_{\mathrm{H^+}} \tag{2.89}$$

烯醇式 **D** 和产物 **E** 的反应速率方程是

$$\frac{\mathrm{d}c_{\mathrm{D}}}{\mathrm{d}t} = k_1 c_{\mathrm{B}} - (k_{-1} c_{\mathrm{H^+}} + k_2 c_{\mathrm{I_2}}) c_{\mathrm{D}} \tag{2.90}$$

$$\frac{\mathrm{d}c_{\mathrm{E}}}{\mathrm{d}t} = k_2 c_{\mathrm{I_2}} c_{\mathrm{D}} \tag{2.91}$$

根据式(2.89)～式(2.91)，并应用稳定态条件，即令 $\frac{\mathrm{d}c_{\mathrm{D}}}{\mathrm{d}t} = 0$，得

$$\frac{\mathrm{d}c_{\mathrm{E}}}{\mathrm{d}t} = \frac{k_1 k_2 K c_{\mathrm{A}} c_{\mathrm{H^+}} c_{\mathrm{I_2}}}{k_{-1} c_{\mathrm{H^+}} + k_2 c_{\mathrm{I_2}}} \tag{2.92}$$

若烯醇式 **D** 与卤素的反应速率比烯醇式 **D** 与氢离子的反应速率大得多，即 $k_2 c_{\mathrm{I_2}} \gg k_{-1} c_{\mathrm{H^+}}$，则式(2.92)取以下简单的形式：

$$\frac{\mathrm{d}c_{\mathrm{E}}}{\mathrm{d}t} = k_1 K c_{\mathrm{A}} c_{\mathrm{H^+}} = k c_{\mathrm{A}} c_{\mathrm{H^+}} \tag{2.93}$$

式(2.93)与实验测定结果式(2.88)完全一致，因此上述推测的反应机理有可能是正确的。

本实验用光学方法测定丙酮碘化反应的反应速率常数，由于反应并不停留在一元卤化丙酮上，还会继续进行下去产生多元卤化物，故应测试开始一段时间的反应速率。

碘在可见光区中有一个很宽的吸收带，因此可以方便地用分光光度计测定丙酮碘化反应的反应速率常数。

若在反应过程中，丙酮的浓度(0.1～0.6mol · L^{-1})和酸的浓度(0.05～0.5mol · L^{-1})比碘的浓度(0.001～0.01mol · L^{-1})大得多，则丙酮和酸的浓度可以看作常数，由式(2.88)积分可得

$$c_{\mathrm{I_2},1} - c_{\mathrm{I_2},2} = k c_{\mathrm{A}} c_{\mathrm{H^+}} (t_2 - t_1) \tag{2.94}$$

按比尔定律，某指定波长的光线通过碘溶液后的光强 I 与通过蒸馏水后的光强 I_0 有下列关系：

$$A = -\lg T = -\lg(I / I_0) = k' l c_{\mathrm{I_2}} \tag{2.95}$$

式中：T 为透光率；l 为样品池光径长度；k' 为吸光系数。整理后得

$$\lg A_1 - \lg A_2 = k k' l c_{\mathrm{A}} c_{\mathrm{H^+}} (t_2 - t_1) \tag{2.96}$$

或

$$k = \frac{\lg A_1 - \lg A_2}{t_2 - t_1} \times \frac{1}{k' l} \times \frac{1}{c_{\mathrm{A}} c_{\mathrm{H^+}}} \tag{2.97}$$

因此，实验时只要求得已知丙酮浓度、酸浓度和丙酮、酸、碘的反应混合溶液在不同时间 t

时对指定波长光的吸光度，就可以由式(2.97)求出丙酮碘化反应的反应速率常数 k 。本实验波长取 520nm，可用已知浓度的 I_2 溶液标出 $k'l$ 。

仪器与试剂

仪器 722 型分光光度计；超级恒温槽；恒温比色槽；100mL 容量瓶；5mL、10mL 移液管；微量注射器；秒表。

试剂 丙酮(A.R.，密度 $0.792g \cdot cm^{-3}$)；盐酸溶液：用分析纯盐酸，以蒸馏水稀释 12 倍，得约 $1mol \cdot L^{-1}$ 盐酸溶液，用硼砂(含 10 个结晶水)标定此盐酸溶液的浓度；$0.02mol \cdot L^{-1}$ 碘溶液。

安全警示

实验中用到的盐酸、碘溶液有腐蚀性，小心取用，勿直接接触人体和洒落在仪器上。仪器用电需注意用电安全。

实验步骤

(1)打开分光光度计的电源，预热 30min。在比色皿中装 4/5 体积蒸馏水，将波长调节到 520nm 处。合上盖子，调节 100 旋钮使透光率处于 100 的位置。打开盖子，用透光率调零旋钮调至 0。将测量选择挡调至吸光度(A)位置，合上盖子，用消光零调节使显示为 0。

(2)标定 $k'l$ 值及丙酮碘化反应的反应速率常数 k。调节超级恒温槽于 25℃。取 10.0mL HCl、10.0mL I_2 至 100mL 容量瓶中，用蒸馏水稀释至刻度，混合均匀，恒温 10min。取干燥洁净的 1cm 比色皿，加入 4.0mL 上述($HCl+I_2$)混合液，放入恒温比色槽中，恒温后读取吸光度，已知碘液浓度可求得 $k'l$ 值。用微量注射器将 30μL 纯丙酮注入恒温比色皿中，加盖摇匀，并开始计时。比色皿放入分光光度计中，读取吸光度和反应时间。以后每隔一定时间读取吸光度，保证吸光度降至 0.1 时有 6～10 组数据。

(3)在合适的浓度范围内，设计实验方案验证对丙酮、酸和碘的反应级数。

(4)调节超级恒温槽，使比色槽中的温度升至 35℃，重复上述测定。

结果与讨论

(1)由已知浓度碘溶液的吸光度 A 算出 $k'l$ 值。

(2)由每一时间测得的反应液吸光度 A 对时间 t 作图，应得一直线，求此直线斜率。

(3)将直线斜率除以 $k'l$ 及丙酮、盐酸浓度，即得反应速率常数 k。

(4)将 25℃和 35℃的速率常数代入阿伦尼乌斯方程，算出丙酮碘化反应的表观活化能。

思考题

(1)本实验中，将反应物开始混合到开始计算反应时间，中间有一段不算很短的操作时间，这对实验结果有无影响？为什么？

(2)在实验过程中，若钨丝灯光源强度不稳定，对实验结果有什么影响？

(3)影响本实验结果精确度的主要因素有哪些？

(4)要把丙酮和酸的浓度看作常数，如何控制各种反应物浓度范围？

参考文献

李瑞英，古喜兰，陈六平，等. 2003. “丙酮碘化反应”实验的改进. 中山大学学报论丛，23(1): 142-144
宗清文. 2000. 丙酮碘化反应实验的改进. 化学教育，21(5): 35-36

（陈　平　王永尧）

实验 47　甲醇选择氧化制甲醛催化剂的活性测定

实验导读

催化反应分为均相催化和多相催化。在催化研究中，反应器是至关重要的一部分，实验室常用的催化反应器包括间歇反应器、流动反应器和脉冲反应器三大类。间歇反应器的特征是反应物和催化剂一次性加入反应器中，反应系统与外界没有物质交换，只有能量交换。在流动反应器和脉冲反应器中，反应系统与外界既有物质交换，又有能量交换。流动反应器包括：①固定床反应器(积分和微分反应器)；②循环流动反应器；③流化床(沸腾床)反应器。脉冲反应器又分催化脉冲反应器和催化色谱反应器两类。因此，每一类催化反应器是具有各自特征的反应器类型。

催化剂的活性是指在一定的反应条件下将原料转化为产物的速率，即催化反应速率，离开了具体的反应条件，任何定量的催化剂活性比较是毫无意义的。催化剂的活性是衡量催化剂催化效率大小的标准。对于多相催化反应，通常用单位催化剂表面上进行的反应速率常数表示催化剂活性的大小，并称之为比活性。显然，催化剂的比活性与催化剂的表面积、孔结构等表面状态无关，只取决于催化剂的化学组成，因此在催化研究中常用比活性评价催化剂。但实际上，工业催化剂常用单位质量或单位体积催化剂在流动法装置中对反应物的转化百分数表示其活性，这种表示活性的方法较为直观。根据使用的目的不同，活性的表示方法也有所不同，最常用的是转化率表示法。催化剂的选择性是生成的目标产物量与已转化的反应物量之比，产率是转化率和选择性的乘积。

实验目的

(1)了解流动法实验技术的一般情况。

(2)掌握催化剂活性的一种测定方法。

实验原理

工业上甲醛通过甲醇氧化获得，常用催化剂是银或铁激活的钼。本实验采用后者，是实验室制备的 Fe_2O_3-MoO_3 型催化剂。氧化剂则直接利用空气中的氧气，甲醇与空气混合物爆炸区的高、低限中甲醇的含量分别为 37%、55%(体积分数)，本实验选择甲醇含量低于爆炸低限。反应温度在 370℃左右，由于反应温度较低，副反应较少。

表示催化剂活性的方法很多，本实验选用在确定的反应气流量和恒定温度下，以生成物的产率表示。测定催化剂活性的具体方法大致有流动法和静态法两类。流动法是使反应物不断稳定地流过反应器，在反应器中发生反应，离开反应器后，反应立即停止，然后分析产物种类与数量。若反应物不是连续地通入反应器，产物也不是连续移去的反应实验方法称为静态法。

流动法的关键之一是要产生和控制稳定的气流及气流速率大小。气流速率太大，反应物在反应器中来不及达到反应温度，太小则气流扩散的影响变得显著。流动法还要求在整个实验时间内，控制整个反应系统各部分实验条件(温度、压力等)稳定。

本实验将净化的空气在一定流速下通过(3±1)℃的甲醇蒸发器，使此温度下含有饱和甲醇蒸气的空气混合进入装有 Fe_2O_3-MoO_3 催化剂的反应器，温度控制在(370±3)℃发生反应：$2CH_3OH+O_2 \longrightarrow 2HCHO+2H_2O$。反应产物用吸收器收集。通过实验前后甲醇蒸发器中甲醇量的减少及用化学分析法测定吸收器中甲醛生成的量。

仪器与试剂

仪器 催化剂活性测定装置(图 2.56)，包括空压机、稳压管、U 形干燥管、转子流量计、甲醇蒸发器、反应管、管式电炉、热电偶及温度指示器、蛇形管吸收瓶、吸收瓶、智能温度程控仪等；酸式滴定管；25mL 移液管；10mL 量筒；250mL 容量瓶；洗耳球；250mL 锥形瓶；洗瓶。

试剂 甲醇(C.P.)；0.1mol · L^{-1} 亚硫酸钠溶液；0.1mol · L^{-1} 硫酸溶液(准确浓度待标定)；酚酞指示剂。

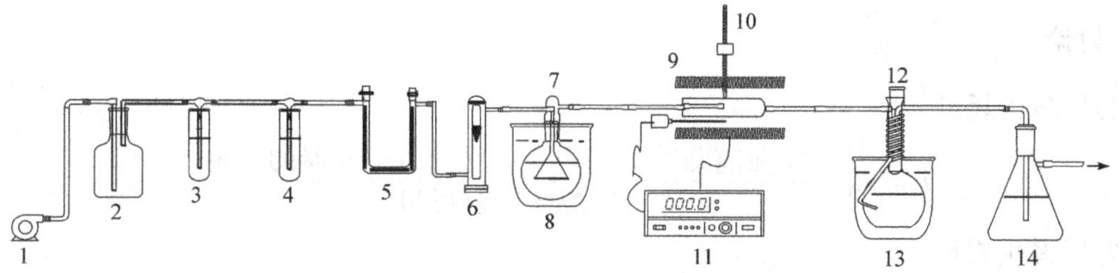

图 2.56 甲醇选择氧化制甲醛的催化剂活性测定装置

1. 无油空压机；2. 缓冲瓶；3. 安全管；4. 稳压管；5. 干燥管；6. 转子流量计；7. 甲醇气化-空气混合器；8. 冰-水浴；9. 催化管；10. 管式电炉；11. 智能温度程控仪；12. 甲醛吸收器；13. 冰-水浴；14. 尾气吸收瓶

安全警示

(1)管式电炉高温，不可直接接触，仪器注意用电安全。

(2)甲醇、甲醛有毒性，严格注意装置密封，不可泄漏。酸有腐蚀性，不可接触人体。

实验步骤

(1)加热管式电炉，用智能温度程控仪调节和控制炉温。

(2)按图 2.56 接好催化剂活性测定装置。若干燥管中硅胶已吸潮，必须更换。在每一吸收瓶中放入新的去离子水各约 30mL，小心地向甲醇蒸发器注入足够量的甲醇。反应管内放入 Fe_2O_3-MoO_3 催化剂，使催化床高度在 50mm 左右。装置的各部分用橡皮管接好。在甲醇蒸发器的位置上先以一小段玻璃管代之，不要将蒸发器接入。

(3)待炉温升至 300℃左右时，即可开启空压机，通入气流，检查系统是否漏气，熟悉稳压管、转子流量计的使用。

(4)用干净的橡皮头套住甲醇蒸发器的两头，在分析天平上准确称量，记录质量。然后将整个蒸发器浸在冰-水的低温浴中，低温浴的温度要严格控制在(3±1)℃。

(5)当炉温达到(370±5)℃时，将甲醇蒸发器接入系统中重新通空气，空气流速为

(150±20) mL · min^{-1}，这可以通过控制转子流量计实现。每 5min 记录空气流速、蒸发器温度、炉温各 1 次，实验维持 1～1.5h，实验中必须尽量控制上述记录数据恒定。

(6) 从系统中卸下蒸发器，擦净蒸发器，在原分析天平上准确称量。此时记录所得质量与反应前蒸发器质量之差是反应中甲醇的消耗量。

(7) 卸下各吸收器，将吸收器内的溶液小心地倒入 250mL 容量瓶中，特别要注意将反应管出口处的凝结水洗入容量瓶中，用去离子水稀释至刻度。

(8) 用化学分析法测定甲醛的量：①甲醛分析采用亚硫酸钠溶液(已用 0.1mol · L^{-1} 硫酸溶液滴定到粉红色，每 100mL 加酚酞 10～15 滴)，取上述溶液 20mL(量筒量取)置于清洁的 250mL 锥形瓶中，共取 3 份；②用 25mL 移液管吸取 2 份待测定的溶液，分别放入上述已有亚硫酸钠溶液的锥形瓶中，此时将发生反应

$$HCHO + Na_2SO_3 + H_2O \longrightarrow \underset{\displaystyle SO_3Na}{\underset{|}{HCH}}\text{—}OH + NaOH$$

随着反应进行，NaOH 的出现使溶液显红色；③用 0.1mol · L^{-1} 硫酸标准溶液滴定到终点，以第三个锥形瓶中的溶液颜色作标准。

结果与讨论

(1) 甲醇消耗量

$$n_{CH_3OH} = \frac{\text{反应前蒸发器的质量} - \text{反应后蒸发器的质量}}{\text{甲醇的摩尔质量}}$$

(2) 甲醛生成量

$$c_{HCHO} = \frac{c_{H_2SO_4} V_{H_2SO_4}}{25}$$

$$n_{HCHO} = \frac{1}{4} c_{HCHO}$$

(3) 产率

$$\text{产率} / \% = \frac{n_{HCHO}}{n_{CH_3OH}} \times 100$$

思考题

(1) 蒸发器为什么要浸在(3±1) ℃的低温浴中?已知在−10～80℃甲醇的蒸气压 p 与温度 T 的关系式为

$$\lg(p / \text{kPa}) = 6.802 - \frac{2002.6}{T / \text{K}}$$

本实验所控制的蒸发温度合理吗?

(2) 当蒸发器从系统中卸下时，除擦干净外，为什么还要在室温下放置片刻才进行称量?在蒸发器的两头套上橡皮头起什么作用?

(3) 在收集吸收器内溶液的同时，为什么要特别注意将反应管末端出口处的凝结水洗入容量瓶中?

参考文献

蔡启瑞，彭少逸. 1995. 碳一化学中的催化作用. 北京：化学工业出版社
克莱伯特 · 多诺，朱志华，徐佩若. 2000. 甲醇氧化制甲醛中铁钼催化剂的改性研究. 华东理工大学学报(自然科学版)，26(2)：134-138
李景林，李斌，江丽，等. 1999. Fe-Mo/KZSM-5 上甲醇氧化为甲醛的研究. 催化学报，20(4)：429-432
李均伦，夏代宽，谢光全，等. 2000. 铁钼催化剂上甲醇氧化制甲醛宏观动力学的研究. 天然气化工，25(3)：9-14
牛玉舒，李保山，全明秀. 2000. 发泡银对甲醇空气氧化为甲醛的催化性能研究. 精细化工，17(12)：722-725
王华明，程极源. 1997. 气相色谱法分析甲醇氧化制甲醛的液相组分. 合成化学，5(1)：14-16
袁友珠，曹为，蔡启瑞. 2002. 负载型铼催化剂体系与甲醇选择氧化性能的关系. 高等学校化学学报，23(5)：902-905
赵敏杰. 2002. 沸腾床铁钼催化剂甲醇氧化制甲醛研究. 精细石油化工，(6)：18-22

附录：Fe_2O_3-MoO_3催化剂制备

(1)称取苹果酸(C.P.)18.0g，置于 1000mL 烧杯中，加去离子水 400mL 溶解。

(2)称取还原铁粉 5.0g 加于上述烧杯内，加热至沸，溶液由灰黑变至透明的淡绿色。继续沸腾约 20min，溶液呈透明的黄绿色。

(3)称取钼酸铵(C.P.)12.0g，加热溶解于 200mL 去离子水中，缓慢加入步骤(2)的溶液中不断搅拌，溶液由黄绿色为深棕色。

(4)用 10%(质量分数)$NH_3 \cdot H_2O$ 氨化(滴加)，使溶液由酸性到略显碱性，溶液变成不透明且有棕黄色沉淀。

(5)加热沸腾蒸发浓缩。溶液颜色加深，沉淀逐渐消失，时有暴沸，后变黏稠多泡，停止加热。

(6)将步骤(5)所得在 110℃烘箱中烘干 1h，样品表面结皮光亮。

(7)将步骤(6)所得送入马弗炉中，炉温控制在(370±10)℃灼烧 2h。停止加热，在炉内自然冷却。灼烧后试样表面呈灰色发亮，内部呈红棕色，疏松多孔。放入干燥器中备用。

(8)挑选直径为 1～3mm 的催化剂放入反应管，在 370℃下通空气氧化，待催化活性提高到使转化率在 50%以上时，即可交实验使用。

(陈 平)

实验 48 表面活性剂临界胶束浓度的测定

实验导读

能显著降低溶液表面张力的表面活性剂可作为渗透剂、润湿剂、乳化剂、分散剂、增溶剂、起泡剂、消泡剂和助磨剂等，广泛应用于石油、煤炭、机械、化工、制药、冶金、材料、食品、环境保护、农业及日常生活中。表面活性剂的表面吸附和胶束形成是两个重要的物理化学性质，临界胶束浓度(critical micelle concentration，CMC)常作为表面活性剂的表面活性的一种量度。CMC 越小，形成胶束所需的浓度越低，达到表面饱和吸附的浓度越低，起润湿、乳化、去污、分散、增溶等作用所需要的量越少。

测定 CMC 的方法有电导率法、表面张力法、染料吸附法、增溶法和光散射法等。表面张力法是通过测定不同浓度溶液的表面张力，在 CMC 处表面张力降低变缓，在表面张力对浓度(或浓度的对数)图上有明显的转折点(CMC)，该方法的标准偏差为 2%～3%。表面张力法还

可同时求表面吸附量，此法不受无机盐的干扰，也可用于非离子型表面活性剂。电导率法简便可靠，测量偏差约为 2%，但仅适用于离子型表面活性剂。折射率法偏差约为 1%。染料吸附法根据有些染料在水溶液和有机物中颜色不同的原理，在定量的含染料的水中滴定表面活性剂的浓溶液，在开始形成胶束时，染料从水相转入有机相，从而使颜色改变，即滴定终点。此法只要染料选择合适，则操作简单。

实验目的

(1) 学习表面活性剂溶液 CMC 测定方法。

(2) 加深了解表面活性剂的性质与应用。

实验原理

在低浓度时，表面活性剂以单体(分子或离子)分布于溶液的表面和内部，当达到一定浓度时，表面活性剂单体在溶液内部聚集，形成胶束。开始形成胶束的浓度称为该表面活性剂溶液的临界胶束浓度。

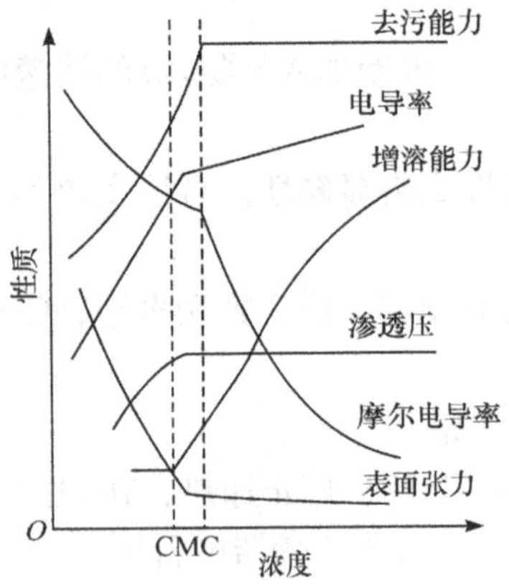

图 2.57　表面活性剂溶液的性质与浓度的关系

在形成临界胶束浓度前后，溶液的表面张力、电导率、渗透压、蒸气压、光学性质、去污能力及增溶能力等都发生很大变化，CMC 是表面活性剂溶液的性质发生显著变化的一个“分水岭”，如图 2.57 所示。

本实验用电导率法测定十二烷基硫酸钠($C_{12}H_{25}SO_4Na$)水溶液的 CMC。十二烷基硫酸钠是阴离子表面活性剂，在水溶液中电离为 $C_{12}H_{25}SO_4^-$和 Na^+。在极稀的浓度范围内，与一般的无机强电解质一样，溶液的电导率随浓度增大而直线上升。但到达一定浓度后，由于缔合形成胶束。胶束带有很高的电荷，由于静电引力的作用，在胶束周围将吸引一些带相反电荷的小离子，相当于有一部分正、负电荷相互抵消。另外，反离子形成的离子氛的阻滞作用也大大增强。因此，溶液的导电能力减弱，电导率增大，斜率变小，出现一转折点。根据转折点的浓度即可确定 CMC。

仪器与试剂

仪器　恒温水浴；DDS-11D 型电导率仪或交流电桥法电导测量装置；DJS-1 电导电极；50mL 容量瓶；滴定管。

试剂　0.05mol · L^{-1} 十二烷基硫酸钠溶液。

安全警示

(1) 测量中使用的信号为低压电源，并无危险，但仪器用电是市用电源，需小心使用。

(2) 本实验用的试剂无明显毒性，但仍需小心操作，避免进入口、鼻、眼中。

实验步骤

(1)用 0.05mol · L^{-1} 十二烷基硫酸钠溶液配制浓度分别为 0.005mol · L^{-1}、0.007mol · L^{-1}、0.009mol · L^{-1}、0.011mol · L^{-1}、0.013mol · L^{-1}、0.015mol · L^{-1} 的溶液各 50mL。

(2)调节恒温槽至待测温度(如 30.0℃)，各溶液恒温。

(3)从低浓度到高浓度依次测量已配制的各溶液和水的电导率。每次测量前都必须用待测液荡洗电导池 3 次。

(4)按浓度次序比较前、后两个溶液的电导率差，在电导率差开始变小的浓度附近，浓度间隔 0.001mol · L^{-1}(或 0.0005mol · L^{-1})再配制 3～4 个溶液。重新测定以精确确定 CMC。

结果与讨论

(1)数据记录(表 2.46)。

室温：________℃；大气压：________kPa；测定温度：________℃

表 2.46　十二烷基硫酸钠溶液电导率测定结果

序号	$c/(\mathrm{mol \cdot L^{-1}})$	$\kappa/(\mathrm{S \cdot m^{-1}})$	$\sqrt{c}/(\mathrm{mol \cdot L^{-1}})^{1/2}$	$\Lambda_m/(\mathrm{S \cdot m^2 \cdot mol^{-1}})$
1				
2				
⋮				

(2)以电导率对浓度作图，以低浓度和高浓度的直线部分作延长线，交点对应的浓度即为 CMC。

(3)计算各溶液的摩尔电导率Λ_m，以Λ_m对 $\sqrt{c}$ 作图，转折点即为 CMC。

(4)比较两种方法得到的 CMC 是否一致。

思考题

(1)若表面活性剂是脂肪醇聚氧乙烯醚，能否用电导率法测定其 CMC？为什么？

(2)测定各溶液的电导率时，若电导电极插入溶液的深度不同，是否会产生误差？应如何操作？

(3)解释为什么表面活性剂的电导率在 CMC 处会产生突然变化。

参考文献

陈宗淇. 2001. 胶体与界面化学. 北京：高等教育出版社

复旦大学，等. 2004. 物理化学实验. 3 版. 北京：高等教育出版社

(王永尧)

实验 49　溶液表面张力的测定及等温吸附

实验导读

溶液表面张力的测定，为了解系统的界面性质、表面层结构及表面分子之间的相互作用

等提供了有利依据，可用来求表面活性剂的有效值、临界胶束浓度等，也是研究润湿、去污、乳化、消泡、增溶等过程中表面活性剂性质的重要手段。强化采油、泡沫或乳状液的制备、生命过程及许多发生在气-液界面上的自然现象，在很大程度上都受到表面活性剂吸附和脱附的影响，因此表面张力的测定具有重要意义。测定溶液表面张力的方法主要有：最大气泡法、拉环法、滴重(滴体积)法、毛细管升高法、吊片法、振荡射流法、旋滴法和滴外形法等。最大气泡法是基于测定毛细管内外压力差即附加压力进而求得表面张力的一种常用方法，可测定熔融金属及窑炉中的液体等不易接近而需远距离操作的液体系统。拉环法用界面张力仪(扭力天平)迅速测定溶液表面张力及两液体界面张力，操作简单，广泛应用于教学及生产实际中，缺点是难以恒温。毛细管升高法要求溶液对玻璃的接触角为零，不适合测界面张力。吊片法也受固-液接触角的影响。滴重法的毛细管顶端必须是亲水的，滴体积法是一个经验方法，不能测定达到平衡缓慢的系统。振荡射流法用于测定动态表面张力。旋滴法和滴外形法分别用于测定超低表面张力和液体量少的系统。

实验目的

(1)加深理解表面张力、表面吸附等概念及表面张力与吸附的关系。

(2)掌握最大气泡法测定溶液表面张力的原理和技术。

实验原理

最大气泡法测定表面张力的仪器装置如图 2.58 所示。

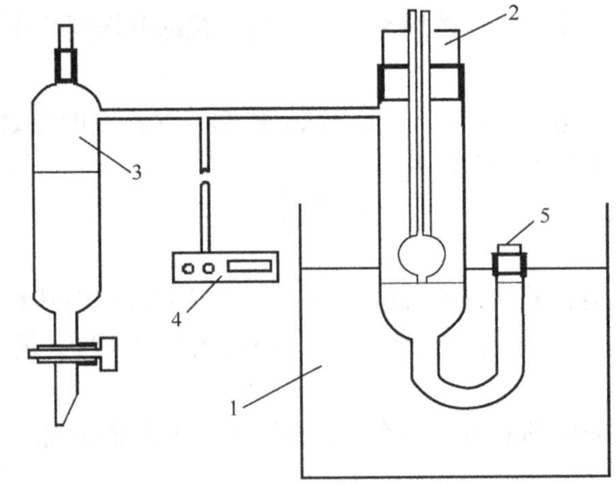

图 2.58　最大气泡法测定表面张力的仪器装置图

1. 恒温水槽；2. 毛细管；3. 滴液漏斗；4. 数字式微压差测量仪；5. 调液口

调节装置中的毛细管端口与待测液体相切，打开滴液漏斗的活塞，使水缓慢下滴而减小系统压力，毛细管内液面上受到的大气压力 p_0 比试管中液面上的压力 p 大，此压力差(p_0-p)在毛细管端口产生的作用力使管口形成气泡，气泡在液面上呈现的凹面产生向上的附加压力抵消了该压力差，即附加压力等于该压力差(p_0-p)，而压力差可由数字式微压差测量仪测出。

根据弯曲液面性质，附加压力 Δp 与表面张力 γ 成正比，与气泡的曲率半径 R 成反比，即拉普拉斯(Laplace)方程

$$\Delta p=\frac{2\gamma}{R} \tag{2.98}$$

当气泡刚开始形成时，表面几乎是平的，这时曲率半径最大，随着气泡的形成，曲率半径逐渐变小，直到形成半球形，曲率半径达到最小值，此时曲率半径 R 与毛细管内径 r 相等，由式(2.98)可知此时附加压力达最大值。当气泡进一步长大，R 变大，附加压力变小，而毛细管内、外的压力差仍在增大，结果气泡瞬间被挤入试管内。因此，在气泡的形成周期中，从微压差测量仪中反映出的压力差从小变大，到气泡逸出时突然减小，其最大值反映的是在 $R=r$ 时的最大附加压力 $\Delta p_{\mathrm{m}}=2\gamma/r$，即 $\gamma=\frac{1}{2}r\Delta p_{\mathrm{m}}$。当使用同一根毛细管及相同的压差计时，对于两种表面张力分别为 γ_1、γ_2 的液体，$\gamma_1/\gamma_2=\Delta p_{\mathrm{m},1}/\Delta p_{\mathrm{m},2}$，若已知液体 2 的 γ_2，则

$$\gamma_1=\gamma_2\Delta p_{\mathrm{m},1}/\Delta p_{\mathrm{m},2}=K\Delta p_{\mathrm{m},1} \tag{2.99}$$

式中：K 为仪器常数，可用已知表面张力的液体 2 测得，本实验通过测定已知表面张力的水的 $\Delta p_{\mathrm{m},2}$ 求得 K。

根据热力学原理，在恒温恒压下，系统有自发减小表面吉布斯自由能的趋势，使溶质在溶液表面和内部之间产生不平衡分布。溶质若能降低溶液的表面张力，则表面层中溶质的浓度比溶液内部的大；反之，溶质若使溶液的表面张力升高，则它在表面层中的浓度比在内部的浓度小，这种表面浓度与内部浓度不同的现象称为溶液的表面吸附。在指定的温度和压力下，溶质的吸附量与溶液的表面张力的变化及溶液的浓度遵循吉布斯吸附方程

$$\Gamma=-\frac{c}{RT}\left(\frac{\partial\gamma}{\partial c}\right)_T \tag{2.100}$$

式中：Γ 为表面吸附量，$\mathrm{mol\cdot m^{-2}}$；T 为热力学温度，K；c 为溶液浓度，$\mathrm{mol\cdot m^{-3}}$；R 为摩尔气体常量。当 $(\partial\gamma/\partial c)_T<0$ 时，$\Gamma>0$，称为正吸附；当 $(\partial\gamma/\partial c)_T>0$ 时，$\Gamma<0$，称为负吸附。

测量一系列不同浓度溶液的表面张力，作 γ-c 曲线图，在图上用镜像作图法或曲线拟合方法可求取各浓度的 $(\partial\gamma/\partial c)_T$ 值，用式(2.100)计算各浓度对应的 Γ 值，以 Γ 对 c 作图，可得到吸附等温线。

能使溶液表面张力降低的物质称为表面活性物质，表面活性物质通常具有憎水、亲水两亲基团。当浓度增大到某一值后，表面活性物质在表面层的吸附量达到最大值，称为饱和吸附量 Γ_∞。此时溶质在表面层形成定向排列，亲水基朝向溶剂内部，憎水基指向表面，称为单分子膜，可由饱和吸附量求出溶质分子的横截面积 q

$$q=\frac{1}{L\Gamma_\infty} \tag{2.101}$$

在溶液表面上的吸附可用朗缪尔(Langmuir)吸附等温式表示

$$\Gamma=\Gamma_\infty\frac{Kc}{1+Kc} \tag{2.102}$$

式中：Γ_∞ 为溶液单位表面上盖满单分子层溶质时的饱和吸附量；K 为吸附常数，它取决于吸附质的吸附特性。把式(2.102)改写成

$$\frac{c}{\Gamma}=\frac{c}{\Gamma_\infty}+\frac{1}{K\Gamma_\infty} \tag{2.103}$$

以 c/Γ 对 c 作图，可得一直线，其斜率为 $1/\Gamma_\infty$，截距为 $1/(K\Gamma_\infty)$，进而可求得 Γ_∞ 和 K。

仪器与试剂

仪器　表面张力测定装置；精密恒温水槽；数字式微压差测量仪；50mL 容量瓶；50mL 碱式滴定管。

试剂　0.500mol · L^{-1} 正丁醇溶液。

安全警示

仪器注意用电安全，试剂避免进入口、鼻、眼中，玻璃器皿请注意是否有破口，避免割伤。

实验步骤

(1) 配制溶液：用 0.500mol · L^{-1} 正丁醇溶液配制浓度分别为 0.01mol · L^{-1}、0.02mol · L^{-1}、0.04mol · L^{-1}、0.06mol · L^{-1}、0.09mol · L^{-1}、0.12mol · L^{-1}、0.16mol · L^{-1}、0.20mol · L^{-1} 和 0.24mol · L^{-1} 的溶液各 100mL。

(2) 调节恒温槽，使其恒定在所要求的温度。打开数字式微压差测量仪电源，在通大气情况下置零，并在实验测定过程中经常检查零点。

(3) 仪器常数测定。洗净测量管及毛细管，将去离子水装于测量管中，装上毛细管，在恒温槽中固定，使测量管内液面低于恒温槽水面，但须露出调液口，并使测量管保持垂直。用滴管从调液口吸出多余的液体，使毛细管端口刚好与液面接触，盖紧调液口塞子。恒温 15min 后，缓慢打开滴液漏斗活塞，气泡从毛细管端口单个、均匀地鼓出，调节滴液速率，以每分钟 5～8 个气泡为宜，连续读取并记录 5 个 Δp_m，取其平均值。

(4) 正丁醇溶液表面张力测定。按上述方法由稀到浓测定不同浓度的正丁醇溶液的 Δp_m，记录数据。

注意事项

(1) 应先检查装置的气密性，如漏气，需设法排除，但缓慢漏气不影响测定。

(2) 保持测量管及毛细管干净非常重要，即使少量油污也会在毛细管口干扰测量，使平行数据不佳。因此，测量管和毛细管磨口塞禁用真空脂，如有漏气，用待测液体润湿磨口即可液封。

(3) 为了减少恒温等待时间，可将待测溶液容量瓶预先置于恒温槽中恒温。

结果与讨论

将正丁醇表面张力的测定数据填入表 2.47。

室温：__________℃；大气压：__________kPa；测量温度：__________℃；水的表面张力：__________mN · m^{-1}

表 2.47　正丁醇溶液表面张力的测定数据

序号	c/(mol · L^{-1})	Δp_m / Pa	γ/(mN · m^{-1})	Γ/(mol · m^{-2})	(c/Γ)/m^{-1}
1	0.0100				
2	0.0200				

(1)查得水的表面张力，水在不同温度下的表面张力见 3.2.2 小节，计算仪器常数 K。

(2)求出各浓度正丁醇溶液的表面张力。

(3)作 γ-c 图，并用镜像法从曲线上作出各浓度的切线，切线斜率即为 $(\partial\gamma/\partial c)_T$；或用作图软件进行曲线拟合，从拟合方程直接求导得到 $(\partial\gamma/\partial c)_T$，拟合方程一般用多项式，也可变量变换后曲线拟合，或者用经验方程。

(4)计算不同浓度时的 Γ 值，并计算出 c/Γ 值。

(5)作 Γ-c 图，得到吉布斯吸附等温线。

(6)作 c/Γ-c 图，由直线斜率和截距求得 Γ_∞ 和 K，并计算出溶质分子的截面积 q 值。

思考题

(1)毛细管尖端为什么要刚好接触液面？若不是刚好接触，如浸入 1mm，会有什么影响？

(2)为什么毛细管的尖端要平整？选择毛细管直径大小时应注意什么？

(3)如果气泡出得很快，对结果有什么影响？

(4)用最大气泡法测表面张力时，为什么要取一标准物质？本实验中若不用水作标准物质行不行？最大气泡法的适用范围怎样？

(5)温度对表面张力有什么影响？试从表面张力产生角度分析。

(6)在本实验中，有哪些因素会影响测定结果的准确性？

参考文献

胡跃华. 1991. 气泡最大压力法测定液体表面张力实验装置的改进. 大学化学，6(4): 41

孙成文，邓勤. 1992. 电解滴重法测定液态钠的表面张力. 化学通报，9: 50-52

杨建一，郭子成，刘树彬. 1996. 表面张力法测定固体在溶液中等温吸附实验的改进. 大学化学，11(4): 37-38

于军胜，唐季安. 1997. 表(界)面张力测定方法的进展. 化学通报，(11): 11-15

赵国玺. 1991. 表面活性剂物理化学(修订版). 北京：北京大学出版社

(滕启文)

实验 50　多孔固体物质比表面积的测定

实验导读

孔结构(包括微孔、介孔和大孔)测定的实验方法一直由蒸气物理吸附法和压汞法两种技术主宰。从 20 世纪 40 年代沃什伯恩(Washbourn)以开尔文(Kelvin)的毛细原理为理论基础，提出压汞测孔的技术，在 20 世纪 80 年代初定型以后没有重大改进。蒸气物理吸附法的研究十分活跃，从提出朗缪尔方程到 1978 年瑞士召开的第三次国际孔结构学术会议，凝聚理论的发展带动了介孔分析的发展，70 年代末至今是孔模型-数学分析与微孔分析获得重大进展的时期。70 年代末之前的主要进步包括：①考虑实际多孔体表面的不均匀性、吸附分子间的相互作用及吸附层限制，对理想 BET 方程提出多种改进，发表了 Hobson 半经验式、Jaroniec 能量分布式、Kim-Oh 改进式等其他多层吸附等温方程，最重要的是 BET 表面积法被公认为是多孔体表面积测定的标准方法；②IUPAC 定义划分孔宽尺寸为微孔(micropore, <1.5nm)、介孔(mesopore, 1.5～50nm)和大孔(macropore, >50nm)后，定义多孔体物理吸附有六种类型吸附等温线；③发表了多种孔分布的计算方法；④在吸附实验基础上，实现了静态容量法仪器自动化。70 年代末之后，物理吸附研究进入了新的发展期，在以下方面引起关注：①介孔分析长期末解决的Ⅵ型等温线滞后回线解释；②微孔分析取得了实质性进展；③分子筛材料孔分布分析达到了应用水平。

实验目的

(1)理解多孔性固体的表面吸附特性。

(2)掌握连续流动色谱法测定固体比表面积的实验原理和方法。

(3)学习 BET 液氮容量法测定比表面积的原理和方法。

实验原理

基于物理吸附假设及动力学概念导出的恒温条件下吸附量与吸附质的相对压力间的关系式——BET 公式为

$$V=\frac{V_\mathrm{m}Cp}{(p_0-p)[1+(C-1)p/p_0]} \tag{2.104}$$

式中：V 为相对压力 p/p_0 下的平衡吸附量，$\mathrm{mol\cdot g^{-1}}$；V_m 为吸附剂表面上形成一个单分子层时的吸附量，即饱和吸附量，$\mathrm{mol\cdot g^{-1}}$，通常也以标准状态下的气体体积 V_STP 表示，$\mathrm{mL\cdot g^{-1}}$；p 为在吸附平衡时吸附质的压力(或分压)；p_0 为在吸附温度下吸附质的饱和蒸气压；C 为与温度、吸附热、凝聚热等有关的常数。BET 公式是基于物理吸附导出的，其基本假设为：固体表面是均匀的；吸附剂与吸附质之间、吸附剂分子之间是范德华力，是多层吸附；被吸附在同层的分子间无作用力；吸附平衡是吸附和解吸的动态平衡。

V_m 和 C 可由式(2.104)改写成线性关系式作图求出，即

$$\frac{p}{V(p_0-p)}=\frac{1}{V_\mathrm{m}C}+\frac{C-1}{V_\mathrm{m}C}\cdot\frac{p}{p_0}$$

$$\frac{p/p_0}{V(1-p/p_0)}=\frac{1}{V_\mathrm{m}C}+\frac{C-1}{V_\mathrm{m}C}\cdot\frac{p}{p_0} \tag{2.105}$$

由 $\dfrac{p/p_0}{V(1-p/p_0)}$ 对 p/p_0 作图，所得直线的斜率为 $a=\dfrac{C-1}{V_\mathrm{m}C}$，截距为 $b=\dfrac{1}{V_\mathrm{m}C}$，从而可得单分子层饱和吸附量

$$V_\mathrm{m}=\frac{1}{a+b} \tag{2.106}$$

进一步就可算出固体的比表面积

$$A=V_\mathrm{m}\times L\times\sigma \tag{2.107}$$

式中：A 为比表面积，即单位质量吸附剂所具有的总表面积(外表面加内表面)，$\mathrm{m^2\cdot g^{-1}}$；L 为阿伏伽德罗常量；σ 为每一个吸附质分子所占的截面积。

对 N_2 来说，273K 时每个分子在吸附剂表面上所占有的截面积为 $16.2\times10^{-20}\mathrm{m^2}$，代入式(2.107)得

$$A=V_\mathrm{m}\times6.023\times10^{23}\times16.2\times10^{-20}=9.76\times10^{4}V_\mathrm{m}=4.36V_\mathrm{STP} \tag{2.108}$$

综上所述，测定固体比表面积的关键是如何控制 p/p_0，并在不同 p/p_0 下测定相应的吸附量 V。目前均用全自动的测量仪器测量比表面，即比表面测量仪或吸附仪，如果测量全相对压力范围下的吸附，还可以获得总孔体积、平均孔径、孔径分布数据。目前有两种测量方法的吸附仪：连续流动色谱法和液氮容量法。

1. 连续流动色谱法

连续流动色谱法采用氮气作为吸附质，p/p_0的控制由改变氮气-氢气混合气的流量达到。按照图 2.59 的仪器装置流程图，当一定比例的氮气-氢气混合气室温下流经液氮冷阱、热导池参考臂、六通阀、样品管、热导池测量臂后放空。由于室温下氮气-氢气分子不被样品吸附，流经热导池参考臂和热导池测量臂的气体成分一样，热导池处于平衡状态，记录仪基线为直线。将液氮杜瓦瓶套在样品管上时(约−195℃)，低温下样品即对混合气中的氮气发生物理吸附，而载气不被吸附。热导池两臂失去平衡，记录仪上出现一吸附峰(图 2.60)，待记录仪信号回到基线，表示已达到吸附平衡状态。取下液氮杜瓦瓶后，样品管重新处于室温，吸附的氮气又脱附出来，记录仪上便出现与吸附峰方向相反的脱附峰，最后在混合气中注入已知体积的纯氮气可得到一个校准峰(标样峰)。根据校准峰和脱附峰的面积，即可计算出这一氮气的相对压力下样品的吸附量。采用脱附峰进行计算的原因是它的拖尾通常没有吸附峰严重。改变不同氮气-氢气的比例即可得到一系列不同p/p_0下的吸附量。

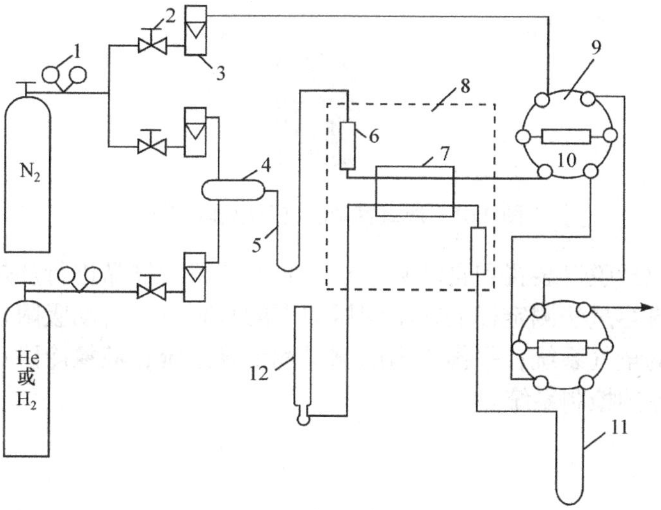

图 2.59　连续流动色谱法测比表面流程

1. 减压阀；2. 稳压阀；3. 流量计；4. 混合器；5. 冷阱；6. 恒温管；7. 热导池；8. 恒温箱；9. 六通阀；10. 定体积管；11. 样品吸附管；12. 皂膜流量计

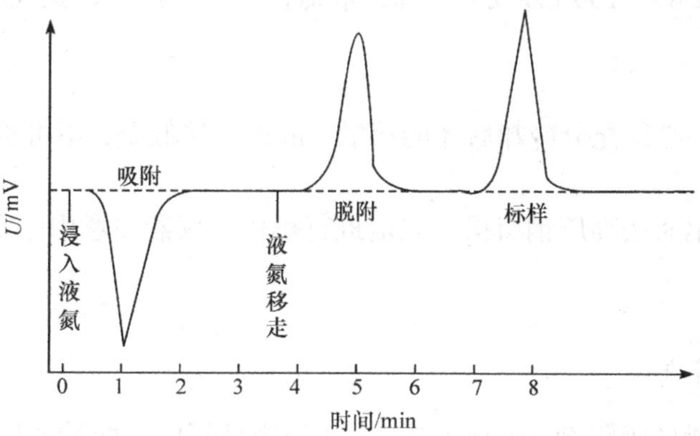

图 2.60　氮气的吸附、脱附和标样峰

2. 液氮容量法

液氮容量法是在容积恒定的腔室(称为歧管)中注入一定量的吸附质气体(通常用 N_2)，连通样品管，吸附平衡后，测量平衡压力 p_2，通过歧管中的压力变化，按气体状态方程计算吸附量。如果气体按理想气体方程计算

$$n_{ads} = n_{dosed} - n_{void} = (\Delta pV/RT)_{man} - (p_2V/RT)_{cell} \tag{2.109}$$

式中：n_{ads} 为吸附量；n_{dosed} 为歧管中加入的吸附质的物质的量，可通过歧管中的压力变化 Δp 计算；n_{void} 为样品管中的剩余气体物质的量。测量原理示意图如图 2.61 所示。

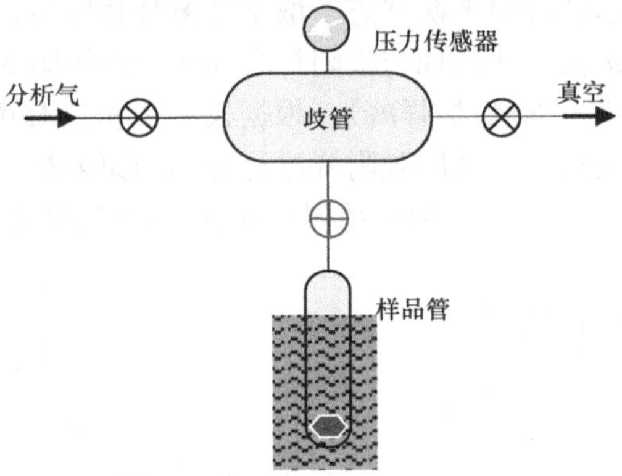

图 2.61　液氮容量法测量原理示意图

实验装置主要包括脱气装置和自动吸附仪。脱气装置对样品进行加热下的抽真空脱气。自动吸附仪采用液氮容量法测定样品在不同压力下的吸附量。自动吸附仪由四部分组成：量取和供给吸附气体的量气系统；平衡压力的测量和记录系统；液氮冷阱(放置吸附管)的液面控制系统；操作程序的控制系统。

仪器与试剂

仪器　ST-03 比表面积测定仪(含色谱数据处理器)或 Nova 4000e 吸附仪；样品管；微量分析天平(公用)；液氮罐(公用)；杜瓦瓶；氧气压力表；氢气压力表；固定槽式气压计；氧蒸气压温度计；皂膜流量计。

试剂　微球硅胶(80～100 目)或分子筛；液氮；氮气；氢气；氦气。

安全警示

(1) 加热套高温，必须充分冷却后才能接触。液氮极端低温，不可接触人体，必须充分保护后才能操作。

(2) 氮气和氦气钢瓶按高压钢瓶操作规范进行操作，仪器注意用电安全。

实验步骤

1. 连续流动色谱法

(1) 准确称取干燥的吸附剂 0.04～0.06g，装于样品管中，两端塞以少许玻璃棉，接在样品管的接头上，打开氮气钢瓶总阀，使分压阀压力为 0.3MPa，然后在通气条件下，用加热炉

加热至200℃左右，同时用氮气吹扫30min后停止加热，冷却至室温(注意：一般热处理温度以不使其结构发生变形为宜)。

(2)将加有液氮的杜瓦瓶套到氧蒸气压温度计的小玻璃球上，读出两边水银柱高度差，即为氧的饱和蒸气压，从表2.48中读出与此蒸气压相应的温度即为液氮温度，再从表中查得此温度下氮的饱和蒸气压。

表2.48 氧饱和蒸气压-氮饱和蒸气压关系

温度/℃	−190	−191	−192	−193	−194	−195	−196	−197	−198	−199	−200
$p_0(O_2)$/kPa	45.42	40.02	35.14	30.74	26.78	23.25	20.12	17.32	14.84	12.67	10.76
$p_0(N_2)$/kPa	190.38	171.85	154.92	139.05	124.39	111.06	98.79	87.59	77.46	77.46	61.19

(3)打开载气(氢气)钢瓶总阀，使分压阀压力为0.3MPa，将液氮杜瓦瓶套在冷阱上，利用稳压阀调节气体流量，用皂膜流量计测量载气流量为30～50mL·min^{-1}。载气流速稳定后不再改变，只需改变氮气流量即可调节相对压力。在平衡气中欲测氮气流速R_{N_2}时可将氢气的三通阀拉出使氢气放空。将氢气的三通阀推进去可测得平衡气的总流量R_t。调节氮气流速使相对压力p/p_0为0.05～0.3，相对压力$p/p_0=(R_{N_2}/R_t)\times(p_a/p_0)$($p_a$为大气压力)，在通载气的情况下，热导池桥流调到150mA，衰减比放在1/4或1/8处，记录仪走基线。打开色谱数据处理器电源，先使六通阀处于“脱附”位置，1min后旋至“标定”位置，1min左右即出现校准峰(标样峰)。重复几次观察校准峰的再现性，误差应小于2%(注意定体积管的实际体积需按出厂标定的数值计算)。然后将吸附仪切换阀处于“脱附”挡，调节流量稳定后，将液氮杜瓦瓶套在样品管上，记录仪上将出现一个吸附峰。

(4)待吸附达平衡后，记录仪的指针将回到原基线上，取下液氮杜瓦瓶，同时按下色谱数据处理器的“开始(start)”键，记录仪上将出现一个与吸附峰方向相反的脱附峰。

(5)脱附完毕，记录仪的指针又回到基线上，将六通阀转至“标定”位置，记录仪上记下校准峰，这样就完成了一个氮的平衡压力下的吸附量测定。然后按下色谱数据处理器的“结束(stop)”键，计算脱附峰和校准峰的面积。

(6)改变氮气的流速(每次较前次增加或减少约3mL·min^{-1})，使相对压力保持在0.05～0.35，重复上述步骤测定，可以得出不同的相对压力下的一系列色谱峰。

2. 液氮容量法

以Nova 4000e吸附仪为例说明基本操作流程。

1)开机

开启高纯氮气、氦气钢瓶，调节减压阀于0.7～0.8MPa；开真空泵5～10min后，开吸附仪电源，打开操作系统，登录。

2)样品脱气

(1)样品管称空重。用长颈漏斗装入样品，粗称总重，样品量的装入量以样品的表面积在2～50m^{2}为宜，但不超过球体1/2～3/4，至少0.1g。

(2)样品管上套上与脱气装置相接的金属套头，套上O形密封圈，将样品管放入加热套内后装在脱气站上。通过仪器控制面板操作设置合适的脱气条件(一般设置300℃、3h)，开始脱气。控制面板操作程序如下：

■ 在仪器处于待机状态时，按“ESC”键进入“MAIN MENU”。

■ 按数字“3”选择 CONTROL PANEL MENU。

■ 按数字“2”选择 DEGAS STATIONS，然后在“Load the Degasser? ”提问下，按下 Yes 对应数字“1”。

■ 显示“DEGAS TYPE SELECTION”界面，按下数字“1”，选择 Vacuum Degas。

■ 出现“Place Sample Cell(s) in Degasser. Plug Any Unused Degas Station(s). Press Any Key When Ready…”界面，根据提示按任意键，系统开始抽真空脱气。

■ 真空泵开始抽气 5～10min 后，设定样品的加热温度，开启加热套开关。

(3) 预定加热时间达到后，关闭加热套电源。待样品充分冷却至 50℃以下，对样品进行回填气体操作，步骤如下：

■ 按控制面板的“ESC”键进入“MAIN MENU”，选择“CONTROL PANEL MENU”，选择“DEGAS STATIONS”。

■ “Unload the Degasser? ”提问：按下 Yes 数字“1”，“Backfill with Helium? ”提问：按下 No 数字“2”。

■ 回填完气体后，根据提示“Remove Sample Cell(s) from Degasser. Plug Unused Degas Stations(s).Press Any Key When Ready…”，取下样品管，在脱气站上装上堵头并拧紧螺母，按任意键退出。

3) 样品吸附准备

脱气后样品管再次称量，加入填充棒，然后安装在分析站接口上。在杜瓦瓶中小心倒入液氮至 2/3，平稳放置于电梯托盘上，关闭分析站外防护门。在操作系统中设置分析参数，在主菜单栏中选择 Operation→Start Analysis，弹出的界面如图 2.62 所示。在此对话框中设置各参数，有两个主标签：Common 和 Stations，Stations 下有 4 个副标签：Sample、Points、Equilibrium 和 Reporting，其中 Common 是一般设置，不分站；Stations 中要先选择 Station A、B、C、D(可同时分析 4 个样品，每个样品称为站)后，输入参数。在 Points 标签中，可点击 Load Points，利用参数设置模板文件帮助设置，各站设置完成后点击 OK。重新打开 Start Analysis，检查各参数无误后，点击 Start 开始分析。

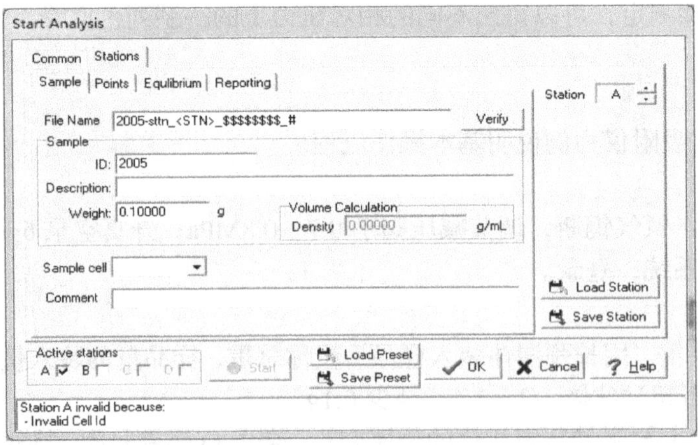

图 2.62　参数设置界面

说明：参数设置可能随样品性质不同而不同，通常情况下，除样品 Sample 标签中的文件名(不能与文件夹中文件重复，否则可能没有数据，可点 Verify 验证)、样品 ID、样品质量外，按默认设置即可。

4)吸附测定

分析程序自动按程序抽真空、进气、液氮瓶升降、逐点吸附测量，从仪表上的流程图可观察过程。测量完毕，液氮瓶下降，仪器进入 Idle 模式，取下样品管，装上堵头。

5)分析报告

打开保存的文件，在等温线谱图上点鼠标右键，选择 Edit data tags，打开 Edit data points 窗口，如图 2.63 所示。在右侧的方法选择栏中勾选 M，在 p/p_0 为 0.05～0.3 点加“M”标签；从右键菜单中选择 Graphs→BET→Multi-Point BET Plot，分析软件对数据进行分析，打印图；再从右键菜单中选择 Tables→BET→Multi-Point BET 打开并打印数据表和分析结果。

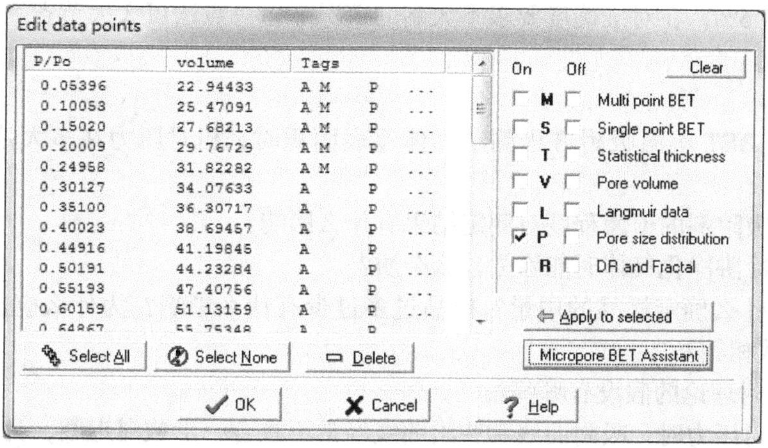

图 2.63 数据分析界面

结果与讨论

(1)数据记录。

样品质量：________g；大气压：________kPa；室温：________℃；p_0：________kPa；衰减：________；热导池桥流：________

(2)由 $p/p_0=(R_{N_2}/R_t)\times(p_a/p_0)$，求出各 p/p_0 并填入表 2.49，表中 $V=\dfrac{A_d}{A_s}\times f$ (mL)(f 为定体积进样管相当的标准态气体体积；A_d 为脱附峰的面积；A_s 为校准峰的面积)。

表 2.49 固体比表面积测定实验结果

序号	R_{N_2}/(mL · min^{-1})	R_t/(mL · min^{-1})	A_d/cm^2	A_s/cm^2	p/p_0	$\dfrac{p/p_0}{V(1-p/p_0)}$
1						
2						

液氮容量法可直接打印 V_{STP}-p/p_0 数据表。

(3) 以 $\frac{p/p_0}{V(1-p/p_0)}$ 对 p/p_0 作图，求出直线斜率和截距，则可按式(2.106)求得饱和吸附量 V_m，由式(2.107)或式(2.108)求出比表面积 A。

(4) 说明：固体物质的比表面包括颗粒外表面和微孔的内表面两部分。测定粒度只能估算出颗粒的外表面，而内表面只能用分子吸附法测定。因此，测定比表面时必须考虑构成比表面的结构特点，被吸附分子能够到达这些表面的程度，多数吸附剂和催化剂的比表面主要是由微孔提供的。另外，在比表面积不是太小(不小于 $200m^2 \cdot g^{-1}$)、截距不是太大的情况下，可把截距 b 取为零，在 $p/p_0 \approx 0.3$ 处测一点，由该点与原点连成一条直线，即由 $\frac{p/p_0}{V(1-p/p_0)}$ 对 p/p_0 作图，取截距为零，两点(原点与测定点)连成直线。由式(2.106)求出 V_m，或从斜率 a 的倒数直接计算出 V_m，此法称为一点法。实验证明一点法与多点法所得的比表面积数值之比，误差不超过 5%，在对准确度要求不太高的情况下，一点法可大大节省测定时间。

思考题

(1) 在应用 BET 等温吸附方程测定固体比表面积时，相对压力在多大范围内合适？为什么？

(2) 测定中吸附剂的干燥程度对测定结果有什么影响？

(3) 用液氮冷阱净化气体时能除去什么杂质？

(4) 应根据什么确定样品的用量？样品过多过少有什么影响？为什么应选择脱附峰与校准峰的峰高大致相等？

(5) BET 吸附理论的假设有哪些？

(6) 在高相对压力时，吸附曲线和脱附曲线经常不重合，形成滞迟圈，为什么？

参考文献

刘维桥，孙桂大. 2000. 固体催化剂实用研究方法. 北京：中国石化出版社
刘希尧. 1990. 工业催化剂分析测试表征. 北京：中国石化出版社
龙中儿，黄运红，蔡昭铃，等. 2003. 细胞固定化载体比表面的测定. 生物技术，13(4): 21-23
毛东森. 1995. 连续流动色谱法测定比表面积的微机数据处理技术. 石化技术，2(3): 191-193
王伯康. 2000. 综合化学实验. 南京：南京大学出版社
赵虹，商连弟，刘毅，等. 2002. 比表面积简易测定法. 无机盐工业，34(3): 43-45

(陈　平　王永尧)

实验 51　固体吸附剂在溶液中的等温吸附

实验导读

活性炭、硅胶、分子筛、硅藻土等固体吸附剂大多是高分散度、多孔的物质，具有巨大的比表面积，在溶液中有很强的吸附性，在物质纯化、食品脱色、废水处理等生产和研究中有广泛的应用。固体吸附剂在溶液中的吸附与对气体的吸附相比，吸附规律更复杂。因为在溶液中同时存在吸附剂-溶质、吸附剂-溶剂及溶质-溶剂间的作用力，固体在溶液中的吸附是溶质和溶剂争夺表面的净结果。吸附的速率相对于气体吸附也慢得多，因为吸附质分子在溶液中扩散速率慢，而且要通过表面上形成的液膜，再加上孔的因素，使达到吸附平衡的时间

也较长。而且溶液中的吸附理论也不完全。然而，吸附量的实验测定方法比较简单，只要将一定量的吸附剂放入溶液中，振荡平衡后测定吸附前、后溶液的浓度，就可求出吸附量。但吸附量与浓度的关系只能“借用”气体吸附的公式，如朗缪尔等温式、弗兰德里希(Freundlish)等温式和BET公式，但公式中常数的物理意义不再明确，只能当作经验常数，而且只能在稀溶液中适用。

选择合适的吸附质，通过溶液吸附测定可计算吸附剂的比表面积。其他测定吸附剂比表面积的方法有BET吸附法、气相色谱法、电子显微镜法等，通常要用复杂的仪器装置，而且耗时较长。溶液吸附法装置简单、操作方便，而且可同时测定多个样品，特别是可作为大量样品的相对比表面积的测定，只需用其他较准确方法测定其中一个样品。但该方法的准确性不够高，测量误差可达10%或更大。

实验目的

(1)了解用溶液吸附法测定吸附剂比表面的原理和方法。

(2)理解朗缪尔等温式和弗兰德里希等温式。

实验原理

活性炭是常用的吸附剂，能从溶液中吸附溶质。与固体对气体的吸附相似，在一定的温度下，吸附达到平衡时，吸附量和溶液浓度的关系符合弗兰德里希等温式

$$\Gamma = kc^{\frac{1}{n}} \tag{2.110}$$

式中：Γ为单位质量的吸附剂的吸附量；c为平衡浓度；k、n为经验常数。式(2.110)取对数，得

$$\lg\Gamma = \frac{1}{n}\lg c + \lg k \tag{2.111}$$

测得不同浓度c时的吸附量Γ，以$\lg\Gamma$对$\lg c$作直线，由斜率和截距可求出k和n值。

对单分子层吸附，可用朗缪尔等温式描述

$$\Gamma = \Gamma_{\mathrm{m}}\frac{Kc}{1+Kc} \tag{2.112}$$

式中：Γ_{m}为单分子层的饱和吸附量；K为吸附系数。在一定温度下，对一定量的吸附剂与吸附质来说，Γ_{m}和K都是常数。式(2.112)可转变为直线方程

$$\frac{c}{\Gamma} = \frac{c}{\Gamma_{\mathrm{m}}} + \frac{1}{K\Gamma_{\mathrm{m}}} \tag{2.113}$$

以c/Γ对c作图，可得Γ_{m}和K值。Γ_{m}表示单位质量的吸附剂吸附满一层溶质分子的物质的量，若每个溶质分子在吸附剂上占据的截面积为a_{m}，则吸附剂的比表面积S为

$$S = L\Gamma_{\mathrm{m}}a_{\mathrm{m}} \tag{2.114}$$

式中：L为阿伏伽德罗常量。

本实验研究颗粒活性炭吸附亚甲基蓝。在一定浓度范围内，大多数固体对亚甲基蓝的吸附是单分子层吸附，即符合朗缪尔型。亚甲基蓝具有矩形平面结构：

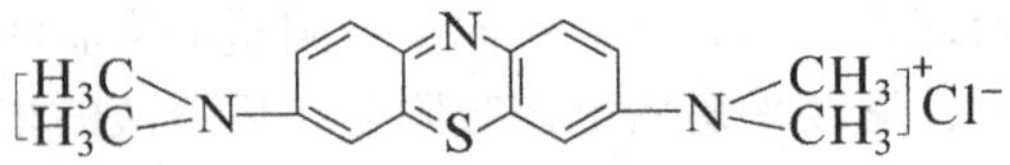

阳离子大小为 $170\times7.6\times3.25\times10^{-30}m^3$。亚甲基蓝的吸附有 3 种取向：平面吸附投影面积为 $135\times10^{-20}m^2$；侧面吸附投影面积为 $75\times10^{-20}m^2$；端基吸附投影面积为 $39.5\times10^{-20}m^2$。对于非石墨型的活性炭，亚甲基蓝可能不是平面吸附而是端基吸附。

吸附量可根据吸附前后溶液的浓度变化计算

$$\Gamma=\frac{V(c_0-c)}{m} \tag{2.115}$$

式中：V 为溶液体积；m 为吸附剂的质量；c_0、c 分别为溶液吸附前、后的浓度。亚甲基蓝在 665nm 波长处有最大吸收，因此溶液浓度可用可见分光光度计测量。

仪器与试剂

仪器　分光光度计；振荡器；感量 0.001g 天平；100mL 容量瓶；150mL 碘量瓶；100mL 锥形瓶；滴定管；玻璃漏斗；10mL 刻度移液管；1mL 移液管。

试剂　颗粒状非石墨型活性炭(500℃活化 1h，干燥器保存)；亚甲基蓝溶液：0.2%(质量分数)储备液，$2.67\times10^{-4}mol\cdot L^{-1}$ 标准溶液(100mg 亚甲基蓝配成 1L 溶液)。

安全警示

仪器注意用电安全，避免接触电源插口、插座接口。振荡器在工作时，不可靠近，以免受到撞击。试剂无明显毒性，但应避免进入口、鼻、眼中。

实验步骤

(1) 初始溶液配制：在 5 个 100mL 容量瓶中分别用滴定管加入 0.2%亚甲基蓝储备液 10mL、20mL、30mL、40mL、60mL，定容。

(2) 在 5 个干燥的 150mL 碘量瓶中分别称 0.100g 颗粒状活性炭，再分别移入 50mL 上述 5 个初始溶液，加塞，在振荡器上振荡约 3h。

(3) 在 5 个 100mL 容量瓶中分别移取 2mL、4mL、6mL、8mL、12mL $2.67\times10^{-4}mol\cdot L^{-1}$ 亚甲基蓝标准溶液，定容。再在剩余的 5 个初始溶液中各移取 1mL，稀释 100 倍成 100mL。用蒸馏水作空白，在分光光度计上测量这 10 个溶液的吸光度。

(4) 将振荡平衡后的溶液过滤，分别取 1mL，稀释成 100mL，测定吸光度。

结果与讨论

(1) 以亚甲基蓝标准溶液的吸光度对浓度作工作曲线，并在工作曲线上查得各初始溶液和平衡溶液的浓度，注意稀释倍数。

(2) 计算吸附量，并作 Γ-c 吸附等温线。

(3) 分别作 c/Γ-c 和 $\lg\Gamma$-$\lg c$ 直线，求出 Γ_m、K 和 k、n 值，并用 Γ_m 计算吸附剂的比表面积 S。

思考题

(1)估计由本实验测得的比表面积 S 比实际的大还是小，为什么？
(2)固体在溶液中对溶质分子吸附和固体对气体分子吸附有什么区别？
(3)降低吸附温度对吸附有什么影响？
(4)从实验结果分析该吸附系统对朗缪尔等温式和弗兰德里希等温式的符合情况。
(5)在测定吸光度时，为什么要将溶液稀释后测定？

参考文献

陈宗淇. 2001. 胶体与界面化学. 北京：高等教育出版社
复旦大学，等. 2004. 物理化学实验. 3 版. 北京：高等教育出版社
沈钟，王果庭. 1997. 胶体与表面化学. 2 版. 北京：化学工业出版社

（王永尧）

实验 52　黏度法测定高聚物的相对分子质量

实验导读

聚合物相对分子质量及其分布对于它的性能影响很大，如橡胶的硫化程度、聚苯乙烯和醋酸纤维等薄膜的抗张强度，纺丝黏液的流动性等均与其相对分子质量有密切关系。通过相对分子质量的测定，可了解聚合物的性能、指导和控制聚合条件，以获得具有优良性能的产品。聚合物的相对分子质量是一个统计的平均值，因测定方法不同而异。因为不同方法的测定原理和计算方法有所不同，一些测定方法和适用范围见表 2.50。近年来，有报道用脉冲核磁共振仪、红外光谱仪和电子显微镜等实验技术测定聚合物的平均相对分子质量。

表 2.50　各种平均相对分子质量测定方法的适用范围

实验方法	适用相对分子质量范围	方法类型
端基分析法	3×10^4 以下	绝对法
沸点升高法	3×10^4 以下	相对法
凝固点降低法	5×10^3 以下	相对法
气相渗透压法(VPO)	3×10^4 以下	相对法
膜渗透压法	2×10^4～1×10^6	绝对法
光散射法	2×10^4～1×10^7	绝对法
超速离心沉降速率法	1×10^4～1×10^7	绝对法
超速离心沉降平衡法	1×10^4～1×10^6	绝对法
黏度法	1×10^4～1×10^7	相对法
凝胶渗透色谱法	1×10^3～5×10^6	相对法

上述方法中，除端基分析法外，大多需要较复杂的仪器设备和操作技术，而黏度法具有设备简单、操作方便的特点，准确度可达±5%。因此，用黏度法测聚合物的相对分子质量是目前应用较广泛的方法。但黏度法中所用的特性黏度与相对分子质量的经验方程需要用其他

方法确定。聚合物不同，溶剂不同，相对分子质量范围不同，需要采用不同的经验方程。化学实验室常用玻璃毛细管黏度计测量液体黏度。

实验目的

(1) 掌握用乌氏黏度计测定聚合物溶液黏度的原理和方法。

(2) 测定线型聚合物聚乙二醇的黏均相对分子质量。

实验原理

聚合物溶液的黏度特别大，原因在于其分子链长度远大于溶剂分子，加上溶剂化作用，其在流动时受到较大的内摩擦阻力。黏性液体在流动过程中，必须克服内摩擦阻力做功。黏性液体在流动过程中所受阻力的大小可用黏度系数(简称黏度，单位 $kg \cdot m^{-1} \cdot s^{-1}$)表示。

黏度分为绝对黏度和相对黏度。绝对黏度有两种表示方法：动力黏度和运动黏度。动力黏度是指当单位面积的流层以单位速率相对于单位距离的流层流出时所需的切向力，用η表示黏度系数，其单位是 $Pa \cdot s$。运动黏度是液体的动力黏度与同温度下该液体的密度ρ之比，用符号 ν 表示，其单位是 $m^2 \cdot s^{-1}$。相对黏度是某液体黏度与标准液体黏度之比，量纲为一。

纯溶剂黏度反映了溶剂分子间的内摩擦力，记作η_0，聚合物溶液的黏度则是聚合物分子间的内摩擦、聚合物分子与溶剂分子间的内摩擦及η_0三者之和。在相同温度下，通常$\eta > \eta_0$，相对于溶剂，溶液黏度增加的分数称为增比黏度，记作η_{sp}，即

$$\eta_{sp} = \frac{\eta - \eta_0}{\eta_0} \tag{2.116}$$

溶液黏度与纯溶剂黏度的比值称为相对黏度η_r，即

$$\eta_r = \frac{\eta}{\eta_0} \tag{2.117}$$

式中：η_r反映的也是溶液的黏度行为，而η_{sp}则意味着已扣除了溶剂分子间的内摩擦效应，仅反映了聚合物分子与溶剂分子间和聚合物分子间的内摩擦效应。

聚合物溶液的增比黏度η_{sp}往往随质量浓度 c 的增加而增加。为了便于比较，将单位浓度下所显示的增比黏度η_{sp}/c 称为比浓黏度，而 $\ln\eta_r/c$ 则称为比浓对数黏度。当溶液无限稀释时，聚合物分子彼此相隔甚远，它们的相互作用可以忽略，此时有关系式

$$\lim_{c\to 0}\frac{\eta_{sp}}{c} = \lim_{c\to 0}\frac{\ln\eta_r}{c} = [\eta] \tag{2.118}$$

式中：$[\eta]$称为特性黏度，它反映的是无限稀释溶液中聚合物分子与溶剂分子间的内摩擦，其值取决于溶剂的性质及聚合物分子的大小和形态。由于η_r和η_{sp}均是无因次量，所以$[\eta]$的单位是浓度 c 单位的倒数。

在足够稀的聚合物溶液中，η_{sp}/c 与 c 和 $\ln\eta_r/c$ 与 c 之间分别符合下述经验关系式：

$$\eta_{sp}/c = [\eta] + \kappa[\eta]^2 c \tag{2.119}$$

$$\ln\eta_r/c = [\eta] - \beta[\eta]^2 c \tag{2.120}$$

式中：κ和β分别为哈金斯(Huggins)常数和克雷默(Kramer)常数。这是两直线方程，通过η_{sp}/c对 c 或 $\ln\eta_r/c$ 对 c 作图，外推至 c=0 时所得截距即为$[\eta]$。显然，对于同一聚合物，由两线性

方程作图外推所得截距应交于同一点，如图 2.64 所示。

聚合物溶液的特性黏度[η]与聚合物相对分子质量之间的关系通常用带有两个参数的马克-豪温克(Mark-Houwink)经验方程表示

$$[\eta]=K(\overline{M_\eta})^\alpha \tag{2.121}$$

式中：$\overline{M_\eta}$ 为黏均相对分子质量；K、α为与温度、聚合物及溶剂的性质有关的常数，只能通过一些绝对实验方法(如膜渗透压法、光散射法等)确定。表 2.51 列出聚乙二醇水溶液在不同温度时的 K、α 值。

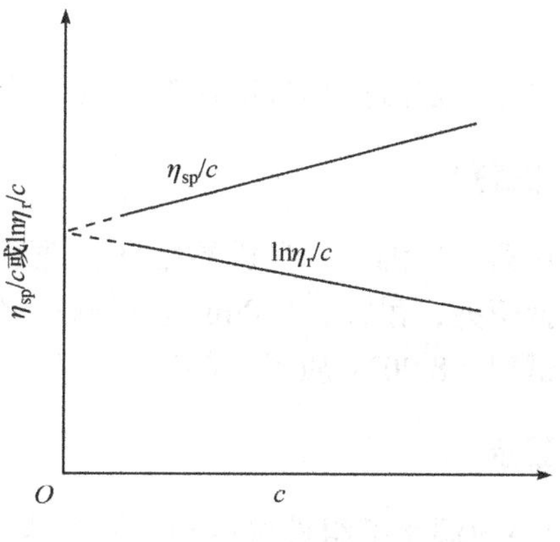

图 2.64　外推法求[η]

表 2.51　聚乙二醇水溶液在不同温度时的 K、α 值

t/℃	$K\times10^6$/($m^3\cdot kg^{-1}$)	α	$\overline{M_\eta}\times10^{-4}$
25	156	0.50	0.019～0.1
30	12.5	0.78	2～500
35	6.4	0.82	3～700
40	16.6	0.82	0.04～0.4
45	6.9	0.81	3～700

本实验采用毛细管法测定黏度，通过测定一定体积的液体流经一定长度和半径的毛细管所需时间而获得。本实验使用的乌氏黏度计如图 2.65 所示。当液体在重力作用下流经毛细管时，遵守泊肃叶(Poiseuille)定律：

$$\eta=\frac{\pi pr^4t}{8lV}=\frac{\pi h\rho gr^4t}{8lV} \tag{2.122}$$

式中：η为液体的黏度，$kg\cdot m^{-1}\cdot s^{-1}$；$p$ 为当液体流动时在毛细管两端间的压力差(液体密度ρ、重力加速率 g 和流经毛细管液体的平均液柱高度 h 的乘积)，$kg\cdot m^{-1}\cdot s^{-1}$；$r$ 为毛细管的半径，m；V 为流经毛细管的液体体积，m^3；t 为 V 体积液体的流出时间，s；l 为毛细管的长度，m。

用同一黏度计在相同条件下测定两个液体的黏度时，它们的黏度之比就等于密度与流出时间之比

$$\frac{\eta_1}{\eta_2}=\frac{p_1t_1}{p_2t_2}=\frac{\rho_1t_1}{\rho_2t_2} \tag{2.123}$$

如果用已知黏度η_1的液体作为参考液体，则待测液体的黏度η_2可通过式(2.123)求得。

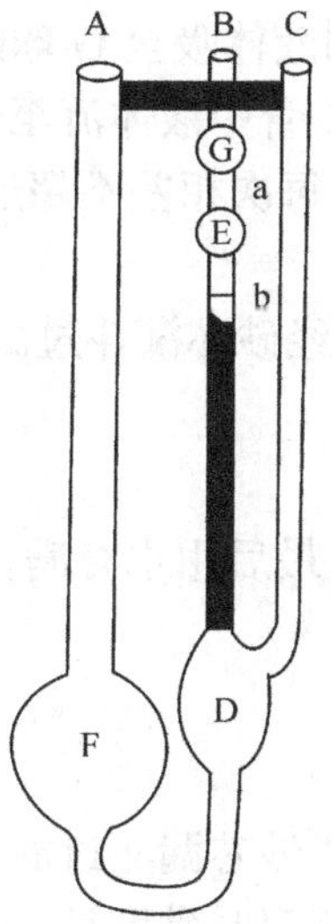

图 2.65　乌氏黏度计

在测定溶剂和溶液的相对黏度时，如果溶液的浓度不大(c<10$kg\cdot m^{-3}$)，溶液的密度与溶剂的密度可近似看作相同，故

$$\eta_r = \frac{\eta}{\eta_0} = \frac{t}{t_0} \tag{2.124}$$

所以只需测定溶液和溶剂在毛细管中的流出时间就可得到η_r。

仪器与试剂

仪器　恒温槽；乌氏黏度计；洗耳球；砂芯漏斗；5mL、10mL、25mL 移液管；细乳胶管；弹簧夹；吊锤；100mL 容量瓶；秒表。

试剂　8.00%(质量分数)聚乙二醇水溶液；去离子水。

安全警示

(1)恒温水槽组件调压器、继电器、加热器等导线接头可能有裸露，在通电状态下不可触碰，有触电危险。调压器、继电器接线柱部分应朝向上方。

(2)玻璃器皿应小心使用，注意是否有破口，以免割伤。

(3)试剂无明显毒性，但仍应小心取用，避免进入口、鼻、眼中。

实验步骤

(1)将恒温水槽调至(25.0±0.1)℃。

(2)溶液配制。分别用移液管移液 5mL、10mL、15mL、20mL、25mL 8.00%聚乙二醇水溶液于 100mL 容量瓶中，定容至刻度。

(3)洗涤黏度计。先用热洗液(经砂芯漏斗过滤)浸泡，再用自来水、蒸馏水冲洗(经常使用的黏度计则用蒸馏水浸泡，去除留在黏度计中的聚合物。黏度计的毛细管要反复用水冲洗)。

(4)测定溶剂流出时间 t_0。黏度计夹在恒温槽内，自 A 管注入去离子水至 F 球约一半，恒温约 10min。调整黏度计位置至完全垂直(可用吊锤检查)，并使黏度计 G 球以下部分浸入恒温水中。

夹紧(或用手堵住)C 管上连接的乳胶管，用洗耳球从 B 管口将待测液体吸至 G 球的一半左右，移开洗耳球，再放开 C 管乳胶管上的夹子，使 D 球通大气。当 B 管中液体流至 a 刻度线时，用秒表开始计时，流至 b 刻度线时，停止计时。重复测定三次，每次相差不超过 0.2s，取平均值。

(5)测定溶液流出时间 t。取出黏度计，倒出溶剂水。用待测溶液(经砂芯漏斗过滤)润洗黏度计数次，同实验步骤(4)测定溶液的流经时间。

按上述方法从稀到浓依次测定 5 个溶液的流出时间。

(6)实验结束后，将溶液倒入回收瓶内，用水仔细冲洗黏度计三次，最后用水充满，浸泡，备用。

注意事项

黏度计必须洁净，如毛细管壁上挂有水珠，需用洗液浸泡(洗液经 2#砂芯漏斗过滤除去微粒杂质)。洗涤、润洗黏度计时，要用洗耳球反复吸、压 B 管毛细管。测定时黏度计要垂直放置，否则影响结果的准确性。

结果与讨论

(1) 计算各浓度 c 时的 η_r 和 η_{sp}。

(2) 以 $\ln\eta_r/c$ 和 η_{sp}/c 分别对 c 作图，并作线性外推求得截距，即得$[\eta]$。

(3) 计算聚乙二醇的黏均相对分子质量。

(4) 如测定 35℃的聚乙二醇(以水作溶剂)，可采用下式计算平均相对分子质量：

$$[\eta]=0.140(1+0.004M^{1/2})(3.5+M^{1/2})$$

思考题

(1) 乌氏黏度计中的支管 C 的作用是什么?能否去除 C 管改为双管黏度计使用?为什么?

(2) 倒入黏度计中的待测液体是否需要准确量取？为什么？

(3) 黏度计毛细管的粗细对实验有什么影响?

(4) 黏度法测定聚合物的相对分子质量有什么局限性?该法适用的聚合物质量范围大致是多少?

(5) 列出影响本实验测定准确度的因素。

参考文献

北京大学化学学院物理化学实验教学组. 2002. 物理化学实验. 4 版. 北京：北京大学出版社

复旦大学，等. 2004. 物理化学实验. 3 版. 北京：高等教育出版社

孙尔康，徐维清，邱金恒. 1999. 物理化学实验. 南京：南京大学出版社

(雷群芳)

实验 53 偶极矩的测定

实验导读

从偶极矩的数据可以了解分子的对称性，判别其几何异构体和分子的主体结构等。偶极矩一般通过测定介电常数、密度、折射率和浓度求算。对介电常数的测定除电桥法外，其他主要还有拍频法和谐振法等，对于气体和电导很小的液体以拍频法为好，有相当电导的液体用谐振法较为合适，对于有一定电导但不大的液体用电桥法较为理想。虽然电桥法不如拍频法和谐振法精确，但设备简单，价格便宜。测定偶极矩的方法除由对介电常数等的测定求算外，还有分子射线法、分子光谱法、温度法及利用微波谱的斯塔克效应等。应当注意，溶液法和气相法测得的溶质偶极矩之间存在偏差，这种偏差现象主要是由于在溶液中存在溶质分子与溶剂分子间的溶剂效应。

实验目的

(1) 用电桥法测定极性物质在非极性溶剂中的介电常数和分子偶极矩。

(2) 了解溶液法测定偶极矩的原理、方法和计算，并了解偶极矩与分子电性质的关系。

实验原理

1. 偶极矩与极化度

分子呈电中性，但由于空间构型不同，正、负电荷中心可重合也可不重合，前者称为非

极性分子，后者称为极性分子，分子极性大小常用偶极矩μ度量，其定义为

$$\mu = qd \tag{2.125}$$

式中：q为正、负电荷中心所带的电荷量；d为正、负电荷中心间距离；μ为向量，其方向规定为从正到负，因为分子中原子间距离的数量级为10^{-10}m，电荷数量级为10^{-20}C，所以偶极矩的数量级为10^{-30}C · m。但目前文献资料中仍习惯用高斯制的Debye(deb)作为偶极矩单位，1deb=10^{-18}静电单位 · 厘米=3.335641×10^{-30}C · m。

极性分子具有永久偶极矩，在没有外电场存在时，由于分子热运动，偶极矩指向各方向机会均等，故其偶极矩统计值为零。若将极性分子置于均匀的外电场中，分子沿电场方向做定向排列，同时分子中的电子云对分子骨架发生相对移动，分子骨架也变形，这称为分子极化，极化的程度可由摩尔极化度(P)衡量。因转向而极化称为摩尔转向极化度($P_{转向}$)，因分子骨架变形而极化称为摩尔原子极化度($P_{原子}$)，因电子云对分子骨架发生相对移动而极化称为摩尔电子极化度($P_{电子}$)。摩尔原子极化度和摩尔电子极化度又统称为摩尔变形极化度($P_{变形}$)或摩尔诱导极化度($P_{诱导}$)，即

$$P=P_{转向}+P_{变形}=P_{转向}+(P_{电子}+P_{原子}) \tag{2.126}$$

永久偶极矩仅与$P_{转向}$有关，其关系为

$$P_{转向}=\frac{4}{9}\pi L\frac{\mu^2}{k_BT} \tag{2.127}$$

式中：k_B为玻尔兹曼常量；L为阿伏伽德罗常量。

外电场若是交变电场，则极性分子的极化与交变电场的频率有关。在电场频率小于$10^{10}s^{-1}$的低频电场或静电场下，极性分子产生的摩尔极化度为转向极化度与变形极化度之和。若在电场频率为$10^{12}\sim10^{14}s^{-1}$的中频电场下(红外光区)，因为电场交变周期小于偶极矩的松弛时间，极性分子的转向运动跟不上电场变化，即极性分子无法沿电场方向定向，即$P_{转向}=0$，此时分子的摩尔极化度$P=P_{电子}+P_{原子}$。当交变电场的频率大于$10^{15}s^{-1}$(可见光和紫外光区)，极性分子的转向运动和分子骨架变形都跟不上电场的变化时，$P=P_{电子}$，所以如果分别在低频和中频的电场下测出分子的摩尔极化度，并把这两者相减，即为极性分子的摩尔转向极化度$P_{转向}$，然后代入式(2.127)，即可算出其永久偶极矩μ。

因为$P_{原子}$只占$P_{变形}$的5%～15%，而实验时由于条件的限制，一般总是用高频电场代替中频电场，所以通常近似地把高频电场下测得的摩尔极化度当作摩尔变形极化度，即

$$P=P_{电子}=P_{变形}$$

2. 极化度的测定和偶极矩计算

1) 总极化度的测定

对于分子间无相互作用的系统，Clausius-Mosotti-Debye从电磁理论推得摩尔极化度与介电常数ε之间的关系为

$$P=\frac{\varepsilon-1}{\varepsilon+2}\times\frac{M}{\rho} \tag{2.128}$$

式中：M为摩尔质量；ρ为密度。

因式(2.128)是假定分子与分子间无相互作用而推导出的，所以它只适用于温度不太低的

气相系统。然而，测定气相介电常数和密度在实验上困难较大，对于某些物质，气态根本无法获得，于是就提出了溶液法，即把欲测偶极矩的分子溶于非极性溶剂中进行。但在溶液中存在溶质分子间、溶剂与溶质分子间及溶剂分子间相互作用。若测得不同浓度溶液中溶质的摩尔极化度并外推至无限稀释，可以消除溶质分子间相互作用，这时溶质所处的状态就与气相时相近。但不可避免仍然存在溶剂与溶质分子间及溶剂分子间相互作用，称为溶剂效应，得到的偶极矩与气相法也有一定偏差，但并不大，在文献上会给出标注。

Hedestran 利用稀溶液中近似公式(也是实验事实)

$$\varepsilon=\varepsilon_1(1+\alpha x_2) \tag{2.129}$$

$$\rho=\rho_1(1+\beta x_2) \tag{2.130}$$

代入式(2.128)，求取极限，导出无限稀释时溶质摩尔极化度的公式

$$P=P_2^{\infty}=\lim_{x_2\to 0}P_2=\frac{3\alpha\varepsilon_1}{(\varepsilon_1+2)^2}\cdot\frac{M_1}{\rho_1}+\frac{\varepsilon_1-1}{\varepsilon_1+2}\cdot\frac{M_2-\beta M_1}{\rho_1} \tag{2.131}$$

式中：ε_1、M_1 和 ρ_1 分别为溶剂的介电常数、摩尔质量和密度；M_2 和 x_2 分别为溶质的摩尔质量和溶液中溶质的摩尔分数；α、β 为常数；ε 和 ρ 分别为溶液的介电常数和密度。

因此，测定不同浓度(x_2)溶液的 ε、ρ，按式(2.129)、式(2.130)作图，分别求得 α、β 常数，再测量纯溶剂的 ε_1、ρ_1，代入式(2.131)就可求出溶质在无限稀释时的摩尔极化度 P_2^{∞}，此值可看作式(2.128)中总摩尔极化度 P。

2)摩尔电子极化度的测定

根据光的电磁理论，在同一频率的高频电场作用下，透明物质的介电常数 ε 与折射率 n 的关系为

$$\varepsilon=n^2 \tag{2.132}$$

常用摩尔折射度 R_2 表示高频区测得的极化度，式(2.128)表示为

$$R_2=P_{\text{电子}}=\frac{n^2-1}{n^2+2}\cdot\frac{M}{\rho} \tag{2.133}$$

此时，$P_{\text{转向}}=0$，$P_{\text{原子}}=0$。

同样，在稀溶液中有近似公式

$$n=n_1(1+\gamma x_2) \tag{2.134}$$

结合式(2.133)、式(2.134)类似可导出无限稀释时溶质的摩尔折射度公式

$$R_2^{\infty}=\lim_{x_2\to 0}R_2=\frac{6n_1^2M_1\gamma}{(n_1^2+2)^2\rho_1}+\frac{n_1^2-1}{n_1^2+2}\cdot\frac{M_2-\beta M_1}{\rho_1} \tag{2.135}$$

式中：n_1 为溶剂的折射率；n 为溶液的折射率；γ 为常数，可由式(2.134)作图求出。

无限稀释时溶质的摩尔折射度 R_2^{∞} 即为摩尔电子极化度，近似表示摩尔变形极化度。

3)偶极矩的计算

根据式(2.127)

$$P_{\text{转向}}=P_2^{\infty}-R_2^{\infty}=\frac{4}{9}\pi L\frac{\mu^2}{k_{\mathrm{B}}T} \tag{2.136}$$

$$\mu / \text{deb} = \frac{3}{2}\sqrt{\frac{k_B}{\pi L}}\sqrt{(P_2^{\infty} - R_2^{\infty})T} \times 10^{18} = 0.0128\sqrt{(P_2^{\infty} - R_2^{\infty})T} \tag{2.137}$$

式中：极化度和温度的单位分别为 $cm^3 \cdot mol^{-1}$ 和 K。值得注意的是，式(2.137)是高斯制下的公式，转换为国际单位制时，极化度需除以静电常数 $1/4\pi\varepsilon_0$

$$\mu / (\text{C} \cdot \text{m}) = 3\sqrt{\frac{\varepsilon_0 k_B}{L}}\sqrt{(P_2^{\infty} - R_2^{\infty})T} = 0.04274 \times 10^{-30}\sqrt{(P_2^{\infty} - R_2^{\infty})T} \tag{2.138}$$

3. 介电常数的测定

介电常数通过测定电容计算得到，本实验用电桥法小电容测量仪测定电容。按定义

$$\varepsilon = C / C_0 \tag{2.139}$$

式中：C_0 为电容器两极板间处于真空的电容量；C 为充以电介质时的电容量。由于小电容测量仪测定电容时，读数 C'是电容池两极间的电容 C 和整个测试系统中的分布电容 C_d之和，即

$$C' = C + C_d \tag{2.140}$$

$$C_0' = C_0 + C_d \tag{2.141}$$

C_d对同一台仪器而言是一个定值，故实验时需先求出 C_d值，并在各次测量读数中扣除。C_d可通过测定一已知介电常数的标准物质求得。

仪器与试剂

仪器　精密小电容测定仪；25mL 密度瓶；阿贝折光仪；50mL 容量瓶；5mL 注射器；超级恒温槽；5mL 刻度移液管；滴管。

试剂　环已烷(A.R.)；乙酸乙酯(A.R.)。

安全警示

(1)仪器注意用电安全，不可触摸电源插口，有触电危险。

(2)环已烷、乙酸乙酯均为易燃挥发性液体，不可有明火，并注意通风。

实验步骤

1. 配制溶液

用感量 0.1mg 天平称量法配制摩尔分数 x_2 分别为 0.05，0.10，0.15，0.20，0.30 的乙酸乙酯溶液各 50mL。根据称得的质量计算溶液的准确浓度，操作时注意防止溶液的挥发和吸收极性较大的水汽(思考：溶质是什么？溶剂是什么？)。

2. 折射率的测定

调节超级恒温水浴于(25±0.1)℃，用阿贝折光仪测定环已烷及 5 个乙酸乙酯溶液的折射率。

3. 密度测定

取一洗净干燥的密度瓶先称空瓶质量，然后装满水，放入恒温水浴槽中恒温 10min，取出后擦干，称量。同法称 5 个乙酸乙酯溶液的质量，用式(2.142)计算

$$\rho_i = \frac{m_i - m_0}{m_{H_2O} - m_0} \cdot \rho_{H_2O} \tag{2.142}$$

式中：m_0为空瓶质量；m_{H_2O}为水的质量；m_i为溶液质量。ρ_i即为在t℃时溶液的密度。

4. 介电常数的测定

(1) C_d的测定。以环己烷为标准物质，其介电常数与温度的关系式为

$$\varepsilon = 2.052 - 1.55 \times 10^{-3} t \tag{2.143}$$

式中：t为测定时的温度，℃。

开启小电容测定仪工作电源，预热 10min，取下电容池连接线，置零。用洗耳球将电容池样品室吹干，并将电容池与电容测定仪连接线接上，待数显稳定后记下，此即空气或真空的电容读数C_0'。

用移液管量取 5mL 环己烷注入电容池样品池，合上盖子，至数显稳定后，记录环己烷的电容读数C'。然后用注射器抽干样品室内样品，再用洗耳球吹干样品室，至数显的数字与C_0'的值相等(<0.02PF)，否则需再吹。

(2) 按上述方法分别测量各浓度溶液的C'，每次测量后均需复测C_0'，以检验样品室是否还有残留样品。

注意事项

乙酸乙酯易挥发，配制溶液时动作应迅速，以免影响浓度。本实验溶液中防止含有水分，配制溶液的器具需干燥，溶液应透明不发生浑浊。测定电容时，应防止溶液的挥发及吸收空气中极性较大的水汽，影响测定值。电容池各部件的连接应注意绝缘。

结果与讨论

(1) 以各溶液的折射率对摩尔分数x_2作图，求出γ值。

(2) 计算出环己烷及各溶液的密度ρ，作ρ-x_2图，求出β值。

(3) 计算出各溶液的ε，作ε-x_2图，求出α值。

(4) 计算出偶极矩μ值。

思考题

(1) 准确测定溶质摩尔极化度和摩尔折射度时，为什么要外推至无限稀释？

(2) 试分析实验中引起误差的因素，如何减少误差？

(3) 实验证明，极化度与温度关系很小，但实验中需恒温测量，为什么？

(4) 根据什么原则选择溶剂？

(5) 偶极矩有哪些应用？

参考文献

北京大学化学学院物理化学实验教学组. 2002. 物理化学实验. 4 版. 北京：北京大学出版社

复旦大学，等. 2004. 物理化学实验. 3 版. 北京：高等教育出版社

孙尔康，徐维清，邱金恒. 1999. 物理化学实验. 南京：南京大学出版社

（雷群芳）

实验 54　配合物的磁化率测定

实验导读

用测定磁矩的方法可判别化合物是共价配合物还是电价配合物。共价配合物以中心离子的空价电子轨道接受配位体的孤对电子，以形成共价配价键，为了尽可能多成键，往往会发生电子重排，以腾出更多空的价电子轨道来容纳配位体的电子对。有机化合物绝大多数分子都是由反平行自旋电子配对而形成的价键，因此这些分子的总自旋矩也等于零，它们必然是反磁性的。帕斯卡(Pascal)分析了大量有机化合物的摩尔磁化率的数据，总结得到分子的摩尔反磁化率具有加和性。此结论可用于研究有机物分子结构。从磁性测量中还能得到一系列其他资料。例如，测定物质磁化率对温度和磁场强度的依赖性可以得到物质是顺磁性、反磁性或铁磁性的定性结果。对合金磁化率的测定可以得到合金组成，也可研究生物系统中血液的成分等。

实验目的

(1)掌握古依(Gouy)法测定磁化率的原理和方法。

(2)通过测定一些配合物的磁化率，求算未成对电子数并判断这些分子的配键类型。

实验原理

1. 磁化率

在外磁场作用下，物质被磁化产生一附加磁场。物质的磁感应强度为

$$\boldsymbol{B} = \boldsymbol{B}_0 + \boldsymbol{B}' = \mu_0\boldsymbol{H} + \boldsymbol{B}' \tag{2.144}$$

式中：$\boldsymbol{B}_0$为外磁场的磁感应强度；$\boldsymbol{B}'$为附加磁感应强度；$\boldsymbol{H}$为外磁场强度；μ_0为真空磁导率，其数值等于$4\pi\times10^{-7}\,\mathrm{N\cdot A^{-2}}$。

物质的磁化可用磁化强度M描述，M也是矢量，它与磁场强度成正比

$$M = \chi H \tag{2.145}$$

式中：χ为物质的体积磁化率。在化学上常用质量磁化率χ_m或摩尔磁化率χ_M表示物质的磁性质。

$$\chi_\mathrm{m} = \chi / \rho \tag{2.146}$$

$$\chi_\mathrm{M} = M\cdot\chi_\mathrm{m} = \chi M / \rho \tag{2.147}$$

式中：ρ和M分别为物质的密度和摩尔质量。

2. 分子磁矩与磁化率

物质的磁性与组成物质的原子、离子或分子的微观结构有关，当原子、离子或分子的两个自旋状态电子数不相等，即有未成对电子时，物质就具有永久磁矩。由于热运动，永久磁矩指向各个方向的机会相同，所以该磁矩的统计值等于零。在外磁场作用下，具有永久磁矩的原子、离子或分子顺着外磁场的方向排列。除其永久磁矩(其磁化方向与外磁场相同，磁化强度与外磁场强度成正比)表现为顺磁性外，还由于它内部的电子轨道运动有感应的磁矩，其

方向与外磁场相反，表现为反磁性，此类物质的摩尔磁化率χ_M是摩尔顺磁化率$\chi_{顺}$和摩尔反磁化率$\chi_{反}$之和，即

$$\chi_M=\chi_{顺}+\chi_{反} \tag{2.148}$$

对于顺磁性物质，$\chi_{顺}\gg|\chi_{反}|$，可作近似处理，$\chi_M=\chi_{顺}$。对于反磁性物质，则只有$\chi_{反}$，所以它的$\chi_M=\chi_{反}$。

第三种情况是物质被磁化的强度与外磁场强度不存在正比关系，而是随着外磁场强度的增加而剧烈增加，当外磁场消失后，它们的附加磁场并不立即随之消失，这种物质称为铁磁性物质。

磁化率是物质的宏观性质，分子磁矩是物质的微观性质，用统计力学的方法可以得到摩尔顺磁化率$\chi_{顺}$和分子永久磁矩之间的关系

$$\chi_{顺}=\frac{L\mu_m^2\mu_0}{3k_BT}=\frac{C}{T} \tag{2.149}$$

式中：L为阿伏伽德罗常量；k_B为玻尔兹曼常量；T为热力学温度。

物质的摩尔顺磁化率与热力学温度成反比这一关系称为居里定律，是居里(Curie)首先在实验中发现的，C为居里常数。

物质的永久磁矩μ_m与它所含有的未成对电子数n的关系为

$$\mu_m=\mu_B\sqrt{n(n+2)} \tag{2.150}$$

式中：μ_B为玻尔磁子，其物理意义是单个自由电子自旋所产生的磁矩。

$$\mu_B=\frac{eh}{4\pi m_e}=9.274\times10^{-24}\,J\cdot T^{-1} \tag{2.151}$$

式中：h为普朗克常量；m_e为电子质量。

因此，只要实验测得χ_M，即可求出μ_m，算出未成对电子数。这对于研究某些原子或离子的电子组态，以及判断配合物分子的配键类型是很有意义的。

3. 磁化率的测定

将装有样品的圆柱形玻管悬挂在两磁极中间，使样品底部处于两磁极的中心(可参见3.1.7小节)，亦即磁场强度最强区域，样品的顶部则位于磁场强度最弱，甚至为零的区域。这样，样品就处于一不均匀的磁场中，设样品的截面积为A，样品管的长度方向为dS的体积，AdS在非均匀磁场中所受到的作用力dF为

$$dF=\chi\mu_0HAdS\frac{dH}{dS} \tag{2.152}$$

式中：$\frac{dH}{dS}$为磁场强度梯度，对于顺磁性物质的作用力，指向场强度最大的方向，反磁性物质则指向场强度弱的方向，当不考虑样品周围介质(如空气，其磁化率很小)和H_0的影响时，整个样品所受的力为

$$F=\int_{H=H}^{H_0=0}\chi\mu_0HAdS\frac{dH}{dS}=\frac{1}{2}\chi\mu_0H^2A \tag{2.153}$$

当样品受到磁场作用力时，天平的另一臂加减砝码使其平衡，设Δm为施加磁场前后的质量差，则

$$F=\frac{1}{2}\chi\mu_0 H^2 A=g\Delta m \tag{2.154}$$

由于 $\chi=\chi_m\rho$，$\rho=m/(hA)$，代入式(2.154)整理得

$$\chi_m=\frac{2hg\Delta m\cdot M}{\mu_0 m H^2} \tag{2.155}$$

式中：h 为样品高度；m 为样品质量；M 为样品摩尔质量；ρ为样品密度；μ_0 为真空磁导率，$\mu_0=4\pi\times10^{-7}\,L\cdot A^{-2}$。

磁场强度 H 可用特斯拉计测量，或用已知磁化率的标准物质进行间接测量。例如，用莫尔盐[$(NH_4)_2SO_4\cdot FeSO_4\cdot 6H_2O$]，已知莫尔盐的 χ_m 与热力学温度 T 的关系式为

$$\chi_m/(m^3\cdot kg^{-1})=\frac{9500}{T+1}\times4\pi\times10^{-9} \tag{2.156}$$

仪器与试剂

仪器　古依磁天平；特斯拉计；样品管。

试剂　$(NH_4)_2SO_4\cdot FeSO_4\cdot 6H_2O$；$FeSO_4\cdot 7H_2O$；$K_4Fe(CN)_6\cdot 3H_2O$；$K_3Fe(CN)_6$(均为分析纯)。

实验步骤

(1)将特斯拉计的探头放入磁铁的中心架中，套上保护套，调节特斯拉计的数字显示为零。

(2)除下保护套，把探头平面垂直置于磁场两极中心，打开电源，调节“调压旋钮”，使电流增大至特斯拉计上显示约“0.3T”，调节探头上下、左右位置，观察数字显示值，把探头位置调节至显示值为最大的位置，此乃探头最佳位置。用探头沿此位置的垂直线测定离磁铁中心多高处 H_0=0，这也就是样品管内应装样品的高度。关闭电源前，应调节调压旋钮使特斯拉计数字显示为零。

(3)用莫尔盐标定磁场强度。取一支清洁、干燥的空样品管悬挂在磁天平的挂钩上，使样品管正好与磁极中心线齐平(样品管不可与磁极接触，并与探头有合适的距离)。准确称取空样品管质量(H=0)时，得 $m_1(H_0)$；调节旋钮，使特斯拉计数显为“0.300T”(H_1)，迅速称量，得 $m_1(H_1)$，逐渐增大电流，使特斯拉计数显为“0.350T”(H_2)，称量得 $m_1(H_2)$，然后略微增大电流，接着退至(0.350T)H_2，称量得 $m_2(H_2)$，将电流降至数显为“0.300T”(H_1)时，再称量得 $m_2(H_1)$，再缓慢降至数显为“0.000T”(H_0)，又称取空管质量得 $m_2(H_0)$。这样调节电流由小到大，再由大到小的测定方法是为了抵消实验时磁场剩磁现象的影响。

$$\Delta m_{空管}(H_1)=\frac{1}{2}[\Delta m_1(H_1)+\Delta m_2(H_1)]$$

$$\Delta m_{空管}(H_2)=\frac{1}{2}[\Delta m_1(H_2)+\Delta m_2(H_2)]$$

其中

$$\Delta m_1(H_1)=m_1(H_1)-m_1(H_0)\qquad \Delta m_2(H_1)=m_2(H_1)-m_2(H_0)$$

$$\Delta m_1(H_2)=m_1(H_2)-m_1(H_0)\qquad \Delta m_2(H_2)=m_2(H_2)-m_2(H_0)$$

(4)取下样品管，用小漏斗装入事先研细并干燥过的莫尔盐，并不断让样品管底部在软垫

上轻轻碰击，使样品均匀填实，直至所要求的高度(用尺准确测量)，按前述方法将装有莫尔盐的样品管置于磁天平上称量，重复称空管时的步骤，得 $m_{1\,空管+样品}(H_0)$，$m_{1\,空管+样品}(H_1)$，$m_{1\,空管+样品}(H_2)$，$m_{2\,空管+样品}(H_2)$，$m_{2\,空管+样品}(H_1)$，$m_{2\,空管+样品}(H_0)$。求出 $\Delta m_{空管+样品}(H_1)$ 和 $\Delta m_{空管+样品}(H_2)$。

(5)在同一样品管中，同法分别测定 $FeSO_4 \cdot 7H_2O$、$K_4Fe(CN)_6 \cdot 3H_2O$ 的 $\Delta m_{空管+样品}(H_1)$ 和 $\Delta m_{空管+样品}(H_2)$。

测定后的样品均要倒回试剂瓶，可重复使用。

注意事项

所测样品应事先研细，放在装有浓硫酸的干燥器中干燥。空样品管需干燥洁净。装样时应使样品均匀填实。称量时，样品管应正好处于两磁极之间，其底部与磁极中心线齐平。悬挂样品管的悬线勿与任何物件相接触。样品倒回试剂瓶时，注意瓶上所贴标志，切忌倒错瓶子。

结果与讨论

(1)由莫尔盐的单位质量磁化率和实验数据计算磁场强度值。

(2)计算 $FeSO_4 \cdot 7H_2O$、$K_3Fe(CN)_6$ 和 $K_4Fe(CN)_6 \cdot 3H_2O$ 的 χ_M、μ_m 和未成对电子数。

(3)根据未成对电子数讨论 $FeSO_4 \cdot 7H_2O$ 和 $K_4Fe(CN)_6 \cdot 3H_2O$ 中 Fe^{2+} 的最外层电子结构及由此构成的配键类型。

思考题

(1)不同励磁电流下测得的样品摩尔磁化率是否相同?

(2)用古依磁天平测定磁化率的精密度与哪些因素有关?

(3)磁化率与物质结构有怎样关系?

参考文献

北京大学化学学院物理化学实验教学组. 2002. 物理化学实验. 4 版. 北京：北京大学出版社

复旦大学，等. 1993. 物理化学实验. 2 版. 北京：高等教育出版社

孙尔康，徐维清，邱金恒. 1999. 物理化学实验. 南京：南京大学出版社

(雷群芳)

实验 55 B-Z 化学振荡反应

实验导读

化学振荡是一种宏观层次的时空有序结构，其稳定存在的前提是：系统敞开且远离平衡。普里高津将那些在敞开和远离平衡的条件下，通过能量耗散和内部的非线性动力学机制形成并得以维持的宏观有序结构称为耗散结构。化学振荡就是一种耗散结构。化学振荡反应由于其丰富的谱图信息及作为一种探索生命系统内周期性现象的重要途径而备受关注，其中研究最多和较为深入的是 B-Z 振荡反应及 FKN 机理。

自 20 世纪 50 年代以来，化学振荡的应用日益广泛，其中在分析化学中应用较多。当系

统中存在浓度振荡时，其振荡频率与催化剂浓度间存在依赖关系，据此可测定作为催化剂的某些金属离子的浓度。应用化学振荡还可以测定阻抑剂，当向系统中加入能有效结合振荡反应中的一种或几种关键物质的化合物时，可以观察到振荡系统的各种异常行为，如振荡停止，在一定时间内抑制振荡的出现，改变振荡特征(频率、振幅、形式等)，而其中某些参数与阻抑剂浓度间存在线性关系，据此可测定各种阻抑剂。在化学振荡基础上发展起来的电化学振荡更广泛地用于仿生学、临床医学等理论研究和应用实践。人们根据生物膜或人工膜对某些分子(乙醇、糖类、胺等)具有独特的电势振荡特征模拟味觉、嗅觉的生物过程，作为识别分子的信号模仿味觉和嗅觉器官，在食品检测与控制、环境保护等领域具有广阔的应用前景；脑电波、心电图(电势差振荡)等也在临床诊断和病理研究中获得应用；在生物信息传递方面，根据动物大脑的电势振荡方式对外界刺激所产生的响应建立神经动力学模型，研究生物神经活动过程，探索人们对动物及人的大脑活动的认识之谜，从而进一步为人类服务。

实验目的

(1)了解 B-Z 反应的基本原理，掌握研究化学振荡反应的一般方法。

(2)测定振荡反应的诱导期和振荡周期，并求有关反应的表观活化能。

实验原理

最受人们重视并且被广泛深入研究的化学振荡反应是 Belousov-Zhabotinsky(B-Z)反应。B-Z 系统是由溴酸盐、有机物在酸性介质中，在有(或无)金属离子催化剂催化下构成的系统，由苏联化学家 Belousov 于 1958 年发现，后经 Zhabotinsky 深入研究而得名。对于以 B-Z 反应为代表的化学振荡现象，目前普遍认同的是 FKN 机理，反应主要过程如下。

(1) Ce^{4+}的还原过程

$$BrO_3^- + Br^- + 2H^+ \longrightarrow HBrO_2 + HBrO \tag{2.157}$$

$$HBrO + Br^- + H^+ \longrightarrow Br_2 + H_2O \tag{2.158}$$

$$HBrO_2 + Br^- + H^+ \longrightarrow 2HOBr \tag{2.159}$$

$$2HBrO_2 \longrightarrow BrO_3^- + HOBr + H^+ \tag{2.160}$$

$$CH_2(COOH)_2 + Br_2 \longrightarrow CHBr(COOH)_2 + Br^- + H^+ \tag{2.161}$$

$$6Ce^{4+} + CH_2(COOH)_2 + 2H_2O \longrightarrow 6Ce^{3+} + HCOOH + 2CO_2 + 6H^+ \tag{2.162}$$

$$4Ce^{4+} + CHBr(COOH)_2 + 2H_2O \longrightarrow 4Ce^{3+} + HCOOH + 2CO_2 + 5H^+ + Br^- \tag{2.163}$$

(2) Ce^{3+}的氧化过程

$$H^+ + BrO_3^- + HBrO_2 \longrightarrow 2BrO_2\cdot + H_2O \tag{2.164}$$

$$H^+ + Ce^{3+} + \cdot BrO_2 \longrightarrow Ce^{4+} + HBrO_2 \tag{2.165}$$

反应式(2.157)～反应式(2.159)产生游离溴分子，溴分子在反应式(2.161)中使丙二酸溴化，溴代丙二酸在反应式(2.163)中使 Ce^{4+}还原成 Ce^{3+}，反应式(2.161)与反应式(2.163)使 Br^-浓度增大，从而使反应式(2.157)～反应式(2.159)正向进行，这又导致 Br^-浓度下降。当 Br^-浓度非常低时，发生反应式(2.164)和反应式(2.165)，自由基 $BrO_2\cdot$ 使 Ce^{3+}氧化到 Ce^{4+}，Ce^{4+}

浓度的积累[反应式(2.164)和反应式(2.165)]与 Br^-浓度的积累同步发生，当系统中 Br^-浓度达到一临界值时，反应式(2.164)停止，反应式(2.159)发生，产生振荡现象。

仪器与试剂

仪器 超级恒温槽；FJ-3001 型实验监控仪；计算机；夹套反应器；电磁搅拌器；铂电极；溴离子选择性电极；双液接饱和甘汞电极。

试剂 0.128mol · L^{-1} 丙二酸；3.2mol · L^{-1} 硫酸；0.252mol · L^{-1} 溴酸钾；0.01mol · L^{-1} 硝酸铈铵。

实验步骤

(1) 连接振荡反应装置。

(2) 依次打开实验监控仪、计算机，启动程序，在“项目管理”中的菜单中选择打开“振荡反应”。选择“测量”，在“输入控制”的标签页中打开“温控开关”，然后在“温度控制”的模拟量输出框内输入所需的温度，并“输出”，然后打开恒温槽，开始恒温。

(3) 分别取 25mL 上述浓度的丙二酸、硫酸、溴酸钾、硝酸铈铵溶液放于试管中，然后置于恒温槽中恒温。

(4) 在“周期采样”的标签页中，设定采样周期为 1s，采样时间为 50min，在“同时测定参数”复选框中选中需要测定的参数。

(5) 待恒温后，将丙二酸、硫酸、溴酸钾溶液依次加入反应器中，打开搅拌器，按下“周期采样”的标签页中的“开始采样”按钮，计时，系统运行后，把硝酸铈铵溶液加入反应器中。

(6) 切换到“动态曲线”的标签页，计算机自动绘制动态曲线。记录 t=0 到出现转折曲线的时间 $t_{诱}$。待出现 3～4 个峰时，读出两个峰顶间隔的时间 $t_{振}$，由几个峰顶间隔求出平均值。

(7) 待完成一个温度曲线后，按下“周期采样”中的“停止采样”，重新设置温度，重复实验步骤(3)～(7)。

注意事项

本实验中各组分的混合顺序对系统的振荡行为有影响，因此实验中应固定混合顺序，先加入丙二酸、硫酸、溴酸钾，系统运行后，再加入硝酸铈铵。振荡周期除受温度影响外，还可能与各反应物的浓度有关。

结果与讨论

(1) 观察并记录实验中溶液颜色的变化。

(2) 以 $\ln\dfrac{1}{t_{振}}$ 对 $1/T$ 作图，由斜率$=-E_a/R$ 求出 FKN 机理中反应式(2.162)和反应式(2.163)的表观活化能。

思考题

(1) 为什么 B-Z 振荡反应有诱导期？反应何时进入振荡期？

(2) 系统中哪一步反应对振荡行为最为关键？为什么？

(3) 其他卤素离子，如 Cl^-、I^-都很容易与 $HBrO_2$ 反应，如果在振荡反应的开始或中间加入这些离子，将会出现什么情况？试用 FKN 机理加以分析。

参考文献

胡英. 2003. 物理化学参考. 北京：高等教育出版社
李如生. 1986. 非平衡态热力学和耗散结构. 北京：清华大学出版社
殷学锋. 2002. 新编大学化学实验. 北京：高等教育出版社
Goldbeter A. 1996. Biochemical Oscillations and Cellular Rhythms：The Molecular Bases of Periodic and Chaotic Behavior. Cambridge: Cambridge University Press

（王国平）

2.3 拓展性实验

实验 56 汽油中 BTX 含量的 GC-MS 法测定

实验导读

汽油的辛烷值是表述汽油抗爆性的指标。为了改善发动机的动力性和经济性，石化行业采取了多种方法提高汽油的辛烷值，如添加含铅、锰抗爆剂，提高烯烃、芳烃含量，添加含氧化合物如甲基叔丁基醚(MTBE)，提高异构烷烃含量等。随着铅、锰抗爆剂的淘汰，添加芳烃成为提高辛烷值最方便和廉价的方法。

汽油中的芳烃主要是含有一个苯环的分子，如苯(B)、甲苯(T)、混合二甲苯(X)、混合多取代苯等，大部分是致癌物质，而且芳烃的碳比例较大、燃烧温度较高，燃烧后的可吸入颗粒物多，导致汽车发动机多个部位沉积物增加，NO_x、HC 污染物排放量增大。降低芳烃比例是目前全球改进方向，欧洲国家执行的欧Ⅴ标准要求芳烃含量不得高于 35%，苯含量不得高于 1%。

实验目的

(1) 掌握气相色谱质谱联用仪的基本构成及基本操作。
(2) 掌握 EI 源、四极杆质量分析器的基本原理。
(3) 掌握质谱图、特征离子、TIC、RIC 的意义及其应用。
(4) 掌握气相色谱-质谱中同位素体为内标物的定量分析法。

实验原理

汽油中的化学成分多达数百个，要将它们进行完全色谱分离非常困难，芳烃组分包含在众多的烷烃、烯烃、环烷烃及其异构体中，通常的 GC-FID 无法准确定量。GC-MS 不仅能够实现 GC 的分离，还能通过 EI 质谱图中特征离子的筛选，得到高信噪比的质量色谱图(mass chromatogram, MC)、混合离子流色谱图(mixed ion chromatogram, MIC)或重建离子流色谱图(reconstructed ion chromatogram, RIC)，实现准确定量。例如，MTBE 的特征离子 m/z 73，苯 m/z 78，甲苯、二甲苯 m/z 91，萘 m/z 128，在烷烃、烯烃、环烷烃中均不含有，是定量分析的最佳选择。

目标定量组分的同位素体与定量组分具有非常相近的色谱保留时间，也具有相同的离子化能力和机理，所不同的只是特征离子，是 GC-MS 定量分析最理想的内标物。例如，甲苯-d8 的特征离子是 *m/z* 98，与甲苯的特征离子 *m/z* 91 有显著的差别，可以通过质量色谱图中各自的峰面积进行内标法定量。

仪器与试剂

仪器 GC-MS QP2010SE；色谱柱：Rxi-5sil MS，30m×0.25mm×0.25μm；100μL、1000μL 移液枪。

试剂 无水甲醇(A.R.)；国Ⅳ汽油 92 号；内标储备液(1g 甲苯-d8 用无水甲醇定容至 10mL)；混标储备液(0.5g MTBE、0.1g 苯、1g 甲苯、1g 混合二甲苯、0.1g 萘用无水甲醇定容至 10mL)。

安全警示

(1)注意电器使用安全(见实验 2)。

(2)务必记住开机前先开气(载气：氦气)，最后关气。

(3)氦气钢瓶使用注意事项(同氮气钢瓶的使用方法及注意事项，见实验 13)。

实验步骤

1.溶液的配制

标准溶液 A：取内标储备液 200μL、混标储备液 100μL 于 10mL 容量瓶，用无水甲醇定容。

标准溶液 B：取内标储备液 200μL、混标储备液 200μL 于 10mL 容量瓶，用无水甲醇定容。

标准溶液 C：取内标储备液 200μL、混标储备液 300μL 于 10mL 容量瓶，用无水甲醇定容。

标准溶液 D：取内标储备液 200μL、混标储备液 400μL 于 10mL 容量瓶，用无水甲醇定容。

样品溶液：取内标储备液 200μL、国Ⅳ汽油 92 号 200μL 于 10mL 容量瓶，用无水甲醇定容。

2. 仪器配置及条件设定

自动进样器 AOC-20i，6 位，进样前样品洗 5 次，进样后溶剂洗 5 次。

气相色谱 GC2010Plus，进样口 240℃，He 恒流 0.7mL · min^{-1}，分流比 50。

柱温 40℃，5min→5℃/min→100℃→30℃/min→250℃，5min。

质谱 QP2010SE，离子源 200℃，接口 250℃，溶剂延时 2min，质量范围 *m/z* 35～400。

3. 样品信息输入

输入样品名、样品 ID、文件名、样品在自动进样器中的位置、进样量、重复次数、调谐文件。

4. 方法文件发送、进样

Acquisition→Download Initial Parameters，系统 Ready 后按左侧的 Download，自动进样。

5. 数据处理

Qualitative→Open Data File→Fragment Table→输入特征离子→得到质量色谱图；各峰质量色谱图→扣背景→谱库检索→组分确认。

峰面积积分，Qualitative→Peak Integrate for All Displayed Chromatogram→左侧 Qualitative Table。

计算工作曲线：按四个标准溶液中各峰的峰面积与甲苯-d8 峰面积的比值对该组分的浓度作工作曲线，得到浓度与面积比的线性关系、相关性。

样品中组分浓度：将样品中各峰的峰面积与甲苯-d8 峰面积的比值代入上述方程，得到样品中各组分浓度，乘稀释倍数即是国Ⅳ汽油 92 号中苯、甲苯、混合二甲苯等浓度。

结果与讨论

(1) 结合 EI 源离子化机理，理解烷烃、烯烃、芳烃的质谱图特点。

(2) 按四个标准溶液中各峰的峰面积与甲苯-d8 峰面积的比值对该组分的浓度作工作曲线，得到浓度与面积比的线性关系、相关性。

(3) 计算国Ⅳ汽油 92 号中苯、甲苯、混合二甲苯等浓度。

思考题

(1) EI、NCI 分别有什么特点？能得到什么样的离子？为什么？

(2) 质谱的质量分析器为什么需要高真空环境？

(3) 四极杆质量分析器中扫描速度、质量范围分别代表什么？它们之间有什么关系？

参考资料

章虎，陈关喜，冯建跃. 2003. 93 号汽油样品组分的 GC-MS 分析. 分析测试学报，22(5): 56-59

SH/T 0693—2000. 汽油中芳烃含量测定法(气相色谱法)

(陈关喜)

实验 57　紫外分光光度法测定苯甲酸的解离常数

实验导读

分光光度法是从比色法发展而来，紫外分光光度法则是光度法在紫外光区的拓展，主要用于有不饱和键或共轭体系的有机化合物的检测，也可利用形成多元配合物间接检测无机化合物。除了常规的根据朗伯-比尔定律进行定量分析外，由于不同的官能团有其独特的吸收特性，故也可以进行简单的定性分析。利用光度法进行配合物的某些物理常数的检测既方便又有效，从 20 世纪 70 年代开始就已经有相当广泛的应用，同时也有了相应的理论研究。

实验目的

(1) 了解紫外分光光度计的基本原理、仪器结构和操作方法。

(2)掌握利用紫外分光光度法测定苯甲酸解离常数的原理和方法。

基本原理

光度法是测定大多数有机弱酸或弱碱的解离常数的常用方法，适用的条件是它们的酸式型和碱式型的吸收曲线不重叠。具体方法介绍如下。

现以一元弱酸 HL 为例，在溶液中有如下平衡关系：

$$HL \rightleftharpoons H^+ + L^-$$

$$pK_a = pH + \lg\frac{[HL]}{[L^-]} \tag{2.166}$$

从式(2.166)可知，只要在某一确定的 pH 下，知道[HL]与[L^-]的比值就可以计算 pK_a。HL 与 L^-互为共轭酸碱、它们的平衡浓度之和等于弱酸 HL 的分析浓度 c。只要两者都遵从朗伯-比尔定律，就可以通过测定溶液的吸光度求得[HL]和[L^-]的比值。具体做法是，配制 3 个浓度 c 相等而 pH 不同的 HL 溶液，在某一确定的波长下，用 1.0cm 吸收池测量各溶液的吸光度 A，并用 pH 计测量各溶液的 pH。各溶液的吸光度为

$$A = \varepsilon_{HL}[HL] + \varepsilon_{L^-}[L^-] = \varepsilon_{HL}\frac{[H^+]c}{K_a + [H^+]} + \varepsilon_{L^-}\frac{K_a c}{K_a + [H^+]} \tag{2.167}$$

$$c = [HL] + [L^-]$$

在高酸性介质中，可以认为溶液中该酸只以 HL 型体存在，仍在以上确定的波长下测定吸光度，则

$$A_{HL} = \varepsilon_{HL}[HL] \approx \varepsilon_{HL}c$$

$$\varepsilon_{HL} = \frac{A_{HL}}{c} \tag{2.168}$$

在碱性介质中，可认为该酸主要以 L^-型体存在，这时依然在以上波长下测量吸光度，则

$$A_{L^-} = \varepsilon_{L^-}[L^-] \approx \varepsilon_{L^-}c$$

$$\varepsilon_{L^-} = \frac{A_{L^-}}{c} \tag{2.169}$$

将式(2.168)、式(2.169)代入式(2.167)，整理后得

$$K_a = \frac{[H^+][L^-]}{[HL]} = \frac{A_{HL} - A}{A - A_{L^-}}[H^+]$$

$$pK_a = pH + \lg\frac{A - A_{L^-}}{A_{HL} - A} \tag{2.170}$$

这是用光度法测定一元弱酸解离常数的基本关系式。式中：A_{HL}、A_{L^-} 分别为在一定波长下弱酸定量地以 HL、L^-型体存在时溶液的吸光度；A 为某一确定 pH 时溶液的吸光度。上述各值均可由实验测定。将测定的数据代入式(2.170)就可算出 pK_a 值。对于 c 相同而在不同确定波长下测定 HL 溶液的吸光度，就可算出 pK_a 值，然后取其平均值。

苯甲酸在溶液中有如下电离平衡：

$$C_6H_5COOH + H_2O \rightleftharpoons C_6H_5COO^- + H_3O^+$$

其酸式与酸根阴离子具有不同的吸收特性，这样就可利用它在不同介质中的吸光度，通过式(2.170)计算出它们的解离常数。

仪器与试剂

仪器　紫外-可见分光光度计，配 1cm 石英比色皿；数字式 pH 计；50mL 容量瓶。

试剂　1×10^{-3}mol · L^{-1} 苯甲酸溶液，实验时在 3 个 50mL 容量瓶中各移取 5.0mL 苯甲酸溶液，然后分别用 0.1mol · L^{-1} H_2SO_4、0.1mol · L^{-1} NaOH 和水稀释至刻度。

安全警示

注意电器使用安全(见实验 2)。

实验步骤

(1) 吸收曲线的测定：依次取苯甲酸的 3 种溶液于比色皿中，以各自相应的溶剂为参比，在波长为 200～300nm 扫描得吸收曲线，并在 235～285nm 每隔 5nm 打印相应的吸光度值，记录各试样的吸收曲线上指定波长的吸光度数据。

(2) 用 pH 计测量 3 种溶液的 pH，并记录实验室温度。

结果与讨论

(1) 计算各指定波长下苯甲酸的解离常数及平均值，并将结果与文献值比较。

(2) 讨论试样的解离常数与溶剂的 pH 及温度的关系。

(3) 讨论在不同溶液中最大吸收波长的变化情况。

思考题

(1) 有机物结构与紫外吸收波长间关系如何?

(2) 紫外分光光度法适用于什么样品?

(3) 比较紫外分光光度计和可见分光光度计结构的异同点。

(4) 为什么实验中要求苯甲酸的浓度一致?

参考文献

北京大学化学系仪器分析教学组. 2007. 仪器分析教程. 2 版. 北京：北京大学出版社

方惠群，于俊生，史坚. 2002. 仪器分析. 北京：科学出版社

(张培敏)

实验 58　傅里叶变换红外光谱定量分析乙烯与乙酸乙烯酯二元共聚物薄膜中乙酸乙烯酯的含量

实验导读

红外光谱能对聚合物的化学性质，立体结构、构象、序态、取向等提供定性和定量的信息，在鉴定聚合物的各组分含量、主链结构、取代基位置、双键位置、侧链结构以及老化和降解机理的研究中得到广泛应用。近年来，傅里叶变换红外光谱(FTIR)仪发展迅速，已经成

为红外光谱分析的主要仪器。它具有能量输出大、信噪比高、波数精度高及扫描速率快等优点，用 FTIR 能观察到以前色散型红外光谱仪所不能察觉到的聚合物中细微的结构变化。同时，FTIR 可以把光谱以数据的形式储存到计算机，根据需要进行各种光谱计算，如差示光谱、微分、导数、去卷积、因子分析等，使高分子的红外光谱研究得以深入的发展。此外，FTIR 对各基团吸收峰面积的测量更加方便和准确，使得红外光谱应用于定量分析的精度有很大的提高。

实验目的

(1)了解傅里叶变换红外光谱仪的构造和常用附件，学习仪器的操作方法。

(2)掌握聚合物红外光谱分析的制样技术。

(3)学习红外光谱图的解谱方法。

实验原理

由于乙烯与乙酸乙烯酯共聚物中乙酸乙烯酯的 C—O 键在 $1020cm^{-1}$ 处有一特征吸收峰，可以根据该特征吸收峰对乙酸乙烯酯在共聚物中的含量进行定量分析。但是，根据朗伯-比尔定律，如果采用透射光谱，吸收峰的强弱还与样品薄膜的厚度有关，制样厚度不同时，吸收峰的绝对强度有变化。如果采用衰减全反射(ATR)光谱，红外光对不同薄膜样品的穿透深度有差异，即使是各样品中乙酸乙烯酯的含量相同，$1020cm^{-1}$ 处的吸收峰绝对强度也不同，所以用该吸收峰的绝对强度进行定量分析不太可靠。Koopmans 等采用吸收峰相对强度的方法，建立了共聚物中乙酸乙烯酯含量的测定方法。由于聚乙烯与聚乙酸乙烯酯中均有 C—H 键，聚合物中 C—H 键的红外吸收峰主要有 $2900cm^{-1}$ 左右处的伸缩振动吸收峰及 $720cm^{-1}$ 处的面外摇摆振动峰，其中 $720cm^{-1}$ 处的吸收峰更具特征性，因而可以将该峰作为参比峰。$1020cm^{-1}$ 处 C—O 键的吸收峰强度与 $720cm^{-1}$ 处 C—H 键的吸收强度的比值与乙酸乙烯酯在共聚物中的含量呈线性关系。根据这一关系，可以对乙烯/乙酸乙烯酯共聚物中的乙酸乙烯酯进行定量分析。

仪器与试剂

仪器　傅里叶变换红外光谱仪；ATR 附件。

试剂　乙酸乙烯酯的质量分数为 0.02～0.40 的乙烯/乙酸乙烯酯共聚物薄膜作为标准试样(也可用聚乙烯与聚乙酸乙烯酯共混后制膜代替，控制其中聚乙酸乙烯酯的含量)；乙酸乙烯酯含量未知的乙烯/乙酸乙烯酯共聚物薄膜试样。

安全警示

(1)注意电器使用安全(见实验 2)。

(2)红外灯温度较高，制样时防止烫伤。

实验步骤

(1)打开傅里叶变换红外光谱仪及相应的计算机工作软件，系统自检后，在样品仓内装上 ATR 附件，此时系统自动识别所用附件，工作参数设置好后，将薄膜试样置于 ATR 附件装置中的反射面上并压住薄膜。

(2) 以 4.0cm^{-1} 的分辨率对薄膜试样在 400～4000cm^{-1} 进行红外光谱扫描，并分别将所得谱图保存在计算机内。依次分析标准试样及未知试样，从相邻峰谷的基线计算峰高，将 1020cm^{-1} 处及 720cm^{-1} 处的吸收峰高比值的平均值与乙酸乙烯酸酯含量作线性回归分析，得到线性关系式。

(3) 根据未知试样中 1020cm^{-1} 处和 720cm^{-1} 处的吸收峰高比值可计算出其中乙酸乙烯酯的含量。图 2.66 为乙酸乙烯酯相对含量(质量分数)分别为 14%、18%、33%、40%所得的 FTIR 谱图示例。实验得到的薄膜试样 FTIR 谱图应与此图类似。实验试样可选测 3～7 种商品化乙烯/乙酸乙烯酯共聚物薄膜。

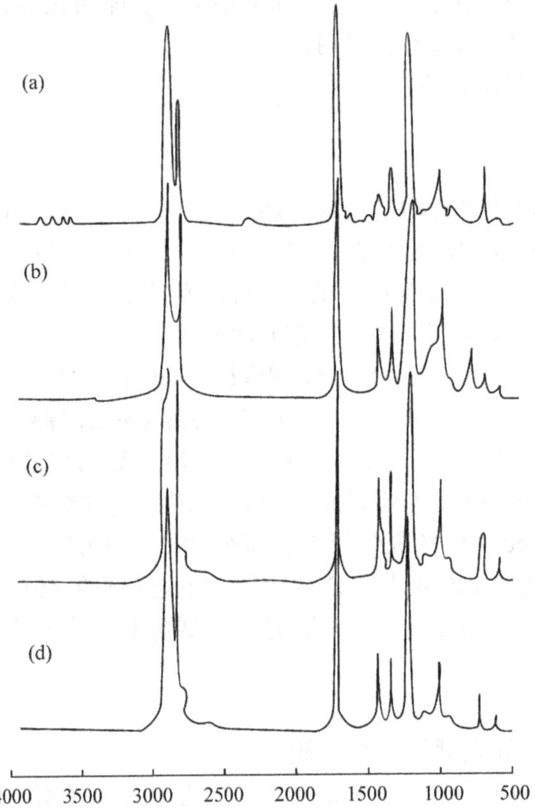

图 2.66　乙烯/乙酸乙烯酯共聚物薄膜的红外光谱图

(a) 40%；(b) 33%；(c) 18%；(d) 14%

结果与讨论

(1) 将实验数据填入表 2.52。

表 2.52　实验数据记录

薄膜中乙酸乙烯酯含量															
峰高比值 (1020cm^{-1}/720cm^{-1})															
平均值															

乙酸乙烯酯含量与峰高比值($1020cm^{-1}/720cm^{-1}$)的线性回归方程为________________；相关系数为________________。

(2)根据表 2.53 计算试样中乙酸乙烯酯含量。

表 2.53 薄膜试样中乙酸乙烯酯红外光谱分析数据

样品编号	1			2			3			4			5		
峰高比值($1020cm^{-1}/720cm^{-1}$)															
平均值															
乙酸乙烯酯含量															

思考题

(1)共聚物薄膜试样中乙酸乙烯酯含量过高，是否会对该组分的定量产生影响?

(2)如果采用透射光谱法，实验应如何进行?

(3)如果在乙烯/乙酸乙烯酯共聚物薄膜中含有其他成分，是否会对乙酸乙烯酯的定量产生干扰?

参考文献

廖兵，黄玉惠，陈鸣才，等. 1996. 傅立叶变换红外光谱法研究羧化聚苯醚和聚苯乙烯共混物的相分离行为. 高分子学报，1(2): 222-227

薛奇. 1995. 高分子结构研究中的光谱方法. 北京：高等教育出版社

(邬建敏 张培敏)

实验 59 原子吸收光谱分析中基体效应对金属元素原子吸收信号的影响

实验导读

原子吸收光谱分析是一种相对分析方法。通过对照标准物中已知含量的待测元素原子吸收信号和试样中待测元素的原子吸收信号，可以确定试样中待测元素的含量。待测元素的原子吸收信号大小取决于该元素在分析区域的基态原子数目，即受待测元素的原子化效率影响。原子化方法应保证待测元素能有效地被原子化，否则会影响测定的灵敏度。同时，还要求样品与参考物间各种性质一致，否则会影响分析结果的准确度。使用不适当的原子化手段和条件而导致待测元素的测定灵敏度降低，称为绝对型干扰。这种干扰对于样品和参考物的影响是相同的。如果是样品与参考物基体成分及物理性质不一致而导致对测定准确度的影响，称为相对型干扰。原子吸收光谱分析中，参考物一般选用待测元素的纯金属或纯化合物配制，除使用的溶剂和酸碱介质外，其他的共存成分简单，因而对待测元素的原子化效率影响较小。而样品则不同，其共存成分比较复杂，测定时影响原子化效率的因素较多。原子吸收光谱分析中，由于样品和参考物基体性质的差异，在吸收区单位体积内，两者生成的原子数目不同，产生干扰。这类干扰包括化学干扰、物理干扰和电离干扰等。本实验主要观察物理干扰对原子吸收信号的影响。

实验目的

(1) 观察样品中不同基体成分对待测元素原子吸收信号的影响。
(2) 理解物理干扰产生的原因。
(3) 掌握如何克服物理干扰对元素定量分析的影响。

实验原理

物理干扰是样品与参考物的物理性质差异而造成的相对干扰，主要的物理性质有黏度、表面张力及密度等。火焰原子化时，溶液的物理性质不同会严重影响雾化器的雾化过程，如喷雾量、雾滴直径和雾化效率等。本实验中，乙醇的存在及十二烷基磺酸钠(SDS)存在下对铜离子及铬离子的原子吸收(AAS)信号的影响正是这种物理干扰引起的。

解决物理干扰的办法就是让参考物与样品溶液的物理性质接近。例如，测定海水中的微量成分时，在标准系列中加入与海水浓度相近的氯化钠基体，使两者的盐浓度相近，不仅解决了测定中的物理干扰，也补偿了基体引起的化学干扰和背景干扰。用火焰原子吸收法测定血清中的铜和锌时，应将样品稀释 5 倍左右。若用 5%丙三醇稀释样品并配制标准系列溶液，就使二者黏度相近。在火焰法中也可采用流量泵控制喷雾量的办法减小物理干扰。标准加入法也是消除物理干扰的有效手段。

仪器与试剂

仪器　火焰原子吸收分光光度计；空气压缩机；乙炔钢瓶；容量瓶；移液管。

试剂　100μg · mL^{-1} Cu^{2+}标准储备液和 Cr^{3+}标准储备液；无水乙醇(A.R.)；十二烷基磺酸钠(A.R.)；蒸馏水。

安全警示

(1) 注意电器使用安全，防漏电、触电(见实验 2)。
(2) 注意空心阴极灯的危险性(见实验 4)。
(3) 乙炔使用注意事项(见实验 4)。

实验步骤

(1) 配制 Cu^{2+}浓度分别为 2.0μg · mL^{-1}，6.0μg · mL^{-1}，10.0μg · mL^{-1}，14.0μg · mL^{-1}，20.0μg · mL^{-1} 的标准溶液，并在容量瓶中配制一系列含有 Cu^{2+}浓度为 10μg · mL^{-1}，并含有乙醇体积分数分别为 2%，5%，10%，30%，50%的试液。

(2) 配制 Cr^{3+}浓度分别为 2.0μg · mL^{-1}，6.0μg · mL^{-1}，10.0μg · mL^{-1}，14.0μg · mL^{-1}，20.0μg · mL^{-1} 的标准溶液，并在容量瓶中配制一系列含有 Cr^{3+}浓度为 10μg · mL^{-1}，并含有 SDS 浓度分别为 1mmol · L^{-1}，5mmol · L^{-1}，10mmol · L^{-1}，20mmol · L^{-1} 的试液。

(3) 打开火焰原子吸收分光光度计，测定铜元素时，装上铜空心阴极灯，采用 Cu 324.8nm 分析线，灯电流为 4mA，狭缝宽度为 1nm，调节燃助比为 1 : 6，点火后，调整灯位置、火焰高度等。为校正背景吸收对分析信号的影响，应采用背景校正模式，可以用塞曼校正方法，也可用氘灯校正或空白校正方法。将 Cu^{2+}标准溶液分别喷雾进样，待信号稳定后，记录各标准溶液的吸光度，并作标准曲线。

(4)将实验步骤(1)配制的含 Cu^{2+}浓度均为 10μg · mL^{-1}，含有乙醇体积分数分别为 2%，5%，10%，30%，50%的试液在上述同样实验条件下进样分析，待信号稳定后，记录各试液的吸光度值，观察试液中乙醇含量不同时铜元素吸收信号的变化，并与 10μg · mL^{-1} Cu^{2+}标准溶液的吸光度信号对照。根据标准曲线计算乙醇存在下试液中 Cu^{2+}浓度的测定值。计算与实际浓度的偏差。

(5)测定铬元素时，装上铬空心阴极灯，采用 Cr 357.9nm 分析线，灯电流为 7.5mA，狭缝宽度为 1nm，燃助比为 1∶5。采用背景校正方法测定铬的原子吸收信号，将铬离子标准溶液分别喷雾进样，待信号稳定后，记录各标准溶液的吸光度，并作标准曲线。

(6)将实验步骤(2)配制的含 Cr^{3+}浓度均为 10μg · mL^{-1}，含有 SDS 浓度分别为 1mmol · L^{-1}，5mmol · L^{-1}，10mmol · L^{-1}，20mmol · L^{-1} 的试液在上述同样实验条件下进样分析，待信号稳定后，记录各试液的吸光度值，观察试液中 SDS 含量不同时铬元素吸收信号的变化，并与 10μg · mL^{-1} Cr^{3+}标准溶液的吸光度信号对照。根据标准曲线计算 SDS 存在下试液中 Cr^{3+}浓度的测定值。计算与实际浓度的偏差。

(7)标准加入法校正物理干扰对测定结果的影响：在 5 份 Cu^{2+}浓度为 10μg · mL^{-1}，乙醇体积分数为 30%的 50mL 试液中分别加入 0.00mL，0.50mL，1.00mL，1.50mL，2.00mL 浓度为 100μg · mL^{-1} 的 Cu^{2+} 标准储备液，分别测定铜元素的吸收信号。按标准加入法测定试样中 Cu^{2+}的浓度，并与实际值(10μg · mL^{-1})对照，验证标准加入法是否校正了试液中因乙醇的存在而产生的物理干扰。

结果与讨论

(1)将 Cu^{2+}及 Cr^{3+} 的标准曲线数据填入表 2.54。

表 2.54 标准曲线数据

$c(Cu^{2+})$/(μg · mL^{-1})	2.0	6.0	10.0	14.0	20.0
A_{Cu}					
$c(Cr^{3+})$/(μg · mL^{-1})	2.0	6.0	10.0	14.0	20.0
A_{Cr}					

Cu^{2+}标准曲线方程：__________________，相关系数：________；
Cr^{3+}标准曲线方程：__________________，相关系数：________。

(2)基体效应对吸光度测定的影响(表 2.55)。

表 2.55 不同浓度乙醇及 SDS 存在下 10μg · mL^{-1} Cu^{2+}及 Cr^{3+}的吸光度值

乙醇/%(体积分数)	0	2	5	10	30	50
A_{Cu}						
c_{SDS}/(mmol · L^{-1})	0	1	5	10	20	—
A_{Cr}						

计算在不同浓度基体存在下，10μg · mL^{-1}Cu^{2+}试液及 Cr^{3+} 试液按标准曲线法所得的浓度值，总结乙醇对 Cu^{2+}、SDS 对 Cr^{3+} 吸光度测定的影响规律，并解释为什么存在这种影响。

(3) 标准加入法对物理干扰的校正（表 2.56）。

表 2.56　标准加入法测定数据

V/mL（100μg · mL^{-1} Cu^{2+}）	0.00	0.50	1.00	1.50	2.00
$\Delta c_{Cu^{2+}}$					
A					

以吸光度对浓度的增量作图 A-Δc，与横坐标的交点即为 Cu^{2+} 浓度，与实际值对照并解释为什么标准加入法能在一定程度上克服基体的物理干扰。

思考题

(1) 什么是原子吸收光谱分析中的基体效应？采用哪些方法可以校正基体效应？

(2) 如果采用石墨炉原子化方法，物理干扰是如何产生的？

(3) 如何消除化学干扰和电离干扰？

(4) 实验中为什么要进行光谱背景校正？

参考文献

张锐，黄碧霞，何友昭. 1991. 原子光谱分析. 合肥：中国科学技术大学出版社

Rocha F R P, Nòbrega J A. 1996. Effects of solution physical properties on copper and chromium signals in flame atomic absorption spectrometry. J Chem Educ, 73 (10): 982-984

（邬建敏）

实验 60　交联壳聚糖螯合柱富集水样中的痕量 Cu^{2+} 及原子吸收法检测

实验导读

采用天然生物高分子物质吸附、回收或富集水中金属离子是一种处理和富集重金属的新方法，具有广阔的应用前景。许多天然生物高分子物质对重金属（Cu、Cd、Pb、Hg 等）及放射性金属（U、Ra、Th 等）具有较高的选择性吸附性能。壳聚糖是由虾、蟹壳脱钙、蛋白质和脂肪后的甲壳质再经脱乙酰基后得到的天然高分子多糖，资源非常丰富。由于其分子中含有活性基团氨基（$—NH_2$）和羟基（—OH），对部分重金属离子具有螯合能力，表现出很好的选择性吸附，而且无毒，在水处理方面有良好的应用前景，但是壳聚糖存在酸溶性、质软、难成形的缺点。以硅胶为基质，壳聚糖通过环氧氯丙烷交联后，包覆在硅胶基质表面的方法可以克服纯壳聚糖作吸附剂时存在的上述缺点。例如，以交联壳聚糖（CTS）作为痕量重金属离子的富集剂，富集水样中痕量的 Cu^{2+}，并用酸洗脱，然后用火焰原子吸收法可准确测得 Cu^{2+} 的浓度。这种将试样的预富集技术与检测技术相结合的方法已经成为原子光谱分析中用以提高方法灵敏度、降低检测限的重要手段。

实验目的

(1) 学习吸附柱富集-原子吸收联用测定试样中痕量重金属离子的方法。

(2) 了解影响富集效率的因素及富集过程中可能存在的干扰。

(3) 掌握分析方法回收率的意义及其测定方法。

实验原理

天然水中重金属离子的浓度很低，如果直接用原子吸收分光光度计测定，难以得到明显的吸光度信号，因此必须经富集后才能进行测定。壳聚糖是一种带有氨基的线性高分子多糖，对易与氨基配位的重金属离子 Cu^{2+}、Ni^{2+}、Zn^{2+}、Cd^{2+} 等具有很高的结合能力。由于该吸附剂主要通过螯合方式与重金属离子结合，因此比一般的离子交换树脂对重金属离子具有更高的选择性。壳聚糖经环氧氯丙烷交联后，可以在酸碱溶液中稳定存在，并且该吸附剂可以重复使用。交联壳聚糖吸附剂在 pH=7 的水溶液中对 Cu^{2+}的螯合能力最强。如果水样的 pH 偏离 7 较远，则应用缓冲液调节水样 pH。HCl 溶液可以破坏 CTS 吸附剂中氨基与 Cu^{2+}的配位键，因此可以用作洗脱剂，用酸洗脱后的 CTS 柱如要进行下一次富集，必须经过再生处理，恢复其螯合能力。

仪器与试剂

仪器　火焰原子吸收分光光度计；数字式 pH 计；多用振荡器；蠕动泵；电热恒温水温箱。

试剂　精制壳聚糖；硅胶(色谱担体，粒径 100～150μm)；环氧氯丙烷(A.R.)；二甲基亚砜(A.R.)；$CuSO\cdot 5H_2O$(G.R.)；$ZnSO_4$(G.R.)；1mol · L^{-1} HCl；6mol · L^{-1} NaOH；3mol · L^{-1} $NH_3\cdot H_2O$。

安全警示

(1)注意电器使用安全，防漏电、触电(见实验 2)。
(2)注意空心阴极灯的危险性(见实验 4)。
(3)乙炔使用注意事项(见实验 4)。

实验步骤

1. CTS 螯合柱的制备

称 2g 精制壳聚糖溶于 100mL 1mol · L^{-1} HCl 中，滤布过滤后除去不溶残渣，然后边搅拌边在滤液中加入 100g 硅胶，静置后，低温真空干燥，将其放入平底烧瓶内，加入二甲基亚砜(DMSO)溶液，用超声波分散 15min，然后在搅拌下加入 6mol · L^{-1} NaOH，至溶液中 NaOH 浓度为 0.1mol · L^{-1}。然后加入交联剂环氧氯丙烷，使其质量分数达到 1.5%。升温至 80℃，机械搅拌 8h，过滤除去溶剂，然后在 3mol · L^{-1}氨水中搅拌 3h。过滤后，用蒸馏水洗至中性，最后用少许丙酮冲洗，干燥后备用(上述步骤由实验室完成)。将 5g 交联壳聚糖吸附剂装入 ϕ 10mm×100mm 的玻璃柱中，制成 CTS 螯合柱。注意在装柱时不要让气泡进入柱中。装柱后，用蠕动泵输送 pH=7.0 的 KH_2PO_4-Na_2HPO_4 磷酸缓冲液用于平衡柱子。

2. 原子吸收法测定铜离子的标准曲线制作

配制 2.0μg · mL^{-1}，6.0μg · mL^{-1}，10.0μg · mL^{-1}，14.0μg · mL^{-1}，20.0μg · mL^{-1} 的 Cu^{2+}标准溶液，用原子吸收分光光度计测定上述标准溶液的原子吸收信号，分析线波长为 324.7nm，按浓度从低到高测定，记录各溶液的吸光度值，用计算机软件绘制标准曲线，并作出线性回归方程。背景校正可以采用塞曼校正方式，也可用空白液校正方式。

3. CTS 螯合柱富集自来水样中的Cu^{2+}及原子吸收测定浓度

先取 20mL 自来水，直接用原子吸收分光光度计按上述方法测定Cu^{2+}的原子吸收信号，观察信号大小，平行测定五次，计算信号的平均值和变异系数，并记录。如不能观察到明显的吸收信号(大于 3 倍空白值变异系数的信号可以看作是可被检测的明显信号)，说明水样中Cu^{2+}浓度太低，小于仪器对Cu^{2+}的检测限。

用蠕动泵将 200mL 自来水以 $2mL \cdot min^{-1}$ 的流速流过按实验步骤 1 制备的 CTS 螯合柱，然后用 10mL $1.0mol \cdot L^{-1}$ HCl 以 $2mL \cdot min^{-1}$ 流速将吸附的离子洗脱，收集洗脱液于 10mL 比色管中，定容后用原子吸收法测定洗脱液中Cu^{2+}的原子吸收信号，平行测定五次，计算原子吸收信号的平均值和变异系数，并与自来水的直接测定信号比较。根据标准曲线计算自来水中的Cu^{2+}含量。另在 200mL 自来水中加入 4μg Cu^{2+}，以上述同样方法富集Cu^{2+}并洗脱，测定洗脱液中的Cu^{2+}浓度，计算该方法测定Cu^{2+}的回收率。

结果与讨论

(1) 标准曲线制作(表 2.57)。

表 2.57　标准曲线数据

Cu^{2+}浓度/($\mu g \cdot mL^{-1}$)	2.0	6.0	10.0	14.0	20.0
吸光度					

标准曲线方程：____________，相关系数：__________。

(2) 水样中铜离子的测定数据(表 2.58)。

表 2.58　未富集水样和富集后试样的原子吸收测定值

平行测定次数	1	2	3	4	5	平均值	变异系数
未富集水样							
富集洗脱液							

对上述两组数据进行对照和分析，讨论水样经富集后进行测定的效果。

(3) 方法的回收率分析结果(表 2.59)。

$$回收率 = \frac{c_{add} - c_0}{\Delta c} \times 100\%$$

式中：c_{add}为试液中加入标准溶液后的测得值；c_0为试液测得值；Δc为加标准溶液后浓度增量的计算值。

表 2.59　自来水中Cu^{2+}的测定结果与回收率数据

Cu^{2+}测得值/($\mu g \cdot L^{-1}$)	加入的Cu^{2+}量/μg	加入后的测定值/($\mu g \cdot L^{-1}$)	回收率%

根据回收率的计算数据，评价该方法的可靠性。

思考题

(1)如果自来水中含有 Ni^{2+} 或 Zn^{2+}，是否有可能也被 CTS 螯合柱富集？如能被富集，试设计一实验方案，同时富集和测定水样中痕量的 Cu^{2+}、Ni^{2+}及 Zn^{2+}。

(2)水中大量存在的 Ca^{2+}、Mg^{2+} 是否会对 CTS 富集 Cu^{2+} 产生干扰？如何通过实验证明这种干扰是否存在以及干扰的程度？

(3)水样的 pH 是否会对 Cu^{2+} 的富集产生影响？为什么？

(4)除可以用 HCl 溶液洗脱被吸附的 Cu^{2+} 外，是否还有其他洗脱方法？

(5)CTS 富集柱如何再生？

参考文献

韩润平，石杰，李建军，等. 2000. 生物材料对重金属离子的吸附富集作用. 化学通报，63(7)：25-28

王爱霞，张宏，刘琳琳. 2001. 流动注射在线分离富集火焰原子吸收法测定环境样品中的铅和镉. 分析化学，29(11)：1284-1287

邬建敏，王莹. 2001. 以硅胶为基质的交联壳聚糖对 Ni^{2+}的吸附研究. 环境污染与防治，23(6)：276-279

殷学锋，刘梅. 1994. 流动注射预富集-石墨炉原子吸收联用测定海水中痕量钼. 高等学校化学学报，(12)：1766-1769

Volesky B, Holan Z R. 1995. Biosorption of heavy metals. Biotechnol Prog, 11: 235-250

Wu J M, Wang R. 2003. Immobilized chitosan as a selective absorbent for the nickel removal in water sample. J Environ Sci, 15(5): 633-638

(邬建敏)

实验 61　SPE-HPLC 联用测定环境水样中痕量的苯氧乙酸和 2,4-二氯苯氧乙酸

实验导读

固相萃取(SPE)作为一种新型的样品处理技术已广泛用于水体中有机污染物的痕量富集。与经典的液-液萃取(LLE)相比，固相萃取具有节省时间、溶剂用量少、不易乳化等优点。SPE 技术目前已成为色谱分析中痕量组分预浓缩的常用技术，特别是在环境痕量有机污染物的分析中有广泛的应用。关于固相萃取水中杀虫剂和除草剂方面的报道很多。

苯氧乙酸及其衍生物具有很强的生物活性，是一类常用的农田除草剂。特别是 2,4-二氯苯氧乙酸(简称 2,4-D)开发并投入应用以来，苯氧乙酸类除草剂得到了迅速发展和广泛应用。苯氧乙酸类除草剂毒性较小，但仍对人畜有一定的毒副作用，且能在土壤、水体，作物秸秆及果实中残留，因此对苯氧乙酸类除草剂测定方法的研究具有重要意义。国内外测定苯氧乙酸类除草剂的方法主要有气相色谱法、薄层色谱法及高效液相色谱法。环境水体中残留的苯氧乙酸和 2,4-二氯苯氧乙酸含量很少，需要富集方能检出。本实验选用 C_{18} 小柱进行固相萃取，操作简单方便，溶剂用量很少，具有较高的富集倍数。

实验目的

(1)学习 SPE 技术富集水样中痕量有机污染物的方法、原理及应用。

(2)学习 SPE-HPLC 联用技术。

(3)掌握分析结果的精密度、回收率的实验方法。

实验原理

固相萃取技术基于液相色谱的原理，可以看成一个简单的色谱过程。吸附剂作为固定相，而流动相即为萃取过程中的水样。当流动相与固定相接触时，其中某些痕量物质(目标物)即被保留在 SPE 柱中，目标物与固定相相互作用的机制可以是弱极性物之间的疏水作用，也可以是离子间的静电作用，或是抗原与抗体间的相互作用等。本实验采用的 Sep-Pak C_{18} SPE 柱是一种非极性固定相，因此它能与非极性或弱极性有机物间产生疏水作用，从而保留痕量的目标物，苯氧乙酸和 2,4-二氯苯氧乙酸均含有苯环，这两种分子的极性大小受溶液 pH 的影响，当溶液 pH 调至酸性时，分子中的乙酸根电离被抑制，使分子的极性降低，从而能被疏水性固定相保留。保留在 SPE 柱内的痕量有机物能被少量的有机溶剂洗脱，因而产生富集效应。固相萃取分为在线和离线两种方式，前者萃取和色谱分析一步完成，而后者萃取和色谱分析分两步完成，原理相同，但实验装置有所不同。在线形式自动化程度高，分析精密度更高。

仪器与试剂

仪器　高效液相色谱系统(包括高压溶剂输送泵、紫外-可见检测器、色谱工作站、柱温箱、六通进样阀等)；ODS 液相色谱柱(150mm×6.0mm，i.d.，5μm)；Sep-Pak C_{18} 固相萃取小柱；容量瓶。

试剂　苯氧乙酸和 2,4-二氯苯氧乙酸标准样品(纯度>99.5%)；甲醇(色谱纯)；H_3PO_4(A.R.)；实验用水为二次重蒸水。

安全警示

(1)注意电器使用安全(见实验 2)。

(2)使用甲醇注意事项：

◆对中枢神经系统有麻醉作用；对视神经和视网膜有特殊选择作用，引起病变；可致代谢性酸中毒。

◆高度易燃，其蒸气与空气混合能形成爆炸性混合物。

实验室要通风，废液要回收。

实验步骤

1. 固相萃取方法

准确量取 50mL 水样，用 6mol · L^{-1} NaOH 调至 pH 为 11，摇匀，放置 1h，再用浓盐酸调 pH 至 2.5，然后以 3mL · min^{-1} 的流速通过 Sep-Pak C_{18} 小柱。用 1mL 甲醇洗脱，重复四次。用纯净水把洗脱液稀释至 5mL，作为 HPLC 分析试液；注意 Sep-Pak C_{18} 小柱在使用前应该用 10mL 甲醇、5mL 水依次通过柱子进行活化和清洗处理。

2. 色谱分析方法

配制流动相：甲醇-水(体积比 9：1，用 H_3PO_4 调 pH 至 3.0)；流速为 1mL · min^{-1}；柱温 40℃；紫外检测器波长选定为 275nm。进样量为 10μL。分别进三个试样，第一个试样为含有痕量苯氧乙酸和 2,4-二氯苯氧乙酸的原始水样，第二个试样为水样经固相萃取的试液，第三个试样为苯氧乙酸和 2,4-二氯苯氧乙酸的混合标准溶液。对照三个试样的 HPLC 谱图，先根据保留时间对照法对色谱峰进行定性分析，并记录水样经固相萃取后两个组分峰高的变化情况，以观察固相萃取效果。

3. 定量分析方法

配制 100mL 苯氧乙酸和 2,4-二氯苯氧乙酸标准溶液，浓度分别为 $0.50mg \cdot L^{-1}$、$2.00mg \cdot L^{-1}$、$4.00mg \cdot L^{-1}$、$6.00mg \cdot L^{-1}$、$8.00mg \cdot L^{-1}$、$10.00mg \cdot L^{-1}$，分别用流动相溶解，用与样品处理相同的方法处理后进样，用外标法对固相萃取后的试样进行定量分析。

4. 方法的精密度和回收率实验

应用上述同样方法对试样进行五次测定，记录每次分析的苯氧乙酸和 2,4-二氯苯氧乙酸的峰高测定值。计算峰高的相对标准偏差(RSD)。向 50mL 已知浓度的水样中加入 $10mg \cdot L^{-1}$ 标准溶液 1mL，按上述色谱条件及实验方法进行测定，计算回收率。

结果与讨论

记录原始水样、经 SPE 处理后的水样及标准溶液的色谱图。

定量分析结果记录：

(1)水样中的苯氧乙酸和 2,4-二氯苯氧乙酸浓度计算式及分析结果。

(2)样品 5 次测定分析结果的平均值及相对标准偏差的计算,并对分析方法的精密度进行评价。

(3)方法回收率的计算及方法可靠性的评价：

苯氧乙酸的回收率为__________；2,4-二氯苯氧乙酸的回收率为__________。

思考题

(1)用 C_{18} 固相萃取柱富集水样中的苯氧乙酸及 2,4-二氯苯氧乙酸前，为什么要将试液调 pH=2.5?

(2)C_{18} 固相萃取柱用甲醇冲洗后，如果要下一次再富集有机物，应怎样处理?

(3)C_{18} 固相萃取柱能选择性地吸附被分析对象吗？它的选择性取决于什么?

(4)如果要富集水中痕量的较亲水的离子型化合物，还能用 C_{18} 柱作为固相萃取柱吗?

(5)如果本实验要测定的是土壤中残留的苯氧乙酸及 2, 4-二氯苯氧乙酸,样品的预处理及固相萃取程序应怎样调整?

(6)本实验是一种离线萃取方法，如果采用在线萃取法，试设计一个实验流程图。

参考文献

马娜，陈玲，熊飞. 2002. 固相萃取技术及其研究进展. 上海环境科学, 21(3): 181-184

任丽，王国俊. 1997. 用超临界流体萃取和固相萃取分析水中酚类污染物. 分析化学，25(10): 1172-1176

唐洪元，石鑫，冯文煦. 1993. 除草剂. 北京: 化学工业出版社

Bucheli T D, Grüebler F C, Müller S R, et al. 1997. Simultaneous determination of neutral and acidic pesticides in natural waters at the low nanogram per liter level. Anal Chem, 69(8): 1569-1576

Kveder S, Lokric S, Zambeli N. 1991. The behaviour of some benzene derivatives on thin layers of aluminum oxide-comparation with plain and Fe(Ⅲ) impregnated silica gel. J Liq Chromatogr, 14(18): 3277-3281

（邬建敏）

实验 62　新鲜蔬菜中β-胡萝卜素的分离及含量测定

实验导读

许多植物的叶、茎、果实如胡萝卜、地瓜、菠菜中含有丰富的胡萝卜素，它是维生素 A 的前体，具有类似维生素 A 的活性。胡萝卜素有α、β、γ异构体，其中以β-胡萝卜素生理活性最强，β-胡萝卜素的结构式如图 2.67 所示。

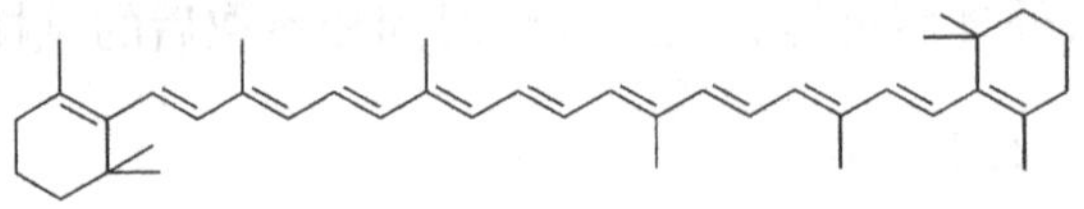

图 2.67　β-胡萝卜素的结构式

β-胡萝卜素是含有 11 个共轭双键的长链多烯化合物，它的$\pi\rightarrow\pi^*$跃迁吸收带处于可见光区，纯的β-胡萝卜素是橘红色晶体。多种类胡萝卜素能捕获单线态氧自由基而实现其抗氧化功能，因此对类胡萝卜素的研究备受关注。分析类胡萝卜素的方法有柱色谱法、纸色谱法、薄层色谱法、分光光度法及高效液相色谱法。前 3 种方法过程复杂，精密度差；分光光度法只能测定类胡萝卜素总量；高效液相色谱法分析单一β-胡萝卜素已有报道。本实验采用柱色谱-分光光度联用法及反相高效液相色谱技术分析新鲜蔬菜中的β-胡萝卜素含量。

实验目的

(1) 学习从植物组织中提取、分离β-胡萝卜素的方法。

(2) 学习应用紫外-可见吸收光谱法和高效液相色谱法测定β-胡萝卜素含量的方法，并比较两种方法的优缺点。

(3) 了解共轭多烯化合物$\pi\rightarrow\pi^*$跃迁吸收波长的计算方法及共轭多烯化合物的紫外吸收光谱的特征。

实验原理

胡萝卜素不溶于水，可溶于有机溶剂中，因此植物中胡萝卜素可以用有机溶剂提取，但有机溶剂也能同时提取植物中叶黄素、叶绿素等成分，对测定产生干扰，需要用适当方法加以分离。本实验采用柱色谱法将提取液中的β-胡萝卜素分离出来，经分离提纯的β-胡萝卜素含量可以直接用紫外-可见分光光度计测定。而采用高效液相色谱法可以大大简化上述分析过程，由于高效液相色谱具有很高的分辨率，只要选择合适的色谱条件，植物提取液中的β-胡萝卜素可以在高效液相色谱柱中与叶黄素、叶绿素及其他类胡萝卜素等组分完全分离，并用紫外-可见检测器在 450nm 波长下检测，因而提取液可以直接进样分析，大大提高分析的效率。本实验将分别采用上述两种方法对新鲜蔬菜中β-胡萝卜素进行分析。

仪器与试剂

仪器　可见分光光度计；高效液相色谱系统；C_{18} 反相液相色谱柱；玻璃层析柱（10mm×200mm）；玻璃漏斗；分液漏斗；1mL 移液管；10mL、50mL、100mL 容量瓶；水泵；研钵；洗耳球。

试剂 乙腈(色谱纯)；二氯甲烷(色谱纯)；活性氧化镁；硅藻土助滤剂；无水硫酸钠；正己烷；丙酮。

实验步骤

1. 样品处理

将新鲜胡萝卜粉碎混匀，称取 2g，加 10mL 1∶1 丙酮-正己烷混合溶剂，并加入 0.1g 2, 6-二叔丁基-4-甲基苯酚(BHT)，于研钵中研磨 5min，将混合溶剂滤入预先盛有 50mL 蒸馏水的分液漏斗中，残渣继续用 10mL 1∶1 丙酮-正己烷混合溶剂研磨过滤，如此反复直到浸提液无色为止，合并浸提液用 2×20mL 蒸馏水洗涤(将洗涤后的水溶液合并，用 10mL 正己烷萃取水溶液，与前浸提液合并供柱色谱分离，视情况取舍)。

2. 柱色谱分离

将 20g 活性氧化镁与 2g 硅藻土助滤剂混合均匀，疏松地装入 10mm×200mm 的层析柱中，然后用水泵抽气使吸附剂逐渐密实，再在吸附剂上面盖上一层约 5mm 的无水硫酸钠。将样品浸取液逐渐倾入层析柱中，在连续抽气条件下使浸提液过层析柱，用正己烷冲洗层析柱，使胡萝卜素谱带与其他色素谱带分开，当胡萝卜素谱带移过柱中部后，用 1∶9 丙酮-正己烷混合溶剂洗脱并收集流出液，β-胡萝卜素将首先从层析柱流出，而其他色素仍保持在层析柱中，将洗脱的β-胡萝卜素流出液收集在 50mL 容量瓶中，用 1∶9 丙酮-正己烷混合溶剂定容。

3. 紫外-可见光度分析的工作曲线制作

用逐级稀释法准确配制 25μg · mL^{-1} 胡萝卜素正己烷标准溶液。分别吸取该溶液 0.00mL、0.40mL、0.80mL、1.60mL、2.00mL 于 5 个 10mL 容量瓶中，用正己烷定容。用 1cm 吸收池，以正己烷为参比，测定其中一个标准溶液的紫外-可见吸收光谱，然后分别测定 5 个β-胡萝卜素标准溶液在最大吸收波长处的吸光度(测定的波长范围为 350～550nm)。

4. 紫外-可见分光光度法测定样品提取液中β-胡萝卜素的含量

将经过柱色谱分离后的β-胡萝卜素溶液，以 1∶9 丙酮-正己烷溶液为参比，在紫外-可见分光光度计上测定β-胡萝卜素最大吸收波长处的吸光度。

5. 样品提取液中β-胡萝卜素的高效液相色谱分析

取上述提取液，减压蒸干或氮气吹干，用 1mL 甲醇溶解，经 0.3μm 微孔滤膜过滤后用作上样液，配制 1～20μg · mL^{-1} 不同浓度的β-胡萝卜素标准溶液。上述样品试液和标准溶液分别用微量注射器进样 20μL，色谱条件为：色谱柱为μBondapak C_{18}(3.9mm×150mm)；流动相为乙腈-二氯甲烷-甲醇(85∶10∶5)，流速为 1.0mL · min^{-1}；紫外检测器波长为 245nm；柱温为室温。记录各色谱分析结果，以β-胡萝卜素的峰面积对标准溶液浓度作工作曲线，根据工作曲线计算样品中β-胡萝卜素的含量，并与紫外-可见分光光度分析法所得结果对照。

结果与讨论

(1)绘制紫外-可见光谱分析中β-胡萝卜素的工作曲线(表 2.60)。

表 2.60　β-胡萝卜素的工作曲线数据

标准溶液编号	1	2	3	4	5
β-胡萝卜素(25μg · mL^{-1})取样量/mL	0.00	0.40	0.80	1.60	2.00
β-胡萝卜素浓度/(μg · mL^{-1})					
吸光度					

所得工作曲线的线性回归方程为＿＿＿＿＿＿，相关系数为＿＿＿＿＿。

(2)确定样品溶液 λ_{max} 处的吸光度，计算β-胡萝卜素的含量。

试液的吸光度测得值为＿＿＿＿＿＿，β-胡萝卜素的含量的计算式为＿＿＿＿＿＿，结果为＿＿＿＿＿＿μg · g^{-1}。

(3)在色谱工作站中作工作曲线。

色谱工作曲线方程为＿＿＿＿＿＿，相关系数为＿＿＿＿＿＿。

高效液相色谱法测得样品中的β-胡萝卜素含量为＿＿＿＿＿＿μg · g^{-1}。

思考题

(1)本实验采用了两种方法测定β-胡萝卜素含量，哪种方法更可靠、效率更高？为什么？

(2)胡萝卜素有α、β、γ三种异构体，如果要分别测定这些异构体的含量，哪种方法更合适？为什么？

(3)如果用高效液相色谱分析胡萝卜素的三种异构体，选择什么色谱模式更合适？

(4)为什么要在提取样品时加入抗氧化剂 2, 6-二叔丁基-4-甲基苯酚？

(5)色谱分离用活性氧化镁作吸附剂，可以用其他吸附剂代替吗？

参考文献

王强，韩雅珊，戴蕴青. 1997. 反相高效液相色谱法同时测定番茄中 5 种类胡萝卜素. 色谱，15(6): 534-536

叶惟泠，刘莉，李海蓉. 1992. 高效液相色谱法分析牛乳中脂溶性维生素和β-胡萝卜素. 色谱，10(4): 240-241

Gerster H.1991. Potential role of beta-carotene in the prevention of cardiovascular disease. Int J Vitam Nutr Res, 61: 277-291

Helmut S, Wilhelm S. 1995. Vitamin-E and vitamin-C, beta-carotene, and other carotenoids as antioxidants. Am J Clin Nutr, 62(supp l): 1315-1321

(邹建敏)

实验 63　X 射线多晶(粉末)衍射法测定有机药物的晶形

实验导读

近年来，药物多晶形的研究越来越引起人们的重视。同一药物的不同晶形常表现出不同的物理化学性质，如溶解性、溶解速率、稳定性、吸湿性等，从而影响药物的生物利用度、生物有效性、毒性及疗效的发挥。因此，药物多晶形的研究已成为日常控制药品生产及新药剂型研究设计前不可或缺的重要组成部分。药物晶形之间的差异实质上是其晶体结构的差异，这种差异性必然反映在多晶 X 射线衍射谱(XRD)上，因此 X 射线衍射分析对药物晶形分析来说具有指纹性，是对药物晶形进行定性鉴别和定量分析的最有效方法。

实验目的

(1)学习 X 射线多晶(粉末)衍射法的基本原理。

(2) 了解 X 射线多晶衍射仪的基本构造。
(3) 掌握 X 射线衍射样品的制备方法。
(4) 学习 X 射线粉末衍射图谱的解析。

实验原理

当 X 射线以 θ 入射角照射晶体的平面点阵时，若两相邻点阵间距为 d，则两平面光程差为 $2d\sin\theta$，凡符合布拉格公式，即 $2d\sin\theta = n\lambda$ 的情况下，就发生衍射。分子在晶格中的排列方式不同，则分子的重复形式不同，从而产生不同的 X 射线衍射图谱。具有不同晶格参数的多晶形物质可相应得到不同的 X 射线衍射图，如图 2.68 所示。

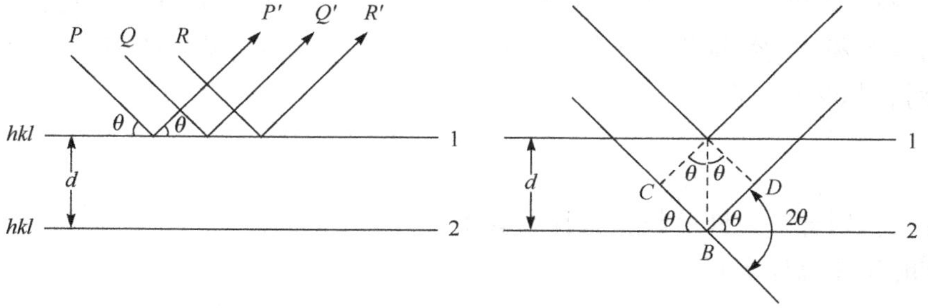

图 2.68　晶体的衍射——布拉格方式

X 射线衍射法分析、鉴别药物的不同晶形一般采用几种方法：①用特定晶形的标准物质的 XRD 图谱进行对照；②标准图谱查对法，在 PDF 数据库或其他文献中进行检索；③计算结晶学参数。

仪器与试剂

仪器　X 射线多晶衍射仪；玛瑙研钵；玻璃样品板；载玻片。
试剂　克拉霉素原料药；克拉霉素片。

实验步骤

1. 克拉霉素原料药的 XRD 图谱测定

取约 100mg 样品于干净的玛瑙研钵中研磨成细粉，粒度约 50μm，移入玻璃样品板的凹槽中，用载玻片将其压平压紧。将样品板置于样品架上，采集相关衍射数据，数据采集条件如下：功率：40kV×250mA，Cu K_α辐射，扫描方式：连续扫描，步宽：0.02°，扫描范围 (2θ)：3°～40°，扫描速率 $5°\cdot min^{-1}$。将采集到的衍射数据用 Jade 7.0 软件进行处理，得到 XRD 图谱及数据。

2. 克拉霉素片的 XRD 图谱测定

取 1～2 片克拉霉素片于干净的玛瑙研钵中研磨成细粉，粒度约 50μm，移入玻璃样品板的凹槽中，用载玻片将其压平压紧。将样品板置于样品架上，采集相关衍射数据，数据采集条件如下：功率：40kV×250mA，Cu K_α辐射，扫描方式：步进扫描，步宽：0.02°，扫描范围 (2θ)：3°～40°，固定时间 1.0s。将采集到的衍射数据用 Jade 7.0 软件进行处理，得到 XRD 图谱及数据。

注意事项

有机药物大多是分子晶体，其晶格能差较小，容易发生转型。因此，研磨时注意研磨的时间和力度，以免引起晶形的转变。

结果与讨论

(1) 对克拉霉素原料药的特征衍射峰与克拉霉素Ⅰ晶形、Ⅱ晶形、Ⅴ晶形和O晶形的标准XRD图谱进行比对，判断其晶形。

(2) 对克拉霉素片的XRD图谱进行物相分析，确定哪些衍射峰属于辅料，哪些衍射峰属于药物，再将属于药物的特征衍射峰与克拉霉素Ⅰ晶形、Ⅱ晶形、Ⅴ晶形和O晶形的标准XRD图谱进行比对，判断其晶形。

思考题

(1) X射线衍射分析对样品粒度有什么要求？

(2) 制样时应注意什么问题？

参考文献

吕扬，杜冠华. 2009. 晶型药物. 北京：人民卫生出版社

Sohn Y T, Rhee J K, Im W B. 2000. Polymorphism of clarithromycin. Arch Pharm Res, 23 (4) :381-384

(胡秀荣)

实验 64　精馏平衡法测定溶液的共沸性质

实验导读

共沸点是气液平衡中的一个特殊点。统计资料表明：70%以上的二元混合物会形成共沸。在共沸点，气、液两相组成相等，利用这一特殊性，可以很准确、方便地仅从共沸温度与压力求出两组分的活度因子，而不需要溶液组成的数据，进而求得溶液模型的一对能量参数，预测全浓度范围内溶液的气液相平衡行为。对于共沸混合物，其微分气化热、积分气化热，以及微分凝聚热、等压、等温气化热都具有相同的值。共沸组成和共沸温度等数据是有关混合物分离、提纯(共沸精馏、萃取精馏、共沸混合物分离)等过程设计与操作中不可缺少的基础数据，同时也是溶液理论、热力学模型和气液相平衡等研究的重要资料。

溶液的共沸行为，从根本上说取决于分子间的相互作用，若异种分子间的相互作用明显小于同种分子间的相互作用，如同种分子间形成氢键，或部分互溶系统等，则溶液将形成最低共沸点。反之，若异种分子间的相互作用大于同种分子间的相互作用，如异种分子间形成氢键等，将形成最高共沸点。测定共沸点的实验方法主要有气液平衡法、多层平衡釜法、差分沸点仪法、高效分馏柱法、精馏平衡法等。目前已有的大部分数据主要从气液平衡数据内插获得，其次为差分沸点仪法。

实验目的

(1) 学习精馏平衡法测定二元混合物共沸点的原理和方法，加深对共沸、气液相平衡、精

馏等概念的理解。

(2)测定共沸点随压力的变化，理解自由度与相律，掌握减压条件下的精馏操作。

(3)学习混合物的组成分析方法。

(4)学习共沸气化热的非量热测定方法，掌握克拉佩龙-克劳修斯方程及其应用。

实验原理

精馏平衡法测定共沸点的基本原理就是精馏原理。精馏过程是多次简单蒸馏的组合。精馏过程是使精馏柱中的混合物蒸气不断地部分冷凝，同时又使冷凝液再不断地部分气化，从而达到混合物分离的目的。

以二元最低共沸点测定为例，如图 2.69 所示，假设液态混合物的原始组成为 x_0，温度为 T_0，在恒压下，当混合物被加热到 T_1 后，混合物部分气化，平衡时气、液两相的组成分别为 y_1、x_1，分开气、液两相后，考虑到气相 y_1 部分冷凝到 T_2，此时系统平衡的气、液相组成分别为 y_2、x_2，如果气相 y_2 继续部分冷凝到 T_3，平衡时气、液两相的组成分别为 y_3、x_3，依此类推，气相不断地被部分冷凝，其组成(轻馏分)越来越接近系统的低共沸混合物，最后到达共沸点。此时，共沸组成为 x_{az}，共沸温度为 T_{az}。

最低共沸物的沸点低于任何一个纯组分的沸点，蒸气压则高于任何一个纯组分的蒸气压，换言之，最低共沸物更容易挥发。根据精馏原理，精馏柱柱顶出来的是具有最低沸点的物质，如系统有最低共沸点(二元或多元)，即为最低共沸混合物(最轻馏分)；精馏柱柱底出来的(或釜中最后留下的)必定是最高沸点的物质，如系统存在最高共沸点，则在釜中留下的就是最高共沸混合物(最重馏分)。

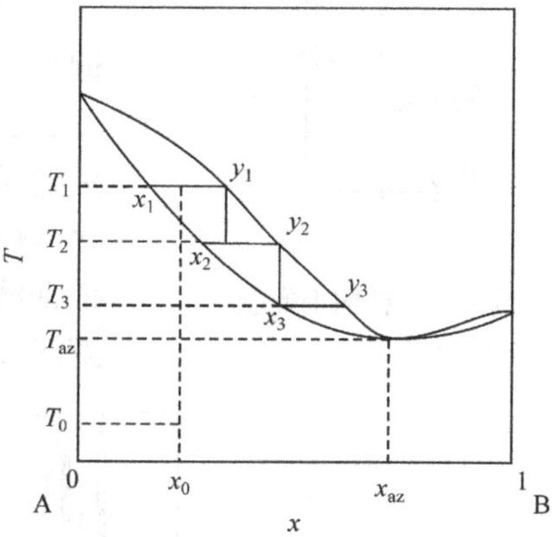

图 2.69 二元最低共沸点测定

混合物的组成分析是共沸组成测定的关键。常用的组成分析方法主要有物理分析法、化学分析法、仪器分析法。应根据混合系统特点选择合适的组成分析方法。一般来说，物理分析法较简单、直观，易实现，经常被采用，特别是对于非电解质系统；化学分析法是利用被分析组分的化学反应性进行滴定分析，存在化学反应活性、完全性及转化速率等问题，比较复杂，仅用于一些特定系统；仪器分析法主要是气相色谱法，原则上一般的系统都能用气相色谱法分析其组成，但精度(重复性)稍差，由于其通用性好，常被采用，特别是对于多组分系统，物理和化学分析方法都存在较大的困难时，气相色谱法可以大显身手。

本实验采用密度法。一定温度下的密度是物质的特征参数，液态混合物的密度与其组成有关，一般呈简单的(单调)函数关系。因此，测定一系列已知组成(配制组成)的液态混合物在某一温度(如 25℃)下的密度，作出密度-组成工作曲线，再根据实验测得的未知液态混合物的密度，即可用内插法(或从图上读出)得到这种未知液态混合物的组成。注意密度是温度的函数，实验中必须严格控制恒温。

液体密度的测定(比重瓶法)原理：将清洁、干燥的比重瓶精确称量，再将其装满纯水，恒温后称量，根据水的质量和密度(查文献值)计算出比重瓶的精确体积。干燥后，装满待测液体，再恒温后称量，根据液体的质量和比重瓶的体积计算出待测液体的密度。

仪器与试剂

仪器　精馏平衡釜(图 2.70)；恒压控制与真空压力测量系统(图 2.71)；真空泵；调压变压器(0.5kV · A)；精密温度计(0～50℃，50～100℃，1/10℃)；普通温度计(0～100℃)；超级恒温槽；电子天平；比重瓶；250mL 烧杯；5mL 注射器；电吹风。

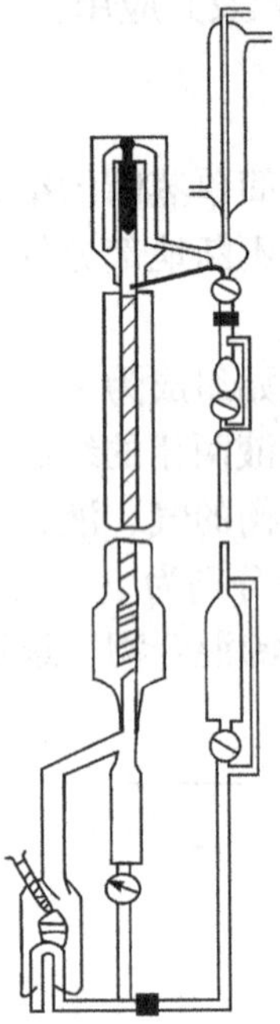

图 2.70　精馏平衡釜

试剂　无水乙醇(A.R.)；乙酸乙酯(A.R.)。

实验步骤

1. 液态混合物密度-组成工作曲线的绘制

(1) 标准溶液配制。取清洁、干燥的称量瓶，用称量法准确配制乙醇的质量分数分别为 0.30、0.35、0.40、0.45、0.50 的乙醇-乙酸乙酯液态混合物各 5mL 左右(先计算好乙醇、乙酸乙酯各自的体积)。质量用电子天平准确称取(用差减法)，精度为 ±0.0001g。称量时，应防止样品挥发。

(2) 密度测定。调节恒温槽温度为 25.00℃±0.01℃(夏天可调为 30.00℃±0.01℃)。将清洁、干燥的比重瓶准确称量，再将其装满去离子水，恒温后称量，用差减法求出水的质量，根据水的质量和密度(由文献值查出，精确到±0.0001g · cm^{-3})计算出比重瓶的精确体积。干燥后，装满待测液体，再恒温后称量，根据液体的质量和比重瓶的体积计算出待测液体的密度。用此方法分别测定上面配制的各组成混合物在该温度下的密度。

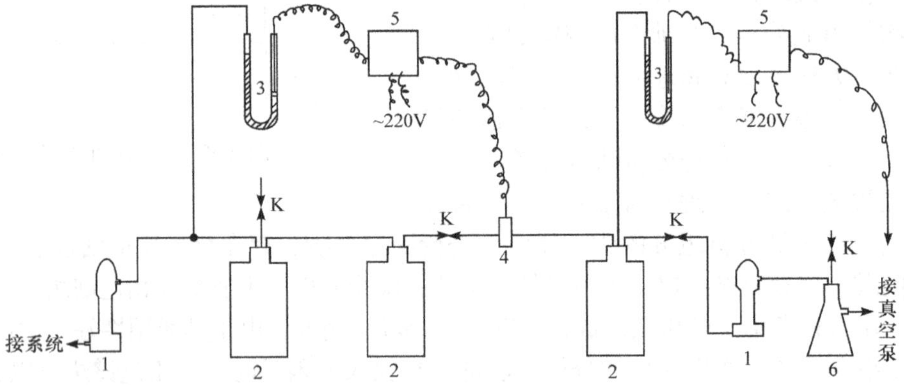

图 2.71　恒压控制与真空压力测量系统

1. 干燥器；2、6. 缓冲瓶；3. U 形管水银压差计；4. 电磁阀；5. 电子继电器；　K. 考克

(3) 工作曲线绘制。将标准溶液的密度对组成作图，即得液态混合物密度-组成工作曲线。曲线绘制采用 40cm×40cm 的毫米方格纸，以保证读数精确，或通过最小二乘法回归得到密度-组成工作曲线的方程(组成的二次方程)。

2. 共沸点测定仪的安装

按图 2.70、图 2.71 安装仪器装置，检查系统是否漏气，压力控制系统是否正常工作，插温度计的测温阱中是否注有硅油。

3. 常压下共沸点测定

自加料口加入组成约 0.50 的乙醇-乙酸乙酯混合物 200～250mL(视沸腾器大小而定)，开冷却水，通电源，缓慢加热至沸腾，关闭通往收集器的考克，使冷凝液全回流 20～30min。记录并比较上、下温度计及辅助温度计的温度。

(1)待温度不变时，部分打开考克，在控制一定回流比的情况下开始收集轻组分，收集到约原沸腾器中液体的一半时关闭考克，停止收集。记录并比较上、下温度计及辅助温度计的温度。

(2)切断电源，停止加热。放出沸腾器中所有液体，将收集到的轻组分放入沸腾器中。

(3)进行第二次精馏：重复步骤(1)和(2)。比较上、下温度计的温度，同时比较上温度计的读数与第一次精馏时的差别，当温度相差不大时，可认为已经到达共沸点，进行取样分析，此时温度即为共沸温度。

(4)进行第三次精馏：重复步骤(3)。

4. 取样

从收集器中取出样品。

5. 密度测定

将取得的样品装满已标定体积的比重瓶，恒温后称量，根据液体的质量和比重瓶的体积计算出待测液体的密度。

6. 组成分析

从密度-组成工作曲线上查出(或从工作曲线方程算出)液体的组成，即为共沸组成。

7. 减压下共沸点测定

将系统压力控制在 80kPa，重复实验步骤 3～6，测定乙醇-乙酸乙酯混合物在 80kPa 下的共沸温度和共沸组成。继续测定系统在 65kPa、50kPa、40kPa、30kPa 下的共沸点。

注意事项

在减压情况下，要放出沸腾器中的液体时，应先将系统通大气。为节约试剂，前面实验中从沸腾器中放出的液体，后面的实验仍可回收使用(为什么？)。

结果与讨论

室温：________℃；大气压：________kPa

(1)液态混合物密度-组成工作曲线的绘制(表 2.61)。

表 2.61 已知组成的乙醇(1)-乙酸乙酯液态混合物的密度(实验温度：________℃)

编号	1	2	3	4	5
配制摩尔分数 x_1	0.30	0.35	0.40	0.45	0.50
空瓶质量/g					
加乙醇后质量/g					

续表

编号	1	2	3	4	5
加乙酸乙酯后质量/g					
乙醇质量/g					
乙酸乙酯质量/g					
摩尔分数 x_1					
空比重瓶质量/g					
加水后质量/g					
加样品后质量/g					
比重瓶体积/cm^3					
样品质量/g					
样品密度/$(g\cdot cm^{-3})$					

用 40cm×40cm 的毫米方格纸绘制液态混合物的密度-组成工作曲线，或用最小二乘法回归得到密度-组成工作曲线的方程(组成的二次方程)。

(2)共沸温度测定(表 2.62)。

表 2.62　乙醇-乙酸乙酯的共沸温度测定

压力/kPa	第 1 次循环温度/℃			第 2 次循环温度/℃			第 3 次循环温度/℃		
	下	上	辅助	下	上	辅助	下	上	辅助
大气压									
80									
65									
50									
40									
30									

(3)共沸点测定(表 2.63)。温度计的露茎校正：$\Delta t=0.000156h(t_1-t_2)$。

表 2.63　乙醇-乙酸乙酯的共沸组成测定

压力/kPa	空比重瓶质量/g	加样品后质量/g	样品质量/g	密度/$(g\cdot cm^{-3})$	共沸温度/℃	共沸组成 $x_{1,az}$
大气压						
80						
65						
50						
40						
30						

(4)将测定的共沸温度和共沸组成与文献数据比较，进行分析、讨论。

(5)共沸点随压力的变化。

(a)以共沸温度的倒数($1/T$)为横坐标、压力的对数($\ln p$ 或 $\lg p$)为纵坐标，绘制 $\lg p$-$1/T$ 图。

用克拉佩龙-克劳修斯方程 $\lg p=A-B/T$ 回归出方程参数，并求出共沸混合物的平均气化热。

(b)以共沸组成($x_{1,az}$)为横坐标、共沸温度(T_{az})为纵坐标，绘制 T_{az}-$x_{1,az}$ 图，回归出方程参数。

(c)以共沸组成($x_{1,az}$)为横坐标、压力的对数为纵坐标，绘制 $\lg p$-$x_{1,az}$ 图，回归出方程参数。

(d)分析共沸点随压力的变化及其规律。

思考题

(1)对形成二元最低共沸点的系统，蒸馏釜中留下的液体是什么？组成如何？对形成最高共沸点的系统呢？精馏柱柱顶出来的液体，其组成如何？

(2)实验前，为什么要检查系统是否漏气？系统漏气对实验测定有什么影响？

(3)测定共沸点时，初始组成的配制是否要求很准确？为什么？

(4)密度法测定混合物组成应注意哪些问题？

(5)为了保证共沸点的测定准确，哪些实验环节必须特别注意？

(6)什么样的混合物容易形成最低共沸点？什么情况下会形成最高共沸点？

(7)三元共沸点是如何形成的？本装置能否用于测定三元共沸点？

(8)举例说明共沸点测定的意义和应用。

参考文献

严新焕，王琦，陈庚华，等. 1995. 加压共沸装置的建立及共沸数据的测定. 石油学报(石油加工)，11(4): 109-113

Chen G H, Wang Q, Zhang L Z, et al. 1995. Study and applications of binary and ternary azeotropes. Thermochim Acta, 253: 295-305

Wang Q, Chen G H, Han S J. 1994. Determination of ternary azeotrope at sub-atmospheric pressures. Fluid Phase Equilib, 101: 259-266

Wang Q, Chen G H, Han S J. 1996. Prediction of azeotropic temperatures and compositions for ternary mixtures. J Chem Eng Data, 41: 49-52

Wang Q, Yan X H, Chen G H, et al. 2003. Measurement and prediction of quaternary azeotropes for cyclohexane + 2-propanol + ethyl acetate + butanone system at elevated pressures. J Chem Eng Data, 48(1): 66-70

(王　琦)

实验 65　三组分系统等温相图的绘制

实验导读

相平衡数据的获得目前还依赖于实验测定。三元液-液平衡数据的测定有两种不同的方法。一种方法是在两相区内配制一定比例的三元混合物，在恒定温度下搅拌，充分接触，以达到两相平衡；然后静置分层，分析互成平衡的两共轭相的组成，在三角坐标纸上标出这些点，连成线，这种方法可直接测出平衡连接线数据，但繁杂。另一种方法是先用浊点法测出三元系统的溶解度曲线，并确定溶解度曲线上的组成与某一物性(如折射率、密度等)的关系；然后测定相同温度下平衡连接线数据，这时只需根据已确定的曲线决定两相的组成。液-液平衡数据是液-液萃取塔设计及生产操作的主要依据。

绘制含有两固体(盐)和一液体(水)的三组分系统的相图常用湿渣法。原理是平衡的固、液相分离后，其滤渣总带有部分液体(饱和溶液)，即湿渣，但其总组成一定在饱和溶液和纯固相组成的连接线上。因此，在定温下配制一系列不同相比例的过饱和溶液，然后过滤，分别分析溶液和滤渣的组成，并把它们一一连成直线，这些直线的交点即为纯固相的成分，由此也可知该固体是纯物质还是复盐。

实验目的

(1)熟悉相律，理解用三角形坐标表示三组分相图的方法。

(2)用溶解度法绘制具有一对共轭溶液的三组分系统的等温液-液平衡相图。

实验原理

在定温定压下，三组分系统的状态和组成之间的关系通常可用等边三角形坐标表示，如图 2.72 所示。等边三角形三顶点分别表示三个纯物 A、B、C。*AB*、*BC*、*CA* 三边分别表示 A 和 B、B 和 C、C 和 A 所组成的二组分系统的组成。三角形内任一点则表示三组分系统的组成，如 O 点的组成为 $A\%=Cc'$，$B\%=Aa'$，$C\%=Bb'$。

具有一对共轭溶液的三组分系统相图如图 2.73 所示，在该三液系中，A 和 B、A 和 C 完全互溶，而 B 和 C 只能有限度的互溶，B 和 C 的浓度在 *Ba* 和 *Cd* 之间可以完全互溶，介于 *ad* 之间系统分为两层，一层是 B 在 C 中的饱和溶液(*d* 点)，另一层是 C 在 B 中的饱和溶液(*a* 点)，这对溶液称为共轭溶液。曲线 *abd* 为溶解度曲线。曲线外是单相区，曲线内是两相区。系统点落在两相区内即分成两相，如 *O* 点分成组成为 E 和 F 的两相，*EF* 线称为连接线。

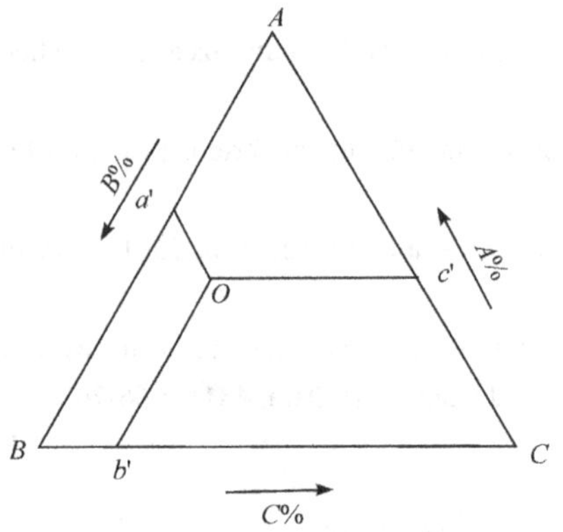

图 2.72　三角形坐标表示法

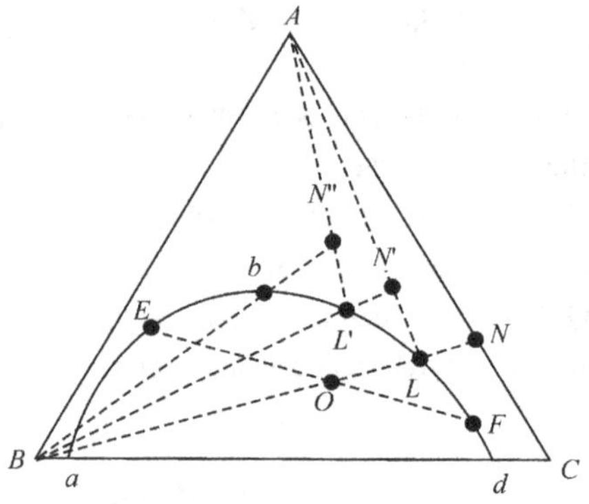

图 2.73　具有一对共轭溶液的三组分系统相图

本实验是先在完全互溶的两个组分(如 A 和 C)以一定的比例混合所成的均相溶液(如图 2.73 上的 *N* 点)中滴加入组分 B，系统点则沿 *NB* 线移动(为什么？)，直至溶液变浑，即为 *L* 点，然后加入 A，系统点沿 *LA* 上升至 *N'*点而变清。如再滴加 B，则系统点又沿 *N'B* 移动，当移至 *L'*点时溶液再次变浑。再滴加 A 使其变清……如此重复，最后连接 *L*, *L'*, *L''*, …，即可绘出溶解度曲线。

仪器与试剂

仪器　50mL 酸式滴定管；50mL 碱式滴定管；25mL、100mL 有塞锥形瓶；100mL 锥形瓶；2mL 移液管；5mL、10mL 刻度移液管；60mL 分液漏斗；漏斗架。

试剂 三氯甲烷(A.R.)；乙酸(A.R.)；0.5mol · L^{-1} NaOH 标准溶液。

实验步骤

1. 绘制溶解度曲线

(1)在洁净的酸式滴定管内装水，在碱式滴定管内装 NaOH 标准溶液。

(2)移取 6mL 三氯甲烷及 1mL 乙酸于干燥洁净的 100mL 磨口锥形瓶中，恒温 10min，然后慢慢滴入水，且不停地振摇(锥形瓶始终放在恒温槽中)，至溶液由清变浑，即为终点，记下水的体积。再向此瓶中加入 2mL 乙酸，系统又成均相，继续用水滴至终点。同法再依次加入 3.5mL，6.5mL 乙酸，分别再用水滴定，记录各次各组分用量。最后加入 40mL 水，加塞振摇(每隔 5min 摇一次)，恒温 0.5h 后将此溶液作测量连接线用(溶液 1)。

(3)另取一干燥洁净的 100mL 磨口锥形瓶，用移液管移入 1mL 三氯甲烷和 3mL 乙酸，恒温 10min。用水滴至终点，以后依次再添加 2mL、5mL、6mL 乙酸。分别用水滴定至终点。记录各次各组分的用量。最后再加入 9mL 三氯甲烷和 5mL 乙酸，同前法每 5min 振摇一次。恒温 0.5h 后作为测量另一条连接线用(溶液 2)。

2. 绘制连接线

(1)用干燥清洁的移液管吸取溶液 1 上层 2mL，取另一根干燥清洁的移液管插入下层取 2mL 溶液，分别放于已经称量的 100mL 洁净锥形瓶中，以酚酞作指示剂，用 0.5mol · L^{-1} NaOH 标准溶液滴定至终点。重复操作两次。

(2)同法吸取溶液 2 上层 2mL，下层 2mL，称量并滴定。重复操作两次。

注意事项

因为所测定的系统含有水的组成，故所用玻璃器皿均需干燥。在滴加水的过程中须一滴滴地加入，且不停地振摇锥形瓶，待出现浑浊并在 2～3min 内不消失，即为终点。特别是在接近终点时要多加振摇，这时溶液接近饱和，溶解平衡需较长的时间。

结果与讨论

(1)溶解度曲线的绘制(表 2.64)。

表 2.64 溶解度曲线相关数据

序号	CH_3COOH		$CHCl_3$		H_2O		*W*/g	*w*/%		
	V/mL	*W*/g	*V*/mL	*W*/g	*V*/mL	*W*/g		CH_3COOH	$CHCl_3$	H_2O
1	1		6							
	3		6							
	6.5		6							
	13		6							
	13		6		40					
2	3		1							
	5		1							
	10		1							
	16		1							
	21		10							

根据各点的质量分数在三角坐标纸上标出，连成线即为溶解度曲线，在 BC 边上的相点即该温度下水在三氯甲烷中的溶解度和三氯甲烷在水中的溶解度。

(2) 连接线的绘制（表 2.65）。

表 2.65 连接线相关数据

溶液		W(溶液)/g	V(NaOH)/mL	$w(CH_3COOH)$/%
1	上			
	下			
2	上			
	下			

根据 $w(CH_3COOH)$ 在溶解度曲线上找出相应点，其连线即为连接线，它应通过系统点。

思考题

(1) 如何理解三组分系统相图的表示方法？

(2) 如连接线不通过系统点，其原因可能是什么？

(3) 在用水滴定溶液 2 的最后，溶液由清到浑的终点不明显，为什么？

(4) 为什么说具有一对共轭溶液的三组分系统的相图对确定各区的萃取条件极为重要？

参考文献

北京大学化学学院物理化学实验教学组. 2002. 物理化学实验. 4 版. 北京：北京大学出版社

房鼎业，乐清华，李福清. 2000. 化学工程与工艺专业实验. 北京：化学工业出版社

刘建国，秦张峰，王建国. 2001. 水-正己烷-甲醇体系的液液平衡研究. 燃料化学学报，29(5)：468-470

孙尔康，徐维清，邱金恒. 1999. 物理化学实验. 南京：南京大学出版社

（雷群芳）

实验 66 核磁共振法研究乙酰丙酮在不同溶剂中的烯醇互变异构现象

实验导读

在核磁共振氢谱中，峰面积与其对应的氢原子成正比。虽然通常在高场的峰面积比在低场的峰面积（相同氢原子数）略大，但仍不失为一种很好的定量方法。在核磁共振碳谱中，如采用特定的脉冲序列，减少脉冲倾倒角，增长脉冲之间的间隔，也可以达到较好的定量关系。

对一个混合物系统来说，如果其中的每一个组分都能找到一个不与其他组分相重叠的氢谱峰组，可以用氢谱进行定量分析，因氢谱的灵敏度高，定量性好。如果在氢谱中不能满足上述要求，可采用碳谱定量，因为碳谱的分辨率较高，不容易发生谱线的重叠。核磁共振用于混合物中各组分的定量分析往往优于其他方法，能在维持平衡系统的条件下进行各组分的定量分析。

动态核磁共振实验是核磁共振波谱学中有一定独立性的分支。它以核磁共振为工具，研究一些动力学过程，得到动力学和热力学参数，如跟踪化学反应过程，研究同一分子存在的构象转变、互变异构间的转变、配体与配合物(或配离子)之间的交换等平衡系统中的交换过程等。动态核磁共振可以选择系统中合适的氢原子的峰面积变化、自旋-自旋耦合常数变化等进行定量研究。

实验目的

(1)用 ^{1}H NMR 谱测定酮-烯醇混合物的平衡组成。

(2)研究溶剂对β-双酮的化学位移和平衡常数的影响。

(3)了解动态核磁共振在化学动力学中的初步应用。

(4)进一步熟悉和掌握核磁共振波谱仪的基本操作。

实验原理

两种或两种以上的异构体能相互转变，并共存于一动态平衡中，这种现象称为互变异构现象。互变异构是有机化合物中比较普遍存在的现象，从理论上说，凡具有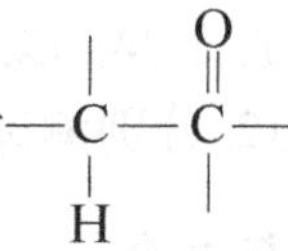基本结构的化合物都可能有酮式和烯醇式两种互变异构体存在。不同化合物酮式和烯醇式存在的比例大小主要取决于分子结构，要有明显的烯醇式存在，分子必须具备如下条件：分子中的亚甲基氢受两个吸电子基团影响，酸性增强；形成烯醇式产生的双键应与羰基形成π-π共轭，使共轭系统有所扩大和加强，热力学能有所降低；烯醇式可形成分子内氢键，构成稳定性更大的环状螯合物。酮式和烯醇式互变异构体所占比例除受分子结构影响外，也与溶剂、温度和浓度有关。通常非极性溶剂和高温有利于烯醇型的存在。

酮和烯醇互变异构体的质子化学环境差别很大，这些形式之间的转换速率很慢，以致可以得到两种形式不同的核磁共振谱。在常温下分子内 OH 质子的传递很快，以致观测到单一(平均)的 OH 共振。

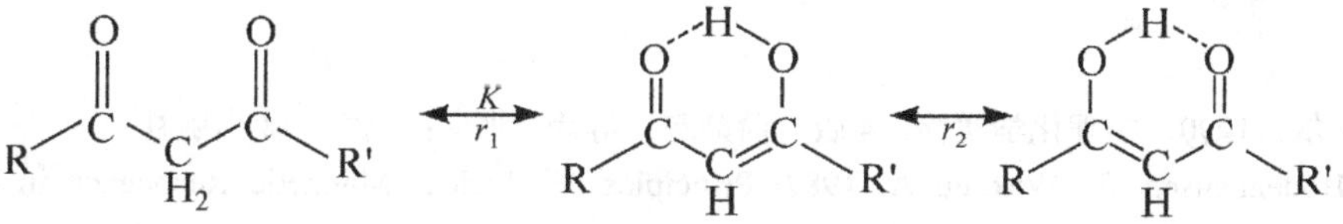

因此，预计只有两种互变异构体有不同的波谱，而这些波谱可用来测定酮转变为烯醇的平衡常数：

$$K = \frac{[\text{烯醇式}]}{[\text{酮式}]} \tag{2.171}$$

当用化学位移差别较大的酮式亚甲基氢和烯醇烯基氢的峰面积 A 定量时，可按照式(2.172)计算烯醇式所占质量分数及平衡常数 K：

$$w(\text{烯醇式}) = \frac{A(\text{烯醇式})}{A(\text{烯醇式}) + A(\text{酮式})/2} \tag{2.172}$$

$$K = \frac{A(\text{烯醇式})}{A(\text{酮式})/2} \tag{2.173}$$

溶剂对测定 K 起重要作用。这可能通过特定的溶质-溶剂相互作用，如氢键或电荷转移而发生作用。此外，溶剂可通过稀释而减少溶质-溶质的相互作用，从而改变平衡。在极性溶剂中，易形成分子间氢键，酮式异构体相对更稳定，如水中的乙酰丙酮烯醇式约占 15%；而在非极性溶剂中，则易形成分子内氢键，因此烯醇式异构体更稳定，如在正己烷中约占 90%。

仪器与试剂

仪器　高分辨核磁共振波谱仪(CW-NMR 或 PFT-NMR)；1mL 精密刻度移液管；标准核磁管。

试剂　氘代四氯化碳；氘代甲醇；乙酰丙酮；四甲基硅烷(TMS)。

实验步骤

(1)以氘代四氯化碳、氘代甲醇为溶剂，分别配制摩尔分数为 0.2 的乙酰丙酮溶液，在室温下放置 24h 以达到平衡。

(2)分别测试上述两份溶液及纯乙酰丙酮(各加入 1 滴 TMS)的 ^{1}H NMR 谱图。

结果与讨论

(1)讨论乙酰丙酮的化学位移和自旋-自旋分裂的理论谱，分析 3 张 ^{1}H NMR 谱图中互变异构体各峰的归属。

(2)根据相关谱峰的峰面积，计算互变异构体的组成、平衡常数和 ΔG。

思考题

(1)比较乙酰丙酮在四氯化碳和甲醇中的平衡常数，讨论溶剂的影响。

(2)核磁共振方法适合研究哪些化学动态过程?

(3)烯醇互变异构体化学交换过程是否可以通过红外光谱、紫外光谱进行研究？试说明原因。

参考文献

戴维 · P. 休梅尔. 1990. 物理化学实验. 4 版. 俞鼎琼，等译. 北京：化学工业出版社

Ernst R R, Bodenhausen G, Wokauu A. 1987. Principles of Nuclear Magnetic Resonance in One and Two Dimensions. Oxford: Oxford University Press

(王国平)

实验 67　压汞法测定大孔固体物质的孔结构

实验导读

多孔物质的比孔容积、平均孔径、孔的平均长度和孔隙分布等都是物质孔结构性质的重要参数。在研究物质孔结构性质对转化速率的影响时，需要测定孔容积的分布情况(统称孔径分布)。测定孔隙分布的方法可用压汞法、气体吸附法、X 射线散射法和电子显微镜等。通常用气体吸附法测定微孔和介孔的孔径分布，用压汞法测定大孔的孔径分布。

实验目的

(1)了解压汞法测定大孔结构的实验原理并掌握其实验方法。

(2)学习用计算机运算和处理数据。

实验原理

把多孔物质浸没在不湿润的液体中，由于液体的表面张力作用，它会阻止接触角大于 90°的任何液体进入小孔。利用外加压力可以克服此种阻力。因此，根据迫使液体进入并充满某一给定孔隙所需的压力衡量孔隙的大小。

由于汞对大多数多孔固体物质是不湿润的，它不会自动进入孔中，因此需要外压将汞压入孔中。假定多孔固体物质的孔为圆柱形，半径为 r，汞与多孔性物质的接触角为 θ，汞的表面张力为 σ，则沿着接触圆周的张力为 $2r\sigma$。它垂直于接触圆周平面的分力，亦即由于表面张力而产生的压出方向的力为 $-2\pi r\sigma\cos\theta$，而将汞压入半径为 r 的孔中的外力为 $\pi r^2 p$。平衡时这两个对抗的力相等。

$$-2\pi r\sigma\cos\theta = \pi r^2 p$$

$$r = -2\sigma\cos\theta/p \tag{2.174}$$

这就是 Washburn 方程。

实验时不断增加外压，膨胀计中的汞不断渗入样品的孔中，从而引起膨胀计毛细管中汞体积的变化，变化量 ΔV 值可以通过测定膨胀计中汞面的下降和毛细管的直径而换算得到。

仪器与试剂

仪器　压汞孔度仪，包括产生压力的装置；高压套和膨胀计；控制记录单元，其构造框图如图 2.74 所示。

电动往复泵将低压油储槽中的低压油压入压力倍增器的底部，由于活塞截面积缩小，顶部的压力得以倍增，顶部为绝缘性能良好的高压油，由它作为压力的传递介质，对膨胀计中的汞面施加压力。测定过程中，瞬时压力由压力传感器转变电信号送至控制记录单元。随着压力的增加，膨胀计毛细管中的汞逐渐被压入越来越小的孔中。液面逐渐下降压入汞体积的信号由高压套的上下两个电极感知并送至控制记录单元。

膨胀计真空注汞装置如图 2.75 所示，由膨胀计金属支架、膨胀计座、数字真空泵和汞阀四部分组成。对膨胀计填充汞时，将膨胀计仔细放入保持器和针头密封套之间，启闭相应阀门，先抽空后注入汞。

试剂　大孔树脂；微米级二氧化钛。

实验步骤

(1)样品的预处理：待测样品按其性质在一定的温度下烘干脱去水后，置于干燥器中备用。

(2)准确称取一定数量的样品，置于清洁干燥的膨胀计管中，然后在磨口处涂上真空油脂，旋转数圈使其呈透明无丝状，套上紧固件紧固之。

(3)脱气。将上述准备好的膨胀计仔细放入充汞器的保持器和针头密封套之间使其良好接触不漏气。关闭通汞阀 M 和通大气阀 A。启动真空泵。打开 V 阀和 P 阀时对膨胀计管进行抽真空以除去样品中吸附的气体。

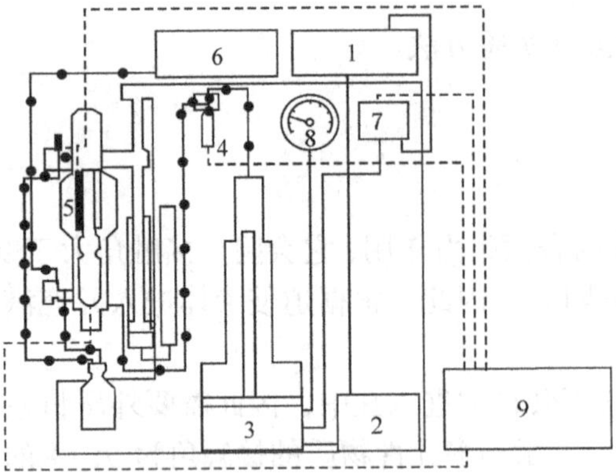

图 2.74　压汞孔度仪构造图

1. 低压油储槽；2. 电动往复泵；3. 压力倍增器；4. 压力传感器；5. 高压套；6. 高压油槽；7. 滞后程序阀；8. 安全压力计；9. 控制记录单元

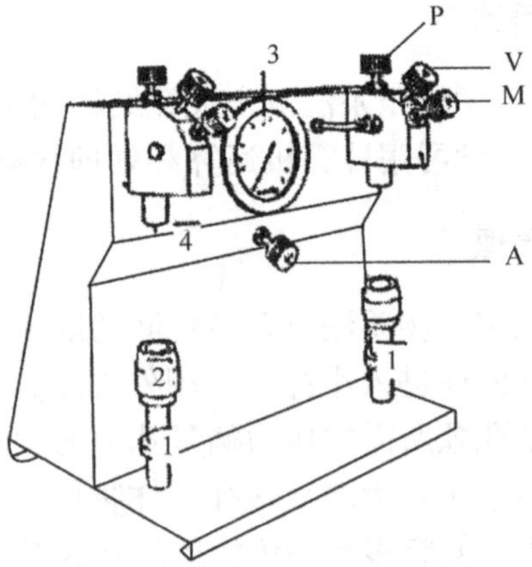

图 2.75　膨胀计真空注汞装置图

1. 膨胀计金属支架；2. 膨胀计座；3. 数字真空泵；4. 汞阀

(4) 充汞。脱气达到要求的时间后，即可慢慢打开通汞的 M 阀(先检查汞瓶中汞的数量)。汞将从针状处滴出，注入膨胀计中，调节阀门使汞滴成虚线状注入，待填充到毛细管部分时应当减慢速率，至汞充填到离顶部约 1.5cm 处立即关闭 M 阀。谨防汞漏出膨胀计。关闭 P 阀，打开 A 阀取出膨胀计。

(5) 压汞测试。

对填充完汞的膨胀计毛细管顶部注入高压使油面凸起。放膨胀计于高压套中，降下高压套螺旋顶盖旋紧。完全打开高压套顶部旋阀，并将高压套底部的阀门旋至半开状态(红线处)。此时有高压油从底部进入高压套中。空气逐渐从顶部排出，直至流出油中不再有气泡为止，同时关紧上、下阀门。

开启稳压电源。稍候片刻待输出 220V 恒定电后打开控制器开关和记录仪的开关(此步可预先进行，使仪器稳定)。

对控制器上的液晶显示值进行调整。V 值调至 0，p 值调至 1.0。

记录仪装纸，并把记录笔调整至相应位置。

选择升压和降压速率及压力最大值，按下启动按钮，测试即开始，随着压力的增加，逐渐有汞被压入样品的孔中，膨胀计毛细管中汞面将降低。仪器上所显示的 V 值即毛细管中汞体积的减少值(亦即孔体积)，测试过程中 p、V 值不断变化，及时记录对应的数值，至达到设定的最大压力值，升压停止并自动降压，直至恢复到大气压力，测试结束。

关闭记录仪开关和控制器电源开关。

完全打开高压套上、下两个旋阀，使高压套中的高压油流入储瓶中，待油排尽打开高压套顶盖。

取出膨胀计，用针筒把顶部高压油吸出。拆下紧固件，仔细打开膨胀计将汞及样品倒入回收瓶中(慎防汞滴洒出)。洗净膨胀计。

(6) 空白实验。膨胀计和汞在受到压力后也会有体积的变化，计算时必须对这一部分的数值进行校正。为此必须进行空白实验，即按上述操作步骤不装样品对膨胀计充汞后进行测试。连续记录对应的 p_0、V_0 值。

结果与讨论

(1)列出空白测试的 p_0 和 V_0 值。

(2)记录样品名称、样品质量、接触角和脱气条件。

(3)以 V 为横坐标、r(或 p)为纵坐标画出孔容-孔径曲线。

思考题

为什么微孔和介孔孔径分布的测定采用液氮容量吸附法，而大孔孔径分布的测定采用压汞法?

参考文献

陈诵英，孙予罕，丁云杰，等. 2001. 吸附与催化. 郑州：河南科学技术出版社

刘希尧，等. 1990. 工业催化剂分析测试表征. 北京：中国石化出版社

(蒋晓原)

实验 68　催化还原法处理氮氧化物(NO_x)

实验导读

NO 在常温下是不易溶于水的无色气体,在液态或固态时显蓝色。它不燃烧也不支持燃烧。NO 与血液中血红蛋白的亲和力很强，使血液输氧能力下降，从而导致中枢神经受损，出现麻痹和痉挛，引起呼吸道感染和哮喘等，重者可导致死亡。NO 浓度较高时，易与氧结合生成红棕色、有刺鼻气味的 NO_2，NO_2 易侵入肺泡，可导致人肺水肿死亡，对心脏、肝脏、造血组织也都有影响。另外，NO_x 是造成酸雨和引起气候变化的重要原因之一，能与烃类(HC)反应形成光化学烟雾，对农作物危害极大。NO 还是破坏大气臭氧层的前驱气体之一，破坏生态环境和生态平衡。

氮氧化物的脱除方法有非催化法和催化法两大类。前者主要包括湿式吸收法、固体吸附法、电子束照射法等，但往往设备庞大，费用高，有二次污染。后者是最有效的方法，它包括 NO 的催化分解和催化还原，其关键技术是开发活性和选择性高、稳定性好、耐毒能力强的催化剂。NO 的催化分解要求反应温度很高，但由于废气中 O_2 的抑制作用，SO_2 等杂质的影响，应用受到限制，尚未有足够高活性和稳定性的实用催化剂。催化还原法是较易实现且实用的脱除 NO 的方法，它包括选择性催化还原和非选择性催化还原。当前应用最多的脱 NO_x 方法有：用于固定源的以 V_2O_5-WO_3(MO_3)/TiO_2 为催化剂的 NH_3-SCR 法和用于移动源的三效催化剂(three way catalysts，TWC)。

实验目的

(1)了解 NO 脱除的几种方法。

(2)了解 CO 催化还原 NO 的机理及分析手段。

实验原理

本实验以 $TiCl_4$ 为 Ti 源，以氨水为沉淀剂，以乙醇为分散剂，采用溶胶-凝胶法合成 TiO_2；并以 TiO_2 为载体，采用浸渍法制备不同系列的 CuO/TiO_2 催化剂，考察 CuO/TiO_2 催化剂对

NO+CO 反应的活性和稳定性。

NO 在 CuO/TiO_2 催化剂表面的反应机理主要包括分子吸附、NO 解离、表面活性物种重组和产物脱附。

吸附
$$CO(g) + S \longrightarrow CO(a) \quad (2.175)$$
$$NO(g) + S \longrightarrow NO(a) \quad (2.176)$$
解离
$$NO(a) + S \longrightarrow N(a) + O(a) \quad (2.177)$$
表面重组和脱附
$$2N(a) \longrightarrow N_2(g) + 2S \quad (2.178)$$
$$N(a) + NO(a) \longrightarrow N_2O(g) + 2S \quad (2.179)$$
$$CO(a) + O(a) \longrightarrow CO_2(g) + 2S \quad (2.180)$$
$$2NO(a) \longrightarrow N_2(g) + 2O(a) \quad (2.181)$$
$$2NO(a) \longrightarrow N_2O(g) + O(a) + S \quad (2.182)$$
$$N_2O(g) + S \longrightarrow N_2O(a) \quad (2.183)$$
$$N_2O(a) \longrightarrow N_2(g) + O(a) \quad (2.184)$$

式中：S 表示催化剂表面吸附位；a 表示吸附态。

低温时吸附在催化剂表面的 NO(a)不易分解，并且 CO 和 O(a)反应较慢，使催化剂表面存在较多的 NO(a)，它易与 NO(a)分解产物 N(a)结合生成 N_2O。由于反应气中 NO 过量，高温时催化剂表面的 NO(a)分解速率加快，催化剂表面的 NO(a)减少，因此不利于 N_2O 的生成。

仪器与试剂

仪器　程序控温仪；气相色谱仪(配热导检测器)；NO+CO 反应活性评价实验装置。

试剂　NO 标准气(99.5%)；CO 标准气(99.9%)；He(气)；N_2(气)。

实验步骤

1. TiO_2 的制备($TiCl_4$ 法)

TiO_2 的制备采用溶胶-凝胶法。以 $TiCl_4$ 为 Ti 源，以氨水为沉淀剂，以乙醇为分散剂。取 25mL $TiCl_4$ 于 400mL 烧杯中，在不断搅拌下加入 20mL 蒸馏水，制成钛溶胶(在通风橱中进行)。另取 30mL 蒸馏水和 20mL 乙醇于 600mL 烧杯中，在不断搅拌下同时慢慢滴加上述钛溶胶和氨水，至 pH 为 9 左右为止。再加入 10mL 蒸馏水稀释，得到钛溶胶。钛溶胶经 75℃老化 24h，300℃加热 2h 以驱赶 NH_4Cl，450℃下焙烧 4h 得到所需 TiO_2 粉体。

2. 催化剂的制备

催化剂的制备采用浸渍法。分别用计算量的 $Cu(NO_3)_2$ 溶液等体积浸渍在 TiO_2 上，放置 12h，炒干，放入马弗炉中 500℃焙烧 2h，备用。各催化剂分别表示为：$w\%CuO/TiO_2$，w 代表 CuO 的负载量。

3. NO+CO 反应

NO+CO 反应活性的评价在微反应装置上进行(图 2.76)。反应气组成(体积分数):NO 6%,CO 6%,He 88%。催化剂装量 120mg,空速 5000mL·h^{-1}。考察两种气氛(H_2 气氛和空气气氛)下处理的催化剂活性;一是催化剂在 H_2 气氛下 500℃还原 1h,降温至 40℃,进反应气;二是催化剂在 He 气氛下 500℃预处理 1h,降温至 40℃,进反应气;反应物和产物用气相色谱热导检测。其中 N_2、NO、CO 用 13X 分子筛填充柱分离,CO_2 和 N_2O 用 Porapak Q 填充柱分离,色谱柱温 45℃,以 H_2 为载气,流速 25mL·min^{-1}。

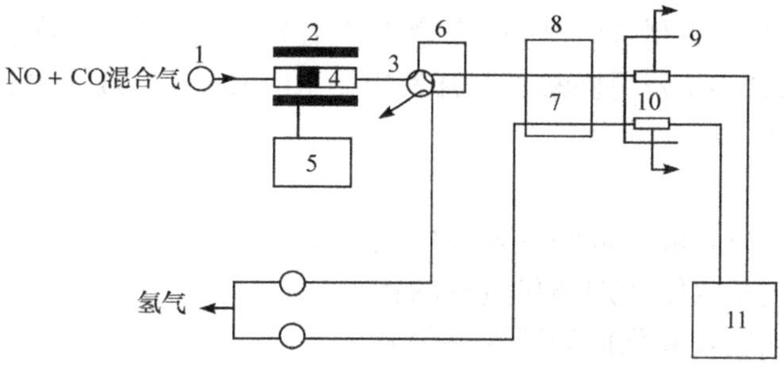

图 2.76　NO+CO 反应活性评价实验装置

1. 流量计;2. 加热炉;3. 六通阀;4. 反应管;5. 程序控温仪;6. 定量管;7. 色谱柱(双柱);8. 恒温箱;9. 检测室;10. 热导池;11. 记录仪

结果与讨论

$$NO_{转化率}=([NO]_{in}-[NO]_{out})/[NO]_{in}\times100\%$$

$$CO_{转化率}=([CO]_{in}-[CO]_{out})/[CO]_{in}\times100\%$$

$$N_{2\,选择性}=2[N_2]/([NO]_{in}-[NO]_{out})\times100\%$$

$$N_2O_{选择性}=1-N_{2\,选择性}$$

思考题

(1)什么是绿色化学?什么是纳米材料?

(2)纳米催化剂用于 NO 的催化脱除有哪些优缺点?

参考文献

Armor J N. 1997. Catalytic solutions to reduce pollutants. Catal Today, 38(2): 163-167

Iwamoto M, Hamada H. 1991. Removal of nitrogen monoxide from exhaust gases through novel catalytic processes. Catal Today, 10(1): 57-71

Radojevic M. 1998. Reduction of nitrogen oxides in flue gases. Environmental Pollution, 102(1): 685-689

(蒋晓原)

实验 69　汽车尾气三效催化剂的活性评价和性能表征

实验导读

20 世纪 60 年代末期,在美国及日本等一些发达国家中,由于机动车排放的气体已成为大气污染物质的主要来源之一，因此提出了开发净化汽车尾气的技术。开发控制汽车排气污染的技术先后经历了三个阶段：第一阶段，采用机内净化技术。第二阶段，采用氧化催化技术，在汽车排气系统上安装氧化型催化净化器，主要用于对 CO 和 HC 排量的控制，最典型的催化剂是贵金属 Pt-Pd 型。第三阶段，采用氧化还原技术与电控技术相结合。到 20 世纪 80 年代中期，采用三效催化剂以蜂窝状堇青石为第一载体，以γ-Al_2O_3 为第二载体，Pt、Pd 和 Rh 为活性组分，Ce、La 等稀土元素为助剂，通过浸渍的方法制成。目前世界上广泛使用的贵金属三效催化剂中，Rh 是一种主要成分，对 NO_x 转化效果特别好。含 Rh 的三效催化剂在世界范围内的应用增长导致 Rh 的使用超过了矿藏比例，使贵金属三效催化剂价格过高，限制了它的全面推广。因此，研制含微 Rh 或完全不使用 Rh 的含稀土三效催化剂是今后发展的方向。1994 年美国 Engelhard 公司探索研制开发出微 Rh（50g · t^{-1}）或全 Pd 的三效催化剂。

实验目的

（1）了解汽车尾气三效催化剂的主要活性组分及制备方法。

（2）了解汽车尾气三效催化剂净化过程的特点。

（3）学习汽车尾气三效催化剂的活性评价方法。

实验原理

汽车尾气三效催化剂主要由三部分组成：载体（氧化铝、分子筛和堇青石陶瓷蜂窝）；活性组分（Pt、Pd 和 Rh 等）；助催化剂（稀土氧化物和过渡金属氧化物）。其中载体的作用是承载催化剂的活性组分和助催化剂；活性组分对催化反应起主导作用；助催化剂能改善催化剂的活性和选择性。

在汽车尾气三效催化剂中，Pt、Pd 和 Rh 是主要的活性组分，其中 Rh 是三效催化剂脱除或控制氮氧化物（NO_x）的主要成分，且对 CO 氧化和 HC 的重整具有非常大的作用；Pt、Pd 是三效催化剂脱除和转化 CO 和 HC 的主要成分。汽车在实际运行中工况非常复杂，对催化剂具有非常高的要求。Pt、Pd、Rh 三效催化剂在富氧情况下易于氧化 CO 和 HC，而 NO_x 的还原被抑制；在贫氧情况下，NO_x 容易被还原，但在反应气氛中由于没有足够的 O_2，CO 和 HC 的氧化不完全，因此三效催化剂须在一定的空燃比条件下才能满足实际需要。研究发现当空气和燃料比（空燃比）在理论空燃比附近一定范围内，氧化还原效果最显著。理论空燃比为 14.6～14.7，实际空燃比与理论空燃比的比值代表燃料燃烧的富燃和贫燃状况。满足一定转化率的实际空燃比范围称为空燃比窗口，扩大空燃比窗口是三效催化剂研究的一个重要方面，如图 2.77 所示。

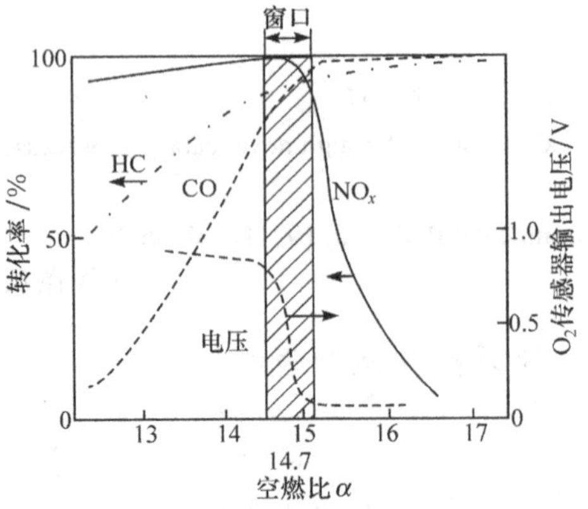

图 2.77　三效催化剂的空燃比特性

在尾气的排放中既有还原性的气体（CO 和 HC），又有氧化性的组分（NO_x）。在催化剂的作用下，这些污染物将发生如下反应：

（1）氧化反应

$$CO + O_2 \longrightarrow CO_2$$

$$HC + O_2 \longrightarrow CO_2 + H_2O$$

$$HC + O_2 \longrightarrow CO_2 + CO + H_2O$$

(2)还原反应

$$CO + NO \longrightarrow CO_2 + N_2$$

$$HC + NO \longrightarrow CO_2 + N_2 + H_2O$$

$$NO + H_2 \longrightarrow H_2O + N_2$$

(3)解离反应

$$2NO \longrightarrow N_2 + O_2$$

$$NO_2 \longrightarrow N_2 + O_2$$

(4)重整反应

$$HC + H_2O \longrightarrow CO + H_2$$

(5)水煤气转换反应

$$CO + H_2O \longrightarrow CO_2 + H_2$$

仪器与试剂

仪器　Robin 1210 型实验用汽油发电机；程序控温仪；FGA4005 型四组分(CO、HC、NO_x、O_2)汽车排气分析仪；红外线气体分析仪；汽车尾气三效催化剂活性评价实验装置。

试剂　汽油(92#)。

实验步骤

1. 催化剂制备

以蜂窝状堇青石为第一载体，以γ-Al_2O_3为第二载体，Pt、Pd 和 Rh 为活性组分，Ce、La 等稀土元素为助剂，通过浸渍的方法制成。

2. 催化剂活性测定

采用 Robin 1210 型汽油发电机(汽油 92#)，产生的模拟汽车尾气作为反应的进口气(含 CO 5.0%～8.0%，HC 1300～1700mg · m^{-3}，NO_x 100～150mg · m^{-3})，用压缩空气调节模拟汽车尾气中的氧气浓度。催化剂的装填量：两只直径为 20mm、长 40mm 的蜂窝催化剂。空速控制为 8×10^4mL · h^{-1}。尾气中的 CO、HC 和 NO_x 采用 FGA4005 型四组分(CO、HC、NO_x、O_2)汽车排气分析仪分析，如图 2.78 所示。

3. 催化剂性能表征

(1)BET 比表面积及孔结构测定。样品的 BET 比表面积和孔结构数据测定采用 Coulter Omnisorp100CX 型物理吸附仪。以普通氮气为动力源，压力调节至 3kg · cm^{-2}。以高纯氮气作为样品的吸附气体，压力为 3kg · cm^{-2}。将装有样品的样品管在电炉上 200℃加热，抽真空处理 2h，用差减法得到样品的真实质量。由吸附数据求得 BET 比表面积。

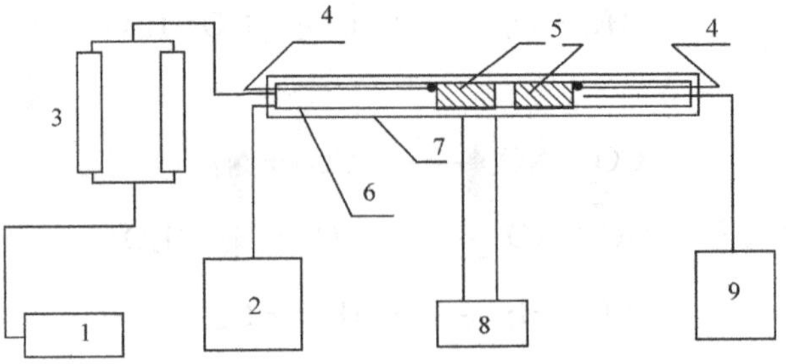

图 2.78　汽车尾气三效催化剂活性评价实验装置

1. 压缩空气；2. 汽油发电机；3. 流量计；4. 热电偶；5. 催化剂；6. 反应管；7. 加热炉；8. 控温仪；9. 四组分（CO、HC、NO_x、O_2）汽车排气分析仪

样品的孔结构数据采用全吸附测定。用单点凝聚（p/p_0=0.976）法求得孔结构数据，利用公式 $4V/A$（V 为孔体积，A 为 BET 比表面积）计算平均孔径。

(2) TG-DTA 测定。TG-DTA 测定在 Corp TG-DTA 综合热分析仪上完成。测量条件：样品用量 10mg 左右，O_2/N_2 气氛，升温速率为 20℃ · min^{-1}。所有样品在进行热分析之前都先在烘箱中 100℃干燥 2h，使热分析过程中水峰不会太大，以至于掩盖其他峰。

(3) TEM 测定。样品的颗粒度测定采用 JEM-200CX 透射电子显微镜。加速电压为 160kV。

(4) XRD 物相测定。XRD 数据用阶梯扫描方式。在 Rigaku D/Max ⅢB 全自动 X 射线粉末衍射仪上采集，Cu/K_α辐射源，功率 40kV×40mA，衍射束置石墨单色器除去 K_β辐射，阶宽 0.02° 2θ，每步计数时间 4s，各 *hkl* 衍射的实验数据采用基本参数法提取晶粒尺寸和微应变值。

(5) NO-TPD 测定。将 250mg 样品装入石英微型反应器，分别在 500℃ H_2 气氛中还原 1h，500℃ He 气氛中预处理 1h，然后用 He 吹扫 1h，最后降至 50℃，预吸附 10%NO+90% He 混合气，He 吹扫 0.5h，使过量的 NO 全部带出，然后以 20℃ · min^{-1} 的升温速率升至 600℃，用质谱检测热脱附过程中的脱附物种。为了模拟催化剂表面物种在反应过程中的状态，在 NO-TPD 中采用的预处理气为 H_2。

(6) H_2-TPR 测定。TPR 实验采用色谱法，用热导检测升温过程中 H_2 的消耗量，还原气为 H_2-N_2 混合气（H_2 体积分数为 5%）。将定量的样品放入石英管中（内径 ϕ=5mm），切换成 5% H_2-N_2 混合气，待基线稳定后，以 15℃ · min^{-1} 程序升温进行 TPR 实验，用热导检测升温过程中 H_2 浓度的变化。5% H_2-N_2 混合气经硅胶、脱氧催化剂及分子筛净化。还原过程中产生的水汽用 5A 分子筛吸收。

(7) XPS 测定。XPS 分析在 PHI 5000C ESCA System 光电能谱仪上进行。激发源：Al K_α（1486.6eV）、Mg K_α（1253.6eV）；12.5kV，250W；工作基压：10^{-9}kPa；工作压力 1×10^{-6}mbar（1bar=10^5Pa）；分辨率：FWHM Ag3$d_{5/2}$ 4×10^4cps（对金属）。以 C_{1s} 284.6eV 为内标，校正仪器的电荷效应。峰的拟合在计算机上使用 XPS Processing 软件进行。

思考题

(1) 什么是理论空燃比？什么是实际空燃比？它对三效催化剂有什么影响？

(2) 什么是机内净化？什么是机外净化？

(3) 举例说明表征多相催化剂有哪些方法，各方法能得到哪些有用的结果。

参考文献

郑小明，周仁贤. 2003. 环境保护中的催化治理技术. 北京：化学工业出版社

Francisco M S P, Mastelaro V R, Nascente P A P, et al. 2001. Activity and characterization by XPS, HR-TEM, Raman spectroscopy, and BET surface area of CuO/CeO_2-TiO_2 catalysts. J Phys Chem B, 105(43): 10515-10522

Francisco M S P, Nascente P A P, Mastelaro V R, et al. 2001. X-ray photoelectron spectroscopy, X-ray absorption spectroscopy, and X-ray diffraction characterization of CuO-TiO_2-CeO_2 catalyst system. J Vac Sci & Tech A: Vacuum Surfaces and Films, 19(4): 1150-1157

Trovarelli A, de Leitenburg C, Boaro M, et al. 1999. The utilization of ceria in industrial catalysis. Catal Today, 50(2): 353-367

Yao H C, Yu Yao Y F. 1984. Ceria in automotive exhaust catalysts: I. Oxygen storage. J Catal, 86(2): 254-265

（蒋晓原）

实验 70　离子液体水溶液的有机/无机性质与缔合作用研究

实验导读

离子液体由于其特殊的性质广泛应用于合成、催化、分析分离和电化学等领域。通常研究离子液体主要集中在离子液体的离子性。当应用离子液体时，离子液体通常表现出一些类似无机盐的性质，如较高的电导率、良好的热稳定性、高的沸点、宽的电位窗。同时，离子液体还具有一些偏离无机盐的性质，如低熔点、良好溶解有机化合物的性质和降低水的表面张力能力等。这些性质在很大程度上与有机物类似。从组成的观点来看，这可能是有机组成的加入导致的。因此，离子液体不仅是由无机和有机离子组成，还可以表现出有机和无机两种性质。这里，把离子液体与无机盐类似的性质称为离子液体的无机性，而把与有机物类似的性质称为离子液体的有机性。尽管这个定义不太准确，但是基于有机物和无机物的界限相对模糊的情况，我们建议在此应用这个定义来说明。例如，当需要离子液体具有高电导率和宽的电位窗时，主要考虑其无机性部分，而当选择对有机物溶解性好的离子液体时，主要考虑其有机性部分。因此，研究离子液体的有机性和无机性对选择离子液体是非常重要的。

离子液体的有机性和无机性并没有人直接提出过这个规定。但是可以把它放在水中研究其物化性质并与有机物和无机盐进行比较，然后讨论离子液体的性质到底表现有机性还是无机性。已经有大量的文献研究离子液体的物化性质，主要有熔点、密度、黏度、电导、表面张力等。

实验目的

(1)了解离子液体的概念。

(2)掌握离子液体的物理化学性质测试方法。

(3)探讨离子液体及其混合物的性质与结构之间的关系。

实验原理

1. 离子液体的物化性质

(1)离子液体的熔点。熔点和液程是评价离子液体的关键指标，也是重要的性质之一。例如，咪唑盐离子液体的熔点非常低，而通过调节不同咪唑阳离子取代基或者调节阴离子都可

以影响离子液体的熔点。许多咪唑离子液体没有熔点，只有玻璃化转变温度，而胺型离子液体的熔点相当低。

(2) 离子液体的密度。所有的咪唑型离子液体的密度都大于 $1g\cdot cm^{-3}$，除一些吡咯盐和胍盐外，其他大部分密度为 $1.1\sim1.6g\cdot cm^{-3}$。离子液体密度主要是由阴、阳离子的类型而定，阴离子对密度的影响大于阳离子。阴离子越大，离子液体密度越大；有机阳离子体积越大，离子液体密度越小。值得注意的是，杂质对离子液体的密度有一定的影响，如少量水就可以导致密度的变化。

(3) 离子液体的黏度。与传统的有机溶剂相比，离子液体的黏度通常高出 1～3 个数量级。如此大的黏度给化工生产带来很多负面影响。高黏度使得离子液体暴露在空气中易吸收空气中的水分。水作为杂质对离子液体的性质有很大影响。因此，水对离子液体的影响已经成为目前研究热点之一。

(4) 离子液体的电导。离子液体优良的电导性是离子液体应用于电化学的前提。EmimCl-$AlCl_3$ 离子液体的电化学窗口高达 4V。而电导率与黏度、密度、离子大小等存在一定的关系。电导率与黏度成反比，黏度越大，电导率越小。而密度对电导率的影响正好相反。当密度和黏度两者接近时，摩尔质量和离子大小则决定了离子液体的电导率。温度同样对电导有很大影响。

$$\sigma(T)=\frac{A}{\sqrt{T}}\exp\left(\frac{-B}{T-T_0}\right) \tag{2.185}$$

式中：A、B 为与活化能有关的频率因子；T_0 为理想玻璃化温度。可见，温度越高，导电性越好。

(5) 离子液体的表面张力。离子液体表面张力的数据比较有限。总体上，离子液体的表面张力低于水的表面张力，而比传统的有机溶剂高。此外，离子液体的结构对表面张力影响较大，阴离子相同时，表面张力随阳离子的链长而降低；当阳离子相同，阴离子尺寸变大，表面张力则增大。

2. 离子液体混合物的物化性质

离子液体在使用过程中通常以混合物的形式参与。离子液体与水的混合物的性质研究尤为重要，并且已经有很多文献报道。离子液体混合物的性质包括密度、过量体积、过量摩尔焓和过量摩尔自由能、电导等。

(1) 离子液体混合物的密度。离子液体混合物的性质与组成密切相关。第二组分的加入会对离子液体的物化性质产生影响。离子液体水溶液混合物的密度数据均有报道，混合物的密度与组成变化有关。

(2) 离子液体混合物的过量体积。二元混合物的过量体积可以根据所测的密度数据和摩尔质量计算，公式如下：

$$V_{\mathrm{m}}^{\mathrm{E}}=[x_1M_1+(1-x_1)M_2]/\rho-x_1M/\rho_1-(1-x_1)M_2/\rho_2 \tag{2.186}$$

式中：M_1、M_2 和 ρ_1、ρ_2 分别为组分 1、2 的摩尔质量和密度；x_1 为组分 1 在混合物中的摩尔分数。离子液体过量体积可正可负，能够反映体系中的相互作用和结构信息。

(3) 离子液体混合物的过量摩尔焓和过量摩尔自由能。与前面讲的过量体积类似，过量摩尔焓 $H_{\mathrm{m}}^{\mathrm{E}}$ 和过量摩尔自由能 $G_{\mathrm{m}}^{\mathrm{E}}$ 均为实际混合物与理想混合物的偏差。利用微量量热技术可以直接测定离子液体混合物的过量摩尔焓。过量摩尔自由能可以通过式(2.187)计算：

$$G_m^E = x_1\mu_1^E + x_2\mu_2^E \tag{2.187}$$

式中：μ_1^E 和 μ_2^E 分别为溶剂分子和离子液体的过量化学势，通过蒸气压就可以得到，如

$$\mu_1^E = RT\ln\left(\frac{p_1}{x_1 p_1^0}\right) \tag{2.188}$$

式中：p_1^0 为一定温度下纯分子溶剂的蒸气压。μ_2^E 可以通过吉布斯-杜安(Gibbs-Duhem)公式得到：

$$x_1 d\mu_1^E + x_2 d\mu_2^E = 0 \tag{2.189}$$

(4)离子液体混合物的电导。离子液体之所以能应用在电化学中是由于它具有导电性。离子液体及其混合物的电导近年来也有很多数据报道。了解这种混合物的电导率及组成变化关系可以解释电解质的电化学行为。相对于有机物来说，离子液体的电导率高了几个数量级。这与阴、阳离子间的缔合作用和离子间的偶极作用密切相关。

3. 离子液体的物化性质与缔合的关系

物质的性质主要与结构和相互作用相关，离子液体也不例外。缔合作用作为一种分子间的相互作用，可以用于研究离子液体的性质。

仪器与试剂

仪器　四口瓶；恒压滴液漏斗；冷凝管；温度计(1/10℃)；搅拌装置；减压装置；冷冻干燥机；电导率仪；黏度计；恒温槽；精密低真空测压仪。

试剂　正丁胺；冰醋酸；乙醚；硝酸；$BmimBF_4$；$[Omim][BF_4]$(均为分析纯)。

实验步骤

1. 离子液体的合成

质子型乙酸丁胺(BNAc)和硝酸丁胺($BNNO_3$)离子液体的合成如下。

BNAc 离子液体的合成：在装有搅拌桨、温度计、冷凝管、恒压滴液漏斗的 250mL 四口瓶中加入 0.5mol 正丁胺，置于冰水浴中，并开始搅拌，缓慢滴加等物质的量的冰醋酸至四口瓶中，1～2h 滴加完毕，然后在 60℃下恒温反应 2h。反应完成并冷却至室温后，用乙醚萃取五六次，减压蒸馏除去低沸物，得到无色透明的液体。然后将合成好的离子液体放置在冷冻干燥机中，在真空度低于 30Pa 条件下冷冻干燥 24h，除去离子液体中的水分。NMR 表征：^{1}H NMR(500MHz, $CDCl_3$) δ/ppm：7.77(s, 3H)，2.67(t, 2H)，1.70(s, 3H)，1.48(m, 2H)，1.31(m, 2H)，0.87(t, 3H)。

$BNNO_3$ 离子液体的合成：在装有搅拌桨、温度计、冷凝管、恒压滴液漏斗的 250mL 四口瓶中加入 0.5mol 正丁胺，置于冰水浴中，控制温度在 10℃以下，并开始搅拌，缓慢滴加等物质的量的硝酸至四口瓶中，1～2h 滴加完毕，然后在 40℃下恒温反应 2h。反应完成并冷却至室温后，用乙醚萃取五六次，减压蒸馏除去低沸物，然后将合成好的离子液体放置在冷冻干燥机中，在真空度低于 30Pa 条件下冷冻干燥 24h，除去离子液体中的水分，得到无色固体。NMR 表征：^{1}H NMR(500MHz, D_2O) δ/ppm: 8.69(s, 3H), 3.12(d, 2H), 1.73(q, 2H), 1.42(q, 2H), 0.96(t, 3H)。

咪唑型离子液体 1-丁基-3-甲基咪唑四氟硼酸盐($BmimBF_4$)，1-辛基-3-甲基咪唑四氟硼酸盐([Omim][BF_4])为市售。

2. 自行设计

电导率、黏度、表面张力的测定方案，密度(过量体积)的测量(选做)。

结果与讨论

通过对两种胺型和两种咪唑型离子液体(硝酸丁胺 $BNNO_3$、乙酸丁胺 BNAc 和 1-丁基-3-甲基咪唑四氟硼酸盐 $BmimBF_4$、1-辛基-3-甲基咪唑四氟硼酸盐[Omim][BF_4])的研究，从以下几个方面进行讨论。

(1) 离子液体水溶液的电导率：离子液体水溶液的电导率与有机溶剂和无机盐溶液的比较，离子液体水溶液的电导率与阴、阳离子间的缔合关系。

(2) 离子液体水溶液的黏度：离子液体水溶液的黏度与有机溶剂和无机盐溶液的比较，离子液体水溶液的黏度与阴、阳离子间的缔合关系。

(3) 离子液体水溶液的表面张力：离子液体水溶液的表面张力与有机溶剂和无机盐溶液的比较，离子液体水溶液的表面张力与阴、阳离子间的缔合关系。

(4) 离子液体水溶液的过量体积(选做)：离子液体水溶液的过量体积与有机溶剂和无机盐溶液的比较，离子液体水溶液的过量体积与阴、阳离子间的缔合关系。

参考文献

Adams C J, Earle M J, Roberts G, et al. 1998. Friedel-Crafts reactions in room temperature ionic liquids. Chem Commun, 19: 2097-2098

Rebeiro G L, Khadilkar B M. 2000. Benzoylation in room temperature ionic liquids. Synth Commun, 9: 1605-1608

(姚　加)

2.4　计算机实验

实验 71　苯甲酸、苯甲醇和苯甲醛红外光谱的密度泛函理论研究

实验导读

量子力学的五个基本假设分别为状态波函数和概率、力学量与线性自共轭算符、薛定谔(Schrödinger)方程、态叠加原理和泡利(Pauli)不相容原理，像几何学中的公理一样，虽不能被直接证明，但也并非科学家主观想象出来的，它来自实验，并不断被实验证实。将非相对论近似、玻恩-奥本海默(Born-Oppenheimer)近似和单电子近似引入薛定谔方程，通过变分法导出 HFR (Hartree-Fock-Roothan)方程。从头计算法(*ab initio*)求解 HFR 方程是基于复杂的多电子波函数，需引进新的简化和近似，斯莱特(Slater)提出 X_α近似方法，用一个密度泛函代替 HF 方程中的交换势，减小了计算量；Hohenberg 和 Kohn 曾证明，体系的基态能量仅是电子密度的泛函，并以基态密度为变量，将体系能量最小化之后就得到了基态能量。从此，人们致力于寻找电子密度和能量之间的数学关系，得到了密度泛函理论(density functional theory, DFT)，Kohn-Sham 借鉴了 HF 方法和 X_α近似的成功经验，优先分离出能量的泛函的主要部分

(独立粒子的动能和库仑能)，再采取对剩余部分作近似的方法，在 Kohn-Sham DFT 框架中，复杂的多体问题被简化成一个没有相互作用的电子在有效势场中运动的问题。

依照量子力学理论，通过计算机模拟求解薛定谔偏微分方程可获得一个分子或原子体系的能量和相关的电子结构性质，从而实现不需传统的化学实验就能较好地理解和预测化学实验现象。

实验目的

(1)掌握 ChemOffice 化学工具软件包、Gaussian 和 GaussView 软件的基本使用方法。

(2)熟悉密度泛函理论优化分子构型的方法。

(3)初步掌握红外光谱和热力学性质的理论计算方法。

(4)了解结构化学中分子轨道的基本概念。

实验原理

在从头计算法中，分子轨道(MO)表示为原子轨道(AO)基函数的线性组合(LCAO)，称原子轨道基函数的集合为基组(basis-set)。常用的理论或方法有 HF、B3LYP、MP2、CCSD(T)、PM7；常用基组有 STO-3G、3-21G、6-31G、6-31+G*、cc-pVDZ、def2-TZVP 等。通常大基组给出相对较好的计算结果，但需要相对较高的计算成本。

本实验中所使用的计算化学程序是 Gaussian 软件，它可以进行从头算、半经验和密度泛函的量子化学计算，计算分子和化学反应的许多其他性质，如分子轨道、电子密度分布、极化率与超极化率、静电势、热化学性质、旋光性、电多极矩、核磁共振屏蔽和磁化系数、核磁共振自旋-自旋耦合常数、超精细耦合常数、超精细光谱张量、过渡态的能量和结构、成键和化学反应能量及化学反应路径等。本实验使用的是 Gaussian 软件中的 DFT-B3LYP 方法和 3-21G 基组。在 B3LYP 方法中，交换项势能写成

$$E_{xc}^{B3LYP} = E_x^{GGA} + a_0\left(E_x^{HF} - E_x^{LDA}\right) + a_x\left(E_x^{GGA} - E_x^{LDA}\right) + E_c^{LDA} + a_c\left(E_c^{GGA} - E_c^{LDA}\right)$$

其中，a_0=0.20，a_x=0.72，a_c=0.81，GGA 是广义梯度近似(generalized gradient approximations)，LDA 是局域密度近似(local density approximations)。

Gaussian 软件首先利用分子总能量对坐标的一阶导数获得分子势能面上的极低点(stationary point)，极低点对应的分子构型称为平衡几何构型，也称优化构型，该软件可通过关键词“Opt”实现基态、中间体、过渡态及激发态的构形优化；其次，利用分子能量对坐标的二价导数计算得到分子的振动频率，得到各种振动光谱及振动零点能、焓、吉布斯自由能和熵等热力学参数。

本实验将计算苯甲酸的红外振动光谱，它是红外光与分子振动的量子化能级共振产生吸收而产生的特征吸收光谱曲线。红外光谱分析可用于研究分子的化学键和结构，也是一种表征和鉴别化学物种的方法。依据红外吸收谱带的位置、强度、形状、个数，可以推测分子中某种官能团存在与否，推测官能团的邻近基团，确定化合物结构。红外吸收峰的振动模式一般分为对称伸缩振动、反对称伸缩振动、剪式弯曲振动、面内摇摆振动、面外摇摆振动和扭曲振动六种。Gaussian 软件不但可以预测出红外振动光谱光谱图，还可以根据计算结果判断出红外振动的振动模式的跃迁类型。

仪器与软件

(1)硬件：计算机(普通配置)。

(2)软件：Gaussian 软件、GaussView 软件、ChemOffice 化学工具软件包。

实验步骤

1. 构建分子的初始构型

利用 GaussView 软件或 ChemOffice 软件均可构建分子的初始构型。

(1)利用 ChemOffice 化学工具软件包中的 ChemDraw 程序构件初始构型：在 View 菜单下，点击 Show main tool，利用显示出的分子结构绘制工具绘制苯甲酸的结构，并将结构保存为 benzoicacid.cdx。然后用 Chem 3D Ultra 程序打开该文件，选择 MOPAC 菜单下点击 Minimize Energy，对结构进行预优化，再将文件保存为 benzoicacid.mol。

(2)利用 GaussView 软件构建分子的初始构型：双击 GaussView 图标打开 GaussView 软件，依次单击 File→New→Create Molecule Group，到一个新的结构式窗口，单击按钮，得到 Ring Fragments 窗口，单击图标，然后在结构式窗口中单击，画出苯环；同样通过单击按钮，画出其他官能团，得到苯甲酸的构型，并存为 benzoicacid. gjf 文件(Windows 系统上该文件后缀为*.gjf)，观察苯甲酸分子的初始构型。

2. 构形优化

(1)计算参数设置：在 GaussView 软件中选择 Calculate 菜单，点击 Gaussian，打开 Gaussian Calculation Setup 界面：Job Type 选 Opt+Freq；Method 选 DFT-B3LYP 方法和 3-21G 基组，其他为默认设置；Title 改为 benzoicacid；Link0 设置%chk=benzoicacid.chk。关闭该界面，并将文件保存为 benzoicacid.gjf。点击 Results-View File 或用记事本打开 gjf 文件阅览 benzoicacid.gjf 文件的内容。

(2)双击 Gaussian 软件图标，打开 Gaussian 软件，然后用 Gaussian 打开文件 benzoicacid.gjf。Gaussian 软件将自动识别 benzoicacid.gjf 文件中的各个项目。点击运行按钮，然后点击保存，Gaussian 开始计算 benzoicacid.gjf 这个文件，计算结果将输出到 benzoicacid. out 和 benzoicacid. chk 中。计算完毕后，把二进制检查点文件 benzoicacid.chk 转化为 ASCII 码格式化检查点文件 benzoicacid.fch。用 GaussView 打开 benzoicacid.out，可以看到优化后的分子结构。

3. 查看苯甲酸的红外振动光谱

在 GaussView 软件上点击 Results-Vibrations，打开振动光谱 Display Vibrations 对话框，点击 Spectrum，得到模拟的红外振动光谱(图 2.79)。在振动光谱图上用鼠标可以放大谱图，用鼠标左键点击谱图中某一个振动峰，就可以显示该峰的频率和强度，还可以同时点击 Display Vibration 中的 Start Animation，则可查看当前振动模式的动画。

4. 查看苯甲酸的分子轨道

用 GaussView 软件打开 benzoicacid.chk 文件，在 Results 菜单下点击 Surfaces..，然后在打开的 Surfaces and Cubes 对话框中点击 Cube Actions..。Kind 中选择 Molecular Orbital，选择 HOMO、LUMO 或其他轨道，点击 OK。接着在 Surfaces and Cubes 对话框中点击 Surface Actions.. 中的 New Surface，即可显示指定的输出的轨道图(图 2.80)。

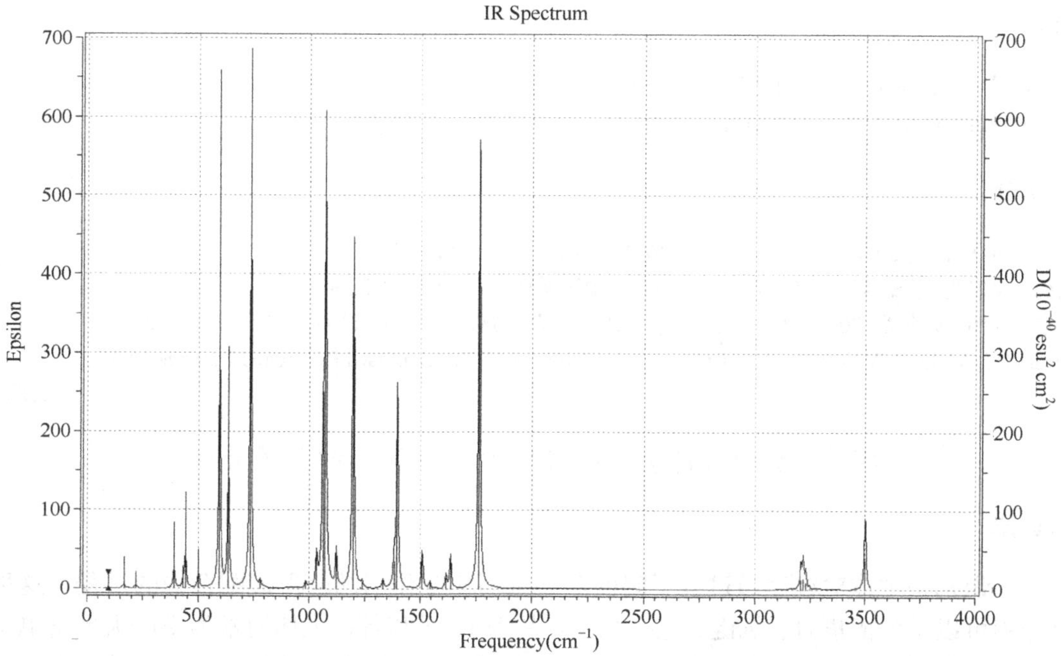

图 2.79 Gaussian 模拟苯甲酸红外光谱

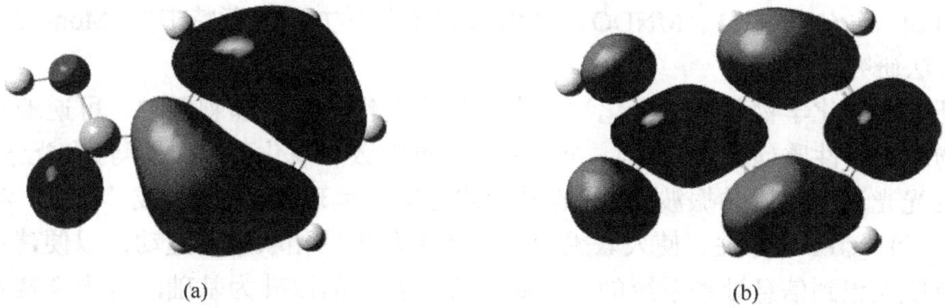

图 2.80 苯甲酸分子的 HOMO 轨道(a)和 LUMO 轨道(b)

结果与讨论

(1)优化构型、电荷分布。用记事本打开 benzoicacid.out 文件，搜索到“Modify Bond”、“Modify Angle”和“Modify Dihedral”，记录苯甲酸分子中相关的键长、键角和二面角。

(2)红外光谱。绘制苯甲酸的模拟红外振动光谱，并标注若干比较强烈的振动峰的振动模式，将所得图谱与实验图谱进行对比，对其中的异同点进行解释。

(3)热化学性质。用记事本打开 benzoicacid.out 文件，搜索到 SCF Done: E(UB+HF-LYP)=; Zero-point correction=; Thermal correction to Energy=; Thermal correction to Enthalpy=; Thermal correction to Gibbs Free Energy=; Sum of electronic and zero-point Energies=; Sum of electronic and thermal Energies=; Sum of electronic and thermal Enthalpies=; Sum of electronic and thermal Free Energies=; Entropy(S)苯甲酸分子在 B3LYP/3-21G 水平下的电子能量、零点能、焓、吉布斯自由能和熵等热力学参数。找到苯甲酸分子的电子能量、零点振动能、298.15K 下的熵、焓、吉布斯自由能等热力学参数，并试着寻找它们之间的关系。

(4)绘制并分析苯甲酸分子的 HOMO 和 LUMO 轨道图像。

思考题

(1) 为什么理论红外谱图与实验图谱存在差异？

(2) 各热力学参数、HOMO 和 LUMO 的能量单位是什么？

参考文献

黄美纯. 2000. 密度泛函理论的若干进展. 物理学进展, 20 (3): 199-219
黎乐民, 刘俊婉, 金碧辉. 2005. 密度泛函理论. 中国基础科学, 7 (3): 27-28
李震宇, 贺伟, 杨金龙. 2005. 密度泛函理论及其数值方法新进展. 化学进展, 17 (2): 192-202
Linstrom P J, Mallard W G. 2001. NIST Chemistry WebBook; NIST Standard Reference Database, 69

(王国平)

实验 72　杯[4]芳烃对嘧啶的分子识别和分子开关

实验导读

分子识别是主体对客体通过分子间的非共价弱相互作用结合形成配合物的过程。这种弱相互作用可以是范德华力、氢键、电荷相互作用及π-π堆积等。主体通常为空腔大环富电子分子，如β-环糊精、冠醚、杯芳烃等，与客体之间要满足空间和电荷的相互适应性。由于主客体间的相互作用能为 10^2～10^4J，实验上通常需用精密的微量热仪、紫外光谱和荧光光谱研究，理论上可用 *ab initial*、AM1、MNDO、PM3 等量子化学方法及蒙特卡罗(Mont-Carlo)模拟等分子力学方法研究。

分子开关是指化学物种在遭受化学、光化学或电化学等外部刺激时，可逆地互变于两个具有不同物理化学性质(如几何结构、折射率、介电常数和氧化还原电势等)和光谱性质(如紫外光谱、荧光光谱和核磁共振波谱等)的异构体之间，呈现出“ON”或“OFF”状态。正是这种“ON”和“OFF”开关，使人联想起与某些宏观机器相联系的运动，以便建造分子水平的机器；也使人想到信息处理系统的二进制运算。在目前以硅为基础的电子学技术基本达到极限的情况下，人们期望找到性能更优越的分子体系作为电子元件以替代现有的硅质芯片和元件。分子开关的设计研制是当代化学最具挑战性的方向之一，它涉及众多领域，如化学、光学、电子学、信息工程、材料及生命科学等，是 21 世纪的研究热点之一。

实验目的

(1) 了解半经验量子化学计算方法。

(2) 用 AM1、MNDO、PM3 方法研究杯[4]芳烃对醇类、单糖、嘧啶等客体的分子识别。

(3) 用 INDO 系列方法计算电子吸收光谱。

(4) 用 AM1 方法研究杯[4]芳烃与嘧啶衍生物配合物的质子转移势能曲线，并设计分子开关。

实验原理

1. 分子识别

理论上研究分子识别通常采用如下方法：把超分子配合物看成一个整体，电子在超分子轨道中运动，如果以 $E_{总}$表示超分子配合物的总能量，E_i表示主体和客体单独存在时的能量，则配合物的稳定化能为

$$\Delta E = E_{总} - \sum E_i$$

实验表明，八羟基杯[4]芳烃对核糖、阿戊糖、岩藻糖、维生素等具有一定识别作用，故以八羟基杯[4]芳烃为主体 1a(图 2.81)，用 AM1、MNDO、PM3 方法考察主体对单糖及嘧啶衍生物的分子识别性能。以主体 1a 的标准键长、键角为初始输入，坐标原点在构型中心，与同一个亚甲基相连的两个苯环夹角为 90°，各苯环与 Z 轴倾斜成 45°。被考察的客体有两组，第一组包括甲醇、乙二醇、D-甘油醛、D-赤藓糖、D-阿戊糖，与主体 1a 形成的配合物分别用配合物 2、3、4、5、6 表示，目的在于研究主体对单糖类物质的识别能力；再用 D-甘油醛作为客体，令主体 1a 中 1、8、15、22 位置的 H 分别为 CH_3 和 OH，对应的主体为 1b 和 1c，与 D-甘油醛形成配合物 7、8；配合物 9 的主体则是通过主体 1a 在 2、9、16、23 位置上去掉四个羟基上的氢原子而形成的酚负离子 $1a^{4-}$。用 AM1 方法对所有主体、客体及主客体 1∶1 配合物进行几何构型全优化，优化过程中未加任何对称性限制，得到稳定构型。以优化构型为基础，用 INDO/SCI 方法对主体 1a 及配合物进行光谱计算，取 14 个高占据轨道中的电子，跃迁到 14 个低空轨道中，考虑所有可能的单电子跃迁方式，共产生 197 个组态。由基态到各激发态的垂直跃迁能 ν 或波长 λ 及振子强度 f，可得到电子吸收光谱。

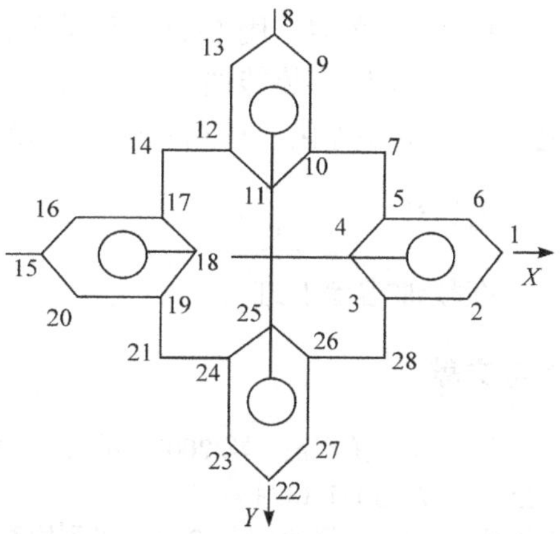

图 2.81 主体 1a 杯[4]芳烃结构示意图

2. 分子开关

这里采用第二组客体嘧啶及其衍生物，客体芳环沿 X-Z 平面放置，与主体 1a 形成的配合物(图 2.82)用配合物 10、11、12 表示。配合物 10 的客体是嘧啶，考察稳定化能的大小，如果是负值，说明配合物能够形成，即芳环的介入对形成超分子配合物具有一定的π-π堆积作用。在嘧啶上引入强供电基团 OH，形成配合物 11，考察此时配合物稳定化能数值的变化；若在嘧啶上引入吸电基团羧基，则稳定化能又会发生改变。将羧基变成 COO^-后，配合物 12 稳定化能又有变化。因此，客体上的取代基是决定配合物能否形成的关键。实验表明，主体 1a 与嘧啶配合物的稳定常数随客体上取代基的供电性增强而减小。

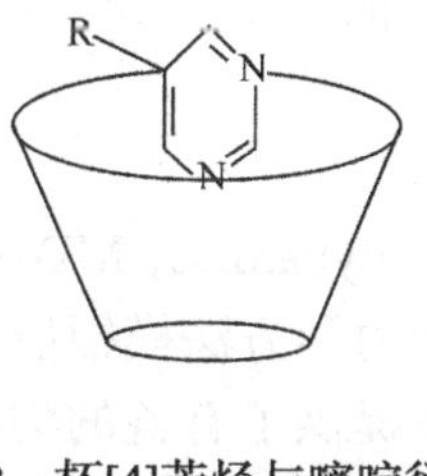

图 2.82 杯[4]芳烃与嘧啶衍生物配合物的结构

比较配合物 11 和 12 的稳定化能，若一个为负值，即体系处于“关”的状态，而另一个为正值，即体系处于“开”的状态，这样便可设计成分子开关。改变溶液的 pH，使 COOH 与 COO^-发生互变，则两个异构体的稳定化能一个为负值，一个为正值，体系或处于“关”的状态，或处于“开”的状态，由此可制成用酸碱调控的分子开关。分子开关的质子转移势能曲线可如下作图：以配合物 12 为基础，固定 O—H

键键长分别为 0.16nm，0.18nm，0.25nm，0.30nm，0.35nm，对配合物的其他坐标进行条件优化，得到各点的能量极小值。以能量对 O—H 键键长作图，得到质子转移势能曲线。

仪器与程序

Pentium Ⅳ微机；MOPAC 程序包；INDO 程序。

实验步骤

(1)构建坐标：以直角坐标系构建主体及各客体的坐标。

(2)优化构型：用 AM1、MNDO 及 PM3 方法优化主体、客体及配合物。

(3)电子光谱：用 INDO 系列方法计算主体、客体及配合物的电子吸收光谱。

(4)质子转移势能曲线：用 AM1 方法对主体与羧基嘧啶配合物在限制 O—H 键键长的情况下进行条件优化，得到对应于能量极小值的各几何构型。

结果与讨论

在教师指导下进行。

参考文献

滕启文，吴师，陈素清，等. 2002. 环双(对-苯基-对草快)对中性客体的分子识别和分子开关. 高等学校化学学报，23(7)：1331-1334

王乐勇，孙小强，潘毅，等. 2001. 可利用酸碱调控的分子器件——富电子二苯醚客体和缺电子联吡啶大环组成的准轮烷的“开”与“关”. 高等学校化学学报，22(1)：143-145

吴师，滕启文，陈肖飞，等. 2003. 杯[4]芳烃对单糖及嘧啶衍生物的分子识别和分子开关. 高等学校化学学报，24(7)：1271-1273

Aoyama Y, Tanaka Y, Toi H, et al. 1988. Polar host-guest interaction: binding of nonionic polar compounds with a resorcinol-aldehyde cyclooligomer as a lipophilic polar host. J Am Chem Soc，110(2)：634-635

Davis A P, Wareham R S. 1999. Carbohydrate recognition through noncovalent interactions: a challenge for biomimetic and supramolecular chemistry. Angew Chem Int Ed, 38(20)：2978-2996

(滕启文)

实验 73　液体结构的分子动力学模拟

实验导读

1957 年，Alder 和 Wainwright 首次应用分子动力学(molecular dynamics，MD)模拟研究了硬球流体的气-液相变和压力-体积-温度关系，开创了利用分子动力学方法模拟研究物质宏观性质的先河，为启发人们通过研究物质的微观行为探讨宏观性质提供了有益的尝试。后来，人们对该方法做了许多改进，运用它对固体及其缺陷以及液体进行了大量的研究。但早期模拟的空间和时间尺度都受到计算机速度及内存的很大限制。直到 20 世纪 90 年代中期，计算机技术的飞速发展，加上多体势函数的提出，为分子动力学模拟注入了新的活力。

分子动力学模拟不仅能得到原子的运动轨迹，还能像做实验一样进行各种观察。对于平衡系统，可以作适当的时间平均来计算一个物理量的统计平均值；对于非平衡过程，对发生在一个分子动力学观察时间内(一般为 1～100ps)的物理现象也可以进行直接模拟。特别是许多与原子有关的微观细节，在实际实验中无法获得，而在分子动力学模拟中却可以方便地观察到。这些优点使分子动力学模拟在化学、生物、材料科学等领域的研究中显得非常有吸引力。每年发表的关于分子动力学模拟的论文达千篇之多，分子动力学与蒙特卡罗方法都已经成为微观尺度模拟的主要手段。分子动力学模拟在计算和预测流体的传递性质，如扩散系数、黏度、导热系数等方面已经得到了广泛的应用。

在气、液、固三种相态中，晶体的结构最规则，可通过X射线衍射等实验手段加以研究；气体分子的运动最随机，没有结构，可以通过状态方程加以描述；只有液体最复杂，既有类似晶体结构的有序性，又有类似气体分子运动的随机性，难以精确把握。虽然也可以通过X射线衍射和中子衍射等实验手段测定液体的结构，但实验难度大、要求高、价格贵，不易实现。分子模拟作为计算机“机器实验”，能够帮助人们进一步了解液体的结构、热力学、动力学等宏观性质，为研究提供一种成本低、效率高的“实验”手段。特别是在微孔等实际实验条件难以达到的极端、极限条件下，分子模拟尤为重要。

实验目的

(1)学习并掌握统计力学计算结构性质、热力学性质的基本原理和方法，加深对统计系综、统计平均等概念的理解。

(2)学习分子动力学模拟方法及其实现和应用。

(3)理解径向分布函数的物理意义及其与液体结构的关系，了解径向分布函数的计算方法和编程。

(4)学习分子运动轨迹的分析方法。

实验原理

根据统计力学原理，系统的宏观性质是相应微观物理量的统计平均(系综平均)值。只要微观状态取得足够多，进行系综平均后，就可以得到系统宏观性质(包括平衡性质、结构性质、输运性质等)的“机器实验”数据。作为统计力学实验的分子模拟，其目的就是利用计算机产生大量的微观状态，求取系综平均，以获取系统的宏观性质。按照获取微观状态(也称分子位形或构型，指系统中各分子的位置、取向和动量)方法的不同，可分为蒙特卡罗(MC)方法和分子动力学方法，蒙特卡罗方法按照一定的统计分布构作不同的分子位形，求取系统物理量的系综平均值；而分子动力学方法对粒子求解动力学方程而获得系统不同时刻的微观状态(粒子运动轨迹)，求取分子系统物理量的时间平均值。统计力学认为：时间平均等效于系综平均。

1. 分子动力学基本原理

考虑一个由 n 个原子构成的 N 个分子的系统，其总势能为系统中各原子位置的函数，$U(\boldsymbol{r}_1,\boldsymbol{r}_2,\cdots,\boldsymbol{r}_n)$。根据力学原理，各原子所受到的力为势能的梯度：

$$\boldsymbol{F}_i=-\nabla_i U=-\left(\boldsymbol{i}\frac{\partial}{\partial x_i}+\boldsymbol{j}\frac{\partial}{\partial y_i}+\boldsymbol{k}\frac{\partial}{\partial z_i}\right)U \tag{2.190}$$

由牛顿第二运动定律，可得原子的加速度为

$$\boldsymbol{a}_i=\frac{\boldsymbol{F}_i}{m_i} \tag{2.191}$$

由此可预测原子经过时间 t 后的速度与位置。

$$\boldsymbol{v}_i = \boldsymbol{v}_i^0 + \boldsymbol{a}_i t$$

$$\boldsymbol{r}_i = \boldsymbol{r}_\mathrm{i}^0 + \boldsymbol{v}_i^0 t + \frac{1}{2}\boldsymbol{a}_i t^2 \tag{2.192}$$

分子动力学计算的基本原理是利用牛顿第二运动定律，先由原子的位置和势能函数得到各原子所受的力和加速度，令 $t = \delta t$，预测出经过 δt 后各原子的位置和速度，再重复以上步骤，计算力和加速度，预测再经过 δt 后各原子的位置和速度，……如此即可得到系统中各原子的运动轨迹及各种动态信息。

由此可见，原子的势能函数(作用力对位置积分的负值，常简称为力场)对分子动力学模拟至关重要。在进行模拟计算时，选择合适的力场极为重要，往往决定模拟结果的优劣。势能函数(力场)的一般形式为

$$\begin{aligned} U = {} & U_{\mathrm{bond}} + U_{\mathrm{angle}} + U_{\mathrm{torsion}} + U_{\mathrm{outp}} && \text{(分子内相互作用)} \\ & + U_{\mathrm{elec}} + U_{\mathrm{vdw}} && \text{(分子间相互作用)} \\ & + U_{\mathrm{constraint}} && \text{(约束项)} \end{aligned}$$

式中：第 1 项为键伸缩作用项；第 2 项为键角张合作用项；第 3 项为二面角扭转(绕单键旋转)作用项；第 4 项为偏离平面振动作用项；第 5 项为静电作用项；第 6 项为范德华(vdw)作用项；第 7 项为约束作用项，主要是针对不同系统环境的各种(原子位置、距离、键角、二面角、质子间偶合常数等)约束相互作用。

2. *运动方程的求解*

在分子动力学模拟中，为了得到原子的运动轨迹，必须求解牛顿运动方程，以计算原子的位置和速度，可以采用有限差分法求解运动方程。有限差分法的基本思想是将积分分成很多小步，每一小步的时间固定为 δt。用有限差分法积分运动方程有许多方法，最常用的有 Verlet 算法和 Beeman 算法。Verlet 算法的计算式为

$$\boldsymbol{r}_i(t+\delta t) = \boldsymbol{r}_i(t) + \boldsymbol{v}_i\left(t + \frac{1}{2}\delta t\right)\delta t$$

$$\boldsymbol{v}_i\left(t + \frac{1}{2}\delta t\right) = \boldsymbol{v}_i\left(t - \frac{1}{2}\delta t\right) + \boldsymbol{\alpha}_i(t)\delta t$$

计算时应已知 $\boldsymbol{r}_i(t)$ 与 $\boldsymbol{v}_i\left(t - \frac{1}{2}\delta t\right)$。可由 t 时刻的位置 $\boldsymbol{r}_i(t)$ 计算质点所受的力与加速度 $\boldsymbol{\alpha}_i(t)$，再依上式预测时间为 $t + \frac{1}{2}\delta t$ 时的速度 $\boldsymbol{v}_i\left(t + \frac{1}{2}\delta t\right)$，依此类推。时间为 t 时的速度由下式算出：

$$\boldsymbol{v}_i(t) = \frac{1}{2}\left[\boldsymbol{v}_i\left(t + \frac{1}{2}\delta t\right) + \boldsymbol{v}_i\left(t - \frac{1}{2}\delta t\right)\right]$$

这种算法使用简便，准确性高。

Beeman 算法的计算式为

$$\boldsymbol{r}_i(t+\delta t) = \boldsymbol{r}_i(t) + \boldsymbol{v}_i(t)\delta t + \frac{1}{6}\left[4\boldsymbol{\alpha}_i(t) - \boldsymbol{\alpha}_i(t-\delta t)\right]\delta t^2$$

$$v_i(t+\delta t)=v_i(t)+\frac{1}{6}\left[2\alpha_i(t+\delta t)+5\alpha_i(t)-\alpha_i(t-\delta t)\right]\delta t$$

此方法的优点是可以使用较长的积分间隔 δt 。

除上述两种方法外，还有其他算法，如 Velocity-Verlet 算法、Leap-frog 算法、Gear 算法、Rahman 算法等，需要时可参阅有关文献。

时间步长 δt 的选取与模拟的质量有很大关系，步长太小，所得分子轨迹只占相空间的一小部分，无代表性，太大则可能出现分子重叠而导致模拟不稳定。时间步长选取的一般原则是：比系统内时间最短的运动小一个数量级。一般来说，可选择 1fs，即 10^{-15}s，但对单原子分子系统，因只有平动，时间步长可选 10fs。

3. 常用力场

分子动力学计算的系统由最初的单原子分子系统发展至多原子分子、聚合物、生物大分子系统，所使用的力场也由最简单的范德华作用发展出各种力场，适用的范围越来越广，精度也不断提高。

1) Lennard-Jones 势能

Lennard-Jones 势能(范德华作用)是除硬球等间断势外，一种形式简单而应用广泛的连续势能函数(图 2.83)。分子间的范德华作用一般为 Lennard-Jones 势能形式：

$$u_{ij}=4\varepsilon\left[\left(\frac{\sigma}{r_{ij}}\right)^{12}-\left(\frac{\sigma}{r_{ij}}\right)^{6}\right] \qquad r_{ij}=\left(x_{ij}^2+y_{ij}^2+z_{ij}^2\right)^{1/2}$$

$$x_{ij}=x_i-x_j \qquad y_{ij}=y_i-y_j \qquad z_{ij}=z_i-z_j$$

式中：r_{ij} 为第 i 个分子与第 j 个分子的距离；ε 和 σ 为势能参数，ε 与势能曲线的深度有关，σ 与势能曲线最低点的位置有关，相当于原子的直径。

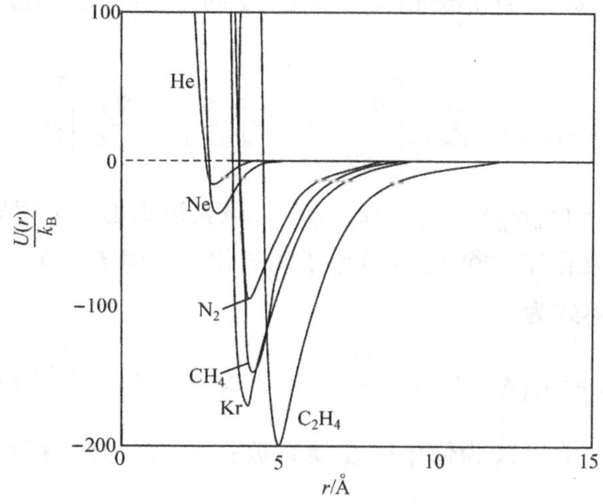

图 2.83 Lennard-Jones 势能函数

对仅有 Lennard-Jones 作用的粒子，对上式求微分，计算粒子所受的力为

$$-\frac{\partial u_{ij}}{\partial x_i}=-\frac{\partial r_{ij}}{\partial x_i}\frac{\partial u_{ij}}{\partial r_{ij}}=-\frac{x_{ij}}{r_{ij}}\cdot 4\varepsilon\left(-12\frac{\sigma^{12}}{r_{ij}^{13}}+6\frac{\sigma^6}{r_{ij}^7}\right)$$

$$-\nabla_i u_{ij}=\left(\frac{\boldsymbol{r}_{ij}}{r_{ij}}\right)\cdot 4\varepsilon\left(12\frac{\sigma^{12}}{r_{ij}^{13}}-6\frac{\sigma^6}{r_{ij}^7}\right)$$

$$-\nabla_j u_{ij}=\nabla_i u_{ij}$$

2) Amber 力场

Amber 力场主要用于较小的蛋白质、核酸、多糖等生物分子，其参数全部来自计算结果对实验数据的拟合。应用此力场通常可得到合理的气态分子几何结构、构型能、振动频率、溶剂化自由能等。其形式为

$$U=\sum_b K_b(b-b_0)^2+\sum_\theta K_\theta(\theta-\theta_0)^2+\sum_\phi \frac{1}{2}V_0[1+\cos(n\phi-\phi_0)]$$
$$+\sum\varepsilon\left[\left(\frac{r^*}{r}\right)^{12}-2\left(\frac{r^*}{r}\right)^6\right]+\sum\frac{q_iq_j}{\varepsilon_{ij}r_{ij}}+\sum\left(\frac{C_{ij}}{r_{ij}^{12}}-\frac{D_{ij}}{r_{ij}^{10}}\right)$$

式中：b、θ和ϕ分别为键长、键角和二面角。第 1 项为键伸缩作用项，第 2 项为键角张合作用项，第 3 项为二面角扭转作用项，第 4 项为范德华作用项，第 5 项为静电作用项，第 6 项为氢键作用项。

3) OPLS-AA 力场

OPLS-AA 力场主要用于有机小分子和氨基酸等生物分子，其基本形式仍然采用与上述力场类似的各相互作用项，但主要得到扭转能和非键能作用形式及参数，而键伸缩能和键角张合能的参数通过 Amber 力场得到。扭转参数主要来自量子化学对分子的从头计算(*ab initio*)，非键相互作用参数来自对有机分子结构性质和热力学性质的拟合，计算的蒸发焓和密度与实验值比较平均误差为 2%。其非键相互作用(分子间作用项)包括静电项和 Lennard-Jones 作用项：

$$U_{\text{non-bond}}=\sum_i\sum_j\left[\frac{q_iq_je^2}{r_{ij}}+4\varepsilon_{ij}\left(\frac{\sigma_{ij}{}^{12}}{r_{ij}{}^{12}}-\frac{\sigma_{ij}{}^{6}}{r_{ij}{}^{6}}\right)\right]f_{ij}$$

使用标准的混合规则$\sigma_{ij}=(\sigma_{ii}\sigma_{jj})^{1/2}, \varepsilon_{ij}=(\varepsilon_{ii}\varepsilon_{jj})^{1/2}$。该表达式也用于相隔三个以上键的所有原子对之间($i<j$)的非键相互作用。除 1、4 位原子间的相互作用 $f_{ij}=0.5$ 外，其余 $f_{ij}=1.0$。

分子内扭转能的表达式为

$$U_{\text{torsion}}=\sum_i\frac{V_1^i}{2}\left[1+\cos(\phi_i+f_{i1})\right]+\frac{V_2^i}{2}\left[1-\cos(2\phi_i+f_{i2})\right]+\frac{V_3^i}{2}\left[1+\cos(3\phi_i+f_{i3})\right]$$

式中：ϕ_i 为二面角；V_1、V_2、V_3 为傅里叶变换系数；f_1、f_2、f_3 为相角，对目前的体系均等于 0。

除上述力场外，还有其他力场，如 CHARMM 力场、CVFF 力场、CFF91．CFF95．PCFF 与 MMFF93 力场、UFF 力场、Tripos 力场、ESFF 力场、Dreiding 力场等。另外，还有一些专用的力场，如水分子的力场 SPC、ST2、MCY、TIP3P、TIP4P、TIP5P 等，需要时可参阅有关文献。

4. 周期性边界条件

构成物质的分子数量是十分巨大的，为 10^{24} 数量级，而通常限于计算量，分子动力学模拟的分子个数为 10^2～10^3 数量级。这些少量的分子能否代表如此巨大数量的分子？模拟的系统是否会有过分的边界(表面)效应？因此，正确处理边界和边界效应对模拟的正确性至关重要，因为是从模拟非常少量的分子来计算物质的宏观性质。为了减小有限尺寸的影响，在分子动力学模拟中采用了周期性边界条件。

将模拟的盒子称为“中心盒子”，将中心盒子的映像(复制品)称为“像盒子”(图 2.84，A～H)。周期性边界条件就是将像盒子(含原子)沿 x、y、z 六个方向进行周期性的复制，以使像盒子无限延伸，这样系统就没有边界，系统的分子数也成为“虚拟无限多”，克服了模拟的分子数很少而引起的表面效应。当一个分子(如图 2.84 中分子 1)在模拟中离开中心盒子，则相应有一个分子(映像分子)在相应位置从反方向进入这个盒子。由此，盒子中的分子数保持不变。例如，对于二维的情况，每个盒子有 8 个最近邻盒子(图 2.84 中 A～H)，而对于三维，则有 26 个最近邻盒子。实际计算中，映像盒子中的原子的坐标可以通过加上或减去盒子边长的正整数倍而得到，非常方便。

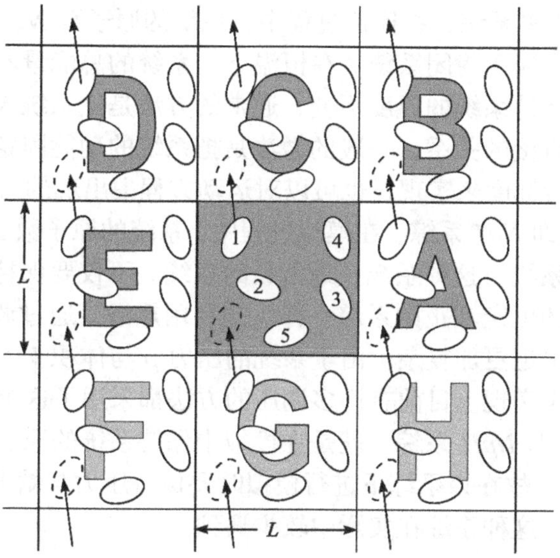

图 2.84 周期性边界条件

5. 二体有效势能近似

在求算系统中粒子所受作用力和势能时，如果不考虑三体以上的多体相互作用，则系统的势能具有加和性。

$$U_{\text{vdw}} = u_{12} + u_{13} + \cdots + u_{1n} + u_{23} + u_{24} + \cdots = \sum_{i=1}^{n-1} \sum_{j=i+1}^{n} u_{ij}(r_{ij})$$

低压稀薄气体基本上可认为只有二体相互作用，但是稠密气体、液体、固体和熔融盐等系统中，三体以上的多体作用不可忽略，要保持上式中的二体势能加和形式，相当于式中的相互作用能是相互作用的 i，j 两个粒子在其他粒子均处于平均位置时所产生的平均势场内运动的有效相互作用势能(有效对势)，这个平均势场可通过自洽场方法精确导出或通过物理模型近似得到。

在周期性边界条件下，不同盒子(中心盒子和像盒子)中的分子之间允许存在相互作用，这样每个分子(与其他分子)的相互作用将延至很远，但分子对势能随分子间距离的衰减很快(与距离的 6 次方成反比)，所以在计算位形能时可近似地截断到适当的距离。常用的方法有最近映像法和截断球法(割去法)。具体参见实验 74。

6. 统计系综

分子模拟需要在一定的系综下进行。常用的系综有微正则系综、正则系综、等温等压系综、等压等焓系综。

(1)微正则系综，即 NVE 系综，在模拟过程中，系统的原子数 N、体积 V 和能量 E 保持不变，对应于孤立系统。一般来说，给定能量的精确初始条件是难以预知的，为了把系统调节到给定的能量，需先给出一个合理的初始条件，然后对能量进行调节，直至系统达到所要到达的状态为止。能量的调整一般是通过对速度进行标度来实现，这种标度可能使系统的速度发生很大的变化。为了消除可能带来的影响，必须给系统足够的时间以再次建立平衡。

(2)正则系综，即 NVT 系综，在模拟过程中，系统的原子数 N、体积 V 和温度 T 保持不变，并且总动量为零，对应于封闭系统。在恒温下，系统的总能量不是一个定值，系统要与环境进行能量交换。要保持系统的温度不变，通常的方法是让系统与环境同处于热浴中。由于温度与系统的动能有直接的关系，一般的做法是把系统的动能固定在一个给定值上。这可以通过对原子的速度进行标度来实现，也可以对运动方程中出现的力加一个约束项来实现。

(3)等温等压系综，即 NpT 系综，在模拟过程中，系统的原子数 N、压力 p 和温度 T 保持不变，对应于等温等压系统，这种系统是最常见的系统。不仅要保持系统的温度恒定，还要保持其压力恒定。温度的恒定和正则系综一样，是利用热浴，通过调节系统的速度或加一约束力来实现，而压力的恒定更加复杂。由于系统的压力 p 与体积 V 是共轭量，要调节压力可以通过调节系统的体积来实现。目前有许多调压的方法都采用了这个原理。

(4)等压等焓系综，即 NpH 系综，就是在模拟中保持系统的原子数 N、压力 p 和焓值 H 不变。由于 $H = E + pV$，故在该系综下进行模拟时要保持压力与焓值为固定值，其调节技术的实现也有一定的难度。这种系综在实际中较少遇到。

7. 分子动力学的启动

为了进行分子动力学模拟，需要将粒子放在模拟盒子中，建立系统的初始位形，也就是要赋予系统中各粒子以初始位置和初始速度，这种初始位形是多种多样而不受限制的。一般来说，系统初始位形常采取面心立方格子(FCC)分布，也可采取随机分布，起始取向为随机取向，各粒子起始速度按麦克斯韦(Maxwell)分布，随后对速度重新进行标定，以保持体系总动量为零。

$$p(v_{ix}) = \left(\frac{m_i}{2\pi k_B T}\right)^{1/2} \exp\left(-\frac{1}{2}\frac{m_i v_{ix}^2}{k_B T}\right)$$

麦克斯韦分布给出了质量为 m_i 的原子 i 在温度 T 下沿 x 方向速度为 v_{ix} 的分布概率。

在建立了系统的初始位形和赋予初始速度后，即可进行分子动力学模拟。在每一步中，原子所受的力通过对势能函数的微分可以得到。然后根据牛顿第二定律计算加速度，再由前面提供的算法即可进行连续的模拟计算。为了消除初始位形对模拟结果的影响，一般要预先经过数十万、近百万次的“移动”，使系统达到平衡后，才能统计系统的性质。

8. 轨迹分析与结构性质计算

在分子动力学中，对模拟得到的原子轨迹进行统计分析是很重要的，据此才能计算得到系统的各种热力学和动力学性质，包括结构性质。按分子动力学步骤经长时间(一般步数为10^5数量级)演算后系统达到平衡，此时系统的(宏观)性质达到稳定，只会在某一平均值的附近波动(称为涨落，fluctuation)。由此，系统的宏观性质(感兴趣的物理量)可以取一个相当长(一般为10^6数量级)的时间序列的统计平均值，即时间平均值，如系统能量、径向分布函数、扩散系数等，即在每一微观状态(时间步)下都计算出感兴趣的物理量，再在所有的微观状态上求取平均值，从而得到系统的宏观性质。

径向分布函数(radial distribution function，RDF)是反映系统微观结构的特征物理量。考虑一个以任意选定的原子为中心、半径为r、厚度为δr的球壳，其体积为

$$V=\frac{4}{3}\pi(r+\delta r)^3-\frac{4}{3}\pi r^3=4\pi r^2\delta r+4\pi r\delta r^2+\frac{4}{3}\pi\delta r^3\approx 4\pi r^2\delta r$$

径向分布函数$g(r)$是距离一个原子为r时找到另一个原子的概率。其物理意义是：在距离某一原子r处,原子的局部数密度与平均数密度之比,它表征结构的无序化程度。如果在半径$r\sim r+\delta r$的球壳层内的原子数为$n(r)$，平均原子密度为ρ_0(均匀分布时的密度)，可得

$$g(r)=\frac{1}{\rho_0}\frac{n(r)}{V}\approx\frac{1}{\rho_0}\frac{n(r)}{4\pi r^2\delta r}$$

径向分布函数在模拟过程中较容易计算，只要数出在半径$r\sim r+\delta r$的球壳层内的原子数$n(r)$，即可根据以上公式方便求得，以$g(r)$对r作图即得到径向分布函数图。

配位数(coordination number) $n(r)$也是反映系统微观结构的物理量。如上所述，也就是在半径$r\sim r+\delta r$的球壳层内的原子数，在前面求算径向分布函数时已经得到。或根据其定义：

$$n_{ij}(r)=4\pi\rho\int_0^r g_{ij}(r)r^2\mathrm{d}r$$

从径向分布函数对半径的积分得出。

液体的X射线衍射结构函数是通过X射线衍射实验获得的关于液体结构的重要信息，根据径向分布函数理论，它与液体中原子对径向分布函数有如下关系：

$$i(k)=\rho\sum_i^n\sum_j^n\int_0^\infty g_{ij}(r)\mathrm{e}^{-ikr}\mathrm{d}r$$

式中：n为原子种类数；ρ为原子数密度，$g_{ij}(r)$为i、j原子间径向分布函数；$k=4\pi\sin\theta/\lambda$，λ为X射线波长，θ为衍射角。由径向分布函数也可得到液体的X射线衍射结构函数。

仪器与软件

高配置(或高性能)计算机；分子动力学模拟软件；分子图形显示软件；分子动力学轨迹分析及结构性质计算程序(学生自行编写)。

实验步骤

(1)程序头、参数定义、变量说明，数据结构与物理常数定义等。

(2)初始化：①定义粒子数、温度、模拟盒子边长等状态参数；②设定各粒子的初始位置、初始速度(按麦克斯韦分布)，设定时间步长；③设定力场及力场参数。

(3)分子动力学模拟(时间步)：①计算两粒子间的距离；②计算各粒子所受的力及加速度；③积分运动方程，预测下一时刻各粒子的位置和速度；④速度修正(通过温度)、约束条件修正。

(4)存储各粒子的位置和速度(如直接计算统计性质也可不保存，直接进到下一步)。

(5)判断是否达到平衡步数。如“否”则重复时间步，回到实验步骤(3)。

(6)物理量的统计：径向分布函数等的计算。

(7)输出模拟结果。

以上是程序中分子动力学模拟的步骤。实际操作中，进行分子动力学模拟实验步骤如下：

(1)用 ChemDraw 或 HyperChem 画出要模拟分子的结构，进行构象优化后输出其三维空间坐标，定义为.xyz 文件。也可从其他途径(如从.pdb 文件转换)得到.xyz 文件。

(2)根据模拟条件(液体水的温度 298.15K、压力 101.325kPa、密度 $0.998\text{g}\cdot\text{cm}^{-3}$)，计算出模拟盒子(立方体)的边长(根据计算机的运算能力，可选择模拟 150～200 个水分子)。

(3)选择力场，将选定的力场参数文件*.prm 置于同一目录下。

(4)定义.key 文件，设定模拟参数(包括可选参数)。必须给定的参数：力场参数文件名、模拟盒子边长、截断距离。

(5)产生模拟分子：从单个分子的.xyz 文件产生要模拟的分子系统及其.xyz 文件。

(6)系统能量优化：将产生的分子系统进行初始能量最小化。

(7)模拟退火：进行分子系统模拟退火，消除系统内应力。

(8)分子动力学模拟：运行分子动力学程序。

(9)结构性质统计。

结果与讨论

根据径向分布函数、配位数的定义和计算方法，自行编写从各分子坐标统计、计算径向分布函数和配位数的程序，并对分子动力学模拟得到的大量系统位形实验数据进行分析、统计，计算出水分子(质心)、氧原子-氧原子、氧原子-氢原子、氢原子-氢原子的径向分布函数和配位数，画出各径向分布函数图和配位数图，对液体水的结构、氢键等进行分析。

也可通过傅里叶变换计算得到液体水的 X 射线衍射结构函数 $k\cdot i(k)$(此步不作要求)。

从表 2.66 中 $g_{\text{O—H}}(r)$ 的数值对液体水中的氢键作用进行分析。

表 2.66　液体水的有关径向分布函数的波峰/波谷值

$g(r)$	第 1 峰位置	第 2 峰位置	第 3 峰位置
质心-质心			
O—O			
O—H			
H—H			

续表

$g(r)$	第1谷位置	第2谷位置	第3谷位置
质心-质心			
O—O			
O—H			
H—H			

思考题

(1)在接触本实验前，对计算机分子模拟有一些什么认识？进行分子动力学模拟应做好哪些准备工作？

(2)如何根据模拟条件(如液体水的温度298.15K、压力101.325kPa、密度0.998g·cm^{-3}、200个水分子)确定模拟盒子的边长？

(3)分子模拟中怎样从微观物理量获得系统的宏观性质？

(4)什么是系统的微观状态？举例说明。微观状态与系统的宏观性质关系如何？

(5)什么是统计系综？怎样理解系综原理？举例说明。

(6)怎样理解时间平均等效于系综平均？

(7)为什么说力场对分子动力学模拟的准确性至关重要？还知道什么力场模型？

(8)什么是周期性边界条件？为什么要用周期性边界条件？分子模拟中总是使用周期性边界条件吗？

(9)怎样编写从分子坐标统计计算径向分布函数的计算机程序？画出计算框图。

参考文献

刘志平，黄世萍，汪文川. 2003. 分子计算科学——化学工程新的生长点. 化工学报, 54(4): 464-476
文玉华，朱如曾，周富信，等. 2003. 分子动力学模拟的主要技术. 力学进展, 33(1): 65-73
周健，陆小华，王延儒，等. 1998. 液体水的分子动力学模拟. 南京化工大学学报, 20(3): 1-5
Liu Y C, Wang Q, Lu L H. 2003. Water confined in nanopores: its molecular distribution and diffusion at lower density. Chem Phys Lett, 381(1-2): 210-215

(王 琦)

实验74 分子筛吸附分离气体的蒙特卡罗模拟

实验导读

分子模拟是除实验与理论研究外，了解、认识微观世界的"第三种手段"，是化学、物理、生物、材料研究中的有力工具。常用的分子模拟方法有两大类：蒙特卡罗方法和分子动力学方法。蒙特卡罗方法通常用来模拟系统的吸附、结构、压力-体积-温度关系等平衡性质；分子动力学方法不仅适用于模拟平衡性质，也适用于模拟非平衡性质，如扩散、黏滞性等行为。蒙特卡罗模拟是通过计算机对分子系统随机地改变分子的位置和取向，产生大量的微观状态(位形)，再根据统计力学求取系统性质的系综平均，从而得到系统的宏观性质。

气体的吸附在混合气体分离、气体吸附存储、化学反应催化、大气污染治理等许多方面具有广泛的应用。气体的吸附材料（吸附剂）主要是具有高比表面积的多孔性介质，如沸石、分子筛、活性炭、炭黑、活性氧化铝、硅藻土、硅胶等。这些材料具有的微孔大小在纳米尺度，且具有一定的结构，是典型的纳米微孔材料。吸附过程不可避免地涉及扩散、吸附、脱附等过程。有关分子筛等吸附材料中流体的扩散、吸附等行为的研究具有重要的理论意义和应用价值。本实验主要通过蒙特卡罗模拟，研究、了解分子筛对乙烷-丙烷混合气体的吸附与分离性能。

实验目的

(1)加深理解统计力学中系综、系综平均、分子力场等基本概念。

(2)学习蒙特卡罗模拟方法，掌握蒙特卡罗模拟的必要条件和模拟的启动，学会蒙特卡罗模拟的实现和应用。

(3)测定分子筛对乙烷-丙烷混合气体的吸附平衡和吸附选择性，理解吸附量与吸附选择性的统计计算方法和编程。

(4)学会分子构型（微观状态）的分析。

实验原理

根据统计力学原理，系统的宏观性质是相应微观物理量的统计平均（系综平均）值。只要微观状态取得足够多，进行系综平均后，就可以得到系统宏观性质（包括平衡性质、结构性质、输运性质等）的“机器实验”数据。作为统计力学实验的分子模拟，其目的就是利用计算机产生大量的微观状态，求取系综平均，以获取系统的宏观性质。蒙特卡罗方法按照一定的统计分布构作不同的分子位形，求取系统物理量的系综平均值。

1. 蒙特卡罗方法基本原理

在统计力学中，任一物理量 F 的平均值为

$$\overline{F}=\frac{\int\cdots\int F(\boldsymbol{r}_1,\boldsymbol{r}_2,\cdots,\boldsymbol{r}_N)\exp\left[-\frac{U(\boldsymbol{r}_1,\boldsymbol{r}_2,\cdots,\boldsymbol{r}_N)}{kT}\right]\mathrm{d}\boldsymbol{r}_1\mathrm{d}\boldsymbol{r}_2\cdots\mathrm{d}\boldsymbol{r}_N}{\int\cdots\int\exp\left[-\frac{U(\boldsymbol{r}_1,\boldsymbol{r}_2,\cdots,\boldsymbol{r}_N)}{kT}\right]\mathrm{d}\boldsymbol{r}_1\mathrm{d}\boldsymbol{r}_2\cdots\mathrm{d}\boldsymbol{r}_N} \tag{2.193}$$

或写成

$$\overline{F}=\int\cdots\int F(\boldsymbol{r}_1,\boldsymbol{r}_2,\cdots,\boldsymbol{r}_N)p(\boldsymbol{r}_1,\boldsymbol{r}_2,\cdots,\boldsymbol{r}_N)\mathrm{d}\boldsymbol{r}_1\mathrm{d}\boldsymbol{r}_2\cdots\mathrm{d}\boldsymbol{r}_N$$

其中

$$p(\boldsymbol{r}_1,\boldsymbol{r}_2,\cdots,\boldsymbol{r}_N)\frac{\exp\left[-\frac{U(\boldsymbol{r}_1,\boldsymbol{r}_2,\cdots,\boldsymbol{r}_N)}{kT}\right]}{\int\cdots\int\exp\left[-\frac{U(\boldsymbol{r}_1,\boldsymbol{r}_2,\cdots,\boldsymbol{r}_N)}{kT}\right]\mathrm{d}\boldsymbol{r}_1\mathrm{d}\boldsymbol{r}_2\cdots\mathrm{d}\boldsymbol{r}_N}$$

为系统在 $(\boldsymbol{r}_1,\boldsymbol{r}_2,\cdots,\boldsymbol{r}_N)$ 位形的概率。显然，式(2.193)是一个对粒子坐标的高维积分，这在绝大多数情况下都无法得到其解析结果，必须采用数值方法。最直接的途径或许是数值面积积分，如辛普森法等。然而很容易看出，即使是粒子数很少的系统，这种算法也是不适用的。例如，在二维空间中的 100 个粒子，沿两个坐标轴各取 5 个等距离点，其积分也需要在 10^{210} 个点上

计算被积函数。这种数量级的计算难以进行。

蒙特卡罗方法是一种借助计算机随机取样技术(利用伪随机数)求取高维积分(如上述物理量 F 的平均值)的数值计算方法。先看一个简单的例子。例如，求取半径为 1 的圆的面积(当然我们知道，其真值为π)，相当于以下积分的 4 倍

$$A=\int_0^1\sqrt{1-x^2}\,\mathrm{d}x$$

为求取此积分，可随意选取范围为 $(0\leqslant x\leqslant 1,\ 0\leqslant y\leqslant 1)$ 的一组随机数点 $p(x_i,y_i)$，若符合 $y_i\leqslant\sqrt{1-x_i^2}$，则 p 点被接受，否则被舍弃。这相当于以圆(乘以 4 后)为靶标的盲人打靶，若射中靶标(圆内)则被接受，否则被舍弃。设共随意选取了 N 点，其中有 n 点被接受，则所求圆的面积为 p 点落于圆内的概率乘以矩形的面积，即

$$A=\frac{n}{N}\times 1^2$$

这种计算方法即为蒙特卡罗方法。如将这种方法加以推广，当一般的高维积分不易求积时，可用蒙特卡罗方法计算。例如，下列多重积分：

$$I=\int_0^1\int_0^1\cdots\int_0^1 f(x_1,x_2,\cdots,x_N)\mathrm{d}x_1\mathrm{d}x_2\cdots\mathrm{d}x_N$$

计算此积分的蒙特卡罗方法为在 x 可能的区间(0→1)内任意选取 n 组点 $\{x_1^{(i)},x_2^{(i)},\cdots,x_N^{(i)}\}$，计算其对应的函数 f 的值，则此积分可近似为

$$I=\frac{1}{n}\sum_{i=1}^{n}f\left[x_1^{(i)},x_2^{(i)},\cdots,x_N^{(i)}\right]$$

计算的误差为 $n^{-1/2}$。

就像积分

$$F=\int_{x_1}^{x_2}f(x)\mathrm{d}x$$

如改写成

$$F=\int_{x_2}^{x_1}\left[\frac{f(x)}{p(x)}\right]p(x)\mathrm{d}x$$

式中：$p(x)$为一种概率分布函数。设在范围$[x_1, x_2]$依 $p(x)$ 选取 n 个随机数ξ_x，则此积分的值为

$$F=\left\langle\frac{f(\xi_x)}{p(\xi_x)}\right\rangle$$

式中：⟨ ⟩为选取 n 次的平均值。如此，若要求取任一物理量 F 的平均值，即式(2.193)的积分，只要任意选取大量的位形，则可根据蒙特卡罗方法进行计算。

2. 重要性取样

虽然理论上可以用上述蒙特卡罗方法方法计算任一物理量的统计平均值，但实际上要用该方法计算液体的热力学性质却很不现实。其原因是积分时必须选取大量的样本，而这些样本所对应的位形多数因为能量太高，出现的概率太低而无法取到。另外，更严重的问题是，

根据式(2.193)，若需计算概率，则必须先计算式中的位形积分(configuration integral)

$$Z_N = \int \cdots \int \exp\left[-\frac{U(\boldsymbol{r}_1, \boldsymbol{r}_2, \cdots, \boldsymbol{r}_N)}{kT}\right] \mathrm{d}\boldsymbol{r}_1 \mathrm{d}\boldsymbol{r}_2 \cdots \mathrm{d}\boldsymbol{r}_N$$

计算此积分十分困难。因此，实际上直接按上述方法计算真实系统的平均值是不合适的，需要采取重要性取样(importance sampling)。例如，求取 *NVT* 系综的某一物理量 *A* 的平均值

$$\langle A \rangle = \int \mathrm{d}\Gamma \rho_{NVT}(\Gamma) A(\Gamma)$$

式中：ρ_{NVT} 为概率；Γ 为对应的位形。由统计力学可知，有的位形出现的概率大(重要)，有的位形出现的概率小(不重要)。若在各种位形中取样，则可选择重要的 $\rho(\Gamma)$，使所求的积分仅为这些具有重要贡献的取样位形之和

$$\langle A \rangle_{NVT} = \langle A \rangle_{\text{trial}} = \sum_{i=1}^{n} \rho(\Gamma_i) A(\Gamma_i)$$

式中：*n* 为重要性取样的数目。1953 年，Metropolis 提出了重要性取样的计算技巧。

3. Metropolis 取样法

Metropolis 取样法是在每次取样(产生随机数)时考虑其是否满足所设定的条件，避免一些“不重要”的取样，以提高计算效率。具体做法是在位形空间中构作系统的马尔可夫链(Markov chain)，使样本点出现的概率随着马尔可夫链的增长逐步趋于平衡时的玻尔兹曼分布。整个取样过程(马尔可夫过程)犹如盲人爬山，每爬一步就与前一步比较一下高度上的改变情况，然后根据一定的判断准则，决定继续爬下一步还是退回到前一步，随机地换个方向爬，或是随机地改变跨距去爬。

Metropolis 取样中的马尔可夫链由大量的位形构成，系统由前一个位形到后一个位形的转移概率只依赖于这前后两个状态(位形)的位形能之差，与位形积分无关。实际上就是在求取系综平均值时不是取 $p(\boldsymbol{r}_1, \boldsymbol{r}_2, \cdots, \boldsymbol{r}_N)$ 值而是取每一步和前一步 $p(\boldsymbol{r}_1, \boldsymbol{r}_2, \cdots, \boldsymbol{r}_N)$ 值之比，这样位形积分就自行消去而不必计算了。

对 *NVT* 系综，Metropolis 取样的步骤如下：

(1) 随机选取一个粒子，产生随机方向的位移。位移的大小为一设定值范围内的随机值。

$$x_{\text{new}} = x_{\text{old}} + \text{Rand}[-1,1] \times \delta r_{\max}$$
$$y_{\text{new}} = y_{\text{old}} + \text{Rand}[-1,1] \times \delta r_{\max}$$
$$z_{\text{new}} = z_{\text{old}} + \text{Rand}[-1,1] \times \delta r_{\max}$$

式中：$\text{Rand}[-1,1]$ 为范围在−1～1 的随机数；$\delta r_{\max}$ 为设定的最大位移。

(2) 设移动前系统的势能为 U_{old}，移动后系统的势能为 U_{new}，则

$$\Delta U = \delta U_{\text{nm}} = U_{\text{new}} - U_{\text{old}}$$

(3) 若 $\Delta U \leqslant 0$，则此移动为可完全被接受的移动，被接受的概率为 1，此粒子的新坐标为 $(x_{\text{new}}, y_{\text{new}}, z_{\text{new}})$，作为马尔可夫链的一个新状态点。

(4) 若 $\Delta U > 0$，此移动被接受的概率为 $\exp(-\delta U_{\text{nm}} / kT)$，式中，*k* 为玻尔兹曼常量，*T* 为系统的设定温度。为满足这一条件，可另外产生一个范围为 0～1 的随机数 *p*，若

$$\exp(-\Delta U_{\text{nm}} / kT) \geqslant p$$

则此移动被接受，其概率为 $\exp(-\Delta U_{nm}/kT)$，粒子的新坐标为 $(x_{new}, y_{new}, z_{new})$。反之，若

$$\exp(-\Delta U_{nm}/kT) < p$$

则该移动无效，粒子的坐标不变，仍为 $(x_{old}, y_{old}, z_{old})$，将原位形再次作为马尔可夫链的新状态点(粒子被弹回原位)。

这整个步骤可综合记为：移动被接受的概率为

$$\min\left[1, \exp\left(-\frac{\delta U_{nm}}{kT}\right)\right]$$

重复步骤(1)～(4)，收集所有被接受的位形，并于每一被接受的位形计算其热力学性质和结构性质，如总能量、压力、密度、径向分布函数等。若这些物理量的平均值收敛，则认为模拟产生了可靠的平衡系统。利用这种方法可将许多不重要(造成过高能量状态)的结构忽略，以提高计算效率。计算时，调整 δr_{max} 的值，使所产生的随机移动约有 50%被接受。

4. 巨正则系综方法

蒙特卡罗模拟要在一定的系综下进行，如微正则系综、正则系综、等温等压系综等，这些都是在模拟过程中系统的原子数 N 保持不变的系综(参见实验 73)。为了模拟吸附、相平衡等行为，模拟过程中需要改变系统的粒子数，这就需要用到巨正则系综。

巨正则系综，即 μVT 系综，是化学势 μ、体积 V、温度 T 为定值的统计系综，系统的粒子数可以改变，对应于开放系统。在恒温下，系统的总能量不是一个定值，系统要与环境进行能量交换；要保持系统的化学势不变，需要在系统中增加或删除粒子，即系统可与环境进行物质的交换。在巨正则系综中，任一物理量 A 的平均值为

$$\langle A\rangle_{\mu VT} = \frac{\sum_{N=0}^{\infty}(N!)^{-1}V^N z^N \int \mathrm{d}\boldsymbol{s} A(\boldsymbol{s})\exp\left[-\frac{U(\boldsymbol{s})}{kT}\right]}{Q_{\mu VT}}$$

式中：$z = \exp\left(\frac{\mu}{kT}\right)/\Lambda^3$，为系统的活度，$\Lambda = \left(\frac{h^2}{2\pi mkT}\right)^{1/2}$，为德布罗意(de Broglie)波长；$\boldsymbol{s}$ 为一组度量化的坐标；$Q_{\mu VT} = \frac{V^N}{N!\Lambda^{3N}}$，为系统的配分函数。依照上式，系统物理量的平均值与粒子数 N 有关。但粒子数并非一常数值，故式中为加和符号而非积分。

对 μVT 系综，Metropolis 取样产生马尔可夫链的步骤如下：

(1)随机移动系统中的一个粒子

$$\boldsymbol{s}_{i,\mathrm{new}} = \boldsymbol{s}_{i,\mathrm{old}} + \delta\boldsymbol{s}_{\max}(2\boldsymbol{\xi} - \boldsymbol{l})$$

并依照一般的 Metropolis 取样方法决定此移动是否被接受。

(2)随机删除系统中的一个粒子，删除前后系统的极限概率比为

$$\frac{\rho_n^{\infty}}{\rho_m^{\infty}} = \exp\left(-\frac{\delta U_{nm}}{kT}\right)\exp\left(-\frac{\mu}{kT}\right)\frac{N\Lambda^3}{V}$$

将上式转换为活度，得

$$\frac{\rho_{\mathrm{n}}^{\infty}}{\rho_{\mathrm{m}}^{\infty}}=\exp\left(-\frac{\delta U_{\mathrm{nm}}}{kT}+\ln\frac{N}{zV}\right)=\exp\left(-\frac{\delta D_{\mathrm{nm}}}{kT}\right)$$

式中：定义 δD_{nm} 为删除函数。

(3)若 $\delta D_{\mathrm{nm}} \leqslant 0$，则此删除步骤可完全被接受，被接受的概率为 1。

(4)若 $\delta D_{\mathrm{nm}} > 0$，则比较 $\exp(-\delta D_{\mathrm{nm}}/kT)$ 与 0～1 的随机数 p，以决定此粒子的移动或体积的改变是否被接受。将此综合记为删除粒子被接受的概率为

$$\min\left[1,\exp\left(-\frac{\delta D_{\mathrm{nm}}}{kT}\right)\right]$$

(5)随机产生一个新的粒子，产生前后系统的极限概率比为

$$\frac{\rho_{\mathrm{n}}^{\infty}}{\rho_{\mathrm{m}}^{\infty}}=\exp\left(-\frac{\delta U_{\mathrm{nm}}}{kT}+\ln\frac{zV}{N+1}\right)=\exp\left(-\frac{\delta C_{\mathrm{nm}}}{kT}\right)$$

式中：定义 δC_{nm} 为新生函数。同样以此函数按照 Metropolis 取样法决定该步骤是否被接受。

重复步骤(1)～(5)，并计算系统的位形能、压力、密度等，以判定计算的收敛性。此系统可直接计算系统的自由能 A

$$\frac{A}{N}=\mu-\frac{\langle p\rangle_{\mu VT}V}{\langle N\rangle_{\mu VT}}$$

并由自由能计算系统的其他性质。

5. 链状分子吸附的蒙特卡罗模拟

吸附等相平衡行为的模拟需要用到巨正则系综蒙特卡罗(GCMC)方法，要在系统中插入或删除分子，这在模拟液体或高密度气体时会遇到困难，主要是插入/删除分子的成功率非常低。因为密度大，插入一个分子会引起很大的能量变化，尤其是链状分子，很难获得被接受的插入；而从系统中拿掉一个分子也不容易，因为高密度系统中分子的引力是使系统稳定的保障，去除一个引力中心，系统能量有时也会急剧升高。为了解决这个问题，本实验将构型偏向蒙特卡罗(configurational-bias Monte Carlo, CBMC)技术用于在 GCMC 模拟中插入链状分子，使得链状分子插入的效率大为提高。CBMC 方法的核心就是在构建链状分子时优先偏向可被接受的构型。因此，模拟时应包括以下几种扰动：

(1)平移一个分子。随机选择一个分子，随机移动到另一位置，采用的最大位移以使其接受概率为 50%左右为准，其接受概率为

$$acc_{\mathrm{mov}}(o\to n)=\min[1,\exp(-\Delta u/kT)] \tag{2.194}$$

(2)旋转一个分子。随机选择一个分子，绕分子质心随机旋转一个角度，采用的最大旋转角度以使其接受概率为 50%左右为准，其接受概率为

$$acc_{\mathrm{rot}}(o\to n)=\min[1,\exp(-\Delta u/kT)] \tag{2.195}$$

(3)部分重生长。随机选择一个分子，链分子的第一个基团坐标不变，从第二个基团开始进行 CBMC 重生长，其接受概率为

$$acc_{\mathrm{regr}}(o\to n)=\min(1,W_{o\to n}) \tag{2.196}$$

(4) 插入/删除一个分子。采用 CBMC 方法随机插入一个分子，其接受概率为

$$acc_{\text{ins}}(o \to n) = \min\left[1, \frac{V}{\Lambda^3(N+1)}\exp(\mu / kT)W_{o\to n}\right] \tag{2.197}$$

(5) 随机删除一个分子，其接受概率为

$$acc_{\text{del}}(o \to n) = \min\left[1, \frac{\Lambda^3 N}{V}\exp(-\mu / kT)W_{o\to n}\right] \tag{2.198}$$

(6) 改变粒子属性。随机选择一个分子，改变其属性，即将所选分子重生长为另一种分子，其接受概率为(假设分子 1 变为分子 2)

$$acc_{\text{cha}}(o \to n) = \min\left\{1, \frac{N_1}{N_2+1}\exp[(\mu_2 - \mu_1) / kT]W_{o\to n}\right\} \tag{2.199}$$

式(2.194)～式(2.199)中：$W_{o\to n}$ 为 Rosenbluth 权重，由 CBMC 算法得到；μ 为化学势；Δu 为扰动时产生的能量改变；k 为玻尔兹曼常量；T 为热力学温度。

上述几种扰动产生的可能性控制如表 2.67 所示。

表 2.67　各种扰动的分布

平移	旋转	部分重生长	插入	删除	改变属性
0.15	0.15	0.15	0.25	0.25	0.05

6. 势能函数(力场)

在分子筛吸附烷烃系统中，存在两种分子间相互作用势，一种是烷烃分子间的相互作用，另一种是分子筛与烷烃分子间的相互作用。对于烷烃分子间的相互作用，采用基团贡献法，即将 CH_4、CH_3 和 CH_2 基团当作单独的相互作用中心，它们之间的相互作用用 Lennard-Jones 势能表示，即

$$u(r_{ij}) = 4\varepsilon_{ij}\left[\left(\frac{\sigma_{ij}}{r_{ij}}\right)^{12} - \left(\frac{\sigma_{ij}}{r_{ij}}\right)^{6}\right] \qquad r_{ij} < R_c$$

$$u(r_{ij}) = 0 \qquad r_{ij} \geqslant R_c \tag{2.200}$$

式中：r_{ij} 为基团 i 和 j 之间的距离；ε_{ij} 为相互作用能量参数；σ_{ij} 为碰撞直径；R_c 为截断距离，本实验可采用截断距离为 1.38nm。截断距离以外的基团作用采用等密度近似长程矫正。

分子筛与烷烃基团之间的相互作用也用 Lennard-Jones 势能表示：

$$u(r_{si}) = 4\varepsilon_{si}\left[\left(\frac{\sigma_{si}}{r_{si}}\right)^{12} - \left(\frac{\sigma_{si}}{r_{si}}\right)^{6}\right] \tag{2.201}$$

式中：r_{si} 为基团 i 和分子筛氧之间的距离；ε_{si} 为相互作用能量参数；σ_{si} 为碰撞直径。分子筛被认为是刚性的，并只考虑各分子基团与分子筛氧原子的相互作用，而分子筛硅原子的贡献已综合加到分子筛氧原子的有关参数中，见表 2.68。

表 2.68　本实验采用的 Lennard-Jones 势能参数

基团-基团	(ε/k_B)/K	σ/nm
CH_4—CH_4	148.0	0.373
CH_3—CH_3	98.1	0.377
CH_2—CH_2	47.0	0.393
O—CH_4	101.8	0.360
O—CH_3	80.0	0.360
O—CH_2	58.0	0.360

7. 边界条件

与分子动力学模拟类似，采用周期性边界条件，参见实验 73。

8. 位形能的计算

在分子间势能函数(力场)的基础上，可以计算系统的位形能。如果不考虑三体以上的多体相互作用，则系统的势能具有加和性。

$$U_{\text{vdw}} = u_{12} + u_{13} + \cdots + u_{1n} + u_{23} + u_{24} + \cdots = \sum_{i=1}^{n-1}\sum_{j=i+1}^{n} u_{ij}(r_{ij})$$

在周期性边界条件下，不同盒子(中心盒子和像盒子)中的分子之间允许存在相互作用，这样每个分子(与其他分子)的相互作用将延至很远，但分子对势能随分子间距离的衰减很快(与距离的 6 次方成反比)，所以在计算位形能时可近似地截断到适当的距离。常用的方法有最近映像法和截断球法(割去法)。

最近映像法：以中心分子为中心，以模拟盒子的边长为边长，构作一个虚拟盒子，中心分子与其他分子的相互作用只涉及虚拟盒子内的分子。每一个分子必有而且只有 N–1 个近邻分子不重复地落入该虚拟盒子中，这 N–1 个近邻分子可能是中心盒子中的，也可以是像盒子中的，它们是中心分子的最邻近分子，称为最近映像分子。在最近映像近似中，中心分子与其余分子的相互作用只计及最邻近分子，即将分子间力的作用范围截断到盒子表面。

截断球法：将截断距离确定为一个常数，作用范围则为以中心分子为中心的圆球，称为截断球，中心分子与其他分子的相互作用仅涉及球内分子。通常，截断球的半径可取模拟盒子边长的一半。与最近映像法不同，与中心分子相互作用的分子数不一定等于 N–1。

9. 初始位形

为了进行蒙特卡罗模拟，在开始马尔可夫链之前，需要将粒子放在模拟盒子中，建立系统的初始位形，也就是要赋予系统中各粒子的初始位置，这种初始位形是多种多样而不受限制的。一般来说，系统初始位形常采取面心立方格子分布，也可采取随机分布，起始取向为随机取向。为了消除初始位形对模拟结果的影响，一般要预先经过数十万、近百万次的“移动”，使系统达到平衡后，才能统计系统的性质。

10. 随机数

蒙特卡罗方法实际上是一种随机取样技术，在模拟过程中用随机数控制粒子在系统中的运动，所以随机数的性质对模拟的结果有较大的影响。蒙特卡罗模拟中常采用由某种可行的递推公式产生的伪随机数，常用的有乘同余法和平方取中法，可参阅有关资料。递推公式需要初值(称为种子)，可以取定值(为了便于重复模拟结果)，也可以取随机值，如取计算机时钟秒数的百分位值。

11. 位形分析与吸附性质计算

分子筛的选择性：在吸附分离过程中，测定某特定吸附剂对进料中各组分分离能力的指标是该吸附剂对某一种组分的相对选择性(α)，其值越大，分离效果越好。

$$\alpha_{A/B}=(x_{SA}/x_{SB})(y_{GA}/y_{GB})$$

式中：x_{SA}和x_{SB}分别为吸附相中组分A和组分B的摩尔分数；y_{GA}和y_{GB}分别为与吸附相平衡的气相中组分A和组分B的摩尔分数。

乙烷-丙烷系统(乙烷气相摩尔分数为0.5时)在MFI分子筛上的吸附概率分布如图2.85所示，图中白色的点是乙烷的质心，灰色的点是丙烷的质心，图中同时显示出分子筛的骨架结构。

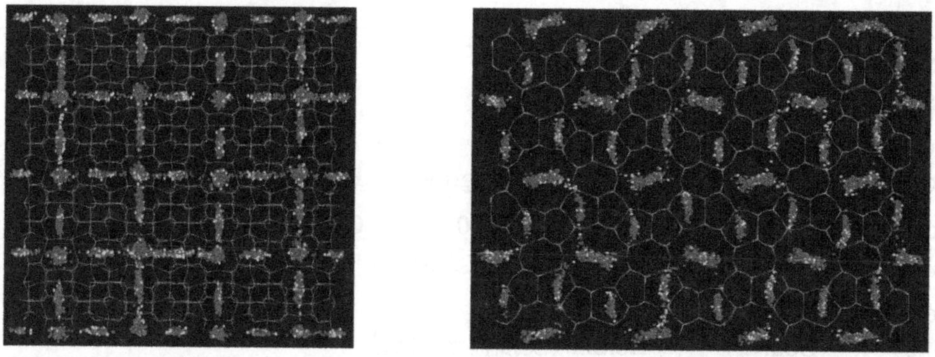

y-x平面　　z-x平面

图2.85　乙烷-丙烷系统在MFI分子筛上的吸附概率分布

仪器与软件

高配置(或高性能)计算机；蒙特卡罗模拟软件(含吸附性质统计)；分子图形显示软件。

实验步骤

(1)程序头、参数定义、变量说明，数据结构与物理常数定义等。

(2)初始化：①定义气相总压、气相组成、温度、模拟盒子边长等状态参数；②设定各分子的初始位置(初始构型)；③设定力场及力场参数；④计算初始系统总能量。

(3)蒙特卡罗模拟(马尔可夫过程)：①随机“移动”、“转动”分子；②分子键长、键角修正；③计算两分子间的距离；④计算各分子间势能及系统总能量；⑤与分子“移动”或“转动”前比较，按照Metropolis取样法决定该步骤是否被接受；⑥为保持系统的化学势与气相相等，按巨正则分布函数的要求“添加或删除”分子：采用CBMC方法随机插入一个新的链状分子，或随机删除系统中的一个分子，按照 Metropolis 取样法决定该步骤是否被接受；⑦如被接受，接受新位形。否则，退回原位形，回到步骤①。

(4) 存储各粒子的位置(如直接计算统计性质也可不保存，直接进到下一步)。

(5) 判断是否达到平衡步数。如“否”则重复马尔可夫过程，回到步骤(3)。

(6) 物理量的统计：被吸附分子数的统计。

(7) 输出模拟结果。

以上是程序中蒙特卡罗模拟的步骤。实际操作中，进行蒙特卡罗吸附模拟实验步骤如下：

(1) 准备作为吸附剂的分子筛坐标文件 zeocoord，可从有关程序包、数据库、文献或结构测定实验数据获得。格式一定，需按照要求制作，也可用其他软件转换得到。

(2) 准备数据输入文件 input，需包含基本信息(吸附质分子、气相总压、气相组成、温度、力场参数、模拟盒子边长等)和控制参数(计算步数、截断距离等)。格式一定，按如下模板制作。

```
Nstep(计算步数)            Nsamp(取样步数)            Iprint(屏幕打印间隔)
15000                      5000                       1000
Temp(温度)                 Pressure(气相总压)
300.0d0                    345.0d0
Linit
.True.
Lgibbs      Lexzeo      Lmix
.False.     .True.      .True.
Pmvol       Pmswap      Pmcb      Pmregrow     Pmtra     Mixrate(气相摩尔分数)
0.05d0      0.4d0       0.2d0     0.15d0       0.2d0     0.5d0
Boxlx1      Boxly1      Boxlz1(模拟盒子边长)
38.0d0      38.0d0      38.0d0
Boxlx2      Boxly2      Boxlz2(模拟盒子边长)
38.0d0      38.0d0      38.0d0
Rmtrax      Rmtray      Rmtraz      Rmvol
0.5d0       0.5d0       0.5d0       0.05d0
Rcut        Nuall1(乙烷)      Nuall2(丙烷)(Nuall1<Nuall2)      Nb1      Nb2
13.0d0      2                 3                                0        0
Zsig        Epsch4      Epsch3          Epsch2(分子筛与气体分子间力场参数)
3.60d0      101.8d0     80.0d0          58.0d0
Sigma       Epsilon(气体分子间力场参数)
3.73d0      148.0d0
3.77d0      98.1d0
3.93d0      47.0d0
Bondl       Bben        Bbenk
1.53d0      1.972d0     62500.0d0
```

A0	A1	A2	A3	A4	A5
1204.654d0	1947.740d0	−357.845d0	−1944.666d0	715.690d0	−1565.572d0
Lnewtab	Ltesttab	Nchoi			
.False.	.True.	6			

(3)准备分子筛格点文件 zeogrid，由实验室提供。

(4)将 MC.exe、input、zeocoord、zeogrid 文件放在同一目录下。

(5)MC 模拟：运行 MC 程序。可双击 MC.exe 可执行文件图标，或在 DOS 下运行 MC.exe 可执行文件。

(6)运行结束后，输出 coordnew、finalbox.pdb、movie.pdb、output 文件。

(7)吸附数据分析(从 output 文件分析)。

学生可根据需要选择模拟纯气体(乙烷或丙烷)的吸附等温线(吸附量-压力曲线)，或乙烷-丙烷混合气体的吸附平衡线(气相组成-吸附相组成曲线，或吸附选择性-气相组成曲线)。

吸附等温线：可选择压力 10^{-3}kPa、10^{-2}kPa、10^{-1}kPa、10^{0}kPa、10^{1}kPa、10^{2}kPa、10^{3}kPa，计算结果填入表 2.69。

吸附平衡线：可选择气相组成(摩尔分数)0.1、0.2、0.3、0.4、0.5、0.6、0.7、0.8、0.9，计算结果填入表 2.70。

结果与讨论

对蒙特卡罗模拟得到的大量系统位形实验数据进行分析、统计，计算出被吸附分子的个数，进而计算出吸附量，或摩尔分数、相对选择性，画出吸附等温线(吸附量-压力曲线)，或吸附平衡线[气相组成-吸附相组成曲线，或吸附选择性($\alpha_{1/2}$)-气相组成曲线]，对分子筛吸附、分离乙烷-丙烷气体混合物的行为进行分析、讨论，见表 2.69 和表 2.70。

表 2.69 吸附等温线

p/kPa	10^{-3}	10^{-2}	10^{-1}	10^{0}	10^{1}	10^{2}	10^{3}
吸附量							

表 2.70 吸附平衡线

气相组成 y_1	组分 1 分子数	组分 2 分子数	总分子数	吸附相组成 x_1	$\alpha_{1/2}$
0.1					
0.2					
0.3					
0.4					
0.5					
0.6					
0.7					
0.8					
0.9					

思考题

(1)仔细思考本实验的细节，用自己的话说明蒙特卡罗模拟的基本原理与技巧。

(2)蒙特卡罗模拟中为什么要用 Metropolis 取样？模拟真实系统时不采用 Metropolis 取样行吗？为什么？

(3)举例说明哪些性质的模拟需要用到巨正则系综。

(4)有什么方法能改善向高密度流体中插入分子的接受率(成功率)？

(5)什么是最近映像法和截断球法？

(6)什么是涨落？举例说明。为什么说涨落现象是统计热力学中特有的现象，宏观热力学中无法解释？

(7)为什么说通过分子筛吸附可以分离气体混合物，得到某种纯净的气体？

(8)画出位形分析与宏观性质计算的程序框图。

(9)比较蒙特卡罗模拟和分子动力学模拟有什么异同。

(10)通过分子动力学模拟和本实验，谈谈对分子模拟的认识。

参考文献

刘志平，黄世萍，汪文川. 2003. 分子计算科学——化学工程新的生长点. 化工学报，54(4)：464-476

吕玲红，王琦，刘迎春. 2003. 短链烷烃二元混合物在分子筛上吸附分离的分子模拟. 化学学报，61(8)：1232-1240

Andrew R L. 2003. Molecular Modelling: Principles and Applications. 2nd ed. 北京：世界图书出版公司

Frenkel and Smit. 2002. 分子模拟：从算法到应用. 汪文川，等译. 北京：化学工业出版社

Lu L H，Wang Q，Liu Y C. 2003. Adsorption and separation of ternary and quaternary mixtures of short linear alkanes in zeolites by molecular simulation. Langmuir，19(25)：10617-10623

(王　琦)

2.5　设计研究性实验

基础性实验着重训练基本操作技能、学习基本的化学研究方法和实验技术，是学生必须独立完成的实验，实验重点是培养和强化实验操作技能，掌握基本的化学实验方法，培养分析问题的基本能力。

在学生全部做完仪器分析“基本实验”的基础上，为了加强能力训练与培养，提高学生的综合素质，培养学生的实验研究能力、创新思维和创新能力，通过撰写文献综述，学会文献查阅、分类、分析、归纳和总结；通过实验方案设计，学会对所学知识的融会贯通和文献知识的综合运用；通过解决课题中出现的各种问题，学会从课本外学习新知识的能力；通过共同研讨和合作实验，学会相互交流沟通和团队配合。

本部分设计了 9 个研究性实验。通过开放实验室，为学生搭建一个自主学习、研究的平台。

教学安排如下：

(1)学生选题、分组，查阅文献，理解实验课题的背景；撰写文献综述。拟订实验方案。要求：综述——总结前人已做过的方法；提出改进意见并根据现有的实验条件拟订实验方案，最后列出参考文献。

(2)每个学生在规定时间内写出设计实验报告，讨论实验方案。

(3)每个学生根据各自确定的分析方法和经修改的设计实验报告，在教师指导下独立完成实验，处理实验数据，撰写科技论文格式的研究报告。研究报告要求：按中文期刊《分析化学》的论文格式上交实验报告。

实验75 大气中挥发性有机污染物的监测

实验导读

按照世界卫生组织(WHO)的定义，挥发性有机化合物(volatile organic compounds，VOCs)是指沸点范围为50～260℃，室温下饱和蒸气压超过133.3Pa，常温下以蒸气形式存在于空气中的一大类有机物。按化学结构，可进一步分为烷类、芳烃类、烯类、卤烃类、酯类、醛类、酮类和其他化合物共8类。VOCs大多具有致癌、致畸和致突变毒性。

挥发性有机化合物不仅来自工业废气、汽车尾气、实验室试剂，也广泛存在于日常生活的各个方面，如建筑材料、装潢材料、服饰、化妆品、洗涤剂、杀虫剂等，它们直接或间接、长期或持续地释放各种有机污染物，从而造成大气污染。监测大气中挥发性有机污染物含量，为监督、控制、治理污染物提供科学和法律依据，更是保障人民健康和生活品质的技术手段。

气相色谱作为挥发性、半挥发性有机化合物的最有效定量分析手段，具有灵敏度高、重复性好、分离能力强、操作方便等特点，是大气中挥发性有机污染物含量监测的最主要方法。

实验目的

(1)在查阅、分析、综合和应用有关文献的基础上，制订实验方案，通过实验确定最佳实验条件。

(2)熟悉样品的制备、提取、浓缩等预处理过程的操作原理和方法，培养和提高分析实际样品的实验技能。

实验原理

本实验采用吸附剂法，通过普通气体采样机采集10～15L空气，用气相色谱法测定空气中挥发性有机化合物的含量，以实现对相关场所空气中挥发性有机化合物的有效监测。根据目前的情况，大气样品中的挥发性有机化合物主要有苯系物、8～10个碳的烷烃、相对分子质量小的酯类化合物等，可根据情况选择合适的标样。本实验的采样地可以是实验室、商场、各类车厢、住宅、车间等场所。

本实验根据实验室现有的实验条件，选择对有机物中的苯系物如苯、甲苯、二甲苯进行检测，可采集不同地点的空气样本进行分析，该方法具有操作方便、灵敏度高的特点。

本实验涉及气体样品的采集、样品的吸附与解吸、程序升温方式的采用、定量方法的选择等过程。本实验的样品分析采用外标法进行，包括标准曲线制作和实际样品测定两个环节。配制不同浓度的标准系列溶液，在所选最佳实验条件下进行色谱分析，绘制标准曲线，然后用二硫化碳洗脱吸附了样品的活性炭管，从标准曲线上查得被测物质的含量。

通过本实验的开展，学生可理解实际环境中气体样品的检测方法，也能提高对实际产品测定方法的认识，适应社会上的检测工作。

仪器与试剂

仪器　溶剂解吸型活性炭管(约 15cm)；空气采样器；溶剂解吸瓶；10μL 微量注射器；FID 气相色谱仪。

试剂　250ppm 的苯、甲苯、二甲苯混合标准溶液；二硫化碳(A.R.)；椰子壳活性炭。

安全警示

(1)注意电器使用安全(见实验 2)。
(2)在气相色谱仪运行期间，严禁徒手触摸进样器螺帽等，以免烫伤。
(3)氮气钢瓶的使用方法及注意事项(见实验 13)。
(4)氢气钢瓶的使用方法及注意事项(见实验 13)。
(5)使用苯、甲苯、二甲苯注意事项(见实验 13)。
(6)使用二硫化碳注意事项(见实验 13)。

实验步骤

1. 文献综述

(1)文献查阅，通过图书馆纸质、电子资源查阅相关文献。
(2)文献综述，按照综述类文章写作格式要求撰写文献综述，特别要注意文献的引用。

2. 方案讨论

(1)各种采样、保存、预处理、分析方法的比较。
(2)拟采取的实验方案。
(3)分组讲述、集体讨论。
(4)实验方案的确定。

3. 采样与保存

注意大气压、气温、湿度的影响，样品的保存条件和期限。

4. 预处理

关注预处理的回收率。

5. 分析

污染物的定性、标样的配制、分析条件的优化(毛细管色谱柱的选择，载气流速的确定，进样口温度的确定，检测器温度的确定，柱程序升温的确定)，标准曲线的制作，样品的检测。

注意事项

(1)准确定量的微量分离与富集操作。

(2)严格按照气相色谱仪的操作要领，正确使用气相色谱仪。

结果与讨论

(1)记录实验条件和相关参数：仪器，色谱柱，载气流速，进样口及检测器的温度、程序升温范围。

(2)对所有的色谱图进行数据处理，求出各色谱峰的保留时间与峰面积。

(3)求出此方法的线性关系、精密度、准确度、检出下限等。

(4)分别计算各空气样品中苯、甲苯、二甲苯的含量(以$\mu g \cdot L^{-1}$表示)。

思考题

(1)程序升温设计的依据是什么？终止温度由什么因素决定？

(2)如何确保分析结果的准确性？

(3)在优化实验条件时，如何采用“正交法”或“单因素变化法”选定实验条件？

参考文献

国家环境保护总局，《空气和废气监测分析方法》编委会. 2003. 空气和废气监测分析方法. 4版. 北京：中国环境科学出版社

GB 11737—89. 居住区大气中苯、甲苯和二甲苯卫生检验标准方法 气相色谱法

HJ 584—2010. 环境空气 苯系物的测定 活性炭吸附/二硫化碳解吸-气相色谱法

(陈关喜 张培敏)

实验76 高效液相色谱法测定泰诺片剂中乙酰氨基酚和盐酸伪麻黄碱的含量

实验导读

泰诺片剂为使用广泛的抗感冒药，其主要成分及相应的标示含量分别为：对乙酰氨基酚(paracetamol)325mg，盐酸伪麻黄碱(pseudoephedrine hydrochloride)30mg，氯溴酸右美沙芬(dextromethorphan hydrobromide)15mg，马来酸氯苯那敏(chlorphenamine)2mg，辅料为粉状纤维素、预胶化淀粉、羟乙酸淀粉钠、微晶纤维素、淀粉、硬脂酸镁、欧巴代。由于各主要成分在药理学上均有一定的副作用，因此在药物生产标准中必须对主要成分在片剂中的含量进行严格控制。现实行的卫生部药品标准(试行)采用分光光度法测定对乙酰氨基酚和盐酸伪麻黄碱的含量，但两组分互有干扰，尤其在测定盐酸伪麻黄碱的含量时需要用乙醚、稀盐酸、水、环己烷等多次提取，操作复杂，容易产生操作误差。采用高效液相色谱法可有效地消除组分间的相互干扰。

实验目的

(1)进一步理解高效液相色谱法的原理。

(2)熟练掌握高效液相色谱仪的操作方法。

(3)学会高效液相色谱分析模式的选择及分析方法的建立。

(4)提高对文献方法的综合能力及应用能力。

(5) 训练综合运用分析化学知识和实验技能，掌握解决实际问题的科学思维和方法。

实验原理

高效液相色谱法近年来已成为一种应用十分广泛的分离分析方法，特别适用于不挥发、热不稳定或离子型化合物的分析。

从图 2.86 的化学结构式可知，对乙酰氨基酚和盐酸伪麻黄碱均含有一定的疏水基团，而且两者的疏水性有差异(可用 ChemOffice 计算两者的 lg*P*)。因此，最合适的色谱模式应该是反相色谱分离模式,但这两个化合物都有可离子化的基团,因此对流动相 pH 的控制非常重要。此外，含氮类有机碱中的氨基还有可能与固定相担体硅胶表面的硅羟基产生强烈的吸附作用(硅胶未封尾的情况下尤为显著)，这样就有可能导致盐酸伪麻黄碱色谱峰的拖尾。因此，有时需根据色谱柱的填料情况，决定在流动相中是否需添加少量的改性剂。两者的检测均可采用紫外检测器。但因泰诺片剂中盐酸伪麻黄碱含量较低，因此检测波长应选择对盐酸伪麻黄碱较灵敏的波长。具体的色谱条件需查阅一些文献报道的方法进行综合对比，并根据实验室的色谱柱类型，自行确定高效液相色谱分析条件，以达到良好的色谱峰形和分离。

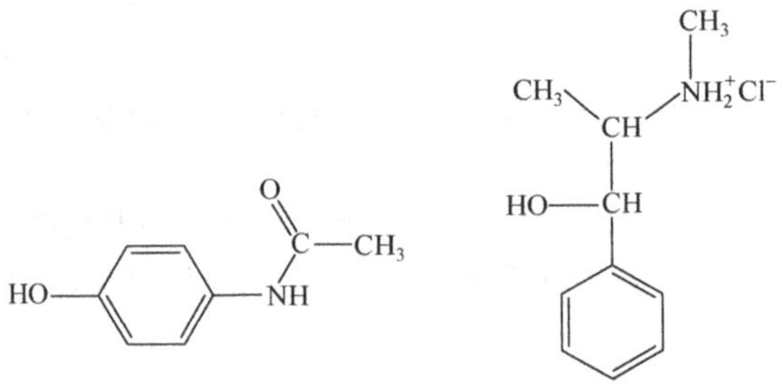

对乙酰氨基酚　　盐酸伪麻黄碱

图 2.86　化学结构式

本实验的主要内容是设计泰诺片剂中乙酰氨基酚和盐酸伪麻黄碱的高效液相色谱定量测定方法，通过对分析方法的实施和分析条件的优化，实现含量的测定。

仪器与试剂

仪器　高效液相色谱仪；C_{18} 或 C_8 反相色谱柱；分析天平；超声波仪；pH 计及 pH 电极；离心机；样品过滤头；20μL 进样针；1mL 注射器；滴管；50mL、250mL 量筒。

试剂　甲醇(色谱纯)；磷酸二氢钾(A.R.)；三乙胺(A.R.)；磷酸(A.R.)；pH=4.0 及 6.86 标准缓冲液；二次重蒸水；乙酰氨基酚标样；盐酸伪麻黄碱标样。

安全警示

(1) 注意电器使用安全(见实验 2)。
(2) 使用甲醇注意事项(见实验 18)。

实验步骤

1. 样品制备

实验室制备实测试样时需取 10 倍左右原样，粉碎后混合均匀，再从中随机称取适当量进行分析。

2. 标准溶液制备

需根据药品中两组分的含量确定标准曲线制作时标准溶液的浓度范围，配制不同浓度的标准溶液，并以等量进样方式进行。配制标准溶液时可采用逐级稀释法。超滤混合标准储备液 10.00mL，置于 100mL 容量瓶中，用甲醇-水(1：4)定容。再取该液 2.00mL 于 10mL 容量瓶，用甲醇-水(1：4)定容。

3. 实验条件选择

不同组分在不同 pH 及相应色谱条件下具有不同的色谱保留行为。实验条件的选择应包含流动相的组成、流动相的配比、体系的 pH 等多个项目。应能确认本实验的分离机理，并解释在不同条件下的分离过程。检测波长的确定需参照二极管阵列检测器(DAD)数据。

4. 色谱柱的保养

实验结束后必须完成对色谱柱的保养，即先用纯水冲洗柱内及所有管路中的盐(5min 以上)，然后用纯甲醇继续冲洗以顶替掉久置易长霉菌的水(5min 以上)。实验过程中还应注意对仪器性能的深入了解和仪器使用的详细要求，保证实验设备的完好和有效运行。

具体实验步骤由学生自行制订。

注意事项

(1) 配制的所有溶液必须经微孔滤膜过滤后方可进行高效液相色谱测定，否则将损伤色谱系统及色谱柱。

(2) 实验结束后，在用甲醇冲洗色谱柱之前，需要用含水量较高的水-甲醇冲洗系统。

(3) 所有含甲醇的废液都倒入废液瓶中统一处理。

结果与讨论

(1) 记录实验条件和相关参数：仪器，色谱柱，流动相组成及比例，流速，进样量，检测波长等。

(2) 对所有的色谱图进行数据处理，求出各色谱峰的保留时间与峰面积。

(3) 求出此方法的线性关系、精密度、准确度、检出下限、样品中乙酰氨基酚和盐酸伪麻黄碱的加标回收率等。

(4) 计算出每片泰诺片剂中乙酰氨基酚和盐酸伪麻黄碱的平均含量。

思考题

(1) 可以采用何种方法评价样品预处理方法的好坏？

(2) 高效液相色谱法中，哪些方法能改善色谱分离？

(3) 根据化合物的结构特点，预测本实验中两种物质的流出顺序。

参考文献

翁水旺. 2007. 高效液相色谱法测定酚麻美敏口腔崩解片中对乙酰氨基酚、氢溴酸右美沙芬、盐酸伪麻黄碱和

马来酸氯苯那敏 4 组分的含量. 中国药学杂志, 42(9):695-696
杨春，苏少忠. 2006. HPLC 法同时测定复方氯雷氨酚伪麻缓释片中对乙酰氨基酚、硫酸伪麻黄碱和氯雷他定的含量. 药物分析杂志, 26(11):1652-1653
Hadad G M, Emara S, Mahmoud W M M. 2009. Development and validation of a stability-indicating RP-HPLC method for the determination of paracetamol with dantrolene or/and cetirizine and pseudoephedrine in two pharmaceutical dosage forms. Talanta, 79:1360-1367
Orsi D D, Gagliardi L, Bolasco A, et al. 1996. Simultaneous determination of triprolidine, psedoephedrineparacetamol and dextromethorphan by HPLC. Chromatographia, 43:496-500

(张培敏　邬建敏)

实验 77　固相萃取-高效液相色谱法同时测定食品中 6 种对羟基苯甲酸酯

实验导读

固相萃取(solid phase extraction，SPE)是从 20 世纪 80 年代中期开始发展起来的一种样品预处理技术，由液固萃取和液相色谱技术相结合发展而来。主要通过固相填料对样品组分的选择性吸附及解吸过程，实现对样品的分离、纯化和富集。主要目的在于降低样品基质干扰，提高检测灵敏度。它集样品富集和净化于一体，比液液萃取更快，节省溶剂，可自动化批量处理，重现性好。

对羟基苯甲酸酯为常用防腐剂之一，其抑菌范围广、作用强、用量少、毒性低、易配伍且防腐效果不易随 pH 的变化而变化。近年来，对羟基苯甲酸酯类防腐剂广泛应用于各种食品中，但是大量或不当使用防腐剂会对人体造成一定损害。因此，中国、加拿大、日本和欧盟等许多国家和国际组织对食品中对羟基苯甲酸酯类防腐剂的使用制定了添加限量。

本实验需要通过多种条件的摸索、优化，建立一种能够快速、简单、高效和准确地同时测定食品中 6 种对羟基苯甲酸酯的方法。

实验目的

(1)掌握固相萃取的原理及技术。
(2)熟练掌握高效液相色谱仪的操作方法。
(3)学会高效液相色谱分析模式的选择及分析方法的建立。
(4)提高对文献方法的综合能力及应用能力。
(5)训练综合运用分析化学知识和实验技能，掌握解决实际问题的科学思维和方法。

实验原理

固相萃取是利用选择性吸附与选择性洗脱的液相色谱分离原理。较常用的方法是使液体样品通过一吸附剂，保留其中被测物质，再选用适当强度溶剂冲去杂质，然后用少量良溶剂洗脱被测物质，从而达到快速分离净化与浓缩的目的。也可选择性吸附干扰杂质，而让被测物质流出；或同时吸附杂质和被测物质，再使用合适的溶剂选择性洗脱被测物质。

对羟基苯甲酸酯同系物具有相似的结构，它们的沸点相对较高，采用非极性的十八烷基键合相(ODS)为固定相和极性的甲醇-水溶液为流动相的反相色谱分离模式能很好地分离它们；同时由于该类化合物在紫外区有明显的吸收，可以利用紫外检测器进行检测。

定性方法：在相同色谱条件下，将样品色谱图与对羟基苯甲酸酯标样色谱图进行对照，根据保留时间确定样品中的对羟基苯甲酸酯。

定量方法：本实验根据各组分的峰面积，按外标法定量。

仪器与试剂

仪器 高效液相色谱系统，配套二极管阵列检测器及色谱管理软件；组织捣碎机；低温高速离心机；固相萃取装置带负压抽滤器；去离子水纯化系统；固相萃取柱。

试剂 甲醇为色谱纯，乙醇、柠檬酸等试剂均为分析纯，实验用水为超纯水。

对羟基苯甲酸酯标准品：对羟基苯甲酸甲酯、对羟基苯甲酸乙酯、对羟基苯甲酸异丙酯、对羟基苯甲酸丙酯、对羟基苯甲酸异丁酯和对羟基苯甲酸丁酯，纯度≥99%。

安全警示

(1)注意电器使用安全(见实验 2)。

(2)使用甲醇注意事项(见实验 18)。

实验步骤

1. 标准溶液的配制

将对羟基苯甲酸甲酯、对羟基苯甲酸乙酯、对羟基苯甲酸异丙酯、对羟基苯甲酸丙酯、对羟基苯甲酸异丁酯和对羟基苯甲酸丁酯用甲醇配制成 $100mg \cdot L^{-1}$ 的单标储备液，按实际检测要求，用甲醇稀释到相应浓度的混合标准溶液，浓度系列：$0.10mg \cdot L^{-1}$、$0.50mg \cdot L^{-1}$、$2.0mg \cdot L^{-1}$、$5.0mg \cdot L^{-1}$、$10.0mg \cdot L^{-1}$ 和 $20.0mg \cdot L^{-1}$。

2. 样品准备和处理

取适量样品经组织捣碎机捣碎，称取样品 5g(精确至 0.01g)，置于 50mL 聚丙烯离心管中，加入 25mL 提取液，水浴超声波辅助提取 15min(每 5min 振摇几下)，取出，$4000r \cdot min^{-1}$ 离心 10min，上清液转入容量瓶中，残留物再用 25mL 提取液重复提取一次，合并上清液，用提取液定容至 50.0mL，滤纸过滤，滤液离心，上清液备用。

固相萃取柱预先用 10mL 甲醇、10mL 蒸馏水活化，取经上述步骤处理过的样品清液 25mL 过滤，再以 3.0mL 淋洗液洗脱，3mL 洗脱剂收集洗脱液，用甲醇定容至 5.0mL，经 0.45μm 微孔滤膜过滤作为试液，供高效液相色谱仪测定。

1)提取溶剂的确定

对羟基苯甲酸酯类难溶于水，易溶于乙醇、乙醚等有机溶剂。分别选用乙醇、甲醇作为提取溶剂进行回收率实验。建议用乙酸溶液调节提取液至酸性再进行回收率实验。

2)固相萃取柱的选择

可以对不同的固相萃取柱如 HLB 和 LC-C_{18} 固相萃取柱进行优化选择。选择对样品中 6 种对羟基苯甲酸酯有较好保留，回收率高的柱对样品进行净化。

3)淋洗液的选择

样品上柱后，有些干扰物质会与被测物一起被吸附，有必要在洗脱被测物前先淋洗萃取柱除去杂质。在空白样品基质中添加 1.0mg · kg^{-1} 对羟基苯甲酸酯标准溶液，经提取液提取浓缩后上固相萃取柱，以不同浓度的甲醇作为淋洗液，考察其回收率，采用的淋洗液既能有效除去干扰杂质，又不会将目标化合物洗脱。

4) 洗脱液的选择

对不同浓度的氨化甲醇洗脱效果进行考察，洗脱能力随氨水浓度增大而增强，干扰成分也会增加。选择 6 种对羟基苯甲酸酯均被洗下，回收率均较高，且干扰成分少的洗脱液为最佳洗脱液。

3. 对羟基苯甲酸酯的色谱条件选择

1) 流动相的选择

为选择最佳的检测条件，分别对乙腈-水、甲醇-水和甲醇-柠檬酸缓冲液三种流动相体系进行实验。

2) 检测波长的选择

用二极管阵列检测器在 210～400nm 对各组分的标准溶液进行光谱扫描，选择检测波长。

结果与讨论

(1) 记录实验条件和相关参数：仪器，色谱柱，流动相组成及比例，流速，进样量，检测波长等。

(2) 记录固相萃取的最佳条件。

(3) 评价分析方法。

(a) 标准曲线的线性范围。

根据色谱图中各组分的峰面积与其质量浓度进行线性回归，得出回归方程和相关系数。

(b) 最低检测限的确定。

在本实验条件下，以 3 倍基线噪声所对应的待测物浓度作为方法的最低检测限。

(c) 准确度和精密度。

选取不同基体的样品，分别按 0.1mg · kg^{-1}、0.5mg · kg^{-1}、5.0mg · kg^{-1} 和 20.0mg · kg^{-1} 添加水平进行对羟基苯甲酸酯类加标回收实验，同时做样品空白实验。样品经过预处理并经固相萃取柱净化后，通过高效液相色谱仪进行测定。

思考题

(1) 用 C_{18} 固相萃取柱富集水样中的对羟基苯甲酸酯类前，为什么要将试液调酸性？

(2) C_{18} 固相萃取柱能选择性地吸附被分析对象吗？它的选择性取决于什么？

(3) 梯度淋洗适用于分离什么性质的混合物？

参考文献

曹淑瑞，刘治勇，张雷，等. 2012. 高效液相色谱法同时测定食品中 6 种对羟基苯甲酸酯. 分析化学，40(4): 529-533

GB/T 2760—2007. 食品添加剂使用卫生标准

（张培敏）

实验 78　流动注射光化学荧光分析法测定药物制剂中的维生素 B_1

实验导读

维生素 B_1 是机体维持正常代谢和机能所必需的低分子有机化合物之一，在糖代谢中有重要作用。药物中维生素 B_1 含量测定常用的方法有色谱法、电化学法、紫外-可见分光光度法、荧光法等。其中荧光法灵敏度较高，选择性较好，也相对简便，所以使用较多。由于维生素 B_1 无天然荧光，所以用荧光法测定时需要将其转变为荧光物质，通常采用碱性铁氰化钾将维生素 B_1 氧化成具有荧光的硫色素，为保证氧化充分，一般应使铁氰化钾过量，但过量的铁氰化钾会使生成的硫色素分解，需用正丁醇萃取硫色素，并用无水硫酸钠进一步除去溶于水中的铁氰化钾再进行测定，操作较为繁杂，且萃取、除水等步骤易引起误差。

本实验将流动注射和光化学荧光法两种方法联用，采用低功率的紫外灯和 PTFE(聚四氟乙烯)管编结反应器组成光化学反应器，通过光化学反应将维生素 B_1 定量转化为硫色素后进行荧光测定，无需使用铁氰化钾，也无需进行萃取和除水，并使用流动注射技术将试液和试剂定量引入光化学反应器。此方法不仅灵敏度高，选择性好，且大大简化了操作，测定简单快速，精密重复。

实验目的

(1)进一步熟练掌握经典荧光分析方法及应用。

(2)学习和掌握流动注射分析的基本原理和实验方法。

(3)学习利用光化学反应并结合流动注射技术设计光化学荧光流动分析基本流程。

(4)学会搭建流动注射-光化学反应-荧光检测分析系统装置。

(5)提高仪器分析化学专业素养和创新思维能力，培养系统地利用所学理论知识和实验技能分析及解决实际应用问题的综合能力。

实验原理

1. 流动注射分析

流动注射分析(flow injection analysis，FIA)是一种连续流动分析技术。它是把一定体积的试样溶液注入连续流动并含有反应试剂的载流中，形成一个由载流间隔的试样溶液区域(称为试样塞)，试样溶液被推送进入反应盘管后与载流中的反应试剂相互扩散混合并反应，最后进入流通检测器进行测定。采用流动体系实现各实验参数的控制和操作一般比间歇式操作容易得多，尤其是以非平衡操作为特征的 FIA 实现的自动化通常消除了一些分析方法中的局限，使整个分析方法性能显著提高。它具有许多明显优点：所需仪器设备结构较简单、紧凑；操作简便、易于自动连续分析；分析速度快、精密度高；试剂、试样用量少，适用性较广。

2. 光化学荧光分析法

光化学荧光(photochemical fluorescence，PCF)分析法基于待测物在特殊的光化学反应体系中吸收紫外光辐射，引起物质结构发生变化形成荧光官能团产生荧光，或是形成共轭结构而发生荧光增强现象。与常规荧光分析法相比，光化学荧光分析法使用光子代替化学试剂进行反应催化，具有更高的反应催化能力和更优良的选择性，不仅提高了分析的灵敏度和选择性，也扩大了荧光分析的应用范围，而且操作简单、易于控制。在一定条件下，待测物质的浓度与光化学反应产物的荧光强度符合荧光分析定量关系，通过测定光化学反应产物的荧光强度，可测定待测物的含量，从而达到定量分析的目的。

3. 流动注射光化学荧光分析法测定维生素 B_1

在光化学荧光分析的基础上，引入流动注射技术可进一步简化实验操作、提高实验重复性、实现自动连续分析。本实验采用低功率荧光灯和编结反应器所组成的光化学反应器，通过流动注射在线光化学反应使维生素 B_1 转变为强荧光产物。反应可用图 2.87 表示。

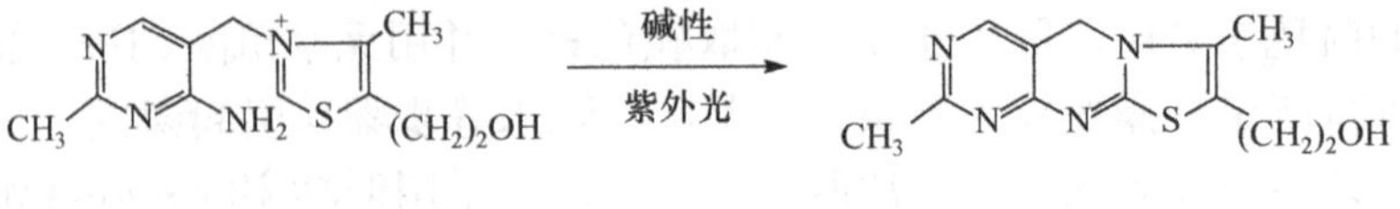

图 2.87　维生素 B_1 的氧化反应

光化学氧化用光子代替化学试剂，避免了过量化学试剂分解荧光产物而对其荧光强度的影响，还具有易加入易消除、无需使用有机溶剂减少对环境的污染等优点。流动注射分析方法使用蠕动泵配合进样阀定量采样并在管道中进行所需的氧化反应，可以保证每个样品所经历的操作过程高度一致，从而提高了测定结果的精密度。

流动注射光化学荧光分析系统的组成如图 2.88 所示。

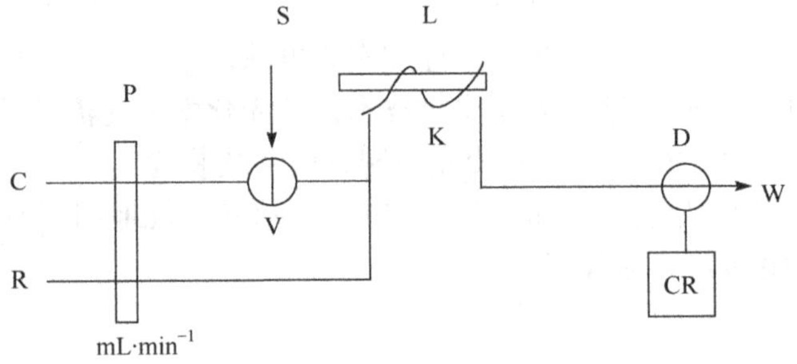

图 2.88　流动注射光化学荧光分析法实验装置示意图

S. 试样；C. 载流（水）；R. 反应试剂；流动注射仪（包含 P. 蠕动泵，V. 带有定量采样环的采样阀）；K. PTFE 编结反应器；L. 紫外灯；D. 荧光流通池；CR. 荧光分光光度计；W. 废液

仪器与试剂

仪器　荧光分光光度计；120μL 方型荧光流通池；流动注射仪；UV-1 型三用紫外分析仪；万分之一分析电子天平。

试剂　维生素 B_1 标准品；复方维生素 B 药片；HCl、Na_2SO_3、NaOH 等均为分析纯。

安全警示

(1) 注意电器使用安全（见实验 2）。

(2) 注意紫外灯使用安全：

紫外光对人体皮肤、黏膜有一定的刺激和损害作用，应避免眼睛直视灯管，不得在灯管下长时间停留。

(3)使用盐酸注意事项(见实验 12)。

(4)使用氢氧化钠注意事项(见实验 12)。

实验步骤

1. 制作光化学反应器

用内径 0.5mm、长度 100cm 的 PTFE 管编成互相交盖的结扣群(每个结扣的直径约为 5mm)制作成编结反应器。将编结反应器自由盘绕在 UV-1 型三用紫外分析仪的紫外灯管(最大发射波长 254nm)上，制成光化学反应器。

2. 搭建实验装置

将流动注射仪、光化学反应器、荧光流通池、荧光分光光度计按图 2.88 搭建，组成流动注射光化学荧光分析法实验装置。

3. 配制标准溶液和试样溶液

请自行设计合理的溶液配制方案。

4. 配制反应试剂溶液

称取 0.4g Na_2SO_3，溶于 100mL 2%的 NaOH 溶液，配制成 Na_2SO_3(0.4%)-NaOH(2%)混合试剂，当天配制。

5. 测定步骤

(1)开启荧光分光光度计电源，点亮氙灯，设置激发波长为 370.0nm，荧光波长为 440.0nm。

(2)开启紫外灯和蠕动泵，泵入载流(水)，稳定 15min 后记录基线的荧光值。

(3)编制流动注射仪的程序，优化采样时间和进样时间；将六通采样阀切至采样位，从低浓度到高浓度依次分别对标准系列溶液中的每一个标样采样 15s 以上，使采样溶液注满采样管(采样体积 0.25mL)后，切换六通采样阀至注入位，记录荧光峰值，25s 后将六通采样阀切回采样位，同一标样平行测定三次，以净峰高的平均值作工作曲线。

(4)参照步骤(2)、(3)对进样量(改变采样管内径或长度)、试样流速(改变泵速)进行选择。

(5)参照步骤(2)、(3)测定复方维生素 B 试样，平行测定三次，以平均净峰高值从工作曲线上求得试样溶液的浓度。

(6)实验结束后，关闭荧光分光光度计电源，关闭紫外灯；将纯水泵入系统各条管路，清洗 2min 后，关闭蠕动泵，松开泵的压块。

注意事项

测定时用同样的方法依次测定标样空白、试样空白、试样的荧光峰值，均平行测定三次。

结果与讨论

(1)数据记录及处理。

(a)记录激发波长、发射波长及激发单色器狭缝和发射单色器狭缝。

(b) 记录标样空白、试样空白、试样的荧光峰值。

(2) 实验最佳条件分析。

(a) 进样量的选择。

(b) 试样流速的选择。

(3) 方法的重现性、线性、检出限和回收率。

(4) 实际样品分析。

计算复方维生素 B 片剂中维生素 B_1 的含量(以 mg · 片$^{-1}$ 表示)。

(5) 对分析方法进行评价。

思考题

(1) 流动注射分析与高效液相色谱所用的泵和六通进样阀有什么相同之处？在性能指标上有哪些不同？

(2) 本实验采用的荧光池在结构上有什么特点？

(3) 本实验中当溶液流经荧光池时，维生素 B_1 转化为硫色素的光化学反应是否已经完全反应达到平衡状态？

参考文献

方肇伦. 1999. 流动注射分析法. 北京：科学出版社

黄朝表，陈恒武，何巧红. 2003. 流动注射在线光化学荧光法测定药物制剂中叶酸的含量. 分析化学, 31(2): 229-231

王欢，刘雯，朱参胜，等. 2010. 荧光法测定尿中维生素 B_1 的改进研究. 中国卫生检验杂志, 20(12): 3500-3501

Chen H W, Zhu J P, Cao X X, et al. 1998. Flow injection on-line photochemical reaction coupled to spectrofluorimetry for the determination of thiamine in pharmaceutical and serum. Analyst, 123 (5): 1017-1021

GB/T 5009.84—2003. 食品中硫胺素(维生素 B_1)的测定

GB/T 7628—2008. 谷物中维生素 B_1 测定

(张培敏　徐光明)

实验 79　(同步)荧光法测定复合维生素片中的 B_1、B_2、B_6

实验导读

维生素 B 对人体具有十分重要的作用，但它不能在人体内合成而只能从食物中摄取，故对维生素 B 的含量进行分析测定具有重要的意义。目前维生素的测定方法主要有高效液相色谱法、光度法、荧光法等。高效液相色谱法的优点是分离效果较好，测定各组分含量较为准确，但是耗费时间较长，操作烦琐。荧光法具有灵敏度高、仪器简单、选择性好和测量快速等特点，被广泛应用于维生素 B 的分析，但对多种维生素混合物的分析常遇到光谱互相重叠、不易分辨的困难，因而分辨率较高的同步荧光技术被广泛采用。同步荧光法具有灵敏度高、选择性好、散射光影响小等优点，可以不用分离各组分而达到分别测定其含量的目的，非常适合测定混合物。

实验目的

(1) 掌握同步荧光法的原理和测量方法，开发荧光分光光度计的新功能，了解荧光分析的新技术。

(2)熟悉实际样品分析的实际流程，了解科研工作的全过程。

实验原理

1. 维生素 B_1、B_2、B_6 的性质

维生素 B_1 又称硫胺素，因其结构中有含 S 的噻唑环与含氨基的嘧啶环得名，其纯品大多以盐酸盐或硫酸盐的形式存在。其本身不是天然荧光物质，但经氧化后转变为脱氢硫胺素（又称硫色素，thiochrome），反应式见图 2.87。它在紫外光下呈蓝色荧光，可以利用此特性来检测样品中的维生素 B_1 并进行定量测定。

维生素 B_2（核黄素）的结构见图 2.89，分子式 $C_{17}H_{20}N_4O_6$。它是人体必需的 13 种维生素之一，易溶于水而不溶于乙醚等有机溶剂，在中性或酸性溶液中稳定，光照易分解，对热稳定。

维生素 B_2 在 230～490nm 波长的光照射下，激发出峰值在 526nm 左右的绿色荧光，在 pH 为 6～7 荧光强度最大，在 pH=11 的碱性溶液中荧光消失。

维生素 B_6（吡哆素）的结构见图 2.90，易溶于水，其盐酸盐为白色结晶粉末，在空气中稳定，遇日光渐变质，在碱性溶液中，遇光或高温时均易被破坏。

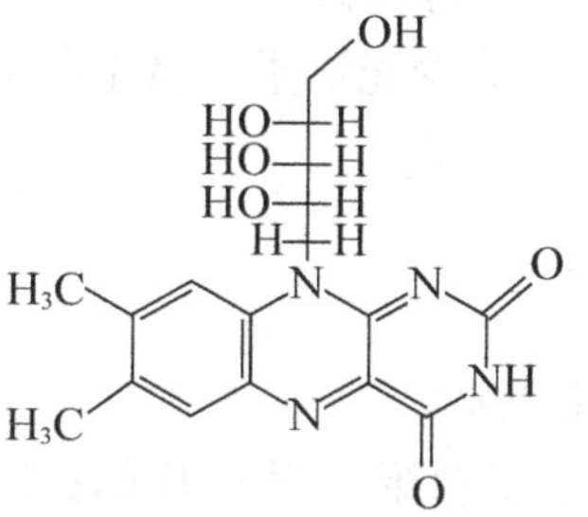

图 2.89 维生素 B_2 的结构

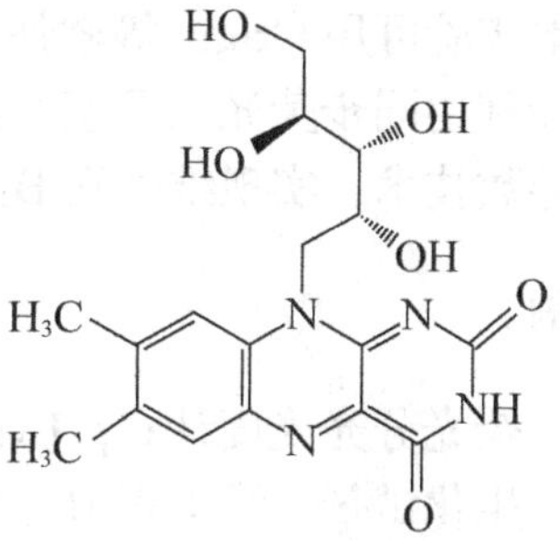

图 2.90 维生素 B_6 的结构

维生素 B_2 和 B_6 本身为荧光物质，但是维生素 B_1 需要用碱性铁氰化钾氧化成脱氢硫胺素后才能发射荧光。由于维生素 B_1、B_2、B_6 对 pH、光照和加热敏感，在实验过程中，需要对溶液的 pH、光照和温度进行适当的控制。

2. 同步荧光法原理

恒波长同步荧光法：同时扫描激发和发射两个单色器波长，在扫描过程中使激发波长和发射波长彼此间保持固定的波长间隔（$\Delta\lambda = \lambda_{em} - \lambda_{ex}$ =常数），由测得的荧光强度信号与对应的激发波长（或发射波长）构成光谱图，称为同步荧光光谱。同步荧光法具有谱图简化、选择性提高、光散射干扰减少等特点，尤其适合对多组分混合物的分析。

在恒波长同步荧光法中，$\Delta\lambda$ 的选择十分重要，这直接影响同步荧光光谱的形状、带宽和信号强度。在可能条件下，选择等于斯托克斯位移的 $\Delta\lambda$。

定量依据：

$$I_s(\lambda_{em},\ \lambda_{ex}) = Kcb \cdot E_x(\lambda_{ex}) E_m(\lambda_{em})$$

$$\Delta\lambda = \lambda_{em} - \lambda_{ex} = \text{常数}$$

所以

$$I_s = Kcb \cdot E_x(\lambda_{em} - \Delta\lambda)E_m(\lambda_{em}) = Kcb \cdot E_x(\lambda_{ex})E_m(\lambda_{ex} + \Delta\lambda)$$

式中：E_x 为激发光谱强度分布；E_m 为发射光谱强度分布；c 为分析试样的浓度；b 为样品池的宽度；K 为综合仪器性能和其他各种参数后的一个比例系数。从中可看到，在激发波长、波长差等参数固定后，荧光发射强度与分析试样的浓度成正比，这是同步荧光法进行定量分析的基础。

综合起来，同步荧光法具有窄化谱带、简化谱图和缩小扫描范围的特点。更窄、更尖的谱峰可以提高测定的准确性和选择性，而扫描范围的缩小可以排除许多干扰信息，如样品中其他物质的干扰峰，使实验者可以把更多的精力投入对目标物质的分析中。

3. 导数技术

将导数技术与同步荧光技术联用可使检出限更低，对各组分的分辨更有效。把荧光光谱写成波长的函数，则它的导函数图像就是导数光谱。对一个谱峰求导可以得到正、负两个谱峰，即使谱峰有一半受到干扰，求导之后仍然可以得到一个完整的谱峰，用峰零法标出峰高，可以进行定量分析。因此，导数技术为分离重叠谱峰提供了一个很有效的方法。一般的荧光仪都带有求导功能，各种统计处理软件也具有强大的求导能力，这更促进了导数技术的进一步推广。本实验可用 Origin 等软件对实验结果分别进行一阶求导处理。

本实验利用同步荧光法可使光谱简化，谱带变窄，从而减少光谱重叠及散射光干扰等，还可采用导数技术，实现维生素 B_1、B_2、B_6 的同时测定。

仪器与试剂

仪器　荧光分光光度计；pH 计；超声波清洗机；精密天平。

试剂　生化试剂：维生素 B_1、维生素 B_2 和维生素 B_6；复合维生素 B 片剂；$2mol \cdot L^{-1}$ 氢氧化钠溶液；$12mol \cdot L^{-1}$ 浓盐酸；1%碱性铁氰化钾溶液；磷酸氢二钠-柠檬酸缓冲溶液（pH 7.2，由 $0.2mol \cdot L^{-1}$ 磷酸氢二钠和 $0.1mol \cdot L^{-1}$ 柠檬酸按 6 : 1 混合而成）；酚酞。

安全警示

(1) 注意电器使用安全（见实验 2）。

(2) 注意紫外灯使用安全（见实验 78）。

(3) 使用盐酸注意事项（见实验 12）。

(4) 使用氢氧化钠注意事项（见实验 12）。

实验步骤

(1) 测定维生素 B_1、B_2、B_6 的激发光谱与发射光谱，选择最佳激发波长与发射波长。

(2) 考察溶液 pH 对维生素 B_1、B_2、B_6 荧光强度的影响。

(3) 考察氧化剂种类及浓度对维生素 B_1、B_2、B_6 荧光强度的影响。

(4) 激发波长和发射波长差值（$\Delta\lambda$）的选择。

(5) 考察微量元素及表面活性剂种类和浓度对维生素 B_1、B_2、B_6 荧光强度的影响。

(6) 建立线性方程和线性范围。

(7) 实际样品的测定。

结果与讨论

(1) 用同步导数荧光法对得到的谱图进行微分处理，对待测组分进行定性、定量分析。
(2) 通过校正系数法消除维生素 B_1 对维生素 B_6 的干扰，并进行含量分析。
(3) 考察方法的精密度、线性范围和检出限；回收率实验并对实际样品进行测定。

思考题

(1) 如何分别检测荧光光谱重叠的混合物？
(2) 如何改变分析条件提高测定的选择性和灵敏度？
(3) 如何通过校正系数法、导数荧光法消除维生素 B_1 对维生素 B_6 的干扰？

参考文献

弓晓峰, 黄坚锋, 倪永年. 1994. 偏最小二乘法用于同步荧光法同时测定维生素 B_1, 维生素 B_2 和维生素 B_6. 分析化学, 22(9): 935-938
何立芳, 林丹丽, 李耀群. 2004. 同步荧光分析法的应用及其新进展. 化学进展, 16(6): 879-885
蒋淑艳, 金树伟. 1997. 同步荧光法同时测定药物中维生素 B_1, B_2, B_6 的条件研究. 药物分析杂志, 17(3): 182-184
刘春英, 陈华章, 陈时斌, 等. 1998. 同步导数荧光法同时测定 3 种维生素 B. 分析测试报, 17(1): 64-66
倪永年, 蔡英俊. 2005. 平行因子-同步荧光法测定食品中维生素 B_1, B_2 和 B_6. 光谱学与光谱分析, 25 (10): 1641-1644
Wehry E L. 1981. Modern Fluorescence Spectroscopy. Vol. 4. New York: Plenum
Xiao Y, Wang H Y, Han J A. 2005. Spectrochimica Acta Part A: Molecular and Biomolecular Spectroscopy, 61(4): 567-573

（张培敏）

实验 80 循环伏安法快速评价碱性二次电池正极活性材料的电化学性能

实验导读

电能的广泛应用是人类文明发展的重要标志。在便携式电子设备中，通常利用各种化学电源(电池)供电。开发高性能的电池活性材料一直是电化学发展的重要方向之一。

通常电池正极材料的容量较负极材料低，成为制约整体电池容量提高的瓶颈。另外，随着资源和环境问题的日益突出，需要发展可充电的二次电池代替一次性电池。作为二次电池的正极材料，除要求容量高、电位正外，还要求有良好的充放电循环可逆性。

对科研实践中合成的各种电池材料，需要进行实际的充放电才能精确地评价其电化学性能。即使是快速的充放电，一次也需要 2h 以上，对二次电池而言，通常需要测试 200 次以上的循环，非常费时。以循环伏安法对电池材料进行快速的动电位扫描，以动电位扫描代替恒流的充放电，每次循环仅需数秒至数分钟，因此非常适合作为电池材料的快速评价方法。而对于快速测试二次电池材料的电化学性能，循环伏安几乎是唯一的方法。

实验目的

(1)了解循环伏安法评价电池活性材料电化学性能的基本原理。

(2)熟悉电化学分析仪及其控制软件的使用方法，了解三电极体系的构造和原理。

(3)通过电极制作，加强动手能力，了解导电剂、黏合剂、隔膜等辅助材料的作用。

实验原理

1. 二次电池正极活性材料应具备的电化学性能

二次电池又称充电电池，可以实现化学能与电能之间的可逆转化，其原理在于其正、负极活性材料能够在不同电位下发生氧化还原反应，释放或获得电子。二次电池的电化学性能主要有三个评价指标：电压、容量、寿命(充放电的次数)。电池的电压等于其正、负极活性材料的电位之差。在质量和体积一定的情况下，电池的容量主要取决于其正、负极活性材料的比容量(单位质量或体积的容量)。实际上，正极活性材料的比容量往往低于负极，因而成为制约电池整体容量的瓶颈。电池的寿命主要取决于其活性材料的充放电循环稳定性。

因此，作为二次电池的正极材料，应具备的电化学性能为：电位高；比容量高；充放电循环稳定性高。

2. 循环伏安法评价电池活性材料电化学性能的原理

循环伏安法是一种常用的电化学研究方法。该法控制电极电势随时间以三角波信号发生变化，施加于电极体系，使电极上交替发生氧化和还原反应，并记录电流-电势曲线。根据曲线形状可以判断电极反应的可逆程度，中间体、相界吸附或新相形成的可能性，以及偶联化学反应的性质等。例如，通过判断电位差是否接近$(0.059/n)$V 可判断反应的可逆性，通过对电流-电势曲线进行积分，也可分别计算电极充电和放电的电量。

二次电池活性材料最传统的测试方法是将其组装成电池，由仪器记录充放电循环过程中的电压、电流、容量等变化。由于二次电池的循环寿命动辄要求上千次，即使是最快的充放电速度，一个测试周期也将长达数千小时。

循环伏安法通过施加周期性变化的电位激励信号模拟充放电循环，正向扫描时电极材料被氧化，负向扫描时被还原，一个周期仅需数分钟，成为常用的快速评价方法。

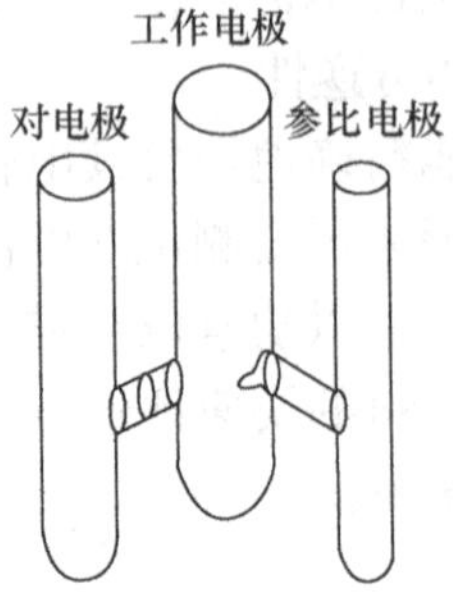

图 2.91　三电极电解池结构示意图

仪器与试剂

仪器　三电极电解池(图 2.91)；电化学分析仪；Hg/HgO 参比电极；自制工作电极；镍片辅助电极；玻璃片；玻璃棒。

试剂　6mol · L^{-1} KOH 溶液；$Ni(OH)_2$(电池级)；电解 MnO_2；石墨粉(A.R.)；泡沫镍；镍片；黏合剂(PTFE 水溶液)。

安全警示

(1)注意电器使用安全(见实验 2)。

(2) KOH 使用注意事项(同 NaOH 使用，见实验 12)。

实验步骤

(1) 配制 6mol · L^{-1} KOH 电解液，清洗三电极电解池等玻璃容器。

(2) 制备不同活性物质含量的工作电极若干个。示例：

(a) 按一定比例称取一定质量的 $Ni(OH)_2$ 和石墨粉，共 10mg(或 20mg、50mg、100mg)(具体合适的比例根据实验进行探究)，在玻璃板上混合均匀，加入少量黏合剂，混匀直至成膏状。

(b) 剪长、宽均为 20mm 的泡沫镍作为电极基体，将上述混合均匀的膏状物压入泡沫镍中，尽量将其全部压入其中(最好从一侧压入，并能从另一侧观察到)，直至泡沫镍上的粉末不能被刮下，并用油压机在 20MPa 下压 1min。

(c) 剪 25mm×50mm 的聚丙烯隔膜纸，将步骤(b)中制备的泡沫镍包好，插入镍条作为导线，确保其接触涂有 $Ni(OH)_2$ 和石墨粉的泡沫镍基体，用橡皮圈和两块打孔的有机玻璃夹片固定泡沫镍，制成泡沫镍电极。

(d) 将制好的泡沫镍电极泡入 KOH 溶液，使溶液完全浸润电极。

(3) 循环伏安法进行扫描。

(a) 以制作好的含活性物质的泡沫镍电极为工作电极，Hg/HgO 为参比电极，镍片为对电极，调节不同的扫描速率，进行一系列循环伏安扫描，得出循环伏安谱图和数据。

(b) 探索实验条件：扫描速率对电池充放电效率的影响，扫描电位范围对电池充放电效率的影响。电极正极材料量对电池充放电效率的影响，充放电次数对电池充放电效率及活性的影响。

(4) 调节 $Ni(OH)_2$ 和石墨粉的总质量或成分比例，按上述步骤进行一系列循环伏安扫描，得出循环伏安谱图和数据。

(5) 结束实验并关闭仪器，并对上述得到的谱图和数据进行分析，得出结论。

注意事项

(1) 装好电极材料后可以先测开路电位。

(2) 软件参数设置可由学生提出并修改，参考设置：Init E：开路电位，High：0.5V，Low：−0.5V，positive；sweep segment=1000，sweep rate 不大于 0.5V · s^{-1}，sensitivity 可先设到最大。

(3) 电解液：6mol · L^{-1} KOH；参比电极：Hg/HgO(无盐桥不得使用 SCE 与 Ag/AgCl 电极！)；对电极：镍片、不锈钢片、碳棒或铂片。

(4) 电极连接：绿色—工作电极；白色—参比电极；红色—对电极。

结果与讨论

(1) 探索最佳实验条件。

(2) 研究电极活性物质质量与放电容量之间的关系，研究活性物质与石墨的比例对容量和循环稳定性的影响。

(3) 研究循环伏安充放电次数与充电量和充放电效率的关系。

(4) 研究不同电极材料，如 $Ni(OH)_2$ 和 MnO_2 两种电极材料与充放电容量和稳定性的关系，写出充放电反应方程式，分别给出各自不同次数循环的循环伏安曲线，说明其差别。

思考题

(1) MnO_2、$Ni(OH)_2$、Ag_2O、Al_2O_3、NiO、CuO 等粉末，哪些物质可能可以用作碱性二次电池正极材料？

(2) 是否可以从结构化学的角度解释各种材料的充放电电位、容量、循环可逆性等差异，以及引起这些差异的内在原因（如从姜-泰勒效应引起的晶胞结构变化解释多次充放电后 MnO_2 的容量衰退）？

参考文献

Licht S, Wang B H, Ghosh S, 1999. Energetic iron (Ⅴ) chemistry: the super-iron battery. Science, 285: 1039

Ovshinsky S R, Fetcenko M A, Ross J. 1993. A nickel metal hydride battery for electric vehicles. Science, 260(5105): 176-181

（邵海波　张培敏）

实验 81　红外光谱法研究检测食品包装材料中的塑化剂

实验导读

塑化剂又称增塑剂，是广泛应用于塑料工业的一类化工助剂。塑化剂的作用是削弱聚合物分子间的次价键（范德华力），降低聚合物分子链的结晶性，增加其可塑性，从而使聚合物的硬度下降，柔韧性提高，易于加工。但塑化剂对人体健康有严重影响，若长期摄入塑化剂，将危害人体消化系统、降低人体的免疫能力和生殖能力、干扰人体内分泌、还将通过基因遗传危害下一代。

人体内的塑化剂大多是由食物带入，而食物中的塑化剂除个别不法制造商故意添加外，大多由食品包装材料带入。由于塑化剂具有迁移性，塑料制品中的塑化剂会随着温度、时间和 pH 的变化而逐渐从制品内部迁移至表面，因此食品包装材料表面的塑化剂会污染食物，导致人们被动摄入塑化剂。

现有的食品包装材料大多是聚烯烃类（如聚乙烯、聚丙烯、聚氯乙烯、聚苯乙烯等）塑料，其分子中不含羰基；而塑化剂大多是酯类化合物（如邻苯二甲酸酯、对苯二甲酸酯、癸二酸酯、环氧大豆油等），其分子中大多含羰基。若某种聚烯烃类塑料包装材料的红外光谱中出现羰基的特征吸收峰，则可能含有塑化剂。若用常规的方法检测包装材料中的塑化剂，则需先分离再检测，实验周期长，工作量很大。而开展红外光谱法检测食品包装材料中塑化剂的研究，可用直接测试的方法（薄膜法或衰减全反射法）对包装材料试样进行快速筛选。其中，对较薄的、透过率较高的包装材料可用薄膜法直接测定其红外光谱；而对较厚的、透过率较低的包装材料则可用衰减全反射法直接测定其红外光谱。然后对含羰基的可疑试样采用溶解-沉淀分离法或索氏抽提法进行分离分析，再用红外光谱鉴别，就能确定其是否含塑化剂，以及含何种塑化剂。

实验目的

(1) 掌握聚合物材料的红外光谱测试方法——薄膜法和衰减全反射法。

(2) 了解衰减全反射光谱附件的工作原理并掌握其使用方法。

(3) 学习塑化剂的分离分析方法。

(4)初步学会对高聚物和塑化剂红外光谱的解析。

实验原理

衰减全反射光谱是基于全反射理论而建立的一种红外光谱测试技术，广泛应用于测定多层复合膜的组成，研究金属和催化剂表面吸附物，测定聚合物薄膜、纤维和纸张等表面的涂层等。

由光学原理可知：当一束光以入射角 θ_i 由一种光学介质(折射率为 n_1)进入另一种光学介质(折射率为 n_2)时，在两种介质的界面将发生反射和折射现象。由反射定律可知：反射角 θ_r 与入射角 θ_i 相等；由折射定律可知：$\sin\theta_i/\sin\theta_t = n_2/n_1$。当 $n_1>n_2$ 时，则有 $\theta_t > \theta_i$，即当光由光密介质(折射率高)进入光疏介质(折射率低)时，折射角 θ_t 大于入射角 θ_i。因此，当两种介质确定后，反射光和折射光的方向与入射角有关。同时，反射光和折射光的强度也与入射角有关，当 $n_1>n_2$ 时，随着入射角 θ_i 由零开始逐渐增大，折射光的强度逐渐减弱，而反射光的强度逐渐增强。当 θ_i 增大至一定角度时，折射光不再出现，光束全部被反射，此现象称为全反射，发生全反射时的入射角称为临界角(critical angle)，用 θ_c 表示。全反射现象不完全是在两种介质的界面上发生的，有部分光束是从光密介质(折射率为 n_1)进入光疏介质(折射率为 n_2)一定深度后才反射回来，其强度随穿透深度的增加而按指数规律衰减。因此，发生全反射现象必须具备以下两个条件：①光由光密介质 n_1 进入光疏介质 n_2($n_1>n_2$)；②入射角大于临界角。

应用衰减全反射红外光谱测试技术时，入射光是红外光，两种介质分别是试样(折射率低、光疏介质)和红外透过晶体(折射率高、光密介质，如 KRS-5、ZnSe 等)。将试样紧贴在红外透过晶体表面，一束红外光以大于临界角的入射角进入晶体与试样的界面，并穿入试样一定深度(很短的距离)后反射回来。若与晶体接触的试样对红外光有选择吸收，则穿入试样的红外光因被样品吸收而减弱，导致反射的红外光在某些波长的能量衰减，因而称为衰减全反射。不同波长红外光的衰减程度不同，这与样品的结构有关。经过一次衰减全反射，红外光穿入样品深度有限，样品对光吸收较少，所得光谱吸收峰弱，信噪比差。为了增加吸收峰强度，提高测试信噪比，现代衰减全反射附件采用增加全反射次数使吸收峰增强，这就是多重衰减全反射(图 2.92)。由此所得的衰减全反射红外光谱具有吸收光谱的特点。该方法的优点是：无需制样，能够保持样品原貌进行光谱测定，适用于固体、薄膜等表面或界面层结构研究。

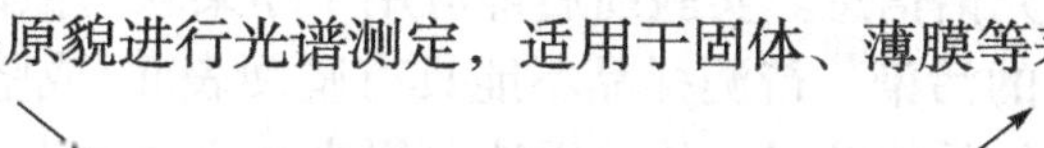

图 2.92 衰减全反射光谱附件的工作原理

通过本实验，可以在巩固已有的红外光谱实验技能的基础上，学习和掌握聚合物材料的红外光谱测试方法(如薄膜法、衰减全反射法等)和塑化剂的分离分析方法，学习和了解聚合物的结构、性能和用途。通过对大量食品包装材料的分析检测，可以了解我国食品包装业的现状和可能存在的塑化剂问题，有助于提高消费者的自我保护意识。

实验前需查阅并收集相关资料：食品包装材料的国家标准；食品包装材料(聚合物)的种类、分子结构及主要性质；常用增塑剂的种类、结构及物理化学性质；常见包装用聚合物及增塑剂的标准红外光谱图；聚合物及增塑剂的分离分析方法(包括化学分析和仪器分析)。

仪器与试剂

仪器　傅里叶变换红外光谱仪、衰减全反射红外光谱附件(ZnSe)、索氏抽提器、旋转蒸发仪；通风橱；红外灯；烧杯；玻棒；漏斗；滤纸；培养皿。

试剂　乙醇；四氢呋喃；氯仿；NaCl 晶体片；KBr 晶体片。

安全警示

(1)注意电器使用安全(见实验 2)。

(2)红外灯温度较高，制样时防止烫伤。

实验步骤

(1)清理或清洗所收集的包装材料，以除去材料表面的附着物，干燥后待测。

(2)用薄膜法直接分析测试透明包装材料试样的红外透射光谱；用衰减全反射法分析测试不透明或多层复合的包装材料试样的衰减全反射红外光谱。

(3)根据实验步骤(2)的实验结果，快速筛选出含羰基的包装材料试样，然后利用塑化剂和聚合物的标准红外谱图，通过特征谱带的比对，找出可能含塑化剂的试样。

(4)对可能含塑化剂的试样用溶解-沉淀法或索氏抽提法进行分离，经浓缩、干燥，分别得到塑化剂和聚合物试样。

(5)用溶液制膜法测试分离所得聚合物的红外光谱；用液膜法测试分离所得塑化剂的红外光谱。

(6)用标准谱图对照法分别确定聚合物和塑化剂的结构。

(7)选择一个包装材料试样，分别用薄膜法和衰减全反射法测定其红外光谱，然后分析比较两谱图的差异。

注意事项

(1)测定衰减全反射光谱时，待测试样必须紧贴 ZnSe 晶体表面，否则将影响谱图质量，甚至无法获得衰减全反射光谱信息。实验前后都应用干净柔软的擦镜纸擦拭 ZnSe 晶体表面，以免残留物对下一个样品的污染。待测样品不能具有坚硬表面(或坚硬的基材)，否则易划伤衰减全反射晶体，也不易与晶体贴紧，从而无法获得衰减全反射光谱信息。

(2)更换光谱附件(衰减全反射↔透射)时，必须待仪器自检通过后，才能开始测试样品。若仪器自检未能通过，则可能是附件未安装到位，须将附件重新安装，直至仪器自检通过。

(3)用溶液制膜法测试分离所得聚合物的红外光谱时，若在 NaCl 或 KBr 晶体片上成膜，并经红外灯烘烤除去残留溶剂后，应使窗片稍微冷却后再装入样品架，否则窗片与样品架之间的温差会导致窗片破裂。

(4)NaCl、KBr 晶体片易受水或水汽的侵蚀，形成蚀斑或雾翳。因此，实验完成后必须及时清洁窗片，经抛光、干燥后保存于干燥器中。

结果与讨论

(1)将聚合物的标准红外谱图与实测试样的红外谱图比对，完成对所收集的包装材料试样的分类(列表)。

(2)根据聚合物的结构特点，对各类试样的特征谱带分别进行归属。

(3)将塑化剂的标准红外谱图与分离所得塑化剂的红外谱图比对，以推测实测塑化剂的结构，并对特征谱带进行归属。

(4)比较同一试样的透射光谱和衰减全反射光谱的差异，分析产生差异的可能原因。

(5)整理和总结实验数据和谱图，撰写科技论文格式的研究报告。

思考题

(1)发生全反射的条件是什么？衰减全反射是如何发生的？

(2)衰减全反射光谱测定时，如果试样与晶体之间有缝隙，或者试样表面不太平整，是否影响衰减全反射光谱的测量？为什么？

(3)从实测的样品衰减全反射谱图中可见，高波数的吸收峰相对强度较小，而低波数的谱带强度较大，为什么？

(4)测试透射谱时，一般设定扫描次数为 8～10 次；而测试衰减全反射谱时，往往设定扫描次数≥32 次，增加扫描次数能否增大吸收峰的强度？为什么？

(5)用溶解-沉淀法分离聚氯乙烯和塑化剂时，常用的溶剂和沉淀剂分别是什么？两者的用量如何控制？

(6)如何判断由溶液制成的聚合物薄膜中有无残留溶剂？

参考文献

方林，黄红海. 2008. ATR-FTIR 光谱技术在高聚物研究中的应用. 化学工程师, 22(3): 33-36

任仁. 2001. 环境激素的种类和污染途径. 大学化学, 16(5): 28-32

王正熙. 1989. 聚合物红外光谱分析与鉴定. 成都：四川大学出版社

吴瑾光. 1994. 近代傅里叶变换红外光谱技术及应用. 北京：科学技术文献出版社

闰燕. 2009. Hexamoll DINCH: 食品包装材料首选增塑剂. 食品安全导刊, 9(1): 73

（刘　清　张培敏）

实验 82　盐酸贝那普利的多晶形的制备和表征

实验导读

药物在结晶过程中，因结晶条件的不同，分子在晶胞的排列数目和点阵形式不一样，药物分子与溶剂分子的相互作用与结合方式也不同，故具有两种或两种以上的结晶形式，即药物的多晶形(polymorphism)。多晶形固体药物有相同的分子结构，但有不同的空间构象(conformation)和三维空间的堆叠方式。多晶形是固体有机物，特别是含多种官能团的有机药物的普遍现象。研究发现，药物的不同晶形常表现出不同的物理化学性质，如溶解性、溶解速率、稳定性、吸湿性等，从而影响药物的生物利用度、生物有效性、毒性及疗效的发挥。因此，药物多晶形的研究已成为日常控制药品生产及新药剂型研究设计前不可缺少的重要组成部分。药物晶形分析的主要方法有：热分析法(包括差示扫描量热法及热重法)、红外光谱法(近红外分光光度法和漫反射红外光谱法)、拉曼光谱法、X 射线衍射法和固体核磁共振法等。不同的晶形其晶体结构一定不同，这种差异性必然反映在 X 射线多晶衍射谱(XRD)上，因此 X 射线衍射分析对药物晶形分析来说具有指纹性，是药物晶形进行定性鉴别和定量分析的最有效方法。

盐酸贝那普利，化学名称为{(3*S*)-3-[(1*S*)-1-乙氧羰基-3-苯基丙基氨基]-2,3,4,5-四氢-2-氧-1*H*-1-苯并氮杂䓬-1-基}乙酸单盐酸盐，分子式 $C_{24}H_{28}N_2O_5 \cdot HCl$，相对分子质量 460.95，为白色粉末。别名洛汀新、苯那普利等，是贝那普利的盐酸盐，一种重要的降血压药。据文献报道，贝那普利有α、β、γ三种晶形，而盐酸贝那普利有 A、B 两种晶形。

实验目的

(1)学习重结晶法制备特定晶形药物的基本原理和方法。

(2)初步了解药物晶形的主要表征方法——X 射线衍射法[X 射线单晶衍射和 X 射线多晶(粉末)衍射]和热分析法。

(3)学习热分析图谱的解析。

(4)了解 X 射线粉末衍射图谱、晶体结构结构信息文件(cif)的解读。

实验原理

1. 药物晶形的制备方法

选用不同溶剂，如非极性溶剂、极性溶剂、中等极性溶剂及它们的混合溶剂等在一定条件下进行重结晶，以期制备得到相应的晶形。结晶时，通过调节溶剂的种类和比例、溶液浓度、结晶速度、结晶温度、降温速度、析晶方式等，可制备得到特定晶形的药物。

2. 药物晶形的表征

不同晶形的药物都有其特定的晶体结构，表现在 X 射线衍射谱上有其特定的衍射谱线，即拥有其特定的、专属的由全部衍射线构成的指纹性图谱。因此，X 射线衍射方法是研究药物晶形最常用和最有效的方法。按研究对象不同，可分为单晶衍射法和多晶(粉末)衍射法。国际上公认的确证多晶形的最可靠方法是 X 射线单晶结构测定，可得到药物晶体的构型与构象、晶体中分子的排列、分子内和分子间的氢键、盐键与配位键、晶态下分子的排列规律(晶形)、溶剂分子的分布与数目等信息。从微观的分子水平上阐明药物多晶形的构效关系，是该领域内研究动向之一。

X 射线多晶(粉末)衍射法是研究药物多晶形最常用和最有效的方法。粉末衍射法研究的对象不是单晶体，而是许多取向随机的小晶体的总和。所得的 X 射线衍射图谱是以衍射强度(相对强度)I 为纵坐标，以衍射角 2θ 为横坐标的衍射图谱。X 射线粉末衍射图谱对药物晶形分析来说具有指纹性，每一种晶体都有一套特征的“d-I”数据，就像人的指纹一样，是药物晶形进行定性鉴别和定量分析的最有效方法。

热分析法也是药物多晶形研究的常规手段之一，可测出药物晶形的熔融温度、晶形热力学参数，如溶解热、熔化热、熵及自由能等，对晶形稳定性的判别、晶形转型条件的控制及生物利用度的提高等方面都有实际的价值。现在最为广泛使用的热分析法包括热重法及差示扫描量热法。

仪器与试剂

仪器　恒温磁力搅拌器；分析天平；电热恒温鼓风干燥箱；X 射线粉末衍射仪；X 射线

单晶衍射仪；差示扫描量热仪；热重分析仪。

试剂　盐酸贝那普利原料药；无水乙醇(A.R.)；蒸馏水；丙酮(A.R.)；异丙醇(A.R.)；正庚烷(A.R.)。

安全警示

(1)使用X射线衍射仪注意事项(见实验29)。

(2)丙酮使用注意事项：

◆健康危害主要表现为对中枢神经系统的麻醉作用，出现乏力、恶心、头痛、头晕、易激动。

急救措施：皮肤接触：脱去污染的衣着，用肥皂水和清水彻底冲洗皮肤；食入：饮足量温水，催吐；吸入：迅速脱离现场至空气新鲜处，保持呼吸道通畅；眼睛接触：提起眼睑，用流动清水或生理盐水冲洗，就医。

建议操作人员佩戴过滤式防毒面具(半面罩)，戴安全防护眼镜，穿防静电工作服，戴橡胶耐油手套。远离火种、热源，工作场所严禁吸烟。

◆燃爆危险：该品极度易燃，具刺激性，其蒸气与空气可形成爆炸性混合物，遇明火、高热极易燃烧爆炸。

消防措施：尽可能将容器从火场移至空旷处。喷水保持火场容器冷却，直至灭火结束。处在火场中的容器若已变色或从安全泄压装置中产生声音，所有人员必须马上撤离。

灭火剂：抗溶性泡沫灭火器、二氧化碳灭火器、干粉灭火器、沙土。用水灭火无效。

(3)异丙醇使用注意事项：微毒。

(4)正庚烷使用注意事项：

◆健康危害：本品有麻醉作用和刺激性。

◆危险特性：易燃，其蒸气与空气可形成爆炸性混合物。

灭火方法：喷水冷却容器，可能的话将容器从火场移至空旷处。处在火场中的容器若已变色或从安全泄压装置中产生声音，必须马上撤离。

灭火剂：泡沫灭火器、二氧化碳灭火器、干粉灭火器、沙土。用水灭火无效。

实验步骤

1. 盐酸贝那普利A晶形和B晶形的制备

(1)丙酮和水混合溶剂体系中重结晶：称取1g盐酸贝那普利加入50mL圆底烧瓶中，加入10mL丙酮，加热至60～65℃回流，搅拌，缓慢滴加0.3～0.5mL蒸馏水至恰好完全溶解，室温或冰水浴中析晶，析晶方式：搅拌析晶和静置析晶，降温方式：自然冷却降温和快速降温。考察析晶温度、析晶方式、降温方式等对生成的晶形的影响。析出后抽滤，置于电热恒温鼓风干燥箱中烘干，烘干温度50～60℃，时间1～4h。

(2)异丙醇中重结晶：称取2g盐酸贝那普利加入50mL圆底烧瓶中，加入6～8mL异丙醇，加热至70～85℃回流，搅拌，直至完全溶解。冰水浴中静置析晶或搅拌析晶；或在60℃保温条件下或室温条件下，边搅拌边加入反溶剂正庚烷10mL。析出后抽滤，置于电热恒温鼓风干燥箱中烘干，烘干温度50～60℃，时间1～4h。考察析晶温度、析晶方式对生成的晶形的影响。将上述实验条件和现象分别填入表 2.71 和表 2.72 中。

2. 表征

(1)热分析：使用热重分析仪使 5mg 样品在氮气流(流速为 $120mL \cdot min^{-1}$)中，从 30℃以 $10℃ \cdot min^{-1}$ 升到 390℃进行测试；在差示扫描量热仪中使 5mg 样品在氮气流(流速为 $50mL \cdot min^{-1}$)中，从 30℃以 $10℃ \cdot min^{-1}$ 升到 250℃进行测试。

(2)X 射线粉末衍射(XRD)分析：适量研磨后的盐酸贝那普利晶形粉末制样后，置于 X 射线粉末衍射仪上测定。测试条件为：Cu 靶(λ=1.54059Å)，电压 40kV，电流 250mA，2θ 扫描范围为 3.0°～40.0°，步宽 0.02°，扫描速率 $5° \cdot min^{-1}$。所得数据用 MDI-Jade version 7.5.1 软件处理。

(3)X 射线单晶衍射(SCXRD)分析：取合适尺寸的单晶，置于 X 射线单晶衍射仪上，在室温下用 Mo 靶(λ=0.71073Å)测定。并分别用 SHELXS 97(Sheldrick, 2008)和 SHELXL97(Sheldrick, 2008)进行结构解析和修正。使用程序 ORTEP 获得结构图，并将相应结果填入表 2.73。

结果与讨论

(1)数据记录。

(a)各样品的 TG 曲线和 DSC 曲线。

(b)各样品的 XRD 图谱及各特征衍射谱线。

(c)获得单晶的晶体结构信息文件(cif)文件。

(2)盐酸贝那普利制备工艺与晶形的关系(表 2.71～表 2.73)。

表 2.71　实验条件记录

编号	析晶方式	析晶温度/℃	回流温度/℃	原料投入量/g	溶剂及加入量

表 2.72　实验现象记录

编号	

表 2.73　实验结果记录

编号	样品的形态	样品的晶形

(3)分析盐酸贝那普利 A 晶形与 B 晶形的晶体结构的差异。

思考题

(1)什么是药物的多晶形现象？研究药物的多晶形现象有什么意义？
(2)晶形药物表征的方法有哪些？

参考文献

方红，胡秀荣，顾建明，等. 2012. 盐酸贝那普利多晶型的制备和表征. 浙江大学学报(医学版)，41(6): 639-646

Datta S, Grant D J W. 2004. Crystal structures of drugs: advances in determination, prediction and engineering. Nat Rev Drug Discovery, 3(1): 42-57

Farrugia L J. 2012. ORTEP-3 for Windows: a version of ORTEP-Ⅲ with a Graphical User Interface (GUI). J Appl Cryst, 45: 849-854

Grant D J W. 1999. Theory and origin of polymorphism. //Brittain H G. Polymorphism in Pharmaceutical Solids. New York: Marcel Dekker

Koradia V, Chawla G, Bansal A K. 2004. Qualitative and quantitative analysis of clopidogrel bisulphate polymorphs. Acta Pharm, 54(3): 193-204

Llinàs A, Goodman J M. 2008. Polymorph control: past, present and future. Drug Discovery Today, 13(5-6): 198-210

Materials Data, Inc, Jade, Version 7.5.1, 1224 Concannon Blvd. Livermore, CA 94550, USA

Newman A W, Byrn S R. 2003. Solid-state analysis of the active pharmaceutical ingredient in drug products. Drug Discovery Today, 8(19): 898-905

Raw A S, Yu L X. 2004. Pharmaceutical solid polymorphism in drug development and regulation. Adv Drug Deliv Rev, 56(3): 235-236

Shah B, Kakumanu V K, Bansal A K. 2006. Analytical techniques for quantification of amorphous/crystalline phases in pharmaceutical solids. J Pharm Sci, 95: 1641-1665

Sheldrick G M. 1990. SHELXS-97, Program for Crystal Structure Solution. Germany: University of Göttingen

Sheldrick G M. 1997. SHELXL-97, Program for Crystal Structure Refinement. Germany: University of Göttingen

Stephenson G A, Forbes R A, Reutzel-Edens S M. 2001. Characterization of the solid state: quantitative issues. Adv Drug Deliv Rev, 48: 67-90

Suda M, Takayama K, Otsuka M. 2008. An accurate quantitative analysis of polymorphic content by chemometric X-ray powder diffraction. Anal Sci, 24(4): 451-457

（胡秀荣 张培敏）

实验 83 催化剂前驱体碱式碳酸镍的制备和表征

实验导读

镍系催化剂广泛应用于炼油及化学工业的加氢裂化、烃类异构化等许多重要的反应中。在镍系催化剂的制备过程中，常将镍先制成碳酸镍或碱式碳酸镍催化剂前驱体，然后在一定的条件下热分解成氧化镍、具有孔结构的氧化镍或超细氧化镍。使用前经还原活化成金属态镍后才具有催化活性。前驱体的结构和形态对最后得到的镍催化剂性能有很大的影响。碱式碳酸镍的制备一般通过简便的共沉淀法完成，镍源采用 $NiSO_4$ 或 $NiCl_2$ 溶液，沉淀剂用 Na_2CO_3 或 $NaHCO_3$ 溶液。共沉淀法无法得到纯的碳酸镍，该工艺得到的沉淀产物往往是碱式碳酸镍。共沉淀法制备碱式碳酸镍的基本工艺条件包括反应的 pH、温度和沉淀剂的过量程度。反应的 pH<10，共沉淀产物以 $NiCO_3$ 为主；反应的 pH>10 时，共沉淀产物以 $Ni(OH)_2$ 为主。为了提高镍的转化率，需适当提高 Na_2CO_3 的用量，一般过量 10%～20%。

本实验采用共沉淀连续反应的方法制备催化剂前驱体碱式碳酸镍，控制共沉淀的 pH 为 8～8.5，反应温度 55℃，反应时间 8～16h，干燥温度 120℃。实验中利用 X 射线粉末衍射仪(XRD)分析沉淀产物的物相组成，热重/差热仪(TG/DTA)确定前驱体的分解温度，沉淀物分解后用 XRD 判断分解产物的组成。

实验目的

(1)学习和掌握共沉淀法制备无机材料的原理和方法。

(2)了解催化剂前驱体制备条件与催化剂催化性能的关系。

(3)了解热分析仪、X 射线粉末衍射仪在无机固体材料研究中的应用。

(4)初步掌握热分析图谱、XRD 图谱的分析。

实验原理

二价镍盐溶液与碳酸钠溶液通过复分解反应生成沉淀物。从碳酸溶液的组分分布(图 2.93)可以看出，在 pH<8 的情况下，溶液中基本没有 CO_3^{2-}；而当 pH>11 时，溶液中的 C 大部分以 CO_3^{2-} 形式存在，pH 高有利于生成 $NiCO_3$。但是，并不是 pH 越高越容易沉淀出 $NiCO_3$。当溶液的碱性增强时，Ni^{2+}很容易与 OH^-结合，以 $Ni(OH)_2$ 的形式析出。因此，应该有一个合适的 pH 范围，使 Ni^{2+}能在 CO_3^{2-}较多的情况下以 $NiCO_3$ 的形式析出，而不是析出 $Ni(OH)_2$。

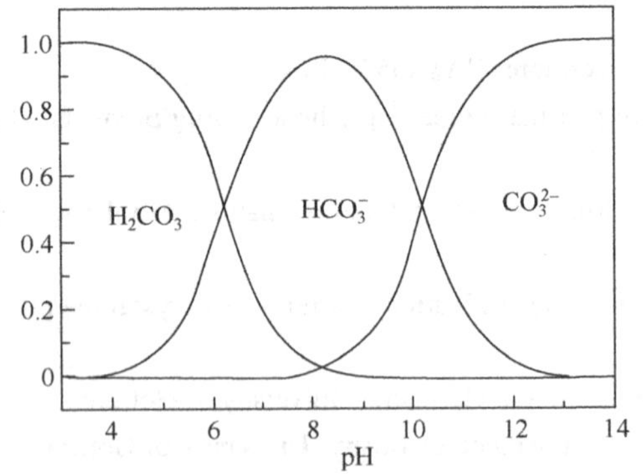

图 2.93　碳酸溶液的组分分布

从图 2.94 和图 2.95 中可以发现，随着 pH 的变化 $NiCO_3$ 和 $Ni(OH)_2$ 都有一个最佳沉淀的酸碱度条件，虽然反应的 Na_2CO_3 溶液浓度不同，但是在 pH<10 时，CO_3^{2-}是主要的沉淀剂，沉淀固体以 $NiCO_3$ 为主；而 pH>10 时，OH^-是主要沉淀剂，沉淀固体以 $Ni(OH)_2$ 为主。沉淀产物不可能以纯碳酸镍($NiCO_3$)存在，只能以复合碳酸镍来表述。它是一种 $x NiCO_3 \cdot y Ni(OH)_2 \cdot z H_2O$ 复合物，无定形结构。碳酸盐与镍盐溶液之间总的沉淀反应可用下式表示：

$$xCO_3^{2-} + 2yOH^- + (x+y)Ni^{2+} = xNiCO_3 \cdot yNi(OH)_2$$

式中沉淀物由 $NiCO_3$ 和 $Ni(OH)_2$ 两种化合物组成，二者之间的比例 x、y 随反应体系 pH 的变化而变化。

碱式碳酸镍沉淀反应是一级反应，其颗粒的生长受扩散控制。离子的过饱和度对所生成的晶格有一定影响。过饱和度较高时易形成微小、结构松散的晶核，反之容易形成大的由数个晶胞构成的晶核。因此，当原料液过饱和度增大时，溶液中的杂质更易吸附在晶核内部，随着晶核的长大逐步被包裹在固体颗粒中，从而使杂质离子在洗涤过程中难以脱除，造成产品中杂质含量增大。为了使镍离子尽可能地沉淀完全，需加大 Na_2CO_3 用量。但当 Na_2CO_3 用

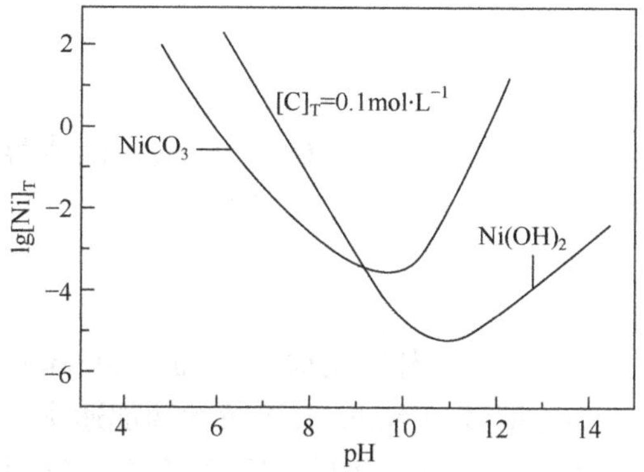

图 2.94　lg$[Ni]_T$-pH 图（Na_2CO_3，$[C]_T$=0.1mol · L^{-1}）
$[Ni]_T$ 为溶液中的总镍浓度；$[C]_T$ 为溶液中的总碳浓度，此处假定为一个常数

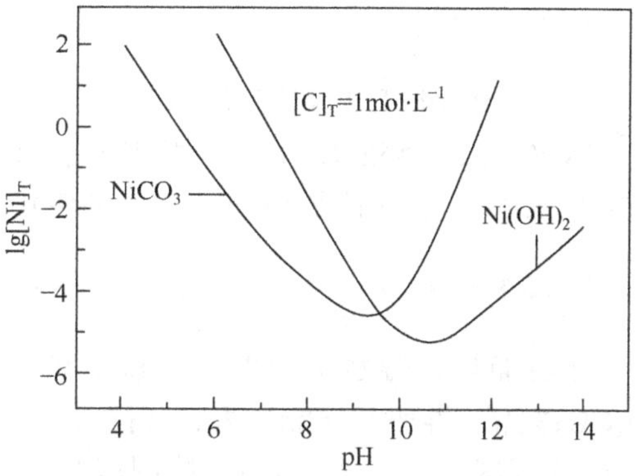

图 2.95　lg$[Ni]_T$-pH 图（Na_2CO_3，$[C]_T$=1mol · L^{-1}）

量增大时会提高反应体系的 pH，不仅容易生成 $Ni(OH)_2$，而且产品中 Na^+含量相应增加，从而增加洗涤的难度。综合考虑，实验中 $NiSO_4$ 溶液和 Na_2CO_3 溶液以并流方式进入反应器中，控制反应的 pH 为 8～8.5。根据反应时 pH 的变化，动态加入浓度为 1mol · L^{-1} 的 Na_2CO_3 溶液。在反应温度为 53～57℃的条件下，控制反应停留时间为 12～16h 连续合成碱式碳酸镍。把沉淀物陈化后进行洗涤除杂，杂质含量合格后再对沉淀物进行过滤，120℃干燥 8～12h，研磨后得到碱式碳酸镍粉体样品。

仪器与试剂

仪器　TG-DTA 综合热分析仪；X 射线粉末衍射仪；万分之一分析天平；电磁加热搅拌仪；烘箱；马弗炉；水浴装置，玛瑙研钵；250mL 三颈瓶等玻璃仪器。

试剂　硫酸镍（A.R.）；碳酸钠（A.R.）。

安全警示

(1) 使用 X 射线衍射仪注意事项：

X 射线能对人体造成伤害，因此在使用 X 射线设备时必须十分注意安全，避免受到 X 射线的照射。

(a) 衍射仪 X 射线光路的屏蔽部件不可随意移去。

(b) 注意不要受到 X 射线的直接照射，也不要受到散射线的照射。

(c) 更换样品时必须关窗。

X 射线发生器是一种高压设备，检修时也必须十分注意安全，避免受到高电压的伤害。当维修 X 射线发生器的高压部分时，必须切断电源并使高压电容完全放电。

(2) 使用马弗炉注意事项：使用马弗炉时，需注意安全，谨防烫伤。

实验步骤

1. 搭建实验装置

按照共沉淀实验的要求搭建实验装置，三颈瓶放在水浴中，置于电磁加热搅拌仪之上，设定反应温度、转速后仪器开始自动搅拌和控制温度。

2. 溶液配制

配制 1.0mol · L^{-1} $NiSO_4$ 溶液与 1.0mol · L^{-1} Na_2CO_3 溶液。

称取 52.6g $NiSO_4 \cdot 7H_2O$ 固体溶于 200mL 水中，称取 57.2g $Na_2CO_3 \cdot 10H_2O$ 固体溶于 200mL 水中，分别配成 1.0mol · L^{-1} $NiSO_4$ 溶液与 1.0mol mol · L^{-1} Na_2CO_3 溶液。

3. 共沉淀反应

开启加热，等水浴温度升至设定的 55℃左右，在三颈瓶内预先加入 3mL 1.0mol · L^{-1} Na_2CO_3 溶液，再加 5～7mL 水，开搅拌。然后调节 $NiSO_4$ 溶液与 Na_2CO_3 溶液的滴加速率，用 pH 试纸测试反应体系的 pH，控制沉淀体系的 pH 为 8～8.5，总沉淀量 200mL 左右，反应时间 8～12h（$NiSO_4$ 溶液或 Na_2CO_3 溶液的滴加速率约 10mL · h^{-1}）。

反应结束，移去水浴等装置，取下三颈瓶，把沉淀物与母液一起倒入 500mL 烧杯中，陈化 24h 以上。用去离子水洗涤到滤液不含硫酸根（0.05mol · L^{-1} $BaCl_2$ 溶液测试），过滤，滤饼在烘箱内 120℃干燥 12～24h，取出、磨细供进一步测试用。

4. TG-DTA、XRD 测试

烘干、磨细的样品供 TG-DTA 和 XRD 测试。TG-DTA 测试条件：10℃ · min^{-1}，空气气氛，流速 120mL · min^{-1}，温度范围室温至 550℃。XRD 测试条件：扫描速率 10° · min^{-1}，2θ 范围 5°～80°。

5. 分解制备 NiO

根据 TG-DTA 测试获得的碱式碳酸镍分解成 NiO 的温度，取烘干、磨细样品 2g 左右，在马弗炉中焙烧 1h。焙烧后样品再测试 XRD。

结果与讨论

(1) 数据记录及处理。

(a) 共沉淀反应过程的滴加速率、pH、反应温度、搅拌速率、总反应时间。

(b) 沉淀产物陈化时间、干燥温度、干燥时间、焙烧温度、焙烧时间。

(2) 仪器测试。

(a) TG-DTA 测试条件。

(b) XRD 测试条件。

(3) 测试图谱分析。

分析得到的 TG-DTA、XRD 图谱，明白图谱给出的信息。分析反应条件对结果的影响。

(4) 用 $NaHCO_3$ 作沉淀剂，pH 控制在 12 左右，重复上述过程。

思考题

(1) 采用 $NaHCO_3$ 或 $(NH_4)_2CO_3$ 作沉淀剂，产物是否不同？

(2) 把 $NiSO_4$ 换成 $NiCl_2$，得到的前驱体对以后获得的催化剂催化性能是否有影响？

(3) 为控制沉淀时晶体的成核数，沉淀反应过程应如何调节反应物的流速？如果需获得粒子均匀、沉淀比较完整的产物，可以采取哪些措施？

参考文献

陈诵英, 王琴. 2012. 固体催化剂制备原理与技术. 北京：化学工业出版社
付向辉，薛生晖，张翔宇，等. 2012. 连续工艺合成高纯碱式碳酸镍的研究. 电子元件与材料, 31 (12): 30-34
刘昉，张昭. 2008. 碳酸镍沉淀过程的研究以及介孔氧化镍的制备. 电子元件与材料, 27(8): 72-73
吕文广. 2009. 高纯碱式碳酸镍的综述及其生产. 第十二届全国青年催化学术会议论文集. 浙江金华, 3-11
日本化学会. 1986. 无机化合物合成手册. 2 卷. 北京: 化学工业出版社
张志华，赵海涛. 2013. 碳酸钠沉淀法合成高纯碱式碳酸镍的热力学分析. 金属材料与冶金工程, 41(2): 22-25

（陈林深　张培敏）

3 常用仪器和物性数据

3.1 常用仪器使用说明

3.1.1 电导率仪

电导率仪是测量液体电导率的仪器，还可用作电导滴定，当配上适当的组合单元(如记录仪)后可达到自动记录的目的。在一定温度下，溶液的电导不仅与溶液的固有性质有关，而且与电极的截面积和距离有关。根据欧姆定律，溶液的电导 G 与电极的截面积 A 成正比，与其距离 l 成反比。

$$G = \kappa \frac{A}{l}$$

比例常数 κ 称为电导率，电导率是电极截面积为 $1m^2$、电极距离为 1m 时溶液的电导，电导率的单位为 $S \cdot m^{-1}$。

电导是电阻的倒数，测量电导(电导率)与测量电阻的方法相同，可用电桥平衡法测量，但为了减少或消除电流通过电极对时发生氧化或还原反应而引起的测量误差，必须采用交流电源。

实验室常用 DDS-11A 型电导率仪，其外观结构如图 3.1 所示。DDS-11A 型电导率仪具有测量范围广(0～$100S \cdot m^{-1}$，共分 12 挡)、快速直读和操作简便等特点。

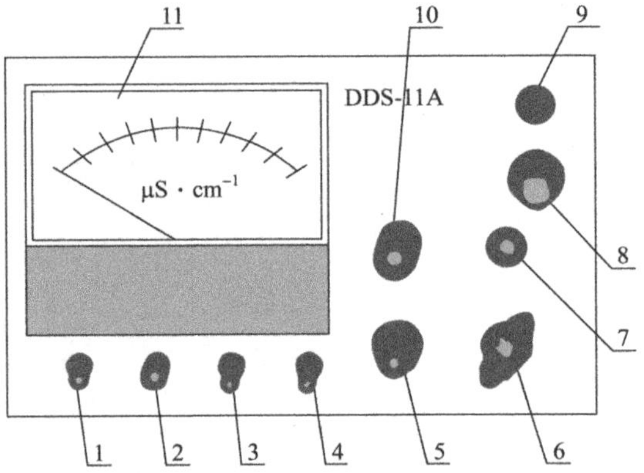

图 3.1 DDS-11A 型电导率仪

1. 电源开关；2. 电源指示灯；3. 高、低周开关；4. 校正、测量开关；5. 校正调节；6. 量程选择开关；7. 电容补偿；8. 电极插口；9. 10mV 输出；10. 电极常数补偿；11. 读数表头

(1) 准备工作。在打开电源开关前，观察指示电表指针是否指零，如未指零，可调节表头上的调整螺丝，使指针指零；将校正、测量开关拨至“校正”；接通电源，仪器预热 5～10min。

(2) 电极的选用。若被测液体的电导率很低($<10^{-3}S \cdot m^{-1}$)，如去离子水或极稀的溶液，选用 DJS-1 型光亮电极，并把电极常数补偿调节到配套电极的常数值上，如电极常数为 0.95，

把电极常数补偿调节到0.95的常数值上；若被测液体的电导率为10^{-3}～1S·m^{-1}，宜选用DJS-1型铂黑电极，并把电极常数补偿调节到配套电极的常数值上；若被测液体的电导率很高(>1S·m^{-1})，则选用DJS-10型铂黑电极，这时应将电极常数补偿调节到配套电极的常数值的1/10位置上，测得的读数乘以10，即为被测溶液的电导率。

(3)润洗。将电极插头插入插口内，旋紧螺丝。电极要用被测溶液冲洗两三次，然后浸入装有被测溶液的烧杯中。

(4)校正。检查并调整测量范围选择开关，将校正、测量开关拨至“校正”，调整校正调节旋钮，使指示电表指针停在满刻度。注意：校正必须在电导池线路联通的情况下进行。

(5)测量。将校正、测量开关拨至“测量”。当量程选择开关处在1～8量程时，将高、低周开关拨至“低周”；用9～12量程测量时，将高、低周开关拨至“高周”。电表指针稳定时的读数乘以量程选择开关的倍率即为被测溶液的电导率。

测量完毕，将测量范围选择开关还原至电导率最大挡，校正、测量开关拨至“校正”，关闭电源，取出电极，用去离子水洗净。

(6)使用注意事项。为了保证电导率读数精确，测量时应尽可能使指示电表的指针接近满刻度；在使用过程中要经常检查“校正”是否调整准确，即应经常把校正、测量开关拨至“校正”，检查指示电表指针是否仍为满刻度。尤其是对高电导率溶液进行测量时，每次应在校正后读数，以提高测量精度；测量溶液的容器应洁净，外表勿受潮。当测量电阻很高(电导很低)的溶液时，需选用由溶解度极小的中性玻璃、石英或塑料制成的容器。被测介质电导率值很小(0～0.3μS·cm^{-1})时，需要作电容补偿：先把电极引线插入电极插孔，选定适宜量程挡，测量频率选择低周，经满量程校正后，校正、测量开关拨至“测量”，将电导池提升至完全离开测量介质液面高度，此时读数表头指针仍可能显示一个很小的示数。调节电容补偿旋钮使电表指示为最小(此最小值即电极铂片间的漏电阻，此漏电阻的存在使得调节电容补偿旋钮时电表指针不能达到零点)即完成电容补偿调节。

3.1.2 紫外-可见分光光度计

在物性测试实验中，尤其是在动力学实验中原位测试反应物浓度的变化，紫外-可见分光光度法正逐渐起着重要作用。为此本书选取通用的国产仪器(UV-5200)，对其操作进行简单介绍，具体的仪器原理、操作方法可查阅相关的仪器分析教材或仪器使用说明书。

UV-5200紫外-可见分光光度计操作面板控制使用方法如下。

1. 操作面板控制测量样品透过率

(1)插上电源，打开仪器，预热20min，期间仪器完成自检并自动跳到操作主界面。
(2)按上下键调至光度测量模式并确认。
(3)按GOTO λ键，用数字键盘输入波长值，按ENTER键确认。
(4)按SET键选择透过率模式确认返回。
(5)将空白样品放入光路中，关上样品室盖。
(6)按ZERO键，置零。
(7)将待测样品放入光路中，关上样品室盖。
(8)从显示器上直接得出透过率值。

2. 操作面板控制测量样品吸光度

(1) 插上电源，打开仪器，预热 20min，期间仪器完成自检并自动跳到操作主界面。

(2) 按上下键调至光度测量模式并确认。

(3) 按 GOTO λ键，用数字键盘输入波长值，按 ENTER 键确认。

(4) 按 SET 键选择吸光度模式确认返回。

(5) 将空白样品放入光路中，关上样品室盖。

(6) 按 ZERO 键，置零。

(7) 将待测样品放入光路中，关上样品室盖。

(8) 从显示器上直接得出吸光度值。

3. 操作面板控制建立标准曲线

(1) 插上电源，打开仪器，预热 20min，期间仪器完成自检并自动跳到操作主界面。

(2) 按 GOTO λ键，用数字键盘输入波长值，按 ENTER 键确认。

(3) 按上下键选择定量测试模式，选择标准曲线法，再选择建立标准曲线。

(4) 在弹出的界面中设定标准样品个数，随后进入标样浓度设定和测试界面。

(5) 将空白样品放入光路中，关上样品室盖，按 ZERO 键，置零。

(6) 根据提示将标准样品依次放入光路中，并依次输入标准样品浓度，按 ENTER 键确认。

(7) 当最后一个标准样品浓度设定好后，仪器根据操作自动采集完数据后，按确认键，仪器会自动绘制出标准曲线(注意：如果操作有误，标准曲线绘制不出)。

4. 操作面板控制标准曲线法测试试样浓度

(1) 根据新建的标准曲线或从仪器调出的标准曲线。

(2) 在标准曲线显示界面下，按 start 键进入浓度测试界面。

(3) 将参比溶液放入光路中，按 ZERO 键，置零。

(4) 将未知浓度样品放入光路中，按 start 键，显示器上显示出相应样品的浓度，重复上述步骤可完成多个样品浓度的测试。

3.1.3 阿贝折光仪

1. 基本原理

折射率测定仪的基本原理为折射定律：

$$n_1 \sin\alpha_1 = n_2 \sin\alpha_2$$

式中：n_1、n_2 为交换界面两侧的两种介质的折射率；α_1 为入射角；α_2 为折射角，如图 3.2(a) 所示。

若光线从光密介质进入光疏介质，入射角小于折射角，改变入射角可以使折射角达到 90°，此时的入射角称为临界角，本仪器测定折射率就是基于测定临界角的原理。

图 3.2(a) 中，当不同的角度光线射入 *AB* 面时，其折射角都大于 *i*，如果用一望远镜对出射光线观察，可以看到望远镜视场被分为明暗两部分，二者之间有明显分界线，如图 3.2(c)

所示，明暗分界线为临界角的位置。

图 3.2(b)中 $ABCD$ 为一折射棱镜，其折射率为 n_2。AB 面上面是被测物体。

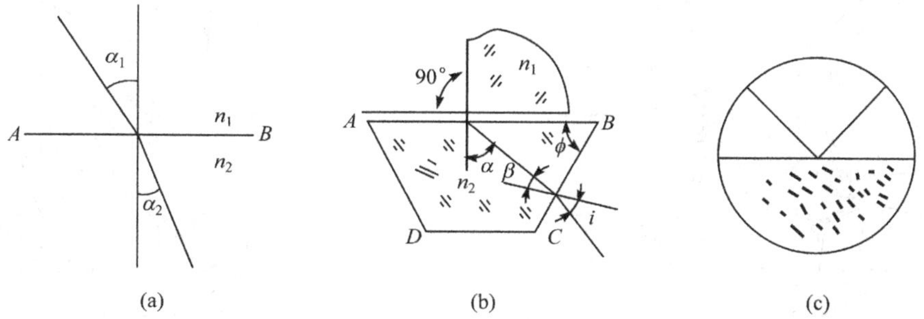

图 3.2 临界角测定原理

透明固体或液体的折射率为 n_1，由折射定律得

$$n_1 \sin 90° = n_2 \sin\alpha \qquad n_2 \sin\beta = \sin i$$

$$\phi = \alpha + \beta$$

$$n_1 = n_2 \sin(\phi - \beta) = n_2(\sin\phi\cos\beta - \cos\phi\sin\beta)$$

$$n_2^2 \sin^2\beta = \sin^2 i \qquad n_2^2(1-\cos^2\beta) = \sin^2 i \qquad \cos\beta = \sqrt{\left(n_2^2 - \sin^2 i\right)/n_2^2}$$

$$n_1 = \sin\phi\sqrt{n_2^2 - \sin^2 i} - \cos\phi\sin i$$

棱镜的折射角与折射率 n_2 均已知。当测得临界角 i 时，即可计算被测物质的折射率 n_1。

2. 仪器结构

仪器的光学部分由望远系统与读数系统两部分组成，如图 3.3 所示。仪器的结构部分如图 3.4 所示。

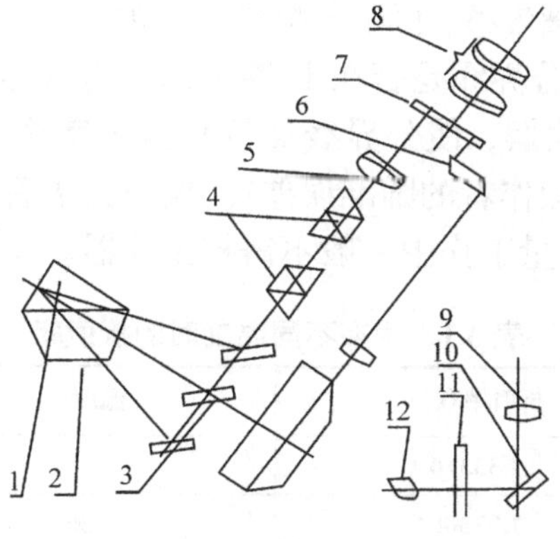

图 3.3 阿贝折光仪的光学结构

1. 进光棱镜；2. 折射棱镜；3. 摆动反光镜；4. 消色散棱镜组；5. 望远物镜组；6. 平行棱镜；7. 分划板；8. 目镜；9. 读数物镜；10. 反光镜；11. 刻度板；12. 聚光镜

进光棱镜与折射棱镜之间有一微小均匀的空隙，被测液体就放在此空隙内。当光线(自然光或白炽光)射入进光棱镜时便在其磨砂面上产生漫反射，使被测液层内有各种不同角度的入

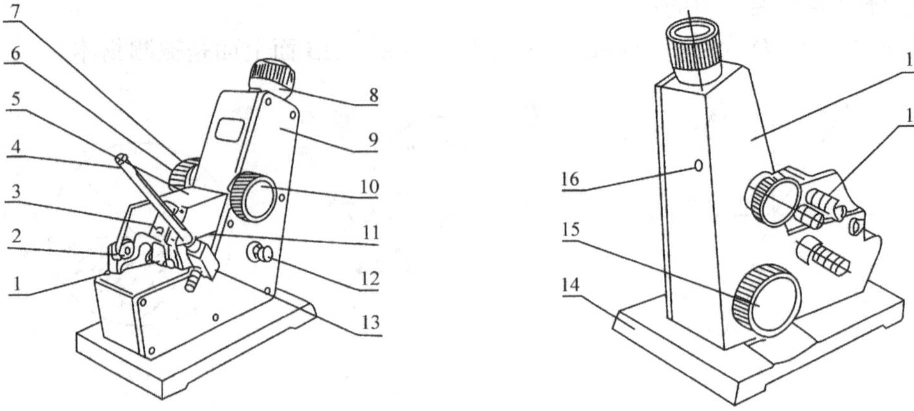

图 3.4 阿贝折光仪的结构

1. 反射镜；2. 转轴；3. 遮光板；4. 温度计；5. 进光棱镜座；6. 色散调节手轮；7. 色散值刻度圈；8. 目镜；9. 盖板；10. 手轮；11. 折射标棱镜座；12. 照明刻度盘聚光镜；13. 温度计座；14. 底座；15. 折射率刻度调节手轮；16. 小孔；17. 壳体；18. 四只恒温器接头

射光，经过折射棱镜产生一束折射角均大于出射角 i 的光线。由摆动反光镜将此束光线射入消色散棱镜组，此消色散棱镜组由一对等色散阿米西棱镜组成，其作用是获得一可变色散来抵消由于折射棱镜对不同被测物体所引起的色散。再由望远物镜组将此明暗分界线成像于分划板上。

光线经聚光镜、照明刻度板，刻度板与摆动反光镜连成一体，同时绕刻度中心作回转运动。通过反光镜、读数物镜、平行棱镜将刻度板上不同部位折射率示值成像于分划板上。

3. 使用说明

准备工作：

(1) 在开始测定前，必须先用蒸馏水(按表 3.1)或标准试样校对读数。如用标准试样，则在折射棱镜的抛光面加 1～2 滴溴萘，再贴上标准试样的抛光面，当读数视场指示于标准试样上之值时，观察望远镜内明暗分界线是否在十字线中间，若有偏差则用螺丝刀微量旋转图 3.4 中小孔内的螺钉，带动物镜偏摆，使分界线像位移至十字线中心。反复观察与校正，使示值的起始误差降至最小(包括操作者的瞄准误差)。校正完毕后，在以后的测定过程中不允许随意再动此部位。在日常的测量工作中一般不需校正仪器。

表 3.1 水在不同温度时的折射率

温度/℃	折射率(n_D)	温度/℃	折射率(n_D)
18	1.33316	25	1.33250
19	1.33308	26	1.33239
20	1.33299	27	1.33228
21	1.33289	28	1.33217
22	1.33280	29	1.33205
23	1.33270	30	1.33193
24	1.33260		

(2)每次测定工作之前及进行示值校准时，必须将进光棱镜的毛面、折射棱镜的抛光面及标准试样的抛光面用无水乙醇与乙醚(1∶1)的混合液和脱脂棉轻擦干净，以免留有其他物质，影响成像清晰度和测量准确度。

测定工作：

(1)测定透明、半透明液体。将被测液体用干净滴管加在折射棱镜表面，并将进光棱镜盖上，用手轮锁紧，要求液层均匀，充满视场，无气泡。打开遮光板，合上反射镜，调节目镜视度，使十字线成像清晰，此时旋转折射率刻度调节手轮并在目镜视场中找到明暗分界线的位置，再旋转色散调节手轮使分界线不带任何彩色，微调折射率刻度调节手轮，使分界线位于十字线的中心，再适当转动照明刻度盘聚光镜，此时目镜视场下方显示的示值即为被测液体的折射率。

(2)测定透明固体。被测物体上需有一个平整的抛光面。把进光棱镜打开，在折射棱镜的抛光面加1～2滴比被测物体折射率高的透明液体(如溴萘)，并将被测物体的抛光面擦干净放上去，使其接触良好，此时便可在目镜视场中寻找分界线，瞄准和读数的操作方法如前所述。

(3)测定半透明固体。用上法将被测半透明固体上抛光面粘在折射棱镜上，打开反射镜并调整角度，利用反射光束测量，具体操作方法同上。

(4)若需测量不同温度的折射率，将温度计旋入温度计座中，接上恒温器的通水管，把恒温器的温度调节到所需测量温度，接通循环水，待温度稳定10min后，即可测量。

4. 数字式阿贝折光仪

数字式阿贝折光仪测定透明或半透明物质的折射率，其原理也是基于测定临界角，由目视望远镜部件和色散校正部件组成的观察部件瞄准明暗两部分的分界线，也就是瞄准临界角的位置，并由角度-数字转换部件将角度量转换成数字量，输入微机系统进行数据处理，然后数字显示出被测样品的折射率或锤度。基本原理如图3.5所示，仪器结构如图3.6所示。

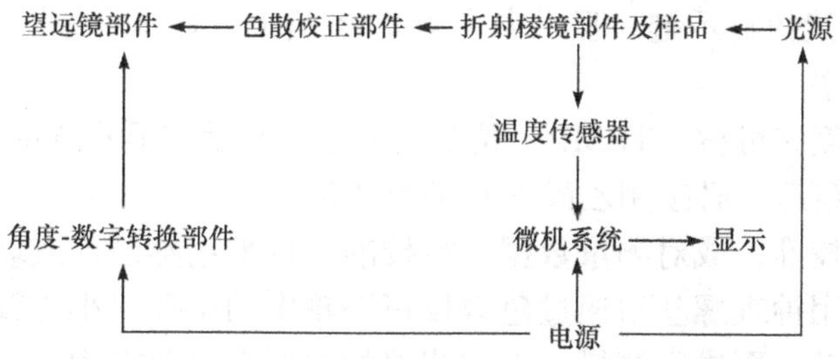

图3.5 数字式阿贝折光仪的基本原理

数字式阿贝折光仪的操作步骤及使用方法如下：

(1)将仪器外接超级恒温槽，将温度调节到所需温度。

(2)按下“POWER”电源开关，聚光照明部件中照明灯亮，同时显示窗显示00000。有时显示窗先显示“—”，数秒后显示00000。

(3)打开折射棱镜部件，检查上、下棱镜表面，并用水或乙醇小心清洁其表面。测定每一个样品后也要仔细清洁两块棱镜表面。

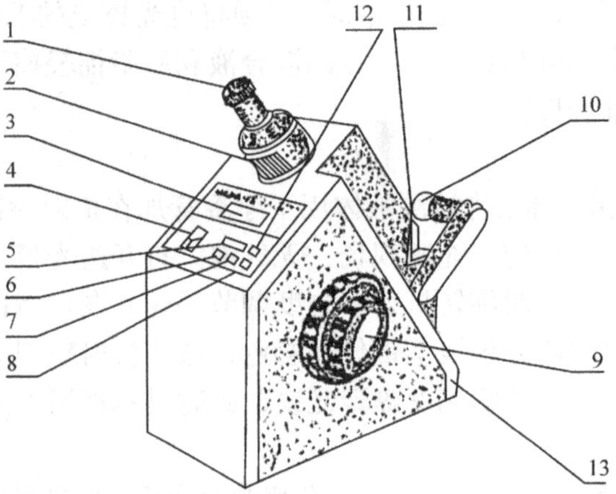

图 3.6　数字式阿贝折光仪的结构

1. 目镜；2. 色散校正手轮；3. 显示窗；4. “POWER”电源开关；5. “READ”读数显示键；6. “BX—TC”经温度修正锤度显示键；7. “n_D”折射率显示键；8. “BX”未经温度修正锤度显示键；9. 调节手轮；10. 聚光照明部件；11. 折射棱镜部件；12. “TEMP”温度显示键；13. RS232 接口

(4)将被测样品放在下面的折射棱镜的工作表面上，按照上述“3. 使用说明”处理样品及棱镜表面。

(5)旋转聚光照明部件的转臂和聚光镜筒，使上面进光棱镜的进光表面(测液体样品)或固体样品前面的进光表面(测固体样品)得到均匀照明。

(6)通过目镜观察视场，同时旋转调节手轮，使明暗分界线落在交叉线视场中。旋转目镜，调节视度看到清晰交叉线。

(7)旋转目镜方缺口中的色散校正手轮，同时调节聚光镜位置，使视场中明暗两部分具有良好的反差和明暗分界线具有最小的色散。

(8)旋转调节手轮，使明暗分界线准确对准交叉线的交点。

(9)按“READ”读数显示键，显示窗中 00000 消失，显示“—”，数秒后“—”消失，显示被测样品的折射率。

(10)检测样品温度，可按“TEMP”温度显示键，显示窗显示样品温度。

(11)样品测量结束后，必须用乙醇或水进行清洁。

仪器需定期进行校准，或对测量数据进行校准。校准用蒸馏水或玻璃标准块。若测量数据与标准有误差，可用钟表螺丝刀通过色散校正手轮中的小孔，小心旋转里面的螺钉，使分划板上交叉线上下移动，再进行测量，直到测得的数据符合要求为止。样品为标准块时，测得的数据要符合标准块上所标定的数据。样品为蒸馏水时，测得的数据应符合表 3.1 的数据。

3.1.4　旋光仪

1. 基本原理

可见光是一种波长为 380～780nm 的电磁波，电磁波的电矢量的振动方向可以取垂直于光传播方向上的任意方位。利用偏振器使振动方向固定在垂直于光传播方向的某一方位上，形成平面偏振光。平面偏振光通过某种物质时，其振动方向会转过一个角度，这种物质称为旋光物质，偏振光所转过的角度称为旋光度。如果平面偏振光通过某种纯的旋光物质，旋光度的大小与下列三个因素有关：①平面偏振光的波长 λ，波长不同，旋光度不一样；②旋光物质的温度 t，温度不同，旋光度不一样；③旋光物质的种类，旋光物质不同，则有不同的旋光度。

用比旋光度 $[\alpha]_\lambda^t$ 表示某种物质的旋光能力：表示单位长度的某种旋光物质，温度为 t℃时对波长为 λ 的平面偏振光的旋光度。

旋光度与平面偏振光所经过的旋光物质的长度 L 有关，温度为 t℃时，比旋光度为 $[\alpha]_\lambda^t$ 的旋光物质对波长为 λ 的平面偏振光的旋光度 α_λ^t 由下式表示：

$$\alpha_\lambda^t = [\alpha]_\lambda^t L$$

如果旋光物质溶于某种没有旋光性的溶剂中，浓度为 c，则下式成立：

$$\alpha_\lambda^t = [\alpha]_\lambda^t Lc$$

2. 温度校正

通常在一定的温度范围内，旋光度随测试温度变化而变化，并且具有良好的线性关系，即 t℃时的旋光度 α_λ^t 与 20℃时的旋光度 α_λ^{20} 及旋光温度系数 K 有如下关系：

$$\alpha_\lambda^t = \alpha_\lambda^{20} Lc[1 + K(t-20)]$$

通过测定两个不同温度 t_1 和 t_2 时的旋光度，可由上式求出温度系数 K。

3. 波长校正

旋光度与使用光波的有效波长有十分强烈的依赖关系，尽管仪器中使用了光谱灯，但是由于不可避免的谱线背景及其他原因，有效波长仍会随所使用的光源的不同，或因使用时间太久而变化，并引起明显的测量误差，因此有必要进行有效波长的校正。

校正使用的工具为石英校正管，标有在 589.44nm 波长时该校正管的旋光度值 $\alpha_{589.44}^{20}$。若温度为 t℃时，仪器测得该石英校正管的测数 $\alpha_{589.44}^t$ 为

$$\alpha_{589.44}^t = \alpha_{589.44}^{20}[1 + 0.000144(t-20)]$$

则说明仪器光源的有效波长与 589.44nm 一致。若不一致，则须调整在仪器中的校正有效波长的装置，以使测量数据与上式所得的一致，或在允许范围内。

4. 仪器结构与原理

旋光仪的结构原理如图 3.7 所示。钠灯发出的波长为 589.44nm 的单色光依次通过聚光镜、小孔光阑、场镜、起偏器、法拉第调制器、准直镜，形成一束振动平面随法拉第线圈中交变电压而变化的准直的平面偏振光，经过装有待测溶液的试管后射入检偏器，再经过接收物镜、滤光片、小孔光阑进入光电倍增管，光电倍增管将光强信号转变成电信号，并经前置放大器放大。

若检偏器相对于起偏器偏离正交位置，则说明有频率为 f 的交变光强信号，相应地有频率为 f 的电信号，此电信号经过选频放大、功率放大，驱动伺服电机通过机械传动带动检偏器转动，使检偏器向正交位置趋近，直到检偏器到达正交位置，频率为 f 的电信号消失，伺服电机停转。

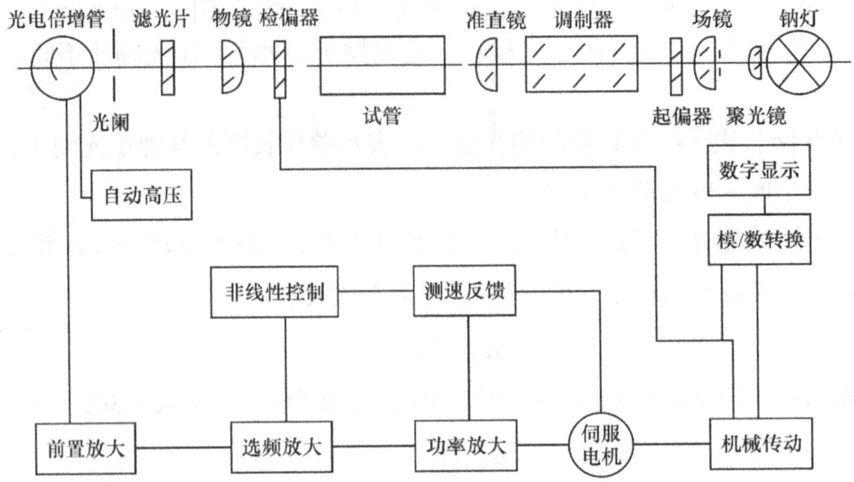

图 3.7　旋光仪的结构原理示意图

仪器开始正常工作，检偏器即按照上述过程自动停在正交位置上，此时将计数器清零，定义为零位，若将装有旋光度为 α_λ^t 的样品的试管放入试样室中，检偏器相对于入射的平面偏振光又偏离了正交位置 α 角，于是检偏器按照上述过程再次转过 α 角获得新的正交位置。模/数转换器和计数电路将检偏器转过的 α 角转换成数字显示，即测得待测样品的旋光度。

5. 操作步骤

(1) 接通电源，将电源开关按向上，等待 5min 使钠灯发光稳定。

(2) 准备试管。

(3) 将测量开关按向上，数码管将出现数字。

(4) 清零。在已准备好的试管中注入蒸馏水或待测试样的溶剂，放入仪器试样室的试样槽中，按下清零按键，使数码管示数为零。

(5) 测试。除去空白溶剂，注入待测样品，将试管放入试样室的试样槽中，待表示测数稳定的位于符号管上方的红点亮后再读取读数。

(6) 复测。按下复测按键，取几次测量的平均值作为测量结果。

(7) 温度校正。测定试样溶液的温度，进行温度校正计算。

3.1.5　电位差计

直流电位差计是测量电位差的仪器，精度高，是测量电动势最基本的仪器。

1. 直流电位差计的工作原理

直流电位差计是根据补偿原理而设计的，它由工作电流回路、标准回路和测量回路组成。其原理参见图 2.49。

目前使用较多的是 UJ 型电位差计，如 UJ-25 型和 UJ-36 型。

2. UJ-25 型高电势直流电位差计

实验 40 的“实验原理”部分详细介绍了 UJ-25 型电位差计的面板构造。UJ-25 型电位差计上标有 0.01 字样，表明其测量最大误差为满刻度值的 0.01%，即万分之一。它的可变电阻只由粗、中、细、微 4 挡组成，滑线电阻由 6 个转盘组成，所以测量读数最小值为 10^{-6}V。

使用 UJ-25 型电位差计测定电动势时需将惠斯通标准电池、工作电池（1.5V 干电池两节）分别接在 UJ-25 型高电势直流电位差计的标准和工作电池端子上，将检流计接在电计端子上。先读取环境温度，校正标准电池的电势；调节标准电池的温度补偿旋钮至计算值；将转换开关拨至“N”处，转动工作电流调节旋钮粗、中、细，依次按下电计按钮“粗”、“细”，直至检流计示零。在测量时，将待测电池接在 UJ-25 型高电势直流电位差计的未知端子上，将转换开关拨向 X_1 或 X_2 位置，从大到小旋转测量旋钮，按下电计按钮，直至检流计示零，6 个小窗口内读数即为待测电池的电动势。

使用 UJ-25 型高电势直流电位差计测量电位差时需用标准电池标定工作电流。惠斯通标准电池是常用的标准电池。惠斯通标准电池 20℃时的电池电动势为 1.018625V，其他温度时的电动势可由下式求得。1980 年，我国提出 0～40℃常用的镉汞标准电池的温度与标准电动势的关系式为

$$E_t = E_{20} - \left[39.94(t-20) + 0.929(t-20)^2 - 0.0090(t-20)^3 + 0.00006(t-20)^4\right] \times 10^{-6}$$

由上式可知，惠斯通标准电池的电动势温度系数很小。由于惠斯通电池的构造为 H 型的液态电极，所以使用时电池只能正置，严禁倒置或剧烈振荡，不允许用伏特计或万用表进行测量。

3. UJ-36 型电位差计

UJ-36 型电位差计为便携式电位差计，常用于实验室中测定热电偶电位差。它的优点在于把标准电池、检流计和工作电池均装于仪器内，使用比较方便，但精度较低。图 3.8 是 UJ-36 型电位差计面板图。使用 UJ-36 型电位差计时应注意以下几点：

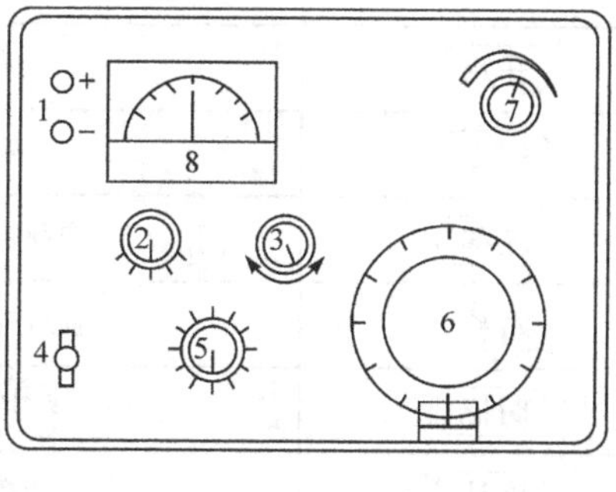

图 3.8 UJ-36 型电位差计面板图

1. 未知测量旋钮；2. 倍率开关；3. 调零旋钮；4. 转换开关；5. 步进读数盘；6. 滑线读数盘；7. 电流调节旋钮；8. 检流计

(1) 将待测系统接在“未知”的接线柱上时，注意极性。

(2) 连续测量时，需经常核对工作电流，以防止其变化。

(3) 仪器使用完毕后，应将倍率开关置于“断”处，转换开关时应处于中间位置。

(4) 若发现旋转电流调节旋钮不能使检流计指零时，应更换 1.5V 干电池。若检流计灵敏度低，应更换 9V 层压干电池。

3.1.6 无纸记录仪

记录仪是化学实验室中最常用的仪器之一，目前多用台式的有纸记录仪。随着微处理器、大容量存储介质和液晶显示器等先进技术的迅猛发展，无纸记录仪得到不断开发和广泛应用。

浙江大学化学实验中心与相关公司在共同探讨分析、测试改进、考核完善的基础上，联合开发了新型的 SunyLAB200 系列无纸实验记录仪。该记录仪采用智能处理、液晶显示、电子存储技术，具有精度高、功耗低、稳定性好、维护量少等特点，已成功应用于燃烧热测定、相图绘制、甲酸氧化反应动力学、乙酸乙酯皂化反应速率系数测定等物理化学实验中。

1. 键盘

SunyLAB200 无纸实验记录仪共有 6 个键，如图 3.9 所示。根据仪表是处于运行状态还是组态状态，每个键的功能也有所不同，具体功能列于表 3.2。

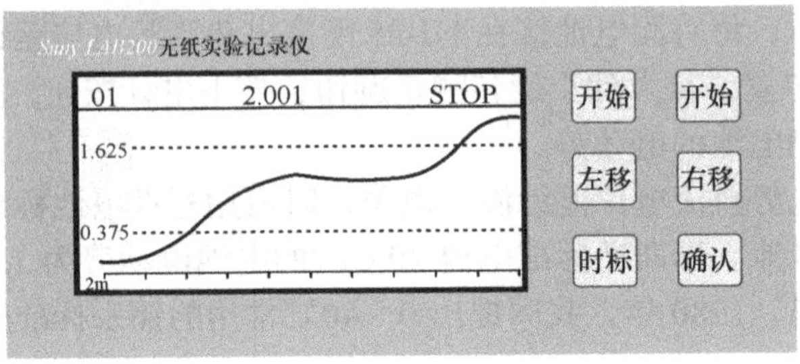

图 3.9　无纸记录仪的操作键

表 3.2　无纸记录仪的键功能

描述 符号	功能	
	运行状态	组态状态
开始	采样开始	增大数值
停止	采样停止	减小数值
左移	向前查阅历史数据	向前移动光标
右移	向后查阅历史数据	向后移动光标
时标	切换时标	
确认	切换运行画面	确认当前操作

2. 运行画面

正常运行过程中 SunyLAB200 无纸实验记录仪所显示的画面为运行画面，可分为实时画面和追忆画面。

(1) 实时画面：系统开机后首先自动进行自检，其显示画面如图 3.10 所示。

确认系统无误后，按 确认 键，系统进入运行画面，默认的运行画面为“实时画面”。实时画面显示的内容有本机地址、采样值、运行状态、趋势曲线、时标，如图 3.11 所示。

如图 3.11 所示，右上角显示 STOP，表示记录仪当前处于 STOP 状态，即停止采样和记录。按 开始 键，记录仪开始采样（SunyLAB200B 要等待 4s 后才开始采样），运行画面如

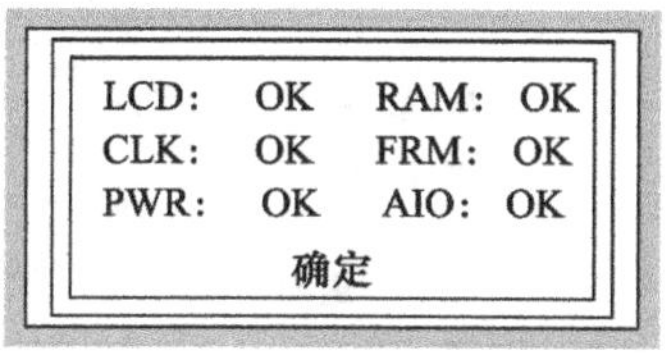

图 3.10 开机时显示画面

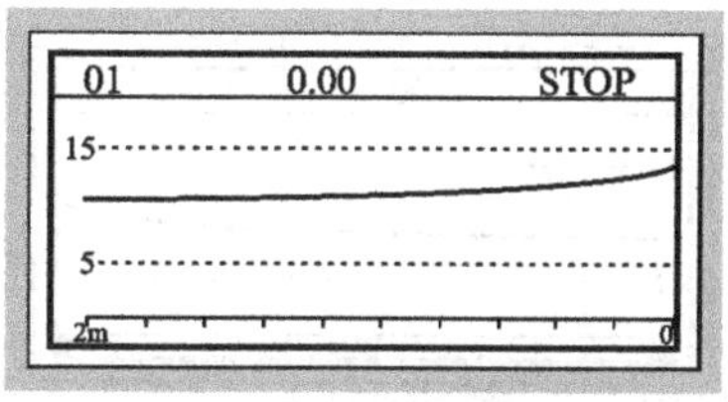

图 3.11 实时画面

图 3.12 所示，此时右上角显示 RUN，表示现在处于 RUN 状态，记录仪一边采样一边记录，当实验结束时，按(停止)键停止采样和记录。在记录仪处于 STOP 状态下，PC 机可以通过通信电缆读取记录仪记录的历史数据。

在水平方向上对曲线进行等比例放大或缩小，共有 6 种时标可供选择，分别是 2m、4m、10m、20m、40m、60m，使用户更精确地了解在某段时间内的运行曲线。当选择时标为 10m 时,则可观察 10min 内的趋势曲线，如果选择 60m，则可观察 60min 内的趋势曲线。按(时标)键，切换到下一个时标值并显示相应的曲线，如图 3.13 所示。

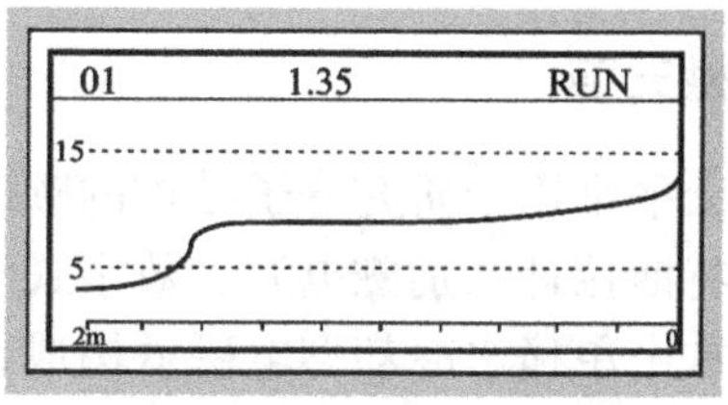

图 3.12 运行画面

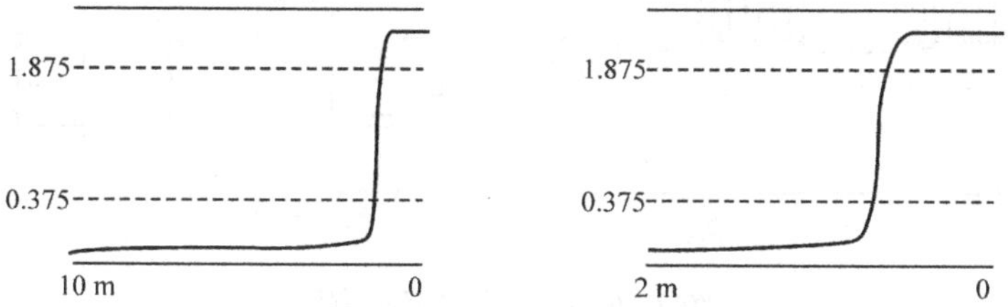

图 3.13 10min 与 2min 时标的趋势曲线

(2)追忆画面：按(确认)键切换到追忆画面。追忆画面能够追忆历史数据，如图 3.14 所示。屏幕上部的数值是指曲线最右侧那一时刻的测量值。按(时标)键，时标值改变并显示相应时段内的曲线。按(左移)键，曲线向前平移一个记录间隔，按(右移)键，曲线向后平移一个记录间隔，实现曲线追忆。按(确认)键切换到实时画面。

3. 组态画面

在任意一幅运行画面下，同时按下(时标)键和(确认)键，则进入组态画面，如图 3.15 所示。

SunyLAB200A 可以选择量程：0.00～5.00mV，0.00～10.00mV，0.00～20.00mV。此量程只对曲线显示(放大和缩小)有效。SunyLAB200B 量程不可选择，定为-0.250～2.250℃。按(左移)键或(右移)键将光标移动至相应的位置；按(开始)键或(停止)键选择量程。画面显示的序号指本台仪表的通信地址，即和上位机通信时代表本台仪表的地址。在联网时，每台仪表的通信地址都独立，若有相同地址，则和上位机通信时会出错。通信地址的范围为 0～63。

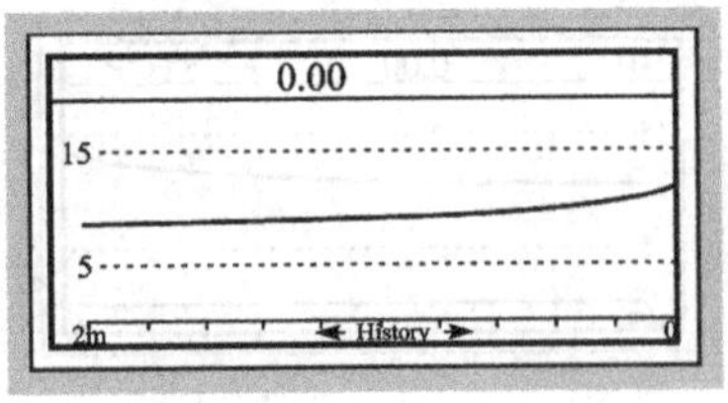

图 3.14　追忆画面

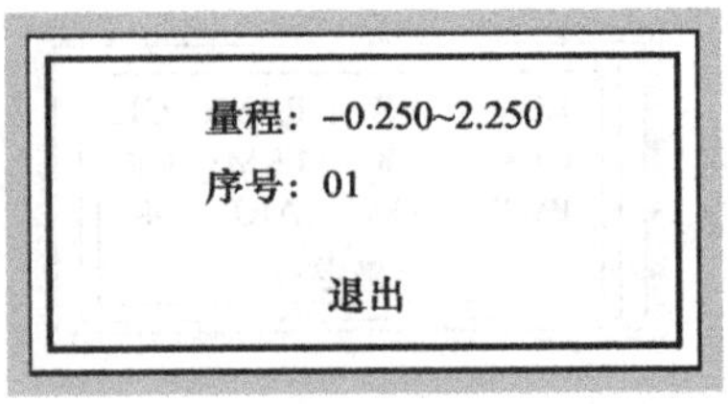

图 3.15　组态画面

按左移键或右移键将光标移动至相应的位置；按开始键或停止键选择此仪表的通信地址。按左移键或右移键将光标移动至“退出”，按确认键确认，仪表自动进入实时画面，退出组态画面。

3.1.7　磁天平

磁天平常用于研究分子结构的顺磁和逆磁磁化率的测定实验，主要由样品管、电磁铁、数字式特斯拉计、励磁电源、数字式电压电流表、霍尔探头、分析天平等部分组成。磁天平的电磁铁由单桅水冷却型电磁铁构成，磁极直径为 40mm，磁极矩为 10～40mm，电磁铁的最大磁场强度可达 0.6T。励磁电源是 220V 交流电源，用整流器将交流电变为直流电，经滤波串联反馈输入电磁铁，如图 3.16 所示，励磁电流可从 0A 调至 10A。

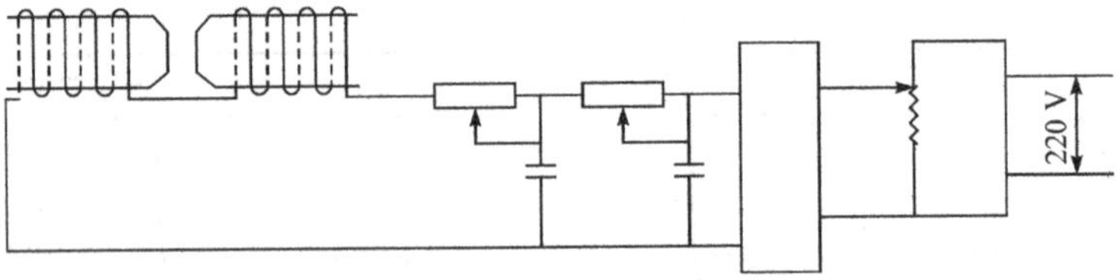

图 3.16　磁天平电路示意图

磁场强度测量用 DTM-3A 特斯拉计。仪器传感器是霍尔探头，其结构如图 3.17 所示。表 3.3 为 MB-1A 磁天平的主要性能指标。

表 3.3　MB-1A 磁天平的主要性能指标

电磁铁	中心最大磁场	0.8T
	磁极直径	40mm
	气隙宽度	6～40mm
数字式特斯拉计	测量范围	0～1.2T
	显示	三位半 LED 数码管
	线性度	±1%
励磁电源	最大输出电流	10A
	励磁电源无需水冷	
天平	灵敏度	≤0.1mg

1. 测量原理

在一块半导体单晶薄片的纵向两端通电流 I_H，此时半导体中的电子沿着 I_H 反方向移动，如图 3.18 所示，当放入垂直于半导体平面的磁场 H 中，则电子受到磁场力 F_g 的作用而发生偏转(洛伦兹力)，使得薄片的一个横端上产生电子积累，造成二横端面之间有电场，即产生电场力 F_e，阻止电子偏转作用，当 $F_g=F_e$ 时，电子的积累达到动态平衡，产生一个稳定的霍尔电势 V_H，此现象称为霍尔效应。其关系式为

$$V_H = K_H I_H B \cos\theta$$

式中：V_H 为霍尔电势；K_H 为元件灵敏度；I_H 为工作电流；B 为磁感应强度；θ 为磁场方向和半导体面垂线的夹角。

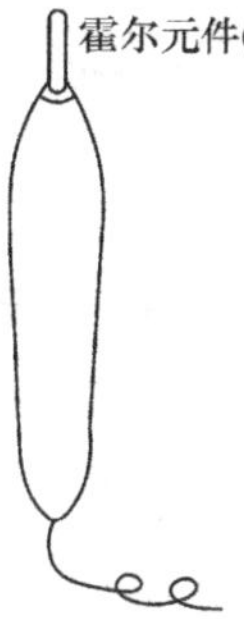

图 3.17　霍尔探头

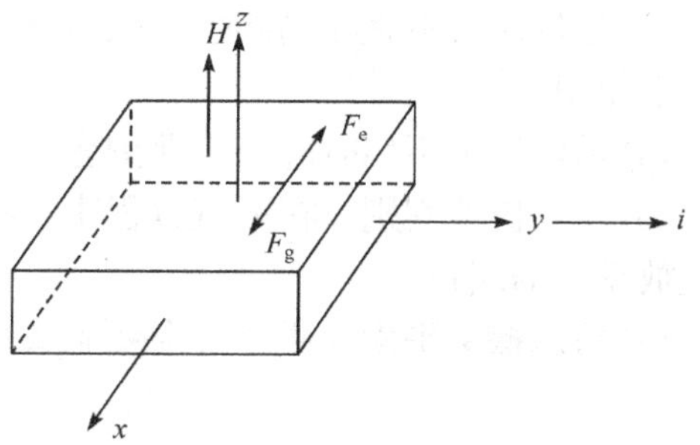

图 3.18　霍尔效应原理示意图

当半导体材料的几何尺寸固定，I_H 由稳流电源固定，则 V_H 与被测磁场 H 成正比。当霍尔探头固定 $\theta=0°$ 时(磁场方向与霍尔探头平面垂直时输入最大)，V_H 的信号通过放大器放大，并配以双积分型单片数字电压表，经过放大倍数的校正，使数字显示直接指示出与 V_H 相对应的磁感应强度。

2. 操作步骤

(1)实验前观察特斯拉计探头是否在两个磁极中间附近，并且探头平面要求平行于磁极端面，如果不正确，则进行调整。方法是先松开探头支架上的紧固螺丝，调节探头位置再固定。探头固定好以后，不要经常变动。

(2)未通电源时，逆时针将电流调节电位器调到最小，打开电源开关，调节特斯拉计的调零电位器，使磁场输出显示为零。

(3)调节电流调节电位器，使电流增加至特斯拉计显示“0.300T”，观察电流磁场显示是否稳定。关闭电源前，应调节励磁电源电流，使输出电流为零。

(4)用标准样品标定磁场强度的方法。先取一支清洁、干燥的空样品管悬挂在古依磁天平的挂钩上，使样品管底部正好与磁极中心线齐平，样品管不可与磁极接触，并与探头有合适的距离。准确称取空样品管的质量(H=0 时)，得 $m_1(H_0)$，调节电流调节电位器，使特斯拉计显示“0.300T”(H_1)，迅速称得 $m_1(H_1)$。逐渐增大电流，使特斯拉计数字显示为“0.350T”(H_2)，称得 $m_1(H_2)$。将电流略微增大后再降至特斯拉计显示“0.350T”(H_2)，又称得 $m_2(H_2)$。将电流降至特斯拉计显示“0.300T”(H_1)时，称得 $m_2(H_1)$，最后将电流调节至特斯拉计显示“0.000T”(H_0)，称得 $m_2(H_0)$。这样调节电流由小到大再由大到小的测定方法是为了抵消实验时磁场剩磁的影响。

(5) 按步骤 (2) 所述高度，在样品管内装好样品并使样品均匀填实，挂在磁极之间。再按步骤 (3) 所述的先后顺序由小到大调节电流，使特斯拉计显示在不同点，同时称出该点样品管加样品的质量。后按前述的方法由大到小调节电流。当特斯拉计显示不同点磁场强度时，同时称出该点电流下降时样品管加样品的质量。

3. 注意事项

(1) 调节电流时，应以平稳的速率缓慢升降。

(2) 关闭电源时，应调节励磁电源电流，使输出电流为零。

(3) 霍尔探头是易损元件，测量时必须防止变送器受压、挤扭、变曲和碰撞等。使用前应检查霍尔探头铜管是否松动，如有松动应紧固后使用。

(4) 霍尔探头不宜在局部强光照射下，或高于 60℃的温度时使用，也不宜在腐蚀性气体场合下使用。

(5) 霍尔探头不用时应套上保护套。

(6) 磁场极性判别。在测试过程中，特斯拉计数字显示若为负值，则探头的 N 极与 S 极位置放反，需纠正。

(7) 霍尔探头平面与磁场方向要垂直放置。

3.2　常用物性数据

3.2.1　常见基团和化学键的红外吸收特征频率

有机分子的红外振动频率见表 3.4，无机盐的红外吸收特征频率见表 3.5。

表 3.4　有机分子的红外振动频率

键的类型		频率/cm^{-1}	键的类型		频率/cm^{-1}
C—H	C_{sp3}—H	2800～3000	N—H	RNH_2,R_2NH	3400～3500 (两个)
	C_{sp2}—H	3000～3100		RNH_3^+, $R_2NH_2^+$, R_3NH^+	2250～3000
	C_{sp}—H	3300		$RCONH_2$, RCONHR′	3400～3500
C—C	C—C	1150～1250	O—H	ROH	3610～3640 (游离)
	C=C	1600～1670			3200～3400 (氢键缔合)
	C≡C	2100～2260		RCOOH	2500～3000
C—N	C—N	1030～1230	炔	C≡C—H	600～700
	C=N	1640～1690	烯	RCH=CH_2	910,990
	C≡N	2210～2260		R_2C=CH_2	890
C—O	C—O	1020～1275		*trans*-RCH=CHR	970
	C=O	1650～1800		*cis*-RCH=CHR	725,675
C—X	C—F	1000～1350		R_2C=CHR	790～840
	C—Cl	800～850	芳环	单取代-	730～770,690～710 (两个)
	C—Br	500～680		*o*-	735～770
	C—I	200～500		*m*-	750～810,690～710 (两个)

续表

键的类型		频率/cm^{-1}	键的类型		频率/cm^{-1}
芳环	*p*-	810～840	酯	*d*-内酯	1735
	1,2,3-	760～780,705～745(两个)	酰胺	$RCONH_2$	1690(游离),1650(缔合)
	1,3,5-	810～865,675～730(两个)		RCONHR'	1680(游离),1655(缔合)
	1,2,4-	805～825,870,885(两个)		$RCONR'_2$	1650
	1,2,3,4-	800～810		*b*-内酰胺	1745
	1,2,4,5-	855～870		*g*-内酰胺	1700
	1,2,3,5	840～850		*d*-内酰胺	1640
	五元环取代-	870	N—O	RNO_2	1350,1560
醛	RCHO	1725		$RONO_2$	1620～1640,1270～1285
	C=CCHO	1685		RN=O	1500～1600
	ArCHO	1700		RO—N=O	1610～1680(两个),750～815
酮	R_2C=O	1715		C=N—OH	930～960
	C=C—C=O	1675		R_3N—O^+	950～970
	Ar—C=O	1690	S—O	R_2SO	1040～1060
	四元环	1780		R_2S(=O)O	1310～1350,1120～1160
	五元环	1745		R—S$(=O)_2$—OR'	1330～1420,1145～1200
	六元环	1715	累积双键系统	C=C=C	1950
羧酸	RCOOH	1760(单体),1710(聚合体)		C=C=O	2150
	C=C—COOH	1720(单体),1690(聚合体)		R_2C=N=N	2090～3100
	$RCOO^-$	1550～1610, 1400(两个)		RN=C=O	2250～2275
酯	RCOOR	1735		RN=N=N	2120～2160
	C=C—COOR	1720	酸酐		1820,1760(两个)
	ArCOOR	720	酰卤		1800
	g-内酯	1770			

表 3.5　无机盐的红外吸收特征频率

盐	频率/cm^{-1}	相对强度	盐	频率/cm^{-1}	相对强度
NaSCN	758	w	Na_2SO_4	645	w
	940	vw,b		1110	vs
	1620	m	K_2SO_4	1110	vs
	2020	s	$NaClO_3$	935	s,sp
	3330	m		965,990	vs

续表

盐	频率/cm^{-1}	相对强度	盐	频率/cm^{-1}	相对强度
KSCN	746	m	$KClO_3$	938	w
	945	vw,vb		962	vs
	1630	m	$NaClO_4 \cdot H_2O$	1100	vs,b
	2020	s		1630 (H_2O)	s,sp
	3400	m		2030	vw
$NaNO_2$	831	m,sp	$KClO_4$	627	w
	1358	vs		940	vw
	1790	vw		1075	s
	2428	vw		1140	s,sh
$NaNO_3$	836	m,sp		1990	vw
	1359	vs	$NaBrO_3$	807	vs
	1790	vw	$KBrO_3$	790	vs
	2428	vw	$NaIO_3$	767,775	vs
				800	m

注：s 强吸收；b 宽吸收带；m 中等强度吸收；w 弱吸收；sh 尖锐吸收峰；sp 肩峰；v 吸收强度可变。

3.2.2　水在 0～100℃的性质

温度/℃	密度 /($g \cdot cm^{-3}$)	定压热容 /($J \cdot g^{-1} \cdot K^{-1}$)	蒸气压 /(kPa)	黏度 /($\mu Pa \cdot s$)	热导率 /($mW \cdot K^{-1} \cdot m^{-1}$)	相对介电常数	表面张力 /($mN \cdot m^{-1}$)	蒸发焓 /($kJ \cdot mol^{-1}$)
0	0.99984	4.2176	0.6113	1793	561.0	87.90	75.64	45.054
10	0.99970	4.1921	1.2281	1307	580.0	83.96	74.23	
20	0.99821	4.1818	2.3388	1002	598.4	80.20	72.75	
30	0.99565	4.1784	4.2455	797.7	615.4	76.60	71.20	
40	0.99222	4.1785	7.3814	653.2	630.5	73.17	69.60	43.350
50	0.98803	4.1806	12.344	547.0	643.5	69.88	67.94	
60	0.98320	4.1843	19.932	466.5	654.3	66.73	66.24	42.482
70	0.97778	4.1895	31.176	404.0	663.1	63.73	64.47	
80	0.97182	4.1963	47.373	354.4	670.0	60.86	62.67	41.585
90	0.96535	4.2050	70.117	314.5	675.3	58.12	60.82	
100	0.95840	4.2159	101.325	281.8	679.1	55.51	58.91	40.657

3.2.3 水的饱和蒸气压数据

t/℃	p/kPa	t/℃	p/kPa	t/℃	p/kPa	t/℃	p/kPa
0	0.61129	41	7.7840	82	51.342	123	218.09
1	0.65716	42	8.2054	83	53.428	124	224.96
2	0.70605	43	8.6463	84	55.585	125	232.01
3	0.75813	44	9.1075	85	57.815	126	239.24
4	0.81359	45	9.5898	86	60.119	127	246.66
5	0.87260	46	10.094	87	62.499	128	254.25
6	0.93537	47	10.620	88	64.958	129	262.04
7	1.0021	48	11.171	89	67.496	130	270.02
8	1.0730	49	11.745	90	70.117	131	278.20
9	1.1482	50	12.344	91	72.823	132	286.57
10	1.2281	51	12.970	92	75.614	133	295.15
11	1.3129	52	13.623	93	78.494	134	303.93
12	1.4027	53	14.303	94	81.465	135	312.93
13	1.4979	54	15.012	95	84.529	136	322.14
14	1.5988	55	15.752	96	87.688	137	331.57
15	1.7056	56	16.522	97	90.945	138	341.22
16	1.8185	57	17.324	98	94.301	139	351.09
17	1.9380	58	18.159	99	97.759	140	361.19
18	2.0644	59	19.028	100	101.32	141	371.53
19	2.1978	60	19.932	101	104.99	142	382.11
20	2.3388	61	20.873	102	108.77	143	392.92
21	2.4877	62	21.851	103	112.66	144	403.98
22	2.6447	63	22.868	104	116.67	145	415.29
23	2.8104	64	23.925	105	120.79	146	426.85
24	2.9850	65	25.022	106	125.03	147	438.67
25	3.1690	66	26.163	107	129.39	148	450.75
26	3.3629	67	27.347	108	133.88	149	463.10
27	3.5670	68	28.576	109	138.50	150	475.72
28	3.7818	69	29.852	110	143.24	151	488.61
29	4.0078	70	31.176	111	148.12	152	501.78
30	4.2455	71	32.549	112	153.13	153	515.23
31	4.4953	72	33.972	113	158.29	154	528.96
32	4.7578	73	35.448	114	163.58	155	542.99
33	5.0335	74	36.978	115	169.02	156	557.32
34	5.3229	75	38.563	116	174.61	157	571.94
35	5.6267	76	40.205	117	180.34	158	586.87
36	5.9453	77	41.905	118	186.23	159	602.11
37	6.2795	78	43.665	119	192.28	160	617.66
38	6.6298	79	45.487	120	198.48	161	633.53
39	6.9969	80	47.373	121	204.85	162	649.73
40	7.3814	81	49.324	122	211.38	163	666.25

3.2.4 不同压力下水的沸点数据

p/kPa	t/℃	p/kPa	t/℃	p/kPa	t/℃	p/kPa	t/℃
5.0	32.88	91.5	97.17	101.3	100.00	120.0	104.81
10.0	45.82	92.0	97.32	101.5	100.05	125.0	105.99
15.0	53.98	92.5	97.47	102.0	100.19	130.0	107.14
20.0	60.07	93.0	97.62	102.5	100.32	135.0	108.25
25.0	64.98	93.5	97.76	103.0	100.46	140.0	109.32
30.0	69.11	94.0	97.91	103.5	100.60	145.0	110.36
35.0	72.70	94.5	98.06	104.0	100.73	150.0	111.38
40.0	75.88	95.0	98.21	104.5	100.87	155.0	112.37
45.0	78.74	95.5	98.35	105.0	101.00	160.0	113.33
50.0	81.34	96.0	98.50	105.5	101.14	165.0	114.26
55.0	83.73	96.5	98.64	106.0	101.27	170.0	115.18
60.0	85.95	97.0	98.78	106.5	101.40	175.0	116.07
65.0	88.02	97.5	98.93	107.0	101.54	180.0	116.94
70.0	89.96	98.0	99.07	107.5	101.67	185.0	117.79
75.0	91.78	98.5	99.21	108.0	101.80	190.0	118.63
80.0	93.51	99.0	99.35	108.5	101.93	195.0	119.44
85.0	95.15	99.5	99.49	109.0	102.06	200.0	120.24
90.0	96.71	100.0	99.63	109.5	102.19	205.0	121.02
90.5	96.87	100.5	99.77	110.0	102.32	210.0	121.79
91.0	97.02	101.0	99.91	115.0	103.59	215.0	122.54

3.2.5 部分饱和盐溶液的蒸气压数据

盐	蒸气压/kPa						
	10℃	15℃	20℃	25℃	30℃	35℃	40℃
$BaCl_2$	0.971	1.443	2.073	2.887	3.903	5.133	6.576
$Ca(NO_3)_2$	0.701	1.015	1.381	1.772	2.154	2.487	
$CuSO_4$	1.113	1.574	2.189	2.996	4.037	5.363	
$FeSO_4$	0.978	1.516	2.208	3.035	3.950	4.884	
KBr	0.953	1.338	1.853	2.533	3.419	4.563	
KIO_3	1.100	1.564	2.177	2.970	3.979	5.236	6.778
K_2CO_3	0.541	0.802	1.134	1.536	1.997	2.499	3.016
LiCl	0.128	0.193	0.279	0.384			
$Mg(NO_3)_2$	0.726	0.999	1.339	1.749	2.231	2.782	3.397
$MnCl_2$	0.697	1.064	1.515	2.020	2.535	3.002	
NH_4Cl	0.971	1.328	1.836	2.481			
NH_4NO_3	0.853	1.152	1.524	1.972			
$(NH_4)_2SO_4$	0.901	1.319	1.871	2.573	3.439	4.474	

续表

盐	蒸气压/kPa						
	10℃	15℃	20℃	25℃	30℃	35℃	40℃
NaBr	0.722	1.004	1.376	1.858	2.475	3.255	4.229
NaCl	0.921	1.285	1.768	2.401	3.218	4.262	5.581
$NaNO_2$	0.703	0.994	1.381	1.888	2.540	3.368	4.403
$NaNO_3$	0.884	1.244	1.719	2.335	3.121	4.109	5.333
RbCl	0.862	1.215	1.684	2.298	3.088	4.089	5.343
$ZnSO_4$	0.945	1.401	1.986	2.698	3.523	4.431	5.382
H_2O	1.228	1.706	2.339	3.169	4.246	5.627	7.381

3.2.6　部分物质的燃烧热数据

分子式	名称	$\Delta_c H^\ominus$ / (kJ · mol^{-1})	分子式	名称	$\Delta_c H^\ominus$ / (kJ · mol^{-1})
无机化合物			醇、醚		
C	碳(石墨)	393.5	CH_4O	甲醇(l)	726.1
CO	一氧化碳(g)	283.0	C_2H_6O	乙醇(l)	1366.8
H_2	氢(g)	285.8	C_2H_6O	二甲醚(g)	1460.4
NH_3	氨(g)	382.8	$C_2H_6O_2$	乙二醇(l)	1189.2
N_2H_4	联氨(g)	667.1	C_3H_8O	1-丙醇(l)	2021.3
N_2O	一氧化二氮(g)	82.1	$C_3H_8O_3$	丙三醇(l)	1655.4
碳氢化合物			$C_4H_{10}O$	乙醚(l)	2723.9
CH_4	甲烷(g)	890.8	$C_5H_{12}O$	1-戊醇(l)	3330.9
C_2H_2	乙炔(g)	1301.1	C_6H_6O	苯酚(s)	3053.5
C_2H_4	乙烯(g)	1411.2	醛、酮		
C_2H_6	乙烷(g)	1560.7	CH_2O	甲醛(g)	570.7
C_3H_6	丙烯(g)	2058.0	C_2H_2O	乙烯酮(g)	1025.4
C_3H_6	环丙烷(g)	2091.3	C_2H_4O	乙醛(l)	1166.9
C_3H_8	丙烷(g)	2219.2	C_3H_6O	丙酮(l)	1789.9
C_4H_6	1,3-丁二烯(g)	2541.5	C_3H_6O	丙醛(l)	1822.7
C_4H_{10}	丁烷(g)	2877.6	C_4H_8O	2-丁酮(l)	2444.1
C_5H_{12}	戊烷(l)	3509.0	酸、酯		
C_6H_6	苯(l)	3267.6	CH_2O_2	甲酸(l)	254.6
C_6H_{12}	环己烷(l)	3919.6	$C_2H_4O_2$	乙酸(l)	874.2
C_6H_{14}	己烷(l)	4163.2	$C_2H_4O_2$	甲酸甲酯(l)	972.6
C_7H_8	甲苯(l)	3910.3	$C_3H_6O_2$	乙酸甲酯(l)	1592.2
C_7H_{16}	正庚烷(l)	4817.0	$C_4H_8O_2$	乙酸乙酯(l)	2238.1
$C_{10}H_8$	萘(s)	5156.3	$C_7H_6O_2$	苯甲酸(s)	3226.9

续表

分子式	名称	$\Delta_c H^\ominus$ / (kJ · mol^{-1})	分子式	名称	$\Delta_c H^\ominus$ / (kJ · mol^{-1})
含氮化合物					
HCN	氰化氢(g)	671.5	C_2H_5NO	乙酰胺(s)	1184.6
CH_3NO_2	硝基甲烷(l)	709.2	C_3H_9N	三甲胺(g)	2443.1
CH_5N	甲胺(g)	1085.6	C_5H_5N	吡啶(l)	2782.3
C_2H_3N	乙腈(l)	1247.2	C_6H_7N	苯胺(l)	3392.8

3.2.7　金属或合金的低共熔温度

金属或合金	组成/%		熔点/℃	备注
	质量分数	摩尔分数		
Bi-Pb-Sn	52.5-32.0-15.5	46.8-28.7-24.5	95	低共熔点
Na	100	100	97.8	
Bi-Cd-Sn	54.0-20.0-26.0	39.4-27.2-33.4	102.5	低共熔点
In-Sn	51.8-48.2	52.6-47.4	119	低共熔点
Cd-In	25.3-74.7	25.7-74.3	120	低共熔点
Bi-Pb	55.5-44.5	55.3-44.7	124	低共熔点
Bi-Sn-Zn	56.0-40.0-4.0	40.2-50.6-9.2	130	低共熔点
Bi-Sn	70-30	57.0-43.0	138.5	低共熔点
Bi-Cd	60.3-39.7	45.0-55.0	145.5	低共熔点
In	100	100	156.6	
Li	100	100	180.5	
Pb-Sn	38.1-61.9	26.1-73.9	183	低共熔点
Bi-Tl	48.0-52.0	47.5-52.5	185	低共熔点
Sn-Zn	91.0-9.0	85.0-15.0	198	低共熔点
Sb-Sn	8.0-92.0	7.8-92.2	199	白色金属
Au-Pb	14.6-85.4	15.2-84.8	212	低共熔点
Ag-Sn	3.5-96.5	3.8-96.2	221	低共熔点
Bi-Pb-Sb-Sn	48.0-28.5-9.0-14.5	40.8-24.5-13.1-21.6	226	Matrix 合金
Cu-Sn	0.75-99.25	1.3-98.7	227	低共熔点
Sn	100	100	231.9	

3.2.8 部分电解质水溶液的凝固点下降值

电解质	凝固点下降值(℃)与浓度(mol·kg^{-1})的关系									
	0.05	0.10	0.25	0.50	0.75	1.00	1.50	2.00	2.50	3.00
$CaCl_2$	0.25	0.49	1.27	2.66	4.28	6.35	10.78	15.27	20.42	28.08
$CuSO_4$	0.13	0.23	0.47	0.96						
HCl	0.18	0.36	0.90	1.86	2.90	4.02	6.63	9.94		
HNO_3	0.18	0.35	0.88	1.80	2.78	3.80	5.98	8.34	10.95	13.92
H_2SO_4	0.20	0.39	0.96	1.95	3.04	4.28	7.35	11.35	16.32	
KBr	0.18	0.36	0.92	1.78						
KCl	0.17	0.35	0.86	1.68	2.49	3.29	4.88	6.50	8.14	9.77
KNO_3	0.17	0.33	0.78	1.47	2.11	2.66				
K_2SO_4	0.23	0.43	1.01	1.87						
LiCl	0.18	0.35	0.88	1.80	2.78					
$MgSO_4$	0.13	0.24	0.55	1.01	1.50	2.08	3.41			
NH_4Cl	0.17	0.34	0.85	1.70	2.55					
NaCl	0.18	0.35	0.85	1.68	2.60					
$NaNO_3$	0.18	0.36	0.80	1.62	2.63	3.10				

3.2.9 部分电解质水溶液在25℃的摩尔电导率

电解质	极限摩尔电导率	摩尔电导率($10^{-4}m^2·S·mol^{-1}$)与溶液浓度(mol·L^{-1})的关系						
		0.0005	0.001	0.005	0.01	0.02	0.05	0.1
$AgNO_3$	133.29	131.29	130.45	127.14	124.70	121.35	115.18	109.09
$1/2BaCl_2$	139.91	135.89	134.27	127.96	123.88	119.03	111.42	105.14
$1/2CaCl_2$	135.77	131.86	130.30	124.19	120.30	115.59	108.42	102.41
$1/2Ca(OH)_2$	258	—	—	233	226	214	—	—
$1/2CuSO_4$	133.6	121.6	115.20	94.02	83.08	72.16	59.02	50.55
HCl	425.95	422.53	421.15	415.59	411.80	407.04	398.89	391.13
KBr	151.9	149.8	148.9	146.02	143.36	140.41	135.61	131.32
KCl	149.79	147.74	146.88	143.48	141.20	138.27	133.30	128.90
$KClO_4$	139.97	138.69	137.80	134.09	131.39	127.86	121.56	115.14
$1/2MgCl_2$	129.34	125.55	124.15	118.25	114.49	109.99	103.03	97.05
NH_4Cl	149.6	147.5	146.7	134.4	141.21	138.25	133.22	128.69
NaCl	126.39	124.44	123.68	120.59	118.45	115.70	111.01	106.69
$NaClO_4$	117.42	115.58	114.82	111.70	109.54	106.91	102.35	98.38
NaI	126.88	125.30	124.19	121.19	119.18	116.64	112.73	108.73
$NaOOCCH_3$	91.0	89.2	88.5	85.68	83.72	81.20	76.88	72.76
NaOH	247.7	245.5	244.6	240.7	237.9	—	—	—
$1/2ZnSO_4$	132.7	121.3	114.47	95.44	84.87	74.20	61.17	52.61

3.2.10　不同浓度 KCl 标准溶液的电导率随温度的变化(单位：$10^{-4}S \cdot m^{-1}$)

t/℃	$0.01mol \cdot kg^{-1}$ KCl	$0.1mol \cdot kg^{-1}$ KCl	$1.0mol \cdot kg^{-1}$ KCl	H_2O(CO_2饱和)
0	772.92	7116.85	63488	0.58
5	890.968	8183.70	72030	0.68
10	1013.95	9291.72	80844	0.79
15	1141.45	10437.1	89900	0.89
18	1219.93	11140.6	—	0.95
20	1273.03	11615.9	99170	0.99
25	1408.23	12824.6	108620	1.10
30	1546.63	14059.2	118240	1.20
35	1687.79	15316.0	127970	1.30
40	1831.27	16591.0	137810	1.40
45	1976.62	17880.6	147720	1.51
50	2123.43	19180.9	157670	1.61

3.2.11　标准电极电势(298.15K，在酸性溶液中)

电极反应	$\varphi_A^\ominus$/V	电极反应	$\varphi_A^\ominus$/V
$Ag^++e^- = Ag$	0.7996	$2H^++2e^- = H_2$	0.0000
$AgAc+e^- = Ag+Ac^-$	0.643	$H_2(g)+2e^- = 2H^-$	−2.23
$AgBr+e^- = Ag+Br^-$	0.07133	$HO_2+H^++e^- = H_2O_2$	1.495
$AgBrO_3+e^- = 2Ag+BrO_3^-$	0.546	$H_2O_2+2H^++2e^- = 2H_2O$	1.776
$AgCl+e^- = Ag+Cl^-$	0.22233	$O_2+4H^++4e^- = 2H_2O$	1.229
$Cu^++e^- = Cu$	0.521	$O(g)+2H^++2e^- = H_2O$	2.421
$Cu^{2+}+e^- = Cu^+$	0.153	$O_3+2H^++2e^- = O_2+H_2O$	2.076
$Cu^{2+}+2e^- = Cu$	0.3419	$F_2+2H^++2e^- = 2HF$	3.053
$Cd^{2+}+2e^- = Cd$	−0.4030	$F_2+2e^- = 2F^-$	2.866
$Cd^{2+}+2e^- = Cd(Hg)$	−0.3521	$Cl_2(g)+2e^- = 2Cl^-$	1.35827
$CdSO_4+2e^- = Cd+SO_4^{2-}$	−0.246	$Br_2(aq)+2e^- = 2Br^-$	1.0873
$Zn^{2+}+2e^- = Zn$	−0.7618	$Br_2(l)+2e^- = 2Br^-$	1.066
$Hg^{2+}+2e^- = Hg$	0.851	$HBrO+H^++2e^- = Br^-+H_2O$	1.331
$2Hg^{2+}+2e^- = Hg_2^{2+}$	0.920	$HBrO+H^++e^- = 1/2Br_2(aq)+H_2O$	1.574
$Hg_2^{2+}+2e^- = 2Hg$	0.7973	$I_2+2e^- = 2I^-$	0.5355
$Hg_2Br_2+2e^- = 2Hg+2Br^-$	0.13923	$I_3^-+2e^- = 3I^-$	0.536
$Hg_2Cl_2+2e^- = 2Hg+2Cl^-$	0.26808	$H_5IO_6+H^++2e^- = IO_3^-+3H_2O$	1.601
$Hg_2SO_4+2e^- = 2Hg+SO_4^{2-}$	0.6125	$2HIO+2H^++2e^- = I_2+2H_2O$	1.439
$Fe^{2+}+2e^- = Fe$	−0.447	$HIO+H^++2e^- = I^-+H_2O$	0.987
$Fe^{3+}+3e^- = Fe$	−0.037	$2IO_3^-+12H^++10e^- = I_2+6H_2O$	1.195
$Fe^{3+}+e^- = Fe^{2+}$	0.771	$IO_3^-+6H^++6e^- = I^-+3H_2O$	1.085

3.2.12 常见化学键的键焓(298K, $p^{\ominus}$)

E_{X-Y}/(kJ·mol^{-1})		H	F	Cl	Br	I	O	S	N	P	C	Si
单键	H	436										
	F	565	155									
	Cl	431	252	243								
	Br	368	239	218	193							
	I	297	—	209	180	151						
	O	465	184	205	—	201						
	S	364	340	272	214	—	—	264				
	N	389	272	201	243	201	201	247	159			
	P	318	490	318	272	214	352	230	300	214		
	C	415	486	327	276	239	343	289	293	264	331	
	Si	320	540	360	289	214	368	226	—	214	281	197
双键	C=C 620 C=N 615 C=O 708 C=S 578 O=O 498 N=N 419 S=O 420 S=S 423											
三键	C≡C 812 N≡N 945 C≡N 879 C≡O 1072											

3.2.13 标准状况下一些有机物的燃烧热

化合物	$\Delta H_{298}^{\ominus}$/(kJ·mol^{-1})	化合物	$\Delta H_{298}^{\ominus}$/(kJ·mol^{-1})
CH_4(g)	−886.95	HCHO(g)	−563.05
C_2H_2(g)	−1298.39	CH_3COOH(l)	−870.69
C_2H_4(g)	−1409.62	$(COOH)_2$(s)	−245.78
C_2H_6(g)	−1558.39	C_6H_5COOH(s)	−3224.45
C_3H_6(g)	−2056.56	$C_{17}H_{35}COOH$(晶体)硬脂酸	−11263.85
C_3H_8(g)	−2217.91	CCl_4(l)	−155.91
n-C_4H_{10}(g)	−2875.76	$CHCl_3$(l)	−372.86
i-C_4H_{10}(g)	−2868.90	CH_3Cl(g)	−688.47
C_4H_8(l)丁烯	−2715.98	C_6H_5Cl(l)	−3137.93
C_5H_{12}(l)戊烷	−3532.77	COS(g)硫化羰	−552.60
C_6H_6(l)	−3264.58	CS_2(l)	−1074.26
C_6H_{12}(l)环已烷	−3916.16	C_2N_2	−1086.8
C_7H_8(l)甲苯	−3906.21	$CO(NH_2)_2$	−631.39
C_8H_{10}(l)对二甲苯	−4548.51	$C_6H_5NO_2$(l)	−3094.87
$C_{10}H_8$(s)萘	−5148.92	$C_6H_5NH_2$(l)	−3393.74
CH_3OH(l)	−725.94	$C_6H_{12}O_6$(晶体)葡萄糖	−2813.14
C_2H_5OH(l)	−1365.44	$C_{12}H_{22}O_{11}$(晶体)蔗糖	−564.3
CH_3CHO(g)	−1191.3	$C_{10}H_{16}O$(晶体)樟脑	−5897.98
CH_3COCH_3(l)	−1801.16	$(CH_2OH)_2$(l)	−1191.72
$(C_2H_5O)_2$(l)	−2728.29	$C_3H_8O_3$(l)甘油	−1662.80
HCOOH(l)	−269.61	C_6H_5OH(s)	−3059.76

注：以上所有数据均来自 CRC Handbook of Chemistry and Physics(化学与物理学手册)第 84 版(2003～2004 年)(http://www.hbcpnetbase.com/)。